現代管理通論

陳定國

學歷／
美國密西根大學企業管理博士（第一位華人企業管理博士）
國立政治大學企業管理碩士（第一位臺灣MBA）
國立成功大學交通管理科學學士

經歷／
國立臺灣大學商學研究所所長及商學系系主任
臺灣工業技術研究院工業經濟研究中心主任
北京大學正大國際中心管理委員會共同召集人
復旦大學正大管理發展中心管理委員會共同召集人

現職／
淡江大學管理學院院長
中華民國企業經理協進會理事長
上海復旦大學、上海交通大學、山東大學、浙江大學、
中國石化總公司幹部學院顧問教授
上海交通大學安泰管理學院董事、顧問教授
中華民國證券公會大陸事務委員會召集人
中華民國證券商業公會理事

三民書局

國家圖書館出版品預行編目資料

現代管理通論／陳定國著.－－初版一刷.－－臺北市；三民，2003
面；　公分
參考書目：面
ISBN 957-14-3882-0　(平裝)

1. 企業管理

494

網路書店位址　http : // www. sanmin. com. tw

© 現代管理通論

著作人　陳定國
發行人　劉振強
著作財產權人　三民書局股份有限公司
臺北市復興北路386號
發行所　三民書局股份有限公司
地址／臺北市復興北路386號
電話／(02)25006600
郵撥／0009998-5
印刷所　三民書局股份有限公司
門市部　復北店／臺北市復興北路386號
重南店／臺北市重慶南路一段61號
初版一刷　2003年8月
編　號　S 493360
基本定價　拾貳元
行政院新聞局登記證局版臺業字第○二○○號

ISBN　957-14-3882-0　(平裝)

自序

企業管理 (Business Management) 是「企業」(Business) 與「管理」(Management) 二詞合併而成，是二十世紀以來流行於美國、西歐、日本等經濟先進社會，造就美國在二十世紀一百年間生產力 (Productivity) 成長五十倍，成為世界第一經濟強國，第一民主化社會，第一軍事武力集團，及第一科技創新發明地。但在二十一世紀，企業管理將普遍風行於亞洲華人文化二十億人的社會，包括臺灣及中國大陸。

「企業」(Business) 的定義是泛指所有追求利潤目標 (Profit-Seeking) 的農、工、商，及知識產業的百千萬家廠商 (Firms)。「管理」(Management) 的定義是泛指任何機構充當「人上人」的主管人員 (Managers) 設法經由部屬 (Subordinates) 之力量（包括體力及腦力），來完成工作目標（包括公目標、私目標、社會目標）的計劃性 (Planning)、組織性 (Organizing)、用人性 (Staffing)、指導性 (Directing) 及控制性 (Controlling) 等系列活動。換言之，「管理」是主管人員的第一職責，凡職位越高的主管人員，如總經理、總裁、董事長、縣市長、省部會首長、以至國家總統，其「管人」(Managing People) 的管理職責越重，而其技術操作的「做事」(Doing Things) 職責越輕。「管理」是「人上人」的核心才能，沒有管理才能的人，絕當不了好的「人上人」。

「管理」是講求「群體力量」的功夫，技術則是講求「個人力量」的功夫。管理是主管人員凝聚及運用人力資源、資金資源、土地資源、物料資源、機器設備資源、產銷技術方法資源、時間資源及情報資訊。資源以有效達成目標的超距力量，雖是無形，但力量龐大。管理是所有成功領袖人員的密訣，會管理的人，能「化無為有」、「化小為大」、「化死水為活水」，因而得到部屬、群眾的擁戴。把管理應用到營利的農、工、商、知識企業上，就成為「企業管理」(Business Management)；應用到醫院上，就成為「醫院管理」(Hospital Management)；應用到旅館上，就成為「旅館管理」(Hotel Management)；應用到大學、研究院上，就成為「大學管理」(University Management)、「研究院管理」(Research Institute Management)；應用到國防、軍事上，就成為「國防管理」(Defense Management)、「軍事管理」(Military Management)；應用到各級政府機關、基金會上，就成為「政府管理」(Government Management)、「基金會管理」(Foundation Management)；應用到公司董事會上，就成為「公司治理」(Corporate Governance)；應用到立法院上，就成為「立法管理」(Legislature Management)；應用到司法院、檢察院上，就成為「司法管理」(Justice Management)、「檢察管理」(Inspection Management) 等等。管理也可以應用到文化、教育、藝術、旅遊、休閒、健康、家庭等等之活動上。只要想得到有效成果、績效的人類活動，不管是「營利性質」或是「非營利性質」，都可以應用「計劃、組織、用人、指導、控制」相關聯的管理技能。有效管理是達到「民富國強」之要道，人人都應學習。

本書融會古、今、中、外之管理思想、原則與實務，寫成《現代管理通論》一書，有三篇十八章，五百七十幾頁。第一篇含五章，闡釋現代管理的基本觀念，包括主管人員之任務，經營管理因果關係，企業目標及企業系統，企業經營之總體環境，及企業之所有權組織型態。第二篇含四章，說明中、外管理知識之演進及派別，包括管理知識之範圍，中國古管理知識與西方早期管理知識發展，近期之經營管理知識，及策略管理時代的新觀念新作法。第三篇含九章，為管理程序（即管理五功能）之通論，包括企業決策與創造力開發，企業決策與理智計算力，企業決策與情報研究，企業計劃之要義及作用，建立公司整體企劃制度，公司計畫書之訂定及執行控制實務，企業組織之設計——結構、職責、權限及動態化，有效掌握部屬行為——用人、領導、指揮、激勵、溝通與協調，確保計劃預算成功的控制功能。

筆者能有今日撰寫文章之機會，實得恩師楊必立教授（曾為國立政治大學企管研究所首任所長十年，考試委員，現已仙逝多年），金屬工業發展中心首任總經理及第二任董事長齊世基先生（現已高齡 87 歲，居於美國加州），母校美國密西根大學企管博士班老師在 1968 至 1973 年間之指導及獎學金支持，以及臺灣聚合公司 (USI-Far East) 獎學金之慷慨資助（1969 至 1971 年），始能完成企管博士學業，返國服務於國立政治大學企管研究所（1973～1975 年），國立臺灣大學商學研究所（1975～1984 年），及臺塑與泰國卜蜂集團（1984～1998 年）。在學術象牙塔及企業實戰湖海練劍，磨練成長，衷心感激之情，特此一併致謝。本書之完成，幸有三民書局董事長劉振強先生之熱心及耐心督促，方能付梓，亦致萬分謝意。文中若有錯誤之處，尚祈各方高士惠予指教。

陳　定　國

於淡江大學管理學院

2003 年 8 月 8 日

現代管理通論

目次

第二篇 管理知識之演進及管理思想派別

第一篇　有效管理的基本觀念

(Basic Concepts of Effective Management)

對追求利潤 (Profit Seeking) 的企業組織體而言,「有效管理」(Effective Management) 是指能同時獲得「顧客滿意」(Customer Satisfaction, CS) 及「合理利潤」(Reasonable Profitability, RP) 的最高目標。而「顧客滿意」及「合理利潤」的目標又是用來追求更高層次「生存」(Survival) 及「成長」(Growth) 之宇宙萬物之共同目標。

對不是追求利潤分享的社會公共機構 (Nonprofit Seeking Organization, NPO) 而言,「有效管理」是指能同時獲得「顧客滿意」及「合理成本」(Reasonable Cost) 的最終目標。

對任何社會經濟機構組織體而言,「有效管理」的「顧客滿意」及「合理利潤」或「合理成本」都是追求生存及「成長」的必要手段。無效管理會使任何機構組織體失去活力,停止成長,終至衰退、死亡消滅。

「有效管理」是任何階級及任何職務主管人員(在英文皆稱 Manager)的職責,更是企業機構最高主管如董事長、總裁、總經理之第一職責 (The First Responsibility)。

第一章　主管人員之任務
(Tasks of Managers)

第一節　主管人員的基本職責

一、目標導向的三類職責(Organizational, Individual and Social Objectives)

簡單來說,所謂「主管」人員或經理人員是指經由他人來完成工作的人 (Getting

things done through other people)。複雜一點來說，所謂「主管」人員泛指在任何「組織結構」(Organization Structure) 上，居有某一特定「職位」(Position)，並有「下屬」(Subordinates) 供其指揮之「管理人員」(Managerial People) 或稱「上司」(Superior) 人員。所以只要有組織結構（指二人以上因共同目標而努力之集合體），就會有主管人員的出現，而組織規模越大者，其具有「主管」身分的人員自然就越多。勞力密集的組織，每十人就有一個主管人員；技術或知識密集的組織，每五人就有一個主管人員。陸軍的基本結構每一班有十人，一人為班長，古代稱為「什長」；空軍的基本結構每一班有五人，一人為班長，古代稱為「伍長」。

主管人員的基本職責為運用管理知識及技能，創造良好「環境氣氛」，促使部屬發揮腦力或體力，來達成三種工作目標：⑴組織單位的總體公目標 (Organizational Objectives)，⑵自己及所轄部屬的個人私目標 (Individual Objectives)，⑶社會大眾的超然目標 (Social Objectives)。換言之，一位良好的主管人員，應是指能同時達成「公」目標、「私」目標，及「社會」目標的人。只能達成公目標，無法達成私目標的人，其工作努力不能持久。只能達成私目標，無法達成公目標的人，假公濟私，組織體被掏空，也不能持久生存。只能達成公目標及私目標，但無法達成社會目標的人，會被社會大眾遺棄而孤立，終究不能長久生存。政治口號雖可叫「大公無私」，但在企業經營實況卻是「有公，有私」，最理想境界是公、私、社三目標一致之「大公致私」，勇往直前，不作二想。

「公」目標之達成是為顧客、為政府及為股東之利益。第一，因顧客是公司生存的依賴點，產品不能改良，服務不能讓顧客滿意，顧客會棄本公司而另尋他公司惠顧。第二，因政府提供公共服務，塑造大環境，必須靠公司賺錢繳稅來維持生存，公司若不賺錢，無稅上繳，政府官員難以榮耀生存，就會貪污腐敗，傷害企業及人民。第三，因股東把財產投資之管理權授予管理人員，冒有風險，管理人員自應善盡職責，為其賺取合理利潤及保護財產。

「私」目標之達成是為員工本身之利益。因員工將自己的時間及精力花於職務之執行中，必須能滿足其各種慾望 (Needs)，方能促使所執行工作產生高度效果，有益股東目標、顧客目標及政府目標之達成。所以調和「公」、「私」兩目標為各級主管義不容辭的基本職責，亦為管理理論從專為股東（或稱資本主）利益之早期學說演進為兼顧員工人性面利益的重大轉換，為近期學說之主流。

「社會」目標之達成是為社區 (Community) 及社會大眾 (Great Society) 之利益。因為任何事業機構皆生存於人群所組成的社會裡，若該事業之活動損害鄰近社區（如環境污染）及社會大眾之利益（如不良有害之產品），則該事業絕無繼續生存及成長之可能。

當企業的規模越大，其銷產活動涉及廣泛大眾之生活所需時（如公用事業），則它越應重視社會責任之達成。反之，則越不用太重視。再者，在同一事業機構之內，越高職位的主管人員越應重視社會責任 (Social Responsibility) 之履行，如董事長或總經理總是比股長或課長更應考慮社會目標之達成。

主管人員除了應負責達成組織之「公」目標及個人之「私」目標外尚須兼顧「社會」目標，為近期管理學說之重大進化，顯示管理學者體會近代社會經濟環境之變化，以及企業道德之形成，使自古以來一向被鄙視之私利「商人」（古稱士、農、工、商，商為四民之末），大大提高其尊嚴及貢獻國家社會長久目標之能力，所以現代的企業經營，是社會人群長期福祉的依賴基石。著名管理大師彼得・杜魯克 (Peter Drucker) 在其 1954 年的名著《管理實踐》(*Practice of Management*) 中，就已提出「顧客滿意」、「目標管理」(Management by Objective, MBO) 及「社會責任」等重要觀念，一改往昔只一味追求股東最大利潤 (Profit-Maximization) 目標之經營哲學理念。

企業的「公」目標就是企業最高主管（董事長、總裁、總經理）之目標，以「顧客滿意」之忠誠心與重購率、推薦率，以及「合理利潤」之淨值報酬率作代表。在競爭環境下，顧客不滿意，就不可能有合理利潤，所以企業的「公」目標常以利潤 (Profit) 或成長 (Growth) 來表示。企業的「私」目標常以員工薪酬 (Compensation) 及福利 (Fringe Benefit) 來表示。企業的「社會」目標，常以「不做壞事」及「多做好事」來表示。所謂「不做壞事」是指不製造空氣污染、水污染或聲音污染；不做虛偽廣告、假包裝或短欠斤兩；不用有損健康之防腐劑、原材料及色素等等。所謂「多做好事」是指多捐獻金錢，舉辦慈善事業及公益事業，如貧苦救濟、獎助學金、體育運動、科學研究、發展教育、建設地方、醫療研究等等有益於社會大眾長期福祉的活動。

美國的大企業家在謀求「組織」及「員工」目標之後，最知道以「散財為仁」之手段，來履行其「社會」目標，所以許多基金會及慈善活動充滿社會各角落，造成甚有人情味之文明。在管理學術方面，最有名者為通用汽車公司 (General Motors Company) 之前任總裁史隆 (A. Sloan) 先生，將其巨額財產贈與麻省理工學院 (MIT) 之工業管理研究院，MIT 遂將工管研究院改稱為「史隆管理研究院」(Sloan School of Management)，致力於把管理學術推廣於各種行業之應用，包括士、農、工、商、科技、醫、軍、政、教育等等各教、各流、各行、各業，以感謝及仿效史隆先生之有效經營方法，因通用汽車公司自 1926 年以來之成長及領先世界各行業，皆歸功於史隆先生當總裁之後所採取分權式事業部之現代化管理創新運動（自 1916 至 1956 年他在 GM 公司一共工作四十年）。

日本「經營之神」松下幸之助在 1917 年 23 歲時，創立日本松下 (Matsushita) 公司，經營成功。在 83 歲時，將一甲子（六十年）經驗寫下《經營哲學》一書，總結管理要點 20 條，並把財產捐作「松下義塾」，訓練二十一世紀之領袖人才。美國鋼鐵大王卡內基 (Carnegie) 在 1901 年（64 歲）時把鋼鐵廠賣給摩根 (Morgan)，由摩根成立美國鋼鐵公司 (U.S. Steel)，自己把所有財產捐出，建立卡內基美隆 (Carnegie Mellion) 大學。華僑橡膠大王陳嘉庚，事業有成，傾家辦學，興辦福建集美學園及廈門大學（自 1913 至 1932 年）。香港企業家李嘉誠捐鉅資創辦汕頭大學（1983 年）及長江管理學院（2002 年，在北京東方廣場）。臺灣企業家王永慶自 1970 年代以來興辦長庚醫院、明志技術學院及長庚大學。年輕企業家潤泰尹衍樑捐資建立北京大學光華管理學院（1994 年）及上海交大安泰管理學院（1996 年），並與國學大師南懷瑾合創光華教育基金，廣泛頒發光華獎學金，長年獎勵中國大陸二十六所著名大學優秀研究生七萬四千人以上（自 1989 至 2002 年）皆是美談之例。

二、「主管」與「主官」之異同 (Managers vs. Officials)

本處所指之「主管」人員即是等於通稱之「經理」或「管理」人員，是有「部屬」可管之「上司」人員，包括董事長、總裁、總經理、副總經理、經理、課長、組長、班長等等。在我國比較老式的說法中，有一「主官」(Officials) 名詞，其表面意義約與現代所稱之「主管」相似，只是「主官」是用於帝王時代或官衙習氣濃厚之機構，含有只會當「官」發威，剝削部屬及百姓利益，而不會主動負起「管理」創新職責，為組織及部屬謀利之落後意味，與目前「主管」人員應負責「創新」、「興利」之積極含意不同。

當「主官」的人，職位越高，越無責任挑戰，越會發威風，越不用大腦，所以學問越少及越落後，保守不變。反之，當「主管」的人，職位越高，職責越重，越謙虛，越不敢發威風，越需要用大腦，所以學問應越多及越領先別人，並願領導改進及變化。所以兩者表面看來相似，實質不同，而我們今日各行各業，包括士、農、工、商、兵、醫、學、卜、游、俠、僧、道、黨、閥、妓、丐等十六流（以前有三教九流，現代則有六教十六流），各流派所需要的就是積極的「主管」（經理）人員，而非消極、老朽的「主官」人員。

當「官」的方法比較簡單，只要二個口，一個是「哼」，另一個是「哈」，凡事哼哈，不敢冒險做決定，往上推，或往下放，或往平擠，讓別人去擔當風險，自己不做不錯，就可保住官位，甚至升官。此乃官有二口之來源，實為要不得之心態。

當主「管」與當主官就不同，「管」字是「官」上加「竹」。「竹」字指有學問的古代文書竹簡。竹字也指「胸有成竹」，有信心及把握，所以當主管的經理人員要永續學習，有知識有擔當，不可遇事哼哈推拖了事。

三、「主管」與「專家」之區別 (Manager vs. Expert)

一位良好的主管或經理人員的評鑑標準，是指他能否凝聚所轄屬之人力、土地、財力、物力、機器設備、技術方法、時間、情報資訊等等資源，變成可用之大力量。是指他能否把管理工作做好，達成原定的合理「目標」；而不是指他是否擁有多高的學歷，是否有多好的黨政軍關係，是否是一位不得罪他人的好好先生，是否有很長久的工作年資、經驗或年齡。換言之，評定經理人員成績的標準是工作「成果」(Result)與工作「目標」(Objective) 之對照比率，而非其他不相干的條件。有很多人把長得英俊與否，家世顯赫與否，面相與生辰八字良否等當作是否是一個好經理人員的標準，實是捨本（成果）逐末（手續）。

做不好管理工作而佔有「上司」職位的人，雖其個人學術鑽研、道德文章、專業技術、對人態度等等皆甚佳，但因不能創造成果，達成目標，所以不能稱為好主管或好經理人員，充其量只能算是好學者、好好先生、好專家、好技術人員而已。我們若要求社會資源能有效運用，產生高度成果，則應要求每一位居有主管地位的人員，都做好其應做的管理工作，追求目標之達成。反之，不能做好管理工作無法創造成果，只能守成的保守主管人員，或只能埋頭努力做自己專業性工作的主管人員，應要求他去學習做好管理工作（即接受管理發展訓練）。如果他不願學或無法學好時，應要求他辭去主管人員的職務，去扮演別的角色，而由有管理才能的人來替代他執行追求成果之積極職務。尤其充當政府職位的主管人員，如總統、行政、立法、司法、考試、監察院長、部長、省長、市長、縣長、司廳局處科長等，如同企業機構的集團董事長、總裁、副總裁、公司總經理、副總經理、副理、協理、經理、總工程師、廠長、處長、課長、組長、班長等，都要以目標之達成為評鑑標準，不是以其他任何藉口為標準。

四、「人上人」與「人下人」(Superior vs. Subordinate)

帶有部屬的「主管」人員，稱為「人上人」(People above People)，沒有帶部屬的人，稱為「人下人」(People below People)。班長、組長、課長、經理、協理、副總經理、總經理、總裁、董事長等都是「人上人」，而作業員、專家、教授、科學家、作家、藝術家、工程師、顧問等等，雖學有專精，有些並享有高知名度，但若沒有帶領部屬，供其指揮領導，本質上都是專門人員 (Specialists)，還都是「人下人」。「人上人」雖是其部屬的上司，但亦可能是其上司的下屬，所以也是「人下人」之一。只有最高的主管如皇帝、總統、董事長、總裁，才是唯一的「人上人」。所以在一個機構裡，除第一級外，第二級、第三級、第四級……的主管人員，一方面是上司的「人下人」，另一方面是下屬的「人上人」，凡是「人上人」都要發揮群力的管理效能，凡是「人下人」都要發揮個人的技術效能。古人云，欲為「人上人」，須吃「苦中苦」，因為對主管人員的要求特別高，而主管人員的成敗也決定機構成敗的十分之九。

第二節　管理性工作與非管理性工作(Management and Non-Management Jobs)

一、主管人員工作種類之優先順序(Priority of Manager's Jobs)

主管人員應該做好「管理性工作」(Management Jobs)，以達成三大工作目標，此並非說高層與基層主管人員的百分之百時間，皆僅以管理性工作（即指計劃、組織、用人、指導、控制等系列群力性工作）為限，即使當管理性工作已經做完，而時間尚有剩餘，也無所事事，只抽菸、飲茶、看報，遊手好閒，看部屬在辛苦忙碌工作，自己在旁邊欣賞。相反地，此時主管人員亦應投身於部屬的工作行列，從事「非管理性工作」(Non-Management Jobs) 或稱專業操作性工作 (Specialized Operational or Technical Jobs)，與部屬打成一片，貢獻其原有之專業技能。

簡言之，任何階層的主管人員應從事兩類工作，一為「管理性」工作（即群力性工作)，一為「非管理性」或專業操作性工作（即個力性工作)，只是依其職位高低及所支配資源多寡之不同，而異其兩類工作之時間百分比。凡是高位之主管，其從事管理工作之時間，應多於低位之主管，因而其從事專業操作性工作之時間，亦應隨之作相反方向之調整變化。只是不論高位或低位主管，皆應優先以管理性工作為重，以專業操作工作為次，則為同樣不易之理。

譬如當一國之總統者，應先把時間放在設定國家發展大計，架設靈活的政府組織結構，選用賢能人才，指揮領導溝通激勵部屬，以及追蹤糾正賞罰工作成果等等管理性工作，而不是成天價日為自己及自己政黨的知名度作秀剪綵。同樣的一個企業的總經理，也應先把時間放在偵察環境及供需競爭態勢之變化，設定公司中長期目標、願景、政策、戰略、工作方案、作業制度、操作標準、收支預算、以及組織、用人、指導、控制等工作，而不是成天價日忙於交際、打球、玩樂、作秀等等非管理性工作活動。

二、管理性工作與非管理性工作之比重變化(Weight Changes of Management and Non-Management Jobs)

當一個現場作業員 (Operator)，不論是在行銷、生產、財務、會計、資訊、採購、人事、總務、企劃設計及研究發展部門，升為班長、股長、課長、經理、協理等等之後，他的工作自然從百分之百的技術操作性質，轉變為「管理」性工作及「非管理」性工作之混合體。所謂「非管理」性工作是指與他未升為單位主管前之工作相似，大多仍為細節性之專業技術操作工作。所謂「管理」性工作，是指如何「計劃」(Planning)，如何「組織」(Organizing)，如何「用人」(Staffing)，如何「指導」(Directing)，如何「控制」(Controlling) 部屬之體力及腦力，如期完成預定之目標。換言之，管理性工作是「管人」(Managing People) 的工作，而非管理性工作是「做事」(Doing Things) 的工作。管人的工作是以有生命的「人」為主要處理對象，做事的工作是以人以外的無生命的「物」，如機器、材料、設備、儀器、文件等等為主要處理對象。

當一個人從現場作業員、或技術員、或工程師、或銷售代表、或財務、會計、總務員等非主管職位，因專業技術性工作做得很出色，受到上級賞識，提升為主管職位後，其工作時間就分配於管理性工作及非管理性工作，並以管理性工作為優先，非管理性的技術工作為殿後，已說明如前，見圖 1–1。此種工作分配程度，依主管職位之提升而發生變化。普通一位領班每天所須花用於管理性工作之時間約為10%，股長約為 20～30%，課長約為 40～60%，經理約為 60～80%，協理或副總經理約為 80～90%，總經理約為 90～100%，而其花用於專業技術性工作之時間，則相對減少，所以集團企業總裁及公司總經理（或最高主管）幾乎用不到專業技術技能，雖然他也必須擁有該種技能，因之，有人說假使某甲在甲行業 A 公司當總經理，管理工作做得很出色，機構業績很好，則將其調往乙行業 B 公司當總經理，亦可能幹得很好，因為他所用的是管理技能，而非專業性技術，而管理技能到處都需要，並可移轉 (Transferable)，成為科學工具之一，誠非虛言。（在英文則稱 Management is science because management skills are transferable.）

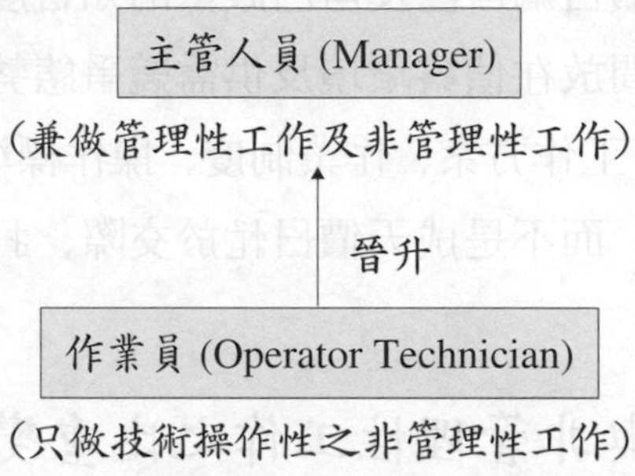

圖 1–1　從技術人員晉升為管理人員

	領班	股長	課長	經理	副總經理 協理	總經理
1. 優先工作：管理性工作	10%	20~30%	40~60%	60~80%	80~90%	90~100%
2. 優後工作：專業技術操作工作（非管理性工作）	90%	80~70%	60~40%	40~20%	20~10%	10~0%

圖 1–2　各級主管之工作分配時間及優先順序

圖 1–2 將不同職位之主管，所應分配的時間比例表明出來，供各界參考，提醒那些一日從早到晚，埋首於自己專業技術工作，而忽略管理部屬工作之主管人員，勿將自己當成技術人員，而應好好扮演經理人員之角色，多多從事目標手段之計劃、組織設計、人員進用、意見溝通、士氣激勵、領導指揮，及控制獎勵等之決策、協調、資源運用之管理技能。

三、三成功要素與三高強能力 (Success and Good Abilities)

一個人從小到大，要在某行某業成功 (Success)，必須具備「三緣和合」的境界。第一、要有遠大目標及堅強企圖心，簡稱「意願」(Willingness)。第二、要有高強的個人能力及團隊能力，簡稱「能力」(Abilities)。第三、要有良好的天時地利人和機遇，無競爭者，有好供應商，有好顧客，有貴人相助等，簡稱「環境」(Environments)。

「意願」及「能力」都是主觀條件 (Subjective Conditions),「環境」是客觀條件 (Objective Conditions)。「意願」強,「能力」弱,「環境」不佳,只有一緣,不能成功。「意願」強,「能力」強,但「環境」差;或「環境」強,「能力」也強,但「意願」無;或「環境」強,「意願」也強,但「能力」差,都屬於只有二緣情況,還是不能成功。天下任何事,一定要「意願」強,「能力」強,「環境」好,三緣和合,才能成功。世上有很多「高志、低才」、「低志、高才」或「高志、高才」者,也與成功絕緣,皆因未能「三緣」和合也。俗語說有主觀條件,不一定成功;有客觀條件,也不一定成功;一定要二主觀一客觀三者合一,才能成功。企業管理的主管人員,就是要謀求三緣和合的成功條件。三緣結合程度愈高者,成功程度愈高;反之愈低。請見圖 1–3 三要素八組合中,只有①三強(意願、能力、環境)者才能成功,機率只有八分之一,約為 12.5%,所以古云:「不如意事常八九,可對人言無二三」,確實有道理。

意願因素	能力因素	環境因素	成功或失敗機會
意願	強——(能力)	強——(環境)	強(三強→成功)①
			弱(二強一弱→失敗)②
		弱——(環境)	強(二強一弱→失敗)③
			弱(二弱一強→失敗)④
	弱——(能力)	強——(環境)	強(二強一弱→失敗)⑤
			弱(二弱一強→失敗)⑥
		弱——(環境)	強(二弱一強→失敗)⑦
			弱(三弱→失敗)⑧

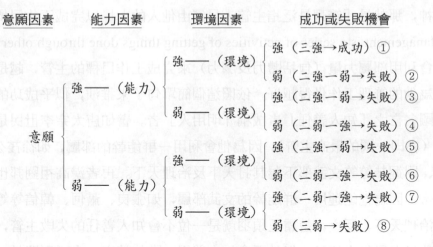

圖 1–3　成功三要素八組合

企業主管人員,不論其職位高低,都要練得高強的「文武藝能力」及「觀念決策能力」,所謂「武藝」能力指「專業特殊能力」(Special Skills),如電機、電子、機械、電訊、電腦、光電、電力、土木、建築、水利、化學、化工、物理、生物、基因、園藝、法律、會計、財務、財政、金融、證券、貿易、運輸、資訊、行銷、人事、語言、外交、採購等大學、專科、職校所訓練之個人謀生能力。所謂「文藝」能力是指人性處理之能力 (Human Skill),指與上級,與平輩,與下級和平相處,團結一致之能力。亦即管理能力中的組織能力、用人能力,指導、報告、溝通、激勵、協調、合作、照顧等等之能力。

所謂「觀念決策能力」(Conceptual Decision-Making Skill)，是指擔任高級主管時以「曠野觀天」心法（不是「密室觀天」，不是「隙孔觀天」，不是「井底觀天」）來觀看世界大局變化態勢，評估敵我強弱地位（在英文稱 SWOT 強弱危機分析），決定自己公司定位處所目標 (Objectives)，籌謀穩定生存政策 (Policies)，及出奇制勝、突破現狀、力爭上游之戰略 (Strategies) 等決策。

只有擁有好專業能力者，只能當部屬，做別人之「人下人」。只有擁有好專業能力及好人性能力者，只能當中基層主管人員，做高級主管的「人下人」，當下級人員的「人上人」。只有同時擁有好專業能力、人性能力及觀念決策能力的人，才有可能當高級主管人員，並有「三緣和合」而成功的機會。

四、「管理」與「知人善任」(Management and Good Talent Staffing)

本書開頭，已提過主管人員的本質，現在再用一句很簡短的話說明「管理」工作的精神，那就是「管理是泛指主管人員經由他人的力量以完成工作目標的系列活動」(Management is a series of activities of getting things done through other people.)，所以越會利用部屬力量（包括體力及腦力）來完成工作目標的主管，越是優秀的主管，因為他的管理工作做得越好。依照這個簡單句子來推演，似乎成功的管理者，就是我國名言之「知人善任」者或稱「明用人」者。譬如唐太宗李世民是一位成功的皇帝（亦即一國的最高主管），因為他會利用一群能幹的部屬，如徐茂公、秦瓊、房玄齡、尉遲恭等等文武部下為其打天下及治理天下。再者漢高祖劉邦也是一位成功的皇帝，因為他能運用一群能幹的文武部屬，如張良、蕭何、韓信等等，為其爭天下及治理天下。反之，楚霸王項羽就是一位不會知人善任的失敗主管，雖然他個人的武功及力量無人能及，但他不會知人善用，聽信讒言，中了反間計，疏遠猜忌范增（軍師）及鍾離昧（武將），自斷文武雙翼，終被劉邦打敗。因為一個組織體的目標，不是靠一個主管的個人體力（指技術性操作）就能達成，而是需要靠管理群體團隊（指部屬）的眾多腦力及體力，才能達成。個人的技術力量很有限，群體的凝結力量才是無限，而「管理」就是發揮群體力量的最佳工具。

從古代到現代，凡是成功的企業家或政治機構，皆是英明的最高領導人，能認識及延用能幹部屬（人力）為其工作，再經由這些能幹部屬任用更多的下一級能幹部屬（人力），共同努力，有效運用財力、土力、物力、機力、技術力、時間力、情報力等寶貴資源，達成目標。反之，任何一個朝代、政府、企業機構的失敗，也都是由於其最高主管任用不良之部屬（俗稱奸臣），該不良部屬再任用更多的下一級不良部屬，貪污、舞弊、浪費資源，於是機構開始走向毀滅道路。所以歸根究底分析起來，一個機構的成功或失敗，皆因其最高主管之會知人善任或不會知人善任，而其最終責任不在於部屬的良劣，而是在於主管的會不會把管理工作做好，因「用人」是管理工作的一個重要環節。如前所述，管理工作由計劃、組織、用人、指導、控制等五環節組成，用人就是第三環節。

孔子弟子曾參（即曾子，以著作《大學》一書而聞名千古）比荀子早生，對最高主管是否明用人之後果，講出三句話十二個字，我們必須長記在心，那是「用師者王，用友者霸，用徒者亡」。其意指用老師級人才當部下，如周武王用姜尚子牙為師，言聽計從，百依百順，所以能夠成就王業。王業者以德服人，故可以少勝多。若用朋友級人才當部下，如齊桓公用管仲，劉邦用張良、陳平為朋友級部屬，雖很客氣，但只採用一半計謀，有時聽，有時不聽，所以只能成就霸業，霸業者以武服人，故必以多勝少。若用奴徒級人才當部下，如項羽在楚漢相爭末期，中了離間計，不用范增、鍾離昧，而用項伯類之唯唯諾諾奴才，終於滅亡。臺灣最近的政權及不少企業之失敗，皆敗在最高主管人員「用徒者亡」之定律。

五、正臣有六、邪臣有六(Good Subordinates and Bad Subordinates)

好的最高主管（如總統、董事長、總裁、總經理）用正臣為部屬，一定成功。壞的最高主管用了邪臣為部屬，也一定失敗，此理曾參已用三句十二字（用師者王，用友者霸，用徒者亡）說明了。那麼正臣與邪臣的內容如何呢？史上名人指出「正臣有六、邪臣有六」。所謂「正臣有六」，即一聖臣、二大臣、三忠臣、四智臣、五貞臣、六直臣。這六種好部下中，對組織貢獻最大者是「聖臣」，他在萌芽未動之時已見先機，替主人謀大福避大禍，主人都可能還不知道。貢獻最小者是「直臣」，直臣以死來諫勸皇上。所謂「邪臣」也有六種，即七具臣、八諛臣、九奸臣、十讒臣、十一賊臣、十二亡臣。

在這六種邪臣中，對組織傷害最小的是具臣，所以列在直臣之後為第七。傷害最大的是亡臣，所以列為十二臣之最後。「具臣」有等於無，他不做「好」事，也不做「壞」事，只拿薪水度日，即所謂安官貪祿，如無生命之「工具」。「亡臣」會把政權或企業組織的所有權篡位滅亡，是最大的壞部屬，像王莽亡漢篡位建國為新。清朝乾隆晚期的大壞臣和珅，就是諛臣兼奸臣兼讒臣，三合一，「諛臣」專門昧良心說好聽的話，討主人歡心。「奸臣」表面上裝忠厚老實，骨子裡奸害人取利。「讒臣」

更進一步，在主人們前，誇大他不喜歡的人的小缺點，也誇大他喜歡的人的小優點，害了好人，害了主人，得利自己。在一個組織體內，你要仔細觀察，誰是正臣六類中的那一類，誰是邪臣六類中的那一類，而自己又是屬於正臣、邪臣中的那一類，以便警惕改正。

六、動態管理與主管角色(Dynamic Management and the Role of Managers)

雖然從歷史上分析，「知人善任」(Good Talent Staffing) 與否關係事業經營的成敗，但是在一年三百六十五天的日常生活中，一個優秀的管理者的工作，不只是「知人善任」而已，也不可能天天在用人，他還要策劃、規劃大小工作目標及手段 (Planning and Programming)，預算財務資源 (Budgeting)，設計組織結構及工作任務小組 (Organizing and Task-Teaming)，領導指揮部屬執行工作目標，激勵士氣及部屬溝通 (Leading, Motivating and Communicating) 及控制、糾正、及獎懲部屬之工作表現 (Controlling, Correcting, Rewarding and Punishing)。所以在 1940 年代，有一群美國企業鉅子及管理專家給了「管理」另一個比較完整的定義，比上述的句子要長些，他們認為「管理乃是將人力與物質資源導入動態組織單位中，以達成組織原定目標，使接受服務者獲得滿足，亦使提供服務者享有高昂士氣及有所成就感的一系列活動」。既要達成組織目標（公司公目標），又要使接受服務者滿意（社會目標），更要使提供服務者身心愉快（員工私目標），這三種不同之目標彼此衝突，但要在一舉之下同時達成，其困難程度可想而知，絕非憑天生本能 (Instinct) 及小格局之細節專業技術 (Technical Skills) 所能守株待兔而成功。反之，必須有動態情報 (Dynamic Information)、動態計劃 (Dynamic Planning-Programming)、動態組織 (Dynamic Organizing)、動態指導 (Dynamic Directing)、及動態控制 (Dynamic Controlling) 之方法，才能在多變的外在供需及大環境 (Supply-Demand and Macroenvironments) 下，維持內在動態均衡 (Dynamic Balancing)，力爭上游，而非守舊淘汰。

在進入二十一世紀新時代以來，政治、經濟、法規、科技、人口、社會、文化、教育等八大環境因素之變動，遠比一百年以前為劇烈，所以一百多年前的管理理論若不經修正，與時俱進，亦將與企業機構一樣遭受時間的淘汰，此為業者及學者另一個動態心理準備。

人類在 1750 年以前，過的是步伐緩慢的農業經濟 (Agricultural Economy) 時代，以土地及奴隸勞力生產力為主要來源。到了 1750 年，瓦特發明蒸汽機，引發機械替代人力、獸力之「工業革命」(Industrial Revolution)，進入工業經濟 (Industrial Economy) 時代，資本、機械成為生產力貢獻的主要來源，勞工與資本家（指擁有資本可以買機器來生產的人）兩者之間貧富差距拉大，經過百年的演化，終於在 1850 年出現了共產主義與社會主義的政治思想，以打敗資本家及資本主義為號召，引起歐洲各地社會動盪不安。但到了 1875 年，美國工業界發生「科學管理」(Scientific Management) 運動，以勞資和諧提高生產力共享之主張，在無意中抵擋了共產主義之流行，穩定了社會及政治秩序。二十世紀一百多年來，「科學管理」的工廠機械生產方法和 1930 年代「人群關係」(Human Relations) 的人性管理方法，維持及提高了人類物質及精神生活的大幅改善。但自 1990 年開始，衛星無線通訊和電腦應用的結合 (Wireless Communication and Computerization, C&C)，使時間及空間的限制被打破，人類經濟生活走入了「知識經濟」(Knowledge Economy) 時代，人的腦力作用比體力作用有更大的生產力貢獻價值。各國經濟法規自由化及企業經營範圍全球化帶來了更劇烈的企業競爭，逼使企業管理方式走向「動態改進」(Dynamic Improvements) 之大路。任何大、中、小企業，若在觀念上及作法上停滯不前，就有被淘汰的厄運。

七、「企業」管理與「非企業」管理(Management for Business and Non-Business Institutions)

由以上所述，我們可知，只要想追求成功，每一位主管人員都必須從事管理性工作，並把管理性工作排在非管理性工作之前。不過管理性工作之原則及精神不僅可以應用於「企業」(Business or Enterprise) 活動上，亦可應用於「非企業」(Non-Business) 活動上。所謂「企業」是指追求經濟利益（利潤）以分配給股東享受之一般農、工、商百業、千業、萬業。所謂「非企業」是指追求非給股東分配享受之經濟利益、社會利益、文化利益、教育利益、宗教利益、國防利益、政治利益、外交利益之機構，如各級政府之各種機關（如警政、戶政、地政、國防、外交、財稅、經建、貿易、工務等等行政機關）、醫院、學校、圖書館、博物館、社會團體、基金會、慈善機構、道觀、寺廟、教會等等。凡是一個組織體，擁有特定目標及各種資源，它就需要「管理」，以期有效運用資源，發揮潛力，完成目標。二次世界大戰之後，美國經濟援助許多國家，事後檢討，發現管理得好的國家，其經援的效果就好；反之，管理不好的國家，其經援資源等於「肉包子打狗，有去無回」，兩者關係密切。所以每一個人學會了企業管理的觀念、精神、原則、技術之後，日後都可應用於任何行業及非企業機構的活動上。反之，其他非企業機構的人員，也應該學習管理的技能，除了能更有效完成本行業之工作外，有朝一日就業於企業界時，亦能從事有效的經營管理。展望二十一世紀的社會經濟會繼續發展，農、工、商等營利事業會繼續發達，但是非營利事業之組織會更發達，退休後的資深公民，會投入「義工」行列，為非營利機構免費工作，使社會更有人情味及公平感。

管理知識是一種綜合各學門的應用知識，並超然立於各專業知識之上，不與各專業知識平行，所以也不衝突。在大學或專科時代，學習理、工、農、醫、商、法、文、軍等院系的學生，若想將來當一位有效率的經理人，就應利用時間，學習管理知識，以增強自己的潛力。和 1970 年代比較，二十一世紀開始的現在有更多的各行業中、高級主管人員，在星期六、星期日或一個月抽三、四天熱誠地參加「在職企管碩士班」(EMBA) 或 Mini-EMBA 高階管理進修班，就是把管理知識當作專業知識之附加價值的認知及行動。

第三節　企業管理之要義(Essence of Business Management)

一、決策、協調與資源運用——管理的靈魂(Decision-Making, Coordination, and Resource Utilization —— The Soul of Management)

雖然我們曾說「管理是泛指主管人員經由他人的力量以完成工作目標的系列活動」，而這個系列活動包括「計劃」、「組織」、「用人」、「指導」、「控制」等五大關聯性工作，但真正在日常活動中，我們所感覺到的主管人員之管理工作中總是含有如何「選擇對策以解決問題」之「決策」(Decision-Making) 活動，如何分配及運用人力、財力、物力、機器設備、技術方法、時間、情報資訊等等資源 (Resource Utilization)，以及如何協調人際關係，有效完成已經決定並在執行中之各種工作 (Coordination) 之精神，以期各單位之努力方向一致，時間及步驟不衝突。所以「決策」、「協調」和「資源運用」是到處出現於「計劃」、「組織」、「用人」、「指導」及「控制」五大管理功能活動之中，成為廣義「管理活動的靈魂」(Soul of Management)。

我們也從日常觀察中發現，地位越高的主管人員，如一國之總統，一集團之董事長、總裁，一公司之總經理，他所能支配運用的資源越多，他決策的影響範圍及時間性也越大及越遠，而他所做的協調力量也越具有最後決定性。反之，地位越低的主管人員，如班長、領班、組長、課長，他所能運用的資源越有限，他決策的影響範圍可能很小，而時間性也很短，而他的協調力量也限於初步性質，需要上級人員的審查及核定。這兩極端的管理要義，可以從同一公司的總經理（或董事長）及一位領班、班長的身上看出。總經理運用重大財務資源，決定產品及市場目標，協調「行銷」(Marketing)、「生產」(Production)、「研究發展」(Research and Development)、「人事」(Personnel)、及「財務會計」(Finance and Accounting) 等部門之工作進展，而領班運用一班人員之力量，決定短期間內何人何時做何種工作，並只協調數個班員間之工作進展及配合。

雖然地位高低的不同，使得資源運用多寡、種類、決策大小、以及協調之力量有所不同，但是凡是當主管的人員，總是免不了要在決策、協調、資源運用等管理精神或管理靈魂上下功夫，以使計劃工作、組織工作、用人工作、指導工作、及控制工作進行得很順利。換言之，前三種管理精神為後五種管理步驟（或管理功能）之精髓，任何一種管理步驟中皆需要決策、協調、及資源運用之存在，否則其結果不會產生力量。一個成功的企業，端賴各部門從領班以上的各級主管人員（或潛力人員），皆能充分把握管理要義之綜合關係，並有效運用管理要義。

譬如在管理的第一個功能「計劃」過程中，要做情報資訊的調查研究、分析、預測，要做經營宗旨、使命、願景、五年目標之設定，要做產品、市場戰略及政策、制度之選定，要做目標管理體系、責任中心體系、作業方案及預算排程控制等等之設定，這些策劃、規劃性過程，都要牽涉到各部門各級主管之決策、協調及資源運用之心智思考 (Mental Thinking)。其他組織、用人、指導、控制功能之運作更是如此。

二、企業功能及其關係(Business Functions and Relationships)

前已述及，「管理」知識是一門綜合各學問的應用知識 (Applied Knowledge)，超越各傳統專業學科之上，為想當主管之所有人員所必須追求者，其最普遍的應用機構為農、工、商等營利企業機構，所以「企業管理」(Business Administration or Enterprise Management or Business Management) 成為社會上通用之專有名詞。事實上，「企業管理」含有兩套系統性的知識，一為「企業功能」(Business Functions)，一為「管理功能」(Management Functions)，各取前二字合稱「企業管理」。若將此道理應用於政府行政機構、醫療機構、旅遊機構、教育機構，則可得「行政管理」(Buracracy Management or Public Administration)，「醫院管理」(Hospital Administration or Management)，「旅館管理」(Hotel Management)，「教育管理」(Education Management or Administration)。事實上，這些不同的名稱，皆是一般通用管理 (General Management) 理論的應用，所以管理學術最發達的美國許多大學，已將原來的工業管理學院

(School of Industrial Management) 或企業管理學院改名為「管理學院」(School of Management)，MIT 之史隆管理學院就是最先改名者之一，以涵蓋更廣泛的應用範圍，此種趨勢在未來會越明顯，我國人士亦應注意之。臺灣大學原來之商學系所原隸屬於法學院三十年，後於本人擔任系所主任期間（1979 至 1983 年），經努力將其改為目前之管理學院（1983 年通過改制），北京大學把經濟管理學院改為光華管理學院（1994 年），淡江大學在原商學院外設立管理學院，內含七個系所，有學生 6,000 多人，為臺灣地區及中國大陸各大學中規模最大之管理學院（2003 年）。

所謂「企業功能」（或特定「機構」功能）是指一個企業機構要能達成生存 (Survival) 及成長 (Growth) 二大宇宙生物之終極目標，與「顧客滿意」及「合理利潤」二大企業有效經營之最高目標，所必須具有的基本技術功能，正如一個人要能靈活運轉，必須具有眼睛視覺、耳朵聽覺、舌頭味覺、鼻子嗅覺、及身體觸覺等五個基本器官（眼、耳、鼻、舌、身）一樣。人若失去或缺乏任何一個官能，則無法充分調整活動方向及速度，以應付外界環境之變化，所以我們稱之為「殘廢者」(Disabled)，企業機構亦是同理，若其一個或是一個以上之基本器官功能失去作用能力，則將成為「殘廢企業」，其存在必無法真正發揮為顧客、員工、政府、股東、社區、及社會大眾謀福利之能力，所以認識及健全「企業功能」為主管人員之第一要務之一。

企業功能可依人有五官之方式大略分為五種，即：

(1)「行銷」功能 (Marketing Function)。

(2)「生產」功能 (Production Function)，包括自製及委外製造 (Self-Make and Out-Sourcing)。

(3)「研究發展」功能 (Research and Development Function)。

(4)「人事」（或工業關係或人力資源）功能 (Personnel or Industrial Relations or Human Resources Function)。

(5)「財務」（含會計資訊）功能 (Finance-Accounting-Information Function)。

這些功能係依專業技能而分。每一個功能下又可再分為若干次級功能 (Sub-Functions)。

譬如在「行銷」功能下，又可再分為(1)行銷研究與計劃 (Marketing Research and Planning)，(2)人員直銷 (Direct Personal Selling)，(3)外銷 (Foreign Selling)，(4)分公司或營業所及經銷商 (Branches and Middleman Agencies)，(5)廣告 (Advertising)，(6)售後服務 (After-Sales Services)，有時尚有採購 (Purchasing)、儲運 (Warehousing and Transportation) 及顧客服務中心 (Customer Centers) 等。

譬如「生產」功能可再依專業工作技能，分為⑴生產計劃與管制 (Production Planning and Control)，⑵現場製造 (Field Manufacturing)，工作研究 (Work Study or Method Study)，⑶品質管制 (Quality Control)，⑷物料管理 (Material Control)，⑸工程設計 (Engineering Design)，⑹設備維護 (Equipment Maintenance)，⑺採購或委外生產 (Purchasing or Outsourcing)，⑻儲運 (Warehousing and Transportation) 等等。這些專業性之次級功能，都有其本身之系統性知識，為大學專校各科系授課之內容要項。

在「研究發展」功能下，又可分為新產品開發 (New Product Development)、新原料開發 (New Material Development)、新設備開發 (New Equipment Development)、新製程開發 (New Process Development)、新檢驗方法開發 (New Testing Development)、新市場開發 (New Market Development)、以及基本研究 (Basic Research) 等。

在「人事」(或工業關係或人力資源) 功能下，又可分為⑴員工招募 (Recruitment)、⑵職位及任用遷調 (Positions and Placement)、⑶薪資 (Salary and Wage)、⑷訓練與發展 (Training and Development)、⑸績效評估與獎懲 (Performance Evaluation and Reward-Penalty)、⑹公共關係 (Public Relations)、⑺衛生與安全 (Health and Safety)、⑻員工福利 (Welfare and Fringe Benefits)、⑼庶務 (General Affairs) 等。

在「財會資訊」功能下，可以分為三個互相密切關聯之體系，即:

1. **財務融資 (Finance) 體系**

財務融資體系又分為銀行融通 (Banking Financing)、證券發行 (Securities Stocks and Bonds)、信用控制 (Credit Control)、保險管理 (Insurance Management)、財產管理 (Property Management)、現金出納 (Cashier)。

2. **會計成本 (Accounting and Cost) 體系**

會計成本體系又分為普通會計 (Financial Accounting)、成本會計 (Cost Accounting)、管理會計 (Management Accounting)、稅務會計 (Tax Accounting)、預算控制 (Budgetary Control) 及內部控制 (Internal Control) 體系。

3. **資訊科技 (Information Technology) 體系**

資訊科技體系又可分為電腦硬體購置 (Computer Hardware)、電腦軟體設計 (Software Design)、作業維護 (IT Maintenance)、聯網作業體系 (SCM-ERP-CRM)。

不同機構所需之功能雖其名稱或有不同，但其基本作用皆脫不了行銷、生產、研究發展、人事及財務五大範圍。譬如大學機構的「生產」功能由教務處及各學院各學系的教師擔任，其「支援」功能由總務處擔任，其「財務」及「人事」功能由會計室及人事室擔任，教學及支援服務再由「學術」副校長及「行政」副校長分別綜其成，但其行銷功能及研究發展功能則大多數學校無適當部門擔任，在美國大規模之學校，則由「企劃與發展」副校長來擔任，所以我國的大學在現代管理觀點來看，屬於「殘缺不全」的機構，難以履行應盡的義務，此與歐美大學之功能齊備及組織健全，有極大之差距。相類似地，我國目前之絕大多數銀行及證券機構，亦無明顯的行銷功能，不能主動尋找顧客，提供服務，所以亦屬殘缺（或殘廢）之機構，除少數者如華信銀行、世華銀行、金華信銀證券公司（2002 年與建弘證券公司合併為建華證券公司）外，莫怪「銀行」常被譏為「當舖」，因未見「當舖」主動向顧客招攬生意也。就我國各界之機構而言，包括海峽兩岸在內，缺乏行銷及技術研究發展兩功能者為數最多，而這兩功能又是現代化成功的機構所不可或缺者，實不能不特加警惕。

在五個企業基本功能裡，「行銷」及「生產」屬於直線及前線 (Line) 作業部門，「財務（會計）」及「人事（總務）」屬於幕僚及後勤 (Staff) 作業部門，而「研究發展」屬於企業「再生」(Regeneration) 部門，專司傳宗接代，延綿輝煌企業生命之任務，特別重要。幕僚部門應「協助」，而非「牽制」直線部門，否則企業的努力將事倍功半，自相抵銷。同時，在直線作業部門內之生產功能應以行銷功能為先導，即「行銷導向」(Marketing-Orientation)，而非自我先行於行銷功能，以免陷入過時之「生產導向」(Production-Orientation) 之困境。這些簡單但極重要的順序關係，必須謹記並力行，才能成為現代化有效經營之企業。在我國目前及過去的「管制」制度上，到處可以發現違反這些簡單基本原則之事例，尤以公營事業及行政機關為甚，因它們以講求靜態之「手續」牽制及「防弊」為整個管理設計之最高目標，而非以動態積極創新及效率為最高管理之目標，所以常陷入落伍困境尚不自覺。

三、管理五功能及「行政三聯制」(Management Functions and Plan-Do-See)

所謂「管理功能」亦如企業功能一樣，是指一個主管人員，若要將其管理性工作做得很有效，如同有機物體 (Organic Body) 一樣成長，所必須具有的基本技術功能。這些功能也可如同企業功能，用「人」的五個器官及功能來比喻，叫「管理五官」或「管理五功能」。這五種連貫一致的名稱為「計劃」(Planning)，「組織」(Organizing)，「用人」(Staffing)，「指導」(Directing)，及「控制」(Controlling)。這五個管理功能（簡稱 POSDC）必須有合適的順序，即「計劃」功能，先行設定一個機構從高到低的「目標—手段鏈」體系 (End-Means Chain System)；「組織」結構及職責分配功能次之，「用人」唯才功能再次之；日常指揮、領導、溝通、激勵、協調之「指導」功能及追縱、獎懲、糾正之「控制」功能則也以原訂計劃目標為依歸，形成一個完整的循環步驟，故亦稱「管理步驟」(Management Process) 及「管理循環」(Management Cycle)。

現代「管理五功能」與中國歷史上之「行政三聯制」為同一事體，只是前者劃分較細，後者劃分較粗；前者倡於較近代之企管書籍，後者倡於較早之政治行政學之書籍。「行政三聯制」認為一切「行政」工作（亦即近代所稱之「管理」工作）皆可含於「計劃」(Plan，包括策劃、規劃、預算、排程)、「執行」(Do，包括組織、用人、指導)、「考核」(See，包括回饋、追蹤、評核、獎懲、糾正等控制工作）三位一體之循環裡（簡稱 PDS)。與「管理五功能」相較，兩者之「計劃」皆同義，屬於「事前」定大計的功夫；「三聯制」之「執行」則等於「五功能」之「組織」、「用人」及「指導」三部分，屬於「事中」設組織、明用人、勤指導的執行功夫；「三聯制」之「考核」等於「五功能」之「控制」，皆包括對「人」嚴賞罰之考績獎懲及對「事」之檢討糾正，屬於「事後」功夫。所以基本上，兩種分類法皆有「事前」、「事中」、「事後」之活動，形成一貫之循環。圖 1–4 為兩者比較圖，供讀者澄清觀念。

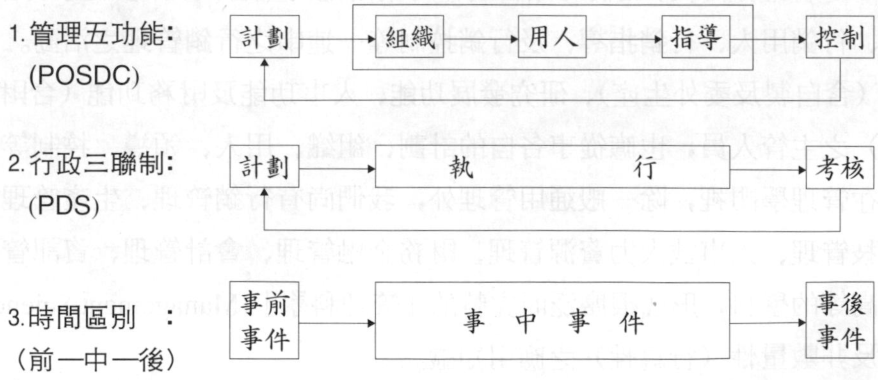

圖 1–4　「管理五功能」與「行政三聯制」

在時間的使用上，事前的「計劃」屬於設定未來目標及政策、戰略、方案之思考工作，佔時不能太多，最多均為 5%，否則會變成一議再議、議而不決之清談，浪費時間、時機，誤國、誤民、誤公司。

事中的執行要用最多時間，約為 90%，其中「組織」及「用人」也不能用時太多，只能各約 2%，剩下的 86% 要留給「指揮」、「領導」、「溝通」、「激勵」、「協調」、

「照顧」等「指導」活動之用。事後的「控制」，用時也只約 5%，不能太多，以免變成鬥爭整肅之虛耗功能。整體而言，事前 5%，事中 90%，事後 5%，是最適當的管理時間分配比例。

四、管理科學矩陣之觀念模式(Management Science Matrix Model)

從上面「企業功能」、「管理功能」、及「決策、協調與資源運用」等三套理論，我們可以發覺通常所談的管理要義，是指企業機構各功能部門（行銷、生產、研究發展、人事、財會）的各級主管人員，運用決策、協調、資源運用的精神，從事其所應履行的計劃、組織、用人、指導、及控制等管理工作，以達成工作目標。此三套管理理論的綜合關係就如圖 1–5 所示之「管理科學矩陣」(Management Science Matrix)，其中以五個企業基本功能為橫軸，表示「做事」的活動，以五個管理功能為縱軸，表示「管人」或「做人」(Managing People) 的活動。兩軸交叉所形成的方格，都需要決策、協調、及資源運用之管理靈魂精神，而許多數量性 (Quantitative) 及非數量性 (Non-Quantitative) 的專業性、工程性知識與管理知識，皆將成為這個管理矩陣內各方格的運作素材 (Operational Materials)，並以達成組織公目標、個人私目標、及社會大目標為最後歸屬。

在圖 1–5 管理矩陣內，我們可以看出在行銷功能的主管人員，要從事行銷計劃、行銷組織、行銷用人、行銷指導、及行銷控制等一連串之行銷管理之活動。同理，生產功能（含自製及委外生產）、研究發展功能、人事功能及財務功能（含財務、會計、資訊）之主管人員，也應從事各自的計劃、組織、用人、領導、控制等管理活動，所以在管理學門裡，除一般通用管理外，我們尚有行銷管理、生產管理、研究發展或科技管理、人事或人力資源管理、財務金融管理、會計管理、資訊管理及其更細分或高等的學科，形成很廣泛而完整的「管理科學」(Management Science)，包括數量性及非數量性（行為性）之應用知識。

圖 1–5 管理矩陣之構建來源，是採「人」有五官六識之原意，人的五官為「眼、耳、鼻、舌、身」，人的六識為色、聲、香、味、觸、法。「企業」有五官六識，其五官為行銷（銷）、生產（產）、研究發展（發）、人事（人）、財會（財），其六識為「市場顧客」、「製造加工」、「技術創新」、「人力資源」、「企業血液及神經脈絡」，及「總經理之統籌綜合作用」。「管理」也有五官六識，其五官為計劃（計）、組織（組）、用人（用）、指導（指）、控制（控），其六識為「目標手段體系」、「分工合作架構」、「選賢與能機制」、「指揮領導協調溝通作用」、「回饋檢討糾正獎懲機制」，及「目標

橫軸　企業功能：指「做事」活動，是總經理統籌五功能之綜合作用

縱軸　指管理功能：指「管人」或「做人」活動，是目標管理之掛帥作用

企業功能 ＼ 管理功能	1st 行　銷	2nd 生　產	3rd 研究發展	4th 人　事	5th 財　會
1st 計　畫	◎ →	⊙ →	⊙ →	⊙ →	⊙
2nd 組　織	↓ ·	↓ ·	↓ ·	↓ ·	↓ ·
3rd 用　人	↓ ·	↓ ·	↓ ·	↓ ·	↓ ·
4th 指　導	↓ ·	↓ ·	↓ ·	↓ ·	↓ ·
5th 控　制	↓ ·	↓ ·	↓ ·	↓ ·	↓ ·

說明 1. ◎ —— 市場（供需）及大環境的調查、分析、預測及行銷目標手段的計劃

2. ⊙ —— 生產、研究、人事、財會之目標及手段的計劃

3. · —— 每一方格之“·”皆含有下列三要素：

目標：達成組織單位、個人、及社會目標

精神：利用決策、協調、資源運用之系統性思考精神

素材：應用數量性與非數量性之專業性、工程性與管理性知識

圖 1-5　管理科學矩陣（廣義企業管理科學之範疇）

管理之掛帥作用」。把企業五官（銷、產、發、人、財）及管理五官（計、組、用、指、控）之「雙重五官」，如釋迦牟尼佛之佛法無邊「雙重五指山」，當作橫座標及縱座標來涵蓋各行各業，變化無窮之企業管理活動，終於可構造成簡化之「管理科學矩陣」。讓學習者有一簡單、不易忘掉之企業管理心法。即企業五字訣：銷、產、發、人、財；管理五字訣：計、組、用，指、控。謹記此十字訣，就已走入企業管理門戶。本書所詳述者，無非此十字訣之補充也。

第四節 新世紀的變化趨勢及管理新挑戰(New Change Trends in 21st Century and New Management Challenges)

一、經濟活動自由化(De-regulation and Economic Liberalization)

時代走入二十一世紀，整個人類的經濟活動空間將會比以前變得更自由，更公平競爭。經濟發達的先進國家，如美國、日本、英國、德國、法國、義大利、加拿大（合稱 Group of Seven, G–7）雖已掌握全世界貿易的 60% 以上，但仍然主張有更自由的世界貿易環境，要求去除各國現有的關稅及行業保護措施，稱經濟法規自由化 (De-regulations)，所以把多年來已成立的「關稅貿易總協定」(General Agreement on Tariff and Trade, GATT)，在 1995 年更進一步擴大「貿易」為「貿易」、「投資銷產」、及「智慧財產」經營範圍，並變成固定型式組織之「世界貿易組織」(World Trade Organization, WTO)。在 2001 年 11 月 10 日及 11 日卡達 (Karta) 部長會議中，中國大陸及臺灣澎湖金馬區 (China and Chinese Taipei) 也獲得批准，進入此一代表世界經濟自由化的俱樂部。自此世貿組織擁有 142 會員，比聯合國 (United Nations) 185 個會員國尚短欠 40 個以上。這些尚未加入 WTO 的國家或地區，都是經濟發展比較落後的國家，它們都因害怕加入 WTO 後，必須遵守規定開放各種對國內行業保護的法規，而致國內廠商因競爭力低而被外來競爭者快速消滅。WTO 所規範的自由競爭行業，包括傳統的「商品生產及貿易」(Commodity and Trade)、新式的「投資服務及經營」(Investment, Services and Management)，以及最新式的「智慧產權研發與保護」(Intellectual Property and Protection)。

對中國大陸而言，經過 15 年交涉才獲得加入 WTO，它必須要修正及鬆綁一千多種限制性法規，開放國內市場，讓外國企業進入，取得「國民平等待遇」(National Treatment) 及「最惠國平等待遇」(Most Favored Nation Treatment)。臺灣進入 WTO 後，也要修正三百多種限制性法規，讓國外企業進入臺灣市場，使農、工、商業受到外來競爭衝擊。

企業經理人員本來就要修煉國際性競爭的有效經營能力，不能依靠政府法規保護，永久在狹窄的「小池塘」內當小魚小蝦，苟且偷生。WTO 是代表世界市場一體的「大湖海」，在此大湖海內，各地的大魚大蝦小魚小蝦都可以自由活動。WTO 的自由化趨勢，適時提醒所有的主管級人員，若不勤學企業管理之知識及才能，就無法在新世紀裡，過著舒服的日子。「企業管理」在新世紀的發展，將比過去一百年「科學管理」所導引的發展更普及，更實用。

二、企業經營全球化(Business Globalization and Borderless)

企業從古老時代即有之「國際貿易」(International Trade)，擴充到「國際投資」(International Investment) 之銷產經營，已是一百年前舊有的現象，尤其在第二次世界大戰（1940～1944 年）之後，企業走向國際化，成為「國際企業」(International Business)，「跨國企業」(Transnational Business)，「多國企業」(Multinational Business)，及「全球企業」(Super National Business or Global Business) 的趨勢更顯澎湃洶湧，不可抵禦。雖然早在 1960 年代美國就有少部分勞工及政治人士，打著「愛國不出走」、「資金不可外移」、「不可輸出勞工的就業機會」等等情緒性口號，依然無法阻擋企業尋找全球新興市場及尋找全球低成本資源之生存競爭誘力。世界各國之管理先進企業，紛紛進行全球化 (Globalization) 之銷產布局，並以國外投資事業之銷售收入及較佳之利潤收入，來支撐其全集團公司的業績及股票市場價值，造福其國內人民，而非傷害其國內經濟。

在 1993 年，世界著名企業荷蘭雀巢咖啡 (Nestle) 公司的海外銷售收入佔其總收入之 95%，美國艾克森石油 (Exxon) 佔 80%，荷蘭聯合利華 (Unilever) 公司佔 82%，美國美孚石油 (Mobil) 佔 78%，美國 IBM 佔 60%，英國石油 (BP) 佔 58%，德國西門子 (Siemens) 佔 55%，德國國民汽車 (Volkswagen) 佔 55%，日本松下電器 (Matsushita) 佔 50%，英國皇家荷蘭殼牌石油 (Royal/Dutch Shell) 佔 50%，德國戴姆勒—奔馳汽車 (Daimler-Benz) 佔 50%，法國億而富 (Elf Aquitane) 佔 40%，美國菲利浦瑪利 (Philip Marris) 佔 38%，美國福特汽車 (Ford) 佔 36%，美國通用汽車 (GM) 佔 35%，日本東芝電器 (Toshiba) 佔 34%，日本豐田汽車 (Toyota) 佔 30%，日本日立電器 (Hitachi) 佔 25%，美國奇異電器 (GE) 佔 18%，美國克萊斯勒汽車 (Chrysler) 佔 15%。這些公司都是傳統的堅實企業，不是最近新興之電子、電腦、通訊產業，但其全球化的經營布局大趨勢，已經不可抵擋。跟隨 WTO 的經貿政策開放要求，以及中國大陸自 1978 年來「改革開放」(Reform and Open-Door) 的成功，國民所得由每人平均 200 美元翻兩翻成為 2003 年之 1000 美元之鉅大吸引力，歐、美、日企業勢將跟隨香港企業及臺灣企業，大量到中國大陸投資經營。

對寶島臺灣的企業經理人員而言，絕對要睜開眼，以「曠野觀天」的方法，而非「密室觀天」或「隙孔觀天」或「井底觀天」的方法，來看世界及看自己。趕快

學習國際企業管理 (International Business Management)，把自己的企業提升到「總體品管級」組織 (Total Quality Management Organization)，再提升至「彈性學習級」組織 (Flexible Learning Organization)，最後達到「世界名流級」組織 (World-Class Organization)，才能跟隨潮流，做到「全球化布局，當地化經營」(Global Thinking, Local Operations) 的境界。請見圖 1–6。

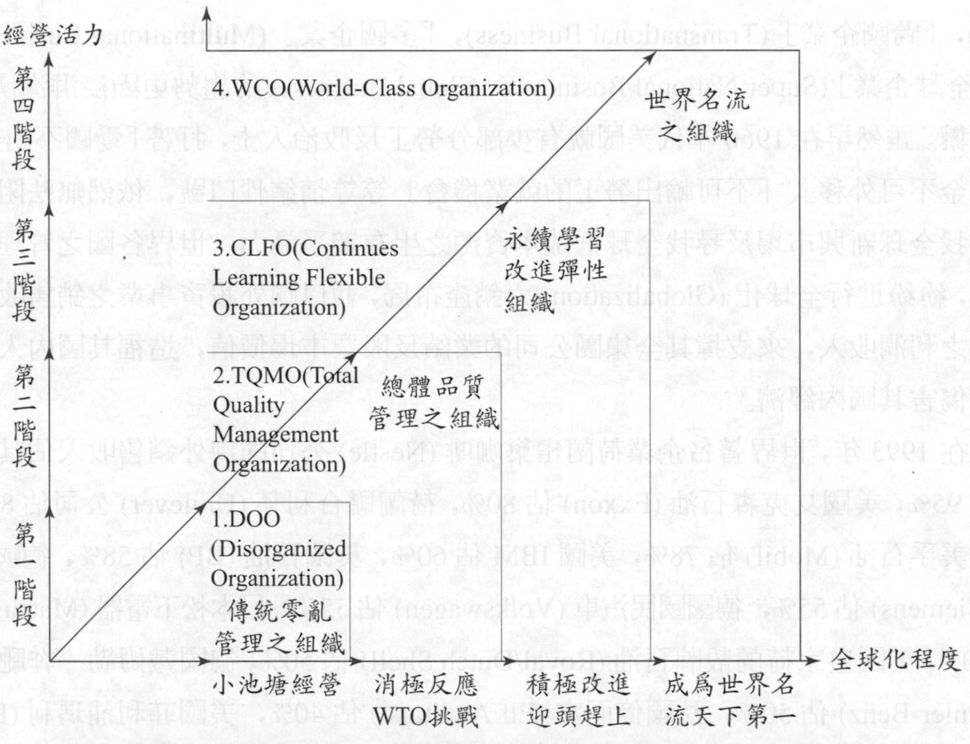

圖 1–6　企業在 WTO 挑戰下走向轉型化及全球化之組織格局

面對企業經營全球化及世貿組織之新環境，每一位企業的最高經理人，要大幅度提升經營能力，以適應新競爭挑戰。要從「傳統零散式」經營管理組織提升到「總體品質管理」(TQM) 式組織階段，以求存活於全球競爭洪流中，至少要做三件大事。第一件大事是由最高主管負責設定公司的遠景目標 (Vision Formulation)，並用文字明確寫出來。第二件大事是設定有力的行動計劃書並授權執行 (Empowerment Plan)，有九步操作法必須做，包括⑴設定部門別及層級別目標責任體系、⑵管理作業制度化（指文字化、合理化及電腦化)、⑶技術製程改造 (Re-engineering)、⑷組織結構改造 (Restructuring)、⑸選拔新人才、⑹訓練發展員工、⑺分配給員工明確工作任務及權力、⑻讓員工參與解決問題之決策過程，以及⑼及時充分回饋工作實況之情報並檢討改進。第三件大事是追求標竿 (Benchmarking)，見賢思齊，往上提升。

從「總體品管」級組織，脫離洪流淹沒之危險，要再力爭上游，遠離競爭威脅，成為「彈性學習級」組織，從被動式調整反應 (Adaptive) 到主動式永續學習創新 (Active)，也必須做到三件大事。第一件大事是要有「開放」(Openness) 之心胸，學習新知識，主動尋求變化 (Initiative)。第二件大事是要有「創造」(Creativity) 之能力，各級人員學習新知，軟化自我本位之惰性，並有強烈擔當變化風險之意願 (Willing to Take Risk)。第三件大事是要培養出員工能自己覺悟及自我解決問題 (Personal Efficacy) 之工作文化。

從「彈性學習級」組織再往上提升，就是成為同業的「世界名流級」組織，也就是該行業的「天下第一劍」公司。譬如提到電腦業，就想到 IBM；提到軟體業，就想到 Microsoft；提到汽車業，就想到 Daimler-Benz 及 TOYOTA；提到飲料業，就想到 Coca-Cola；提到電器業，就想到 General Electric；提到石化業，就想到 Dow Chemical；提到音響業，就想到 SONY；提到摩托車業，就想到 Honda；提到照相底片業，就想到 Kodak 等等。

想成為「世界名流級」組織，要做到六個要點：

第一點，要做到以顧客為基礎的焦點核心 (Customer-Based Focus, CF)。將員工視為公司內部顧客 (Employees as Internal Customers)，而將購買者公司為外部顧客 (Buyers as External Customers)，公司經營措施一定要先讓內、外顧客都能感到滿意 (Customer Satisfaction)，才能談賺取長期而合理利潤之可能性，所以公司組織要經由責任中心而扁平化，以易於接觸各種反應。

第二點，要做到永續改善 (Continuous Improvement, CI)。要求全公司員工，將永續改善當作日常功課，不能一曝十寒。創新、變化、改進都是改善的必要措施。

第三點，要會善用彈性或虛擬組織 (Use of Flexible or Virtual Organization, FO)。為了降低競爭成本，所以要從全公司「顧客價值鏈」(Customer Value Chain) 營運過程中，尋找可以降低活動成本 (Activity Costs) 的改進措施，譬如把零組件盡量委外生產，把龐大的製造工廠變成虛擬工廠，把製造工作移到海外低成本的供應商工廠去，把供應商的工廠當作自己的工廠，控制品質，控制成本，控制送達時間。此種虛擬組織也可應用到幕僚作業方面，如資料處理、總務行政、人事招募訓練等工作，也可彈性地委外作業，而保留行銷、生產、及研發之核心作業自己來做。

第四點，要建立創造性之人力資源管理 (Creative Human Resources Management,

CH)。對人力資源的管理要特別重視，要有創造性的作法，善待具有高等知識的員工 (Knowledge Workers)，掌握員工知識和智慧資本 (Knowledge Capital and Intelligent Capital)，以與金錢資本 (Money Capital) 合作，會產生更高效果。

第五點，要建立有自尊感的文化氣氛 (Egolitarian Climate, EC)。公司的文化氣氛有高級、有低級。最高領導人的領導風格，公司的使命願景，公司的產品市場戰略，公司的政策及作業制度，公司的人事任用、升遷及獎懲方式等等，所形成的思想與行為規範，要讓員工有自我尊重及被人尊重的氣氛感覺。

第六點，要維持技術領先的地位 (Technology Support, TS)。要成為世界第一流的組織，除了在人性尊重面及自強不息的管理面有出類拔萃的表現外，在技術領先面及硬體設備面，也要有領先群倫的支持，才能維持「世界名流級」於不墜。請見圖 1–7。

1st 顧客焦點 CF	2nd 永續改善 CI	3rd 彈性組織 FO	4th 創造人資 CH	5th 自尊文化 EC	6th 技術領先 TS

圖 1–7　維持世界名流級組織之努力

三、資訊網際網路化(Information Technology World-Wide Systems)

在二十一世紀人類將生活在第三次工業革命，即資訊科技革命 (Information Technology Revolution) 之中，公司的供應採購、生產製造、市場行銷三連貫 (Supply-Manufacturing-Marketing) 的情報信息將會更豐富化及網際網路化，會超越傳統買賣活動之交易障礙與溝通障礙，使「交易成本」(Transactional Cost) 及「溝通成本」(Communication Cost) 大量降低。

人類經濟活動因第一次「機械」革命，瓦特發明蒸汽機（1750 年），工業生產急速發展，使機械力替代人力、獸力。第二次「科學管理」革命（1875 年）使生產力大為提高，勞資利得趨於合理化。在 1940 年發明電腦，1990 年電腦與無線通訊聯合，成為第三次「資訊」革命，從此企業經營的買賣活動，超越時間及空間之限制，進入全球化大湖海之競爭領域。

第一次工業革命使工廠成為生產物品的中心，也成為創造財富的主要工具。工人成為新社會階級，如同一千年前之武士在當時社會一樣，可以爭得一席之地，而非官宦之奴隸。第一次工業革命也帶來了智慧財產 (Intellectual Property)、廣泛性公司、有限責任、工人工會、合作社、技術大學及每日報紙等等社會新事物。第二次工業革命提高生產力，美國在二十世紀一百年內，生產力因科學管理而提高五十倍，也帶來現代之政府文官制度、現代企業大公司、商業銀行、商學院、管理學院以及女性大量上班工作之機會。

第三次工業革命使工廠及辦公室自動化 (Factory Automation and Office Automation)，使公司與公司 (B to B) 或公司與顧客 (B to C) 間之買賣關係可以自動掛鉤化，包括電腦化供應鏈管理 (Supply-Chain-Management, SCM)，電腦化企業內部資源規劃 (Enterprise Resources Planning, ERP)，電腦化顧客銷售關係管理 (Customer-Relations-Management, CRM) 等都可以透過國際網際網路 (Internet) 來進行自動化處理。因為資訊革命的豐富資訊，也使過去傳統廠商因壟斷市場資訊 (Market Information)，而可向客戶作威作福之地位打破了。在資訊世界裡，客戶和廠商一樣也可以擁有市場供需資訊，所以可以挑肥揀瘦，到處互換套利 (Arbitrary)，選擇他所認可的廠商下訂單，扭轉以前被供應商宰割的命運，所以供應商之間的競爭也變得更劇烈。

四、產品生命縮短化(Short Product Life Cycle)

在二十一世紀，各國企業可以打破時間及空間的限制，跨越國界，進行擴充市場，尋找客戶，尋求便宜資源，所以彼此之間的品質競爭、價格競爭、推廣競爭、通路競爭更形劇烈。同一種產品在眾多廠商過度競爭下，其生命週期愈來愈短。在 1950 年，一種新產品可以在市場上享有二十年的生命，1970 年的新產品可以耐十年的生命，1980 年的新產品可以耐五年的生命，1990 年的新產品可以耐三年的生命，2000 年的新產品只可以耐二年的生命，在二十一世紀的新產品大概只可以耐一年，甚至只有半年的生命。產品生命縮短化是被競爭者互相加強永續研究發展能力所催成的，而研究發展所帶來的創新產品又是應付價格競爭的最好對策。

五、企業規模購併擴大化及策略聯盟整合化(Merger, Acquisition and Strategic Alliance)

在二十一世紀，經濟自由化及企業全球化的大環境下，企業規模必趨於擴大化 (Bigger Size)，雖然「大」不一定「美」(Big is not necessary beautiful)，但是「小」卻很難在國際化競爭下存在。擴大規模的快速方法就是所有權式的購買或合併 (Ownership Styled Merger or Acquisition)，及非所有權式的策略聯盟 (Non-ownership

Styled Strategic Alliance)。在 2001 年及 2002 年，世界大企業的著名購併案有花旗銀行與旅行家集團的合併 (Citicorp and Traveler Group)，有時代華納與美國線上公司的合併 (Time Warner and American On Line)，有戴姆勒一奔馳與克萊斯勒汽車的合併 (Daimler-Benz and Chrysler)， 有艾克森石油與美孚石油公司的合併 (Exxon and Mobil) 等等數不盡的案例。在臺灣則有華信銀行、建弘證券和金華信銀證券三家合併成建華金融控股公司及其他十多家金融（包括銀行、證券、票據、保險）控股公司的成立，如中信金控、新光金控、富邦金控、國泰金控、兆豐金控、台新金控、玉山金控、中華開發金控、日盛金控等等。

在大湖海的全球自由經濟環境下，企業規模會加強沙場戰爭能力，所以「大者恆大」已經成為競爭勝負的大鐵律。中大型企業若不能走購併途徑來擴大規模，就要走生產、銷售、採購、研發、資訊、財務等企業管理功能方面的策略合作聯盟途徑來擴大規模。而小型企業在走購併及策略聯盟之途徑外，就應走連鎖店方式 (Chain-Store Approach)，使「眾小」形成「一大」。

六、組織扁平化及員工授權留責化(Flat Organization and Employee Empowerment)

在二十一世紀，企業規模雖然會趨大規模化，但因員工知識水準普遍提高，成為知識員工，同時資訊科技 (Information Technology, IT) 普及，員工知識管理也趨於電腦化、網際網路化，所以公司上層和下層之間的溝通工具也由電子信箱 (E-Mail) 所扮演，開放式溝通 (Open-Door Communication)，越級報告及越級指揮成為常態，所以組織層級的結構趨於扁平化及聯網化。往昔多層次高陡的組織結構將被淘汰。

在新世紀裡，員工知識的提高，現場操作之勞力工人比例下降，辦公室及行銷服務之腦力員工比例上升，尤其專業員工 (Professional Workers) 普遍出現，他們以專業尊嚴 (Professionalism) 為重，不以公司忠誠心 (Company Loyalty) 為重，所以上級主管和下級部屬之統治關係淡薄化。授權及尊重部屬變成留住部屬專家的必要措施。但在實施授權及尊重的同時，也應把責任心和授權掛鉤，因之目標管理和責任中心制度 (Management by Objectives and Responsibility-Center Systems) 會普遍採行，使員工得到授權去做事的自由，但也留下責任被考核的負擔，使授權和負責相平衡。

第二章 經營管理因果關係 (The Cause-Effect Relationship of Management)

什麼地方有組織團體（泛指二個人以上具有共同目的之集合體），什麼地方就有管理現象的存在。有好的領導人，並有好的管理制度，這個團體的力量表現就強大，尤其以營利為目的的農、工、商、知識、智慧產業的企業公司，其因果關係更加明顯。但是一般沒有讀過「企業管理」正式課程的人，談到「經營」、「管理」或行銷管理等名詞時，常會混淆不清，不知是指「因」(Cause)，或是指「果」(Effect)。在理論上，公司的「管理績效」(Management Performance) 是「果」，公司的「管理實務」(Management Practice) 是因，而公司的「管理環境」(Management Environment) 又是「管理實務」的「因」，而高階人員吸收及引進新管理「知識傳播」(Management Transfer)，又是公司所採取之「管理實務」作法的「因」。這些因因果果多層關係必須理會清楚，才能掌握企業管理的真諦。

第一節 經濟發展與經營績效 (Economic Development and Management Performance)

一、計劃經濟與自由經濟制度 (Planned Economy and Free Economy Systems)

世人追求「經濟成長」(Economic Growth) 及提高生活素質 (Quality of Life) 之意願與努力 (Willingness and Efforts)，不論國界及政治制度，大約相同，只是所採行之途徑 (Approaches) 及行動方案 (Programs) 有所不同，所以其成果亦異。一般而言，一個策略及制度能激勵國人發揮潛力 (Potentials) 的國家，其企業經營績效及經濟發展的成果，大多比一個策略及制度壓制國人潛力發揮的國家為佳，所以「自由經濟制度」，總比「計劃經濟制度」(Planned or Controlled Economy Systems) 如共產及高度社會化制度，有較佳成果。而有相當計劃性的自由經濟制度 (Partial Planned and Free Economy Systems)，又比「完全自由放任」(Complete Freedom) 或高度計劃管制 (Complete Planned-Controlled) 經濟制度有更佳之成果，所以許多領悟力強及行動快的國家，已調整方向及步驟，採用計劃性的自由經濟 (Planned Free Economy) 制度，中國國民黨政權在 1949 年遷移臺灣寶島，就在實務上放棄「發達國家資本，節制私人資本」之社會主義作法（規定於國營事業管理法中），經過五十四年後，在 2003 年有輝煌績效（人均國民所得 13,000 美元）。中國共產黨在 1978 年由鄧小平領導主張實施「改革開放」(Reform and Open-Door) 政策，非正式放棄傳統之共產主義及社會主義，執行「具有中國特色之社會主義市場經濟制度」，經過二十五年後，在 2003 年亦有輝煌績效（人均國民所得 1000 美元），所得提高四倍。俄羅斯 (Russia) 在戈巴契夫 (Gobacheve)、葉爾欽 (Yultsin) 及普丁 (Putin) 等人執政後，從 1990 開始，也實行大膽改革，民生經濟改良超越往昔五十年。

此種國家經濟管理行為與個體企業經營方法之改變完全一致，因為「計劃及控制的極度授權」（亦即部屬可以完全自由行動），正如「極度計劃及嚴密控制的中央集權」（亦即部屬完全無自由裁決權，一切按照上面指示行事），都不一定能產生最高主管者所期望的成果。所以現代化的企業經營，是朝向採取「適度計劃」（指上級設定長遠及重大目標，下級設定短期及細部目標及執行手段），「高度授權，下級執行」及「嚴密控制」（指上級收集下級之執行情報回饋及檢討改進方法）之「整體管理」方法 (Integrated Planning-Implementation-Controlling Management Systems)。

眾人皆知一國經濟成果之達成是眾多農、工、商、知識之百千萬企業經營績效 (Management Performance) 之累積，所以講求農、工、商、知識企業經營管理之有效方法，已成為最有力的經濟發展的戰略武器。此種觀念已與早期經濟學者只重視一國土地 (Land)，勞力 (Labor)，及資金 (Capital) 等三種生產因素 (Production Factors) 之多寡，而將各業經營管理之因素視為不變、不重要之看法，產生革命性之變化。事實上，一國土地、勞力、及資金之多寡，與古代農礦業生產是有較大之直接關係，而與目前及未來之製造加工業、服務業及知識智慧產業之生產力則無太大的直接關係。其間真正的關鍵在於主管人員運用「管理」技能，支配各種企業有形及無形八種資源，如「土力」土地建築資源 (Land and Building Resources)、「人力」資源 (Manpower Resources)、「財力」金錢資源 (Money Resources)、「物力」原材料資源 (Materials Resources)、「機力」機器設備資源 (Machines Resources)、「技力」產銷方法資源 (Methods Resources)、「時力」時機資源 (Time Resources) 與「情力」資料訊息資源 (Information Resources) 等之能力水準。

良好的國家經濟管理和良好的企業管理有相同道理，有效的政治領袖如總統或總理 (Effective President or Prime Minister) 和有效的企業總裁或總經理 (Effective

President or General Manager)，都要會善用管理技能，有效運用八大資源（土、人、財、物、機、技、時、情八力)。在八大資源中，若土地及人力為重時，就是「農業經濟」時代；若金錢、機器、技術為重時，就是「工業經濟」時代；若技術、時間、情報為重時，就是「商業經濟」時代；而人力中之智力大腦、技術、時間、情報為重時，就是「知識經濟」(Knowledge Economy) 時代。所以八大資源在不同時代的生產力貢獻度，就決定了該時代的經濟名稱。

二、技術差距、行銷差距、與管理差距之關係 (Technological Gap, Marketing Gap, and Management Gap)

在 1968 年，法國名記者（後來為國會議員）史萊伯 (J. J. S. Schriber) 曾出版《美國之挑戰》(*The American Challenge*) 一書，轟動一時，影響深遠。該書檢討為何許多美國的多國性公司 (Multinational Firms, MNF) 能夠不自美國輸入資金只輸入技術及管理，就能在西歐各國，尤其法國，向當地銀行借款收購許多法國公司。這些被收購的公司本來已經營不良，銷、產、財搖搖欲墜，而其本國銀行及政府機構也因見勢不佳，毫無信心，不願自己收購或貸予款項；但自被美國多國性公司收購之後，則貸款來源充裕，經營業績立即有起色，並往往主宰同一行業的市場，形成對其本國之挑戰壓力。

史萊伯將此種美國多國性公司在歐洲的挑戰壓力，歸因於三種「差距」(Gaps)。第一種是「技術差距」(Technological Gap)，意指美國多國性公司能在西歐各國市場居有領導地位，是由於其產品品質比地主國公司為高，所以易得顧客之喜愛。不過「技術差距」之領先又可歸因於第二種「行銷差距」(Marketing Gap) 之存在，因為美國的公司普遍採取行銷導向 (Marketing Orientation) 之經營哲學，凡事以謀求顧客利益及顧客滿意來從事公司經營管理，絕不敢有自我本位「生產導向」(Production Orientation) 之心態，忽略顧客之利益及滿意，而淪為「我執我相」、「為技術而技術」（或「為生產而生產」)。當然，美國公司在「行銷差距」方面之領先地位，又可歸因於第三種「管理差距」(Management Gap) 之存在。換言之，美國公司的管理觀念及管理制度比西歐公司現代化，所以它們知道如何充分運用計劃、組織、用人、指導及控制連貫一體之管理技術，來激勵部屬之潛力，使他們採行市場行銷導向的經營觀念，全神貫注在市場開拓及新產品發展上，既能滿足顧客的慾望，並能賺取合理的利潤。

無疑地，管理現代化、行銷導向的經營哲學、以及工程應用技術的領先是促使美國公司在歐洲及世界市場領袖群倫的三大連環基因，所以史萊伯著作《美國之挑戰》一書，以激勵法國人士，要求其同胞努力講求各個企業之經營績效，以形成全國之經濟發展成果，抵禦美國多國性公司之挑戰。

對我國而言，時代雖已步入二十一世的全球化階段，兩岸關係「戒急用忍」即將全面改變，史萊伯之《美國之挑戰》一書，同樣地有益於我國之經濟發展。我們若不從基礎上，全面改善政治恐怖感、政治孤獨感、軍事資源浪費、財稅減免、行政管制及獎勵作法等等，積極講求及衡量各個廠商及行政機構之生產力及經營績效，而只「空口說白話」，高叫遵守過時的防弊重於興利之措施及經濟發展目標，則最後的結果將是史萊伯所預言的被別人「合併及統治」。

第二節　經營管理因果關係模式 (Model of Management Cause-Effect Relationship)

在中國古代的歷史記載中，最會做生意的人有姜子牙，有管仲，有子貢（端木賜），有陶朱公（范蠡）等。在近代有王永慶、李嘉誠、高清愿、林挺生、辜振甫等。在新科技方面有張忠謀、曹興誠、郭台銘、林百里。在美國有福特 (Henry Ford)、史隆 (Alfred Sloan)、華生 (Thomas Watson)、蓋茲 (Bill Gates)、魏許 (Jack Welch) 等等。到底他們是如何得到好的經營成果（績效）呢？有什麼簡易的模式可資參考學習呢？

一、陳氏整體因果模式 (Chen's Integrated Cause-Effect Model)

自古以來，許多學者及實務專家都在尋找「致富」與「成功」之妙方，而各個時代、各個行業與各個國家地區，各有其不同的妙方，但卻不一定能供作廣泛性之學習工具或參考，所以才有「管理是藝術」(Management is art) 之傳統老舊看法，假使管理是「藝術」而不是「科學」的話，就會出現諸如「美國式管理」、「日本式管理」、「華僑式管理」、「中國式管理」、歐洲英、德、法、義、各國式之管理。各國式之管理是以地方名稱來稱呼，並不一定說那一國的管理一定好，因為各行各業在不同地方，不同的時代，都有成功的企業及失敗的企業。我們應追求的是「有效」(Effective) 式的管理，而不是那一國式的管理。

事實上，許多調查研究的綜合結晶，已可大約指出致富與成功之道，那就是圖 2–1 所示之「經營管理因果關係模式」(A Conceptal Model of Management Cause-Effect Relationship)。

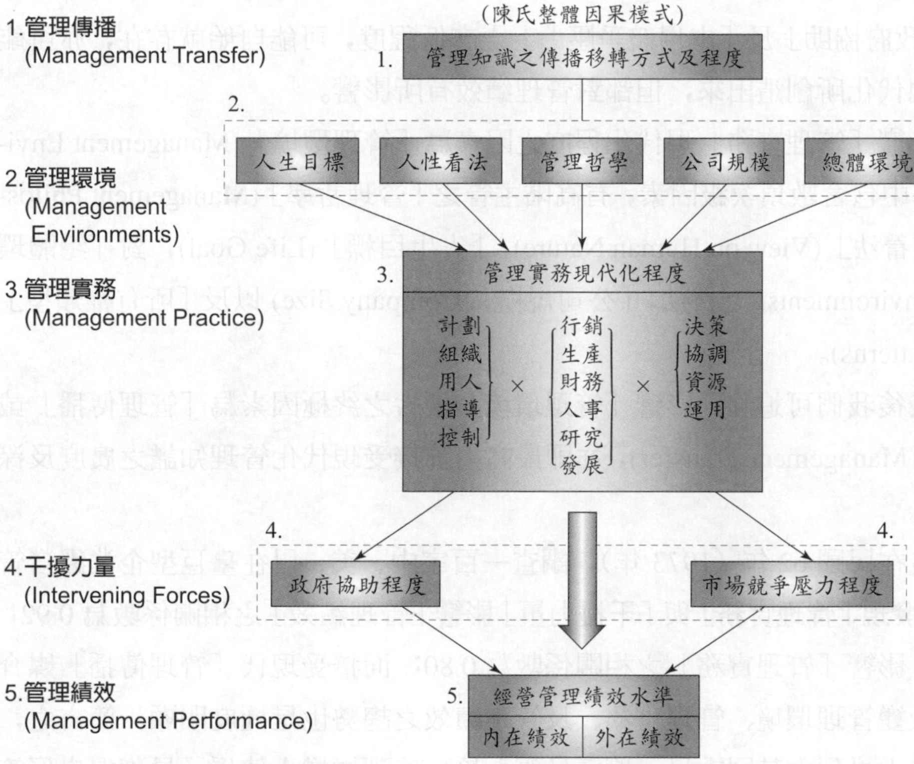

資料來源：陳定國博士論文，〈管理傳播、管理實務、與管理績效：一個在台灣實證的數量研究〉，1973 年密西根大學企管研究院，第 8 頁。(Ting-Ko Chen, "Management Transfer, Management Practice, and Management Performance: An Empirical Quantitative Study in Taiwan," Ph.D. Dissertation, University of Michigan, 1973, p. 8)

圖 2–1　經營管理因果關係模式

二、五大重要管理觀念因素 (Five Key Variables)

由圖 2–1，依照反箭頭的順序，從底下往上看（即從「果」向「因」追溯）有五大重要觀念因素，即：⑴管理績效；⑵干擾力量；⑶管理實務；⑷管理環境；及⑸管理傳播。

我們可以對圖 2–1 做如此的概括性說明：

第一、各企業機構主管人員所追求的最終目標，可用「管理績效」或「經營績效」來表示，無疑地，大家都會想要有較高的績效水準。

第二、管理績效水準之高低受二套力量的影響，第一套為「管理行為」(Management Behavior) 或「管理實務」(Management Practice) 現代化程度，第二套為「政府協助」(Government Help) 程度及「市場競爭壓力」(Competition Pressure) 程度，這兩者亦稱為「干擾力量」(Intervening Forces)。

第三、「政府協助」及「市場競爭壓力」之高低程度，可能自始就存在，亦可能由管理實務現代化所創造出來，但都對管理績效有所影響。

第四、影響「管理實務」現代化程度之因素為「管理環境」(Management Environments)，其中包含數項次級因素，有高階主管之「管理哲學」(Management Philosophy)，「人性看法」(View on Human Nature)，「人生目標」(Life Goal)，對「總體環境」(Macro-environments) 之看法，「公司規模」(Company Size) 以及「所有權類型」(Ownership Patterns)。

第五、最後我們可追溯到影響「管理環境」優劣之終極因素為「管理傳播」或「管理移轉」(Management Transfer)，亦即最高主管接受現代化管理知識之廣度及深度。

依據筆者在民國 62 年（1973 年），調查一百家中、美、日在臺巨型企業經營管理之結果❶，發現「管理實務」與「干擾力量」影響「管理績效」之相關係數為 0.92；「管理環境」影響「管理實務」之相關係數為 0.80；而接受現代「管理傳播」媒介越廣深者，改變管理環境、管理實務、及管理績效之趨勢也是極度明顯。簡言之，全公司從高階人員到中基層人員，廣泛及深入接受管理知識之傳播，是獲得良好管理績效的根因 (Root Cause)。這也是為什麼自 1980 年代開始，美國學者開始提倡「學習型組織」(Learning Organization) 及永續學習 (Continuous Learning) 之原因。

本書以後章節，將以此因果關係模式為架構，逐一分析有關之學說及實務資料，給予讀者一個較明晰、邏輯之概念。第一、體認若要追求高水準「管理績效」，必先講求公司中基層「管理實務」之現代化；第二、若欲促使公司中基層「管理實務」現代化，則須先培養有利之高階「管理環境」；第三、若欲培養有利之高階「管理環境」，則須先多方與現代管理知識之「傳播」媒介親近、吸收、消化、及活用。換言之，要得「好果」，必先種「好因」，俗云「凡夫畏果，菩薩畏因」，指種好因比求好果重要，一般人只想求好果，不知種好因。只有高智慧水平的人，才知道種好因是得好果的根本之道。

❶ 見 Ting-Ko Chen, "Management Transfer, Management Practice, and Management Performance: An Empirical Quantitative Study in Taiwan," Ph.D. Dissertation, University of Michigan, 1973, pp. 168–198.

三、經營管理之多層意義 (Multiple Meanings of Management)

(一) 經營與管理用詞之異同

通常所言「經營」、「管理」（皆為 Management 之譯語）之真實涵義甚廣，我們常聽人說「某某事業被某甲經營得很好」，「某甲的管理能力真強」，「派某甲去經營某某事業」，「若要事業的經營成效高，必須加強管理制度及管理才能」等等。「經營」兩字最早出現於我國古籍，如班超、張騫之經營西域，左宗棠經營新疆；「經營」兩字亦成為目前日本人用來稱 Management（管理）之字眼，又如大同工學院（現改為大同大學）的管理研究所，就稱為事業經營研究所。新竹交通大學有管理科學研究所之外，還在臺北有一個事業經營研究所，都是把管理與經營互用之例子。

「管理」兩字在我國是較新的用字，尤其用於新式企業經營方面，稱「企業管理」或「工商管理」，1964 年，臺灣第一個管理研究所 (MBA)，就是政治大學企業管理研究所。

但在政府行政機關裡，「管理人員」一詞卻常被用來指從事總務、財務、採購、會計、人事等等企業幕僚機能 (Staff Functions) 工作之人員，而非用來指當主管或經理職位之人員，與目前我們所應該改用者不同。換言之，舊式的稱呼，把當家作主負責之「主管」人員稱為「行政」(Administration) 人員，反把「幕僚」人員稱為「管理」人員，把直線人員 (Line People) 稱為技術人員（生產）或業務人員（銷售）。這樣稱呼把應該做管理工作的人，不歸入「管理」人員，而把不做管理工作的人反歸入「管理」人員，混淆了主管人員的應有職責及地位，不適宜未來二十一世紀機動萬分之企業經營環境，所以我們應該改稱，並把企業人員分成四類人員：⑴主管人員或經理人員或管理人員 (Managerial People)；⑵財會總務人事行政人員或幕僚人員 (Staff People)；⑶生產技術人員及業務人員 (Line People)；⑷企劃研究人員 (Planning-Research People)。其中第一類主管人員是其他三類人員的上司，佔公司十分之一比例，其他三類非主管人員佔十分之九。古人有云，十中取一為「士」，此即一個管理人員應領導九個部屬之由來。「幕僚」與「直線」人數之比例亦是一與九之比，而「企劃研究」人員之比例則為總人數之百分之一而已。

一般而言，我們可以把「經營」兩字用來稱呼外部性或整體性之企業營運現象，把「管理」兩字用來稱呼內部性或細節性之企業營運現象，譬如事業「經營」的績效，有賴於各種「管理」制度及「管理」才能。若含混一些使用，亦可將「經營管理」四字放在一起，用以表示整體性及細節性之企業活動。

（二）管理環境 (Management Environments)

「經營管理」可以用來指企業最高主管人員 (Top Management) 管理哲學想法與對待部屬的態度，譬如「經營哲學」或「管理哲學」(Management Philosophy)，「領導作風」(Leadership Pattern) 等等。「經營管理」亦有人用來指對一國之「總體經營環境」(Macro-environments，如天然與人為之投資環境）的看法，「企業規模」(Company Size，如大、中、小規模)，「企業所有權的分布類型」(Ownership Patterns，如家族企業或公眾公司)，企業家的「人生目標」(Life Objective，如成就導向或安穩導向)。這些用語都是把經營管理用來指一個企業內部經營細節活動的先天環境，並只能由企業的最高主管（如董事長、總裁及總經理）來決定，而非一般中、下級經理人員所能為力者，所以又可稱為「管理環境」(Management Environments)。在圖 2–1 中，「管理環境」因素含有六個次級因素，彼此之間有相當的獨立特性，值得個別探討。有許多哲學、歷史、文化、政治人士談論較抽象之經營管理時，大多皆以「管理環境」為話題，而不涉及企業內部中基層實際管理活動之複雜而有序的細節，此為吾等管理學人應注意之一要點，即彼僅談「玄而虛」者，我則兼談「玄虛」與「務實」兩者。

由高階管理思想及行為所塑造之公司「管理環境」，對公司為數眾多之中基層人員之管理行為及思想具有絕對影響力，好的「環境」會產生好的影響力，使公司管理實務操作品質現代化，不好的環境也會產生不好的影響力，使公司的管理實務操作品質落伍化。上級的「環境」會影響下級的「行為」，但下級的「行為」卻無法影響上級的「環境」，所以一般談到「環境」一詞，都是指下級「不可控制因素」(Uncontrollable Factors)。塑造好的上級環境，對下級而言，是屬於戰略性、重要性的工作。由高階主管之思想、行為所塑造起來之公司管理環境，在在影響中下級主管思想、行為典型，進而影響全體員工思想、行為之後，就自然而然的成為「公司文化」(Corporate Culture) 環境，外人一接近公司，就可以感覺其文化典型之優劣。

1. 成就的人生觀 (Achievement-Oriented Life Goal)

高階人員塑造的「管理環境」因素之第一項內容「人生目標」(Top Life Objective)，是指公司的最高主管，如事業創辦人、董事長、總裁、總經理、主要所有權人兼董事長、總裁、總經理之輩，是否具有高企圖心，追求人生「無限成就」(Unlimited Achievement)，或只追求人生「得過且過」(Get-By Easy Going) 之心態。成功的企業家及高階管理者，都是懷有以「工作成就」，以「無限成就」，以「創造新成就」為人生享受想法的人。而那些稍有小成就，就志得意滿，不再進步，就想享受現狀，得過且過，以至終老的人，都不會成為成功的大企業家、大管理人員。

2. **人性本善看法** (Good View on Human Nature)

高階人員的「管理環境」因素之第二項內容「人性看法」(Top View on Human Nature)，是指公司的最高主管對人性是善或是惡的看法，也就是我國古云「人性本善」(孟子的說法) 或「人性本惡」(荀子的說法)。在西方則有麥格列哥 (McGregor) 之 Y 理論 (Theory-Y，性善)，與 X 理論 (Theory-X，性惡) 之說法。對人懷有「性善」正面看法的高階主管，易於實施「目標管理」(Management by Objectives)、「參與管理」(Management by Participation)、「授權管理」(Management by Delegation)、「成果管理」(Management by Results)、「分權管理」(Management by Decentralization) 等等制度，因而人性自我成長、自我負責之潛力，容易發揮。反之，懷有「性惡」反面看法的高階主管，易於實施高壓手段性制度，因而人性自我成長、自我負責之潛力，不易發揮。「性善說」利於長期績效的改善，「性惡說」不利於長期績效，但利於短期績效的改善。

3. **積極的處世哲學** (Aggressive Philosophy)

高階人員塑造的「管理環境」因素之第三項內容「管理哲學」(Top Management Philosophy)，是指公司的最高主管處理日常及長期大事決策之思考方向是「積極進取」(Liberal and Aggressive) 或「消極保守」(Conservative and Reggressive)。高階管理處世哲學的積極進取或消極保守，時常決定事關成敗之「地命」與「時運」於無形之中，非常要緊。(俗云「成功要訣有五：一命、二運、三風水、四功德、五讀書。」命屬於地點，故稱「地命」。運屬於時機，故稱「時運」。「風水」指地理環境，「功德」指人脈關係，「讀書」指努力進德修業及認真工作。) 培養一個積極進取的管理哲學，也是成功企業家、成功經營者的必備條件。「管理哲學」又可細分為下列各項觀念看法，前者為「積極」，後者為「消極」。「積極」的哲學觀念是有效經營管理者的要素。

⑴時間 (Time) 哲學：「瞻望未來」(Future-Orientation)，對「留戀過去」(Past-Orientation)。

⑵變化 (Change) 哲學：「歡迎改變」(Change-Welcoming)，對「拒絕改變」(Change-Resistence)。

⑶速度 (Speed) 哲學：「快速動作」(Speed-Action，喝敬酒)，對「緩慢動作」(Slow-Motion，喝罰酒)。

⑷目標 (Objective) 哲學：「目標掛帥，手續讓步」(Management by Objectives)，

對「手續掛帥，目標不達」(Management by Procedure)。

⑸系統 (Systems) 哲學：「整套或系統方法」(Systems Approach)，對「局部或零碎方法」(Partial Approach)。

⑹價值 (Value) 哲學：「經濟活動價值」（Economic Activity Value，包括有形及無形），對「現金價值」（Cash Value，有形）。

⑺權威 (Authority-Power) 哲學：「知識掛帥」、「知識是權威」(Knowledge is power and authority)，對「官位掛帥」、「官大學問大」(Position is power and authority)。

⑻快樂 (Happiness) 哲學：「助人布施是快樂之本」(Helping others is happy)，對「感官享受是快樂之本」(Material enjoy is happy)。

⑼證據 (Evidence) 哲學：「科學證據」(Scientific Evidence)，對「藝術猜測」(Artistic Guess)。

⑽判斷 (Judgement) 哲學：客觀數據 (Objective Figure)，對主觀價值 (Subjective Value)。

4. 大規模 (Big Size)

高階人員塑造的「管理環境」因素之第四項內容「公司規模」(Company Size)，是指公司銷售額 (Sales)、利潤額 (Profit)、淨值額 (Net Worth)、資產額 (Assets) 及員工額 (Employee) 之大小。公司規模越大，對管理實務現代化的需求及壓力越大。公司規模越小，對管理實務現代化的需求及壓力較小。公司規模的大小，雖不是公司高階人員之思想所能直接影響，但會被公司是否有效經營所影響。

5. 開放股權 (Open Ownership)

高階人員塑造的「管理環境」因素之第五項內容「所有權類型」(Ownership Patterns) 是指公司股權是開放型 (Open Type) 或閉塞型 (Closed Type)。股權開放就是股票上市上櫃，股權閉塞就是股票未上市上櫃。公司的所有權越開放，對現代化管理實務的要求及壓力就越大。公司股權閉塞的傳統家族企業，越不會想要管理現代化。公司規模大，股權上市公開化，政府監理機關及社會大眾越要求管理正派化，資訊透明化，董事會外來獨立化等等。當公司規模大，股權公開上市，股東人數眾多，股權又分散，公司最高統治者（指董事會、董事長及總裁等）若不賢能及不誠信時，常會掏空公司，傷害股民。為防止此種後果，所以「公司」高層「治理」(Corporate Governance) 成為 2002 ～ 2003 年最熱門之企業管理話題。

6. 樂觀的總體大環境 (Optimistic Environment View)

高階人員塑造的「管理環境」因素之第六項內容「總體環境」(Macro-Environments),

是指高階人員對政府所塑造之總體生態大環境的「樂觀」(Optimistic) 或「悲觀」(Pessimistic) 的看法。塑造給人民生存成長之總體生態大環境是由人民所選舉產生之政府的最高職責，政府所負責塑造的總體生態環境有很多，但可以大分為八類，包括政治 (Political) 環境、經濟 (Economical) 環境、法規 (Legal) 環境、技術 (Technological) 環境、人口 (Population) 環境、文化 (Cultural) 環境、社會 (Social) 環境、及教育 (Educational) 環境。這八大環境的好或壞水準，影響一國人民的福祉甚大，當然更會影響企業與經濟的發展程度。公司高階人員本身力量無法影響這八大環境，但他們對這八大環境的主觀看法 (Subjective Perception)，卻會影響公司管理實務是否要走上現代化的決心，樂觀的看法有助於管理現代化，悲觀的看法不利於管理現代化。對這八大環境（政、經、法、技、人、文、社、教）的改善努力程度，實際上就是一個國家是否能夠現代化與富裕化的重心所在，是非常重要、人人都應關心的主題。我們在以後章節會再比較詳盡的分析及介紹。

（三）管理實務 (Management Practice)

「經營管理」亦有被用來指「決策」(Decision-Making)、「協調」(Coordination)、「資源運用」(Resources Utilization)、「管人」(Managing People)，或在行銷、生產、外包、研究發展、人事、財務、會計、資訊等專業活動方面做計劃性 (Planning)、組織性 (Organizing)、用人性 (Staffing)、指導性 (Directing) 及控制性 (Controlling) 之具體操作性工作。在一個企業內，不論如何現代化 (Modernization) 或古代化，各級經理人員都無法避免去面對這些實務性工作。日常企管學士 (BBA) 或企管碩士 (MBA) 所最常談論及學習的經營管理知識，就是指這一部分。在公司裡這一部分的現代化與否，即反映出企業內絕大多數中階基層工作成員之實務行為是否有效，所以亦稱之為「管理實務」(Management Practice)。「管理實務」是「經營管理」因果關係中最繁重的因素。

（四）管理績效 (Management Performance)

當我們說一個企業經營管理得很好或不好，大多是指該企業在一段時日後，其成績、成果或績效 (Performance or Results) 或目標達成度之高低而言，而非指該企業採用何種管理作業方式或管理實務如何，因為經營一個事業的最終目的，應是績效指標的提高(亦即目標之達成)，而不是管理作業方式之標新立異(亦即手段之採行)，所以「經營管理」一詞亦可用來指經營「管理績效」。套一句洋人的話，管理績效是指「目的」(Objectives) 的達成度，不是指「手段」(Means) 的操用方式。

經營管理績效一詞因不同的立場可有不同之解釋，由企業內部人員觀之，一個公司經營得成功或失敗，好或壞，是看內在績效指標的好壞表現，這些指標包括銷售額 (Sales)，利潤額 (Profit)，淨值投資報酬率 (Rate of Return on Equity)，生產力 (Productivity)，市場佔有率或分享率 (Market Share)，創新率 (Innovation)，員工流動率 (Employee Turnover Rate)，員工出席率 (Absenteeism)，以及人力訓練及發展率 (Manpower Training and Development Rate) 等等，這些都是很重要的績效指標項目，可以稱為「內在績效」(Internal Performance)。但由企業外界人士觀之，該企業經營得是否成功，是指該企業對社會國家所能提供之就業機會 (Employment Opportunity)，稅捐繳納 (Taxation)，外銷 (Export)，淨外匯貢獻 (Net Balance-of-Payment Contribution)，新產品引介 (New Product Introductions)，以及為其他廠家培養管理與專業技術人才 (Technology Transfer) 等，才是真正重要的績效指標項目，這些指標項目可以稱為「外在績效」(External Performance)。所以不同的人，可以就其立場，把「經營管理」一詞用來指這些不同的績效指標的水準。要當一個被股東、員工及被政府、社會大眾所共同稱讚的成功企業家及經理人員，真不容易，既要追求內在績效，又要追求外在績效，而內外績效又常有衝突的地方。

所以當我們聽到或使用「經營管理」(Management) 一詞時，我們在腦內必須同時浮現高階「管理環境」、中基層「管理實務」及最終「管理績效」等三大因果關係之因素，並詳究其真正所指之處，方不致造成詞義上之誤解。

(五) 影響經營績效之干擾力量 (Intervening Forces)

從靜態的觀點言，圖 2–1 所顯示之「管理環境」影響「管理實務」，「管理實務」影響「管理績效」的因果關係，可能未能全然說明企業界的真實情況，因為不少具有高經營績效的企業，並不一定有很現代化的管理實務作法。詳究其原因，可以發現它可能是因具有產品種類別或市場地區別上的獨佔或壟斷性地位，簡稱具有良好之「產品一市場戰略」(High Product-Market Strategy)，或較低之市場競爭壓力 (Low Competition Pressure)。也可能是因政府在進口關稅之保護，外銷補貼，低利貸款，以及保證購買等等方面給予協助，而比別人得到更好的盈利機會，簡稱得到較佳之「政府協助」(Better Government Help)。較低之市場競爭壓力及較大之政府協助，都有助於一個企業謀取較佳之經營績效。

假使我們引進這兩個干擾因素到我們既定之經營管理因果關係模式內，我們便可以很有力地解釋為何以前許多管理制度不健全，各級經理人員很被動，很無才幹的企業，包括深受保護或居有壟斷地位之國營事業，也會賺大錢。也就是俗云「不必努力，也有飯吃」的事業，那完全是它們在開始時選對了產品或市場戰略，居於主宰地位，使後來同等智慧之同業望塵莫及；也可能是它們在開始時，得到政府的特別鼓勵、特別保護，但後來政府的鼓勵、保護撤消，使別人不能得到相同好處。明瞭這二種干擾力量之後，我們應堅定一個信心，即開始時之「產品市場戰略」及「政府協助」只是可遇不可求之「錦上添花」之物，在現代高度競爭之社會裡，尤其二十一世紀，WTO 家族內，很難再碰到它們，所以要求取得高的經營績效，還是應從管理實務的現代化下功夫，不可被迷惑了智慧，守株而待兔。

若從動態的觀點言，本期所具有的壟斷性產品市場地位 (Product-Market Position) 或政府協助地位 (Government Help)，也是由於前期優良之管理實務所爭取來的（除國營壟斷企業外），而非天上掉下來或上帝贈與的，譬如透過周全的長期計劃，不斷創新研發，嚴密而靈活的組織，優秀的人才，高昂的士氣，高品質的決策協調，以及及時回送之情報和糾正行動等等管理活動，所衍生而來的獨特市場地位及政府關係。

所以無論從靜態或動態的觀點言，致力於「管理實務」及「管理環境」的現代化及系統化，乃是提高經營「管理績效」的基本步驟。身處此知識、創新、競爭之世界，國人不能再懷僥然拾獲的心態，等待成功的降臨；反之，成功是要靠我們的腦力及體力去努力爭取，本節圖 2–1 之整體因果關係模式即用以明顯指出企業經營成功之道。要求得好果，必先種得好因，好因產好果，乃是萬古顛撲不破之真理。

第三節　其他管理研究模式之檢討

研究管理因果關係之模式，除圖 2–1 由筆者所創比較完整者外，尚有三種模式，各有道理，但皆偏於某一觀點，茲略舉供參考。第一為「社會一經濟模式」(Social-Economic Approach)，以哈比生 (Harbison) 及麥兒斯 (Myers) 之《工業世界之管理》(*Management in the Industrial World*) 為代表❷。第二為「生態環境模式」(Ecological Approach)，以法瑪 (Farmer) 及李奇門 (Richman) 之「比較管理研究」(A Model for Research in Comparative Management) 為代表❸。第三為「行為模式」(Behavioral Approach)，以尼甘弟 (Negandhi) 及艾斯塔方 (Estafen) 之「決定美國管理可應用性之研

---

❷ F. Harbison and C. A. Myers, *Management in the Industrial World*, New York: McGraw-Hill Book Co., (1959), p. 19.

❸ Richard Farmer and Barry Richman, "A Model for Research in Comparative Management," *California Management Review*, VII, 2 (Winter, 1964), pp. 55–68.

究」(A Research Model to Determine the Applicability of American Management Knowhow in Differing Cultures and/or Environments) 為代表❹。

一、哈—麥模式（企管人才論）

哈比生—麥兒斯之模式強調一國之經濟發展績效決定於三因素，第一因素為「企管才能之運用密度」(Indensity of Management Utilization)，他們把「企管才能」當作重要經濟生產因素資源之一；第二因素為「企管權威之發揮程度」(Exercise of Management Authority)，他們認為企管才能之運用乃是社會權威發揮的一個重要體系；第三因素為「企管人員之社會地位」(Social Status of Management)，他們認為企業管理人員是社會的精華成員。此三因素對經濟發展績效之相互關係如下所示：

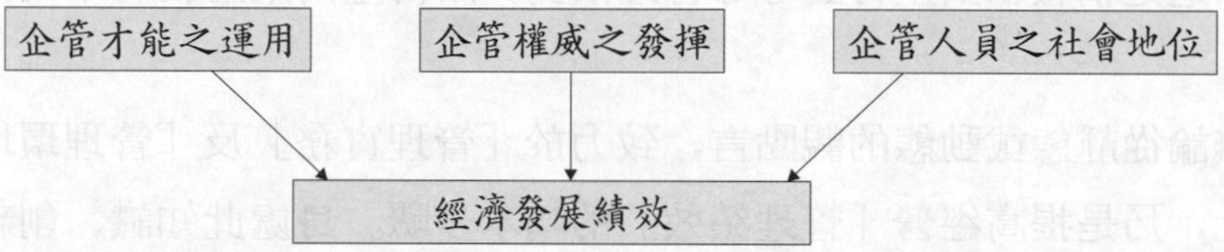

哈比生—麥兒斯的觀察研究，得一結論，即凡是愈會運用企業管理才能（即企管人才愈多），企業管理人員在企業體系內愈能發揮其權威影響作用（即企管人才在企業內地位愈高），以及企業主管人員愈受社會大眾尊重的國家（即企業主管在政府及社會有高地位），其經濟發展績效愈高；反之，則愈低。一般言之，此種結論甚可接受，因近百年來之社會經濟發展，大約在此潮流下存在。不過此種模式是以社會學的宏觀觀點來看一國之總體現象，而非以微觀觀點來詳細分析及比較眾多個別廠家之管理活動現象，所以對企管學生及實務從業者無學習之助益。

二、法—李模式（總體環境論）

法瑪—李奇門之模式強調一國外在總體環境（如政治、經濟、法規、技術、人口、文化、社會、教育等環境）對企業經營績效影響甚大，並進而影響一國之經濟發展績效，如下所示：

❹ A. Negandhi and B. Estafen, "A Research Model to Determine the Applicability of American Management Knowhow in Differing Cultures and/or Environments," *Academy of Management Journal*, VIII, 4 (December, 1965), pp. 309–318.

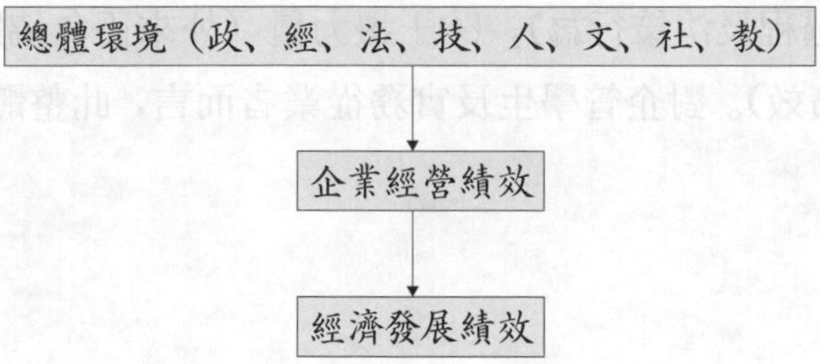

法瑪一李奇門的模式並不重視個別企業內之不同管理過程，因為他們假定各企業內之經理人員的個性 (Personality)，動機 (Motivation)，管理才能 (Managerial Capabilities)，及管理制度 (Management Systems) 皆已甚「理想」，並「固定」不變，所以不必另加考慮。無疑地，此種假設太過大膽，亦不確定，此乃代表傳統經濟學者對複雜之企業經營管理體系過分簡化的看法 (Over Simplification on Complicated Management Systems)，對企管學生及實務從業者亦無學習之助益。

三、尼一艾模式（管理哲學論）

尼甘弟一艾斯塔方之模式強調「管理哲學」(Top Management Philosophy)，「管理過程」(Management Process)，及「管理績效」(Management Effectiveness) 間之因果關係，如下所示：

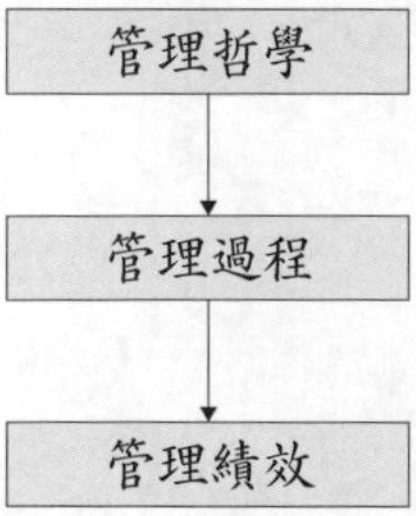

顯然地，尼一艾模式並未引入企業外在環境因素，此正與法一李模式相反，皆有所偏頗。事實上，一個企業經營績效之優劣受許多因素之影響，不僅外在環境因素（如法一李模式所言），亦不僅內部管理過程（如尼一艾模式所言），亦不僅社會觀念（如哈一麥模式所言），所能單獨影響。筆者檢討彼等之優劣點，並參照其他研究報告及臺灣之實地調查發現❺，設定圖 2-1 之陳氏整體模式，涵蓋更多之因素，計分組為(1)管理傳播(社會觀念及教育知識之傳播)，(2)管理環境(外在及內在環境)，

❺ 陳定國，〈臺灣區巨型企業之比較研究 —— 中、美、日巨型企業之調查研究〉，臺北：金屬工業發展中心及中華民國企業經理協進會，1972。

⑶管理實務（管理過程及決策行為），⑷干擾力量（外來正負協助力量），及⑸管理績效（外在及內在績效）。對企管學生及實務從業者而言，此整體模式較具有協助學習之用處。

第三章　企業目標及企業系統
(Business Objectives and Business Systems)

科學 (Science) 的研究探索可以增加人類對宇宙萬物萬象的瞭解，增長知識與聰明能力。

宗教 (Religion) 的信仰崇拜可以穩定人的精神狀態，排除疑惑不安，回歸清靜圓覺，帶給人幸福。

企業 (Business) 的經營可以增加有形及無形產品的供應，消滅貧窮，使社會富足，建立禮儀王道樂土，以提供更多追求知識的機會及宗教信仰的基礎。

農業企業、工業企業、商業企業、知識企業（農、工、商、士）的經營目標體系都要對社會國家的繁榮安定有所幫助，才算是良好企業公民 (Good Corporate Citizen)。

第一節　企業意義及企業目標 (Business and Business Objectives)

一、「企業第一」或「政治第一」(Business First or Politics First)

在中國古代帝王時代，工商企業不發達，人民沒有就業機會，只有做農奴（佃農），做官宦大家所養之「士」，或當官當小吏，所以那時流行一句話：「萬般皆下品，唯有讀書高。」那時讀書是為應考當官，不像現在，讀書是為人各行各業去就業。

在美國則另有一句話說明農、工、商企業活動在人類社會的重要性，即是：The business of America is business，意指美國人最重要的活動就是從事企業活動 (Doing Business)，簡言之，即「企業第一」(Business First)。他們認為企業活動（不是政治活動或軍事活動）是現代美國人生活的主流，是全國經濟活動的重心，因為到處可看到的是這批人生產及銷售種種有形商品 (Goods) 及無形勞務 (Services)，以獲得對方顧客的滿意（指品質、價格、時間及態度四滿意），並賺取合理以上之利潤（指淨值報酬率高於利息成本 1.5 倍以上）。

在 2003 年，美國的人口有二億八千萬人，有二千多萬家企業機構雇用全美 85% 以上的就業人口，每人平均國民所得 36,000 美元，約為臺灣每人平均所得 13,000 美元的三倍。美國企業生產世界上 40% 以上的產品，其生活水準及「經濟」、「國防」、「科技」、及「政治」力量皆為世界一流（可稱四個「天下第一」），所以莫怪他們要說「萬事皆莫急，唯有企業高」。

就寶島臺灣而言，企業活動在社會上所扮演之角色，雖未像在美國被捧得那樣崇高，但是其實力已為大多數人們所重視，所以經濟建設在國家建設的地位已列為第一，其他政治建設、社會建設、文化建設、軍事建設、宗教藝術建設，都要依賴經濟建設發展所賺到的金錢財富來支撐。在臺灣，沒有經濟發展，就沒有社會安定及國際地位，而其中工商企業的發展更是列為「第一中的第一」，與美國人所稱的「企業第一」意義相同。

在我們目前的社會裡，除了工商企業機構外，尚有許多機構，如學校、醫院、寺廟及教堂、政府機構、軍隊、公會、工會，及慈善機構等等，但是企業機構已經逐漸成為我們社會生活方式之塑造者，也是大專院校各科系所畢業生謀生發展的就業去路。在古昔帝王時代，人民被分為「士、農、工、商」四類，商為四民之末，所以人人認為「萬般皆下品，唯有讀書高」，以便考取功名，服務政府衙門，當官為吏，魚肉人民，獲取利祿，謀求安穩，因而鄙視工商企業活動。

但在今日，帝王消滅，民主共和，政府角色改變，工商經濟發達之速度比政府活動之發展為速，工商企業就業機會及所得收入，比士、農機構單位為多、為高，所以「商、工、農、士」之反倒分類標準逐漸形成，以往「政治第一，當官為先」之生活方式亦已轉變，成為「仕而優則商」及「學而優則商」之局面。蓋目前制度是官當得越高，薪津拿得越少（相對比例而言），在政黨競爭及新聞媒體競挖醜聞環境下，要想貪污亦甚不易，何況風險又大。許多往昔當官貪大污，掩蓋良好的醜聞，在二十一世紀開頭，一一曝光，聲名掃地，得不償失。當然，當官的人現金所得雖不多，但動用資源的權勢很大，依然有人想在官場裡求名、求利、求勢。

假使目前的制度不加改變，則「企業第一」勢必替代「政治第一」之人生價值系統。往昔「學而優則仕」，將與「仕而優則學」、「學而優則商（企業）」，及「仕而優則商」之趨勢，互相混合存在，顯示工商企業經營管理在人類高度發展社會之崇高地位。

二、企業活動在追求「美好生活」(In Search of Good Life)

何謂「企業」，乃是每一位初學者所急切探知之名詞。就中文意義而言，第一、人止謂之「企」。一個人停止站立不動，是在想東西，含有企圖、企求之意。一群人因共同目標而團結在一起，不分散，有所圖謀，也是企圖、企求之意。第二、長時間從事一件工作謂之「業」，所謂業農、業工、「業精於勤荒於嬉」都指長時間當農夫、當工人，長期勤勉才會精巧成功。所以「企業」二字合在一起，是指一群人長時間團結在一起，為共同目標而努力之意。

在一般人的普通認知上，「企業」就是做生意、做買賣，不是當官，不是教書。在專業上「企業」係泛指人們為謀求「生存」(Survival) 及更進一步追求「美好生活」(Good Life) 的目標，而團結在一起所從事的一種活動。它具有提供物品及勞務 (Goods and Services)，以滿足 (Satisfy) 他人隱藏的慾望 (Needs) 及明顯的需要 (Wants)，並賺取金錢利潤 (Profit) 之特質。而他人之所以要購買有形物品及無形勞務，乃是為追求物質上及精神上更舒適、更豐裕的生活。

所以「企業」含有「企求」達成自己某種目的，以及滿足他人所「企求」慾望之活動的深意。廣義言之，目前人類所從事的各種活動，包括老式之「三教九流」及新式「六教十六流」，十六流指：士、農、工、商、兵、醫、學、卜、游、俠、僧、道、黨、閥、妓、丐等等，在直接上及間接上，皆含有「企求」達成某種目的之意義，因人類早已脫離「無知無覺」及「自給自足」的時代。進入農業、工業、商業，以至知識等經濟時代，經濟學上的「供給」(Supply) 與「需求」(Demand) 以及「價格」(Price) 與「數量」(Quantity) 的定律發生作用，人人皆有利己的目標及手段意圖，人人都在經營自己，所以「企業」無所不在。狹義言之，企業活動僅指從事物品與勞務之銷售、生產與研發，以維持人們生存及較佳生活之營利性活動 (Profit-Seeking Activities)。

企業活動可由許多機構所從事，這些機構即稱為「企業機構」（英文名稱有 Enterprises, Business Institutions, Firms, Companies, Corporations），包括街角小雜貨店、連鎖便利商店、理髮店、美容店、咖啡店、泡沫紅茶店、冰果店，以至大型百貨公司、購物中心、連鎖量販店、食品、紡織、房產、大汽車製造公司及大電子通訊器材及裝配工廠。

在我國有稱零售批發買賣之商業 (Commerce)，有稱加工製造之工業 (Industry)，有稱國際買賣之貿易 (Trade)，有稱農林漁牧之農產業 (Agriculture)，有稱觀光業 (Tourism)，有稱通訊業 (Communication)，有稱運輸業 (Transportation)，有稱銀行、證券、保險業 (Banking, Securities and Insurance) ……等等千百種行業名稱（古時稱三百六十行，行行出狀元，現在應該稱三萬六千行，行行出狀元），其實它們都是「企業」，所以「企業管理」，是講求所有這些行業有效經營之學問。人類生活的基本需要稱為「民生工業」，民生工業包括「食」、「衣」、「住」、「行」、「用」、「育」、「樂」、「健」、「保」等九大需要工業，包羅萬象。民生工業背後有原料、零配件、機器設備等等眾多支援工業群。最後還有國防軍需工業群。這些都是以「企業」經營方式在進行，形成一個國家的經濟體，所以「企業管理」知識的應用面很廣大。

三、企業活動與經濟私利目標 (Business Activities and Private Objectives)

經濟學 (Economics) 是處理一國財貨之生產、分配、及消費 (Production, Distribution and Consumption) 活動之宏觀學問，是經國濟世，經世濟民之道。而企業管理學也是處理這些有形與無形財貨之生產、分配及消費的活動，只是站在一個公司或一個行業立場而已，所以企業機構也是一種經濟機構。在每一種社會裡，總有許多機構，如政治機構、軍事機構、教育機構、公共建設機構、宗教機構、文化機構、社會救濟與慈善機構，及經濟機構。而在經濟機構內，則有眾多的公營及民營企業機構。企業機構與其他機構之最大不同點，即在於激勵追求經濟私利或私人所得 (Private Gain)。假使無私利之存在，即無有效企業之存在。所以公有事業（即政府投資之事業）若無激勵員工追求經濟利益之制度，自然不會產生一般企業所擁有創新冒險 (Innovation and Risk-Taking) 之有效精神。共產社會之所有事業皆歸國有國營，與一般官僚機構一樣，只有獨佔壟斷市場供需，不競爭創新，若其員工無物質獎勵制度及淘汰裁撤制度，其無效經營乃全球性必然後果，不待質疑。因之，不談企業化經營便罷，欲談企業化即首應講求「合理利潤目標」（但非暴利目標），方能促使員工有效運用土地、人力、財力、物力、機力、技術力、時間及情報資訊等重要資源，滿足顧客需求，達到「以事業養事業」（不虧損，不依賴政府抽稅補助），「以事業發展事業」（即以合理利潤再投資求發展），造福人群。

世界各國，包括經濟高度發展的美、日、英、德、法、義、加、西歐等國家，經濟中度發展的臺灣、香港、新加坡、韓國、泰國等地區，以及經濟低度發展的蘇俄、東歐各國、中國大陸、南美、非洲、印度、中南半島各國，其國有國營或公有公營之企業，都是無效經營之企業，偶有賺錢者，也是靠獨佔壟斷而得，非靠競爭創新而來。所以把經營獨佔政府的心態，用來經營競爭性企業，一定失敗，少有例外。解救國有國營企業之方法有三，第一、「國全有，民全營」，第二、「國半有，民全營」，第三、「國全無，民全有，民全營」。若走「國半有，國半營，民半有，民半營」也不會成功。換言之，不管「所有權」在國家或在人民手裡，只要「經營」管理依照有效經營之競爭方式，就有達到「顧客滿意、合理利潤」目標的可能性。

四、合理利潤及生存目標 (Reasonable Profit and Survival Objective)

沒有利潤就不能長期生存，美國福特汽車第三代董事長小亨利．福特二世 (Henry Ford, Jr.) 曾說過一句名言：「經營事業虧本失敗是一大罪惡行為」，因為公司失敗，不僅傷股東，也害員工、害銀行、害供應商、害客戶，所以不論何種企業都應講求「合理利潤」(Reasonable Profit)，方能在長期之下「利人利己」，而達到「生存及成長」(Survival and Growth) 目標。所謂「利人」是指有利社會大眾，所謂「利己」是指有利公司股東及公司員工。無合理利潤之企業，雖在短期內可忍痛虧本，低價服務顧客，但因設備無法更新及擴充，產品無法創新，品質難以提升，員工薪酬增加之目標難以達成，股東股息增加之目標無法達到，終必導致顧客因廉價而浪費濫用，產品品質粗製濫造，服務品質粗言惡態，終非社會大眾長期福祉之所求，所以顧客若不明事理，要求廠家虧本或無利潤供應物品或勞務，實足以妨礙自己未來幸福，悔之莫及。目前大多數公用及教育衛生事業，過分被壓制利潤目標之追求，也正是造成服務數量及品質不佳，廣受責難之原因。「解鈴還須繫鈴人」，顧客若欲求滿意之服務，應給予廠家合理之利潤，方能得之，否則等於緣木求魚。只求享受，不付代價，等於「白吃」、「白喝」、「白住」、「白坐車」、「白娛樂」、「白受教育」等等霸道行為，天下焉能不亂。

企業利潤應有多少才算合理，並無定論，須視行業別、公司別及計算基礎別而定。利潤的絕對數字越大越好，其相對比率也是。若以此詢問企業人員，其答案可能從「淨值報酬率」(Return on Equity, ROE) 10 到 50%。但一般的人會認為 ROE 至少應該在銀行利率（即資金成本 Cost of Capital, C.O.C.）之一倍半以上為可接受之水準，如利率為 10%，淨值報酬率應該至少為 15% 以上，如利率為 5%，淨值報酬率應該至少為 7.5% 以上，如利率為 15%，淨值報酬率應該至少為 22.5% 以上。越是技術密集的產業，其利潤率越高，越勞力密集的產業，其利潤率越低。像藥品業、化妝品業、電腦軟體業、石油提煉業、多角化綜合金融業、半導體及配件業、香煙業等的 ROE 都很高，在 20% 以上。

事實上，利潤的絕對數字很重要，但若要比較，則需再看比率，利潤數字的計算與所比較的基礎有高度關聯。它可定為「銷貨利潤率」(Sales Profitability)，為「資產報酬率」(Return on Assets, ROA)，為「淨值報酬率」。通常所稱之「投資報酬率」(Return on Investment, ROI) 可指稅後總資產報酬率，亦可指稅後淨值報酬率。前者用來衡量整個企業公司所運用社會各種資源成本的有效性，後者僅指運用股東資源（即股本及公積、未分配盈餘等）之有效性，範圍比前者狹窄。

利潤目標是最敏感的指標，企業追求長期最大利潤目標，也追求短期（每年）合理目標。「敗軍之將不可言勇，負國之臣不可言忠」，虧本之經理不可言有效及能幹。為了讓讀者探視世界 500 大企業 (Global 500) 之銷售及利潤表現，特將 2001 年發表之數字列如表 3–2（十大企業），表 3–4（十大賺錢）及表 3–5（49 行業利潤）。

《財星》(*Fortune*) 雜誌在 2001 年 7 月 23 日公布全球 500 大企業在 2000 年的表現 (2001 Global 500)，第一名艾克森美孚公司 (Exxon-Mobil) 銷售額 2,104 億美元（但在 2002 年，第一名已是威名百貨，銷售額 2,380 億美元，銷售據點 4,300 家店），第五百名 Sodexho Alliance 公司銷售額 103 億美元。臺灣的企業沒有一家列名 500 大之內，中國大陸有 12 家公司列名在內。若依國家地區別來看「2001 全球 500 大」英雄榜，也可以看出美國（185 家）、日本（104 家）、法國（37 家）、德國（34 家）及英國（33 家）是世界企業界的五強國，其餘各國的 500 大入榜英雄，請見表 3–1。

表 3–1　「2001 全球 500 大企業」國別英雄榜

國家地區名稱	列名家數	國家地區名稱	列名家數	國家地區名稱	列名家數
澳大利 Australia	7 家	法國 France	37 家	挪威 Norway	2 家
比利時 Belgium	3 家	德國 Germany	34 家	蘇俄 Russia	2 家
比利時／荷蘭 Belgium/Netherlands	1 家	印度 India	1 家	新加坡 Singapore	1 家
巴西 Brazil	3 家	義大利 Italy	8 家	南韓 South Korea	11 家
英國 Britain	33 家	日本 Japan	104 家	西班牙 Spain	6 家
英國／荷蘭 Britain/Netherlands	2 家	盧森堡 Luxembourg	1 家	瑞典 Sweden	5 家
加拿大 Canada	15 家	馬來西亞 Malaysia	1 家	瑞士 Switzerland	11 家
中國大陸 Mainland China	12 家	墨西哥 Mexico	2 家	美國 U.S.A.	185 家
芬蘭 Finland	2 家	荷蘭 Netherlands	9 家	委內瑞拉 Venezuela	1 家

資料來源：*Fortune*, July 23, 2001, pp. F–25–F–42.

表 3–2 把「2001 全球 500 大」的前十名企業的「銷售額」(Revenue)，「利潤額」(Profit)，「資產額」(Assets)，「股東權益－淨值」(Stockholder's Equity)，「員工人數」(Employees)，「資產報酬率」，「淨值報酬率」，「員工銷售生產力」(Revenue Per Capita),「員工利潤生產力」(Profit P.C.) 等九項衡量指標列出，供大家一窺天下大企業之面面觀。從表 3–2 中可以看出很多信息知識，即銷售額大的公司，利潤額不一定等比例大，資產額及股東權益也不一定等比例大，員工人數更是與銷售額關係不一致。至於衡量利潤率的「資產報酬率」及「淨值報酬率」，更是隨公司的經營能力而變化，而與銷售額關係比較小。而「員工生產力」則隨行業特性而變化，更與銷售額關係不大。汽車公司及電器公司的用人數都很多，所用資產也很大，但利潤不是最大。

臺灣曾經是亞洲新興市場的模範生(亞洲四小龍之一)，中小企業發展世界聞名。但比起歐洲的荷蘭，則程度尚差一大截，表 3–3 把臺灣十大企業、荷蘭十大企業及全球十大企業列表比較，使讀者有「曠野觀天」，山河大地，一覽無遺的全景概念，才不會蹲在壁角下，還敢「夜郎自大」。

表 3–2　2001 全球 500 大企業前十名之績效表現

單位：美元；%；人

排名 (2001)	1st	2nd	3rd	4th	5th	6th	7th	8th	9th	10th
公司名稱 / 衡量指標	艾克森美孚 Exxon-Mobil	威名百貨 Wal-Mart Stores	通用汽車 General Motors	福特汽車 Ford Motor	戴姆勒克萊斯勒 Daimler-Chrysler	皇家殼牌 Royal Shell	英國石油 British Petroleum(BP)	奇異電器 General Electric	三菱 Mitsubishi	豐田汽車 Toyota Motor
銷售額 Revenue（億）	2,104	1,933	1,846	1,806	1,501	1,491	1,481	1,299	1,266	1,214
利潤額 Profit（億）	177	63	45	35	73	127	119	127	8	43
資產額 Assets（億）	1,490	779	3,031	2,844	1,871	1,225	1,439	4,370	644	1,398
資產報酬率 ROA= 利潤 ÷ 資產 (%)	12	7.6	1.5	0.2	3.9	10.4	8.3	2.9	1.2	3.1
股東權益淨值 Stockholder's Equity（億）	708	311	302	186	398	571	734	505	774	568
淨值報酬率 ROE= 利潤 ÷ 股東權益 (%)	25.4	19.4	14.6	18.3	18.3	22.2	16.2	25.1	10.5	7.6
員工人數 Employees（人）	99,600	244,200	386,000	345,991	416,501	90,000	107,200	341,000	42,000	215,648
員工銷售生產力 Revenue, P.C.（百萬）	2.11	0.155	0.48	0.52	0.36	1.66	1.38	0.38	3.01	0.57
員工利潤生產力 Profit P.C.（千元）	177.711	5.06	11.533	10.02	17.515	141.322	110.728	37.346	19.833	19.739

資料來源：*Fortune*, July 23, 2001, p. F–1 及計算所得。

說明：

1. 銷售額 (Revenue) 大小代表公司在市場的佔有勢力，越大越好；通用汽車失去 1950 年代以來排名第一、第二的地位，變成第三。威名百貨高升為第二名（在 2002 年已變成第一名）。艾克森石油與美孚合併後，成為第一大公司。（在 2002 年被威名所取代）
2. 「利潤」(Profit) 大小代表公司稅後現金收益，越大越好；石油公司賺錢一向最多，前三名皆是。奇異表現也很好，因它的一半利潤來自金融業務，綜合金融是賺錢事，電器本身已經不賺錢了。
3. 「資產」(Assets) 大小代表公司運用「外來資金」（負債）及「自有資金」（淨值）的賺錢力量，越大越好。通用汽車利用最大社會資源。奇異有 GE Capital 金融事業部，所以金融資產佔很大。
4. 「資產報酬率」(ROA) 代表公司運用社會資源的有效程度，越大越好；石油公司及百貨公司表現好。
5. 「股東權益」(Equity) 代表公司資產中屬於股東的「自有資金」（股款、公積、資本利得、保留盈餘），越大越好；石油公司及日本公司都有堅實的股東權益為經營基礎。
6. 「淨值報酬率」(ROE) 代表股東權益可以賺到的利潤率，越大越好；各公司皆表現良好。
7. 「員工人數」(Employees) 指公司向社會提供之就業機會，越多對社會越好，對公司越不好；石油公司用人最精簡。
8. 「員工生產力」(Productivity) 指每一位員工的貢獻能力，有「每人銷售生產力」，有「每人利潤生產力」，數字越大代表員工貢獻越大；石油公司表現比汽車公司為佳。

表 3–3　「臺灣十大」、「荷蘭十大」及「全球十大」銷售營收比較

單位：美元

排名	臺灣十大		荷蘭十大		全球十大	
	公司名稱	銷售營收額（億）1999 年	公司名稱	銷售營收額（億）2000 年	公司名稱	銷售營收額（億）2001 年
1	台塑集團	115	皇家殼牌 Royal Shell	1,491	艾克森美孚石油 Exxon-Mobil	2,104
2	霖園集團	107	荷蘭國際集團 ING Group	711	威名百貨 Wal-Mart	1,933
3	宏碁集團	81	聯合利華 Unilever	439	通用汽車 General Motors	1,846
4	新光集團	76	富通銀行 Fortis Bank	438	福特汽車 Ford Motor	1,806
5	裕隆集團	65	荷蘭銀行 ABN AMRO	433	戴姆勒克萊斯勒 Daimler Chrysler	1,501
6	聯華神通	60	飛利浦 Philips	350	皇家殼牌 Royal Shell	1,491
7	長榮集團	57	Robo Bank	201	英國石油 British Petroleum (BP)	1,481
8	大同集團	52	安科智諾貝爾化學	129	奇異電器 General Electric	1,299

9	遠東集團	51	AKZO Nobel KPN 電話公司	121	三菱 Mitsubishi	1,266
10	統一集團	49	BUHRMANN 物流公司	109	豐田汽車 Toyota Motor	1,214

資料來源：《天下雜誌》，2002 年 1 月 1 日，第 180 頁；*Fortune*, July 23, 2001, p. F–1.

臺灣的面積 3 萬 6 千平方公里，人口 2 千 3 百萬人，荷蘭面積 4 萬 1 千平方公里，人口 1 千 6 百萬人，但是在 2002 年，荷蘭的人均國民所得為 2 萬 4 千美元，臺灣的人均國民所得為 1 萬 3 千美元，因為荷蘭的企業經營比臺灣進步，荷蘭的十大企業規模比臺灣的十大企業大很多。與全球十大企業比較，臺灣的企業也是相形見絀。數字會說話，看統計數字，就可以不言而喻。臺灣的努力空間還很大，路途也很遙遠，不可隨便拿政治情緒的偏頗意識型態來迷惑低知識水平的民眾，以致妨礙經濟實力的發展，害人害己。荷蘭的大企業都是「根伸全球」的多國籍企業，不是「根留盆內」的本土化企業（有人稱之為「根留臺灣」，又是迷惑性歪說）。走出全球化，和世界合流接軌，才是臺灣企業未來發展的大方向。

利潤目標是臺灣經營者最切膚的成敗指標，你知道 2001 全球 500 大企業中，那些公司的表現最引人注目嗎？表 3–4 把十大現金利潤者、十大銷售利潤率者、十大資產報酬率者列出，供大家參考比較。在 2000 年賺最多現金者是艾克森美孚 (Exxon-Mobil) 石油公司，賺 177 億美元，第二名是花旗集團 (Citi Group)，賺 135 億美元。銷售利潤率（即賣 1 元賺幾角）最大者是微軟 (Microsoft)，它每賣 1 元就賺 4 角 1 分 (41% Sales Profitability)。資產報酬率（即運用總資產之賺錢能力）最大者是 Lukoil，每 1 元資產就賺 2 角 9 分 (29% ROA)，第二名是必治妥施貴寶藥廠 (Bristol-Myers Squibb)，每 1 元資產就賺 2 角 7 分 (27% ROA)。

表 3–4 「2001 全球 500 大企業」十大賺錢公司

單位：美元；%

排名	全球十大現金利潤者		全球十大銷售利潤率者		全球十大資產報酬率者	
	公司名稱	現金利潤額(億)	公司名稱	銷售利潤率(%)	公司名稱	資產報酬率(%)
1	艾克森美孚石油 Exxon-Mobil	177.2	微軟 Microsoft	41.0	LuKoil	29.0
2	花旗集團	135.2	電纜無線	32.5	必治妥施貴寶	26.8

	Citi Group		Cable & Wireless		Bristol-Myers Squibb	
3	奇異電器 General Electric	127.4	英特爾 Intel	31.2	飛利浦 Philips	24.5
4	皇家殼牌 Royal Shell	127.2	Roche Group	30.2	英特爾 Intel	22.0
5	英國石油 (BP)	118.7	禮來藥廠 ELI LILLY	28.2	禮來藥廠 ELI LILLY	20.8
6	Verizon Communication	117.9	德州儀器 Texas Instruments	25.8	葛蘭素史克藥廠 GlaxoSmith Kline	19.8
7	荷蘭國際集團 ING Group	110.8	飛利浦 Philips	25.4	諾基亞 Nokia	19.5
8	英特爾 Intel	105.4	LuKoil	23.8	Abbott Laboratoies	18.2
9	微軟 Microsoft	94.2	葛蘭素史克藥廠 GlaxoSmith Kline	23.3	微軟 Microsoft	18.1
10	飛利浦 Philips	88.7	Petronas	22.5	德州儀器 Texas Instruments	17.3

資料來源：*Fortune*, July 23, 2001, pp. F-13-F-14.

有錢可以投資冒險的人，人人都想投入最賺錢的行業；無錢可投資冒險的人，人人都想到最賺錢的行業去就業。世界上的行業很多，怎樣去尋找最會賺錢的行業呢？表 3-5 把「2001 全球 500 大企業」所屬 49 行業的股東淨值報酬率列出，供大家查究。淨值報酬率若高於銀行利率（即資金成本）一倍半以上者，就算是合理利潤者。表 3-5 中，ROE 大於 15% 的行業有石油提煉業 (20.5%)，電子電器設備業 (18.6%)，人壽保險業 (17.9%)，多角化綜合金融業 (21.4%)，電腦辦公室設備業 (20.2%)，製藥業 (26.4%)，消費食品業 (15.8%)，證券業 (21.3%)，香煙業 (28.6%)，飲料業 (24.2%)，電子辦公室設備業 (15.3%)，半導體及其他配件業 (26.4%)，電腦服務及軟體業 (21.7%)，香皂、化妝品業 (22.2%)，科學、照相和控制設備業 (17.4%) 以及食品服務業 (19.7%) 等 16 行業。若把 500 大企業（共 49 行業）一起加起來計算，則其總平均淨值報酬率為 12.1%，表示其他 33 行業廠家的表現遠低於 15% 的標準線。

表 3–5 「2001 全球 500 大企業」49 行業淨值報酬率 (ROE) 一覽表

單位：美元；%

	行業別名稱	入榜家數	總利潤額（億）	總資產額（億）	總淨值額（億）	淨值報酬率 ROE(%)
1	銀行：商業與儲蓄業 Bank: Commercial and Saving	56	988.19	213,275	9,081	10.9
2	石油提煉業 Petroleum Refining	29	902.29	11,173	4,470	20.5
3	汽車及零配件業 Motor Vehicles and Parts	27	324.95	15,451	2,822	11.3
4	貿易業 Trading	17	60.14	4,373	613	9.8
5	電子電器設備業 Electronic, Electrical Equipment	23	439.36	7,273	2,372	18.6
6	電訊業 Telecommunication	24	465.70	20,330	8,166	5.6
7	食品藥店業 Food and Drug Stores	24	99.94	3,035	870	11.5
8	保險業：人壽、健康（股份） Insurance: Life, Health (Stock)	18	229.87	33,955	1,729	13.5
9	綜合買賣業 General Merchandisers	15	93.79	3,189	845	10.6
10	能源業 Energy	13	177.69	5,631	1,460	12.3
11	公用事業：瓦斯及電力 Utilities: Gas and Electric	18	106.32	9,543	1,964	5.6
12	保險業：財產及商業（股份） Insurance: P & C	13	283.23	20,351	2,690	8.9
13	保險業：人壽、健康（互助） Insurance: Life, Health (Mutual)	14	120.55	19,575	670	17.9
14	多角化綜合金融業 Diversified Financials	6	377.60	2,704.7	1,728	21.4
15	電腦辦公室設備業 Computer, Office Equipment	9	178.08	2,847	890	20.2
16	製藥業 Pharmaceuticals	13	424.26	3,692	1,590	26.4
17	專門零售業 Specialty Retailers	12	72.08	1,005	479	14.6

18	郵件、包裹、貨品運送業 Mail, Package, and Freight Delivery	8	43.10	4,314	725	5.5
19	航太國防業 Aerospace and Defense	9	54.81	2,389	745	6.8
20	化學品業 Chemicals	10	94.76	2,184	709	12.7
21	工程、建設業 Engineering, Construction	17	38.79	2,955	846	3.5
22	金屬品業 Metals	11	31.97	2,142	513	5.9
23	消費食品業 Food Consumer Products	6	62.56	1,392	376	15.8
24	證券業 Securities	5	157.25	15,123	750	21.3
25	航空業 Airlines	9	43.45	1,522	326	12.1
26	工業及農業設備業 Industrial and Farm Equipment	6	21.64	1,530	309	6.5
27	網路及其他電訊設備業 Network and Other Communication Equipment	4	17.55	1,662	1,004	2.0
28	批發：健康醫療業 Wholesalers: Health Care	5	3.90	371	111	3.6
29	健康醫療業 Health Care	7	26.22	1,938	311	9.6
30	礦及原油開採業 Mining, Crude-oil Pruluation	6	59.84	1,564	504	12.07
31	森林及紙產品業 Forest and Paper Products	6	47.30	1,390	419	11.97
32	香煙業 Tobacco	3	99.21	1,310	348	28.6
33	鐵路業 Rail Roads	7	21.85	2,467	336	5.5
34	雜貨業 Miscellaneous	7	16.00	1,109	240	8.3
35	飲料業 Beverages	6	78.32	1,124	330	24.2
36	保險業：產物及商業（互助）	3	7.32	2,406	550	0.4

	Insurance：P & C (Mutual)					
37	娛樂業 Entertainment	4	13.52	1,990	1,025	0.9
38	批發：電子及辦公室設備業 Wholesalers: Electrics and Office Equipment	3	7.62	188	49	15.3
39	半導體及其他零配件業 Semiconductors, Other Component	3	140.90	760	537	26.4
40	批發：食物及雜貨 Wholesaler: Food and Grocery	3	4.08	146	40	10.2
41	食品生產業 Food Production	4	6.76	420	106	6.4
42	電腦服務及軟體業 Computer Services and Software	3	107.97	730	497	21.7
43	出版、印刷業 Publishing, Printing	4	14.02	523	190	7.4
44	香皂、化妝品業 Soaps, Cosmetics	2	44.38	470	185	22.2
45	建築材料、玻璃業 Building Materials, Glass	3	22.97	642	208	9.5
46	橡膠及塑膠成品業 Rubber and Plastic Products	3	5.74	475	139	4.2
47	科學、照相和控制設備業 Scientific, Photo, and Control Equipment	3	42.55	513	229	17.4
48	多角化委外服務業 Diversified Outsourcing Service	2	−188	268	73	−2.5
49	食品服務業 Food Services	2	20.60	279	105	19.7
	49 行業 ROE 平均					12.1

五、顧客及銷貨目標 (Customer-Sales Objective)

追求「合理利潤」雖是企業生存的重要目標，但並非唯一目標，因為我們可以發現許多企業目前尚能存在，並非皆因已賺得合理利潤，有的甚至已虧損累累，但尚能無動於衷地想繼續存在下去。也有許多企業在開創時，想先爭取市場佔有率 (Market Share)，站穩腳跟，所以採取犧牲利潤，低價滲透手段 (Penetration-Low Price

Strategy)，先取得大的顧客基礎及銷貨目標。

假使放大眼光，調查各種企業，可得如下結論：即企業除了經濟性之謀利目標外，尚有顧客服務目標，社會服務目標，及成長目標。

彼得・杜魯克 (Peter Drucker) 在其 1973 年《管理學》(*Management*) 巨著裡第 61 頁指出：「企業目標的唯一有效定義即是創造顧客」(There is only one valid definition of business purpose: to create a customer)。當然，杜魯克的意思並不是說企業只要創造顧客及服務顧客，而可以不要賺錢或回收成本，因為若是這樣，將變成「只愛服務，不愛賺錢」，則其後果勢必「後繼無力」、「惡果反彈」，絕不是真正社會之長期福祉。杜魯克的意思是要提醒大家，不要忽視賺錢源頭之顧客，不要「只愛賺錢，不愛服務」，而應「又愛賺錢，又愛服務」。因為若服務不佳，顧客不喜，自然不來惠顧，更不會重複前來購買，當然賺不到錢。所以顧客是企業經營者之「衣食父母」，顧客是決定企業經營成敗之「王」。洋人喜歡說：Customer is king。我們將之翻譯為「顧客至上」、「顧客是國王」、「顧客是玉皇大帝」。

要創造顧客，必然要先尋找顧客所在 (Targets)，確定顧客需求的種類，預測需求的潛量 (Potentials)，然後設計對口的產品，生產高品質產品，並以有效的行銷策略與方案，提供給顧客，促請購買，以滿足他們的慾望，而獲取應得之利潤。我們要確認顧客所要購買的對象，不是單純的物品或勞務的「外形」(Form)，而是物品或勞務所能提供的滿足慾望之「功能」(Function) 及「能力」(Ability)，甚至稱為「價值」(Value)。換言之，顧客不是在買「產品」(Products)，而是在買價值，在買「滿意」(Satisfaction)。顧客是否滿意某公司的某產品，常是經由「購買數額」及「重購率」(Repeat Purchase Rate) 來表示，所以企業在追求顧客滿意之目標時，亦常以「銷貨」額 (Sales) 及重購率或推薦率 (Recommendation Rate) 來衡量，有時尚併以顧客意見調查之「滿意指數」 (Satisfaction Index) 為之。有高的顧客價值，高的顧客滿意，才會有高的顧客重購率、推薦率及忠誠度 (Loyalty)。

在彼得・杜魯克於 1954 年《管理實踐》(*Practice of Management*) 第一次提出「顧客滿意」(Customer Satisfaction) 一詞時，大家都不大明瞭如何把這個新名詞應用在實務上，只知它是一個和追求利潤目標同等重要的觀念。可是時過三、四十年之後，各行各業的高階經營者，沒有一個不把顧客滿意目標當作第一目標來供奉。「滿足顧客」、「經營顧客」、「開發顧客行為資料庫」(Customer Data Mining) 等等已經變成和電腦電訊合一之「資訊科技」同步運作的新管理技術。

六、社會目標 (Social Objective)

除了「利潤」目標及「顧客」目標之外，企業應追求「社會目標」(Social Objective)之論點自古有之，所謂「己立立人，己達達人」;「己所不欲勿施於人，己所欲施於人」;「大道之行也，天下為公」等等。但在 1960 年代以來才正式成為受到熱烈支持之課題，表示企業家已知在「私利」(Self-Interest) 水準之上，應該正式放一個「公利」(Public Interest) 的位置，成為內部管理作業上的指導方針。目前許多人對國營、省營、市營等由政府投資之事業，百分之百地要求其履行社會目標，虧本供應，甚至免費供應，放棄利潤目標及顧客目標，即是認為這些事業是用大眾繳稅之錢所設立，它們是社會公眾所擁有之機構，所以應該以社會性及政治性機構之立場存在，不能以私有方式「將本求利」。當然這種看法及作法已失去企業化精神。沒有利潤，遲早要倒閉，等倒閉了又來罵它經營無效；等倒閉了，也無法再提供任何服務，所以其無法真正達到原來所要求之目標，本已天註定，不足為奇。

對大規模的民營事業而言，追求社會服務，履行社會責任 (Social Responsibility) 成為外界壓力下的必然現象，所以支援各級學術教育發展方案、各種高等專業研究方案、文化藝術活動、體育運動推廣方案、宗教慈善事業、消除貧窮方案、貧困醫療方案、環境清潔保衛方案、盲啞殘廢協助方案、以及其他維護及發展人道尊嚴之措施等等，已漸被視為企業活動之一。

無疑地，在我國目前的社會裡，許多大事業家已經或多或少撥出若干盈利所得，從事社會責任活動，雖然正式將社會目標列為公司經營體制，並制訂例常方案執行的公司尚不多。在臺灣早期最佳的例子如嘉新水泥基金、統一企業基金、聲寶基金、長庚醫院基金、慶齡工業基金、國泰藝術館、明德基金、可口棒球隊、南亞、國泰、裕隆、中華等籃球隊等等。在最近臺灣企業所成立的基金會更多，如光華教育獎學基金、洪建全基金、建宏基金、宏碁基金、楊必立基金、中華企業研究院基金等等。

「社會目標」來自「社會責任」的觀念，人人皆知:「國家興亡，匹夫有責」，何況大企業呢? 社會目標之達成應佔有公司相當資源之投入（如盈餘之 5%），正如經濟利潤目標之追求，應有一套完整的管理制度一樣。有系統的、較大規模、長期針對性的社會責任之履行方案，可以擴大企業家為社會服務的效果，遠比目前隨興所至，施捨一、二之方式為佳，足供我國大企業主持人參考。

七、成長目標 (Growth Objective)

不管是用利潤的增加，銷貨的增加，市場佔有率的增加，或生產量的增加來表示，「成長」確是企業的主要目標之一。此種心理與個人一樣，每一個人不會靜態地安於現狀，總是希望在薪酬上 (Compensation)，在職位上 (Position)，在權力上 (Authority Power)，在學識上 (Knowledge)，在社會地位上 (Social Status)，甚至在自由上 (Freedom) 能夠與日俱增。「成長標目」是跟隨在「生存」目標之後，先求生存後求成長。在俗言上說：先求保平安，再求添福壽。

在往昔，「成長」目標並不為人所重視，因為人們習慣於靜態不變之社會政治結構，只要能得過，就且過，不知也不敢奢望成長。可是自一九七〇年以來，「成長」已是人人所祈求的目標。年輕人初就職就先探聽將來的前途展望；企業家若發現創業經過「五年不亡」之時期，尚不能成長時，則甚感有失體面。凡此皆說明追求「生存」及「成長」是人類的基本慾望。

「成長」是否無限?「成長」是否一定有利? 乃是值得探討之重要課題。不過今日人類追求成長之事實已不可否認，君不見每年經濟成長若低，則政治情緒必高；外貿成長若低，企業界必憂心忡忡；利潤成長若低，則總經理必坐立不安；生產力成長若小，則各級經理必被檢討；技術發明若不成長，則公司有被擠退之虞。當然，有人認為「成長會造成自殺」，所以主張「零成長」；但是成長目標依然是企業活動的重大激勵動力。

企業利潤成長，銷售額成長都是好事，都可以繼續下去；但是企業產品種類成長（太多種），組織規模成長太大，員工人數成長太多，都不是好現象。個人知識 (Knowledge) 成長可以繼續下去，但個人的薪酬、職位、權力、社會地位都不可能繼續成長下去，也都應該適可而止，不可過猶不及。譬如當過總統的人，拿高額退休金及高成本安全保護措施，就應安下心來做社會慈善服務工作，不宜再去參加政治、政黨活動，想再做「太上總統」。權威勢力之成長有界限，不可超越，尤其年紀大的人，更應該「戒之在貪」。董事長、總裁、總經理等人員，也應如此。

八、企業的變化面 (Changes of Business)

企業經營的本質具有動態變化性，一千年前的企業與一百年前的企業經營方式不一樣，一百年前的企業與今日的企業經營方式亦不一樣。此種因時間不同，因環境條件不同，因競爭壓力不同，因客戶要求及購買力不同，因科技方法發展之不同而改變經營方法的特性，發生在所追求的「目標」(Ends) 及用以達成這些目標的「手段方法」(Means) 上。

企業經營之變化，衍生於社會環境及人群需求之改變。譬如工商經濟最發達的美國企業，利用 1750 年發明之蒸汽機及以後改良之機械化來增加銷產量，大賺錢財，原先是不顧員工利益及社會利益，只一心一意想為資本主追求「最大利潤」(Maximum Profit)，遠超過「合理利潤」，導致勞工反對及社會改革者之惡感，所以到 1850 年，產生馬克斯的「共產主義」(Karl Marx's Communism) 以及以後我國國父　孫中山先生的「民生主義」。後來美國人泰勒先生在 1875 年開始研究，二十世紀初提倡「科學管理」，企業才開始重視員工利益，如提高生產力與實施獎工制度，把餅做大，大家（勞資）共享，此為一大轉變。至二十世紀三十年代又開始重視員工情緒對生產力之影響，如「人群關係」(Human Relations) 與「工作豐富化」(Job-Enrichment) 運動，此為第二大轉變。至二十世紀五十年代，又開始重視「顧客心理」(Customer Psychology)，如「行銷研究」(Marketing Research) 及「顧客動機研究」(Motivation Research)，此為第三大改變。至二十世紀六十年代，又開始重視「社會責任」，如「消費者主義」(Consumerism) 及「生態環境保護」(Ecological Protection) 興起，此為第四大改變。至二十世紀八十年代，政府對企業之管制行為愈來愈多，所以企業目標亦須調整配合政府政策，此為第五大改變。至二十世紀九十年代，國際網際網路之資訊科技 (IT) 大興，企業不能不走入電子化 (e-Business, e-Commerce)，此為第六大變化。到了二十一世紀，世界貿易組織接受中國大陸及臺灣為第 143 及 144 個會員國，從此地球村、無國界之自由化及國際化競爭成為常態，企業不能不做第七大變化。

當然，企業經營方式受大環境、供應競爭及顧客需求之改變而變化，乃是基於「適應」(Adaptation)，即「時勢造英雄」之立場；可是在近年來，企業已可經由長期細心之策劃、規劃、設計，對社會發展指引「創新」變化之方向 (Innovation)，即「英雄造時勢」。此與百年以前之情況相差太大，會令早期的經濟學家大為驚訝。

九、投資、報酬與風險 (Investment, Return and Risk)

要開辦及營運一個企業，除了要有「人」來策劃、規劃、預算、排程及組織人力之外，必須用到「錢」，此種投入之「錢」就稱之為「投資」(Investment)。這些初期投入之錢也叫做「資本」(Capital)。臺灣目前絕大多數的企業資本都來自私人籌資，所以亦稱為「私有資本」(Private Capital)，由政府投資就叫做「公有資本」(Public

Capital)。臺灣目前由政府投資的大事業計有經濟部國營事業管理委員會所轄之十家國營事業，財政部的五家金融事業，交通部的四家郵電路航事業，臺北市政府的一家銀行及公車與自來水事業，及高雄市政府的一家銀行。目前臺灣私有資本事業所生產之總值與公有事業生產總值之比，約為 90 : 10。這些公有的事業也在逐步民營化中，要把股份降在 50% 以下。但事實上，在各個股東比例大小上，政府還是握有最大比例，所以還可以操縱董事會人選及總經理指派，依然換湯不換藥，「為德不卒」，迷糊老百姓而已。

中國大陸在 1949 年接收國民黨政府後，實施所有生產工具收歸國有之共產社會主義，全國農、工、商企業都變為國有國營事業。因國營事業先天性缺乏激勵及有效經營能力，全國生產力因而下降，由原來「均富」理想變成「均貧」現實，所以自 1979 年開始實行鄧小平的「改革開放」政策 (Reform and Open-Door Policies)，政府鼓勵外資投資企業（合資、獨資、合作）及個體戶之私有資本活動，全面改觀中國大陸之經濟面貌，國民人均所得增加四倍（從 1979 年之 200 美元，提升為 2003 年之 1000 美元，平均每年成長 8%）。但是大部分的國營企業約一百萬家還是國有國營，「公有」資本產值與「私有」資本產值之比約為 80 : 20。

每一位投資開創事業的人（不論公、私機構），皆期望投入的資本能產生「報酬」(Return)，即「收入」超過「支出」，產生「利潤」(Profit)。到目前為止，世界上尚無人願意承認他希望所投下的資本「有去無回」，即以虧損為目的；古云：「殺頭生意有人做，虧本生意無人做。」因若是不求報酬，他根本不必冒風險投資經營事業，白費心機。他大可在開始時就把要投下之錢，分散給顧客，化「投資」為慈善「賑濟」行為，或是改投資為把錢定期儲存在銀行生利息，安安穩穩，不必冒風險。

假使股東所投下的資本在一段相當長時間內不會產生「報酬」（利潤）時，則企業資本可能被股東抽回，而事業宣告失敗死亡。所以在我們的社會裡，投資報酬（即利潤）乃是企業生存的必要條件。世界上絕大多數的公營事業的投資不產生利潤尚能生存，不是它們能超脫此定律，而是得到政府國庫以納稅人之稅錢補貼它們，或是命令國營的銀行，借錢給它們，使其苟延殘喘，等於把公營企業的災難移轉給國營銀行而已。在「無利潤即死亡」(Profit or Death) 的定律下，任何人皆是平等，不是失敗企業自己死，就是別人替他死。

在我們的社會裡，除了擁有市場獨佔地位並能自由調整價格之事業外，誰也不能確保它的投資一定能產生報酬，除非它有良好的經營管理。連那些雖居有獨佔地位（如許多水電交通），但因不能自由調整價格的公營事業（因受立法民意代表機構之節制），也常常在虧損及遭受責難的悲慘情況中過活。我們到處可發現，在企業界中許多廠家可能賺錢繁榮，也可能虧本枯萎；換言之，它們有機會繁榮，也有機會破產。所以企業經營實在沒有上天贈與之「必勝」鐵券；反之，「風險」乃是經營者隨身跟隨之「影」。只有小心謹慎，採取合理經營管理方法，才能把風險之「影」縮小，否則風險之影將會隨側面光線而拉大。

社會上的絕大部分資源都是投注在企業經營上，而企業經營可成功，可失敗，可進入，可退出；除了政府用人為的「法令保護」及自然形成的一些獨佔性事業外，但這些「自然獨佔」的事業也會因科技發達而越來越少，如電訊、如電力、如郵件、如儲匯等等。這個社會實是一個自由投資，追求利潤，憑本領成功，並負擔風險的競爭企業系統。

第二節　企業經營系統 (Business System)

一、系統方法之應用 (Application of Systems Approach)

要瞭解企業經營活動內涵可採許多不同方法，譬如生產技術法，行銷策略法，組織結構法，機構成員法，財務流通法等等，但是最近發展出來的研判方法叫「系統方法」(Systems Approach) 或「整體方法」(Integrated Approach)。所謂「系統」（或「整體」）係指「一套具有特定目的之相互關聯之組成「因素」（或「部分」，或「零件」）的集合體）(A set of interrelated parts working together as a whole with a specific purpose)。應用到企業上，則指「企業」是一個集合體，有一個共同目標，包含許多相互關聯的因素部分，每一因素部分又各有其目標及次級組成因子，但是綜合起來時，各因素部分之目標及其次級目標應相互和諧的搭配在一起，達成集合體之總目標。換言之，各因素部分為貢獻其應有之能力，勢必或多或少抑制其個體目標的追求，以求與其他因素部分和諧搭配，形成我們俗語上所說的「犧牲小我，成全大我」，或術語上所說的放棄本位「次佳理想」(Sub-optimization)，換取整體「最佳理想」(Optimization)。在企業經營或政府經營，最怕各因素部門本位次佳理想主義 (Sub-optimization) 作祟，自求多福，不與其他部門配合，形成一盤散沙，最後總體目標也因之而無法達成，以致失敗。

「系統方法」可用汽車與其組件之關係來說明，汽車是一完整之集合體，具有安全、舒適、迅速之運輸目標，稱為「運輸工具系統」(Transportation Equipment Systems)。其組成零件有引擎、方向盤、驅動軸、輪子、車身、燈光、電氣控制等等三千多個零件，每一零組件又各有其特定的目標（或功用），譬如引擎的目標是產生動力；驅動軸是將動力經由齒輪傳給輪子；輪子是用來移動車身；車身是用來載人或物品，……等等。很清楚地，每一個零組件都有其目的存在，而其目的又與其他部份之目的有所關聯，並對整個汽車的最終目的貢獻一分力量。所以當我們研究汽車時，應在腦子裡先有這個整體運作之觀念，然後才能順利地解決問題。

這個系統方法若拿到更高層的社會結構，亦可通用，譬如我們將企業系統當作一個「系統」(「整體」)，其內包含四層組成因素，即⑴廠家或公司 (Firms)，⑵產業或行業 (Industry)，⑶企業支援系統 (Business Supporting Systems)，⑷國家經濟 (National Economy)，見圖 3–1 所示。

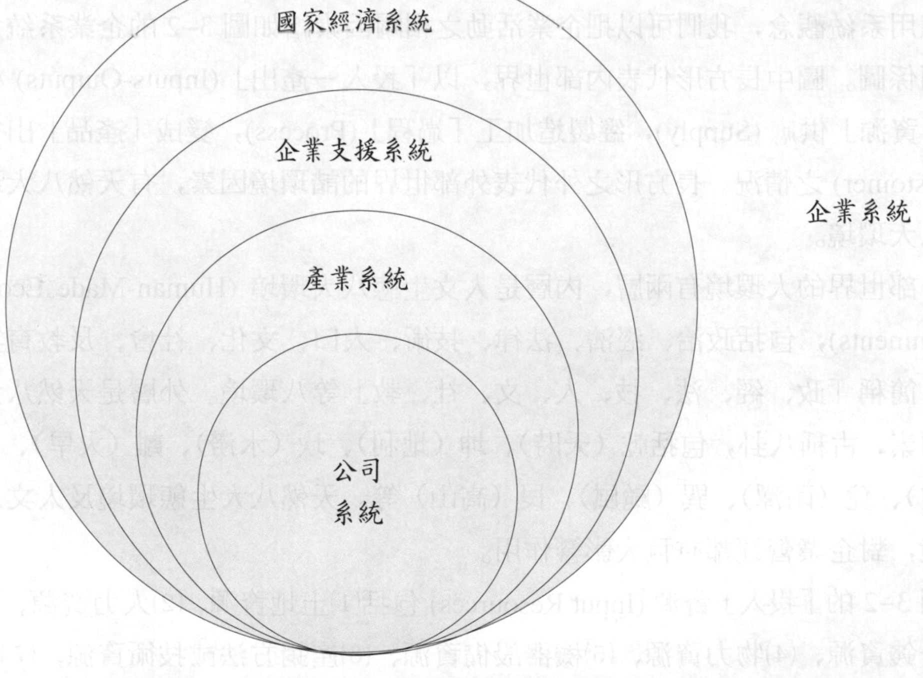

圖 3–1　企業系統之層次關係

二、企業之內外兩世界 (The Inner and Outer Business Worlds)

企業體系從廠家立場而言，又可分為兩個「世界」(Worlds)，第一為廠家的內部作業世界 (Inner Operating World)，第二為外部環境世界 (Outer Environmental World)。內部世界包括通稱的企業五機能或五功能 (Five Business Functions)，即⑴行銷，⑵生產，⑶研究發展，⑷人事，⑸財務會計。因為 1990 年以來，網際網路資訊科技 (Internet, Information Technology) 及全球化虛擬組織 (Globalization and Virtual Organization) 出現，企業五功能可以演化為企業八功能，即行銷、生產、委外或採購、研發、人力資源、財務、會計及資訊。這些企業功能部門別之計劃、組織、用人、指導、控制等管理活動，就是內部作業世界。外部世界包括政治、經濟、法律、技術、人口、文化、社會、教育等環境之互相影響。當然，內部世界與外部世界之各因素間又有相互關聯，所以要瞭解其中一個因素，勢必也要連帶瞭解其他因素，此種互相依賴關係 (Mutually Inter-Dependent Relationship) 就是「系統」(Systems) 之特色。

在本節裡我們先概括瞭解一大企業的內部作業世界，以後大部分的章節則個別處理這些因素。至於企業的外部環境世界，則留在第四章就臺灣目前情況，做細分性介紹，並請見第四章圖 4–1 的主管人員的工作環境模式。

應用系統觀念，我們可以把企業活動之相關因素繪如圖 3–2 的企業系統之投入產出關係圖。圖中長方形代表內部世界，以「投入一產出」(Inputs-Outputs) 模式，指出「資源」供應 (Supply)，經製造加工「過程」(Process)，變成「產品」出售給顧客 (Customer) 之情況。長方形之外代表外部世界的諸環境因素，有天然八大環境及人文八大環境。

外部世界的大環境有兩層，內層是人文生態八大環境 (Human-Made Ecological Environments)，包括政治、經濟、法律、技術、人口、文化、社會、及教育等八大基礎，簡稱「政、經、法、技、人、文、社、教」等八環境。外層是天然八大人類障礙因素，古稱八卦，包括乾（天時）、坤（地利）、坎（水澇）、離（火旱）、震（地震雷震）、兌（雨澤）、巽（颱風）、艮（高山）等。天然八大生態環境及人文八大生態環境，對企業營運都有巨大影響作用。

圖 3–2 的「投入」資源 (Input Resources) 包括⑴土地資源、⑵人力資源、⑶財力資本金錢資源、⑷物力資源、⑸機器設備資源、⑹產銷方法或技術資源，⑺時間資源，及⑻情報資訊資源等，凡是資源都可以用「成本」(Costs)，包括有形成本及無形成本來代表。在電子 e 化時代，這一部分的作業則發展成為電子化「供應鏈管理」(Supply Chain Management, SCM) 之電腦軟體作業系統。

圖 3–2 的「產製加工」過程 (Process)，包括萬千種的行業、產業（古稱三百六十行，今稱三萬六千行）及廠家，各施以不同之行銷、生產、研發、人事、財會之管理措施及技術操作措施。所以這部分的觀念在實際世界上，包括錯綜複雜的廠家

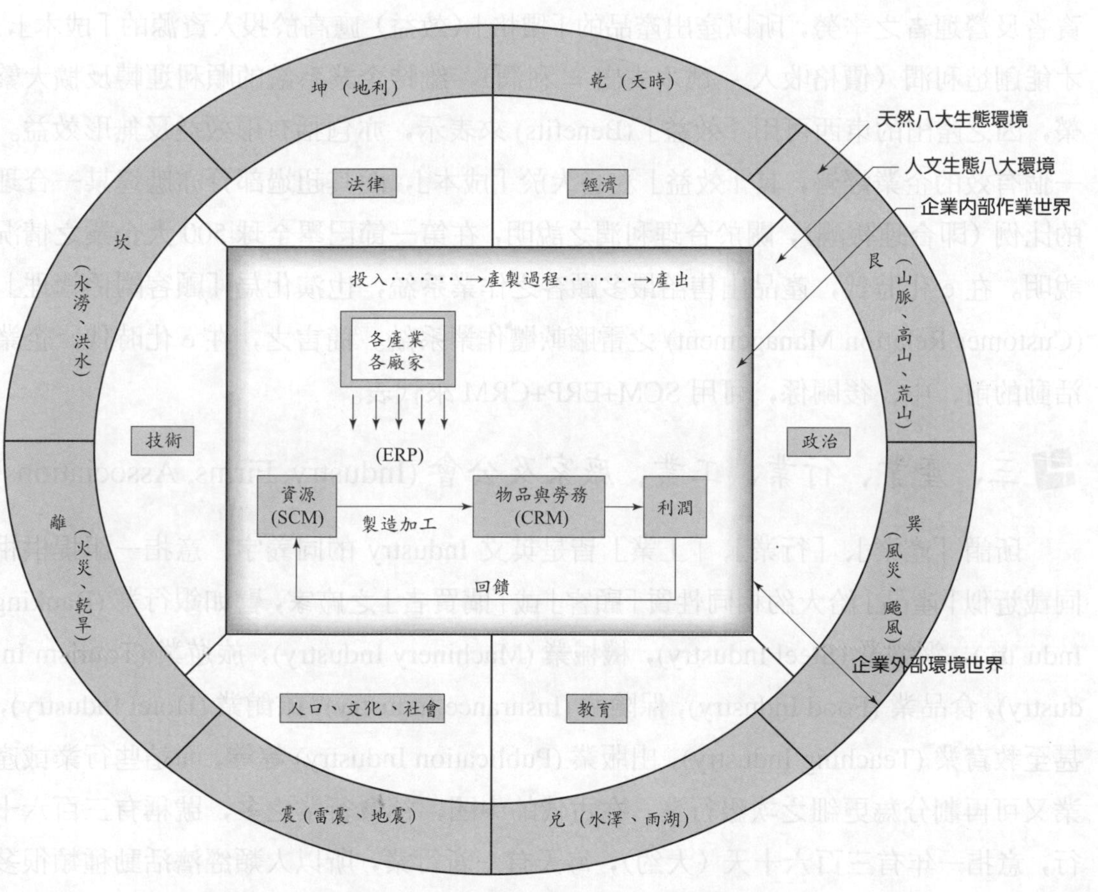

圖 3–2　企業系統之投入產出關係圖

關係，另成次級系統，不易以簡單數言說明清楚，但各特定行業（或產業）的特定廠家，應自行描繪上、下游關係，才能找出應加改進之處。

在此一部分，小企業從事於交易及服務活動，為一特殊次級系統；大企業從事於製造銷售活動，亦為另一特殊次級系統；政府控制的公用事業又是第三特殊次級系統。這些次級系統內的廠家互相競爭吸引可用資源及顧客可支用所得；同時它們之間也互相支援，以完成自己所欲盡及應盡之任務，達成整個企業系統的最終使命──「提供物品及勞務，滿足人類慾望，提高生活水準及素質」。所以「互競互助」亦是此產製過程的一大特色。在 e 化時代，多工廠多製造地點之作業活動，也變成「企業內部資源規劃」之電腦軟體作業系統。

圖 3–2 的「產出」產品 (Output-Products) 包括有形的物品及無形的勞務 (Services)，但都應屬於可以出售，能夠滿足顧客某種慾望之東西，並可在市場上賣錢 (Marketable)。推而廣之，產出的產品不只可賣錢，並應能賺取充足利潤，以報酬投

資者及營運者之辛勞，所以產出產品的「價格」(效益) 應高於投入資源的「成本」，才能創造利潤 (價格收入 – 成本支出 = 利潤)，維持企業系統的順利運轉及擴大繁榮，因之產出的東西可用「效益」(Benefits) 來表示，亦包括有形效益及無形效益。一個有效的企業經營，其「效益」務必大於「成本」，而其超過部分亦應達某一合理的比例 (即合理報酬)，關於合理利潤之說明，在第一節已舉全球 500 大企業之情況說明。在 e 化時代，產品出售給最多顧客之作業系統，也演化為「顧客關係管理」(Customer Relation Management) 之電腦軟體作業系統。簡言之，在 e 化時代，企業活動的前、中、後關係，可用 SCM+ERP+CRM 來代表。

三、產業、行業、工業、廠家及公會 (Industry, Firms, Associations)

所謂「產業」、「行業」、「工業」皆是英文 Industry 的同義字，意指一組提供相同或近似「產品」給大約相同性質「顧客」或「購買者」之廠家，譬如銀行業 (Banking Industry)，鋼鐵業 (Steel Industry)，機械業 (Machinery Industry)，旅遊業 (Tourism Industry)，食品業 (Food Industry)，保險業 (Insurance Industry)，旅館業 (Hotel Industry)，甚至教育業 (Teaching Industry)，出版業 (Publication Industry) 等等，而這些行業或產業又可再劃分為更細之次級行業。在古代的中國，社會行業之多，號稱有三百六十行，意指一年有三百六十天 (大約)，每天有一新行業，所以人類經濟活動種類很多可以分為三百六十行 (表示很多)。每一行都有成功的領袖，因之有「行行出狀元」之說法。現今大量販店如 Wal-Mart、家樂福及大潤發，所賣的物品種類多達三、四萬項，所以也可說「三萬六千行，行行出狀元」。「三萬六千行」只是「三百六十行」的 100 倍而已。對於真正行業之名稱，美國有 Standard Industrial Classification(SIC)，中國有 China Commodity Code(CCC) 分類表可供參考。

所謂「廠家」、「廠商」、「企業」、「公司」則為英文 Firm, Concern, Enterprise, Company 等之同義字，是指為一人或一群人所擁有 (Owned)，在一套特定營運策略及制度下，從事產銷活動之資源集合體。每一個廠家或企業之所以能存在，皆是經由其所有權人之資本投資所致，不論此所有權人為私人或代表公眾之政府。

從事同一產銷活動的眾多廠家，除了彼此競爭之外 (俗云「同行是寃家」)，必須互相合作，才能生存，所以通常又為了共同的利益而組成「同業公會」(Trade Association)。同業公會屬於人民團體，所以受內政部管轄，亦屬於經濟廠商之團體，所以亦受經濟部或財政部監督。一般比較具有規模的公會都有固定的辦公場所及專門辦事人員，為繳付會費的會員廠家研究共同利益之問題，收集國內外本行業統計資料，甚至從事立法規章之交涉活動。我國比較有力的公會有電子電機公會、電腦公會、機械公會、水泥公會、鋼鐵公會、紡織公會、銀行公會、證券公會等等。

一般而言，美國的公會及日本的公會都有相當大的力量，因為政府把許多管制廠家的工作，授權由公會來代行。如醫師公會、律師公會、會計師公會、各行各業之工商公會等等。公會一方面為會員謀福利，另一方面規範不守紀律的會員或同業的非會員。我國的公會力量大多很薄弱，常常聊備一格，未能從事研究及協調工作，所以常招致已繳會費之會員工廠之不滿，更無法處分不入會之工廠，所以不入會的小廠反可更自由地與入會之大廠從事「小廠吃大廠」之不公平競爭。政府有鑑於此種種弊病，正由內政部及經濟部會同擬定加強產業公會組織之措施。

四、產業分類 (Industrial Classification)

假使我們詳細的探查各行各業的複雜性，將可發現企業系統所包含的活動範圍甚為廣大。在美國或臺灣，絕大多數的產業都不是由一家廠商所組成，有時一個產業可包括數百家至數千家企業，譬如機械工業就有八千多家廠，貿易業就有二萬多家公司，紡織業也有一千多家廠。那些由獨家公司構成一個產業者甚易辨別，為數不多，但常屬於幸福者，可免於同業廠商之競爭，譬如電信業、煙酒業、石油業、電力業、自來水業。但在科技創新，自由化及民營化趨勢下，原來佔有獨佔地位之台灣地區電信業（電信總局）、煙酒業（煙酒公賣局）、石油業（中油公司）等，也在 2002 年步入競爭洪波中。

當然，若從產品種類、行業、及公司別來看，我們會發現這三者之間常有交叉重複的現象存在，因為現代的大公司，在多角化經營下，常跨越數行業及多種產品領域，實難用簡易方法說出它所處的地位。

將所有的企業機構劃分類別，是一項很基本的知識及行政措施。譬如比較粗的劃分法是把企業歸為：⑴「開採業」(Extractive)，包括開礦 (Mining)，農耕 (Agriculture)，捕撈 (Fishing)，伐林 (Lumbering)；⑵「製造業」(Manufacturing)，包括輕工 (Light Industry)，重工 (Heavy Industry)，石化 (Petrochemicals)，建築 (Construction)；⑶「配銷業」(Distribution)，包括運輸 (Transportation)，倉儲 (Warehousing)，批發零售 (Wholesaling-Retailing)；及⑷「服務業」(Services)。

在美國的「標準產業分類」(Standard Industrial Classification, S.I.C.) 體系下，所有的企業以活動及產品為歸類基礎，分為：⑴農 (Agriculture)、林 (Forestry)、漁 (Fisheries)、牧 (Animal Husbandary)；⑵營建 (Contract Construction)；⑶製造 (Manufacturing)；⑷運輸 (Transportation)；⑸通訊 (Communication)、電力 (Electric) 及瓦斯 (Gas)；⑹批發與零售 (Wholesale and Retail Trade)；⑺金融 (Finance)、保險 (Insurance) 及房地產 (Real Estate)；及⑻政府 (Government) 等八大類。

我國的產業分類方法係參考聯合國標準及美、日、新加坡等國標準修訂，於 2001 年採行新分類方法，將所有企業歸為十六大類：A 大類「農、林、漁、牧業」；B 大類「礦業及土石採取業」；C 大類「製造業」；D 大類「水電燃氣業」；E 大類「營造業」；F 大類「批發及零售業」；G 大類「住宿及餐飲業」；H 大類「運輸、倉儲及通信業」；I 大類「金融及保險業」；J 大類「不動產及租賃業」；K 大類「專業、科學及技術服務業」；L 大類「教育服務業」；M 大類「醫療保健及社會福利服務業」；N 大類「文化、運動及休閒服務業」；O 大類「其他服務業」；P 大類「公共行政業」。

五、產業結構之變化 (Change of Industrial Structure)

除了政府外，每一產業都是企業體系重要組成分子，但是在二十多年來（1980～2000 年），各行各業對全國生產毛額 (Gross National Product) 及就業人員 (Employment) 之比例已產生重大之變化，造成產業結構變化或經濟結構變化 (Change of Economic Structure)，其中最顯著的是農業生產值比重之下降及農村人口之移出，製造業、金融業、零售商業及服務業等產值及就業人口之增加。表 3–6 為近二十年來我國產業結構變化之統計趨勢。產業結構或經濟結構比例之變化，代表一個國家科技發展及科技應用於工商企業之程度，勞力密集 (Labor-Intensive)、原料密集 (Material-Intensive) 產業之比重越低，資本密集、技術密集 (Technology-Intensive)、或知識密集產業之比重越高，就代表該國企業經營利潤越大，經濟發展水平越高。

表 3–6　我國產業結構變化趨勢

行業		1980				2000			
		就業人口（千人）	比例 (%)	生產價值（百萬）	比例 (%)	就業人口（千人）	比例 (%)	生產價值（百萬）	比例 (%)
農業		1,277	22.1	114,556	8.2	708	9.1	185,182	2.1
工業	製造業	2,152	37.2	537,089	38.3	2,587	33.2	2,431,213	27.6
	營造業	549	9.5	93,350	6.7	746	9.6	277,651	3.1
	水電燃氣業	27	0.5	37,554	2.7	35	0.4	208,871	2.4
服務業	批發零售及餐飲業	1,058	18.3	196,066	14.0	2,165	27.7	1,833,533	20.8
	運輸倉儲及	332	5.7	89,104	6.4	486	6.2	656,292	7.4

通信業								
政府服務	235	4.1	144,274	10.3	327	4.2	1,011,122	11.5
金融保險及工商服務業	152	2.6	189,393	13.4	749	9.6	2,217,249	25.1
合　計	5,782	100	1,401,386	100	7,803	100	8,821,113	100

資料來源：整理自行政院主計處統計資料庫（網站 www.dgbas.gov.tw，2002 年 10 月）。

若以美國產業變化趨勢為我國未來變化趨勢之參考，亦可得一更明朗有價值之印象，從 1950 到 2000 年，美國非農業就業人口從四千五百萬餘人增為一億二千七百一十萬人（美國農業人口甚少，佔不到總人口之 2%），其中銷產「物品」的行業就業人口從 38.9% 降為 19.7%，銷產「服務」的行業就業人口從 61.1% 升為 80.3%，可見未來製造業普遍實施「自動化」後，其就業人口之下降將與以往農業「機械化」所造成之就業人口下降之情況相似。表 3–7 為美國產業結構變化之參考數字。

表 3–7　美國產業結構變化趨勢

非農產業	1950		2000	
	就業人口（千人）	比例 (%)	就業人口（千人）	比例 (%)
製造業	16,142	35.7	18,400	14.5
營建業	2,333	5.2	6,600	5.2
批發零售商業	9,386	20.8	30,300	23.8
政　府	6,026	13.3	19,900	15.7
服務業	5,382	11.9	37,700	29.7
運輸及公用事業	4,034	8.9	6,800	5.4
金融保險房地產業	1,919	4.2	7,400	5.7
合　計	45,222	100.0	127,100	100.0
「物品」相關產業	17,574	38.9	25,000	19.7
「服務」相關產業	27,648	61.1	102,100	80.3
合　計	45,222	100.0	127,100	100.0

資料來源：整理自 U.S. Bureau of Labor Statistics, www.bls.gov/iag, 2002/10.

附註：表中之「物品」相關產業係指製造業與營建業，「服務」相關產業指批發零售商業、政府、服務業、運輸及公用事業、金融保險房地產業。

各行業內各廠家的數目及規模變化很大，通常「規模」大小是以銷售額 (Sales) 及員工數 (Employees) 為衡量基準。在服務業及零售業裡的企業通常很小，如理髮店、美容店、修車店、雜貨店、冰果店、電器行等。這些商店規模小，數目多，所以競爭也很劇烈。另外一些行業，如我國水泥業只有十家廠商，每家規模都相當大，所以銷產計劃良好，無惡性競爭。又如家用電器公司有十幾個牌子，其中大廠四家，其餘則為較小工廠，其競爭情況又略有不同，因大廠可設定價格，成為領袖 (Leader)，小廠則成為跟隨者 (Follower)。

在 2002 年，我國企業的規模都不大，連最大民營企業的鴻海精密公司也比日、韓最大企業為小，更無法比得上美國第 500 家大企業。但是我國很多行業裡的廠商數目卻很多，動輒上千家，形成眾多「原子式企業」(Atomic Firm) 之混亂競爭局面，對外削弱競爭能力，所以「合併經營」(Combination) 之運動有待大力推行，否則在 WTO 所倡導之全球市場 (Global Market) 壓力下，甚難求得生存及發展。

第三節　企業系統之特性 (Characteristics of Business Systems)

一、多樣性及複雜性 (Diversity and Complexity)

因為企業系統是一個抽象的觀念名詞，包含萬千百種行業，所以甚難很適當地說明其詳細特性。不過有三種共同之特性可值一提，即⑴多樣性 (Diversity)，⑵互賴性 (Interdependence)，⑶動態性 (Dynamic)。多樣性發生在產業內、廠商內及地理分布上。

在現在的工、商及知識的經濟時代，各行業所提供的物品及勞務已超過三萬六千五百種，而各行業的廠家總數亦達百萬家（美國、中國大陸、日本）或數十萬家（英、德、法、臺）以上，並互相發生上、中、下游之供應、購買、銷售關係。

每一個企業體員工「規模」大小不同，臺灣的最大企業員工在三萬人以上，美國的最大企業員工在三十萬人以上，中國大陸的最大企業員工在一百萬人以上。「所有權」門閉方式不同，「銷產量」差異很大，「財務結購」厚薄不同，「經營策略及管理措施」之正規化與游擊化不一，「利潤額」多寡不同及「分配方法」也不一。這些多樣性、複雜性、及廣泛性只是發生在各企業之間的現象而已；事實上，在單一企業之內的不同事業部門 (Divisions) 及功能部門 (Departments) 也會發生類似的多樣性、複雜性及廣泛性。

譬如現代化的超級市場 (Supermarket)，超級中心 (Super-Center)，倉儲自助購物中心（即大量販店如家樂福、大潤發、威名）等等所賣的不只是廚房用的食品雜貨，同時也賣煮燒器皿、藥品、及幼兒衛生用品等等產品。甚至在單一的產品線或產品

類 (Product Line) 或產品組合 (Product Mix) 裡，還有很多種規格不同的差異，例如在「汽車」一類產品內，顧客可從上百種的品牌模型 (Brand-Models)、品質一價格 (Quality-Price)、式樣 (Styles)、顏色 (Colors) 中選擇自己真正喜愛的對象。再者，婦女們在選購鞋子時，常會因鞋的細節變化太多，而無法做決定，因美國的全國製鞋公會報告說女用鞋已有 75,000 種不同樣子。這種現象也常發生在男用服裝及女用服裝，以及化妝品上，用以滿足不同的慾望。

當然，產品的多樣化，也可以用來消除銷產活動的季節性波動 (Seasonal Fluctuation)，因為某些類在夏季暢銷，在冬季滯銷，另外一些類剛好淡旺季相反，兩者互相搭配，正可免除處理員工就業及財務收支不穩之困難問題。

企業系統的多樣性也會發生在地理分布上，譬如我們在地圖上，可以發現某些城、鎮、交叉路、港區、交通幹線旁聚集特定的開礦、製造、批發經銷、農業、及零售企業。譬如臺灣的機械業集於臺中一帶，電子電腦通訊器材集中於新竹科學園區，鋼鐵重工業集於高雄一帶，食品業集中於屏東農產區等等。在日本，各個縣都有其特定之專業產品，經濟性產品，連「工業實驗所」或「技術研究所」都跟隨專業區而設立。

當然企業聚集的多樣性不僅發生在地方市場、國內市場，以配合下游顧客之需要，同時也發生在國際市場，譬如甚多美國連鎖商店、保險公司、飲料公司，以至製造公司等等，在美國各地區及世界各國都有其分支機構，形成「根伸全球」(Global Reach) 的網狀布局，絕不是臺灣一小撮無國際知識分子所說「根留臺灣」（亦即根留臺灣小盆內）的現象。

二、互賴性及專門性 (Interdependence and Specialization)

在企業系統增加其多樣性的同時，各行業間也增強互相之間的依賴性。譬如原來由一家公司執行融資、生產、行銷的活動，現在則分別由專門性的金融公司，生產公司，行銷公司來執行，並且彼此之間互相幫忙以完成營運使命。尤其在網際網路時代，許多公司把公司內原有之非核心工作外包給外面專業性公司做，例如把人事部門、電腦設計部門、總務部門外包出去給專門性之公司（清潔、打字、守衛、會計記帳、法律、資料處理等等公司），而把力量集中在自己專業產品之研發設計，及行銷活動，甚至把生產製造也外包給代工廠去做。很多臺灣的高科技電子、電腦、通訊大工廠，就是專門承接歐美大公司的外包加工生產工作。

企業間相互依賴乃是「專門化」(Specialization) 程度加深的結果。從製造過程垂

直面 (Vertical Process) 來看，往往甲公司的成品 (Finished Products) 是乙公司的原料 (Raw Materials) 或零組件 (Parts and Components)，所以同一大行業裡，有其相互關聯的許多專門性公司，譬如電器行所陳列的電視，必須用電線、電子組件構成，而電線必須用銅製成，電子組件必須由半導體積體電路構成。這些相互關聯的專門廠家禍福與共，譬如其中一環節的專業廠家經營效率低，造成成本高，勢必影響下游廠家提高最終產品價格，減低市場接受力，使整個行業衰微。又如某一環節專業廠家罷工，或擴充太慢，無法供應下游廠家的需要，則整個行業的績效必受影響。所以在今日的企業經營體系，一個公司要控制另一個公司，不一定要經由股權的參與，只要在銷產過程上有相互依賴關係，即可實施控制或影響的力量，此為早期學者不明之處。

企業間的互賴關係，除了發生在銷產過程各環節所居之專業性地位外，尚可能發生於研究發展的「創新」，或廣告投資所引起之顧客「購買行為」(Buying Behavior)，因為一家公司推出新產品或採取新行銷推廣策略，其他銷產類似產品者也勢必會受影響，採取對應措施。換言之，各個水平競爭之平衡狀態，也有互相依賴之關係存在。當甲公司多得顧客，乙公司就得減少顧客。

專業化所引起之互賴性不僅發生在上述銷產過程（垂直面）及類似競爭廠家（水平面），也會發生在同一公司的內部管理上。吾人知道現代企業功能至少可以分為五大項，即行銷、生產、研究發展、人事、財會，這五大企業功能也已各自發展成專門之管理知識，如行銷管理、生產管理、研發管理、人事管理、財務管理，而這五者之間又須互相依賴，以總經理之一般總管理（即企劃、分析與控制）為依歸，以達成公司最高目標。

三、動態性及調適性 (Dynamic and Adjustment)

企業界唯一「確定」的事就是「不確定」；唯一「不變」的事就是「變化」(The only certain thing about business is uncertainty; the only constant thing is change)。關於這種說法在現代實際從事大事業的人看來，一點也不新奇；但是在我國古代的文化裡卻找不到這種觀念。事實上，每年每月每天，動態性的力量都對世界上所有事物施以影響力。這些力量有的是來自企業的外部，如政府法規，戰事，消費者慾望及所得之變化，科技及藝術之新發展，文化習性變化等等。有的是來自企業的內部，如新製造方法，新產品，管理制度之創新，經營政策及戰略的改變。這些內外在變化力量衝擊著企業體，所以造成銷貨收入及成本之波動，利潤之斷續，以及廠家之新興及敗亡。

我們無法消除企業系統的不確定性 (Uncertainty) 及動態變化性 (Dynamic Change)，我們只能設法迴避或減少其不利的影響。最近十多年以來，企業界已採取一些調適 (Adjustments)，譬如機械化 (Mechanization) 及自動化 (Automation) 以替代勞力操作，因而減低成本；採用電子計算機及電子資料處理技術 (Electronic Data Processing) 以協助執行計劃、指導、及控制的管理工作；投資於創新活動，以抵消顧客口味之厭煩並助益成長；追求學習科技方面的新知識，發明更有效的生產方法及新產品 (New Methods and New Products)，永續學習行為及管理方面的新知識，開發更好的團隊工作方法及嚴密有效的組織 (Better Team Spirit and Compact Organization) 等等，讓企業處於柔軟、彈性之最佳狀態。

未來人口減低成長率及趨於老年化，郊區發展，休閒事業發展，終身學習以及消費者慾望的改變，將帶給企業新的瓶頸困難；幸好由於行銷知識的發展，已可調整產品策略 (Product Strategy)，價格策略 (Price Strategy)，推廣策略 (Promotion Strategy)，及配銷通路策略 (Place and Channel Strategy)，來對付新環境的動態性。

事實上，企業管理新知識之研究及發展的最終目的，即在於尋找有效的制度及技術來處理上述企業系統的多樣性、互賴性、及動態性，以發揮可用資源的潛力，達成主管人員所追求的三大目的：公司目標，個人目標，及社會目標（見第一章），並富足社會，繁榮眾生，臻於王道樂土。

第四章　企業經營之總體環境 (Business Macro-Environments)

「環境」是指環繞在一個「主體」(Subject) 的外部境界、境遇、條件 (Externalities)。對「主體」（如人、物、植物、動物、機構、部門）而言，環境是不會被主體所控制而改變的因素 (Uncontrollable Factors)；環境是主體的「限制因素」(Constraints)，而主體是可以被環境所影響及控制的對象，例如天時、氣候、山川、地理是人類活動的環境；人是小動物生存的環境；大動物（如虎、獅、蟒）是旅遊探險家的環境；帝王官宦是平民百姓的環境；上級長官是下級部屬的環境；國家各種法令制度是全國人民及企業活動的環境；顧客行為及競爭者行為是公司最高主管及行銷部門的環境；供應商行為是採購部門的環境；一個人的思想是他本人行為的環境；父母是兒女的環境；老師是學生的環境……等等。

「環境」是「舞臺」，好環境等於好舞臺，有好舞臺，英雄才能發揮他的稟賦及武藝；反之，若無好環境、若無好舞臺，再好的英雄，也無用武之地。在企業經營系統裡，上級主管第一個任務是要替下級部屬營造「好環境」(Good Environments)，讓部屬能發揮其稟賦及所學之才能。所以有人說要看好武藝，先造好舞臺；要看大和尚，先造大廟（因為小廟容不下大和尚）；要看一經理人有好績效，就先給他一個好的管理環境。沒有好環境，等於天天在刮颱風、下暴雨、大地震、土石流，怎麼可能會豐收，有好經濟成長呢？所以古代演劇，皇帝一出場，口中就說：「風調雨順，國泰民安。」「風調雨順」是環境，是「因」，「國泰民安」是經營績效，是「果」。有「好因」就得「好果」，是自然規律，一點也勉強不來。

第一節　企業經營之四層環境 (Four Layers of Business Environments)

一、工作環境模式 (Model of Environmental Constraints)

從一個主管人員的立場來看，他在執行目標時，所可能遭受到的生態環境之限制有四層，第一層是內部組織環境 (Organizational Environments)，第二層是市場環境 (Market Environments)，第三層是國家政府的總體環境 (Macro-Environments)，第四層是超越國家政府所能控制之超環境 (Extra-Environments)。圖 4–1 即顯示此種生存環境的結構。這些環境因素都會對主管人員施以相當的限制力量，所以企管人員不能不先認識它們，以期採取適當措施，先求「適應生存」，再求「成長繁榮」，亦即先求「時勢造英雄」(適應)，再求「英雄造時勢」(創新)。

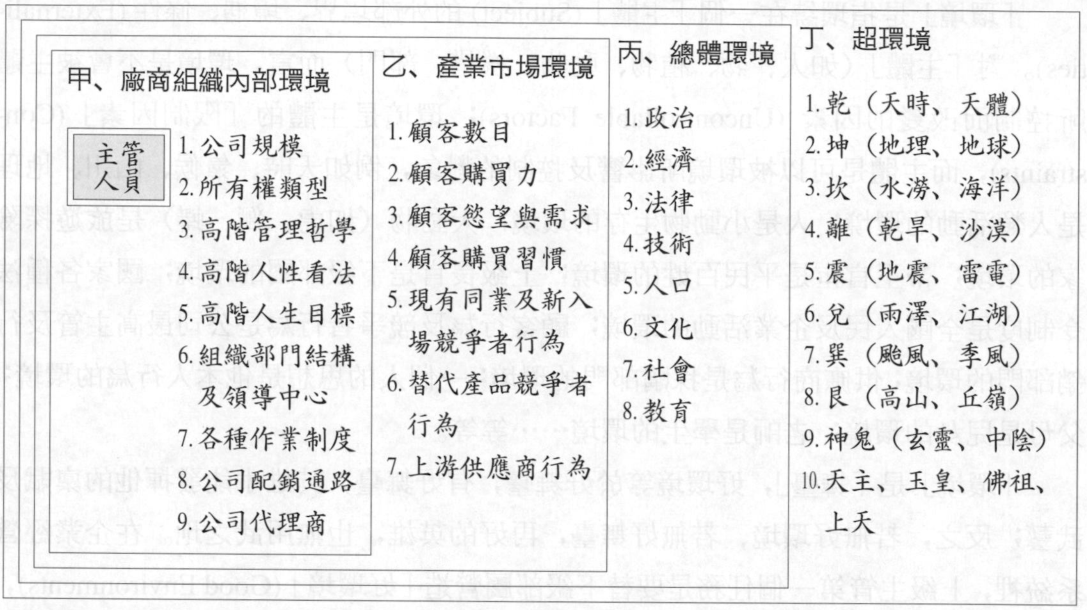

圖 4–1　主管人員的工作環境模式

二、組織環境 (Organizational Environments)

影響某一主管人員工作表現的最直接環境是「組織環境」，因為他每日皆花費極大部分的時間在公司組織崗位上。任何一個組織成員之行為皆會受到公司規模、所有權類型、高階主管之思想行為、組織結構及權力領導中心分布、各種管理作業制度、產品配銷通路及代理商等重要內部環境因素之影響。

(一) 公司規模 (Company Size)

當一個機構員工數、銷售額、生產設備的規模從小變大時，則有「規模經濟」(Scale of Economies) 之好處存在，反映於固定單位成本分攤數額下降，加強在市場上之價格競爭及品質競爭能力。當然當規模越來越大，而組織內之部門結構、權力分布及計劃控制體系，未隨之做必要之授權與控制之調整，則亦可能發生「規模不經濟」(Scale of Diseconomies) 之壞處。一個為微小規模 (30 人以下)、小規模 (100 人以下) 企業的主管人員，與中規模 (500 人)、一個大規模 (3,000 人以上)、超大規模（30,000 人以上）企業的同樣職位的主管人員（如課長、經理），所可自由裁斷之權力範圍，有時相差很大；同樣地，一個小規模企業（如 100 人以下），並不需要整套的正式管理制度，但是一個中、大規模企業（如 500 人，3,000 人以上），則需要比較正式（指書面性）完整之管理制度，否則無效率的游擊混亂現象，將會層出不窮，使公司成為一盤散沙，毫無力量可言。當然，大規模企業也比較有成本負擔能力，採取新生產技術、新生產設備、及新管理技術與制度。管理制度及權限範圍不一樣，當然會影響一個主管人員的經營管理能力及冒險的膽識。

（二）所有權類型 (Types of Ownership)

一個同等規模的企業，若其所有權分布類型不同，對主管人員也會產生不同的影響作用，譬如一個股權正式公開上市 (Listed on Market)，並且很均勻分布於眾多股東時，其「管理權」與「所有權」的分離程度 (Separation of Management from Ownership)，就會比股權高度集中於某一家族手中的企業為大，因之負責執行的管理人員就比較會按現代管理的知識及制度，從事銷產、財物、人事、研究發展等活動。反之，所有權閉塞 (Closed to Market) 的家族企業，事事為自己及短期利益著想，對於投資於長期性及公眾性有利的活動，常懷「能省則省」，「能逃則逃」的僥倖心理，以最高所有權人 (Top Owner) 之地位（因我們承認私有財產制度，「所有權」是一切授權之根源），兼理最高管理 (Top Management) 活動，常因缺乏突破創新及短暫犧牲的魄力，以致中、低層主管人員較不敢作主負責，採用現代系統管理方法。因之，所有權「公開」(Open) 與「閉塞」(Closed) 之程度，也是很重要的內部管理環境因素。「股權公開」上市的第一個好處就是管理現代化、資訊透明化、決策理智化，第二個好處才是籌資社會化、多來源化，及豐富化。

（三）最高主管心態行為 (Top Management's Mentality and Behavior)

在同樣規模、同樣所有權類型之企業裡，其最高主管的人生目標 (Life Goal) 是否具有高度「成就導向」(Achievement-Orientation)，其管理哲學 (Management Philosophy) 是否「現代化」(Modernization)，及「積極開放」(Aggressiveness and Liberality)，其對部屬人性看法 (View on Human Nature) 是否高度人性化 (Humanization) 及信任 (Trust)，皆會影響中、下層部屬發揮電子世紀化管理才能的程度。

一個機構的最高主管，若擁有追求不斷成就導向（而非「安穩度此一生」）之人生目標 (Life Goal)；若有積極 (Aggressive)、未來 (Future)、科學 (Scientific)、客觀數據 (Figure)、變化 (Change)、快速 (Fast Speed)、系統 (Systems)、目標 (Objective)、有形與無形價值 (Value)、知識 (Knowledge)、及助人 (Help) 等導向之處世哲學；而

非消極 (Passive)、過去 (Past)、藝術猜測 (Artistic Guess)、主觀價值 (Subjective Value)、反抗變化 (Resist to Change)、緩慢 (Slow Motion)、局部零碎 (Partial)、手續 (Procedure)、金錢價值 (Cash)、官位 (Position)、及物質享樂 (Material Enjoyment) 導向；若有性善 (Good Nature)、信任 (Trust)、挑戰 (Challenge) 之人性看法，而非性惡 (Bad Nature)、猜忌 (Envious)、懶散 (Lazy) 之看法，則其組織將呈現一片生氣蓬勃氣候，有利部屬努力、發揮創新改進之潛力；反之，該組織將呈現一片死寂的沙漠氣候，部屬無心無力於改進努力，機構則走向毀滅的道路。有關最高主管的管理哲學、人生目標、及人性看法，事關每位潛力主管人員的未來心態及行為之培養，本書在第二章「經營管理因果關係模式」中已有比較詳細的說明。

（四）組織結構及權力領導中心 (Structure and Authority Centers)

一個機構內部的部門組織結構是否跟隨企業目標與策略之改變而改變 (Structure Dependent on Objectives and Strategies，O-S-S)，是否建立明確之責任中心體系 (Responsibility Centers)，以及權力授予之分布是否配合目標責任體系之權責相配原則 (Authority and Responsibility Related Allocation)，影響一個主管人員之行為積極進取性甚大，所以在同一規模，同一所有權類型，及同一最高主管心態行為典型下，不同的組織結構與權力領導中心分布，將會造成不同之管理氣候，影響組織成員之行為。關於組織設計及發展原則與技術，我們將有專章做深入之分析說明。

（五）管理作業制度 (Management Operation Systems)

一個公司目標、政策、戰略、方案及操作標準所衍生之各種部門內及部門間管理作業程序 (Process, Flow)、表格 (Tables) 及表格數字及文字填寫意義，是否齊全，是否合理，是否正確，會影響公司內各級、各部門人員之作業效率。這些作業制度包括行銷作業制度、生產作業制度、品管作業制度、物料採購儲運制度、設備維護修理制度、工程管理制度、研究發展作業制度、人事管理作業制度、財務管理作業制度、會計管理作業制度、資訊管理作業制度、企劃控制制度、組織改革制度、高階人員任用薪酬制度、董事會管理制度、股東會管理制度、獎金分紅及認股作業制度等等，以及這些制度之電腦化及網路化。

（六）配銷通路與代理商體系 (Distribution Channel and Agency Systems)

公司產品（包括商品及勞務）之銷產活動，以銷售（所有權轉移）及送達顧客（實體轉移），並收取款項為最終目的，所以配銷通路 (Channel of Distribution) 及中間代理商體系，也是公司組織結構的延伸，採取自有通路策略之公司與採取完全代理策略之公司，其管理活動之複雜度及負荷量相差甚大，亦成為內部組織環境之一，不能不加以注意。有關此部分之討論，則請參閱有關行銷學 (Marketing) 之書籍，本書不另做討論❶。

三、市場環境 (Market Environments)

市場環境，包括供給面之供應商，需求面之顧客，以及同業與異業競爭者三大類，其對高級主管的影響力，比對低級主管（如股長）的影響力為大，尤其對最高主管（如董事長、總裁、副總裁、總經理、副總經理、協理）及對行銷、生產部門主管的影響力更大。「市場」(Market) 一詞通常指「顧客」(Customers)。但真正對市場有影響力的大因素有供應商 (Suppliers)，有顧客，有「競爭者」(Competitors) 三大因素，所以美國哈佛教授麥克・波特 (Michael Porter) 在 1980 年就以特定產業的市場三因素當基礎寫出著名的《競爭策略》(*Competitive Strategies*) 及《競爭優勢》(*Competitive Advantage*) 著作，揚名國際。事實上，對市場的調查、分析及預測，乃是企業經營自古就知道及必須做的企劃工作，波特的「行業調查」(Industry Survey) 也是別人很早就在做的事，不是他的發現或發明，因他是學經濟學出身，不知企業競爭就是要如此做而已。

（一）市場導向哲學 (Market-Orientation)

現代企業的經營哲學是「市場導向」(Market-Orientation) 或「顧客導向」(Customer-Orientation) 及「競爭導向」(Competition-Orientation)，而非生產導向 (Production-Orientation)。換言之，機構內部的一切銷產、財務、會計、人事、及研究發展活動，皆應以市場上顧客行為及競爭者行為，為調整戰略方針之取向根據，千萬不可關起大門，夜郎自大、自我稱霸、遺忘外面環境之變化，「為生產而生產」（而非「為市場而生產」），最終導致被顧客所遺棄，而告失敗破產。簡言之，現代的經營哲學是「為他人作嫁衣裳」、「為他人福利而努力」的哲學。只能先「我為人人」，然後才會「人人為我」。

（二）顧客與市場區隔 (Customer and Market Segmentation)

「顧客行為」之研究甚廣，因「顧客」是一廣泛名詞，它可用來指(1)最終消費者 (Consumers)，(2)工業用戶 (Industrial Users)，(3)中間商 (Middlemen)，又包括批發商、零售商、代理商等等多種型態，(4)政府機構 (Government Agencies)，及(5)國際購買者 (International Buyers) 等五種。當然，最重要的顧客是廣大的消費者，因他們是支持各行各業活動的最終力量源泉。假若廣大的社會大眾消費者對未來無信心，

---

❶ 陳定國著有《現代行銷學》上、下兩冊，1994，由華泰書局出版，對行銷管理有相當深入之分析。

不敢把現金在現在消費掉，而把現金儲存惜購，則各行各業就受影響，紛紛蕭條、倒閉，失業增加，更愛惜現金，更不敢消費，經濟更蕭條、緊縮。

每類顧客的數目 (Size)、購買力 (Purchasing Power)、需求與慾望的種類 (Kinds of Wants and Needs)，以及購買習慣 (Purchasing Habits) 是構成顧客行為的重要因素，所以市場調查研究 (Market Research) 已成為現代企業的決策情報來源中心。在研究廣大的市場顧客行為後，常須以某些特性，如性別 (Sex)、年齡 (Age)、職業 (Occupation)、教育 (Education)、所得（購買力 Income）、地區 (Area)、動機 (Motivation) 等等標準，來劃分總體市場，使成為較明確可攻取之較小市場區隔 (Market Segments)，以利集中力量，個別設計適合之行銷策略組合 (Marketing Strategy-Mix)，包括產品策略 (Product Strategy)、價格策略 (Price Strategy)、推廣策略 (Promotion Strategy)、及配銷通路策略 (Channel Place Strategy)，向目標市場 (Target Market) 發動攻勢，爭取顧客歡心（即銷售）（這些皆是行銷管理人員之主要職責範圍）。

（三）競爭者行為 (Competitor Behavior)

「競爭者」(Competitors) 係指與本公司銷售相同產品之現有供應商及即將入場供應商與替代產品之供應商等三者而言 (Existing Competitors, New Entry Competitors, and Substituent Competitors)。競爭者因與本公司站在同一地位，向顧客施展行銷策略，獲取歡心，所以他們的行為是影響本公司行銷績效的直接重要力量，不能不予以密切之注意及採取必要之對策，否則雖埋頭苦幹，到終來大批顧客皆被競爭者拉走，等於宣布本公司與市場永遠隔離。麥克・波特 (Michael Porter) 教授對市場的「五力分析」就是指對原料供應商 (Suppliers)，對顧客 (Customers)，對上述三種競爭者等五種力量對本公司影響之分析。

競爭者之行為可反映其所採取之行銷策略組合四大方面，第一為「產品策略」，包括所提供產品之⑴功能 (Function)、⑵原材料 (Materials)、⑶大小 (Size)、⑷規格 (Specification)、⑸品質 (Quality)、⑹品牌 (Brand)、⑺式樣 (Style)、⑻包裝 (Package)、⑼顏色 (Color)、⑽保證 (Warranty)、⑾服務 (Services) 等十一大組成因素。第二為價格策略，包括一般價格水準 (General Price Level)、差異價格結構 (Differential Price Structure)、付款條件或信用條件 (Payment Condition)、送達條件 (Delivery Condition) 及折扣條件 (Discount Condition) 等組成因素。第三為推廣策略，包括人員推銷 (Personal Selling) 、廣告推銷 (Advertising)、促銷 (Sales Production)、及報導活動 (Publicity) 等組成因素。第四為配銷通路策略，包括通路類型 (Channel Pattern)、地點 (Location)、中間商數目 (Middleman Number)、儲運 (Warehousing and Transportation) 及

分店 (Branch)、經銷店之選擇搭配 (Selection Composition) 等組成因素。

當然，競爭者的產品創新及新製造技術及新設備之採用 (New Product, New Process, New Equipment)，也是我們應當注意之要點。此外，競爭者之公司組織結構、人事任用、訓練、晉升、及其薪酬制度，亦會對本公司產生挖角之壓力，不可不加注意。對競爭者行為之研究，亦可利用市場調查研究技術。

（四）供應商行為 (Supplier Behavior)

本公司之上游原物料及零配件供應商行為，亦構成本公司銷產活動之一大環境壓力。假使上游供應商規模很大，並居有「專長」之壟斷 (Monopoly) 地位，則本公司及同業競爭者常有被主宰之威脅。若這些上游供應商規模不大，數目很多，並且居於自由競爭情況，則本公司可有較大之裁決自由度，除可隨時比價、招標、議價進行採購外，尚可進一步建立比較穩定長期的「中心－衛星」工廠體系 (Center and Satellite Factories System)，給予技術上、財務上、及管理上之協助，使之成為本公司銷產系統之一分子，對品質控制 (QC) 及準時交貨 (On-Time Delivery) 有所助益。

在二十世紀末及二十一世紀內，企業大量採行「中心－衛星工廠制度」，「中心」廠盡量把製造工作交給「衛星廠」去做，此即目前通稱之「委外生產」(Outsourcing) 體系，自己用電腦化資訊系統、網際網路和「衛星廠」掛鉤，在接獲下游客戶訂單後，即把零組件委外生產，在最短時間內（48 小時或 74 小時）把「衛星廠」之零組件組成產品，送達給客戶，完成交易，此即電腦化無線電訊化之「供應鏈管理」(Supply-Chain Management, SCM) 體系。

假使上游供應商被競爭者所控制，則對本公司會產生斷料之壓力，所以與彼等建立友好聯繫關係，亦是重要經營環境之培養。臺灣以前有許多大電器及化學公司，如聲寶、三洋、松下、新力、長春等等，皆是從日本進口商品之進口貿易商演變而成，而其重要成功因素之一，即是與原來之日本或美國上游供應商（大多為名牌生產商）維持良好之商業關係及友誼關係，在時機成熟時，兩方進一步建立技術合作或合資設廠之關係，遂成為本地銷產之大企業。過去十多年，臺灣的電腦、電子、通訊等高科技零組件公司紛紛成立，專門做美國及歐日大品牌電腦、電訊產品之零組件衛星製造工廠，把規模做大，作為世界名牌廠之代工廠，如台積電、聯電等晶圓廠。而這些第一代之代工廠，也需要另外零組件的第二代上游供應代工廠，如此，層層代工。關於上游供應商之行為研究，亦與一般廠商相似，以產品、價格、推廣、及配銷通路之策略為主，所以行銷研究及市場調查技術亦可應用於供應商行為之研究。

四、總體環境 (Macro-Environments)

比市場環境更具有一般性限制力量的是總體大環境。總體環境影響廠商與其市場間交易的有關力量及機構，可大約分為八種，即⑴政治環境，⑵經濟環境，⑶技術環境，⑷法律環境，⑸人口環境，⑹文化環境，⑺社會環境，及⑻教育環境。這些總體環境都是人造出來的，它們的變化常是緩慢而逐步進行，我們通常在報章雜誌上所看到的消息報導，大多是屬於此方面的變化，雖是零碎重複，但亦可指出變化的趨向。本章下節將對此部分做更深入之分析探討。一國總體環境的塑造是長期性的工程，它的改善也是長期性，並且是政府官員的生產力表現。

五、超環境 (Super-Environments)

上述三層環境已大約形成一個企管從業人員活動的生態周遭，但我們若再向遠看，尚可發現另有一個環境存在，遲早會變成「總體環境」或「市場環境」的一環，那就是「超環境」。它是一般組織通常所不加注意的力量，因為它對組織內的活動幾乎尚無任何影響力，甚至沒有任何關係存在。然而這些因素具有很大的潛在重要性，譬如月球，太空行星，海底動、植、礦產資源，超分子化學、環境污染防治、生物基因醫學發展，以及社會經濟型態之研究，皆為人類生活之未來變化種下潛因，所以企業經營人員不可不加注意。

依照中國古代知識，人類是動物的一個分支，個人組成社會團體，婚姻家庭為最小的社會團體，企業體組織比家庭組織為大，國家是最大的社會團體，聯合國又是更大的社會團體，社會團體之外是自然界的超環境。自然界各種現象有助於人類企業，也有阻礙人類企業。我國古代先人把自然現象分為八類，畫出符號掛在壁上觀看，成為「八卦」。此八卦有先天伏羲八卦，有後天文王八卦。周文王姬昌曾被紂王囚於羑里，為排遣時光，自創「文王八卦」，有異於「伏羲（先天）八卦」之排列，並在原來八卦每卦三爻之外，再加三爻，形成內、外卦六爻之形狀，再用排列組合方法，把內八卦外八卦化為八八六十四卦（其中四卦重複），將人生多種際遇變化，附著於六十個不重複的卦象，把原來的「自然現象」變成「人文現象」，形成「易經」之學說。

對企業經營者而言，超環境的「自然現象」八卦比「人文現象」八八六十四卦重要。八卦的自然現象有「乾」卦，代表天時、天體運作；「坤」卦代表地理、地球；「坎」卦代表水澇、海洋；「離」卦代表乾旱、沙漠；「震」卦代表雷電、地震；「兌」

卦代表雨澤、江湖；「巽」卦代表季風、颱風；「艮」卦代表高山、丘嶺。對自然八大現象的深入研究，將來一定會對人類企業有重大影響。

至於神鬼及宗教信仰對人類企業之影響作用，已歷萬年之久，好人死後為「神」，壞人死後為「鬼」；信宗教求永生、求來生、求贖罪、求慈悲、求為善等等，對精神安寧有極大作用，尤其對年紀愈大的人，作用愈大。

第二節 寶島臺灣之經濟環境 (Economic Environments in Taiwan)

經濟環境和技術、政治、法律、社會、文化、教育等環境之間存有動態及相互影響的複雜關係，但是為了瞭解其構成內容起見，我們必須逐一劃分討論，本節是分析經濟環境。構成一國經濟環境的因素很多，但以下列為重要：

⑴經濟制度 (Economic Systems)。

⑵國民所得及人口成長 (Population Growth and Gross National Product)。

⑶購買力與信用制度 (Purchasing Power and Credit System)。

⑷基本建設 (Infrastructure)：水、電、瓦斯、通訊、公路、鐵路、航運、空運、海港、空港。

⑸投資計畫 (Investment Plans)。

⑹零售、批發及配送體系 (Retailing, Wholesaling and Physical Distribution System)。

⑺銀行、證券、保險、及其他工商服務機構 (Banking, Securities, Insurance, and Business Services Institutions)。

⑻獎勵保護及世貿組織 (WTO) 活動。

一、經濟制度 (Economic Systems)

（一）三種主義 (Three Types of Economic System)

一國經濟思想、意識型態及運作制度的類別，影響該國之士、農、工、商百千萬業繁枯及人民生活福祉之程度甚大。在三十多年前（1970 年代）之世界各國，有採取自由私有企業之市場經濟「資本主義」(Capitalism)，如美日及西歐各國；有採取國有國營計劃管制之「共產主義」(Communism)，如以前蘇聯、東歐、中國大陸、中歐等國；有採取中間路線的社會「民生主義」(Private Socialism)，如臺灣等新興地區。依據中國國民黨在 1950 年從大陸帶到臺灣的老憲法一百四十二條:「國民經濟應以民生主義為基本原則，實施平均地權、節制私人資本（發達國家資本），以謀國計民生之均足。」顯然地，臺灣在五十年前的經濟思想是「均足」或「均富」(Rich and Equality) 的社會民生主義，不是「多富少貧」，也不是「多貧少富」，更不是「均貧」的其他主義。

到了 2002 年，臺灣政權從李登輝先生掌政十二年之國民黨後，移轉到民進黨陳水扁先生手裡，憲法也修改了六次，把臺灣經濟從偏重「國營」之途徑，扭轉到偏重「民營」之大道。在中國大陸，自 1949 年中國共產黨自中國國民黨手中取得政權後，大力實施「國營國有」(State Owned State Managed) 之共產經濟制度，但企業生產力下跌，人民不只不能「均富」，反而變成「均」「貧」，所以鄧小平先生才在 1978 年年底大膽提倡「改革開放」(Reform and Open-Door) 政策，走向「具有中國特色之社會主義市場經濟」，至今 2003 年，成效甚大，人均所得成長四倍多，經 200 美元成長為 1000 美元。蘇聯 (Soviet Union) 也在 1990 年解體，放棄共產主義及共產黨，實施經濟及政治改革，經過戈巴契夫及葉爾欽兩任掌政，到現在之譜丁之政權，也有相當進展。

（二）共產主義與資本主義 (Communism vs. Capitalism)

欲謀「富」又「均」之目標，必須有有效之政策及執行方案，使目前寶貴之經濟資源充分發揮其最大之生產效率及潛能，不是使資源浪費於無效率之處，而後才能將成果做合理之分配，使「富」而「均」。若開始就約束目前少數而寶貴之資源發揮其應有產出潛力，則將得到「貧」而「均」之局面。共產主義之作法，就在於先將所有重要生產資源或財產（包括土地、機器、資金）收歸國家共有 (State Ownership)，不許私人擁有 (No Private Ownership)，然後做中央集權式之計劃及統一分派 (Central Planning and Central Allocation)，對於所得成果，一統歸國家所有，再做一致性之分配，不給予特別努力者額外之獎勵（即「各盡所能，各取所需」）。所以實施之後，因規模太大，中央計劃及決策品質欠佳 (Lower Planning and Decision-Making Quality)，地方生產事業彼此缺乏協調 (Coordination) 及調整 (Adjustment) 之權力，對員工之工作成果亦未有合理獎懲 (Reward and Penalty) 措施，所以普遍發生怠工無效現象，最後把寶貴資源浪費於無形之中，國家生產力下降，人員分配所得之民生物品雖「均」（以「配給」方式為之），但卻太「貧」了，只有經辦的官員，以「地利」先取所需，尚感富裕而已。所以共產主義之高度極權計劃、低度執行效果及高度控制之經濟制度，雖講求發展過程及技術手段 (Technical Means) 之「均」，但其所得結

果 (Results) 卻是「貧」及「不均」，實非人類所希求之境界。

資本主義的私有自由企業思想，是歐、美、日各國所採行者，他們的目的也是在求富足的享受水準。在 1750 年以後的世界經濟是工業經濟，以資本（指土地、機器、資金）為主力，不像農業經濟以農民及土地為主力，所謂「資本」主義政治制度，就是指一國之生產資源或財產（包括土地、機器、資金等）容許人民私自擁有 (Private Ownership)，各行各業任由私人企業投資經營，各自做計劃及運作，政府不做干預，所得之成果在繳納租稅之後，亦由企業自訂辦法，對股東做股息分配，及對員工依績效努力程度做賞罰不一之支配。所以實施以後，因私人企業規模總比國家整體微小，所以其企劃及決策品質較高 (Higher Planning and Decision-Making Quality)，各企業之間有充分自由協調及做必要之調整，並且普遍實施分紅 (Profit-Sharing)、績效獎金 (Bonus)、認股 (Stock Option)、福利 (Fringe Benefit)、及退休 (Retirement)、保險 (Insurance) 等等成果分配措施，因之員工努力之程度比共產主義制度下之程度為高，以致其創新 (Innovation)、改進 (Improvement)、及競爭力量 (Competative Power) 亦高，所以全國之生產力大增。在經過各種分配制度，人民所得之「富」與「均」皆比共產社會為佳。此即為何在馬克思 (Karl Marx) 提倡共產主義一百五十多年以來，共產社會人民生活的享受水準及自由程度，遠遠比不上自由民主社會之原因。

（三）優劣互比 (Comparison)

共產主義之中央集權式管制經濟制度，把一國之財產收歸公有，由經辦官員依個人權慾威風，採行落後之古代式「生產導向」管理方法，所以其致命傷是資源運用之應有效率無法發揮。雖然在此制度下之事業不會發生重複投資 (Overlap Investment)，相互競爭之或有浪費現象，但其真正缺點亦在於事業與事業間之協調配合 (Coordination)，常因中央集權計劃及執行激勵不周，而發生不連貫 (Disconnected) 之巨大機會成本 (Opportunity Costs)，「機會成本」就是一種很大的無形浪費 (Invisible Wasting)。這種無形的機會成本常常比重複 (Overlapping) 競爭之有形浪費為大，非明眼之智慧者無法看出。「有形浪費」如重複、如貪污，都是外傷，容易被看出而醫治。「無形浪費」如決策方向錯誤，如時機拖延消失，如把壞人當好人用，是內傷，不容易被看出，直到病發臨死，要治也很難。

資本主義採市場自由競爭，在經營效率上遠比共產主義採人為力量控制為佳，臺灣以前有許多「公有官營」（簡稱「公營」）事業，其經營管理制度與共產全部國營制度類似，所以其經營成績總無法與民營有效事業相比擬，即為很好之範例。不過極度的資本主義亦有其潛伏缺點。第一、各事業之投資活動易趨於「重複」(Overlapping) 與「集中」(Concentration)，造成不必要之競爭性浪費及壟斷某一特定行業，導致「以量制價」，剝削國民福祉，不求產品創新、品質改進、及成本降低之努力。第二、各私有事業主持人，易朝向容易在短期內謀利之行業及地區投資，各行其是，忽略全國整體性之平衡發展及長期利益。

（四）社會民生主義 (Private Socialism)

為了補救上述兩種極端經濟制度之缺點，則有社會主義及民生主義之出現。國父 孫中山先生受西方教育甚久，在西方社會與資本主義人士接觸甚廣且深，知道我國經濟體制若採資本主義或共產主義皆非所宜，所以用「民生主義」來代替及修正西方所稱之「社會主義」(Socialism)，希望所有的經濟活動，皆以提高社會大眾之民生享受水準為最高導向。社會民生主義採取計劃性之自由企業制度 (Planned Free Enterprise System)，即政府只在大政策、大方針之設定上，主動採取長期、宏觀「計劃性」之行動，選擇有益於社會大眾長期利益之行業，設定獎勵或管制措施，指導私人企業朝向該方向「自由」決策及營運，爭取效率及成果。所以它的「計劃」特性，是取自共產主義的中央集權計劃管制經濟制度，它的「自由企業」特性，是取自資本主義的私人自由投資經營的經濟制度。

無疑地，社會民生主義是採取「大事集權、小事分權」之作法，凡是影響全國未來長期福利的重大事項，由政府來計劃，設定行為規範及架構。凡是在此架構及規範內的較小事項，可由政府機構來做，也可由私人企業來做，但是盡量維持由事業機構自由決定之權，包括該事業之「計劃、執行及控制」等等有關經營活動。所以就整體而言，第一、政府只做重大的策略性計畫，其決策品質亦高；在共產社會主義，則由政府做所有大小計劃，其決策品質因缺乏情報資訊之流通及員工自動參與，而不易提高。第二、在大架構範圍內之各行各業可自行決定其最有效的作法，所以細節性之計劃品質亦易提高；在共產社會主義，各行各企業必須聽命中央官僚命令，無自我決策之彈性。第三、各行業因競爭現象之存在，各廠家亦可以員工表現之優劣做分配薪酬根據，所以經營效率容易提高；在共產社會主義，全國員工一體，牽一髮動全身，很難對某些員工優劣表現，給不同之薪酬分配。第四、因政府站在最高地位審查各業行為以及國家長期發展所需之平衡調配，所以私人企業無理剝削，過分重複投資，浪費性之競爭，以及行業別及地區別之偏頗投資現象，皆可透過總體性之計劃予以糾正。

因為改良式之社會民生主義兼有資本主義及共產主義之優點，而無其缺點，所以目前西方民主國家及東方共產國家，皆朝向社會民生主義修正，故它們之間有「修正主義」之爭辯，為不可抗阻之潮流方向。事實上，在 1978 年後，中國大陸經濟制度，由於「改革開放」(鄧小平提倡) 二十年成功，已經在 1999 年把「建設具有中國特色之社會主義市場經濟制度」列入憲法，對國有企業「抓大放小」(指只保留一千多家超大型國有企業由中央經營，而把其他百萬家之中小型國有企業放給省市地方政府去處理，或出租，出售或合營)，容許「多種所有權制」(Multiple-Typed Ownership)，在在就是改良式之社會民生主義之優點證明。

二、國民所得、人口、購買力與信用制度 (National Income, Population, Purchasing Power and Credit System)

一國之經濟活動，以國民所得與人口決定最終顧客之購買力水準。國民所得以「國民生產毛額」(Gross National Product, GNP) 來衡量。國民所得越高的國家，若其人口不多，則每人所得 (Per Capita Income) 或購買力 (Purchasing Power) 水準必然高，對商品及勞務之消費能力亦高。反之，一國之國民所得若低，同時人口很多，則每人所得水準必低，雖然他們也很想享受較多較好的商品勞務，但只能望梅止渴，因無購買力所致也。換言之，他們的慾望或需要雖殷，但無消費能力，所以不能成為實際有效的需求。

世界各國的人口及每人國民所得之分布差異很大，以我國臺灣區而言，在 1978 年，人口總數為一千六百八十萬人，每人所得約在 700 美元，為中等國家之一；在 2001 年，人口二千二百二十七萬人，每人所得約在 14,200 美元，為新興經濟地區之模範生。表 4-1 為世界重要國家之個人國民所得一覽表，供讀者參閱。世界上國民所得最高者是瑞士 (38,500 美元)，第二是日本 (37,950 美元)，第三是美國 (35,277 美元)。其次是工業化七國 (Group-7) 之德國 (22,583 美元)，英國 (23,793 美元)，法國 (21,764 美元)，加拿大 (22,576 美元)，義大利 (18,555 美元)。再來是亞洲四小龍中之香港 (23,597 美元)，新加坡 (22,824 美元)，臺灣 (14,216 美元)，南韓 (9,628 美元)，中國大陸及東南亞各國之所得水平都尚低。對企業界人士而言，最有希望的市場是人口多，個人國民所得又高的國家，如美國、日本、法國、德國、英國。其次為人口雖不多，但個人所得高的國家，如北歐諸國，澳大利亞，紐西蘭。當然，個人所得水準不高，但人口很多的地域，也被一些企業重視，因它們的未來發展潛力上有被開拓的一天。尤其進入二十一世紀的中國大陸，經過二十多年改革開放有所成就，已經成為世界各大企業爭相前往投資的第一地點，臺灣的企業也以中國大陸為外銷及內銷的理想市場，從勞力密集產業到電子電腦電訊等高科技產業，也紛紛前往投資設廠，作為臺灣本廠或母公司的委外加工的延伸組織。

表 4–1　世界各國每人國民所得水準比較（2001 年）

國家地區	人口（百萬）	每人國民所得 (U.S.$)	經濟成長率 (%)
中國大陸 (PRC)	1,265.83	840	7.6
臺灣 (ROC)	22.27	14,216	–4.21
日本 (Japan)	127.27	37,950	–0.5
南韓 (S. Korea)	47.68	9,628	1.8
菲律賓 (Phillipine)	75.60	1,035	2.9
美國 (U.S.A.)	281.42	35,277	–1.3
加拿大 (Canada)	31.08	22,576	0.8
香港 (Hong Kong)	6.71	23,597	–0.3
澳門 (Mecau)	0.43	16,055	4.6
法國 (France)	59.70	21,764	2.0
德國 (Germany)	82.26	22,583	0.3
義大利 (Italy)	57.84	18,555	1.9
新加坡 (Singapore)	4.02	22,824	–5.6
英國 (G. Britain)	59.76	23,793	2.1
瑞士 (Switzerland)	7.2	38,500	3.0
馬來西亞 (Malaysia)	22.72	3,193	–1.3
泰國 (Thailand)	62.72	1,984	1.5
印尼 (Indonesia)	212.60	692	3.47
汶萊 (Brunei)	0.3	20,400	2.5
越南 (Vietnam)	82.10	398	6.8
寮國 (Laos)	5.50	280	5.5
緬甸 (Burma)	45.60	765	6.2
柬埔寨 (Cambodia)	11.20	280	4.5
澳洲 (Australia)	19.20	19,313	2.5
紐西蘭 (New Zealand)	3.80	13,115	0.7
印度 (India)	978.60	560	1.7
蘇俄 (Russia)	149.8	2,000	2.1

資料來源：《亞洲週刊》，2002 年 1 月 6 日，第 40 頁。

一個國家的經濟發展速率（亦即國民所得成長率）若低於人口成長率時，則常被看為壞現象，會影響投資及貿易意願甚大，所以世界各國政府皆在控制人口 (Population Control) 成長率，只是有些國家做得好，可達「零成長」(Zero Growth) 階段，有些結果甚差，每年成長率皆在千分之三以上。臺灣地區之人口成長控制績效差強人意，但並不頂好，每年要增加約五十萬人口，甚為可怕，中國大陸人口每年要增加五千萬，更為可怕，因為人口增加會抵銷經濟成長之成果，使「均富」目標無法快速達成。1980 年代，臺灣地區控制人口成長（稱「家庭計劃」Birth Control, Family Planning）的口號是「兩個恰恰好，一個不嫌少」；中國大陸控制生育採強硬的「一家一胎」法令，多生受罰。時至二十一世紀，臺灣地區人口出生率已愈來愈低，已經威脅到小學、中學、大學的新生入學人數，成為教育機構的市場行銷大問題。

人口結構，包括男女性別，年齡層次，教育水準，婚姻狀況，就業種類，以及都市鄉村分布別等，對企業的銷產活動影響很大，因為不同的「人口區隔」(Population Segments) 形成「市場區隔」(Market Segments)，對產品的偏好 (Preference)、口味 (Tastes)、及購買行為 (Buying Behavior) 差別很大，深深影響各公司行銷策略之設計。在二十一世紀，老年人口（資深公民）年齡在 65 歲以上者，將會愈來愈多，對退休金 (Pension Fund) 及購買行為有重大影響。

個人所得增加後，再配合人口結構之變化，對企業之產品創新產生巨大挑戰。1857 年的德國統計學家恩格爾 (Ernest Engel) 比較每一家庭收支預算後，發現當家庭收入 (Family Income) 增加後，各類消費支出 (Consumption) 數額亦隨之增加，但花在食物方面的百分比則下降，房屋家具方面 (Housing) 支出之百分比維持不變，但其他類別的支出（如衣服、交通、娛樂、健康、休閒、旅遊、教育、交際等等）與儲蓄的百分比，則相對的上升，此種發現與今日之家庭收支統計（請見《臺灣地區及臺北市之家庭支出統計月刊》）很相近，甚可供吾人參考。彼得・杜魯克 在《二十一世紀的挑戰》一書中，指出休閒旅遊業、健康醫療業、永續教育是人口老化社會的重要發展部門，也是企業市場機會。

個人所得增加的趨勢，尚應與該國社會之消費者信用制度 (Consumer Credit System) 一起考慮，才能真正決定某一社會之市場消費能力，因為一個人所能花費的金額，包括他目前所賺的，所能借到的，以及他所擁有的財產。目前西方國家自 1920 年代就開始流行的「分期付款」(Installment Payment) 制度，對顧客及企業社會皆有助益，第一、它刺激消費者在賺得足額價格之前就提早購買，享受人生 (Earlier Enjoyment)；第二、它增加消費者之總購買力，有能力提前向生產者購買，刺激產業銷產活動及國民就業機會。臺灣地區在 1963 年（民國 52 年）通過「動產擔保交易法」（以前只有不動產才能作債務擔保），使廠商有信心推動分期付款辦法，鼓勵消費者提前購買所想要的東西，並享受人生，使臺灣經濟社會呈現一片富裕樂利景象。在

1977 年，臺灣家庭擁有家用電器品之普及率已甚高，計電視機（黑白及彩色）達 85%，電扇達 95% 以上。這些數字充分顯示國民所得及信用制度對經濟企業之影響力。在 2001 年，臺灣地區的家庭彩色電視機（黑白電視機已早被淘汰）、電冰箱、洗衣機、電鍋、電扇之普及率早已達 100% 以上，擁有率已在 150% 以上。中國大陸在 1978 年改革開放政策實施後，也在 1998 年前後，部分大廠商實行分期付款購買制度，刺激都市家庭在家電產品的消費能力，但在八億人口的鄉村方面，家電產品的消費還是一塊未開發的「黑色大陸」，潛力很大。

三、基本建設及投資專案 (Infrastructure and Investment Projects)

一國農、工、商百千萬業之發展，有賴基本建設 (Infrastructure) 之程度及新投資專案之多寡。所謂基本建設常指供眾多企業共同使用之公用事業 (Public Utilities)，如電力，自來水，工業用水，鐵路，公路，國內、國際航空，內河、海洋航線，有線、無線電信，郵政包裹等等；換言之，水、電、運輸、通訊之事前開發，為企業發展之基礎。至於國家的新投資方案 (National Projects)，事關國內供應及需求市場之培養，不論其屬社會性或經濟性或交通性，皆涉及各種產品及勞務之大量需求，為工商界提供巨大之市場機會。

在經濟不景氣時，國民消費力減低，私有企業投資活動不多，外銷出口不暢，勢必影響經濟發展，因經濟發展公式是「消費 (C)+投資 (I)+政府支出 (G)+出口進口淨值 (EX–IM)」，則整個國家經濟體系有賴政府公共投資性之資本支出 (G)，以補償私有企業投資 (I) 之不足，此稱為政府「財政政策」(Fiscal Policy) 之應用。自 1974 年至 1977 年（民國 63 至 66 年），石油危機，世界不景氣期間，臺灣物價上漲，消費信心動搖，工商投資下降，政府適時施行十大建設方案，投入巨額資金，活絡國內百業，維持甚多企業於生存邊緣之上，乃是最佳事例。自 1978 年（民國 67 年）7 月 1 日開始，政府又計劃在十大建設方案告一段落之後，繼續推展十二項投資方案，從事經濟性及社會性建設，所需資金大約新臺幣 2,180 多億元，在當時是一大手筆，當然對國內工商業，造成一極佳之活動環境。在 1997 年亞洲金融危機，臺灣因外債少，貿易順差所累積之外匯很多，安然度過。在 2000 及 2001 年間，美國網路經濟泡沫化，影響臺灣經濟，政府推出八一〇〇億公共建設方案，提振內需，也是好例子。

所以對工商企業而言，研究一國之基本建設情況及新投資方案，乃是瞭解生態環境之一大工作。臺灣地區的基礎建設，已朝向讓民間參加之 BOT(Build, Operate, and Transfer) 方式。在中國大陸，其基礎建設之市場甚大，各國企業搶進承包，臺灣政府應該讓臺灣企業也能即時搶進分食大餅，才不會後悔莫及。

四、零售、批發及配送體系 (Retailing, Wholesaling and Distribution Systems)

零售業 (Retailing) 及批發業 (Wholesaling) 為製造商 (Manufacturing) 配銷其產品到顧客手中的通路成員 (Channel Members)，其發展程度影響製造商銷售周轉率甚大。零售商及批發商亦是構成傳統上所稱「商」人之重要成員，當然，在目前「商」人之成分已灌注到士、農、工各行各業，甚難絕對劃分「商」與「非商」。

(一) 零售體系發展 (Retailing Systems)

在零售業體系，從古至今，已發生甚大演進及競爭淘汰循環，號稱「零售革命風火輪」(Retailing Revolution Wheel)。以下各種名稱代表各種零售商成員之型態及演進前後順序。

(1)雜貨店 (Grocery or General Stores) 及特產店 (Specialty Stores)，是最古老的零售店，在街道轉角處，常由夫妻檔經營 (Pa-Ma Stores or Corner Stores)。在經濟開發地區，已漸由連鎖的全天候 24 小時便利商店 (Convenience Stores) 所快速取代。

(2)郵購店 (Mail-Order House)，出現於 1870 年代。在 1990 年代網際網路出現，則有電腦網路商店出現，成為達康 (.com) 公司，是另一種類型的郵購店。

(3)百貨公司 (Department Stores)，在 1920 年代出現，是雜貨店的大型化，在鬧區內，裝潢豪麗，賣高價格品，如梅西 (Macy)、希爾斯 (Sears)、西武、SOGO、遠東百貨公司等等。

(4)連鎖商店 (Chain Stores) 之經營形態，有別於單一商店形態，出現於 1920 年代。連鎖商店有自營店及加盟店 (Franchising Stores)，可用於各種形式之商店。

(5)超級市場 (Supermarket)，出現於 1930 年代。超級市場也可以採連鎖經營，與傳統的菜市場及農民市場 (Farmer Market) 競爭。

(6)購物中心 (Shopping Center)，出現於 1940 年代。購物中心是各種商店的集中地，消費者到一個購物中心，就可以買到所有要買的東西 (One Stop Shopping)。購物中心可以露天集中商店群，也可以蓋大建築物，稱 Mall，把各商店容納在內，不受天候日夜影響，像臺北京華城，就屬於 Shopping Mall 之類型。

(7)大型折扣商店或廉價商店 (Discount House)，出現於 1950 年代。像美國威名 (Wal-Mart)，凱馬 (K-Mart)，法國家樂福 (Carrefour)，荷蘭萬客隆 (Macro)，德國麥

威隆 (Metro)，臺灣大潤發 (RT-MART) 都是大規模倉儲零售連鎖店，以天天低價為號召。

⑻自動販賣機 (Automatic Vending Machines)，出現於 1880 年代，但發展於 1950 年代後。臺灣地區的自動販賣機已經很普遍，連銀行自動提款機 (ATM) 也很競爭，但中國大陸地區尚未普及。

⑼贈品交換點券 (Trading Stamps)，配合上述各型商店，出現於 1960 年代。累積交換點券可以換彩券，抽現金大獎，已在臺灣大潤發採用。

⑽ 24 小時全天候開門營業之便利商店 (Night and Sunday Opening, Convenience Stores)，出現於 1960 年代。以 7–Eleven 最出名（當初以早上 7 點到晚上 11 點為號召，後來延長為 24 小時開店），在臺灣地區則尚有全家便利商店 (Family Mart)，萊爾富 (Hi-Life) 等等連鎖店，在中國大陸潤泰集團的喜事多 (C-Store) 也開始在上海布點。

⑾服務到家或沿門服務 (Door-to-Door Services)，出現於 1960 年代。日本的「宅急便」很出名，統一企業已將之引進臺灣地區，配合其 7–Eleven 連鎖便利商店，對家庭社區提供物流服務。

⑿租用服務 (Rent)，出現於 1970 年代。汽車租用、卡車租用、汽車旅館租用已經很普及。

（二）批發體系 (Wholesaling Systems)

在批發業體系內，亦發生相當的變化，雖不如上述零售業之劇烈。而批發業本身亦受到零售業大型化之影響，所以不少先進的批發商採取新管理技術，以力求降低成本及提高服務水準。其主要者有：

⑴存貨管理採用「時間與動作研究」(Time and Motion Study)。

⑵工作簡化 (Work Simplification)。

⑶自動化倉儲 (Automatic Warehousing) ──訂貨單以電腦處理，原料物品以機械撿取、包裝、及運輸，盡量少用人力操作。

⑷文件處理機械化 (Mechanization of Document Processing) ──包括會計、存貨控制、派車等等。在美國，大型連鎖之百貨公司，折扣量販店，都有其地區之配送中心 (Distribution Center)，對其各地分店扮演電腦化批發商角色。

（三）配送、通訊、儲存體系 (Distribution, Communication, Warehousing Systems)

配合上述批發及零售體系之發展，物品之實體配送 (Physical Distribution) 體系亦應有相當之改進，才能有助於企業發展。實體配送體系包括運輸 (Transportation)，通訊 (Communication)，原物料儲存 (Warehousing) 及資訊處理 (Information Handling)。

在運輸工具方面，有鐵路運輸（火車）、水路運輸（輪船）、公路運輸（卡車）及航空運輸之區別。當公路及航空越發達之後，鐵路失去最多的顧客，包括大宗高價貨品被公路大卡車所奪，長程旅客被飛機所搶。所以鐵路創新服務方法成為謀取生存之必要措施，譬如特殊車廂、車輛之設計，如油罐車、穀物車、冷凍易腐品車等等，以及高速列車之開發。

在海運方面，輪船噸位、速度、設備之改進，以及貨櫃 (Container) 船、冷藏船、散裝船與油輪之出現，以使老舊的一般性輪船失去競爭地位。

遠程航空貨運 (Air Cargo) 的興起，許多體積小而貴重的物品與易腐品，都找到更好的海外市場。美國的 UPS 及 FedEX 都有自己的飛機，成為全球性隔夜 (Overnight) 快速包裹郵件運送業務。

在通訊方面，全國及國際直撥電話、擴充電話機數、民營無線手機電話機、越洋漫遊電話、電話傳真機 (Fax)、網際網路 (Internet)、視訊會議 (Video Conference)、電子信箱，以及多國性電腦化的管理情報系統及供應鏈、顧客關係管理系統 (Multinational Computerized Management Information System and SCM-CRM) 之普遍採用，已大大地提高行銷決策的品質，多國化及地球村 (Multinational and Global Village) 之經營境界已漸漸形成。

在物料處理方面，配合批發商體系之改進，自動化倉儲及電子資料處理技術，也大幅地減少實體配送之成本，及提高送貨服務之品質。

五、銀行、證券、保險及工商支援服務機構 (Banking, Securities, Insurance, and Supporting Services)

銀行、投信、證券及保險機構是協助工商業靈活運作的另一個重要環境體系。臺灣地區目前的金融機構包括本國老銀行（國營）、新銀行（民營）、外國銀行、合作金庫及各類信用合作社、郵政儲金、投資信託公司、基金投資信託公司、創業投資公司、票券公司、證券公司及典當行。我國之保險業包括產物保險公司、人壽保險公司、再保險公司、公務員保險及勞工保險。在 WTO 時代（自 2002 年開始），臺灣必須對各國開放銀行、證券及保險等金融市場，讓外國企業進來經營；臺灣金融機構也可以到世界各國去經營。對臺灣能力而言，中國大陸的金融市場是臺灣的最愛，但是臺灣政府若不和大陸政府解決「一個中國」(ROC-PROC-China) 之政治問題，臺灣金融企業分不到大陸龐大發展機會的一杯羹。

對工商企業最重要的支援服務業為廣告業、管理顧問公司業、會計師業、律師業、徵信業、報紙、電視臺、廣播網、工程顧問公司、技術研究機構等。在最近十幾年來（自 1990 年開始），臺灣的工商支援服務業已經在政府規定鬆綁下，得到高度的發展，彼此競爭劇烈。但在中國大陸，這些支援機構尚受到政府法規高度控制及壟斷，尤其新聞媒體所受之限制最大，其等被限制之程度有如臺灣三十年前（1970 年代）。

第三節　技術、政治與法律環境 (Technological, Political and Legal Environments)

除了經濟環境會直接影響一個企業機構之營運外，政治、法律、技術、人口、文化及教育環境的變動亦會深遠地影響企業經營的績效。本節及第四節之目的即在於列舉重要的組成現象因素，供讀者隨時提醒自己，以免在這些總體環境變動之後，自己尚茫然不知採取應變措施，而遭困厄。本節先介紹技術、政治與法律環境，下節則介紹社會、文化與教育環境。

一、技術環境之分析 (Technology Environments)

（一）世態變化多端 (Multiple Changes)

技術的進步，使人類改變環境，創造新產品、新原料、新設備及新檢驗方法，新效用的能力大大提高。本公司技術創新的突破，可以在「產品－市場」(Product-Market) 戰略上佔據主宰地位；反之，競爭者技術的突破，則可致本公司於失敗邊緣，所以人們皆稱技術的研究發展 (Research and Development, R & D)，是企業機構的再生機能 (Regeneration Function)。對整個人類而言，技術的創新，已為人類的享受水準，提供無邊、無量、無窮的貢獻力量。譬如在一百二十多年以前（1880 年左右），人們根本不知有汽車、飛機、收音機、電燈等，這些東西所發揮的作用，就是我國古代神怪小說《封神榜》上所期望者。在九十多年前（1910 年左右），人們也不知有電視、冰箱、冷氣機、洗衣機、自動洗碗機、抗生素、電腦等等。七十多年前（1930 年左右）的人，也未看過影印機、清潔劑、錄音機、避孕藥、人造衛星等等。四十年前（1960 年左右）的人，也不知道有即溶咖啡、沖泡式茶包、電動汽車、微波烤箱、紙製衣服、褲襪以及月球登陸等等。二十年前（1980 年左右）的人，也不知道無線電話、衛星通信轉播、電腦電訊合一之全球網際網路 (Internet)、多種金融衍生性產品。十年前（1990 年左右）的人也不知道寬頻 PDA、網路下單（證券）、資訊電器 (Information Appliance, IA) 及染色體定序等等。

1980 年代傳聞的小型飛彈、核磁共振掃描 (MRI)、雷射槍 (Lazer Gun)、一人火箭、海水淡化、渦輪動力汽車、電子冰箱、食物原子丸、個人及家用電腦、液晶超薄摺疊式電視機、機械人、複製動物及複製人等等，在 2003 年已經創新成功，有些並被普遍採用，對企業機構之改變，相當劇烈，所以各企業不能不對技術環境的變化，給予密切之關懷，並且撥出經費，參與研發行列。

（二）產品壽命縮短 (Short Product Life)

以前的中國人，最喜歡吹噓自己所賣的產品多好，以「祖傳祕方」或「宮廷祕方」標榜之，意指產品「越老越可靠」(Older is reliabler)。事實上，這是無知之言，因為在最近十年來，約有 40% 以上的新產品壽命不超過五年，而 60% 以上的產品無法享有十年以上的主宰地位，其原因是別人在繼續研究創新，以更好的產品組合特性來打倒我們的舊產品；甚至於顧客已會因口味 (Taste) 慾望的轉變，而拋棄了我們的產品。在「產品生命週期」(Product Life Cycle) 之原則下，每一個產品皆有其一定的生命大限，所以企業不能只賴某一個祖傳產品而活，否則「公司生命」(Company Life) 將與該「產品生命」(Product Life) 一樣短。在二十一世紀的時代裡，顧客的觀感中，產品是越新越好，而非越舊越好，因為不斷的研究創新現象已是不爭的事實。

（三）研究發展費用大增 (Bigger R&D Expenditure)

研究發展費用之增加是近四十年來的奇特現象之一。在 2000 年末美國全國一年的研究發展費用已佔國民生產毛額 (GNP) 的 3% 以上，臺灣只佔 1% 左右，中國大陸還不到 0.5%。在 1978 年 1 月臺灣舉行全國科技會議，紛紛要求以科技創新來發展經濟，把科技費用預算提高到 2%，1978 年以後再逐步提高到 3%。政府已命令各公營事業每年至少列出營業收入的 2% 為研究發展費用。對於民營企業，政府亦以所得稅法來鼓勵，允許無限制的報銷研究發展費用，並在獎勵投資產業升級條例內規定，凡是為改進新製造方法、提高品質、研發新產品及防止污染等目的，而進口專供研究發展用之儀器設備可免稅，民營企業也可以提出研究發展方案，申請政府的補助。

政府鼓勵研究發展的產業，以高科技成分、高附加價值、低耗用能源、低污染之策略性工業為重心，包括電子、電腦、通訊、精密機械、自動化技術、精密化學、材料科學、生物基因科學、高分子化學、微米、奈米技術等等。政府也鼓勵把新科技應用到傳統產業的創新改良方案，更鼓勵自動化、電子化（e 化）生產管理、行銷管理、採購管理、辦公室管理。

（四）團隊研究 (Team Research)

在十九世紀末葉時，大多數的工業發明是由個人式的發明家所完成，如電話發明人貝爾 (Bell) 和電燈發明人愛迪生 (Edison)，貝爾的事業成為美國電話電報 (AT&T)公司，愛迪生的事業成為奇異電器 (GE) 公司，到今日都已有百年以上歷史。但在二十世紀前葉，小型實驗室之團隊研究工作 (Laboratory Research Team) 開始出現於美國、英國、及德國，其中以西門子 (Siemens) 化學研究室至今仍知名。在二次世界大戰（1940～1944 年）後，研究工作更是團隊式，集合各方面的專家共同研究核子反應、手提無線電話、微波爐、拍立得照相機、電晶體、磁心記憶、信用卡、積體電路 (IC)、工程塑膠、新纖維、避孕藥 (Pill)、小兒麻痺疫苗 (Polio Vaccine)、光纖 (Fiber Optics)、錄放影機 (VCR)、雷射 (Laser)、汽車安全帶 (Seat Belt)、人造衛星 (Satellite)、信號轉換器 (Modulator-Demodulator Modem)、電腦滑鼠 (Mouse)、自動提款機 (ATM)、網際網路 (Internet)、微處理器 (Microprocessor)、電話答錄機 (Answering Machine)、磁碟機 (CD, CD-ROM, DVD)、核磁共振掃描器 (MRI)、基因重組術 (Recombinant DNA Technology)、個人電腦 (Personal Computer)、液晶顯示器 (Liquid Crystal Displayer, LCD)、膽固醇降低藥 (Mevacor)、抗憂鬱症藥 (Anti-Depression)、全球資訊網 (World Wide Web)、抗愛滋病藥蛋白脢抑制劑 (Protease Inhibitor)、無線網路商店 (Internet Business)、威而剛 (Viagra) 以及基因染色體排序機 (Automated Sequencing Machine) 等等。至目前，幾乎已經沒有任何個人式之研究工作成功，所有比較大型機構皆組有研究發展部門，進行團隊式工作 (Team Work)，而重大的發明也是在此種眾人合作之下出現。此亦為我國企業應加學習之處。研究發展的發明就是人類最高知識結晶，不管是以專利 (Patent)、版權 (Copy Right)、商標 (Trade Mark)、軟體 (Software) 方式存在，都是二十一世紀知識經濟時代的可貴產品，可貢獻巨大之生產力。

（五）行銷與研究發展同步化 (Marketing R&D Synchronization)

所有的技術研究，不論為基本研究 (Basic Research)，或應用研究 (Applied Research)，或工程設計 (Engineering Design)，或實體發展 (Physical Development)，或製程及品質改進 (Manufacturing Process and Quality Improvement)，皆應與行銷計劃採一致的步驟。換言之，所有的研究工作首推 RREDMP 六大步驟，皆應該為配合公司滿足長期及短期市場需求之目標而進行，不可閉門造車，「為研究而研究」，陷於「生產導向」、「自我導向」尚不自知，以致浪費寶貴資源，尚沾沾自喜。事實上「技術」若與「行銷」密切結合，手牽手，肩並肩走在一起，就是任何企業經營成功致勝的祕訣。

二、政治環境之分析 (Political Environments)

一國政治環境之構成要素可分為⑴政黨多寡；⑵執政黨之主張；⑶政權之穩定性；⑷政府官吏之清明勤奮程度；⑸行政手續之官僚或快速程度；⑹社會開放及民主程度；⑺對工商企業發展之協助或壓制程度；⑻對外國投資企業之平等或差別待遇態度。這些要素可以用來評估世界任何國家之政治環境的優劣，以測定是否有利企業投資經營。

（一）政黨多寡 (Number of Political Parties)

一國之政黨若太多或太少，對企業投資經營皆有不利影響。若太多政黨如法國、義大利之例子，競爭太厲害，則失去主宰政壇之重心黨，得不到超過二分之一主流民意的支持；同時，太多主張難得一致性支持，勝利者常是少數的相對多數而已，會造成政權更換太快之不穩現象，掌政的時間太短，無法發揮任何一黨之理想主張。反之，一國若只有一個政黨，長期掌政，則必形成獨佔局面，毫無被挑戰、被考驗之憂慮，久而久之，「絕對權威就會變成絕對腐化」，會變成老大之無效政黨，不只原有理想無法發揮，連人民要求改進之意見亦聽不進去，慢慢會走入與古代獨裁帝王政治相似之陷阱。只有二、三個政黨之國家，最好是二個政黨，彼此間有所挑戰，輪流掌政，較易真正「為人民服務」。

臺灣 1949 至 1988 年來之政黨有三個，一為較強大之國民黨，二為弱小之民社黨及青年黨。臺灣十年來有強大之國民黨及剛成立之民進黨。到目前臺灣有二強鼎立之民進黨、國民黨及親民黨，另有較小之臺聯黨及新黨。美國主要之政黨有三個，一為代表窮人的民主黨，一為共和黨，一為很微小之獨立黨。英國之主要政黨為工黨及保守黨。日本之主要政黨為自由民主黨、公明黨、社會民主黨。中國大陸目前是一黨獨大，為掌政之共產黨，另外八個為不掌政，但可以議政的弱小民主黨派。

（二）執政黨之主張 (Economic Policies)

一國之政黨若有二個以上勢均力敵者存在，則政府執政黨就可能互相更易，在此種情況下，該執政黨之各種主張，對工商業之發展即甚重要。譬如英國的工黨執政時，就主張把許多公用大事業收歸國營，而保守黨執政時，則主張把國營企業歸還民營。美國的民主黨執政時，就主張充分就業，加強稅收，抑制大事業之利潤；反之，共和黨執政時，就主張壓制工資及物價，減低稅率，促進企業發展。

臺灣之執政黨自 1949 年國民黨撤出中國大陸，移居臺灣之後，一直由國民黨執政五十年，直到 2000 年 5 月 20 日才由民進黨掌政。國民黨一向奉行　孫中山先生之三民主義，尤其民生主義之主張對全國經濟事業之發展影響很大。在這五十年中，重大事業劃歸國營，如電力、石油、肥料、造船、糖、鹽、鋼鐵、金融事業盡量不開放民營，直到十年前才開放民營十家新銀行。雖是如此，臺灣政府也明白世界潮流之方向，任由人民自由經營其他事業。當然臺灣國民黨對各行業經營權的主張，與美國的自由企業之資本主義不同，與當時的蘇聯、中共之共產主義相距更遠。它一方面要發展國家資本，但也不完全限制私人（尤其小型）企業。到了十三年前（1990 年），長久觀察臺灣之國有國營事業經營績效（利潤率，員工生產力），一直是民營企業的一半，甚至有許多是無盈利的虧損者，所以開始制訂政策，要把國營事業民營化。在中國大陸，自 1978 年改革開放以來，也在走相同國營事業改革及民營化之路，到 2002 年為止，在總理朱鎔基及主席江澤民強力堅持下，國營事業改革「抓大放小」，已有相當成效，但需要再繼續堅持二十年以上。

（三）政權之穩定性 (Stability)

執政黨之主張雖很重要，但若政權穩定，能四、五年不被更換（指民選失敗）或不被推翻（指不正常之政變），則企業界亦可發展出適應之策略，反之，若政權更迭太快，則企業界必陷於茫無頭緒，無所適從之困境，因而投資意願下降，業績不良，資本逃脫，企業外移他處，人民失業等等不良現象會連環發生。例如 2000 年 3 月 18 日，臺灣大選，國民黨在李登輝先生擔任黨主席及總統，但因無法統合宋楚瑜、連戰陣營，演出分裂國民黨，使民進黨陳水扁漁翁得利，當選總統，隨之經濟政策驟改，企業難以適從發展，消費及投資信心下降，造成 2000 ～ 2002 年經濟衰退，在世界經濟不景氣的情況下，更是「雪上加霜」困厄萬分。

臺灣之政黨自 1949 至 2000 年皆由國民黨執政，政權及經濟政策甚為穩定。在地方選舉，雖外黨或無黨人士自 1980 年以後就參與競爭劇烈，但終是國民黨佔優勢，何況中央立法機構及政策，一向不變，所以企業界人士，等於不必花費心力考慮政權變動之應變措施，免除心理負擔，可全心全力發展事業，誠屬最有利之環境。世界上之國家，很少能找到像過去五十年臺灣之優勢環境，供企業全力發展，所以外資紛紛來臺投資，不虞政權會變動，財產會被沒收。中國大陸自 1949 年以來也是由共產黨執政，因其實施高度中央集權控制化之國有國營制，績效惡化，但自 1978 年改革開放之後至 2003 年，穩定的政權加上積極的發展政策，企業經營及經濟成長效果轉佳，世所難比，正吸引著全球企業競相奔向中國大陸龐大市場去投資經營。

（四）吏治清明勤奮程度及官僚手續之快慢 (Clean Government and Efficient Performance)

一個政權之民主 (Democracy) 主張及穩定性 (Stability)，並不一定確保其各級行政機關之官吏清明 (Clean) 及勤奮 (Efficiency)。官吏清明不貪與行政制度是否全盤規劃性及現代化程度有密切之關聯。假使一國之機關組織及規則辦法與時脫節，遠離群眾，並忘掉目標，處處講求防弊手續，製造甚多關卡，為難人民，則人民被逼不得已，只得尋找曲徑，送禮賄賂，以求快速通關之活動必多，因而官吏被誘貪墨，並養成習慣，視收禮貪污為薪資待遇及權勢象徵之一部分，為害人民，莫此為甚。

再者，防弊手續太多，興利措施缺乏，也會鼓勵商場與官場掛鉤，官商勾結，官為商之開路先鋒，商為官之賺錢工具，利之所在，無所不用其極，突出「特權」之不公平，有傷民心道德，皆非國家經濟長期而高度發展之基礎。

官僚習性一旦形成，則處處講求防弊手續，遺忘效率目標，甚至於把手續當目標來處理，則甚難期望各級行政人員主動勤奮，修改不利之官僚組織及手續規定，更難望他們為民謀福利，因他們逃避「圖利他人」嫌疑，唯恐不及，豈能再勤奮為民興利。有鑑於此，臺灣立法院修改法規，把「圖利他人，不圖利自己」除罪化，鼓勵官員真正「為人民服務」。另外，「政府改選」(Government Restructuring) 也如同「企業改造」一樣，列為提高效率之大措施。

世界各國企業發達之地，其吏治清明與勤奮之程度必高；反之，落後地區，其吏治必然混濁，並懶惰成性，只講求「政治文學」(指只在文章文字下功夫，不在實際要害處努力)。臺灣之吏治尚稱清明，比菲律賓、泰國、印尼等國為佳，但若與日本、香港、新加坡等比較，則又落後一大截。若與美國及西歐等經濟先進國家比較，亦頗有遜色，莫怪企業界人士經常要求政府在管理制度及手續上，痛下改善之功夫。就臺灣海峽兩岸三地（臺灣、香港、中國大陸）來做比較，香港吏治廉潔清明，其廉政公署超然於行政體系之外，居功最大，臺灣吏治應學香港，而中國大陸之吏治靠共產黨內之紀律委員會來維持，不靠政府體系，所以寬嚴不一，普遍水準要向臺灣學習。

一般政府官吏之勤奮程度以高級人員為較佳，越是低級則越走下坡。與世界先進國家比較，臺灣中央政府之部、次長及局長、司長級之人員素質並不遜色，亦擁有現代化一般知識，每日忙碌之情況應居世界第一，其基本原因之一為不懂管理科學及管理藝術，其「目標管理」及「授權控制」制度尚未立；其二為下級人員知識較低，不敢及不願負責。至於地方縣、鎮政府之官吏素質又更低，亦較缺乏現代化訓練，所以勤奮及主動為民解決問題之熱心較上級主管為差，商人老百姓受阻擋於過時手續規定之情況最多。最近十年來，地方縣市政府選舉，國民黨與民進黨互有掌政機會，新上任之政府主管已決心加強各級人員行政管理之訓練，以期在清明、勤奮、效率方面有所改進，甚屬可喜。中國大陸之鄉鎮政府也已經實施人民選舉，注意民心向背，同時共產黨中央紀律委員會也加強紀律檢查，重者判死刑，輕者撤職查辦，所以行政效率甚有改進，但要走到臺灣已實施之縣市（指縣級市）長及議會直接普及式選舉，省市（指省級長）長及議會直接普及式選舉，以及中央政府首長及議會（指立法院）直接普及式選舉，可能還需要三十年時間。

（五）社會開放及民主程度 (Open Society and Democracy)

政治環境的另一要素為「社會開放」(Open Society) 及「以民為主」(Democracy) 之程度。凡是越開放及越民主的社會，則企業經營之活動力越大，反之，則越小。「社會開放」包括各家言論開放、政府人事公開與財務公開，以及人民遷徙、集會自由等等。「民主」包括⑴政府各項政策及方案之制訂，以及規則辦法之設定，以人民福祉及民富國強為最終參考點；⑵政府對於優劣評估難做明確決定之大方案、大措施，以人民公決為最終方法（即將爭議案件在官吏或民意代表選舉投票時，一併做成選票，供人民投票表決）；⑶人民之意見應能左右民意代表之意見，而民意代表之意見應能左右政府官員之施政意見。

現代企業活動以開放社會及民主社會為肥沃之園地，所以在閉塞及獨裁之社會裡，有效的企業經營幾乎絕跡，此種現象可以西方民主國家及東方共產國家為對比。臺灣社會之開放性與民主性遠比共產國家為高，所以人民批評政府之言論到處可見，而政府最高主管也甚重視媒體與輿論趨向，尤其更重視客觀之民意調查，對於大眾劇烈反對之措施，不敢擅自執行。

日本著名管理專家大前研一在其 2001 年新作《看不見的新大陸》(*An Invisible New Continent*) 說，美國成為二十世紀之世界經濟、政治、軍事、及科技強國（亦即四個天下第一），是因有三大平臺 (Plat Form)。第一是用英文為語言（因全世界政經往來以英語為主）；第二是用美元為貨幣（因美元為全世界各國政府及人民所偏愛）；第三是擁有最「開放社會」。臺灣、香港與中國大陸與之相較，相去尚太遠，所以經濟、政治、科技、及軍事發展水平都比不上美國。

（六）對工商企業壓制或協助程度 (Suppress or Assistance)

政府主要官吏對工商企業發展予以協助或多方壓制之程度亦是政治環境的一大特色。有些主政官員在傳統思想上就認為「無奸不商」，所以在平時極力壓制工商企業之創新發展，亦不重視工商領袖之言論；在經濟不景氣時，則更幸災樂禍，任工商百業陷於艱苦深淵，自生自滅，不加援手。無疑地，此種政治環境必不利企業經營，不利工業化，而其全國經濟將停滯於農業化階段，人民享受水準無法提高。

反之，有些主政官員，思想開明，深知「國強」有賴「民富」，「民富」有賴「經濟繁榮」，「經濟繁榮」有賴工商「百業發達」，所以認定工商企業乃是國家命脈所繫，其他社會體系皆屬輔助工商企業發展之幕僚單位（包括培育人才之教育文化機構），而非前線單位。所以在平時，多方創新指導，協助，並培養良好社會環境，重視企業領袖言論，以利企業欣欣向榮。在經濟不景氣時，則更大力撥款支助，並排除不利政治手續及環境限制，扶持艱苦工業脫離苦海。對政府稅收而言，工商企業之賺錢繳稅，就是政府官員、公立學校教員、教授的「衣食父母」，豈能在「父母」有困難，不盡力相助呢?

一般而言，臺灣政府對民營工商企業之壓抑現象甚少，所以最近經濟部及財政部修訂公司法及企業併購法、金融六法時，排除部分法律人士限制「關係企業」及「購買合併」之主張，讓企業自由發展。更有進之，臺灣政府對中小企業之協助用心良苦、更為周到，除成立經濟部中小企業處（有十大輔導體系）、中小企業銀行外，尚設立「中小企業信用保證基金」、「中小企業互助保證金」，方便中小企業融資貸款之需要，助益良大。在中國大陸，現在也開始注重鄉村企業及新式中小企業之發展，所以臺灣輔導中小企業之模式，正是他們的榜樣。只是和美國比較，臺灣工商領袖言論尚未能影響政府決策，臺灣工商企業家尚少能參與政府工作，此乃屬以後應加努力改進之處。對香港及中國大陸而言，其參與程度都比臺灣為佳，因香港已是極度依靠工商業之政府，其國民所得為臺灣的兩倍，而中國大陸的政府官員，很多是從優秀之國營事業高級主管中選任者，所以明白工商業發達對國家之重要性。

（七）對外國企業平等或差別待遇之程度 (Citizen Treatment)

政治環境的另一因素為對外國企業差別待遇 (Discrimination) 之程度。有些國家的政府官員，對外國企業懷有敵視態度，但在法規上又無法明文禁止其營業行為，所以只好在行政手續上找麻煩，促使其能知難而退。

當然，有些國家在法規上明訂平等待遇外國企業（如臺灣之外國人投資條例），並在官員態度及民間往來行為上，真正顯示平等待遇。無疑地，此種態度必然有助於外人投資，亦有助於我國商人在外國（相對等之國家）經商或投資。

一般說來，我國政府及民間對外國企業相當禮遇，甚得彼等讚賞及感激。

三、法律環境之分析 (Legal Environments)

一國法律環境之構成要素可分為⑴一般民刑法之結構及現代化程度，⑵工商法規之結構及現代化程度，⑶關稅政策及稅率結構，⑷保護措施，⑸獎勵措施，⑹公平競爭及反托辣斯法規，⑺食品藥物管制，⑻廣告管制，⑼專利及檢驗規定，⑽環境污染管制。這些要素之內容，可以用不同國家之實況予以評分比較，亦可逐項說明，提供企業經營者參考。

（一）一般民刑法之結構及現代化 (Civil and Criminal Laws)

民法及刑法規範一般人民行為方式及裁定權利義務歸屬。雖然民刑法適用所有國民，並不特別與企業經營相關，但是各行業經營者若瞭解有關民、刑法之概要、結構、及其現代化程度，則對其買賣、債權、債務關係之處理，亦有甚大之助益。

臺灣政府自 1980 來已經對民、刑法進行大幅修訂工作，以反映現代工業化社會人群之行為趨向。許多較大規模之公司已漸知認識民刑法之必要性，所以聘請公司法律顧問或設立公司法務室之作法已甚普及，為法律科系畢業生開拓更能活用所學之市場。

（二）工商法規之結構及現代化 (Industrial and Commercial Laws)

與企業經營者較有直接關係的另一種法律環境為工商法規之結構及內容之現代化程度。比較重要的工商法規有公司法、企業併購法、保險法、海商法、票據法、船舶法、銀行法、證券交易法等等。其中尤其以公司法及票據法之現代化程度關係所有的行業。

我國公司法自 1946 年以來修正十一次，但一直未能突破老舊觀點，促使公司之所有權與管理權分離，依然規定非股東不得為董事，所以在歐、美、日暢行之「外來董事」(Outside Director) 制度未能在我國引入，以致大公司之董事會仍然沒有超然地位之專家學者充任董事，為廣大股東及合理經營提出必要之政策指導意見。直到 2001 年（民國 90 年）的公司法修正案，才通過容許聘請外來董事（非股東），允許股票折價發行，允許庫藏股及員工認股制度。自 2002 年起，凡是新上市（股票）的公司，證期會都要其聘請二位獨立董事及一位獨立監察人。

（三）租稅制度及稅率結構 (Taxation Systems)

企業所面臨的第三種法律環境為租稅制度及稅率結構。租稅涉及產品成本結構及利潤分配，對股東及員工利益關係密切，因稅率高，轉嫁不易，有害銷售；因稅率高，利潤歸政府，對股東及員工激勵小。所以企業人士對稅制稅率之關注及設法避免租稅之技巧特別講究，而會計人員及會計師在此方面得到發揮所長之機會。

經濟發展程度低的國家以間接稅為主，以直接稅為輔，所以營業稅、印花稅、貨物稅、關稅、田賦、屠宰稅、煙酒稅等等收入居政府財政收入之大宗，而所得稅收入未達總稅收入之 50%。許多政府（包括中國大陸政府在內）已實施「加值稅」(Value-Added Tax)，以去除間接稅層層重複課徵之弊。

政府在直接稅（如所得稅）設計稅率時，應注意「高稅率，低稅收」及「低稅率，高稅收」之自然規則。高稅率有四害，第一：「不快樂」；第二：「不公平」；第三：「敗壞風紀」；第四：「折喪投資意願」。所謂「不快樂」是指經營利潤是人民辛勤所得，政府從中課高稅掠奪，人民當然不快樂。所謂「不公平」是指政府課高稅掠奪之藉口是劫富濟貧，但「富」（有利潤）是努力，而「貧」（無利潤）是懶惰的結果。對努力者課稅等於是鼓勵不努力之懶惰者，為不公平之現象。所謂「敗壞風紀」是指課高稅會鼓勵逃稅，逃稅者被抓到，就會以賄賂方式解決，結果好處歸抓稅者，政府收不到罰款，反而敗壞政府官員紀律。所謂「折喪投資意願」是指有錢人怕高稅，寧願把錢轉移到低稅率國家去投資，不在本國高稅率地投資。所以稅收越高的國家，其經濟越不發達，政府越收不到稅收。

（四）保護與獎勵措施 (Protection and Incentive Programs)

關稅保護及獎勵投資及獎勵外銷等措施，常是開發中國家用以鼓勵農工商企業的共同手段。所謂關稅保護 (Tariff Protection) 是指政府以較高進口稅率的方法來阻止國外廠商輸入我國廠商已經能夠銷產的相同產品，使其成本提高，無法與國內廠家相競爭，達到保護幼稚工業，使之趁空茁壯，以備日後與國外廠商一爭長短之目的。二十年前（1980 年代）臺灣政府對國內已能生產的產品，凡其品質、品級、及價格與國外產品相近，則允許國內廠商之申請，給予禁止進口，提高進口稅率，或勸導優先採購國產品之保護待遇。但時至二十一世紀在世界貿易組織 (WTO) 規範下，這些保護措施都會一一取消，對國內外廠商給予相同國民相待，不能再歧視外國廠商。

關於獎勵投資及外銷之措施，大多以立法條例的形式，對國人或外人投資方案或廠家，給予租稅上、融資上、及行政手續上的好處，鼓勵在特定行業投資或增產外銷。

在 1954 年及 1955 年通過實施「外國人投資條例」及「華僑回國投資條例」。在 1960 年（民國 49 年）通過實施「獎勵投資條例」，以後再經過多次修正，延用，至

1990年，又以「促進產業升級條例」替代，以符合實際環境需要。此等條例對工商企業之投資活動影響甚大，造成四十年臺灣經濟欣欣向榮之大好局面。至於外銷之獎勵則有沖退稅、保稅、及信用狀融資貸款、及加工出口區等待遇措施，對於直接外銷及合作外銷（間接外銷）廠家，助益頗大。中國大陸就是看到臺灣實施「加工出口區」對臺灣外銷出口的幫助，所以在1978年「改革開放」中宣布設立四個經濟特別區域（即「經濟特區」）為深圳、珠海、汕頭及廈門。直到2003年，四個「經濟特區」加上「海南經濟特區」、「上海浦東經濟特區」，更進而延伸為全國性「經濟開發區」及「經濟技術開發區」。

不過由於美國自1950年代以來，國際收支一直逆差，赤字累累，美元在國際貨幣市場之價格曾經一直下跌，所以其國內保護主義抬頭，動輒要美國總統對國外進口貨品施以管制、限制配額、及課以反傾銷稅（或平衡稅）之措施，以抑制國外品向美國大量輸入，打擊其國內製造廠。其中反傾銷稅或平衡稅之立足點，即為輸入國家之政府給予其廠商種種外銷輔助或獎勵，造成外銷價格低於內銷價格，不公平地打擊美國國內製造廠。臺灣廠商向以美國為最大外銷市場，所以在對抗潮流來臨時，應檢討外銷獎勵之作法，以消除外國政府抵制之藉口。

在1997年亞洲金融危機以來，美國雖然年年外匯逆差，但因其美元國際流動性地位依然被各國信任 (Trust and Confidence)，同時，世界各種新技術創新，都由美引發，又支持了美元地位，所以在二十一世紀開始世界經濟不景氣時，美元地位，對日圓及臺幣而言，都比前十年（1990年代）還強。

（五）公平競爭與反托辣斯 (Fair Competition and Anti-Trust)

自由企業之經濟社會一向重視同業各廠商間之公平競爭，以促使提高產品品質及服務水準，並降低價格，消除暴利（即超過合理利潤之部分），造福廣大之顧客。美國反托辣斯 (Anti-Trust) 法案就是維持公平競爭的具體行動，因為在美國，有許多公司以托辣斯經營（Trust，意指信託）之方式，構成獨佔性團體，操縱市場之供給量及價格，掠取暴利，危害大眾福祉，所以美國政府之司法行政部門特設反托辣斯司 (Anti-Trust Division)，專力執行國會所通過的一系列反托辣斯及維持公平競爭之法案，對大企業之經營行為，構成監視及取締（向法院舉發）之威脅。

在臺灣而言，因為大企業集團之形成不多，真正重要的基本原料、公用事業等皆由國家投資經營，壟斷供給，危害大眾的事例尚未發生，所以尚無學美國之例，設定眾多反托辣斯法案之現象。廠商在臺灣經營，除2002年微軟 (Microsoft) 個案外，不必擔心。若有真正會造成壟斷市場之事例時，經濟主管機關亦早就以行政手段勸阻於無形中。

二十年前經濟部有物價會報，協調全國物資供應來源及價格水準，具有廣泛影響之物價上漲皆須經其核可，所以在事實上，物價會報扮有反托辣斯之功能。在十年前，臺灣在行政院之下成立「公平交易委員會」，專門負責維持廠商間公平競爭行為，及取締廠商對大眾消費者不誠信之行為。2002 年微軟產品在臺灣有壟斷之虞即被公平會舉發，後以和解落幕。

（六）品質檢驗、專利、及食品藥物管制 (Quality Patent, Food and Drug Control)

1. 品質與檢驗

品質管制 (Quality Control) 是用來確保產品特性符合國家標準或顧客要求標準的管理制度，屬於生產管理 (Production Management) 的一個重要工作。「品質」與「價格」是顧客購買物品（或服務）過程中所將獲得之「利益」及應支出之「代價」（成本）。顧客總是希望成本支出少，利益收入大。所以品質管制是確保顧客利益的最佳手段，凡是經營成功的事業，都非常講求其產品品質合乎預定的標準水準。美國奇異電器及摩托羅拉手機就是以「百萬分之三」的六個標準差 (6-Sigma) 品管制度，聞名於世。

某一產品之品質是否合乎標準水準，則以「檢驗」(Inspection) 手續來判定。因為「產品」一詞包括極為廣泛的意義，可指原料、半製品、零件、配件及最終使用品，所以「檢驗」實施的時點亦隨之而存在。我國早期之經濟部檢驗局即為此而設立。

廣義言之，檢驗只是品質管制過程的具體判斷行為，兩者息息相關。若沒有良好的品管制度，產品在檢驗之後，被判「劣品」之機會甚大，廠家因而損失之現象難以克服。反之，若只有廠家本身之品管制度，而無公開獨立的檢驗機構，則眾多品牌中何者屬優，何者屬劣，顧客甚難判定，因而受騙受損之現象無法避免，所以兩者必須良好配合。但時至二十一世紀，政府檢驗機構甚多被民間替代，所以電器品之品質證明是 UL (Underwriter Laboratory)，而其他產品則有聯合國國際品質標準組織 (International Standards Organization, ISO) 9000 系列證明。

臺灣產品在世界市場上，1980 年以來，有被視為下等品之印象，其原因有二，第一、當時人力便宜，勞力勤奮，產品之品級又簡單低下，所以產品價格常比他國產品為低，給人家一種「低價低品」(Low Price Low Quality) 之關聯性印象。第二、當時廠商不知現代企業經營管理，必須講求品質保證 (Quality Assurance)，常以「節省成本」及「一筆生意」為藉口，不願在品管制度下功夫，所以出口的產品品質不穩定，有時好，有時壞，使顧客無法確定我們到底能提供何種程度之產品，因而乾脆將之歸為下等品，並以之為藉口，大力削減價格，使我國廠商利潤薄弱，更無力在品管制度方面投資改進。二個原因造成互為因果的惡性循環，甚不利我國產品在世界市場的前途。當時凡是產地證明 MIT(Made in Taiwan) 之產品在美國百貨公司，都被放在地下層的廉售部 (Bargain Sales)，價格低賤，形象不好，利潤薄弱。

政府有鑑於此，遂於 1977 年（民國 66 年）4 月正式建立「全國品質管制制度」，由經濟部檢驗局執行，將九類產品列入管理範圍，1978 年（民國 67 年）6 月又將另外七類納入品管體系。凡是這十六類產品的工廠必須建立自己的品管制度，具備三十四項特點，並接受檢驗局調查評等分類（甲、乙、乙 –2、乙 –1、丙），凡是被評為丙等的廠家，就不能出口其產品，凡是被評為甲、乙等的廠家的產品出口檢驗時，檢驗費降為萬分之二及萬分之四。

各列入品管體系的廠家，除受第一次品管制度調查評等列管之外，檢驗局尚將不定期抽查各工廠，以評定其品管制度是否有改進，其原評定等級分類是否應提高或降低，以促使各廠家繼續努力於品管工作的投資改進。

至 1978 年（民國 67 年）6 月被列入「全國品質管制制度」之工業為：馬達、家用電器、塑膠鞋、自行車、手工具、家庭廚房用具、工具機、脫水蔬菜，冷凍海產、水泥、鋼筋、合板、玻璃、橡膠、味精、及麵粉等十六類工業產品。各工廠品質管制制度受查之項目共計三十四項，每項之優劣水準分五級（從無，偶爾有，少有，多有，全有），指數點從 0 分到 1 分。此三十四項特點包括工程設計，產品設計，工作指令，作業方法，製造流程，製程控制，原料搬運，存貨搬運，存貨控制，採購程序，檢驗程序，量具及儀器，情報回送（回饋）及糾正行動，工廠布置，工廠設計，安全衡量，品質成本，及品管組織及人員等等。

全國品管制度之強迫實施是我國政府的一項特別而有力的政策性方案，世界其他國家推行此制度者並不多見，中國大陸至今（2003 年）都尚未建立此制度，因此種工作原是各廠家內部經營管理的要務，不必勞動國家來操心，但在我國情況不同，廠家自己不做，政府自應義不容辭，否則任由拖延實貴時間，對我國全面經濟發展之前途並無益處。經過二十多年之努力，今日臺灣產品 MIT 標識產地的印象，已經從低級品提升為中級品，在電子電腦零組件是用歐美標準，所以一直是高級品。五十年前，Made in Britain, Made in Germany, Made in USA 都是高級品，但 Made in Japan 是低級品。三十年前 Made in Japan 已是高級品，而 Made in Taiwan 是低級品。

在今日（2003 年） Made in Taiwan 是中級品，Made in China 是低級品。再過二十年 Made in Taiwan 將是高級品了。

2. 專利制度 (Patent System)

一國之專利制度 (Patent System) 對廠家之經營影響甚大，因為「專利」是國家法律正式對創新、發明、發現 (Innovation, Invention and Discovery) 之研究發展者的正面獎勵，同時也代表排斥及懲罰其他人士或機構之違規仿照、抄襲。一正一負，在市場上可造成短期獨佔 (Monopoly) 的局面，使享有專利權者，依其智力發揮的結晶，在特定產品之供應上，可「以量制價」，賺取高利潤，報答其先前投資於研究發展的努力。在二十一世紀，人類走入知識密集的經濟時代，技術上的創新專利、商標及版權都是「知識產權」(Intellectual Property, IP) 的主要對象。

良好的專利制度可以鼓勵企業做合理的品質競爭及新產品發展的競爭，對人群享受水準的提高，甚有助益。反之，不良的專利制度可能使合理努力於研究發展工作者，受到投機取巧之不良人士或機構，以「反訴」、「申辯」等法律程序所破壞或拖延，致使發明、創新、發現等成果，無法在市場上得到應有之報償，因而折喪研究發展熱忱，不利於企業發展及人群之長期利益。

我國之專利制度原由經濟部中央標準局兼管，人力及情報資訊皆受限制，未臻完善，多年來頗受各界評議。在幾年前，政府為進入 WTO，特別把「中央標準局」擴大為「知識財產局」，掌管專利、商標、版權及標準等事務，使我國對無形知識的保護和世界接軌。

3. 食品藥物管制 (Food and Drug Administration)

食品藥物在社會上所佔的地位很重要，因為幾乎每個人每天都會接觸到它們，而生產及銷售食品、藥物的廠家，一向佔總工商業廠家數的極大比例，競爭甚為劇烈。為了生存，許多廠家難免在價格及廣告上做不合理的競爭，譬如大幅減價，以致降低品質，或使用不良原料；或誇大廣告，以致引誘不知者試購；或虛偽包裝，以致陷人多購。

為了保護眾多消費者之利益，許多政府已採取積極干預行動，管制食品藥物之品質、用料、用色、包裝、日期、標價、廣告、及配銷通路。美國食品藥物局 (Food and Drug Administration, FDA) 是世界上有名的權威機構，保護消費大眾身體健康，貢獻很大。我國食品藥物檢驗局也在 1977 年（民國 66 年）成立，對於品質檢查及用料用色之管制已進行系統性之作業，所以凡是從事食品藥物事業的廠商必先瞭解這項新政策性之環境限制。有關食品及藥物之行銷正當性及公平性，則有行政院公平交易委員會監理，若被指控，可被罰款或停業，影響甚大。

（七）環境污染管制 (Pollution Control)

人類利用自然資源與克服自然限制的結果，雖然造成科技進步，生活改善，但也導致環境的破壞，於是環境污染的產生與防範因之發生。

環境污染主要可分為三類：一、空氣的污染 (Air Pollution) 危害人體的健康，引起疾病（如支氣管炎、氣喘等），傷害動植物，損毀財物建築。二、工廠廢水造成水源的污染 (Water Pollution)，影響人體的健康、水產業與農業之產量、自來水源之水質、觀瞻與生態環境等，威脅人類的生存。三、噪音污染 (Noise Pollution) 刺激人類神經，造成集中力減退，心臟衰弱、消化不良，工作效率減退，聽力降低與失眠，為害不淺。

工商經濟愈發達，公害愈增加，防治公害之經費也愈多。有人說「經濟發展 = 文化改變」(Economic development is cultural change)，也有人說「工業發達 = 環境污染」(Industrial development is environmental pollution) 都是令人深思的經驗。

就企業的整體而言，防治污染雖然在設備方面須增加投資，但不論工廠廢氣或廢水，其中不乏含有有用原料、副產品或製成品等，這種損失間接地提高生產成本，是極不經濟的。況且企業員工亦會受到廢氣、廢水、噪音污染的影響，降低工作效率，對整個企業而言也是不利的，所以企業仍須正視污染控制。

在 1960 年代，奈德 (Ralph Nader) 提倡消費者保護主義 (Consumerism)，同時也提倡環境保護 (Environmental Protection)。臺灣政府也在行政院下成立「環保署」，負責臺灣地區的環境保護及復建。中國大陸在 1978 年「改革開放」後，工業發達，環境破壞嚴重，所以特別成立「可持續發展之環境保護委員會」，加強環保的長期工作，為未來子孫保留可持續生存的大環境。

（八）廣告管制 (Advertising Control)

廣告為人民與商品間認識的媒體，所以不實之廣告對整個社會有莫大之影響。不實之廣告包括下列型態：虛偽證明、欺騙性名稱及標籤、過分誇大失實之說明與內容、有名無實之保證、風格惡劣或過分暴露之廣告。

風格惡劣或過分暴露之廣告將影響大眾心理健康，破壞社會風氣；過分誇大失實的藥品廣告將影響人民之身體健康。凡此種種對於社會、消費者固屬禍害，對於廣告主亦不啻一種自殺手法，因為不實之廣告將影響商譽與產品銷路，所以在先進國家之政府公平交易機構都積極地消滅不實及不良之廣告。

第四節　社會、文化與教育環境 (Social, Culture and Educational Environments)

前節所介紹之技術、政治與法律環境，是僅次於經濟環境的重要企業生態因素，本節所將介紹的社會、文化與教育環境為較無形的因素，但其重要性亦不可忽略，否則事業經營不會順利運轉。「社會環境」是人群之組合體，「文化環境」是人們之價值觀念及態度之組合體，「教育環境」是培養企業成員之種種作法，直接影響人力資源供應之數量及品質。

一、社會環境之分析 (Social Environments)

「社會」指人群生活所組成的各種組織體及其行為典範與態度之集合稱謂。企業體生存於社會環境之中，所以不能不適應社會環境之變遷。在我國，比較重要的社會組織有⑴家族及家庭，⑵宗族及宗親會，⑶鄰居、同鄉會及同學會，⑷宗教團體，⑸職業公會，⑹勞動工會，⑺學術團體，⑻公益團體，⑼體育活動團體，前三者可說是中國社會特有者，而其他六者則與西方社會相近，但不相同。

（一）家族及家庭 (Family Structure)

中國的家族在古代向以「五代同堂」之大家庭 (Five-Generation Family) 為理想之組織型態，因而成為社會變遷潮流中的穩定基礎 (Stablizer)，不僅工作、就業、婚姻與經濟，以家族為中心，同時為人處世之行為亦以家風為依歸，構成社會的無形支持力量。更遠久的時代，皇帝懲罰百姓，動輒以「誅九族」為恐嚇，即是著眼於家族中心之潛在作用（九族指：高祖、曾祖、祖、父、本身、子、孫、曾孫、玄孫等九代之族人）。

雖然目前家庭規模已減為平均五人之口，但是重要企業所有權人，大多數依然環繞家族之兄、弟、伯、叔、子、侄三代之圈圈，企業承繼人亦以自己兒女為最先候選人。雖然大企業的掌權人在40、50歲壯年時，會說他的事業「用人惟才」，不用「血親庸才」，要「傳賢不傳子」，可是一到50、60歲，甚至70歲，想到自己來日無多，兒女長成，無處可去，自然就會「食言而肥」，千方百計削除功臣，把自己的兒女擁上「太子」承繼位置。此種東方血親基礎之社會組織型態，在未來二十年內，也不可能有突破性之改變，所以經營者不可不注意。

中國目前家庭成員之權威者尚屬於父親，兒女受傳統文化之教誨，仍然崇信「孝順」之美德。不過「養兒防老」之經濟觀念已受社會移動性 (Social Mobility) 事實之挑戰，因兒女長大結婚後，謀職、求學多元化，分居他處之作法逐漸形成風尚，五代同堂、四代同堂、甚至「三代同堂」已難存在，退休養老變成「自助化」(Do It Yourself, DIY)。同時新家庭形成率及新家具採購率亦隨之增加，此等社會組織變化皆為企業經營機會。

（二）宗族及宗親會 (Family-Tree)

比家庭更大的社會團體是宗族 (Family-Tree)，所謂宗族是指同姓（如陳、林、李、蔡）之家庭成員（親戚）分屬各地，綿延多代所形成之無形鬆散大家庭組織。中國的歷史悠久，家族成員散處各地，發展成不同地域之同姓集團，為保持彼此連絡，互相協助，而有宗親會之正式或非正式組織出現，每年定期集會，追崇祖先，並勉新生。農村之宗親會是古代之道德及法律裁判組織，規範一村同姓人員之行為。在農村都市化後，此等作用已漸消失。可是宗族團體在政治選舉及企業籌資活動上，還常扮演相當重要之角色。

（三）鄰居、同鄉會及同學會 (Neighbors, Homelanders and Classmates Associations)

與宗族及宗親會相類似的社會團體是鄰居及同鄉會。前者（宗族、宗親會）之形成基於血緣關係，後者（鄰居、同鄉會）則基於地緣關係。「鄰居」(Neighbors) 指居住在鄰近的其他家成員，常為「朋友」之起源，古云「遠親不如近鄰」，乃指鄰居在危急時期相互幫助之重要性高於家族、宗族。在農業化社會或工業化社會的農村，鄰居是很重要的無形社會組織。但在工業社會的都市，鄰居之重要性及往來密切性大為減低，其主要原因為住宅公寓化及工作上班化，導致彼此見面談話機會大減，感情難以生根。

不過工業化社會裡有一種新組織，即是遠離故鄉到都市謀生的同鄉或鄰近朋友所組成的「同鄉會」(Homelanders Association)，譬如廣東同鄉會，嘉義同鄉會，川康滇同鄉會，臺灣同鄉會等等。同鄉會之組織應有正式之登記，並選舉會務執掌人員，皆為義務職，但對溝通感情，政治活動，及商業往來等皆有相當作用。

與鄰居及同鄉會很類似的社會無形組織，是同學會 (Classmates Association)。小學六年同校同窗學習，國中、高中及大學、碩士研究所之同修歲月，都令人終身難忘，所以在學成離開學校到社會上就業之後，常常成立某某學校某某班級同學會，數年或一年聚會一次，甚至一個月聚會一次不等，既可回憶年少輕狂歲月，又可互相幫忙，是個很重要的經濟、政治、感情組織。

（四）宗教團體(Religious Organizations)

宗教團體在社會組織中居有很重要之地位，因為其與宗親會、或同鄉會、或同學會之結合基礎不同。宗教團體係依思想信仰而結合，宗親會因同姓（同宗）而結合，同鄉會因來自同一故鄉而結合，同學會因在同校同窗同學而結合。思想信仰的力量常遠大於姓氏及地域，所以在西方古代有宗教戰爭，近年中東有以色列（猶太教）與巴勒斯坦（回教）之戰，在 2001 年 9 月 11 日有回教激烈派賓拉登集團恐怖分子，對歐、美天主教、基督教之謀殺報復行動。在我國有各種寺廟、教堂，其規模皆遠大於宗祠及同鄉會址。

我國是宗教信仰自由的國家，所以社會上各種宗教皆可傳播及信奉，佛教、道教、天主教、基督教、回（穆斯林）教、軒轅教、一貫道，各立門戶，並有眾多信徒。在臺灣，最具有影響力的宗教應屬各地方性的神廟，這些神廟各有其奉祀之組織體（除小規模者外），對社會之影響力很大，譬如臺北的行天宮、龍山寺、北港媽祖廟、臺中鎮瀾宮、臺南南鯤鯓之五府王爺廟，以及其分祀之各地寺廟，其每年收入及生日慶典耗費，為數甚鉅。有人統計，謂臺灣各地寺廟之數目比所有學校（大、中、小學在內）數目為多，而每年寺廟的成長亦大過學校。此種社會組織反映大眾的教育及文化水準，雖有待調整改良，但卻不能否定其影響力。

（五）職業公會與勞動工會 (Trade Associations and Unions)

在工業化社會裡，各種工商職業「同業公會」（Trade Associations，指由廠家或自由職業執行人所組成之正式同業團體）及「勞動工會」（Trade Unions，指由各廠或各職種工人所組成之正式團體），都是重要之社會團體。越進化的社會，職業公會的組織越嚴密而有力量，對成員往往具有相當大程度的約束力及保護力，所以成員常須參加該公會方能取得執業權利（執照）或與政府交涉的方便。職業公會代表眾多廠家成員或個人成員，向其他社會團體及政府主張應有的利益，而政府也常透過公會對各廠商施行勸導及規範措施。所以職業公會越有效則社會秩序越好。臺灣目前最有力量的公會有全國工業總會、全國商業總會、全國工商協進會、臺灣工業協進會、電機電子公會、中小企業協會、電腦公會、證券公會、銀行公會等等。中國大陸的同業公會大都由政府主管部門輔導國有國營事業成立，是政府的一個外圍社會組織，其運作之獨立自主性尚不及臺灣的公會，比起美國的同業公會則又更遠。

在過去五十年，臺灣的勞動工會 (Labor Unions) 在政府社會部門及國民黨之指導下，是世界上有名的溫順工人利益團體，政府一方面禁止罷工，一方面重視勞工利益及抗議，代向廠家管理當局交涉，並施行政壓力，為勞工解決問題，所以在社會聽聞上，並未多見工會罷工活動。這也是代表臺灣經濟發展成功的一個重要因素，值得繼續推行，但也應該在勞工領袖之培養上下功夫，使個別工會立於合理平等地位，與廠家管理當局做更密切之決策參與及支持活動，真正使勞工利益與股東利益趨於更和諧的境界。在中國大陸，每一個中外合資、合作、或外資獨資的公司，依法都成立工會，工會代表支取公司薪水以及 2% 之工資當工會活動費，工會活動大體上都支持政府及公司政策，罷工衝突之行動雖時有所聞，但都很快被政府解決掉。

（六）學術、公益、與體育團體 (Academic, Public-Interest and Athletic Organizations)

學術團體（如各種學會、協進會），公益團體（如各種基金會）及體育團體（如各種球類、田徑協會）等皆是社會團體。一個越公開化及進步的社會，此類團體的數目及活動越多；反之，越落後及閉塞的社會，這些團體的數目及活動也越少。

臺灣的學術團體為數甚多，在內政部管控下，有五千個以上，但活動缺乏積極有力之影響力，目前比較重要的是工程師學會、企業經理協進會總會及其七個分會、及管理科學學會，其活動較多而有普及性，其中以創立於 1963 年之中華企業經理協進會總會全年性辦理「高階經理 Mini-EMBA 進修計畫」、「科技人文素質修煉系列公開演講會」、「名著選讀勵進會」、「優質精進讀書會」、「WTO（臺澎金馬入世）系列公開演講會」、「傑出經理回饋社會系列演講會」等等活動最吸引眾人聽講。

公益團體及體育團體之數目較少。公益團體的活動較多者為佛光山、慈濟、法鼓山、長庚等幾個大基金會。其他基金會或財團法人較少有公共性之大活動。

大財團法人開醫院的很多，如長庚醫院，國泰醫院，新光醫院，振興醫院，耕莘醫院等等。中華經濟研究院、臺灣經濟研究院、臺灣綜合研究院，是比較出名的學術研究基金會。中華企業經理協進會（社團法人）在 2002 年也成立「中華企業研究院學術基金會」，將從事大規模之企業調查研究，把臺灣企業經營成功的因果關係做成學術性文獻。

體育團體之運動比賽自 1980 年以來稍見活躍，尤其職業棒球比賽，已漸有雛形，但距離體育運動全民化之階段尚有一段距離，尤其尚無法和美國、日本比較。

（七）士大夫觀念之改變 (No more official first)

我國社會團體的成員，一向有士大夫（指讀書當官）的觀念，人人崇信「萬般皆下品，唯有讀書高」，所以文憑及升學成為社會價值的重要標準，影響所至，對技術工藝的研習及勞動工作的從事，不受歡迎及崇敬，造成工業廠家所需的中基層技術員工 (Technicians) 極度缺乏，而大學畢業的文法科系學生則無法謀得合乎心意的職位。人力供需未能配合高度工業化、高科技化、及知識經濟化，皆是社會觀念所造成，值得設法改變。在 2002 年，臺灣的工業職業學校及五年制與二年制專科學校，紛紛轉型為大學型之技術學院，使臺灣的大學有 150 所以上，顯然會有過多大學 (Over-University)，過少職業技術學校之病。

越工業化的社會，士大夫讀書當官的觀念越淡薄，因為滿足人慾望的方法越多，讀無用之書不一定比學有用之技藝為佳。我國政府及社會先進人士已有鑑於此，正設計「三明治教育工作法」(Sandwich Education Program)，鼓勵「讀書－工作－讀書－工作－讀書－工作」之鏈鎖體系，使人們習慣於讀有用之書，做有意義之工作，再學更有用之學問，以為更重要工作之用的生活方式，以改變一味讀死書，不知工作如何之士大夫觀念。對一個社會而言，「教育過度」(Over Education) 常造成人們不願動手實際工作之「文化障礙」(Cultural Barriers)，而「三明治教育工作法」正可補救此缺點。

(八)「士農工商」與「商工農士」觀念之改變

在我國古代農業社會，人們崇信「讀書做官 (Official) 高人一等，農人 (Farmer) 其次，工人 (Worker) 第三，商人 (Business Man) 最末」之社會階級分類法。這種觀念與士大夫讀書當官之觀念相互影響，造成無生產力，無創新之死寂社會。

近代科技及市場變化劇烈，慾望層次翻新，人們已不再安於往昔無生產力，無創新，無享受之靜態社會，所以經營管理知識開始發揮其效力於商業 (Commerce)，後來又及於製造加工業 (Manufacturing & Mining)，最後更及於學術界及政府界 (Academics and Government)，造成經理人員高於其他專技操作人員之現象，凡是要講求有效達成機構目標者 (Objectives-Achieving) 皆必須講求經營管理知識 (Management Knowledge)，所以不論政治家 (Politicians)、教授 (Professors)、科學家 (Scientists)、工程師 (Engineers)、醫師 (Doctors)、資本家 (Capitalists)、農家大地主 (Landlords) 等等，都必須以管理知識之應用，為其最有效達成目的的工具，所以他們都應該成為經理人 (Managers)。

所以越進步的社會，越快改變傳統「士、農、工、商」觀念為「商、工、農、士」之新觀念，特別尊重有效之經理人員，而非無效的某特定學科出身人員。美國在 1975 年開始設立 EMBA（在職高級經理企業管理碩士，英文全名為 Executive Master of Business Administration）班，以史丹福 (Stanford)、哈佛 (Harvard)、密西根 (Michigan) 等等名大學之企管學院為先鋒，針對士、農、工之高級人員，施以在職帶薪之 MBA（企管碩士）訓練，使他們都成為商場高手，把經營管理（商）的知識傳入各行各業成熟之主管人員，是人類社會經濟的一大創舉。在1979年，筆者擔任臺灣大學商學研究所所長時，也開始辦理小規模在職經理參加 MBA 入學考試之 EMBA 班，到2003年，EMBA 班在臺灣及中國大陸之規模龐大，每年至少5,000人入學，已經成為人人追求有效經營之途徑，年輕 MBA 及高級經理 EMBA 都是使國家生產力更加提高的最有效祕方。

二、文化環境之分析 (Cultural Environments)

「文化」(Culture) 為社會中人類所擁有之知識、思想、信仰、藝術、道德、習慣、才能與偏好及行動行為之綜合體。簡言之，「文化是一群人長久形成及共有共享之思想與行為的規範」；文化也可以說是人類長期學習過程的結晶。

通常一個社會人群之文化的變化很緩慢，因為它代表人們長時間對實體環境及經驗的反映。不過就五年、十年、二十年而言，文化的變化也甚明顯，尤其是物質文化的改變為然。一個40歲的人再回顧二十年前的事物與人們行為，必會搖頭嘆息說文化變化真快速。

我國歷史悠久，人稱文化古國，意指人們之思想及行為典範已有相當定型化，譬如「四維八德」（禮、義、廉、恥；忠、孝、仁、愛、信、義、和、平）就是流傳久遠的中國文化，至今依然規範著大多數人之生活行為。中國大陸在1949年由共產黨掌政，實施中央集權之國有國營事業管理制度，人人都是公務人員，不要負責成敗，待遇獎懲也與工作表現好壞無關，又經文化大革命（1966～1976年）之鬥爭，使社會人群失去「四維八德」之文化修養。1978年實施「改革開放」政策後，重新教育，恢復各級教學制度，講求文化，至2003年四維八德才開始又恢復過來百分之十至二十，但要百分之百恢復，恐要再過三十年功夫。

對企業經營而言，四維八德的文化依然有其重要作用，但是卻不足以確保成功。一個社會人群的偏好看法及態度傾向，影響該國企業經營及經濟發展甚大，以下六種態度傾向值得探討。

（一）對權威及部屬之看法 (Authority and Subordinates)

我國傳統文化尊重中央集權之權威 (Centralization)，所以講求部屬絕無疑義之忠誠 (Loyalty) 服從，此種文化在動態複雜之大規模組織裡，並非最有效，所以尊重部屬「參與」(Participation) 之「分權」(Decentralization) 思想已萌芽，並將成為上司部屬間和諧關係之一大主流。美國通用汽車 (General Motors, GM) 在1926年由史隆 (Alfred Sloan) 主政當總裁之後，就開始實施分權式之事業部制度 (Divisionalization)，從該時開始參與式之分權事業部利潤中心制度，就成為大集團企業的標準組織方法。

（二）機構間之合作態度 (Interorganizational Cooperation)

中國文化裡甚是缺乏「合作」之要素，所以個別中國人之能力甚強，但是數個中國人之集合力量反而減低，　孫中山先生形容此種現象為「一盤散沙」，其背後原因為缺乏良好之管理所致。「管理」講求計劃、組織、用人、指導、控制，是凝結群力的藥方，所以對散沙而言，「管理」是「水泥」(Cement)，是凝聚力的來源。

（三）追求團體成就及努力工作之態度 (Collective Achievement and Hard Work Attitudes)

高度追求精神上成就感及努力於個人工作崗位之態度，是文化的一個重要面。凡是越傾向於全心致力於「大我」（即團體）成就之文化，越有助益於現代企業之經營，同時個人若能時刻思考如何「貢獻」(Contribute) 工作崗位，盡心盡力努力工作，而非只想行屍走肉般依賴固定職位而「臥薪」（意指不工作，臥倒拿乾薪）一生，企業之發展亦越有希望。

在我國文化裡，追求團體無形成就之傾向不大，但個人努力於工作崗位之傳統精神則甚高昂，所以中國人之勤奮耐心舉世聞名。個人工作努力也許為物質生活而為，也許為心理成就而動，但若能再培養高度追求團體成就之精神，則屬最佳文化要素。

（四）社會階級結構及就業遷移活動性 (Social Class and Individual Mobility)

我國目前社會並無明顯之社會階級之分別，雖然大官顯赫之人，其後代也較容易晉升到政府高階地位，但並無確定之世襲制度，凡是勤奮、智力高超、及機運較佳之平民或貧苦人民，亦有晉升到中等或高級政府職位，或成為大企業家之可能，而得到大眾之尊敬。此種「平民布衣可以為卿相」之社會，當然有助於企業發展。在 2000 年 3 月 18 日，民進黨取代國民黨為臺灣執政黨後，行政院、司法院、監察院及考試院各部會與各國營事業機構的重要職位，已由民進黨員取代國民黨員，此種「布衣卿相」之機會更普遍，尤其 2002 年 1 月 21 至 24 日之第三次改組行政院及各部會，幾無往昔國民黨高官之後代。

不過我國文化裡，對於「遷徙他鄉」謀生及「男兒志在四方」之觀念，則有部分矛盾之處，一方面農村社會的農人講求「安土重遷」、「落葉歸根」、「月是故鄉明」、「衣錦還鄉」、「寧戀本鄉一撮土，莫愛他鄉萬兩金」等等，但是另一方面是講求「鵬程萬里」、「闖蕩江湖」、「讀萬卷書行萬里路」、「男兒志在四方」。綜合言之，目前中國人尚無美國人那樣習慣於高度就業移動性 (High Mobility)，包括就業種類、機構及地點之轉換。在 1980 年代前，臺灣居住人的就業習性尚保留古代「東主一西賓」、「雇主一長工」之遺風，日本人對此種傳統之保持更為奇特，所以有「終生雇傭」(Life-Time Employment) 之說。但在 1980 年前美國已甚少強調此點，因為他們一方面崇信「就業自由」，「願則合，不願則離」，另一方面也採取「效率第一」(Efficiency-Performance Priority) 政策，認為無效率就無就業，有效率就永遠可就業，好部屬想辭職，老闆必定想盡辦法請求他留下來。可是在二十一世紀開始，不管美國、日本、臺灣、中國大陸，都已經習慣「移動經理」(Mobile Managers) 現象，人人已無「東主一西賓」、「雇主一長工」之忠誠心，人人以「投入一產出」為標準，投入多少心力，得到多少報酬，成為「跳槽與否」以及「炒掉最差 10% 員工」之行規。美國奇異 GE 電器公司的前董事長傑克・魏許 (Jack Welch)，在 1980～2000 年任期中，就把員工依「效率一績效」成績評等，分為最佳 15%，其次 35%，其次 40%，最差 10% 四等級，每年把最差的 10% 員工解雇，用以維持 GE 公司最佳之「強將強兵」陣容。

凡是社會階級結構不嚴格劃分，以及崇信就業遷徙活動性大的文化，如美國之自由社會，對現代企業經營助益較大；反之，社會階級嚴格劃分，互不允許逾越，同時人民對就業移轉性甚為保守者，如印度，如改革開放前（1978 年）之中國大陸，則甚難發展大規模複雜性之現代企業，因為世界性的大事業經常要求其員工做廣泛性、全球性之業務旅遊或遷徙，「朝發東部夕至西部」，成為工作生活之常態。就是在二十一世紀開始，臺灣企業因島內成本上升壓力所逼，大量到中國大陸投資設廠，大量臺籍幹部長駐中國大陸，其中高級者，就必須每星期往返上海與臺北間，廣州或深圳與臺北間，甚至北京與臺北間，此種快速人員移動性已經具有世界級企業經理之態勢。

（五）追求財富及物質享受之態度 (Attitude for Wealth and Material Gain)

一個社會之道德文化若不重視財富及物質享受之追求，則甚難發展現代化大企業，因為財富及物質若被視為不道德之標誌，則無人膽敢冒犯眾怒，從事累積大資本之活動，因而企業新投資難以實現，自然經濟發展及全民所得無從提高。所以苦行僧之文化產生不了高樓大廈冷氣房之成果。有人說「無欲則剛」，那是指當公務員或決策人員，若不接受分外利誘，有求於他人，則可以理直氣壯行事，而不是指追求「君子愛財，取之有道」之物質文化之成就。在共產社會主義未真正改革開放之前，追求國家資本發達為主要方向，因而節制、甚至禁止私人民營資本之所有權及累積，視私人財富為社會上不可接受之異類，所以未見現代化大企業出現，只有經營無效率的國有國營大、中、小型企業充斥社會各角落，經濟發展遲緩，國民所得落後歐、美、日各國。

事實上，追求財富只是人類成就感眾多表示中的一種表示而已，但它卻是引導全國經濟發展及全民所得增高的原始動力。與歐美日文化相較，我國文化至今尚未能完全適應此種想法，所以社會輿論及立法、監察等民意代表，尚時有在積極改善大環境時，一方面鼓勵經濟發展，另一方面反對民營大企業集團之言論，甚至在 1979 年至 1983 年間，當本人於臺灣大學商學系系主任及商學研究所所長任內，積極推動把商學系所從缺乏現代化管理觀念之法學院，獨立出來成為管理學院，以利大規模培植高速經濟社會發展所需要之高級管理人才，竟然有社會系、法律系、政治系教授反對，認為臺灣已經夠富裕了，經濟不必再發展了，以免社會大眾因逐利而散亂心智。此種似是而非之看法，在在影響道德標準，值得深加辯論（臺灣大學管理學院成立之決議終於在 1983 年通過，順此一提）。管仲在二千多年前就說過，「倉廩實而知禮節，衣食足而知榮辱」，經濟不發達，那有足夠的經費能力來發展道德、文化、法律、政治呢?

（六）追求改變與冒險之態度 (Attitude for Change and Risk-Taking)

一個社會的文化系統若缺乏歡迎「變化」(Welcome Changes) 及追求「變化」(Pursue Changes) 之因素，則在堅守固有道德及價值標準下，人們激勵奮發，尋求創新改進的情緒會被抑住，或被打擊，或被視為叛變、大逆不道，而受嚴厲懲罰，不利於現代企業經營。因現代企業經營的成功要素之一，就是「創新改變」及「冒險突破」，尤其二十一世紀的經濟已走入「知識經濟」時代，「知識員工」成為員工的主流。知識經濟具體內容就是研究創新，以專利權、商標權、著作權及電腦軟體權等四個智慧財產權 (Intellectual Property, IP) 及新經營模式 (New Business Model) 為代表。

我國古代本有追求改變之教訓，如商朝就有「苟日新，日日新，又日新」之除舊布新遺教。不過經過幾千年之演化，終於塑成「恐懼變化」，「追求四平八穩」，「以不變應萬變」，「不創新不突破即不犯過」，「等待別人變化失敗以吸取經驗」等等之「小心無過」之文化，甚不利於必須在世界市場上與人一競長短之企業發展。美國文化、日本文化、韓國文化與我國文化頗有不同，其主因即在於追求改變態度之不同，值得國人警惕。在競爭壓力的困境裡，最佳的解圍策略就是集中力量於「戰略點突破」(Strategic Break through) 及「創新」，而非分散力量於各次要點之「均勻分布」(Tactical Balance) 與「守株待兔」(Wait to Success) 作法。

（七）文化轉變的新趨向 (Trend of Cultural Change)

在這個物質文明發達，社會人群往來密切，大眾傳播無孔不入的時代，許多人們的生活價值已經發生方向性的變化，對於企業經營之行銷策略產生指導性之作用，這些轉變可分十一分項表示如下：

舊文化之價值觀念 (Old Cultural Value)		新文化之價值觀念 (New Cultural Value)
1. 自我信賴，自我奮鬥 (Self-Reliance)	→	1. 依賴政府 (Government-Reliance)
2. 努力工作，不怕吃苦 (Hard Work)	→	2. 避難簡易，悠哉生活 (Easy-Life)
3. 宗教信仰，崇信超世 (Religious Convictions)	→	3. 崇信世俗，遠離宗教 (Secular Conviction)
4. 丈夫主宰式（三從四德）家庭 (Husband-Dominated Home)	→	4. 妻子主宰式（女權復興）家庭 (Wife-Dominated Home)
5. 父母中心式家庭 (Parent-Centered Household)	→	5. 兒女中心式家庭 (Child-Centered Household)
6. 尊重個人獨特行為 (Respect for Individuals)	→	6. 厭惡個別差異，尋求團體一致，流行時髦 (Dislike of Individual Differences)
7. 延期滿足，先苦後甘 (Postponed Gratification)	→	7. 立即滿足，先甘後苦 (Immediate Gratification)
8. 儲蓄備荒 (Saving for Future)	→	8. 花費享受 (Spending at Right Now)
9. 性貞節，性保守 (Sexual Chastity)	→	9. 性自由，性開放，家庭淡薄化 (Sexual Freedom)
10. 雙親價值，克紹箕裘 (Parental Value)	→	10. 同儕價值，脫離父親職種 (Peer-Group Value)
11. 獨立奮鬥，赤手空拳打天下 (Independence and Facing Challenge)	→	11. 尋求安穩，逃避挑戰 (Security Avoidance of Challenge)

三、教育環境之分析 (Educational Environments)

「教育」是改變人類心智過程之總稱 (Education is the total process of human mental change)，人自生下，心智能力有限，必須施以教育，方能增其良知及為人處事能力。「國者人之積，人者心之器」，所以一國之富強康樂，端賴其眾多成員良心智力之高超與發揮。相同地，一個企業的強壯繁榮，亦賴其員工心智能力之培植與發揮，所以在民智落後之地區，甚難發展大企業，而在民智發達之地區，外來企業競相前往投資設廠。實言之，人才為所有資源之首，亦為成功之關鍵。在企業有八大資源，第一為人力資源 (Human Resource)，人力資源中又有腦力或智力資源 (Mental Resource) 與體力資源 (Labor Resource)；第二為土地資源 (Land Resource)；第三為財力資源 (Money Resource)；第四為物力資源 (Material Resource)；第五為機器設備資源 (Machine Resource)；第六為技術方法資源 (Methods Resource)；第七為時間資源 (Time Resource)；第八為資訊情報資源 (Information Resource)。在這八大資源中，只有人力資源是有靈性，有創新力的資源，稱之為人才，為中國古時所稱「天、地、人，曰三才」中之「人才」，也是所有資源的首領。有好人才，就可以找到其他七種好資源。人才是從培訓發展中得來的。人在「知」曉事物之前，在成為「專家」之前，都是「不知」的，都是「非專家」。所以對某某事物「不懂」不要緊，只要有興趣 (Interest)、有毅力 (Persistence) 去學，就會懂。人人在「懂」之前都是「不懂」的，所以人人很平等。

教育對人力發展之功用，俗稱「百年樹人」，與「十年樹木」相對稱（管仲曾說過，「一年之計在樹穀；十年之計在樹木；百年之計在樹人」）。因其作用屬於長期性，所以一國教育計畫之長期性及周全性甚為重要。教育過程所產生之人才，係供農、工、商企業機構及社會政治機構所用，所以其培育計劃應以「市場」為導向，不可以教育過程之枝節技巧因素為導向，形成無效之「為教育而教育」，應該是「為市場用途而教育」。所謂「學問為濟世之本」，是指要能有益於廣大人民生活改善之濟世學問才是真學問，才是教育的目的。分析一國教育是否有助益於企業發展應從以下六大因素著手。

（一）人們對接受教育之一般態度 (Attitude toward Education)

人們接受教育常自幼年開始，深度認識教育功效之天下父母，不論東方或西方人，總是含辛茹苦，籌措資金送兒女前往接受教育。孔子幼年喪父，賴其母親帶他懇求陶君謨老師傳授知識，日夜立門三天，才感動陶老師接受為學生，經辛勤苦讀，終成千古「大成至聖先師」，令人震撼。對幼年兒女而言，接受教育過程亦是一種磨練煎熬的痛苦事件，所以古人常以「書中自有黃金屋，書中自有顏如玉」來勉勵就讀，以求他日飛黃騰達，滿足人類多層慾望。

在我國的社會裡，重視學問、愛好學問已成為定型文化。帝王時代，科舉取士，三年一考，恩科外加，更加強人們追求教育之心，所謂「十年寒窗無人問，一舉成名天下知」，成為埋頭苦讀的最大驅策力。至今，天下父母仍然「望子成龍，望女成鳳」，皆以繼續升學為捷徑，雖形成「過分教育」及升學競爭壓力過大與補習班林立之偏頗現象，但卻不能否認我國同胞愛好接受教育之良好態度，對於企業新進員工及在職員工之晉升訓練方案（見「三明治教育工作法」），有極大之助益。從臺灣及中國大陸到美國移民的家庭父母，特別注意兒女之升學教育，所以每年西屋 (Westing House) 科學獎，美國總統科學獎及美國加州大學升學比例中，華裔子弟都有極高地位，引起洋人又羨又妒。

文化古國皆有愛好接受教育之傾向，但若經濟發展水準太低，則可能遭受生活壓力（即謀生時間）之影響，而無法實現，譬如印度即是一例。目前的經濟先進國家，幾乎人人知道受教育對未來一生的重要性，所以此項因素已逐漸變為共同必要因素。在二十一世紀的臺灣，大學院校普遍升級，已有 150 所之多，大學生升學比例達 70%，對「知識經濟」之來臨很有幫助。臺灣大學教育已成為「普及教育」，而非三、四十年前之錄取率 20% 左右之「精英教育」（指升學錄取率在百分之五十以下），但是中國大陸 2002 年之大學升學率尚在 10% 左右，離「普及教育」水準尚遠，對「知識經濟」之來臨尚有應付上之難度。

（二）識字或文盲比率 (Literacy Level)

受教育的直接成果就是認識字，並能使用文字作為意見溝通的工具，方便知識及技術之傳播。識字之人為「文明」之人，不識字之人為「文盲」之人。一個國家之人民若文盲分子太多，則不利於企業發展，因為現代企業操作技術已漸脫離體力負荷，由機械力來替代，員工工作必須多用腦力創新，所以文盲分子派不上用場。在二十年前（1980 年左右）文盲分子僅適宜勞力密集及粗重操作之工作，如農耕、開礦、採木、曬鹽、及搬運，而將來之企業發展走向技術密集及資本密集（機器設備較多）方向，若文盲分子太多，自然難以配合所需。在二十一世紀，這些體力性之工作人員，也將都是有高中職教育水平，甚至大學教育以上之「知識員工」。

我國政府一向重視人民之教育程度，所以憲法將國民小學列為強迫性義務教育，學齡兒童不得無故不送往接受教育，國中三年教育亦列為延長的義務教育，所以目前幾乎沒有 30 歲以下之文盲存在，至於 30 歲以上未受正式教育者，政府亦施以補習教育（民眾補習班及社區大學）。至目前，我國國民之識字水準已達 99% 以上，不識字之部分大多為極高年齡之人，對企業員工之來源影響不大。

中國大陸在 1949 年改變新政權以後，文盲人數佔四分之三以上，為了快速辦理補習教育，實施漢字簡體化政策，把繁體漢字一簡再簡，以方便文盲者記憶及學習。但時過五十年，中國大陸文盲下降，新生代出生，實施六年義務教育，甚至九年義務教育。但大學生升學率只有 10%，比臺灣低很多。對幼兒而言，學簡體字與學繁體字，功夫相同，因幼兒發展記憶力強，從 3 歲—6 歲—9 歲—12 歲，記憶力從高峰下降，理解力則相對上升，所以電動玩具再難操作，對小孩而言也是容易，所以我建議為保持數千年來之世界獨特優美之中國文字文化，中國大陸小學應開始恢復繁體字教學。

（三）職業教育及訓練 (Vocational and Technical Training)

職業教育（指高職教育）及職業訓練（指畢業後再到職訓中心受特定技術訓練）是培養技術人力的主要來源，供應工廠操作的廣大人力需求。職業教育與普通中學教育不同，前者為企業（農、工、商）未來之用途、後者為政府官吏（士）之晉用。士大夫觀念深厚之文化較重視普通中學教育，工商企業發達之社會較重視職業教育。

臺灣在 1980 年前之中等教育偏重普通中學，所以一方面造成人力浪費（因大學聯考失敗之人力無處可用），一方面工商業亦感人力供應無源。後 1980 年代開始，政府教育主管機關配合製造業之發展，大力推展職業教育，國中畢業生可以升學普通高中、高等職業學校及專校（五專），高中畢業生可以投考大學及投考專科學校（二專、三專）。讀技職體系之學生比率大有改進，並有超過二分之一之趨勢，對 1980 年後臺灣企業經營甚有助益。但在二十一世紀高科技發展之「知識經濟」時代，臺灣許多過去二專、三專、甚至五專之職業學校、技術專科學校，紛紛改制為技術學院、管理學院、科技大學及一般大學，成為「教育膨脹 (Educational Inflation)」現象，使「技工」升級為「知識員工」之一分子。

（四）大專教育配合農工商發展需要之程度 (Educational Match with Requirements)

大專教育即高等教育 (Higher Education)，以培養高級管理及工程科學人才為目的，為未來宏圖發展之設計人才之候選人，與職業教育以培養技術操作人才（即技工，Technician）不同。大專科系之設計及學生人數之招收必須以農工商企業界之未來需求為導向，否則畢業生總數甚多，但不合企業所需規格，則將浪費甚大人力及物力資源，並造成「所學非所用」，或「大投入小產出」（大才小用）之社會自卑、困惑情緒，無益全國整體發展。譬如文、法科系畢業生超過需求太多，而工程科系畢業生不足需求，即是一大不調現象。

大專教育計劃，必須從原來為維持及保障老教授就業機會之「生產導向」，轉為配合工商企業需要之「市場導向」，才能確保畢業人才符合企業各個部門所需，此為我國未來教育改革之最重要課題，也是寶島臺灣大學機構過多（至 2003 年，臺灣的大學院校已有 158 個），招生來源不足，互相劇烈競爭學生市場所必須注意之戰略點。

（五）企業教育之發展程度 (Management Education)

企業經營管理教育為培養經理人才之主要來源，最高級的經理為國家總統、院長（總理）、部長、企業集團董事長、總裁、公司董事長、總經理、副總經理等等，與一般大專教育略有不同。因為一般大專教育分科甚細，以「專門技能」(Special Skills) 之教學研究為主，成為未來社會各行業各部門之中高級業務及工程技術設計人員，而企管教育則為培養各行業各部門之主管人員，包括班長、組長、股長、課長、經理以上人員，以能充分凝聚及應用人力、物力、財力等等企業資源之「人群」與「決策」能力 (Human Skills and Decision Skills)。企業教育應為已接受各種專業教育並欲成為經理（而非僅做工程師或業務員）之人員的額外進修 (Advanced Education) 處所，不應與各專業科系平行，因而限制各科優秀專門人才成為現代經理人之進修機會。

我國目前之企管教育採取兩種方式：第一種為大學本科（由高中畢業生投考者）之企業管理、工業管理、資訊管理、人力資源管理、工商管理、會計管理、財務金融管理、國際貿易（國際企業）、保險管理、運輸管理、公共行政等科系，第二種為研究所級（由大學畢業生投考者）之企業管理、工業管理、工商管理、科技管理、財務金融、資訊管理、運輸管理、國際企業、會計、統計、公共行政、管理科學等研究所碩士班及博士班。大學本科之企管科系幾乎寶島臺灣 158 所大專院校皆有設立，每年招生（日、夜間部）人數為臺灣大專院校各科系中之最多者，為我國工商企業提供充沛之「非工程師」之企業人才，較之工學院眾多科系所提供之「工程師」之企業人才總和人數，毫無遜色，但此種現象及影響力尚未為教育部及各大學主政當局所深切瞭解，並反映於學術發展及輔導方案之發展上有所偏差，則為美中不足，必加改進之處。

碩士班之企管人才教育（通稱 MBA）在我國之發展，從 1964 年開始，至 2003 年已有 40 年歷史。國立政治大學企業管理研究所於 1964 年由美國密西根大學 (University of Michigan, Ann Arbor, Michigan, USA) 前來援助設立，開始第一個 MBA Progrom，以後淡江、交大、成大、臺大相繼成立管理或商學碩士班。到 2003 年，以公立之政大、臺大、交大、成大、中山及私立之淡江、元智、東吳、輔仁之 MBA 班及博士班 (Ph.D in Business Administrate) 較出名。寶島臺灣自 1964 年有 MBA 企管碩士班至 2003 年，已經培養萬人以上總經理級的企管人才，對我國企業經營走向現代化之作用，扮演觸媒劑及推動劑之角色，甚為重要。預計今後企管碩士人才，尤其具有大學理工科學士背景之 MBA(Engineer-based MBA) 之需求量會繼續大增，所以如何加強 MBA 之供應量及提高 MBA 品質，則為今後教育當局在大學本科企管教育之外的重大使命。教育部已決定按照美國 MBA 學院聯合會 (American Association of Collegiate Schools of Business, AACSB) 標準，對寶島臺灣的眾多大學之 MBA Program 進行評鑑（公立大學於 2002 年 10～12 月，私立大學於 2003 年 3～4 月進行），促使臺灣的 MBA-EMBA 品質有世界級水準。

（六）在職主管之管理發展方案 (Management Development Program)

企管教育除可施行於大學本科學生及碩士班研究生之外，尚應廣泛地施予已經就業於農、工、商企業，並居有主管職位之資深人員，方能快速產生有效經營之成果。此部門所造就之企業管理人才，因快速及數量大，所將扮演的角色，可能比上述年輕 MBA 學門之畢業生更重要。

就整個社會之現況而言，眾多企業之各級主管職位，常由專業性工作表現優異之人所升任，但這些接任主管職位之專業性人才，不一定具有管理知識及領導決策才能，所以不一定能充分發揮所統轄資源之潛力，有效達成目標，所以在職主管之管理才能發展方案 (Executive's Management Development Program, MDP) 應普遍實施，而其對社會之貢獻，亦遠比大學本科及碩士班企管教育為大及迅速，因為管理發展方案所訓練之人才，馬上可以在主管職位上發生作用，而企管碩士畢業生尚須三、五年才能升任課長或經理級職位，大學本科之企管相關學士或工程學士，最少亦需五、七年才能升任課長，後兩者所能發揮現代管理之效用，確實較小較遲。何況上級主管之觀念及行為，常成為下級部屬之限制環境，若已在較高職位之主管之頭腦不先予以管理發展洗腦，則下屬之企管學士及碩士，將甚難發揮其可能有的現代化潛力。所以有識之士，認為加強在職主管之管理發展方案，乃是幫助現代企業發展的直接而有效之捷徑。

我國目前有很多私營之企管顧問公司辦理短期 (3 至 5 天) 之管理發展研究會，經濟部所轄專業人員訓練中心則較常辦理（1 至 2 週）之相關研究班，皆屬可喜現象，但就廣大之農工商企業而言，辦理中期 (3 個月一學期) 及長期 (6 個月二學期) 之管理發展班甚屬必要，以期快速將現有各級主管都接受現代化管理知識之洗禮，形成浩大之人才團隊發揮潛力。筆者在擔任臺灣大學商學系系主任及商學研究所所長時，就在 1979 至 1983 四年，辦理七期「企經班」(即在職經理) 之管理發展計畫 (Management Development Program, MDP)，每期 6 個月，200 小時。每期招生五班（高級經理甲班、乙班，普通經理班、財會經理班及理工經理班），每班五十位，規模龐大，比美國哈佛大學商學院、密西根大學商學院等著名機構所辦理之 Executive Education Programs 還大。在 1999 年，筆者經海外工作十四年重回寶島臺灣，擔任中華民國企業經理協進會理事長（第九任）時，又重新辦理此種在職經理企管進修計畫，名叫「高階管理 Mini-EMBA 進修計畫」，每期 220 小時，已連續辦理六期（至 2003 年中），每期 150 人左右參加（分三班），可見此種管理發展需要性之高。

管理發展方案可分基層、中級、高級及最高主管等程度，以訓練目前或潛在之股長、課長、經理、及總經理人才。在美國，這些管理才能發展方案常由著名大學之企管研究所辦理。在我國則有名之大學企管、商管研究所皆尚未能擔起此種任務，他們只為有學位之 MBA 及 EMBA 班，值得檢討及加強辦理。目前政大、臺大、淡江、文化等等大學，已有「推廣教育中心」及「建教合作中心」，辦理有學分及無學分之進修班，培養很多企業所需人才，但都由大學統一來辦，但不隸屬於管理學院或商學院，其切膚性無法和歐、美、日甚至中國大陸之商學院或管理學院相比較。

第五節　理想之人文生態總體環境

企業組織是人的結合型態之一，也是社會組織之一，深受天然生態環境 (Natural Ecological Environments) 及人文生態環境 (Human Ecological Environments)「好」或「壞」的操縱影響，所以一國政府執政者的最大職責所在，就是改善天然及人文生態環境，吸引及鼓勵外國及本國人民投資經營經濟企業，發展財富，平衡財富，造福全民。

一國天然生態環境包括古人之八卦：乾（天時）、坤（地理）、坎（水澇）、離（乾旱）、震（地震）、兌（雨澤）、巽（風）、艮（山丘）。改善天然環境要有百年計畫，甚為不易，甚至永久不可能改善。一國人文生態環境也包括人群之八大環境：政治 (Political)、經濟 (Economic)、法律 (Legal)、技術 (Technological)、人口 (Population)、文化 (Cultural)、社會 (Social)、教育 (Educational)。改善人文環境也要持續的努力，雖然不要百年計畫，也要五年、十年計畫。

寶島臺灣在 1949 年國民黨失去中國大陸政權時，面積和人口都和海南島相近，面積三萬六千平方公里，人口六百萬。但時至今日 2003 年，臺灣人口已達二千三百萬，人均國民所得 13,000 美元，但海南島人口依然六百多萬人，人均所得不到 2,000 美元。兩者相差之因不在天然環境之變化，而在人文環境之變化。很明顯地，臺灣島之人均所得提高，是五十多年來，總體生態環境改善，引導企業發展，經濟發展的成果。海南島發展落後的原因，也是總體生態環境五十多年來未獲重大改善，導致未能吸引企業投資發展所造成之後果，所以我們在前面章節裡，一再說明改善環境對企業經營及經濟發展的因果關係。要「好果」，一定要先種「好因」，一點也取巧不得。

為了讓讀者對改善總體人文生態環境之理想境界有一個概念，茲將八大人文環境中的每一個環境，列出優先改善的項目順序，供作參考，每一環境各含八個項目，八八六十四，八大環境共有六十四個項目，也是評定各國（目前聯合國有 190 個會員國）競爭力及投資環境的架構起點。在實際進行專家評定時，可設定每一項目的最高分為 10，最低分為 1。總共六十四項，最高可得 640 分，最低為 64 分，從而排定競爭力及投資環境之名次，總分越高者，排名越前。

一、八大政治環境首重穩定效率 (Stability and Efficiency in Political Environments)

1–1　政局穩定 (Stability)：政黨不要太多，也不可一黨獨大；若政權改變，也不可快速悔改前任已定之政策及對外協議承諾。

1–2　行政效率 (Efficiency)：各級政府機構（中央、省級市、縣市、區鎮級）辦理人民事務，要快速執行，不公文旅行；最好有定期完成之時限規定。

1–3　清廉清明 (Cleanness)：政府官員辦事以追求「人民滿意」為目標，不以權謀私、謀利；應走政輕刑簡之路；官員頭腦應保持清明不昏。

1–4　謹慎負責 (Responsibility)：政府官員辦事手段應心細周全，負責到底，不「推、拖、拉」，不「和稀泥」，不用「鋸箭法」。

1–5　正義公平 (Justice)：政府官員應維持社會正義，防止不良分子以強欺弱，以富壓貧，防止官商勾結之特權壟斷事件。

1–6　公開透明 (Openness)：政府處理有關人民權利及義務事件之資訊及過程應公開，透明，不隱瞞。

1–7　自由少禁 (Freedom)：盡量少用否定，少禁止人民之行動空間。只有經議會（立法院）通過之「禁止」項目外，人民都可以自由行動。

1–8　民主參與 (Democracy)：讓人民有公平資格投票選擇立法、行政及司法官員及創制、複決法律之權利。

二、八大經濟環境首重「水電交通」

2–1 水利建設 (Water Supply)：指灌溉用水、工業用水、自來水、防洪、防旱等水利工程之興建及營運。

2–2 電力建設 (Electric Power)：指水力發電、火力發電、核能發電、太陽能發電、風能發電、海浪能發電等工程之興建及營運。

2–3 運輸建設 (Transportation)：指公路網、鐵路網、江河網、運河網、國際海運網、國內航空網、國際航空網等工程之興建及營運。

2–4 通訊建設 (Communication)：指國內、國外有線電話、無線電話、國際網際網路電訊工程之興建及營運。

2–5 金融建設 (Financing)：指銀行、證券、保險、授信、創投、外匯、信評、期貨、企業顧問等體系之興建及營運。

2–6 財稅體系 (Taxation)：指營業所得稅、個人所得稅、營業稅、加值稅、印花稅、關稅、遺產稅、土地增值稅、證券債券稅、各種規費及附加稅等等之合理性及鼓勵性。

2–7 產業政策 (Industrial Policy)：指策略工業政策，中心—衛星工廠政策，國家性開發研究專案、地區性開發專案、委託民營 BOT 專案、及國防轉民用專案等等計畫。長期性特殊經濟開發政策之設定及執行。

2–8 獎勵投資政策 (Investment Incentive)：階段性吸引外來投資及鼓勵本國投資之措施，包括投資、研發、培訓、出口、電腦資訊化、產業升級化、中衛聯盟化、中小企業輔導有關之減稅、免稅、行政手續簡化，土地取得手續簡化及降低成本之獎勵辦法。

三、八大法律環境首重「與時俱進」及「合乎情理」

3–1 刑法與刑事訴訟法之合時性及情理性程度。

3–2 民法及民事訴訟法之合時性及情理性程度。

3–3 所得稅法、金融法（銀行法、證券交易法、保險法）、關稅法、外匯管理辦法之合時性及情理性程度。

3–4 公司法、企業併購法、經濟法規（專利、商標、版權、智慧產權、廣告、藥食管理、公平競爭、消費保護、環境保護）之合時性及情理性程度。

3–5 立法品質：指各級議會之成員人數、素質及立法速度與品質程度。

3-6　司法品質：指檢察、調查、警察之人員素質及辦案之速度與公平、清廉程度。

3-7　審判品質：指法官之素質及審案之速度與公平、清廉程度。

3-8　調查、檢察、審判（法官）人員之訓練、職責、能力考核及保障（職業及人身安全）。

四、八大技術環境首重產品、原料、製程、設備及檢驗技術之「創新活力」及「競爭力」

4-1　基本研究 (Basic Research) 之人員、費用及成效（專利件數及應用程度）。

4-2　應用研究 (Applied Research)。

4-3　產品發展 (Product Development)。

4-4　工程設計 (Product Engineering)。

4-5　試製生產 (Prototype Production)。

4-6　量產技術 (Mass-Scale Manufacturing)。

4-7　上市行銷 (Marketing of New Product)。

4-8　產品改良 (Product Improvement)。

五、八大人口環境首重「數量及品質」

5-1　人口數量 (Population Quantity)。

5-2　人口性別及年齡結構 (Population Structure by Sex and Age)。

5-3　人口成長及分布 (Population Growth and Distribution)。

5-4　人口都市鄉村分布 (Population Distribution by City-Village)。

5-5　人口教育結構 (Population Structure by Education)。

5-6　人口素養及保健 (Population Quality and Health)。

5-7　人口移動 (Population Mobility)。

5-8　人口死亡 (Population Death)。

六、八大文化環境首重「誠信道德」之思想行為

6-1　儒家思想：指四書（《論語》、《大學》、《中庸》、《孟子》）及六經（《詩》、《書》、《禮》、《樂》、《易》、《春秋》）之傳播及信仰。儒家思想處理社會人群間之關係，以倫理（天、地、君、親、師、友六倫）為重心，故儒家文化歸類為「社

會學」性質。

6–2　道家思想：指《道德經》（老子）、《南華經》（莊子）之傳播及信仰。道家思想處理人與自然界之關係，故道家文化歸類為「科學」性質。

6–3　釋（佛）家思想：指三藏（經、律、論）之傳播及信仰。佛家思想處理個人內心的八識（眼、耳、鼻、舌、身、意、莫那、阿拉耶，前六者為上意識，第七者為潛意識或下意識，第八者為無意識），屬於「心理學」性質。

6–4　「諸子百家」、「天人合一」、「性命雙修」、「心物一元」之思想。

6–5　「四維八德」（禮、義、廉、恥四維及忠、孝、仁、愛、信、義、和、平八德）、「知、行、愛、恆」指佛家（大智文殊、大行普賢、大慈大悲觀世音及大願地藏等四大菩提薩埵觀念）、「神愛世人、信主得救」之基督思想，「五武德」（指《孫子兵法》之智、信、仁、勇、嚴）、「七情六慾」（指喜、怒、哀、懼、愛、惡、欲七情與名、利、財、色、食、睡六慾），及「清靜圓覺」之修養。

6–6　「真、善、美」、「福、祿、壽、喜」、「離、苦、得、樂」（成佛）、「智慧成就、功德成就」、「立功、立德、立言」三不朽，「良知 (Good Knowledge)、良能 (Good Ability)、良心 (Good Conscience)」之「三良專業經理人」等境界之追求。

6–7　「扶弱濟傾」、「繼道統、興滅絕」之強弱共存道統。

6–8　「藝文傳志」、「詩、琴、棋、畫」、「禮、樂、射、御、書、數」六藝允文允武之人生氣質修煉。

七、八大社會環境首重「團結性」及「和諧性」

7–1　社會階級：指帝王、公、侯、伯、子、男；士、農、工、商，商為四民之末；主人與奴僕；公卿與布衣等觀念之改善。

7–2　三教九流：指「儒釋道」三教及「九流」之存在程度。九流指一流皇帝，二流官，三僧，四道，五流醫，六工，七匠，八流娼，九流士子，十流丐（去除皇帝，則為九流，此乃元朝時流行之社會結構）。

7–3　六教十六流：指「儒、釋、道、穆、基、主」六教流行於二十一世紀。十六流指「士、農、工、商」、「兵、醫、學、卜」、「游、俠、僧、道」、「黨、閥、妓、丐」等，暢行於今日社會。

7–4　宗法組織：指家祠、宗族會、村族會、宗親會、同鄉會、校友會、神廟會、禮拜會。

7–5　社團法人組織：指同學會、扶輪社、獅子會、青商會、學術會、協進會、同業公會、工人工會。

7–6　財團法人組織：指各目的別的基金會、研究院、慈善會、體育會、醫學會。

7–7　政黨法人組織：指各政治團體，如臺灣的國民黨、民進黨、親民黨、新黨；如美國的民主黨及共和黨；如英國的工黨及自由黨；如日本的民主自由黨、社會黨；如中國大陸的共產黨、致公黨、民盟、九三學社等九大黨派。

7–8　學校及宗教法人：指各民間私立學校（大學、中學、小學）及各宗教廟會團體（如佛光山、慈濟、法鼓山、龍山寺等等）。

八、教育環境首重「配合社會工商企業發展之需要」

8–1　基礎教育：指幼稚園、小學、國中、高中教育，以塑造有誠信道德文化之文武全才人格。

8–2　謀生技術：指職業教育、專科教育、補習班及成人技藝職業訓練。

8–3　高等教育：指大學學士班、碩士班、博士班教育，以培養國家社會企業之高級領導人才為目的。

8–4　專業教育：指商、管、貿、法、醫、工程學院之教育以培養專業 (Professional) 人才為目的。

8–5　科學研究：指中央科學院、工業技術研究院、大學研究所及研究中心、經濟研究院、企業研究院等，以研究新知識、新現象、新技術、新產品、新加工法、新設備、新檢驗方法、新經營管理方法為目的。

8–6　青年領袖培育：指研討會、研習營、國際考察、社會服務營。

8–7　企業管理才能發展：指 MBA, EMBA, Mini-EMBA，及短期管理發展研討班等等。

8–8　政治領導才能發展：指「學而優則商」,「商而優則仕」,「仕而優則再學」,「三優而後立法代議士」,「立法代議優而後政治領導」，此乃「三明治人才培育法」(Sandwich-Training Method)。

第五章　企業之所有權組織型態

(Ownership Patterns of Business Organization)

第一節　所有權與管理權型態 (Patterns of Ownership and Management)

企業是追求營利及滿足顧客的組織體。企業組織體的所有權 (Ownership) 在民法規定上是各種權利的最高者，比抵押權、使用權、質典權、租賃權等等還大，擁有所有權就擁有處分權。一個企業的「所有權」與「管理權」(Ownership and Management) 在現代化大型規模經營上必須分離，但在小規模經營上，必須合一，其要訣在於專業效率及負責效率之消長。

有關「所有權」之現代化管理，稱為「公司治理」(Corporate Governance)，以股東、股東會、董事會與總裁、總經理之關係為要點。有關「管理權」之現代化管理，稱為經營作業管理 (Operations Management)，以集團總裁及公司總經理、副總經理、各部門經理、課長、股長、組長、班長與作業員工之關係為要點。公司所有權之結構及治理 (Structure and Governance)，會影響公司經營管理之效能 (Effectiveness) 與效率 (Efficiency)，所以必須詳加研討。

企業機構可依所有權之隸屬而分為「私有」企業 (Private Firms) 及「公有」企業 (Public Firms)。「私有企業」亦稱「民營企業」，指由人民所投資，並在一般民法、公司法及相關商法下，可以自由追求最佳利益，而不受政府中央集權控制。

「公有企業」指由各級政府投資，並在民、商法之外，尚受公共法規限制及政府中央控制之事業機構。私有企業可以自由銷產，所以有時會生產過多，或生產不足市場顧客所需要的產品，而致事業陷入破產失敗境界，但在市場供給需求定律 (Supply and Demand Mechanism) 作用下，常可獲得長期的平衡及成長。換言之，私有企業有較大自由從事競爭、改變、創新，因而長期的經濟活動可導致物質及精神供給的增加，使人類生活獲得改善。在今日世界中，私人廠商已是所有企業的「原子」(Atom of Business)，也是國家經濟生產力的基礎。那一個國家若擁有更多的公有企業，就代表那個國家是很貧窮、很落後。

「公有企業」由政府投資，並常依一般政府行政機構（古稱衙門）之「手續管理」(不是「目標管理」) 方法經營，所以又稱「公有公營」(Public Own-Public Managed) 事業。公有事業若能依一般民有事業「目標管理」精神的靈活自由經營方式，極力追求目標之達成，則可稱為「公有民營」(Public Own-Private Managed) 事業，其總經營效果當比單獨之「公有公營」或「私有民營」事業為佳。

因為我國的公有事業，尚逗留在依一般行政機構以手續為主之管理方法階段，與絕大多數之私有民營事業以目標達成為主之經營方式不同，所以本章以私有民營事業之組織型態為討論重點❶。時代進入二十一世紀，全世界各國都在改革無效率公有公營事業，在臺灣已經推行多年的「國營事業民營化方案」，雖進展不快，但方向已定。中國大陸則以「抓大放小」原則，在大力改革其 100 萬家之大，中、小型國營事業，初見效果，但路途尚遙遠。

財產「所有權」與經營「管理權」為企業經營的兩大基本權力來源，所有權之公、私別與經營管理權之官、民別，可以綜合構成表 5–1 四種企業經營型態。

表 5–1 企業所有權與管理權經營型態組合

「所有權」別	「經營管理權」別	「企業經營型態」別
公有（政府投資）（人民繳稅）	官營（依行政機關方式）	公有官營（舊式公營事業）A 型
	民營（依一般正常企業方式）	公有民營（新式公營事業）B 型
私有（人民投資）	官營（與行政機關方式類似）	私有官營（舊式民營事業）C 型
	民營（一般正常企業方式）	私有民營（新式民營事業）D 型

一般而言，A 型「公有官營」之事業及 C 型「私有官營」之事業較不會產生有效的經營成果，俗稱「無效經營」(Ineffective Management)，大多屬於此兩類型態。反之，B 型「公有民營」及 D 型「私有民營」事業較會產生有效的成果，俗稱「有效經營」(Effective Management) 大多屬於此兩類型態。所以一個事業之是否有效，與經營管理方式之相關程度，遠大於所有權的方式。換言之，經營管理措施合乎現代化方式者，公、私有事業皆可有效經營；若經營管理措施違反現代化方式者，公、

❶ 有關我國公營事業之經營與改進之調查研究，則請另見陳定國著，《公營事業企業化實施結果之研究》，行政院主計處及臺大商學研究所，66 年 1 月出版。

私有事業皆必無效經營。「私有民營」(D 型) 企業在小規模時，戰戰兢兢，小心謹慎，依照有效方法經營之，成功在握。但當規模成長變大，所有權者常變成得意忘形，好大喜功，自認天縱英明，遠離英才，走向官僚仕途，變成「私有官營」(C 型)。所以「私有」並不一定保證會有效經營。現在中國大陸的企業有四類，第一類是舊式大型國有企業，走「公有官營」(A 型) 之路；第二類為新式大型國有企業 (如清華方同，北大方正，聯想，交大昂立)，走「公有民營」(B 型) 之路；第三類是新興中小企業及鄉鎮企業，有走「私有民營」(D 型) 者，也有走「私有官營」(C 型) 者；第四類的外資企業 (合資、合作、獨資)，大都走「私有民營」(D 型) 之路。

第二節　企業機構與其規模(Business Organization and Scales)

一、企業機構與其他機構區別之處(Difference between Business and Non-Business Organizations)

所謂「企業機構」亦稱「營利事業」(Profit-Seeking Organization, PSO)，係泛指為一人或一群人所「擁有」，以追求「顧客滿意」及「合理利潤」為終極目的，並在一套特定營運「目標策略及管理作業制度」下，從事「銷、產、發、人、財」活動之資源集合體。所以企業的第一條件為「所有權」，第二條件為追求利潤，第三條件為「目標、策略及管理作業制度」，第四條件為「銷、產、發、人、財」活動 (Marketing-Production-R&D-Personnel-Finance)。此四條件即是形成營利的企業機構與其他「非營利機構」(Non-Profit Organization, NPO) 不同之基礎，譬如一家電視機公司與警察局之不同，即在於前者為私人所有，後者為政府所有；前者追求利潤目標，後者追求社會安寧目標；前者銷產電視機之有形產品，而後者銷產維持秩序之無形勞務。

二、企業生存成功與失敗之考驗期(Testing Period of Business Survival and Failure)

任何企業成立皆來自資本所有主 (人民或政府) 的投資；任何企業的「生存」(Survival) 與「成長」(Growth) 則有賴所有權人之努力，包括所有權人聘用能幹之專業經理人或自行經營管理。依據企業生命紀錄，凡是一個廠商能夠在創業之後耐過五年之期，則其繼續生存下去的機會很大，所以「五年」就成為企業成敗的考驗期

(Testing Period)；換言之，一個企業初創之時雖然業務繁榮，利潤甚豐，但不一定保證它能終久成功，因為它可能是「一鼓作氣」、「程咬金三斧頭」（意指唐朝名將程咬金作戰時，只有開始之三斧頭有力量，再來就沒有力量了！）的短暫衝刺，沒有耐久功夫，終必導致衰竭而敗亡之局面。反之，一個企業能夠經歷五年不死，則必會創下相當知名度及營運基礎，所以若能再接再厲，錦上添花，則生存及成長之成功希望必大。

在 1999 與 2000 年間，網路事業「達康公司」風起雲湧，美國、香港、臺灣有很多年輕人，放棄大學研究所學業，投身以「燒錢多少」，不是「銷售收入多少」，不是「投資報酬率多少」，不是「每股賺多少錢」為標榜之網路網際虛擬商店，但為時不到二年，網路泡沫破滅，一家一家破產倒閉，就是通不過「考驗期」之最好說明。

三、大型企業之愛恨分辨(Good or Bad of Big Business)

研究企業經營管理，若不對大、小型企業有所瞭解，則不能通曉全盤。因為人類酷愛自由，若條件容許，「寧為雞首，不為牛後（尾）」，所以人類自有交易式經濟行為以來，很多人在開始時，都希望能自由創個「小」事業，參與自己認為有利的行業之產銷活動，即使有所競爭，也希望能立於平等地位或優勢地位；無人希望處於劣勢地位，除非他有其他非經濟性動機。自由創業 (Free to Create)，自由競爭 (Free to Compete)，自由決策 (Free to Decide)，自由停止 (Free to Stop) 等等都是人類本性希冀。不過有效的經營者，在競爭之下，總會超過同輩，快速成長，成為「大」企業，得到經濟規模 (Scale of Economy) 之好處，打破一般小企業所認為的「公平」競爭之局面。他自己雖可以自由決策，自定行止，但是其他的小企業則被迫不能自由決策，並有被迫休業退出之威脅。有效企業在「競爭」(Competition) 過程中取得「獨佔」(Monopoly) 或「寡佔」(Oligopoly) 之壟斷 (Monopolistic) 地位，形成大型企業，本是自然發展的成果，也是當事人創業投資祈求之大事，但是卻引起社會上不明事實發展經過人士之愛恨交鳴。「競爭」本來是打破「壟斷」地位的工具，但是勝利的競爭者卻又會創新另一個相對壟斷的地位，並以此「創新壟斷」(Innovative Monopoly) 為努力目標。大家努力創新，社會經濟波浪因而興起，人民所得也因而提高。

不論在美國或是臺灣，也不論企業規模的絕對大小，只要在一地域上具有「相對性」大型企業資格者，即須準備接受社會人士的「責備」或「批評」，因為「小企業」是弱者，「扶弱濟傾」乃是人類偉大的慈悲本性，且不論到底「大」企業或「小企業」對股東，對員工，對顧客，對社會大眾，對國內經濟發展，與對國際市場競爭力量之優劣評價。

美國是世界上有名的出產大型企業的國家，但是其社會人士依然痛恨大企業規模之「大」(Bigness) 及影響力之「集中」(Concentration)，所以其政府的立法機構，在一方面通過許多法規限制來規範大企業（大多為公司型態）的行為；另一方面也通過許多輔導措施及縱容小企業（大多為獨資及合夥型態）的法規，其熱心程度遠比我國為烈、為早（約早四十年），但是其大企業之多亦為世界之冠（世界 500 大，美國佔有 200 個），其民富國強之潛力亦為各國之首（在 2002 年，美國每人均所得為 35,000 美元，臺灣為 13,000 美元，中國大陸為 920 美元），充分說明大型企業之發展有其真正的優點，否則在政府及社會人士之反對下，必然全國一片微小企業，不可能形成今日大小企業共存之局面。事實上，大企業大多來自有效經營的小企業，事業之能「大」，絕大多數是靠自己努力的功夫，從「內部成長」(Internal Growth) 而來，雖然經「購買合併」(Merger and Acquisition, M&A) 而成為大企業者，在最近二十多年很普遍，但成功者僅三分之一。而事業之永為「小」，絕大多數是因經營不得法所致。

事業之為「大」乃是絕大多數資本主 (Owners) 及經營者 (Managers) 所企盼者；事業之永為「小」，則為不得已之事，而非經營者真正內心祈求者。不過社會同情總是投向弱小者，此純為感情之事，而非理智之經營效率所應依賴者。有效的經營者及明智之社會人士，不應患「恐巨症」(Fear of Bigness)，否則企業永無長大之機會，人民永無享受高生活水準之幸福。尤其 WTO（世界貿易組織，臺灣及中國大陸都在 2001 年成為 WTO 之成員）時代來臨之後，全球性競爭已不可避免，即使是小地域型之小企業，也應有全球連鎖布局之想法 (Global Thinking) 及準備。

企業規模趨大有其自然成長及經營效率之背後祈求因素，只要政府及社會輿論能善盡監督、批評之責，則其為股東、員工、客戶及社會整體謀利之機會，遠大於規模微小、事事仰賴輔助之情況。所以小企業學習適應大企業環境之生活，亦是今後國人應努力去習慣之課題。

四、企業規模之分布

企業「規模」原是一個相對名詞，通常可用三種指標 (Indicators) 來單獨或綜合衡量之。第一種指標是雇用員工數 (Employees)，第二種指標是銷貨收入 (Sales)，第三種指標是股本值 (Equity)。依此指標衡量，只有很小比例的企業可以稱為「大型」

企業，此在美國與我國情況皆類似。表 5–2 為美國企業依雇用員工數劃分的規模分布。

表 5–2　美國企業規模分布（依員工數）

企業百分比	用員工數
59.8%	1～3 人
20.4%	4～7 人
12.1%	8～19 人
4.8%	20～49 人
1.6%	50～99 人
1.1%	100～499 人（中型）
0.2%	500 人以上（大型）
100.0%	

資料來源：美國社會安全福利局（1975 年）。

若以 500 人為中、大型企業的劃分界限，則可發現所謂「世界企業大國」的美國只有 0.2% 的企業是屬於中、大型（即 1,000 家中有 2 家是中大型企業）。若將規模界限往下移，包括 100 人以上，則可發現只有大約 1% 的美國企業是屬於中大型。換言之，美國企業 99% 是屬於 100 人以下的中小企業。此種規模分布與我國情況很近似。據非調查統計性之估計，我國企業之員工規模在 100 人以下（即通稱之中小企業），約佔 98.5% 以上；換言之，員工規模在 100 人以上之中大型企業只佔總企業數之 1.5% 以下。此種現象在二十年前與目前很相近，二十年前辦公室及工廠自動化 (Factory Automation and Office Automation) 程度比目前自動化程度為低，以前的公司用人比現在公司用人多，乃是科技化及知識化提高之後果。

以員工數來劃分企業規模比較適用於傳統性之勞力密集 (Labor-Intensive) 產業，而不適用於資本密集 (Capital-Initensive) 產業。依筆者之經驗，可將目前企業依員工數歸為表 5–3 規模等候。

雖然小型企業為數最多，但其總資產值，總銷貨值，及總員工人數並不一定比中、大型企業為多。無疑地，大型企業及中型企業皆屬「公司」組織方式，甚少獨資或合夥方式。企業規模與企業所有權組織方式有密切關係。公開式所有權組織 (Open Ownership)，較容易成長為大規模之企業；反之閉塞式所有權組織 (Closed Ownership) 多屬於小型企業，不容易成長為大規模之企業。臺灣及海外華僑有很多家族型態的小企業，生存幾十年仍然是長不大的企業，甚至被時代淘汰，主因之一是家長為主之閉塞式所有權，無法引進現代化的外來專業經理人。

表 5–3　企業員工規模分類

員工人數	粗分類	細分類
20 人以下		小小型企業
20～60 人	小型企業	小中型企業
60～100 人		小大型企業
100～200 人		中小型企業
200～300 人	中型企業	中中型企業
300～500 人		中大型企業
500～1,000 人		大小型企業
1,000～2,000 人	大型企業	大中型企業
2,000 人以上		大大型企業

第三節　企業所有權之取得方式(Ways of Obtaining Ownership)

取得或參與企業廠家之所有權乃是自由社會人民所享有的基本經濟權利。每一位「所有權人」或稱「業主」(Owner) 享有分配利潤之權利及負擔虧損之義務。而「盈」或「虧」(Profit or Loss) 乃是各個企業體經營有效與否之後果。一個人或一群人取得企業所有權之方式可為下列六種方式中之一種或一種以上：

⑴購買既存公司之「股票」或「股權」(Purchasing Stock or Ownership)。

⑵獲得「營業授權」(Obtaining Franchise)。

⑶繼承遺產或接受贈與 (Inheritance or Gift)。

⑷為他人開拓新事業取得乾股 (Promoting New Ventures)。

⑸自行開業或創業 (Starting New Business)。

⑹盤購別人事業 (Acquiring Going Firms)。

一、購買股票或股權之方式(Purchasing Stock or Ownership)

在工商經濟發達的社會，有很多企業所有權人 (Owners) 並非該企業之經理人員 (Managers)，因為這些所有權人是在股票市場上購買已經存在公司之股票或股權（指未公開發行股票之公司）。經由此種方式取得所有權的人，大多不關心該公司的內部經營管理活動，也無興趣對經營策略實施其投票權。他們是「缺席所有權人」(Absentee Ownership)，將公司經營權委託給董事會 (Board of Directors) 及支薪的專業經理人 (Paid Professional Managers) 去實施。此種所有權人的最大興趣在於年終分得優厚的利潤，即「股息」(Dividends)，或在股市高價時出售，取得買賣差額利益之「資本利得」(Capital Gain)。前者我們常稱之為股票的「投資者」(Investors)，後者稱為股票的「投機者」(Speculators)。

美國紐約證券交易所 (New York Security Exchange)、臺灣證券交易所、上海證券交易所、深圳證券交易所是經手美國股票上市公司、臺灣股票上市公司及中國大陸股票上市公司 (Listed Companies) 股票買賣的中心。在美國尚有 NASDAQ (National Association of Security Dealers and Quotations) 高科技公司店頭股權交易中心，在臺灣則有櫃臺交易中心 (Over the Counter for Unlisted Companies) 及興櫃中心 (Over the Counter for General Companies)。證券公司、證券交易所、櫃臺交易中心及興櫃中心，幫助企業廠商直接向社會大眾籌資，這些社會大眾就是「缺席所有權人」以投資得利潤股息或買賣股票得差額利得為目標，不是以內部經營管理為目標。他們容易被不負責任、沒有良心的董事長、董事、總裁、總經理等高階人員，用俗稱之「五鬼搬運法」，配合查帳會計師作假帳所欺騙、所掏空。所以自 2002 年美國發生恩龍 (Enron) 能源公司作假帳事件後，美國證交所及臺灣證期會、證交所特別強調「公司所有權治理」(Corporate Governance)，來保障這些社會大眾之「缺席所有權人」。

二、獲得營業授權之方式(Franchising)

「營業授權」(Franchising) 與「技術授權」(Licensing) 相似，但範圍較大，並大多應用於消費品及勞務 (Consumer Goods and Services) 方面。一般人比較明白「技術授權」之意義，「技術授權」係指甲方 (Licensor) 將產品或製造過程等技術授予乙方 (Licensee) 使用，包括有專利權 “patent” 及無專利權之技術皆在內，並收取「報酬金」(Loyalty) 之「技術轉移」(Technology Transfer) 行為。技術報酬金常以固定一筆金額或比率抽取或兩者混合方式為之。甲方用技術授權方式，可以不出資本金投資，就可以達到利潤收入之好處，而乙方被授權者，不必經過多年研究發展，在短期即可取得生產製造技術，投入資金，即可生產及銷售，賺取利用支付部分利潤或費用為技術權利金，雙方各得利益。

所謂「營業授權」係指甲方 (Franchiser) 將產品之產製及行銷等相關技術、商標、名稱、及廣告等授予乙方 (Franchisee) 在某一確定地區使用，並收取報酬金及管理費之技術轉移行為。所以「技術授權」(Licensing) 僅限於生產方面，而「營業授權」(Franchising) 則包括生產、行銷及管理等方面之授權，範圍廣大許多。「營業授權」開始於二十世紀初的美國，當時汽車工廠開始授權給經銷商在某一特定地區販賣及修理其特定品牌之汽車。此種授權方法演變到今日，已經成為很重要的創業及行銷技術，並與「連鎖店」(Chain-Store) 相互關聯。「連鎖店」經營在二十世紀末及二十一世紀初非常流行，包括國際旅館、國際量販店、醫院、便利商店、快餐店、美容店、書店等等，無所不包。只要能夠創新一個生產或行銷的特殊「經營模式」，並將作業程序及管理制度寫成書面化、合理化、及電腦化，就可以用「營業授權」方式，形成龐大的「連鎖店」網路，收取「機動彈性」（指每一店、廠規模不大）及規模經濟（指積少成多、積小成大）之雙重優點。

以「營業授權」取得所有權之方式，是由「被授權人」(Franchisee) 先向「授權人」(Franchiser)，通常為有名之廠家，接洽在某一特定地區設立完整類似之模型營業場所 (Model Unit)。當接洽獲准後，則被授權人可先借得部分資金，選擇確定地點，派員工前往受訓，建立完整相同之會計、銷售、生產、服務等等制度及步驟，並使用授權人之公司名稱、商標、銷產技術及廣告等，從事該地區之營業活動。無疑地，被授權人要能建立自己的事業，必須先具備相當良好之「信用」(Credit) 及「能力」(Ability)，授權人才會批准，同意其開設模型式之營業單位。

美國是最早流行「營業授權」之國家，包括行業很多，有餐廳、藥房、加油站、汽車零件店、軟性飲料廠、出租服務店、所得稅服務處、房屋販售店、汽車旅館及汽車出租業等等。美國最有名的營業授權是 McDonald（麥當勞）漢堡牛肉餅、Colonel Sander's Kentucky Fried Chicken（肯德基）炸雞、Howard Johnson（餐廳）、Rexall（藥房）、Exxon（加油站）、Western Auto（汽車旅館）、Midas Muffer（汽車零件）、Coca-Cola（可口可樂）、Abbey Rents（出租店）、H&R Block（所得稅申報服務）、Hilton International（希爾頓旅館）、Holiday Inn（假日旅館）、Hertz（汽車出租）等等。在臺灣有 7–Eleven、全家、萊爾富便利商店、統一麵包店、曼都美髮店、大潤發量販店、家樂福量販店、阿瘦皮鞋、快樂瑪莉安幼兒英語等等流通連鎖經營體系。

三、繼承遺產或接受贈與之方式(Heritage or Gift)

富家之子不經本身努力，常可自父母親手中繼承鉅額遺產（指父母已死之情況），或接受贈與大筆產業（指父母未死之情況），而成為特定企業之所有權人。無疑地，這是最容易，也是最難得的方法。1980 年代臺灣企業界興起「二代企業家」，即是屬於此種情況，譬如大同、國泰、台泥、中信、新光、東雲、遠東、嘉新、中興、太平洋電線電纜、潤泰等等關係企業集團的第一代創辦人年齡已 60 多歲，把企業所有權移交給子弟輩，使這些著名公司逐步走入二代企業家之階段。時至二十一世紀的今日，這些二代企業家年齡也進入 50 及 60 歲，所以第三代的接班企業家也在形成中。

依據非正式估計，美國正興起女性成為遺產繼承者的形式，約有 50% 的企業所有權人為女性，在我國尚無統計可依據。不過我國民法規定，父母財產，子女各有同等繼承權，所以女性所有權為數當在 50% 左右，最著名者以臺灣的大陸工程公司為代表，殷之浩先生在臺灣以工程建設出名，死後，由其女兒殷琪接班，成為臺灣高鐵公司 BOT 案的主要投資及推動者。

四、為他人開拓新事業而取得乾股之方式(New Venture Promotion)

一個本身無資金之人可經由為他人開拓新事業而取得報酬，此報酬可為現金，可為股權，亦可為債券。若為股權，即為「技術乾股」或「功勞乾股」或「經營乾股」，如古時山西票號之「人力股」(以與資金股對稱)。若為股權，則可參與營運活動，亦可不參與營運活動，而等候分股息。社會上這種有新構想 (New Ideas) 但無資金 (Capital) 的人很多，他們憑計畫書及說服力，說動有錢的人（即俗稱之金主）斥資供其開拓新事業。當事業成功時，他們可以取得某種報酬，當事業失敗時，他們或可免負債或必須負擔某一比例之虧損債務，則視當初約定而異。有錢人靠這些有腦力的人來創業，而有腦力的人也靠這些有錢人支援，將新事業開發成功，兩者相互合作，「出錢出力」，為社會大眾開拓許多有益的事業，乃是社會功臣，值得鼓勵。

憑腦力，賣構想，以取得企業所有權之人，稱為事業「開拓者」或「發展者」(Promoter or Developer)，以區別用其他方式取得所有權之人。在自由社會裡，這種事業開拓者甚為重要，也很活躍。美國的 U.S. Steel Corporation（美鋼），National Biscuit Company（全國餅乾），International Harvester Company（國際收割機）等公司就是好例子。寶島臺灣的許多中小企業也常是經由此種方式而創業成長，從 1990 年起，創業投資公司 (Venture Capital) 出現，聚集有資金無技術者及有創新技術無資金者，成就許多新科技事業，對經濟社會貢獻很大。

五、自行開業或盤購別人事業之方式(New Starting or Acquisition)

一個人或數個人若有足夠資金，在自由社會裡，即可開辦自己所選定之事業，並擁有它及繼續營運下去。絕大多數之「獨資」(Proprietorship) 或「合夥」(Partnership) 事業即在此種方式下出現。當然，有錢又有營運意願的人，不必一定自行創業才能擁有事業所有權，他大可用相當代價全部盤購 (Acquiring) 別人的事業。此時盤購的代價可高於該事業的帳面價值 (Book Value)，因有商譽及資產重估價值在內之故；亦可低於帳面價值，因為該事業經營不良，價位下跌，經營陷入困境，非減價脫手出賣不可。

可自行開業或盤購別人事業，都是代表自由經濟制度的可貴之處，也是大多數人士所追求之理想。在共產主義及社會主義的國家，主張所有生產工具皆歸公有公營，所以沒有個人自行開業或盤購別人事業的現象。但在 1978 年中國大陸決定經濟改革開放後至今，已經容許外資三資（合資、獨資、合作）事業，也容許自己國人開放個體事業，鄉村合夥事業，以及私人股份有限公司，更實行股票上市，供自己國人購買（即 A 股）、外人購買（即 B 股），或到香港上市供任何人購買（即 H 股）。

第四節　企業所有權之法定型態(Legal Patterns of Business Ownership)

一、三種主要法定組織型態(Three Legal Types)

在第一節裡，我們曾以企業所有權之歸屬「私人」(Private) 或「公眾」(Public) 而將企業大分為「私有」企業及「公有」企業二類。若再以經營管理之有效方式，有可將之分為「私有民營」（D 型），「私有官營」（C 型），及「公有民營」（B 型），「公有官營」（A 型）等四類。事實上，就公司法及民商法之規定，企業之經營型態只分為⑴獨資，⑵合夥及⑶公司三大類。三大類型態雖可以同時成立運作，但在歷史演變上先由「獨資」演化為「合夥」，再演化為「公司」，三者各有用途。至於每一類企業之出資人為私或為公，以及經營管理是否有效，則非相關公司法規所能硬性規定者。自二十世紀中葉以來，流行「多角化綜合企業」經營 (Diversified Conglomerate) 事實上就是集團企業或握股公司或控股公司 (Group of Companies, Holding Company)。集團企業或控股公司本身是法人身分（稱 Corporation），其底下可以再有法人身分之子公司（稱 Companies），各自成為利潤中心 (Profit-Center)。

私有企業可以獨資、合夥、或公司型態出現，公有企業亦可以獨資、合夥及公司之型態出現。寶島臺灣往昔經濟部、財政部、交通部及臺灣省政府屬下之眾多公有事業之經營管理，皆未採取「一般企業化方式」，即使先總統 蔣中正在民國 34 年即曾指示過要如此做（指公有事業要依一般企業化方式經營，不是依政府機關衙門方式經營），所以績效普遍不振，虧損累累，受人責備甚多。在中國大陸，一百多萬個中大型國有企業經營績效，也是和全世界各國的公營事業一樣無效率。其理由甚多，但以受「國營事業管理法」及一般行政機構管理法規之限制為主要根源。並非在本質上，因其為「公」有，就百分之百注定經營管理非失敗不可。換言之，經營績效「成功」或「失敗」，根因不在「有」，而在「營」。

私有企業所有權法定型態之選擇，受三個基本因素的影響：⑴利潤分配之方式，⑵企業生存時間之長短，⑶負債及納稅之方式。「所有權」係指擁有 (Possession)、控制 (Control)、享用 (Enjoyment)、及處分 (Disposition) 某特定財產之權力，所以在本質上，「所有權」包括「管理權」（即控制權）。較早期的小本經營事業，大多數由所有人兼經理人 (Owner-Manager)，即導因於此。只有現代化的大規模事業，才講求所有權人與經營管理人分離之道 (Separation of Ownership and Management)，此完全是基於追求經營效率之前提，而非法定之前提。經營事業的最終目的在於「顧客滿意」及「合理利潤」，不在於「擁有」資產而虧損，所以分辨之重點在於經營「管理」(Manage, Use) 不在於「擁有」(Own)。

二、選擇所有權型態之要素(Criteria of Selection of Ownership Pattern)

企業所有權型態之選擇是否適當，常會影響其開始的組織結構 (Structure) 及以後的營運活動 (Operations)。當然，沒有一個特定的型態，可以在長時間之內，都能滿足企業在行銷上、財務上、產品開發及製造上之要求，所以我們可以時常看到初創業時採取甲種所有權型態（如獨資或合夥型態），日後隨著環境改變，規模成長，或是租稅獎勵等等原因，而改換乙種所有權型態（如公司型態）。所有權型態可以機動改變，也是促成許多企業能在環境改變下，尋找最適當配合情況營運的一大福音，很多國家擁有的公營事業所有權型態，長久僵固不改，亦為未能有效營運之部分原因。

至於究竟那一種型態最適當，在無特定資料參照之前，甚難作答，因為各種所有權型態本身皆有長處及短處，不能一概而論，所以當我們面對某一特定問題時，應個別地分析下列有關要素：

⑴企業種類及行業：服務業？批發零售商業？製造業？農牧業？傳統行業？新型行業？高科技業？

(2)營運範圍：業務量？目標市場之大小？本國市場？多國市場？全球市場？

(3)業主直接控制（管理）營運活動之程度：只出資？出資兼營運？專業人士經營？

(4)初期出資額及以後擴充出資額：大？中？小？

(5)甘冒風險及負擔虧損負債之程度：高？中？低？

(6)分配利潤與股東之意願：獨享？分享？佔大部分？

(7)希望事業生存之期間：永久？長期？短期？

(8)避免政府規章限制之自由程度：最大自由？願受規範？

(9)內部組織之計劃制度：正式化？非正式化？

(10)租稅之負荷（不同所有權型態下）：單一稅？雙重稅？多重稅？

三、「一幹多枝」公司結構(Multiple Companies under One Management)

在上述三種法定所有權型態中，我們可以發現在一個「所有權管理權合一」(Combination of Ownership and Management) 之型態下，另外再成立數個不同型態的百分百所有權 (Wholly-Owned) 型態，但接受原先所有管理權者之管理控制，形成一個「中央管理權」統轄數個公司之結構 (Central Management)。譬如一個合夥型態之大建築商，為了以「有限責任」之方式承攬許多個不同的工程方案，則由合夥關係體另外投資成立數個有限公司或股份有限公司，分別辦理不同工程方案，但接受原合夥人之管理。將來萬一某一工程方案進行不順利，發生債務問題，則以該股份有限公司之業主淨值清償之，不同再追索到原合夥關係上，以保護原合夥人之利益。像這種「一幹多枝」之衍生方式，任何型態的所有權皆可採用，除非法律有所限制化。如一個獨資（或合夥）→多個有限公司及股份有限公司；一個有限公司→多個有限公司及股份有限公司；一個股份有限公司→多個有限公司及多股份有限公司。

四、握股公司與母子公司 (Holding Companies and Parent-Subsidiaries)

所有權型態中，尚有一種變形物，即是「握股公司」(Holding Company)。所謂「握股」公司是指某一原始公司（不是合夥或獨資者）以收買其他公司足夠影響力的股票（不一定要超過半數）為手段，而控制其他公司營運策略，此原始公司即是「握股」(Holding) 公司，其他公司即是「被握股」(Held) 公司。握股公司並不直接派遣自己的員工前往被握股之公司，參與經營管理活動；換言之，它只握別人股份、股權、所有權，而不握別人的管理權。所以握股公司對被握股公司之影響力，一如一般所有權與管理權分離之公司的董事，完全在董事會內對公司目標 (Objectives)、政策 (Policies)、戰略 (Strategies) 案，實施詢問 (Questioning)、糾正 (Correcting) 及批准 (Approving) 之權，而不直接干預公司內部之人事及日常營運手段。臺灣寶島在 2001 年開始由財政部推動金融控股公司制度，把往昔不可跨業聯手經營之銀行業、證券業、保險業，合併成為「金融控制公司」(Financial Holding Company)，允許跨業經營，擴大規模，準備應付加入 WTO 後與歐美日大金融公司的競爭。在金控公司下，各銀行、保險、證券子公司依然各自以法人身分經營。

假使握有別家公司相當影響力股票之原始公司，尚直接派自己員工到被握股公司去負責營運活動，則此原始公司稱為「母公司」(Parent Company)，被握股又被派人營運公司稱為「子公司」(Subsidiary)。所以母公司與眾多子公司可形成一個所有權與管理權皆混合的大家族，此種所有權型態可稱之為「母子公司」。

當然「握股公司」與「母子公司」之區別有時甚難明白劃分，因其要件是管理權干預之程度而已，而管理權干預程度又可隨時改變，所以嚴格劃分兩者並無多大意義。握股公司在美國很早就已流行，母子公司自 1950 年代以後的「多國性事業」(Multinational Companies) 皆屬之，亦甚普遍。目前流行之「關係企業」(Relation-Companies) 或「集團企業」(Group of Companies) 亦屬握股公司與母子公司之混合體，有時甚至與上述「一幹多枝」公司相結合。譬如四十年前（1960 年代）之國泰企業的原始本體是蔡萬春兄弟之家族合夥主幹事業，後來生枝為十信合作社、國泰人壽、國泰產物、國泰塑膠、海運、以及國泰信託等等大樹枝事業，這些事業中的國泰信託再經由財務融通途徑，投資控制許多別人已創而經營欠善之其他事業，其中有的派國泰信託的員工去當重要經理人，變成「母子公司」型態；有的只被握股，管理權未受干預，變成「握股」或「被握股」公司型態。後來國泰集團，由蔡萬春兒子蔡辰男（國泰信託）、蔡辰洲（十信）及弟弟蔡萬霖（國泰人壽、國泰建設）、蔡萬才（國泰產險）分成四枝發展。時至二十一世紀初，十信（蔡辰洲）及國泰信託（蔡辰男）早已消退，但蔡萬霖的事業形成霖園集團，由兒子蔡宏圖、蔡鎮宇承繼發展。而蔡萬才的事業也形成富邦集團，由兒子蔡明忠、蔡明興等承繼發展。在 2002 年，蔡宏圖、蔡鎮宇兄弟以國泰人壽為基礎，建立國泰金控公司，而蔡明忠、蔡明興兄弟也建立富邦金控公司，都是經由合併購買方式，形成大型企業集團。至於台塑集團，則由內部成長，自行新投資方式，也形成龐大的「非金融」母子公司體，包括石化業、石油業、塑膠業、紡織業、汽車業、電子業、電訊業、電腦業、醫療業、醫藥業、教育業等等。

企業經營人士透過三種所有權型態及「一幹多枝」、「握股公司」、「母子公司」之變通辦法，可以創出許多有利於經營績效之企業組合體，如臺灣的「關係企業」，美國的「綜合企業」(Conglomeretes)，日本的「財團」，初學者由此可知企業經營之奧妙無窮。

五、獨資、合夥與公司之適用場合(Applications of Legal Patterns)

「獨資」、「合夥」、「公司」等三種企業所有權型態純是法律上的用語，在實際出資及經營管理上，並不一定非為「單人」、「雙人」及「多人」不可。「獨資」與「合夥」只具有「自然人」(Natural Man) 資格；而「公司」則具有「法人」(Legal Entity)「法律上賦予之人格」資格，其自然人資格留在股東手裡，只有董事長一人代表法人資格 (當然，董事長本身尚保留自然人資格)。「自然人」自父母孕育而成，「法人」依法律規定登記而成。自然人因死亡而滅，法人因自動宣告停止營業或被宣告破產清算而滅。

「獨資」型態之企業到處可見，小雜貨店，理髮店，小飯館，小五金店，小文具店，小冰果店等等大多屬於獨資企業。獨資企業之創辦資金較少，經營管理問題的複雜度由業主一人處理即可，容易與顧客建立面對面之關係，同時業主也常常喜歡自己充任經理人，所以大多數的獨資企業是「所有權」與「管理權」合一，老闆即經理 (Owner-Manager)，任何企業只有規模小才可以辦成功的，皆適合獨資型態。獨資事業是絕大多數企業的起步事業，也是年輕人創業的入門點。

「合夥」型態之企業也是到處可見，但其數目比獨資企業為少，其適用行業除包括獨資企業所適用者外，尚常包括房地產介紹所，法律事務所，會計師事務所，管理顧問事務所，證券買賣代理所等等。合夥事業也是現代大學或研究所畢業年輕人，不能就業或不想就業，而想自行創業的開始型態。所謂「不就業，就創業」，就業當伙計，創業當老闆。臺灣在 1970 年代開始曾經設立有「青年創業基金」，鼓勵三位、五位、十位「志同道合」之青年，聯合借錢創業，可以「合夥」型態，也可以「公司」型態成立，至今三十多年，成就很大。

合夥企業特別適用於業主間能夠彙合資金、經驗、知識、技能及企業關係，互補長短之場合。合夥企業不僅是親朋間結合能力，從事經濟活動的最好型態，同時也是家族內綿延事業生命的好工具，譬如兒女長成，父親令其參與獨資事業之經營，並言明可成為合夥人，父親過世，兄弟姐妹即成合夥人，共同繼續父親留下之事業。

「公司」型態之企業大部分適用於大規模事業，譬如百貨公司，連鎖商店（如藥房連鎖、食品連鎖、雜貨連鎖、旅館連鎖等等），製造工廠，公用事業（如水、電、電訊），運輸業，營建業及工程顧問公司。

就企業數目言，「獨資」是最普遍的企業所有權形式，「合夥」最少，而「公司」居中間。就銷貨收入而言，公司是佔最大的型態，合夥佔最少，而獨資居中間。我國與美國的企業所有權分布情況類似，表 5–4 為 2002 年美國統計資料，其中約 79% 的企業所有權型態為「獨資」，約 14% 為「公司」，其餘為合夥。但獨資事業的銷貨收入僅約佔 12%，而公司事業的銷貨收入則約佔 84%，由此可見「公司」之所有權組織型態對社會經濟的重要性。2001 年的統計數字與三十年前約略相似，顯示美國這個經濟發展成熟的國家，在獨資、合資、公司等三類所有權型態趨於穩定。

表 5–4　企業所有權組織型態分布

行業	合計 (%)	獨資		合夥		公司	
		數目 (%)	收入 (%)	數目 (%)	收入 (%)	數目 (%)	收入 (%)
所有行業	100	78.52	11.97	7.96	4.30	13.52	83.73
農業	100	95.57	69.01	3.49	11.13	0.94	19.86
礦業	100	70.24	8.11	13.10	6.03	16.66	85.86
營建業	100	80.16	19.34	5.65	6.57	14.19	74.09
製造業	100	42.47	0.98	7.65	0.72	49.88	98.30
運輸通訊公用事業	100	77.93	4.78	3.81	0.97	18.26	94.25
批發零售商業	100	72.85	17.19	7.66	5.30	19.49	77.51
金融、保險、房地產業	100	41.07	4.35	24.72	6.12	34.21	89.53
服務業	100	84.41	34.59	6.18	15.45	9.41	49.96

資料來源：United States Internal Revenue Service 2002.

很明顯地，農業及服務業以「獨資」型態為重，金融、保險、房地產業適合「合夥」型態，而製造業最適於「公司」型態，可供讀者參考。

第五節 不同所有權型態之優劣比較(Advantages and Disadvantages of Ownership Patterns)

一、「獨資」(Sole Proprietorship) 型態之企業

所謂「獨資」是指由單人「所有」(Owner) 及「管理控制」(Managed) 的事業。此人負擔全部資金風險 (Risk)，也接受全部利潤 (Profit)。此乃最簡單也最容易組成的企業所有權型態，與經濟學家熊彼得 (Schumpter) 說「風險最大，利潤也隨之最大」之道理相符。獨資企業數目最多，其歷史亦最古老：埃及、希臘、羅馬及中國等古文明是獨資事業的流行時代。它是小企業及自由企業的基礎，自由創立、成長，也自由失敗、倒閉。

設立獨資事業之法律手續最簡單，只要到縣市政府工商課申請、登記、繳費、取得營業執照，即可擇吉開張。它與「合夥」事業一樣，不必去請教第三者，也不必像公司組織一樣要設立「章程」(Charter)，成立董事會 (Board of Directors) 與設定辦事處 (Office)，獨資事業的業主不必聽從別人的指揮，他本人就是最高指揮者。業主本人與事業不可分離；業主就是事業，事業就是業主。和古代帝王一樣，「朕就是天下，天下就是朕」。

二、「獨資」在管理上之優點(Advantages of Sole Proprietorship)

獨資型態的事業在經營管理上有七大優點，分述如下：

1. 容易組成及解散 (Ease of Formation and Dissolution)

因為獨資事業僅由一人投資，不必遷就他人，其登記又無任何重大限制（除妨害風俗及安全者外），假使無利潤可圖時，要收場解散，除須滿足債權人之要求外（因有無限清償之責任），也不必等候他人的批准。換言之，任何人想從事或退出獨資事業，大多可依其意願為之。

2. 作業簡單化 (Simplicity of Operation)

獨資事業的管理權與所有權常集中在一人身上，所以關於該事業之組織結構，責任分派以及決策等活動皆高度簡單化，業主一人即可作主，不必詢問合夥人或董事會的意見。

3. 管理機動化 (Flexible Management)

獨資事業的業主可以快速制訂策略，改變作業方法，以掌握市場機會等等。它是各種所有權型態中，動作最快，摩擦阻力最少的一種。

4. 利潤獨享 (Sole Claim on Profit)

獨資事業的業主有權獨享利潤，但也有義務獨擔風險損失。獨享利潤乃是人們投資於企業的基本動機，但獨擔風險也是其最不願承受之所在。事業經營有盈餘，由一人獨享乃是人生一大樂事，所以除非不得已，大家都想自己來開創事業。主觀上，人人都想當「雞頭」，「獨立自由」，不必等別人來教訓，但只怕客觀條件不許可而已。

5. 信用可靠 (Favorable Credit Standing)

由於獨資業主必須以個人身分負擔事業經營所發生的全部債務，所以若業主本身為人處世及資產等皆可靠，則事業的對外信用亦可獲得較佳評價。古代中國的生意人「一諾千金」，即是獨資事業之信用與個人信用合一看待，因之大家愛惜羽毛，不敢隨便失信。所謂「人無信，不立」就是說明言必忠信，行必篤敬，才能在社會上生存及發展。

6. 政府管制少 (Less Regulation of Government)

政府對獨資事業的待遇最好，幾乎沒有限制獨資事業的活動，並盡量維持獨資事業的自由。所謂「反獨佔」，「反物價上漲」，「反污染」等等規定大多不是針對獨資事業。

7. 課稅之利益 (Tax Advantage)

獨資事業的繳納租稅與個人相同，事業盈餘不必先繳營業所得稅（但公司就得先繳）就能分配給業主，業主個人只須繳綜合所得稅即可。獨資事業的盈餘可不必強迫分配，可以無限累積再投資，不受公司法上未分配盈餘不得累積超過資本額一半之限制。

三、「獨資」在管理上之缺點(Disadvantages of Sole Proprietorship)

獨資事業有上述那樣多優點，亦有許多缺點存在，分述如下：

1. 無限清償責任 (Unlimited Liability)

獨資事業若經營失敗，其負債 (Liability) 超過業主淨值 (Net Worth)，則業主應以其個人之財產為無限清償之後盾，不能以任何理由逃避責任，所以獨資事業的財產與業主個人財產負有連帶責任，風險確實很大。所以獨資事業之業主，若雇用非親屬之員工，必須對員工之責任感及信用保證特別小心，否則他們失責造成的損失可能連累業主與其他事業前途。

2. 企業生存壽命不定 (Uncertainty of Duration)

由於獨資事業與其業主個人密不可分，所以萬一業主本人發生意外，不能視事，則此事業可被迫暫時或永久關閉停業。所謂業主的意外事件包括死亡、犯罪下獄、禁治產等。假使一個事業關閉之後，要再繼續，則應再辦理創業手續，重新申請登記。企業生命與個人生命共長短，是獨資型態與公司型態最大不同之處，也是獨資事業壽命短促之主因。

3. 籌資不易 (Difficulty of Raising Capital)

獨資事業與合夥及公司不同，其資金全由業主個人設法籌措；除非該人資力雄厚、財產廣多，否則獨資事業之長久性可用資金將甚有限。當然，此人可以個人信用名譽，向親戚、朋友、銀行，甚至政府基金借款供周轉之用，但其數額總是有限，不能與公司型態（尤其股票上市者）相比擬。

4. 缺乏經營管理才能 (Limitations of Management)

獨資事業常由業主個人扮演經營管理之責，依賴其原有之技能及知識判斷，甚難與大公司競爭，以吸取高才能的助手。依據經驗觀察，很少有獨資業主同時具有行銷、理財、採購、研發、資訊、會計、法務、及製造生產之技能。此項缺點不僅限制大多數獨資事業的成長規模，也造成獨資事業的高失敗率。我們經常看到某某店舖在一年之內換了幾個名稱及老闆，就是高失敗率的證明，其主因大多是不會經營管理。不會經營管理，只會勇敢地創業，等於飛蛾撲火，徒然犧牲。

四、「合夥」型態之企業 (Partnership)

「合夥」(Partnership) 的所有權型態，從許多方面來看，可說是「獨資」型態的一種延伸，因為業主人數是一人變成二人。由於籌組容易及作業簡化，合夥型態僅次於獨資，而其管理上的優點與缺點，亦與獨資非常類似。當然，它確有特殊之處，同時「合夥」本身亦有數種類型。最常見到的是「一般合夥」或稱「普通合夥」(General Partnership)，比較特殊的是「合資」(Joint Venture)，「有限合夥」(Limited Partnership) 及「合股公司」(Joint Stock Company)。

依照我國民法債編規定，稱合夥者，謂二人以上互約出資，以經營共同事業之契約；所謂出資，得為金錢或他物、或以勞務代之。所以合夥人乃是合夥事業的共同所有人 (Co-Owners)。合夥事業的前提是二人以上願意共同彙集資源，以從事企業活動，這些合夥人不一定出資相等，同時除合約有明確說明外，合夥人對事業經營的盈或虧，負有相等的權利及義務。

合夥事業的所有權與個人所有權一樣，因它無「法人」(Legal Entity) 資格，所以其成立登記很容易，其解散也常因合夥人之死亡，入獄，禁治產而發生。從表 5–4 可知，合夥事業很適合需具專業知識的行業，如律師、會計師、管理師、建築師、醫師、證券商等等「執行業務」（意指專業 Professional）者。

合夥事業的成立以口頭或書面的契約為要件。如契約無訂定，合夥人全體共同執行業務，並連帶負清償合夥事業的債務。除非全體合夥人同意，其中一人不得將其股份轉讓給第三人，也不能讓第三人加入，所以合夥事業成立後，合夥人不能隨便脫手，充分說明合夥事業之個人性。

合夥契約之內容並無一定標準，但是下列要點通常包括在內：

(1)事業名稱及合夥人姓名。

(2)事業地點及事業種類（業務範圍）。

(3)契約有效期間。

(4)每一合夥人出資之種類（現金、設備、勞務、名義等等）及數額。

(5)分配利潤及負擔虧損之方法。

(6)薪資，私人周轉，及投資利息等財務規定。

(7)合夥人在經營管理活動上之職位及權力範圍。

(8)合夥人加入、撤退、及整個事業解散之程序。

五、「合夥」在管理上之優劣點 (Advantages and Disadvantages of Partnership)

合夥在管理上之優點與獨資很相似，下列七個優點中的前四個就是獨資事業已有者，另外三個是合夥事業特有者：

1. 容易組成及解散 (Ease of Formation and Dissolusion)
2. 信用可靠 (Favorable Credit Standing)
3. 政府管制少 (Less Regulation of Government)
4. 課稅上之利益 (Tax Advantages)
5. 資金來源較多 (Multiple Source of Capital)

因為合夥事業比獨資事業至少多一個業主，所以資金來源較多，財務能力亦較強。若事業發達，需要更多資金時，亦可經全體合夥人之同意，招募更多的新合夥人及資金。由於合夥人負擔無限清償責任，所以對外借貸之信用也較佳，可借得更多的資金，遠比獨資業主為強。

6. **管理工作多角化及專門化** (Diversification and Specialization of Management)

合夥人若共同執行業務管理時，各人可選最在行的工作，實行專門化，提高效率。同時，因有兩人以上存在，執行人的決策品質亦可因互相交換意見而提高。

7. **容易成長及擴充** (Possibility of Growth and Expansion)

由於管理工作多角化、專門化、以及資金來源較多，所以合夥事業向新產品、新市場發展的機會比獨資事業為大。合夥事業亦可從已雇用之部屬中，挑選既能幹又忠誠者吸收為新合夥人，鼓勵士氣，促使合夥人事業更加具有吸引優良人才的能力。如會計師事務所、律師事務所、工程師事務所、管理顧問公司等等，都有把優良員工提拔為新合夥人之作法，效果也很好。

合夥事業在管理上有四大缺點，其中二點與獨資事業相似，另外二點則為特有者：

1. **企業生存壽命不定** (Uncertainty of Duration)

合夥事業以全體合夥人之自然人資格為要件，合夥人若死亡、入獄、禁治產，皆可導致合夥事業之結束。

2. **無限清償責任** (Unlimited Liability)

合夥人對以合夥事業為名，從事業務活動所產生的債務，皆歸合夥事業名下，由全體合夥人負連帶無限清償責任，所以合夥人當中有某一人行為不檢，胡亂行為，其他合夥人可能負擔之風險有時比獨資事業之業主為大。

3. **權職衝突** (Conflict in Authority and Control)

因為全體合夥人皆可從事業務管理工作，除了「無言緘默合夥」及「隱名合夥」(Silent Partner and Sleeping Partner) 情況外，並各負一部分專門性責任，缺乏一個最高的集權領導者，以致同等地位的合夥人經常會互不相讓，任由意見衝突而無法快速裁決，影響效率，抵銷管理多角化及專門化之好處。

4. **難於撤退投資** (Difficulty in Withdrawing Investment)

合夥事業之形成甚為簡單，但其撤退則不容易，除非全體合夥人皆同意其中一人撤退，並找到合適之代位者。撤退投資的最佳代位人是原合夥人之一，否則就是其他第三者。若未能找到合適的代位者，則整個合夥事業必須解散並出售全部財產。通常被迫出售財產時，其市價必然甚低，對全體合夥人皆有所不利。

六、合夥人之種類(Types of Partners)

上述合夥事業之特質及優劣點係指「一般」或「普通」合夥 (General Partnership) 而言，一般合夥事業至少要有二個合夥人，其權責常相等，並負連帶無限清償責任，此為最常見之型態。

在一般合夥人之外，若有一個或一個以上合夥人只負有限清償責任，則後者稱為有限合夥人 (Limited Partner) 或特別合夥人 (Special Partners)，前者稱無限或一般合夥人 (Unlimited or General Partners)，並須使公共或第三者明白身分之區別，免致誤會。

「一般」合夥人本可參加管理工作，並應讓公眾瞭解其身分。但若有一合夥人只讓公眾瞭解其合夥身分，但卻不參與經營管理工作，則稱為「無言」或「緘默」合夥人 (Silent Partner)。若一合夥人參加管理工作，但未讓公眾明白其合夥身分，則稱為「祕密」合夥人 (Secret Partner)。若一合夥人既不參加管理工作，亦不讓公眾明白其合夥身分，則稱為「隱名」或「冬眠」合夥人 (Dormant or Sleeping Partner)。若某人對某一合夥事業無出資對利潤無分享權利，但其行為使人誤認為合夥人，因而導致負債後果並須真正負擔之，則稱為「名義」合夥人 (Nominal Partner)。請見表 5–5 合夥人之種種身分差別。

表 5–5　合夥人之種類

種　類	出　資	利潤身分	參加管理	名　稱
第一種	∨	∨	∨	一般合夥人 (General Partner)
第二種	∨	∨	×	無言合夥人 (Silent Partner)
第三種	∨	×	∨	祕密合夥人 (Secret Partner)
第四種	∨	×	×	隱名或冬眠合夥人 (Dormant or Sleeping Partner)
第五種	×	×	∨	名義合夥人 (Nominal Partner)

若兩個合夥人集資從事某一短期性或單幫性活動，各負連帶無限清償責任，但該活動告一段落，即行解散合夥契約者，我們稱之為短期「合資」。單幫性合資常流行於房地產之開發與買賣，建築工程，新事業之創辦，證券之承攬等等。「合資」也可從單幫性合資，演變為長期合夥、股份合夥、公司合夥（無限責任公司)，及股份有限公司合資等等複雜形式。

合股公司 (Joint Stock Company) 是指可非正式發行股票之合夥事業，或「半公司」(Quasi-Corporation)，意指合夥事業之資金可發行股票，並可自由流通買賣，但是誰買股票成為合夥人之後，就應負擔無限清償債務之責任，與一般合夥人相似。因為它可發行股票，所以像「公司」，因為它的所有權人負無限責任，所以像「合夥」，故稱為「合股公司」。合股公司之好處，在於容易籌資，但因有「無限責任」之缺點，所以只流行於十九世紀。到二十世紀時，則演變為有限責任「公司」組織型態。

七、「公司」型態之企業 (Company-Typed Business)

所謂「公司」係指二人以上所有權人，以營利為目的，依公司法組織登記、成立之營利法人。現代經濟之高度發展乃「公司」型態所有權之成果，而非「獨資」及「合夥」型態之成果，雖然後兩者之企業數目甚多。由德國人最早創造，並且流行到世界各國的「公司」型態，也是創造今日東西方物質文明（尤其美國、日本）許多「巨無霸」行業之主要工具。就經濟發展比較落後的中國大陸、中南半島、印度、巴基斯坦、印尼等等東方國家而言，今後大型企業之發展也是非靠公司型態之所有權集合體不可。二十一世紀後的歲月，因「世界貿易組織」(WTO) 所帶來全球市場的形成，以及各個「自由貿易區」(Free Trade Area) 的紛紛成立，這些跨越本土地區之市場都將是大型企業的天下，所以「公司」之繼續成長乃是必然趨勢。

公司型態特別適用萬千種產品的製造業、運輸業、公用事業、金融業及配銷業，譬如通用汽車 (GM)、福特汽車 (Ford Motor)、戴姆勒—克萊斯勒 (Daimler-Chrysler)、豐田汽車 (Toyota)、新力公司 (Sony)、可口可樂 (Coca-Cola)、通用食品 (General Food)、奇異電器 (General Electric)、IBM、3M、Siemens、Philips、聯合航空 (United Airlines)、美國電話電報 (AT&T)、美國商業銀行 (Bank of America)、花旗銀行 (CitiBank)、威名百貨 (Wal-Mart)、施樂百 (Sears, Roebuck)、艾克森美孚石油 (Exxon-Mobil)、英特爾 (Intel)、戴爾 (Dell)、微軟 (Microsoft) 等等就是代表。在我國，鴻海、台積電、聯電、台塑、南亞、裕隆、中華汽車、中華航空、長榮航空、遠東百貨、統一企業、大潤發流通、大同、國泰人壽、台灣水泥等等皆是公司型態之企業。

美國的「公司」約佔企業數目的 14%，但其銷貨值及所控制的財產值則約為全國的 84%。在寶島臺灣的中小企業佔企業數目 98% 以上，其中很多也是以公司型態存在，所以我國的情況雖無精確統計數字，但亦將有類似趨向。在同情及鼓勵小企業的社會裡，以公司型態出現的大企業，必須有其真正的優點，才能取得公眾及政府之允許。無疑地，從過去的表現來看，未來的公司型態之企業，在政府嚴密之監視下，將會以其低成本大量生產及新產品新方法之研究創新的優勢，繼續成長，並擴大其為社會所接受之力量。尤其當人民儲蓄 (People Savings) 及工人退休金 (Person Fund) 累積大量之後，必須尋求增值之出路，而「公司」型態之企業正可以股票、公司債、可轉換公司債等有價證券，來吸收人民儲蓄及退休金，把「股權」賣給人民及工人，擴大經營規模可利國、利民、利社會，一舉三得。

公司組織發明於十九世紀的德國，但自二十世紀以來，公司型態之企業開始在人類社會普及，人們對「它」則產生愛恨交加之感情。人們「怕」其勢力壯大及集中，「恨」其氾濫使用勢力，「懷疑」其操縱政治，也但「稱讚」其能完成別人無法完成之困難事件—豐富人生，安居樂業。好在美國政府有「反托辣斯」(Anti-Trust) 法案並嚴格執行，各國的「公平交易委員會」也紛紛成立，再加上新聞輿論之主持正義，「消費者權利保護主義」(Consumerism) 之興盛，所以目前之公司與大企業甚少膽敢肆意亂用其集中之勢力，為害社會及政治，對政黨政治之競爭，大公司經常保持中立，維持等距離關係，以免捲入政治起伏，為害企業生命。

公司型態之企業在發展之初，馬克斯主義 (Maxist Doctrine) 之輩在 1850 年代開始，就預測資本主義將造成社會貧富更加不平均之現象，即富人少，小康者居中，貧困者最多之「金字塔型」(Pyramid) 之所得分布。國父　孫中山先生當初（1830～1880 年）在美求學及考察時，亦獲得類似印象，所以在 1911 年推翻滿清政府建立民國後，他主張「限制私人資本，發達國家資本」，以避免金字塔所得不均之不良後果。不過經過二十世紀一百多年之企業管理思想及作法之改良演變及修正，目前美國公司型態企業愈來愈大也愈多，但是其股東也愈多愈分散，員工透過退休基金買股票，成為股東者 (Worker-Owner) 之現象更加普遍，所以最後所造成之所得分布型態為「鑽石型」(Diamond)，即上層富人及下層窮人皆很少，各居一端，中間為小康者，人數最多，亦即「中產階級為社會主力」，完全出乎馬克斯之輩的預料之外，因之西方自由企業社會未破產，而共產國家亦未成為天堂。寶島臺灣自 1949 年以來，大約走西方自由企業經濟制度之路，所以上層富人雖愈來愈多，但中層小康人家成長得更快，而下層貧窮人家雖尚存在，但其享受程度也比以前提高很多，並且人數大為縮減，此種所得分布變化皆與公司型態企業之流行有密切關係。

目前美國大公司的股票都公開上市，大多由七兆多美元的員工退休基金 (Pension Funds) 購買絕大部分。股票價格時有起伏是由退休基金所委託的「共同基金」(Mutual Funds) 經理人所操縱，換言之，退休基金的主人是廣大員工，大公司股票因退休基金購買，等於廣大員工就是美國大公司的主人，1875 年以來「員工股東」之共產主義理想 (Communism Ideal)，竟是在資本主義社會實現 (Capitalism Reality),

實非馬克斯之輩所能預料。

八、「公司」在管理上之優劣點(Advantages and Disadvantages of Company)

公司之成立必須依公司法規定，向主管機關申請登記，並獲得執照後方得成立。公司之投資人稱為股東 (Stockholders)，其人數因公司類型之不同而異，第一為「無限公司」(Unlimited Corporation)，必須有二人以上股東，並連帶負無限清償責任，與合夥組織很相似。第二為「有限公司」(Limited Corporation)，股東人數必須在二人以上二十人以下，各就股權比例之出資額負清償責任。第三為「股份有限公司」(Share Limited Corporation)，股東人數必須在七人以上，全部資本分為股份，股東各就所認股份所代表之股本，對公司債務負清償責任。股份有限公司之股本必須分為股份，印行股票，股票可記名，也可不記名。股份有限公司之股票可依證券交易法規定之條件在證券交易所、櫃臺買賣中心、興櫃買賣中心進行公開買賣。

一般而言，公司組織之所有權人為「股東」(Stockholders)；負責人為由股東會選出之「董事會」(Board of Directors) 及董事長 (Chairman of the Board of Directors)，「董事長」為法定對外代表人；其內部管理人員為由董事會任命之總裁「總經理」(President or General Manager)，及由總經理提名經董事會通過之「副總裁或副總經理」(Vice President or Deputy General Manager) 與各部門經理 (Department Managers)。「董事會」代表股東執行法律上及經營管理上之職責，向「股東大會」(Stockholders Meeting) 負責。而董事會，可將經營管理職權委託給「總裁」或「總經理」執行，但必須監督糾正之。所以從整體而言，「股東大會」是公司的最高權力機構，以所有權人身分選拔「董事會」及「監事會」(Board of Supervisors) 成員，監事會代表股東大會在日常監督及查核公司營業帳冊，以平衡董事會立法權。董事會再選拔總裁、總經理、副總裁、副總經理及各部門經理，各部門經理再選拔下級幹部課長、組長、班長以至營運作業員，依照公司政策、戰略、方案、組織結構、職責說明、核決權限、作業制度、及操作標準，合心協力，達成公司目標，爭取股東權益，保護股東股本及增加價值。

公司型企業又可依規模而出現「小型」公司、「中型」公司、「大型」公司、及「集團」公司與「控股」公司，但在法律權責及經營管理原理上都相似。

「公司」型態的企業與「獨資」、「合夥」兩型態，在成本、收入、利潤上有許多不同之處，其優點可摘要如下：

⑴籌資 (Financing)：容易籌得大量資金，有利大規模創業及中期擴充活動。至目前，「公司」型態（尤其股份有限公司）是籌措資金的最有效方法。

⑵責任 (Responsibility)：股東只負有限清償債務責任，所以萬一公司經營失敗，負債超過資產（俗稱「資不抵債」），各股東應負之虧損只限制在所認購之股權部分而已，其他個人資產則可安然無恙，因此提高大家冒險投資之勇氣。

⑶生存 (Survival)：企業可望長期生存，因公司是「法人」，與股東「自然人」資格脫離，所以股東之死亡，股權之移轉，皆不妨礙公司繼續生存及成長之機會。

⑷人才 (Talents)：容易吸收各種專精之管理及工程技術人才，此乃因公司型態之企業規模較大，資金較充裕所帶來之另一優點。

⑸細分 (Fragementation)：股權可以細分，容易吸引不同階層之社會人士前來投資，股權也容易移轉變現，同時也容易向更廣大人民募資促成大規模經營。公司資本規模雖大但所有權並不容易集中於少數數人股東手中，可以防止少數人剝削壟斷之或有弊病。

⑹移轉 (Transfer)：股權細分，容易移轉及變現，活潑社會資金之流通，導向資源有效運用之處所。此乃因股權以股票方式發行，單位金額細分，人人有能力購買，經由健全之證券交易系統，則可隨時購買或出售，不必將投資與經營管理兩件大事連鎖在一起，阻嚇大眾投資意願。

當然，「公司型態」之企業與「獨資」及「合夥」比較，有上述優點，但亦有下列缺點，值得注意：

⑴成立 (Establishment)：「公司」組織登記及核准所需之時間較長、成本較高。

⑵管制 (Regulation)：政府對「公司」之管制監督比對獨資，合夥為多，為嚴，尤其各種表報及租稅方面之手續性規定為然。

⑶責任心 (Responsibility-Mind)：投資者個人的興趣及激勵較少，因正式之公司經營，「所有權人」常與「經理人」身分分離，所有權人常是「缺席」(Absentee) 業主，而經理人是「薪資」(Paid) 員工。有時員工缺乏責任心及進取心，所有權人難以及時發覺及糾正，所冒虧損之風險較大。

⑷小股東 (Minor Stockholders)：缺乏有效方法保護少數股權之業主（即小股東）利益，因為公司的營運權力委之董事會，以投票決定目標、政策及戰略、方案紛爭，所以少數股權之股東永遠無機會表明自己的意願，只能聽從掌握之大股東及其僱用經理人之意願，而大股東及其雇用經理人又不一定完全秉公處理，盡到善良管理人之責任，所以小股東常變成「出資有分，說話無分」的資金捐助人。

⑸保密 (Secrecy)：不能保持營運盈虧祕密，因為每年股東大會，必須將全公司的要事報告出來，公司財務報表也要揭露所有重要資訊，讓所有股東瞭解，也因之讓競爭者有獲取重要情報的機會。

⑹繳稅 (Tax Payment)：雙重繳稅，當公司賺錢時，必須繳營利事業所得稅；而當公司利潤分配給股東個人時，又必須併入個人綜合所得稅申報表內，計算個人所得稅應繳額，顯然一個所得課徵兩次稅，比獨資或合夥事業不利，雖然政府已經實施二稅合併制度，但只在手續上做文章，對於稅賦負擔之減輕，並無實際效果，因政府一旦向人民收稅支用成為習慣後很難再從政府口中拿掉其既得利益。

九、三種類似「公司」之組織(Three Quasi Companies)

與營利事業之「公司」相類似的組織有許多種，第一種為慈善性、教育性、研究性、及宗教性的「財團法人」，俗稱「非營利基金會」(Nonprofit Foundation) 或「非營利組織」(Nonprofit Organization, NPO) 即屬此類機構。財團法人不以追求利潤捐助人（類似股東）為最高目的。同時其資本（基金）不分成股份，也不能移轉買賣；其來源為「捐贈」，而非「投資」。其年度結算盈餘不能分配給原捐贈人，只能再投入原基金內，供下年度營運之用。

第二種類似之組織為政府投資之公有事業，若依公司法組成，則稱「公有」公司，具有營利法人資格，與「民有」公司一樣，可行使特定之權力與義務；若不依公司法組成，則稱「某某事業管理局」或「管理處」，成為政府機關的一分子，不具法人資格。1980 年代臺灣具有公司資格之國營事業機構如台電、中油、中鋼、中船、台肥、台糖、中化、中臺、中磷、台機、臺鹽、台金、中工等經濟部管轄之國營事業，到 2003 年經過民營化及裁撤後，只剩台電、中油、台糖、中船、台肥。1980 年代在臺灣無公司法人資格之國營機構，如中央信託局、郵政總局、電信總局、糧食局、物資局、鐵路局、公路局、臺北市公車處、臺北市自來水事業處（臺灣省自來水公司則有法人資格），到 2003 年，只剩下中央信託局、鐵路局、臺北市自來水事業處。雖然在法律規定上，公司型態之公有事業，可由其董事會做營運決策之最終裁決，但是實際作法則「不按牌理出牌」，以「國營事業管理法」為媒介，將所有公有事業與行政機構之管理等量齊觀，其是否具有「法人」資格已非重要條件，世界各國，包括中國大陸及臺灣地區之公有事業經營，皆難以發揮有效管理之潛力，所謂天下烏鴉一般黑，非獨臺灣或中國大陸之公有事業無效而已。

第三種類似之組織為「合作社」(Cooperatives)，譬如消費合作社、產銷合作社、信用合作社、學校之師生消費合作社等等，皆類似公司組織，但並不完全相同。第一個不同，是每位社員都只有一分投票權，不論他在實際上認購多少股份。第二個不同，是合作社賣給社員的物品或勞務價格，不包括毛利在內（指產銷合作社而言），但是每年結算之盈餘，則依社員投資之股份比例分配。第三個不同，是合作社業務可免除部分租稅（視各地情況而異）。

其他互助基金 (Mutual Fund) 及合會儲蓄 (Saving and Loan) 組織亦類似公司，但並不盡相同。目前軍公教福利社亦是一種類似公司，但又不像公司之消費合作社，對軍公教人員（有如社員）提供廉價物品，但其結算盈餘不依社員投資比例分配，因社員根本未認股所致。

第六節　公司所有權之治理(Governance of Corporate Ownership)

企業管理初興之時，美國泰勒 (F. Taylor) 先生等以提高工廠基層作業員工生產力 (Worker Productivity) 為重心，未及於公司最高權力統治機構，如股東會 (Stockholder Meeting) 及董事會之管理問題。後來法國費堯 (Fayor) 先生從公司高層部門分工專門化及協調合作化，來提高公司的效率，也未提及股東會及董事會的合理化，一直到公司資本公開市場化，股票證券自由交易化的二十世紀末年，發生股票地雷化，公司資金被董事長及董事、總經理掏空之連串事件後，政府證券期貨監理機構及管理專家、會計專家、法律專家、證券專家開始重視公司高層所有權人代表機構（即股東會與董監事會）的治理問題。本來小公司的股東會或大公司的董監事會，都是在監督糾正總裁或總經理及以下經理人員的最高統治主體，他們如同一個國家的最高統治階層，如總統、國會、行政院長或總理、首相等。現在連最高統治主體本身都發生「監守自盜」，要被別人（在野的股東）來「治理」，來監督糾正，顯示社會道德人心腐壞之嚴重，和投機取巧技術之高明。

所以現時代談「企業管理」要分兩階段，第一階段為對公司「所有權」之代表機構，如股東會、董事會等高層統治階級之管理，稱之為「公司治理」(Corporate Governance)，俗稱「公司外部管理」。「公司治理」通常不涉及專業經理人員之專業技能、人性技能及決策技能，而是涉及董事會、董事長、總裁、總經理遵守政府法規及會計、審計原則之誠信能力及公開透明揭露度，用以取信社會大眾投資人，包括國際投資人及國內投資人。好的「公司治理」要做到什麼程度才能取信 (To be

Trusted) 於社會大眾投資人呢？第一、要能保障股東權益（即保本增值），第二、要能強化董事會職能（即立法企劃決策之品質），第三、要能發揮監察人功能（即監督稽核追蹤考核之品質），第四、尊重投資人及利害關係人權益（即不可掏空、背信、欺騙），第五、提升資訊透明度（即正派作帳、揭露重要資訊）。這五個條件也就是政府對「公司治理」的核心要求。

第二階段為對公司「管理權」之運作管理，俗稱公司「內部管理」，指總裁、總經理、副總裁、副總經理等高階主管之「策略管理」(Strategic Management)；部門經理、課長等中階主管之「控制管理」(Control Management)；組長、班長等基層主管之「作業管理」(Operations Management)；以及基層作業人員之「標準管理」(Standard Management) 等四層管理活動。公司內部運作管理為傳統「企業管理」所重視之範圍，以培養具有現代化專業知識（即「良知」），有行動執行能力（即「良能」），以及有專業道德良心（即「良心」）之「三良」「專業經理」人員 (Professional Managers) 為主要核心。一個公司的內部管理要好，依賴兩大支柱，第一是良好的「專業經理人員」，第二是良好的「管理作業制度」。「專業經理人員」是由一般「技術人員」(Technicians) 加上「管理知識」(Management Knowledge) 訓練而得，而「管理作業制度」(Management Systems) 是將公司運作的制度，經過書面化、合理化及電腦化，作為例行管理方法的依據。所以本書第二篇之各章節要逐一介紹管理知識之起源及現代化進度，供人才培育及制度設計的參考。

所謂「企業管理」好或有效，是指公司「所有權」管理好（即「公司治理」好）及「管理權」運作好。亦即從董事會好起，到總裁、總經理好，副總裁、副總經理好，各部經理好，各課課長好，各組長、班長好，以至每一個作業員工都好。從上到下都好，從外到內都好，才算「企業管理」好，能使「顧客滿意」並能賺到「合理利潤」。

第二篇 管理知識之演進及管理思想派別

(Evolution of Management Knowledge and Schools of Management Thoughts)

第六章　管理知識之範圍

(Scope of Management Knowledge)

管理知識的蓬勃發展和廣泛應用，是一百二十五年來人類社會進步的最大貢獻者，美國首受其利，德國和日本次之，其他西歐國家又次之，遠東國家再次之。至今二十一世紀開始，南美、東歐、西亞也正急起直追。有管理知識，一群人工作起來，就像一塊有力的鋼筋水泥三合土。沒有管理知識，一群人工作起來，就像一盤散沙，風吹沙散，一點力量也沒有。

第一節　管理與齊家治國平天下之道 (Management and Family-State-Country Governance)

一、廣義管理科學範圍 (Scope of Broad Management Science)

所謂「管理」是泛指主管人員設法經由他人 (Subordinates) 之力量（包括腦力及體力），來完成工作目標 (Objectives) 之系列性活動 (Series of Activities)。此系列性活動包括計劃 (Planning)、組織 (Organizing)、用人 (Staffing)、指導 (Directing) 及控制 (Controlling)。所以也有人說「管理」是促使一個人成為「成功主管人員」(Successful Manager) 的精緻藝術 (Sophisticated Arts)，包括系統性的管理觀念 (Concepts)、原則 (Principles)、技巧 (Skills) 及因時、因地、因人、因事、因物而異而制宜的決策智慧 (Decision-Making Wisdom)。此即我們今日所通稱的廣義「管理科學」，而非僅指數量分析性之技巧 (Quantitative Techniques) 理論所稱之狹義「管理科學」。人們學習廣義的管理科學，對將來實際從事企業行銷、生產、研究發展、人事、財務、會計、採購、資訊等等活動助益甚大，因為他們將比一般人具有更系統化 (Systems)、更機動化 (Dynamic)、及更切合實際環境 (Realistic) 之思考決策能力。人們若只學習狹義的數量分析技巧，將來必會發現失去廣大可以應用管理知識之「市場」，限制自己於有限的領域裡而「懷才不遇」、「憤世嫉俗」，無助於事業經營的績效。所以我們在討論管理知識的演進時，亦應從廣義著手，包括各學派的主張，並將之融合於「系統管理」(Systems Management) 的大框架之內。

二、齊家治國平天下之團隊努力範圍 (Team Power for Family-State-Country)

一個人是否已經擁有現代化管理知識，可以問他是否能說出如何促使廣大部屬同心協力，朝向目標努力，來考驗他。相信絕大部分的人都不能完滿回答，「經由他人力量來完成目標」(Getting things done through other people)，雖是一句簡單的話，但卻是幾千年來英雄、豪傑、帝王、政治家、學者、宗教家等等所追求並力行的崇高使命。現在我們已經進步到把這些所謂偉大人物的努力結晶，應用到企業經營之上。

中國古代求學問之道以學儒、釋（佛）、道、法、墨、及諸子百家之經典思想為基礎。其中儒家又以四書：《論語》、《大學》、《中庸》、《孟子》為代表。孔子學生曾參（曾子）的讀書報告，名叫《大學》，有一套教人求學為人處世之系統步驟，為：⑴格物、⑵致知、⑶誠意、⑷正心、⑸修身、⑹齊家、⑺治國、⑻平天下。

從「格物」到「修身」的五個步驟屬於「個人」(Individual) 努力的「技術知識」範圍；但從「齊家」到「平天下」的三個步驟，則屬「團體」(Team) 努力的「管理知識」範圍，請見示意圖。在我國古文化遺產裡，有很多講究個人努力的教訓，但缺乏講究團體努力之教導。至今有人譏笑中國人最不知道「合作」(Cooperation) 之道理，也不會「合作」，所以「一盤散沙」之稱謂以中國人為最佳形容對象，值得我們學習管理知識時之反省改進。

個人修煉（技術）

1 格物→ 2 致知→ 3 誠意→ 4 正心→ 5 修身

↓

團隊修煉（管理）

6 齊家 → 7 治國 → 8 平天下
（中小企業）（大型企業）（集團企業）

圖 6–1　曾子八目示意圖

在前面已經提過「管理」(Management) 是鋼筋混凝土中的「水泥」(Cement)，代表「凝聚力」，專門把眾多資源團結在一起的力量，也就是集合五代同堂之「家」（約 500 人），集合一省州人民之「國」，及集合中原九州之「天下」的力量。

三、管理知識紛紜但趨於系統 (A System of Management Knowledge)

講求發揮團體力量，以達成目標的管理知識派別紛紜，各有所長，所以曾被譏為「管理叢林」(Management Jungle)，意指叢林內之樹林眾多，種類亦雜，各自發展，順序不一，成為亂七八糟之局面。不過各種派別的學說發展到今日，已經趨向歸併於廣義「管理科學」之系統內，亦即各種學說皆可在「管理機能」及「企業機能」所形成之「管理矩陣」(Management Matrix) 內找到應用地位，見第一章圖 1–5 管理科學矩陣圖。

若從人類知識創「哲學」(Philosophy) 一詞來研究管理知識之演進，則可用圖 6–2 來表示。

1. 哲學 (Philosophy)：人類對宇宙 (Universe) 萬物之知識，包括天文、地理、人、鬼、神、動物、植物、礦物等等。

↓

2. 經濟學及管理經濟學 (Economics and Managerial Economics)：有關人類生活所需之物質生產、配銷、消費、價格、價值、競爭、貨幣、利率、匯率、成本、利潤等等。

↓

3. 會計學及管理會計學 (Accounting and Managerial Accounting)：有關物品及勞務買賣、收入、加工成本、銷售、管理、財務費用、利潤、資產、債權、債務之價值等等。

↓

4.科學管理及工廠管理、工業工程、工業管理、生產管理、作業管理、專案計畫管理 (Scientific Management and Factory Management, Industrial Engineering, Industrial Management, Production-Manufacturing-Operations Management, Project Management)。

↓

5.管理原則及管理程序、正式組織、企劃預算控制、領導統御、目標管理 (Management Principles, Management Process, Formal Organization, Planning-Programming-Budgeting, Leading and Commanding, Management by Objectives)。

↓

6.人群關係、行為科學 (Human Relations, Behavioral Sciences)。

↓

7.數量方法：統計學、作業研究、狹義管理科學、多變數分析 (Quantitative Methods: Statistics, Operations Research, Narrow Management Sciences, Multivariate Analysis)。

↓

8.決策過程：決策理論、決策樹、決策矩陣 (Decision-Making Process: Decision Theory, Decision-Tree, Decision-Matrix)。

↓

9.電子資料處理、自動化控制、網際網路、電腦化供應鏈管理、電腦化企業資源規劃管理、電腦化顧客關係管理、自動倉儲管理 (EDP — Electronic Data Processing, Cybernatic Control, Internet, SCM — Supply Chain Management, ERP — Enterprise Resources Planning, CRM — Customer Relationship Management, Automatic Warehousing)。

↓

10.系統方法：系統哲學、系統管理、系統分析、系統工程 (Systems Approach: Systems Philosophy, Systems Management, Systems Analysis, Systems Engineering)。

↓

11.廣義管理科學：企業功能、管理功能、決策、協調、資源應用 (Broad Management Science: Business Functions, Management Functions, Decision-Making, Coordination, Resources Utilization)。

圖 6–2　管理知識演進順序圖

第二節　廣義管理科學之系統知識 (Systems Knowledge in Broad Management Science)

一、五種層次之「管理科學」定義 (Five-Level Definitions of Management Science)

各派管理學說之內容將於第七、八、九章分別介紹，但為便於瞭解，先在此將現代管理知識所彙集之系統陳列出來，如表 6–1 所示。

表 6–1　廣義管理科學之系統知識

<table>
<tr><td rowspan="14">廣義之管理科學（泛指決策於「管理系統」與「企業系統」之間的學識）
系統管理 (Systems Management)</td><td rowspan="5">非數量方法（與「組織」、「用人」、「指導」三管理功能較有關係）</td><td>管理原則 (Management Principles)；管理思想、系統哲學、系統觀念</td></tr>
<tr><td>正式組織 (Formal Organization)；組織設計、扁平組織、責任與授權、組織發展、任務小組</td></tr>
<tr><td>人群關係 (Human Relation)；組織行為、團隊行為、溝通、激勵、領導風格</td></tr>
<tr><td>行為科學 (Behavioral Science)；個人行為、個人發展、溝通、激勵</td></tr>
<tr><td>企業機能及系統 (Business Functions and Systems)；行銷、生產、研究發展、人事、財務會計、資訊、採購（外包）</td></tr>
<tr><td rowspan="9">數量方法狹義之「管理科學」（與「計劃」、「控制」二管理機能較有關係）</td><td>科學管理 (Scientific Management)；工業工程、工廠管理、作業管理</td></tr>
<tr><td>管理經濟學 (Managerial Economics)；總體經濟、國際經濟、國際貿易、國際企業</td></tr>
<tr><td>管理會計學 (Management Accounting)；財務會計、稅務會計、成本會計、審計、人性會計、經濟活動力會計</td></tr>
<tr><td>統計學 (Statistics)；品質管理、存貨管理</td></tr>
<tr><td>決策理論 (Decision Theory)；策略規劃、目標管理、全球化、多角化、縮小化</td></tr>
<tr><td>作業研究 (Operations Research)；數量分析、策略規劃、目標管理</td></tr>
<tr><td>系統分析 (Systems Analysis)；系統工程、系統管理、顧客價值鏈、核心特長</td></tr>
<tr><td>電子資料處理 (Electronic Data Processing)；網際網路、SCM、ERP、CRM、EDI、工廠及辦公室自動化</td></tr>
<tr><td>管理情報系統 (Management Information Systems)</td></tr>
</table>

從表 6–1 可以看出,「管理科學」一語有許多層意思。第一、最廣的定義是指「所有與經營管理一個組織體(不論其為營利事業或非營利事業)有關的系統知識」。這些知識包括「數量性」方法 (Quantitative Methods) 及非數量性方法 (Non-Quantitative Methods) 之思想 (Thoughts)、觀念 (Concepts)、原則 (Principles)、步驟 (Process) 及技巧 (Skills, Techniques)。廣義的「管理科學」是用來區別於通常所稱的「自然科學」(Natural Science)、「應用科學」(Applied Science)、及「社會科學」(Social Science),使有關管理的學術有一個自己的特性及門戶 (Discipline)。為了傳播廣義管理科學的知識,美國及很多國家大學的研究所已有從「商業研究所」(Graduate School of Commerce) 改為「企業管理研究所」(Graduate School of Business Administration),以適用於農、工、商企業之經營管理;並再進而改為「管理研究所」(Graduate School of Management),以適用於企業、工程、醫院、教育、行政、國防、慈善等等業務管理之趨勢,如臺灣大學管理學院、淡江大學管理學院之 MBA 研究所。使「管理」成為運用資源以開創績效之有力而廣泛之工具性知識。人人自幼應學自然科學、人文科學、社會科學、工程學,也應該學管理科學。越早學習管理知識的人,越有成為「主管」人員,成為「領袖」(Leader) 之希望。

第二、較狹義的「管理科學」是指「一切數量性的工具」,或稱「數量性管理」技術 (Management Techniques)。以下我們會指出一些這方面的技術名稱,以供大家明白到底什麼東西是管理技術。

第三、再狹義的「管理科學」是指早期的「作業研究」(Operations Research)。作業研究是指應用團隊方式(包括不同科系專家),研究解決經營或軍事作業上困難問題的方法,其所包括的數量性方法(如線型規劃、非線型規劃、動態規劃、等候理論、競賽理論等等)在開始初期,並不包括一般管理、經濟學、會計學、管理會計學,甚至普通統計學的工具及科學管理的工具(如動作時間研究)也未包括在內。

第四、更狹義的「管理科學」是指十九世紀末二十世紀初期,泰勒先生 (F. Taylor) 等所創的「科學管理」。吾人須知早期「科學管理」之重心是在於工廠生產效率的提高,而不在於行銷、財務、人事、研究發展等企業機能方面,所以對現代大企業而言,其應用範圍較小,但對小企業及工廠生產作業效率之提高而言,其應用性還是很大。尤其中國大陸的許許多多國營事業要改革,在生產加工方面,最需要從頭開始的「科學管理」。

第五、最最狹義的「管理科學」可追溯到「會計學」(Accounting)、「統計學」(Statistics),甚至於「經濟學」(Economics),因為這些學識皆比最早之哲學有系統及有數量觀念，更合乎「科學」的定義。經濟學為「經國濟世」之學，亞當・斯密 (Adam Smith) 稱它為「國富論」，意指它是可以使國家富強起來之哲學；在我國古時，亦稱經國濟世之學為「厚生學」，意指此種比一般哲學更有條理系統之學，是可以使人民物質生活豐厚。寶島臺灣政府在行政院下設置「經濟部」，中國大陸在國務院下設經濟貿易委員會，日本政府設立通產省，具有相同意義。一國之經濟活動仍由農、工、商，萬千百種企業所構成，所以講求企業管理者，亦須熟悉經濟學；更進而言之，經濟學、會計學、統計學乃是企業管理碩士 (MBA) 必修之學問。

上述數種層次不同，定義範圍各異的「科學管理」有二個共同之處，第一為系統性 (Systems)，第二為客觀性 (Objectivity)。要系統化必須把「零碎、局部、部分」(Parts or Components) 綜合成有條理之「整體」(Wholeness)；要客觀化必須力求數量化。所以儘管上述五種定義範圍大小不同，但是朝向系統性及客觀性（或數量性）之理想及努力是相同的，這也就是為何要把這門管理學術稱為「管理科學」之原因。

二、管理技術點將錄 (List of Management Techniques)

上面曾提及狹義「管理科學」是指一切數量性管理技術，為了先讓大家有一概念，所以先將比較常見之技術名稱點出來，至於其詳細個別內容，則可在各別學門的專書內找到：

1. 「科學管理」(Scientific Management) 所提供之主要管理技術可分為：

⑴工作改善 (Work Improvement)：動作研究 (Motion Study)。

⑵工作衡量 (Work Measurement)：時間研究 (Time Study)。

⑶程序分析 (Process Analysis)。

⑷工廠布置 (Plant Layout)。

⑸原物料處理 (Material Handling)；原物料需求計劃 (Material Requirement Planning, MRP-I)；製造資源計劃 (Manufacturing Resources Planning, MRP-II)；企業資源規劃 (Enterprise Resources Planning, ERP)。

⑹獎工制度 (Wage and Incentive System)。

⑺生產計劃與控制 (Production Planning and Control)；專案計畫管理 (Project Management)；要徑網狀法 (Critical Path Method, CPM)；專案計畫評核術 (Project Evaluation and Review Technique, PERT)。

⑻存貨控制 (Inventory Control) 與物料管理 (Material Management)。

⑼品質管制 (Quality Control, QC)：傳統品管；統計品管 (Statistical Quality Control, SQC)；全面品管 (Total Quality Control, TQC)；品管圈 (Quality Control Circle, QCC)；無缺點計劃 (Zero-Defect, ZD)；總體品質管理 (Total Quality Management, TQM)，國際標準組織 ISO 9000 系列；6 標準差法 (6-Sigma)。

⑽品質保證 (Quality Assurance, QA)。

2.「管理經濟學」(Managerial Economics) 所提供之主要管理技術可分為：

⑴成本分析 (Cost Analysis) 及成本觀念 (Cost Concepts)。

⑵邊際分析 (Marginal Analysis) 及增量分析 (Incremental Analysis)。

⑶資本支出預算分析 (Capital Budgeting Analysis)。

⑷可行性研究分析 (Feasibility Study Analysis)。

3.「管理會計」(Managerial Accounting) 所提供之主要管理技術可分為：

⑴診斷性分析技術 (Diagnosis Techniques)：包括各種財務報表之比率分析及趨勢分析 (Ratio Analysis and Trend Analysis)。

⑵計劃性分析 (Planning Techniques)：包括各種預算法 (Budgeting) 及「自製一外包」分析法 (Make or Buy Analysis)；彈性預算法 (Flexible Budgeting)；零基預算法 (Zero-Base Budgeting)。

⑶控制性分析技術 (Controlling Techniques)：包括各種成本計算法 (Costing Methods) 及預算控制差異分析法 (Variance Analysis)。

4.「統計學」(Statistics) 所提供之主要管理技術可分為：

⑴各種平均數與標準差計算方法及推測 (Mean and Variance Estimates)。

⑵假設檢定 (Hypothesis Testings)。

⑶抽樣技術 (Sampling Techniques)。

⑷統計品管 (Statistical Quality Control)。

⑸統計存貨模式 (Statistical Inventory Model)。

⑹決策樹模式 (Decision-Tree Model)。

⑺統計決策理論及報償矩陣模式 (Statistical Decision Theory and Payoff Matrix)。

⑻貝式統計模式 (Bayesian Statistical Model)。

⑼簡單迴歸及相關分析 (Simple Regression-Correlation Analysis)。

⑽複迴歸及相關分析 (Multiple Regression-Correlation Analysis)。

⑾統計預測及指數平滑法 (Statistical Forecasting and Exponential Smoothing)。

5.「作業研究」(Operations Research) 所提供之主要技術可分為：

⑴線型規劃 (Linear Programming)。

⑵非線型及動態規劃 (Non-Linear and Dynamic Programming)。

⑶等候原理 (Quening Theory)。

⑷競賽原理 (Game Theory)。

⑸模擬原理及蒙特卡羅 (Simulation Theory and Monte Carlo)。

⑹工業動態模擬 (Industrial Dynamics)。

⑺專案計畫評核術及要徑網狀法 (Project Evaluation and Review Technique or PERT/Time PERT/Cost; and Critical Path Method or CPM)。

⑻多元非計量尺度分析法 (Multi-Dimension and Non-Metric Scaling Methods)。

⑼平衡線 (Line of Balance)。

⑽學習曲線 (Learning Curve)。

6. 電子資料處理技術 (Electronic Data Processing, EDP)；電腦輔助設計 (Computer-Aided Design, CAD)；電腦輔助製造 (Computer-Aided Manufacturing, CAM)；自動倉儲 (Automatic Warehousing)；彈性製造系統 (Flexible Manufacturing System, FMS)

7. 電子計算機與系統企劃分析之聯合應用 (Computer and Systems Planning and Analysis)；決策支援系統 (Decision Supporting Systems，DDS)

8. 電子計算機與管理情報（資訊）系統之聯合應用 (Computer Based Management Information Systems)；工廠自動化 (Factory Automation)；辦公室自動化 (Office Automation)

9. 電訊與電腦合一提供之技術 (Computer-Communication-Combination Based Techniques)

⑴國際網際網路 (Computer-Communication-Combination Based World Wide Web Internet)。

⑵電子信箱 (E-Mail)。

⑶電子資料交換 (Electronic Data Interchange, EDI)。

⑷網際網路供應鏈管理系統 (Supply Chain Management, SCM; Extranet)。

⑸企業內多門部多工廠資源管理作業電腦化系統 (Enterprise Resource Planning, ERP; Intranet)。

⑹網際網路顧客關係管理系統 (Customer Relations Management, CRM; Extranet)。

⑺寬頻無線網路手機電腦連線技術 (Wireless Broadband Mobile Computer Connection)。

⑻國際電話視訊會議技術 (International Vision Conference)。

⑼遠距視訊教學互動技術 (Long-Distance Interactive Vision Teaching Technique)。

⑽資料庫開礦術 (Data Mining)。

⑾資料庫行銷術 (Data-Base Marketing)。

第七章 中國古管理知識與西方早期管理知識發展
(Development of China's Old Management Knowledge and Western Early Management Knowledge)

管理是發揮「群力」，達致「目標」的將帥術及帝王術。「將帥」(General and Commander) 有「軍事將帥」，也有「企業將帥」；「帝王」(King and Emperor) 有「政治帝王」，也有「企業帝王」。軍事將帥及政治帝王的活動勢力範圍在一國領土內，而企業將帥及企業帝王卻可以馳騁於國際間全球疆土，活動勢力範圍廣闊許多。中國是文化古國，有五千年歷史，朝代將近三十個，累積許多政治管理之智慧，可供企業人士應用。若能將中國政治管理加上西方（美國為主）之企業管理，將可創造出第三種新管理文化，正如把中藥加上西藥，可以治療許多絕症的功效一樣。

依照美國管理學術界的進步過程，大約可以三個人的著作及影響力作為劃分時代的標準。在 1930 年之前為早期，以泰勒為代表，是工廠「機械化管理」(Mechanic-Side of Management) 思想時代。在 1930 至 1947 年為中期，以梅友為代表，是工廠「人性化管理」(Human-Side of Management) 思想時代。在 1947 年以後為近期，以賽蒙 (Herbert Simon) 為代表，是「決策及戰略管理」(Decision-Making and Strategic Management) 時代。此種大約性之分類僅為方便介紹起見，並非說這三期時間內沒有其他重要的管理思想家，或中期之後早期的思想就停止發展，或近期以後其他兩期之思想就失去地位。尤其中期至今已過五十多年，其間多角化 (Diversification)、國際化 (Internationalization)、全球化 (Globalization)、競爭化 (Competition)、簡縮化 (Down-Sizing)、電子化 (e-Business)、知識經濟 (Knowledge Economy) 等等戰略思想，更是風起雲湧。

事實上，自有人類以來，幾乎所有的統治者及學問家，皆在累積齊家、治國、平天下「外王」（以與格物、致知、誠意、正心、修身之「內聖」功夫相對稱）的管理知識，同時經營管理知識之能應用於實業界，完全是綜合人類所有知識累積結晶之選擇應用，而非全盤換新之作用。管理思想知識之是否有效應用，不在於那一個時代，那一個人說得對或錯，而是在那一個環境，那一個行業 (Industry)，那一個機構 (Institution)，那一個工作種類 (Job)，那一個工作人員 (Person) 的特性為何？應採取因時、因地、因人、因事、因物等「五因」之情境，而選擇採用那一個古時或現時的管理思想知識，此乃「情境理論」(Situational Theory) 之大觀念也。所以沒有「美國式」管理、「日本式」管理、「臺灣式」管理或「中國式」管理、「英國式」管理或「德國式」管理比較好或比較壞之辯論存在，而只有什麼時代、什麼環境、什麼人、什麼行業、什麼事項、用什麼管理思想、觀念、原則、技巧，比較有效或無效之選擇而已。

第一節　古中國之管理思想 (Old Chinese Management Thoughts)

一、結合群力之舉 (Management Is Team Efforts)

管理活動之要義為「設法經由他人的力量以完成工作目標」，所以也可以用「結合群力，達取目標」（見民國 67 年 12 月 10 日中華民國管理科學學會年會嚴前總統家淦先生專題演講）來表示。凡是想經由部屬腦力及體力來完成公目標、私目標及社會目標的任何領袖人物，都會也都應該講求激勵他人，發揮潛力的方法。所以推溯往昔，歷史上的文明古國，先聖先賢都有著作名言，記載當時之管理思想及活動。

在西方，數千年前的 Sumerians（閃馬利族人），Babylonians（巴比倫族人），希臘、羅馬、埃及等等古國皆有過有效管理的方法，所以能在歷史上留下名聲。到目前為止，最早及最大的世界性組織，羅馬梵蒂岡天主教廷 (Roman Catholic Church)，依然發揮巨大的影響力，就是得力於其嚴密、有系統、有權威、有激勵、有計劃及控制的管理方法，方能管理世界各地的教會及教職人員，成為一個無疆界的精神帝國，比任何一個政治帝國或政府都有力量。

二、中國為政之道 (The Ways of Governing in China)

在中國，講求「為政」（即管理眾人）之道的古籍甚為豐富，至今成為中華傳統文化之主流。我國先賢教訓我們「為政在仁」，所以帝王應該採行「人民為主」(People-Orientation) 之導向哲學，此即現代管理所稱之「市場導向」(Market-Orientation) 或「顧客導向」(Customer-Orientation) 的哲學，所以有「民為重、社稷次之、君為輕」；「天視自我民視，天聽自我民聽」；「大學之道，在明明德，在親民，在止於至善」等等之教訓，一切應以人民之好惡為君主好惡之導向，以人民之切膚目標為君主之目標（即人民之「道」和君主之「道」相同）方能確保國家富強康樂。

古代中國的「為政」也在於「求新」，求改進「變化」(Improvement Changes)，此即現代管理所稱之「管理革新」、「行政革新」、「技術創新」、「新產品開發」、「新市場開拓」、「新制度建立」，所以商鼎有「苟日新、日日新、又日新」之教訓。

古代中國的「為政」也講求謀略計劃，此即現代管理所稱之「情報資訊研究」(Information Research)、「長期策略規劃」(Strategic Planning)、「短期年度方案規劃」(Annual Action Program Planning)、經費預算 (Budgeting)，及時程安排 (Scheduling)（此五步驟合稱 IPPBS），所以《孫子兵法》講求「上兵伐謀，其次伐交，其次伐兵，其下攻城」；「攻心為上，攻城為下」；「不戰而屈人之兵」；「兵貴拙速，不在巧拙」；「兵無常勢，水無常形」；「以曲為直」；「兵不血刃」；「兵不厭詐」；「出奇制勝」等等戰略。

賢明帝王的治國平天下之道（如唐朝太宗李世民）為「定大計、設制度、明用人、勤指導、嚴賞罰」，此即現代管理所稱之計劃、組織、用人、指導、控制五功能步驟。

古代文明國家講求「君國統治，人民納稅」，不講求開創企業活絡經濟，提高人民生活水準，所以為政之道雖多，都未成系統學問，並且大多屬於「組織」、「用人」、「謀略策劃」及「統御領導」等四方面，但對學習成為企業將帥的人而言，已經很有啟發作用，本節特別整理摘錄供大家參考。

三、管仲的管理思想

管仲是春秋時代安徽潁上人，比孔子早生百年，交友鮑叔牙甚篤，世稱「管鮑之交」，比喻友情深厚的「友道」。在公子糾（管仲之舊主）與公子小白（鮑叔牙之主人）互爭齊國君主繼承之役中，公子糾失敗，但鮑叔牙退讓，推薦管仲當齊桓公（小白）之相，助齊桓公「九會諸侯，一匡天下」，稱霸於西周春秋，安定社會四十年，甚受孔夫子敬佩。管仲思想集成《管子》一書。管仲思想為道家，亦為法家。其著名管理思想有：

1. 四維與邦思想

「禮義廉恥，國之四維，四維不張，國乃滅亡」。指國家社會建設要注重「禮、義、廉、恥」四大文化原則，對無禮、無義、無廉、無恥之人，不可選用為單位主管。

2. 人才培養陶鑄思想

「一年之計莫如樹穀，十年之計莫如樹木，百年之計莫如樹人」。指培養上等好人才是主管人員的大職責，要長期計劃及執行不懈。

3. 民富國強思想

「國多財，地闢舉，倉廩實則知禮節（國強），衣食足則知榮辱（民富）」。指當公司賺錢時，多給員工獎金、分紅、認股，對公司前途絕對有幫助。當員工物質生活，物質文明提高之後，精神文明才能提高，精神獎勵措施才有用途。

4. 法治命令任務思想

「下令如流水之原，使民（員工）於不爭之官，明必死之路，開必得之門。不為不可成，不求不可得，不處不可久，不行不可復」。指目標、任務、命令、規則、紀律等等制度之設定，事前必須做可行性分析 (Feasibility Analysis)，並且寬嚴適可而止，不可過猶不及。

四、老子管理思想

老子名叫李耳，據說他母親懷他八十一年之久，在他出生時，鬚髮皆白，所以叫他為「老」兒子。老子是西周春秋人，比孔子早生，孔子曾經遠從山東到河南洛陽去拜訪老子。老子是周朝的圖書館長，學問很好，據說晚年時他西度流沙，到西域去，在過函谷關時，因無關牒（護照），被關吏尹喜逼寫文章傳道以為交換，老子無法逃避，只好寫下五千字的文章，此文章就叫《老子》。到了唐玄宗時代，《老子》一書被尊為《道德經》，代表道家思想。《道德經》有八十一章（含有九九八十一之意），前三十七章為「道經」，最後四十四章為「德經」。「道」者，宇宙萬物運作之規範；「德」（得）者，人類運作之規範圍。「道經」為基本原理，「德經」為人類應用。

老子的思想以「重返大自然」為中心，所謂「人法地，地法天，天法道，道法自然」。而後來莊周寫《莊子》，孫武寫《孫子兵法》，都是用「自然」（非人為）法則。以下摘錄一些與管理有關的思想：

⑴「天下萬物生於『有』，『有』生於『無』」。指擁有「有」任何知識、名、利、財、勢之前，都是「無」。所以目前「無」，不必氣餒。

⑵「見素抱撲，少私寡欲，絕學無憂」。指為人樸素渾厚，降低私心貪慾，不學偷雞摸狗、貪贓枉法、暗箭傷人之邪術，就可以心安理得。

⑶「知人者『智』，自知者『明』，知足者『富』」。指知己、知人、知足都是認知個人行為及組織行為的要件。

⑷「治大國若烹小鮮。無欲為剛。輕諾必寡信」。指若用有效管理之原理技巧，

則管理大國家和管理小企業一樣得心應手。若無歪斜貪慾，則做決策時，可按照理智之成本效益分析而定，不必牽就人性世故之壓力。不經理智之系統分析，就隨便答應，開空頭支票以取悅他人，最後一定無法履行諾言兌現支票，先騙人再厚顏，非君子也。

⑸「禍莫大於不知足，咎莫大於欲得」。指貪得無厭之人不可選為幹部。

⑹「跂者不立，跨者不行」。指做事方法不可走極端，如只用單腳站立，跨過分的大步伐來走路，終究不會成功。

⑺「上善若水，水善利萬物而不爭，處眾人之所惡，故幾於道」。指為人有奉獻布施助人之精神，就像水，至柔，可利萬物，而不必爭功，能做眾人不喜歡做之事，才是上善之人，近乎宇宙萬物運作之典範。

⑻「我有三寶，持而保之：一曰慈，二曰儉，三曰不敢為天下先。慈，故能勇；儉，故能廣；不敢為天下光，故能成器長。今舍慈且勇，舍儉且廣，舍後且先，死矣」。意指做人，對上級，對平輩，對下級的最好方法就是「慈，儉，不敢為天下先（不爭奪名利）」，一定可以交得很多好朋友，「做人」一定成功，故名為「做人三寶」。

⑼「禍兮，福所倚；福兮，禍所依」。指世間禍福相隨，故不可「失意忘形」，亦不可「得意忘形」。人生「不如意事常八九，可對人言無二三；十有九輸天下事，有無一可意中人」（引用南懷瑾國學大師送筆者陳定國之語），所以「得官」有何特別歡樂，「失官」有何特別悲傷之處呢？

⑽「功成，名遂，身退，天之道」。指事功若成就，名聲若暢遂並上升，身若不謙虛，不適時退讓，則會因功高震主，災難必來矣。當鳥被打盡，弓就被藏起來；當兔子被打死，豬狗就被烹殺。

五、孔、曾、思、孟儒家的管理思想

儒家思想是中國歷代君王奉行的教育及施政思想。孔子名丘，字仲尼，是西周春秋時代魯國人，從陶君謨學。是歷史君王奉祀之「大成至聖先師」，其思想集為《論語》一書。曾參是孔子七十二位賢人子弟之一，做學習報告《大學》一書，人稱宗聖曾子。子思是孔子兒子孔鯉之子，是曾參的學生，做學習報告《中庸》一書。孟子，名軻，是子思的學生，其思想集為《孟子》一書，人稱「亞聖」，其成就僅次於「至聖」孔子。《論語》、《大學》、《中庸》及《孟子》是儒家代表作四書，闡釋「做人」及「做事」之學問，歷久不衰。日本經濟在 1970 及 1980 年代大興，蓋過美國。臺灣、香港、新加坡、南韓成為亞洲經濟發展四小龍。歐美人士皆將之歸為「新儒商」思想教育之功勞。

以下摘錄部分儒家的管理思想：

⑴「學而時習之，不亦說乎?」指「知」(學習、計劃) 與「行」(習作、執行、實踐) 兩者要合一，若真有成就，就會喜悅在心中。「知」識若日日實踐，久而久之，就成為「智」了。「知」與「智」之差別，就在日日的實踐功夫上。

⑵「巧言令色，鮮矣仁。」指無實質內容之言談，以及光做表面功夫以取悅他人之「窗飾」(Window Dressing) 行為，雖很伶俐、巧妙、好看，但都不會是有仁義道德的人，不要上當。

⑶「君子務本，本立而道生；孝弟也者，其為仁之本與!」指能「孝」能「弟」的年輕人才是公司要求的新血輪。「孝」與「弟」都是仁慈行為的根本要素；君子能孝、能弟，才能有根基，做人做事才會成功。

⑷「君子言忠信，行篤敬；誠於中，形於外；不誠無物；至誠如神」，指「忠、信、篤、敬、誠」是做人，做事成敗的要訣。一個主管人員，領袖人員若講話不忠、不信，行為不踏實、不敬業，就是一個不誠實的人，不夠資格當主管，當領袖。內心不誠信，就會顯露在外行上，不會被人信任，不會成就事務。反之，若內心誠信，做事容易成功，有如神助般得到別人相信及幫助。

⑸「德不孤，必有鄰。鄉愿，德之賊也。道聽而塗說，德之棄也。有德此有土，有土此有財，有財此有用。德者本也，財者末也。大德必得其位，必得其祿，必得其名，必得其壽，必受其命。」指企業領導人士，必須修德行德，才能獲取位、祿、名、壽、命之人生大目標。德是一切的根本，財、祿、名、位、壽都是修德行德所產生的後果而已，所以無德之人，雖可能暫時成功，但終必失敗。

⑹「子曰：參乎，吾道一以貫之，何謂也，曾子曰：夫子之道，忠恕而已矣。子貢問曰：有一言而可以終身行之者乎？子曰：其恕乎，己所不欲，勿施於人。盡人之性，而後可以盡物之性。小不忍，則亂大謀。」「恕」道特別有用於對待部下及對平輩，在領導統御及人事管理方面特別有助益。「忠恕」是設身處地之「同理心」。己所不欲，勿施於人。反之，己所欲，施於人。這些都是人性之本質，認識此種同理心，也充分發揮此種同理心，將來做起事來，一定得到「多助」，順利成功。

⑺「君子有三戒：少之時，血氣未定，戒之在色；及其壯也，血氣方剛，戒之在鬥；及其老也，血氣既衰，戒之在得。君子不重 (莊重得體) 則不威 (威信)。過，則勿憚改。」指低級，中級及高級幹部應有之修養。年輕低級幹部不可好色，年壯中級幹部不可好鬥，年老高級幹部不可好得 (貪財、貪位)。當中、高級幹部應該在言

談及行為上比當年輕低級幹部不一樣，要莊重得體，不可輕浮隨便。任何人，若做錯了，不要緊，不要怕認錯改錯，若創新而錯，改錯就可以了，公司才會因不怕錯，敢創新而進步。

⑻「仁者，己立立人，己達達人。博學而篤志，切問而近思（博學之，審問之，慎思之，明辨之，篤行之），仁在其中。仁者無敵。君子喻於義，小人喻於利。君使臣以禮，臣事君以忠。當仁不讓於師（眾）。不義而富貴於我如浮雲。」指仁、義對員工行為規範之重要性。仁慈指己立立人，己達達人，不排斥、不嫉妒別人。能夠「學、問、思、辨、行」五道功夫的人，自然會有仁慈之心。有仁慈之心的人，是不會有敵對之人。君子應重他利（義），不可只重私利。

⑼「學而不思則罔，思而不學則殆。」指好「學」還要「問、思、辨、行」，才不會浪費訓練發展之成本。

⑽「人無遠慮，必有近憂。」所以企業必須有長期策略計劃（稱策劃），否則會面臨被競爭者淘汰之憂患。

⑾「士不可以不弘毅，任重而道遠。」有知識之高階經理人員，必須要為公司設定遠大之使命、願景目標及策略，並堅持實踐，走再遠之路也要達成。

⑿「能行五者（恭、寬、信、敏、惠）於天下者，為仁矣。『恭』者不侮，『寬』者得眾，『信』則人任，『敏』則有功，『惠』則足以使人。」這是高階領導者的信條，也是能領導大眾完成目標的要訣。

⒀「大學之道，在明明德，在親民，在止於至善」，指大人、君子、高階主管學習做人做事之三大目標（三綱）是：明訂光明磊落遠大之目標，要親近人民顧客為他們的滿意而服務，要繼續努力追求，以達最佳的至善境界。明訂目標是企業策略的第一任務。

⒁「知止而后有定，定而后能靜，靜而后能安，安而后能慮，慮而后能得。物有本末，事有終始，知所先後，則近道矣。」指「止」、「定」、「靜」、「安」、「慮」、「得」是思考達成目標所需之策略手段的六步規劃功夫。

⒂「物格而后知至，知至而后意誠，意誠而后心正，心正而后身脩，身脩而后家齊，家齊而后國治，國治而后天下平。」「君子敏於事而慎於言（多做少說）。」指個人技術修煉（格物、致知、誠意、正心及脩身「五目」）及團隊管理技術修煉（齊家、治國、平天下「三目」）的功夫。「大學」之三綱、六道、八目是培養領袖人才的「內聖」及「外王」之術。

⒃「好學近乎智（知），力行近乎仁，知恥近乎勇。」指達到「智、仁、勇」三

達德之方法是「好學」、「力行」、及「知恥」。

⒄「天將降大任於斯人也，必先苦其心志，勞其筋骨，餓其體膚，空乏其身，行拂亂其所為；所以動心忍性，增益其所不能。」這是孟子指一個大丈夫有成就的人，都要經過「苦、勞、餓、空、亂」五種考驗過程。同時大丈夫也必須堅定意志，「富貴不能淫，貧賤不能移，威武不能屈」。

⒅「入則無法家拂士，出無敵國外患者，國恆亡。故知生於憂患，死於安樂」，孟子也指一個企業和國家一樣，不可不以外在競爭者為戒，不可懈怠而安樂，不可不讓人民參與意見提出相反看法，否則恆亡。

⒆「仁、義、禮、智、信」是儒家五常（五個基本不變的德行），與佛家的五戒（戒殺、戒盜、戒淫、戒酒、戒誑）相對照，是每一個企業員工應有的精神裝備。

⒇「賢者在位，能者在職。」指主管要賢（有人群管理能力），部屬要能（有技術操作能力）。

(21)「徒善不足以為政，徒法不足以自行。」指要有廣大的善意目標策略（指 Ends）及詳細的方法手段制度（指 Means）二者才能達成真正的目標。否則僅僅只有善意之目標策略，也不會執行成功；只有方法手段制度，沒有好目標策略來指導方向也不會自然成功。

(22)「天時不如地利，地利不如人和。」指企業內部員工團結一致，對外關係良好，比天時、地利都重要。

(23)「人不可以無恥，無恥之恥，無恥矣。」指絕不可任用沒有廉恥之人為員工及為主管。

六、荀子的管理思想

荀子名卿，著《荀子》一書二十篇，與孟軻同時代，約晚孔子二百年，原為儒家系統，因主張「性惡說」（如西方 McGregor 之 Theory X），與孟子主張「性善說」（如 McGregor 之 Theory Y）對抗，而被歸為法家。荀子有弟子李斯及韓非，皆法家成名人物。荀子重要管理思想摘錄如下：

⑴「居必擇鄉，遊必就士。」指選擇好居家之地，好工廠地址，好銷售市場及好辦公室地點，並與有水平之君子做朋友，做供應商，做顧客，因地理環境及人脈關係都會影響個人及事業的成敗。

⑵「君子贈人以言，庶人贈人以財。」指送知識（即佛家之法布施）給人家比送錢財給人家（即佛家之財布施）為高尚。知識用不完，取之不盡，用之不竭，而財

物用完就沒了。

(3)「麒驥一躍，不能十步；駑馬十駕，功在不舍」，指一流人才也不能一躍十步遠，而二、三流人才若加以培訓，持之不舍，也可以十抵一，也說明成功要素中，天才只佔一分，勤勉則佔九分。

(4)「青出於藍，而勝於藍；冰出於水，而寒於水」，指新一代人的創新智慧常勝過老一代的人，英雄出少年，年輕就是本錢，應好好珍惜，不可虛費。

(5)「非我，而當者，吾師也；是我，而當者，吾友也；諂媚我者，吾賊也。有亂君，無亂國；有治人，無治國。」指精進修養，不拒批評，不受諂媚。批評我而中要點者，是我的老師，要更加尊重，不可討厭他。稱讚我而中要點者，是我的朋友而已。而胡亂稱讚我的人，是在害我，是我的敵對，不可上當。國家或公司之亂治，不在國或公司本身而在主政者是否亂或治，是否好或壞。（在人不在國）

(6)「不聞，不若聞之。聞之，不若見之。見之，不若知之。知之，不若行之。」指眼見為憑，不可聽信偏言，眼見之後，還要分析瞭解其中因果，更要進一步試驗檢定一下，才不會做錯判斷，做錯對人，對事之選擇決定。

(7)「信信，信也；疑疑，亦信也。貴賢，仁也；賤不肖，亦仁也。言而當，知也；默而當，亦知（智）也。故知默猶知言也。」指正正得正，負負也得正，但若正負則得負（引用數學正負相乘之道理）。相信真實可信的人事物，是信；懷疑不可相信的人事物，也是信。尊重賢能之人，是不知時，緘默不言，也代表懂。所以不知真情時，不亂講，和知道真情時開口講出來，同樣重要。

(8)「明王者，義立，而王；信立，而霸；權謀立，而亡。三者明王之所謹擇也。」此與曾參所言：「用師者王，用友者霸，用徒者亡」之道理相似，但荀子所言為對事，曾子所言為對人。為眾利（義）而做事，可得王道（以德服人，以少勝多），以公平信用手段做事，可得霸道，勝過對方，但必須以多勝少。但以不正當、不公平、不信用的陰謀手段來做事，短期可能佔便宜，但最後一定失敗（亡）。

七、韓非子的管理思想

韓非是東周戰國後期韓國庶公子，是法家的代表人，崇拜管仲，子產，吳起，商鞅以及申不害等先人之成就，拜師荀卿，與李斯同學，因口吃不善言談，故發憤著述，融合老子「無為，自然」思想，荀子「性惡論」，商鞅的「嚴法」，申不害的「權術」，慎到的「重勢」，寫出《韓非子》十萬餘言，包括〈二柄〉、〈說難〉、〈說林〉、〈五蠹〉、〈孤憤〉、〈內外儲說〉，為秦王政所喜，但終被李斯妒嫉暗害而死，而李斯卻用韓非思想幫忙秦王政滅六國，統一中國。韓非重要管理思想摘錄如下：

⑴「龍有逆鱗，人生亦有逆鱗，若有人攖（摸）之，必遭殺亡」。指部下要識趣，不要隨便觸犯上級老闆的敏感弱點。

⑵「聖人之所以為治道者有三，一曰『利』，二曰『威』，三曰『名』。用『利』者，所以得民也；用『威』者，所以行會也；用『名』者，所以上下周道也」。指治理國家要善用「利、威、名」三個工具。

⑶法家三要素：「法、術、勢」，指要會用嚴法，用權術，再用重勢，三者合一，可以順利推動政務。

八、《六韜》《三略》（韜略學）之思想

「韜」原指作戰時的戰略及戰術 (Strategies and Tactics) 的祕訣。「戰略」(Strategies) 是指高階主管用來達成重大目標的競爭性、祕密性、突破性，重大資源使用性之手段，「戰術」(Tactics) 是指中階主管用來達成中等目標的競爭性、祕密性、突破性，中等資源使用性之手段。就軍事而言，「戰略」由統帥、軍團司令、軍長等所制訂；「戰術」由師長、團長、營長等所制訂；「戰鬥」(Combat Technical) 由連長、排長、班長等所制訂。就企業而言，「產品—市場」、「併購—聯盟」、「自製—外包」、「組織—人事」、「薪酬—獎懲」等等戰略由集團董事會（含董事長、總裁）或公司董事會（含董事長、總經理）等所制訂，執行的戰術方案由各部門經理所制訂，每月、週、日的作業戰鬥由課長、組長、班長等所制訂。

《六韜》據說是由姜尚所寫之兵書。姜尚，字子牙，為周文王之太公所期望之能人，故又名太公望，《六韜》兵書名為：

⑴文韜——用人要訣（招兵買馬，集英聚賢）。

⑵武韜——不戰而勝之法則（策略規劃）。

⑶龍韜——勝敗決定於戰鬥之前的準備（組織、制度、訓練、後勤、預算）。

⑷虎韜——戰鬥中必勝之攻擊方法（指揮、領導、激勵、溝通、協調、合作）。

⑸豹韜——臨機應變的奇兵策略（出奇制勝、創新、動態權變）。

⑹犬韜——狙擊敵人於不意的要訣（出其不意、攻其不備、兵貴神速）。

《三略》包括上略、中略及下略，相傳是黃石太公所撰之兵法，在圯下傳給張良，故又稱《太公兵法》。《三略》以「政略」（政治）為主，而孫武的《孫子兵法》十三章則以「戰略」為主。《三略》兵法名為：

⑴上略——以柔克剛；高階長期策略計劃，英雄造時勢，以知識智慧開創新局。

⑵中略——人盡其才；組織設計及明用人之道，以「人和」來運用「天時」及「地利」之資源。

⑶下略——戰備應從平時開始；系統性、協調性、時間安排性、經費安排性之作戰方案。

九、《孫子兵法》的管理思想

《孫子兵法》是西周春秋時代，吳國孫武應楚國伍員（伍子胥）之請，寫出他對歷代戰後之實地調查研究心得，共十三章，獻給吳王闔廬，堅定其出兵助伍員攻楚報復滅家之仇與必勝信心。《孫子兵法》已成為中國文化在世界各國最被流傳之經典著作，講求「全勝」（非殘勝）之道，不僅對軍人有用，對企業家更有用，因為「商場如戰場」，競爭之劇烈比戰場更強烈。《孫子兵法》一書到處有賣，人人可買來讀，尤其企業人士為甚。

《孫子兵法》十三章，六千多字，在第一篇〈始計〉就提出二個「五」字觀念。第一個五字就是用來核計敵我雙方勝戰之可能性，那是「道、天、地、將、法」。若我方在這五方面比對方強，才可開戰，否則應求和。第二個五字是講將官幹部的五武德：「智、信、仁、勇、嚴。」這五個軍人紀律比儒家五常「仁、義、禮、智、信」及佛家五戒「戒殺、戒盜、戒淫、戒酒、戒誑」要嚴格。商場如戰場，企業幹部就是軍事幹部，紀律一樣鮮明嚴格。

孫子致勝五訣：「道、天、地、將、法」解說如下：

⑴「道」：指我國要和敵國開戰之「目標」及「理由」，是否比對方要和我方打仗的目標和理由充足，並得到全國人民的認同。若是，則得「道」多助，全國上下同仇敵愾，開戰必能得勝。若不是，則對方理由及目標強過我方，對方之士氣會高過我方，我方會敗，所以不能戰，應求和。若雙方之「道」平平，則比第二條件「天」。

⑵「天」：指經營大環境，包括時間、氣候、內外情勢。在兩方比較下，我方「道」與他方「道」打平，但我方「天」然條件比對方強，也可以開戰，我方會勝。若比對方差，則不可打，應求和。若雙方「道」、「天」皆相等，則比第三條件「地」。

⑶「地」：指地理條件，山、丘、河川，以及市場環境。兩方比較下，我方「地」理條件強過對方，也可開戰，我方會勝。若不如，則不可打，應求和。若兩方平平，則比第四條件「將」。

⑷「將」：指軍隊軍官團幹部，或企業幹部團隊。若兩方「將」條件比較，我方高過對方，即我方幹部之「智、信、仁、勇、嚴」高過對方，即可開戰，我方會勝。

若不如，則不可打，應求和。若兩方平平，則再比較第五條件「法」。

(5)「法」：指軍隊或公司內部組織、規章、作業制度及倫理規範。若兩方「法」條件比較，我方高，則可開戰，我方會勝。若不如對方，則不可開戰，應求和。若兩方平平，則可打，可不打，勝算在未定之天。

很明顯地，目標、天時、地理、幹部及制度之健全，都是管理的要素，也是致勝的背後決定因素，軍事作戰和企業競爭完全一樣。

關於中國古文化的管理思想尚多，以上只摘錄一些著名作者的精華，供讀者瞭解中國文化不是無管理思想，不要輕視自己的文化寶藏。

十、羅馬天主教廷管理之道 (Roman Catholic Church Management)

羅馬天主教廷的嚴密管理制度包括三大要素，第一為層次分明的組織「指揮鏈」(Chain of Command)，上自教皇，以至地區主教、神父、信徒等，形成金字塔式之結構，各有職責。第二為「幕僚諮詢職能」(Staff Consultation Function) 之應用，即各地教會的措施，不能由單獨一個人主持決定，小事件必須先徵詢長老意見，大事件必須徵得全體僧侶之意見。此種幕僚職能亦稱強迫諮詢 (Compulsory Consultation)，但不妨礙該地教會主教之最後決策權。第三為「幕僚超越獨立體系」(Super-Staff System)，即各地教會主持人之幕僚顧問，不能由該主持人自行選任，而必須由上級教會代為選定，以防止主持人選任無反對意見之好好先生，濫竽充數，失去制衡作用。無疑地，羅馬天主教廷是採行中央集權之機能組織，並不一定適用於顧客市場變化迅速，競爭劇烈，銷產技術複雜之大型企業經營。

十一、中國陶朱公理財原則

關於企業經營之成功實例，在中國數子貢（端木賜）、范蠡（陶朱公）、呂不韋等為有名大家。司馬遷《史記・貨殖列傳》曾記載不少企業經營名人，但因古代中國將商人列為四民之末，所以詳細經營方法只能用猜測及解釋方式求之。為供國人參考，玆將陶朱公理財十二則（正面建議）及十二戒（反面勸告）列於下面。

范蠡是西周春秋時代越國人，受文種之邀，共同扶助越王句踐，幫助句踐二十年復國，打敗吳王夫差，然後飄然引退，移居齊國定陶，改姓為朱（後稱其為陶朱公），利用其師父計然子（亦稱倪子）七計經商，大有成就；三聚巨財，三散巨財，成為千古佳傳。

（一）陶朱公理財十二則

⑴能識人——知人善惡，帳目不負（指對客戶之信用調查）。

⑵能用人——因材器使，任事可賴（指對部屬量材授職、授權）。

⑶能知時——善儲時宜，不致蝕本（指市場預測，事前預購原料及囤積成品）。

⑷能倡率——躬行以率，觀感自生（指以身作則的領導作風）。

⑸能整頓——貨物整齊，奪人心目（指物料管理、廠房布置井然有序）。

⑹能敏捷——猶豫不決，到老無成（指能面對現實問題，及時解決，不拖延）。

⑺能接納——禮義相交，顧客者眾（指對供應商及客戶和氣，信用相待）。

⑻能安業——棄舊迎新，商賈大病（指安分守業，不心生貪多，見獵心喜，期冀非分之得）。

⑼能辯論——生財有道，開引其機（指能明辨有利機會，說服反對保守派意見，投資生財，開發先導機運）。

⑽能辨貨——置貨不拘，獲利必多（指能見先機，事前購進各種有利貨品，不拘泥原有之種類）。

⑾能收帳——勤謹不怠，取討自多（指討取欠帳必須勤謹，不可怠惰，才能完全收回，否則被倒帳必多）。

⑿能還帳——多少先後，酌中而行（指支付供應商之貨款時，應會斟酌，應先還者，先還，可拖幾天者，就拖幾天，以賺利息，此為現金管理之道）。

（二）陶朱公理財十二戒

⑴莫堅吝——些少不施，令人懷怨（指不可刻薄員工，應行分紅）。

⑵莫浮華——用度不節，破財之端（指資本主義或經理人不可因私慾，而揮霍於無助益事業成長之處）。

⑶莫畏煩——取討不力，付之無有（指討取欠帳，不可怕麻煩而不去，以致被日久倒帳）。

⑷莫優柔——胸無果敢，經營不振（指不可遇到應解決之問題時，胸無主意及知識，以致拖延不決，貽誤時機）。

⑸莫狂躁——暴以待人，取怨難免（指不可對待他人兇暴無禮，以致招來怨恨，樹立敵人）。

⑹莫固執——拘泥不通，便成枯木（指不可堅持不通情、理之己見或規則習俗，以致失去生機，而成枯木而失敗）。

⑺莫貪賒——貪賒價昂，畏還生恥（指不可貪圖利息之便宜而以賒欠方式買東

西，結果招致高昂價格，反不得利，最後又不肯還人帳款，搞壞名義，招來奇恥）。

⑻莫懶收——輕放懶收，血本無歸（指不可輕易把錢借給別人，又不肯勤謹收取，以致本息兩無歸）。

⑼莫癡貨——優劣不分，貽害匪淺（指不可如白癡般，不分好貨壞貨一起收買，以致賣不出去，受害不淺）。

⑽莫昧時——依時不兌，坐昧先機（指對方借錢或賒帳已經到期時，不可不採取行動要求兌現，否則將失去有利索還機會）。

⑾莫爭趨——貨貴爭趨，獲利必失（指貨物價格上漲厲害時，不要再去爭著買，否則將來必造成高成本局面，失去獲利機會）。

⑿莫怕蓄——賤極儲積，恢復不難（指貨物價格下跌到很便宜時，應買進儲積，以後市場價格必會止跌回昂，即可賺大錢）。

除了陶朱公理財十二則及十二戒外，司馬遷《史記・貨殖列傳》，也記載許多古時企業家（如子貢、白圭、猗頓等等）之言行，可供後人研讀仿行。

第二節　工業革命後之英國管理思想 (British Management Thoughts after Industrial Revolution)

一、生產情況大變 (Change of Production System)

工業革命 (Industrial Revolution) 在西元 1750 年開始發生於英國後，機器普遍代替人力及獸力操作，生產集中於一地，大量生產，大量銷售，工人與資本家之原先「徒弟－師傅」關係變質，生產者與消費者間之距離也加大，整個生產組織系統發生極為重大之變化，所以刺激了新的管理思想。

二、三種生產制度 (Three Types of Production)

工業革命發生後，英國紡織機售價下降，一個家庭買一臺紡織機來生產紡織品之「家庭工廠」(Family-Factory) 之生產制度興起，一如三十年（1970 年代）前「客廳即工廠」之手工藝生產制度在臺灣中南部普遍流行一樣。「家庭工廠」規模小，只能從事生產，不能從事運輸，所以逐漸變成「包銷」人士之「代產契約工廠」(Contract Producers)，也一如三十年前臺灣農作物「契約農戶」(Contract Farmers) 及機械零件生產之「衛星工廠」(Satellite Factories) 一樣。契約生產工廠與包銷商人經常發生糾紛，並受包銷商人之欺矇，吃虧很大，所以資力較大，並有企業冒險心人士，終於設立規模較大，自行銷產之正式工廠體系 (Formal Factory System)，將機器及工人集中於一地，實施集中控制用料、集中操作、正式記帳、財務控制等等做法，提高生產力。

三、阿克萊特及亞當・斯密 (Richard Arkwright and Adam Smith)

此時期的阿克萊特 (Richard Arkwright) 對紡織廠之連續式生產、廠址規劃、機械設備、原物料、工人、資金協調、工廠規律、勞工分工等方面有較系統的創見，促進英國紡織業迅速發展成為大企業，功勞甚大。

在 1776 年，名經濟學家亞當・斯密 (Adam Smith) 出版《國富論》(*An Inquiry into the Nature and Causes of the Wealth of Nations*)，對經濟及政治思想貢獻極大，他舉例說明「分工及專門化」(Division of Work and Specialization) 之工作流程，作業協調，及操作控制等等，可以大大提高生產力及工人技藝。

他說十個工人分工、專門化後，一日可產 480,000 個大頭針；假設不分工、不專門化，十個人一日只可產 10 個大頭針。亞當・斯密的分工專門化可使用國家富強的理論，至今仍有效用。

四、瓦特蒸汽機廠管理之道 (Watt Steam Engine Plant)

在英國尚有數位人士對科學管理思想有所貢獻，其中瓦特 (Watt) 蒸汽機製造廠的管理就有很大創見。瓦特是發明蒸汽機 (Steam Engine) 的人，但有效製造蒸汽機出售賺錢，也要好好管理。第一、他們將工廠管理重點置於銷售預測及生產計劃 (Sales Forecasting and Production Planning)；第二、分析工廠設立之工作流程及各項操作 (Work Flow and Work Stations)；第三、制訂「計件制」(Piece Rate) 及「週薪制」(Weekly Pay) 工資標準；第四、設法提高員工工作士氣 (Morale)，採行「仁慈保護」(Paternalistic Protection) 措施；第五、採行具體詳盡之會計制度 (Accounting System)。

五、巴貝奇管理之道 (Babbage Management)

另外在十九世紀上半期，英國劍橋大學數學教授巴貝奇 (Charles Babbage)，在參觀許多英法工廠後，在 1832 年出版一本書名叫《機械與製造經濟》(*The Economy of Machinery and Manufactures*)，引申亞當・斯密分工專門化的道理，他認為分工除可以提高生產力之外，尚有四個優點：

⑴減少工人學習時間 (Reduction of Worker's Learning Time)。

⑵減少工人學習期間原料的浪費 (Reduction of Material Wastings during Learning)。

⑶提高工人更高的技藝水平 (Raise of Worker's Skill Level)。

⑷提高工人技藝和體能配合度 (Better Coordination of Personal Skills and Physical Power)。

他也呼籲企業界應多累積平時之產銷數字資料，並利用它們來建立工作研究及時間衡量標準，操作分工，製程分析與成本分析，及獎工制度等等科學管理制度。但因當時工廠人士並未加以注意，所以未形成實際的運動，否則就無以後美國人泰勒先生之科學管理運動。

第三節 美國「科學管理」之正式崛起 (American's Scientific Management Thoughts)

一、湯尼的成果共享制度 (Towne Departmental Gain Sharing)

在 1886 年，美國 Yale and Towne 製造公司總裁湯尼 (Henry Towne)，在美國機械工程師學會發表〈工程師應為經濟學家〉"The Engineer As an Economist" 文章，指出工廠管理的重要性，不亞於工程技術，工程師因常佔有管理者職位，所以必須學習扮演「有效經營管理者」(即廣義經濟學者）之角色，誠為有心思有前瞻人士之高見。在 1889 年，他又提出第二篇論文，題為〈成果共享〉"Gain Sharing"，認為除確保每一工人之基本工資外，每一部門應再分別制訂工作標準，並確定生產成本，凡是該部門努力成果超過標準時，該超過部分的利潤應由該部門員工及其管理者共享，其他未超過標準之部門不得分享，此部門性之「成果共享」與全公司性之「利潤共享」(Profit Sharing) 不同，因後者可以將無效率部門之損失亦包括在全公司內，使高效率部門吃虧。湯尼的部門成果共享確有高明見解，為以後公司內部「目標管理」(Management by Objectives, MBO) 及「成果管理」(Management by Results, MBR) 之先鋒。

二、赫爾胥的工作獎金制度 (Halsey's Premium)

赫爾胥也在美國工程師學會提出〈勞工待遇制度〉"The Premium Plan of Paying

for Labor" 之論文，他首先介紹當時流行的三種工人待遇制度，第一為「計時制」(Hour Rate System)，第二為「計件制」(Piece Rate System)，第三為「利潤共分制」(Profit Sharing System)。但他都反對此三種制度，所以提出他自己的「工作獎金制度」(Premium Plan)。此制度保障工人每天的基本工資，然後以該員工過去績效為基礎，對超過該工作標準者，給予適當之獎金 (Premium)，但不使之過高（約在三分之一），以免流於浪費，另一方面使員工挑戰自己過去的成績，促使其能時時進步。

三、泰勒的科學管理原則 (Taylor's Scientific Management)

除了湯尼 (Towne) 及赫爾賽 (Halsey) 兩位早期的美國專家，對工廠管理有新貢獻外，1858 年出生，在 1898 年進入美國伯利恆鋼鐵公司 (Bethlehem Steel Company) 工作的泰勒 (Frederick Taylor)，對現代工廠作業系統化及長期培訓工人，以提高生產力最有貢獻。

泰勒先生出生於美國賓州，曾在少年時入學於德國及法國學校，在 1872 年入英國 Phillip Exeter Academy 求學，準備考入美國哈佛大學，後來因視覺不佳，雖考入哈佛但未能入學。1874 年他開始到一家小機械製模廠工作。1879 年轉到 Midvale Steel Company 當工人，在八年之間由普通操作工人升為計時工、機械工、工頭、領班、助理工程師，最後升到總工程師的職位。在此期間，他一面參加函授學校及夜間部進修，完成新澤西州 New Jersey Stevens Institute 機械工程學位，成為具有工作經驗及學術涵養的優秀工程師。

泰勒先生當工頭時，也曾用「隨時強制法」以提高工人生產量，但後來發現設定每天工作量標準給工人遵守，可以替代強制法。可是道高一尺，魔高一丈，當工人知道工頭以過去產量作為標準時，則會故意將產量降低，以圖未來的輕鬆。泰勒先生看破工人的此種有系統的逃避職責法寶之後，仍採用有系統的「動作研究」(Motion Study)，找出「最佳工作方法」(One Best Way) 來改進工作人員作業習慣，提高同一時間內之生產力；然後再做「時間研究」(Time Study)，以設定在有效工作方法下，合理的單位時間內工作生產標準量。此即是有名的「動作時間研究」(Time and Motion Study) 及後來之「獎工制度」(Wage and Incentive System)。

泰勒先生的動作時間研究是在 1898 年進入伯利恆鋼鐵公司 (Bethlehem Steel Company) 工作後，才進行實驗。首先是銑鐵塊搬運的研究，其次是鐵砂和煤粒的鏟掘工作的研究，第三是金屬切割工作的研究。此三項實驗研究增強他提高工廠生產力、員工士氣及薪資之有效辦法之信心，深信資本主及勞工之共同福利，在於設定合理之工作方法及時間標準，以及有益雙方的工資獎金辦法。在「動作時間研究」的實驗進行中，與泰勒同時期的吉爾博斯夫婦 (Frank and Lillian Gilbreth) 從砌磚塊中，也貢獻很多見解。他們發明「動作要素」(Moving Elements Therbligs) 跟「動作經濟原則」(Principles of Moving Economy)，使科學管理思想更充實。

泰勒先生在 1885 年參加美國機械工程師學會，於 1895 年曾提出〈計件工資制度〉"Piece Rate System" 論文，批評湯尼的「成果共享」及赫爾胥的「工作獎金」制度，認為他們兩人的制度，不外將節省成本的額外盈餘分由資本主（兼管理者）及勞工分享，但因無實際上之客觀標準以定誰是真正努力者，所以是變相提高工資，毫無個別差異性之獎勵作用。真正具有獎勵作用者，應先對每一職位的工作實施動作及時間研究，再依之設定「差別計件率」(Differential Piece Rate)，供每一工人使用。而非大家用相同標準的「計件制」。

在 1903 年，他又發表第二篇論文〈工場管理〉(Shop Management)，提出他的管理哲學。他認為有效的管理，除應給予員工較高工資以外，尚需同時達成較低的單位生產成本。所以以科學方法「慎選員工」及「訓練員工」(Selection and Training) 之外，還必須注意管理階層本身的系統性管理活動及給予員工合作「參與」(Participation) 的機會。但因他在以前的「機械效率」(Mechanic Efficiency) 主張很強烈，所以與以後的「人性效率」(Human Efficiency) 主張相形之下，顯得甚為暗淡無光，不受重視，所以在後來「人群關係」(Human Relations) 學派出現後，就有人批評泰勒先生不重視員工的心理作用。

在 1911 年，泰勒又發表《科學管理原則》(*Principles of Scientific Management*) 之著作，提出管理的四原則，其內容遠比十五年前的「動作時間研究」為深刻。此四原則如下：

第一原則為「最佳動作之科學原則」(Principle of Scientific Movements)：即對每一個工人在工作時的每一動作元素 (Moving Element)，均應發展一套科學標準 (Science)，以替代舊式的隨意操作之經驗法則 (Rule of Thumb)。此即每一工作有一最佳方法 (One Best Way) 之思想。

第二原則為「工人選訓之科學原則」(Principle of Scientific Worker Selection and Training)：即應以一套科學的步驟來選用工人，然後訓練之、教導之及發展之，以替代過去由工人自己選擇自己喜歡的工作方法，及自己摸索訓練自己的工作技術之混亂方式。

第三原則為「老闆一工人誠心合作及和諧之科學原則」(Principle of Cooperation

and Harmony)：即員工與員工之間必須誠心誠意互相合作，才能產生團隊力量 (Team Efforts)，而非各行其是之個人主義 (Individualism) 能產生重大效率。另者，老闆（資本主）與勞工間亦應採取和諧共利的立場，而非敵對排斥之立場，管理者（資方）應提供適當之財務獎勵辦法 (Incentive Plan)，激勵員工更高之士氣，才能真正獲取提高效率及生產力之成果。

第四原則為「工頭一工人分工合作發揮最大效率之科學原則」(Principle of Greatest Efficiency and Prosperity)：即管理階層與工人都有各自發揮最大效率的場合，所以對生產力之提高各負有相當之分工責任，凡是較適宜由管理階層承擔的部分（如計劃、控制、工具、原料、速度）應由管理階層承擔，現場操作之工作由工人負擔。而不像過去，把所有的工作均由工人承擔，遇有成果不佳之時，則完全責備工人。為發揮每個人之最大效率並分享最大繁榮，應發展每個管理者及工人之潛力專長。

在 1912 年，泰勒先生聲響鵲起，應邀出席美國國會聽證會，發表「科學管理」的意義，遂被稱為「科學管理之父」(Father of Scientific Management)。他認為「科學管理」是把「管理」活動科學化的一種「完整心態革命」(Complete Mental Revolution)，去除以前老闆、領班及工人對企業管理活動的錯誤看法。對老闆及管理者而言，他們應對工人的工作效率及幸福負責；對工人而言，他們應對工作夥伴、工作本身以及雇主之投資報酬負責。彼此應以合理、公平、科學的方法來促進生產力之提高（即把餅做大）及成果之分享，而不應彼此猜忌、剝削、怠工、浪費、破壞，而降低效率及成果分享。他也認為「科學管理」所用之制度只是「完整心態革命」實施之工具而已，不是「科學管理」之本身。

四、吉爾博斯的十七動作要素 (Gilbreth and Moving Element's Therblig's)

倡導動作科學經濟化的人，除泰勒（1858 年生）外，應數生於 1868 年之吉爾博斯 (Frank Gilbreth) 為最有名。他先從砌磚的動作研究起，尋求消除不必要的多餘動作，以節省時間及精力，並調整工作設備，更加方便有效動作，終使每人每小時砌磚 120 塊，提高到 350 塊，效率增加二倍以上。

吉爾博斯繼續研究動作方法及時間標準之改良，在 1904 年與莫勒小姐 (Lillian Moller) 結婚，共同從事此項使命。莫勒具有心理學背景，所以協助吉爾博斯創造以影片及微動計時器 (Micro Chronometer) 來分析各種動作之方法及所需時間之長短，終於將人類手部動作歸併為十七個基本項目，俗稱「動素」，例如「找」(Searching)，

「握」(Grasp),「持」(Hold),「置」(Position),「運」(Transport), 等等 (詳見「動作時間研究」或「工時學」), 並將這些基本動作要素稱為 Therbligs, 這正是他們姓氏 Gilbreth 的倒寫。至今吉爾博斯的學問被發揚光大, MTM (Motion Time Measurement) 即其延伸, 所以他亦被稱為「動作研究之父」。到目前為止, 所有加工製造工廠, 不管用人力或機械力操作, 都要用到「動作時間研究」的技術, 這是工業工程師 (Industrial Engineers) 在工廠管理的最有意義工作。

五、甘特的生產時間計畫圖 (Gantt Chart)

與泰勒同一時代的甘特 (Henry Gantt) 也是提倡科學管理化的有名人物。在 1877 年他與泰勒共同服務於 Midvale Steel Company, 很仰慕泰勒所倡議的各項主張, 他曾主張「工作及獎金制度」(Task and Bonus System), 認為應給工人一天的工資保證, 若超過標準, 再給予獎金 (若不達標準也應至少給一天的工資), 與泰勒之「差別計件率」不同。他比較重視共同性的職位安全, 泰勒比較重視個別性的激勵。他也重視管理階層的責任, 認為管理階層應負起應有的企劃、指導、協調、控制責任, 給予員工明確的工作指導, 不應游手好閒, 專門挑剔員工的錯誤, 與泰勒的主張相似。

但是甘特的代表貢獻, 是他在 1917 年提出的甘特圖, 亦稱「條型圖」(Bar Chart), 係將一切預排的工作及完成的工作, 繪劃在有時間尺度 (Time Scale) 的橫軸上, 將指派擔任各項工作人員與機器 (Man-Machine) 寫在縱軸上, 再用條形桿把人員或機器的時間進度畫在時間尺度下, 形成一個簡單的生產時程的計劃圖 (Planning Chart), 亦可當作事後的控制圖 (Control Chart), 以提高工作進度之效率。至今甘特圖是一個很普遍的時程 (進度) 計劃工具。至於很複雜的工作順序 (如二十個以上) 及時程計畫圖則可以採用網狀圖 (Network Chart)。

六、艾默生的效率十二原則 (Emerson's 12 Efficiency Principles)

在 1910 年, 艾默生 (Harrington Emerson) 代表運輸業出席美國州際商務委員會 (Interstate Commerce Commission), 反對鐵路業漲價的要求, 認為鐵路業若能採行有關科學管理的原則, 則可大大節省成本 (每天 100 萬美元, 約為 1998 年每天 1,600 百萬元), 提高效率, 而不必要提高運費。他提出十二點效率原則 (The Twelve Principles of Efficiency), 遂被稱為「效率教長」(High Priest of Efficiency)。因他的原則至今尚可用於許多地方, 甚為周全, 大有「放之四海而皆準」之豪邁作風, 與法國亨利・費堯 (Henri Fayol) 之管理十四原則, 相互對映生輝 (見以下之介紹)。艾默生的效率十二原則要點如下：

⑴明確「理想」(Ideals) ── 亦即每一組織應界定明確「目標」(Objectives)，包括使命 (Mission)、願景 (Vision)、行業目標 (Industry Product-Line)、市場目標 (Market Target) 及銷售、生產、利潤數量目標 (Sales、Producton、Profit、Quota) 等等，使組織內人人皆能瞭解，並引導朝向同一方向努力。

⑵客觀「知識」(Knowledge) ── 經理人員不能永遠在密室內憑主觀常識判斷問題，而應在適當距離外，以客觀態度來研究問題，並常探詢他人意見。

⑶參與「諮詢」(Consultation) ── 經理人員應多尋求夠格的顧問人員參與意見，以求集思廣益，不可自己獨自裁斷或僅與同一意見的少數心腹商議而已。

⑷「紀律」與「制度」(Disciplines and Systems) ── 應要求員工嚴格遵守有關規章制度，若有違反，應給予紀律處分，以維護員工對其他十一原則之誠意。

⑸「公平」處理 (Fairness) ── 經理人員處理事件應有公平態度，此包括三項性格，即富有同情心、想像力及誠信正直感。

⑹「資訊」紀錄 (Information Record) ── 企業經理人員應建立可靠 (Reliable)、充分 (Enough)、立即 (In-Time) 可用及永久繼續性 (Continuous) 之紀錄資料，供作理智決策的基礎。對於種種無用的報表及報告應予以廢棄，只留下真正有用之部分。

⑺生產排程 (Production Scheduling) ── 對生產工作人員及機器之指派，應有事前之日程安排，並做及時之查對控制。

⑻職位標準化 (Position Standards) ── 對每一職位，應設定執行之方法、時間標準（若能以動作時間研究而制訂最佳）及負荷量。

⑼環境標準化 (Working Environment Standards) ── 配合人員工作之環境及設備，亦應有所理想設計，而非隨意措置，以致浪費人員之精力及時間。

⑽操作標準化 (Operations Standards) ── 對每一例行性之操作動作，應訂有標準化的準則，訓練員工遵行，以提高效率，例如用人、用料、用時、用錢、用力等等標準。

⑾標準化說明 (Standards Documentation) ── 即對前三項標準化（職位、環境、操作）應設定標準化之書面說明文件，製成手冊，供員工參考遵行，但亦應隨時發現改進之處，予以修訂，真正協助目標之達成，而非成為努力之障礙。

⑿效率獎勵 (Bonus for Efficiency) ── 凡是達到標準以上之效率者，皆應給予獎勵，譬如在材料、人工、固定費用、品質、產量等等方面，皆可設定獎勵制度。一般而言，凡屬成本節省之效率獎金制度，較易實施，並易有滿意結果。至於獎勵

對象，可為個人短期操作，亦可為個人長期工作，更可用於整個部門或整個方案之執行。

第四節　法國的「一般管理」理論 (French General Management Thoughts)

一、「企業功能」與「管理功能」劃分 (Division of Business Functions and Management Functions)

與美國「科學管理」諸豪同時，在法國亦有一位管理泰斗出現，其名叫亨利・費堯 (Henri Fayol)。費堯出身遠較泰勒為佳，其職位亦較泰勒為高，他曾為教授、總經理（法國鋼鐵公司三十年）、及管理顧問，所以他所發現之管理理論係從高階層著手，與泰勒諸人從工廠工人、工頭之低階層著手，大異其趣，所以他在 1916 年用法文寫成之管理大著叫《工業及一般管理》(*Industrial and General Administration*)，意思是指他的理論不僅可用於工廠生產部門，也可以應用於其他行銷、財務、人事、研究發展部門，為總經理及各部門經理人員必讀之寶典。在當時「工業」(Industry) 一詞不是專指製造業而已，也指所有各行各業之「產業」或「企業」。

費堯首將一個企業的活動分為「企業功能」及「管理功能」兩大類六大項，列名如下：

⑴技術性作業 (Technical Operations)：包括製造及其他生產活動（品管、物管、生管、維護、設計等等）。

⑵商業性作業 (Commercial Operations)：包括採購、銷售及交換行為等。

⑶財務性作業 (Financial Operations)：包括資金取得及支出控制等。

⑷安全性作業 (Safety Operations)：包括商品及人員的保護。

⑸會計性作業 (Accounting Operations)：包括記帳、盤存、會計報表、成本核計及統計等。

⑹管理性作業：包括計劃、組織、用人、指揮、協調及控制等。

費堯以此六項活動來查核各級員工之工作，發現基層工人以技術能力為主要工作條件，而沿組織層次而升高，人員的技術能力相對重要性漸減，而管理能力的要求則一步步增大，此與本書第一章所述相同，凡是底層人員以「技術能力」為重，頂層人員以「管理能力」為主。此簡單道理常被忽略，誠為經營績效不佳之根因。

由此可知，費堯大著之重點不在於工廠基層作業人員之管理，而放在公司中高階經理人員之一般性管理能力，將計劃、組織、指揮、協調、及控制當作一個總經理履行其職務之功能，所以稱為管理功能。費堯的「一般管理」或稱「總體管理」(General Management) 之理論至今被所有大小企業所採用，也是本書「企業五功能」及「管理五功能」所構成之「管理科學矩陣」之思想來源。

二、費堯的十四原則 (Fayol's 14 Management Principles)

費堯先生尚有十四管理原則 (14 Principles)，在歷史上甚為有名，與前述艾默生之「效率十二原則」相互呼應，其內容如下：

1.「分工」原則 (Division of Work)

即「勞工專業化」(Specialization) 原則之擴大，包括技術工作之分工及管理工作之分工。分工可以專門化，專門化可因「熟能生巧」，而提高工作效率及生產力 (Efficiency and Productivity)。

2.「權利與責任對等」原則 (Authority and Responsibility)

即有了責任目標 (Responsibility) 之後，必須有對等之權力 (Authority) 手段；反之，有了權力手段，必須負有達成某特定目標之責任。「權責應對等」不可「有權無責」或「有責無權」，否則無法達成目標。權力有「職位權力」(Position Authority) 及「個人權威」(Personal Authority)。職位權力可以下達命令，使用金錢、使用人員及懲罰他人之力量。個人權威則與個人之知識、情報、經驗、道德、價值、能力有正相關，使別人信服遵從。

因為有「權責相等」(Equality of Authority and Responsibility) 理論之存在，所以公司高階主管應盡量訂明責任目標網 (Network of Objectives-Responsibilities)，從上到下分配給每一個員工。當有目標責任，就要授權以資配合，所以越授權的機構，其責任網也衍生廣大，終使公司在人人盡責之努力下達成公司大目標。

3.「紀律」原則 (Discipline)

即應懲戒不遵守規定之員工，紀律規定必須清晰、公平，懲戒必須公正、合理，但最好的紀律就是主管「以身作則」的好模範 (Good Example)。

4.「統一指揮權」原則 (Unity of Commanding)

即任何一個員工，只能有一位上司來下達命令而已，不能有多頭上司。若有多頭上司，應事先說明優先順序。

5.「統一方向」原則 (Unity of Direction)

即凡是屬於同一目標之作業（如同一地區、同一產品、同一方案），皆應由一位主管人員負責，以協調有關作業，朝向同一目標努力，此即現在所稱之「矩陣式」(Matrix) 組織之來源。

6.「個人利益小於團體利益」原則 (Subordination of Individual Interests to the Common Good)

即不可為私利而害公益，而應為大我而犧牲小我。所以身為經理人員者，更應以身作則，指導員工遵行。

7.「員工薪酬」原則 (Remuneration of Personnel)

即任何員工薪酬制度必須具備幾個條件：

(1)公平待遇（即同工同酬，不同工不同酬）。

(2)績優獎勵（即獎勵績效優良者，不獎勵無績效者）。

(3)適度獎勵（即獎勵部分不應超過某一適當限度）。

所以計時薪資制，計件薪資制，差異計件制，工作獎金制，成果共享制，利潤共分制（分紅制）等都應小心檢討，方能達到員工及公司都滿意及鼓勵士氣的目的。

8.「集權化」原則 (Centralization)

即「決策權」之集中或分散之分布程度應視組織規模大小，組織階層數，主管人員之能力，以及員工工作性質與能力素質，而做「適度」之集中化。小規模，簡單組織結構，及例行性工作性質之機構，應做較大程度之集權。反之，應做較小程度之集權（即應分權）。

9.「階層鏈鎖」原則 (Scalar Chain)

即任何一個「組織體」（指由兩人以上為共同目的而聚集之組合體），必須從最高指揮者到最低之執行者間，有明確之階層劃分及鏈鎖關係，以利命令下達及意見溝通，此亦稱為「骨幹」原則 (Skeleton Principle)，即指一個組織體，應像人體一樣，有脊椎骨、筋骨、鎖骨等等階層結構，以撐起全身其他作用系統之運行，維持完整個體性。「階層鏈鎖」原則除了指明上下垂直之「骨幹」現象外，尚指出水平單位間之協調現象，叫做「跳板」原則 (Gangplank)，以利快速溝通。即不同部門的同階層單位，可以互相自行協調，不必事事經由垂直骨幹單位迴轉傳達，浪費時間。圖 7–1 即表示組織階層原則的兩大現象。此組織有七個階層，從 A 到 G 是一個系統，從 A 到 M 是另一個系統。

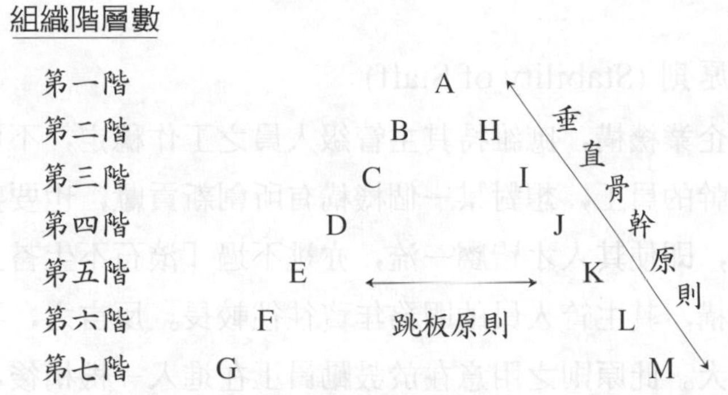

圖 7-1　組織階層之骨幹及跳板原則

「一般骨幹原則」要求 E（第五階）有事要與 K（第五階）連絡，必須呈請 D、C、B、A 核准層轉，再由 A、H、I、J 下達命令給 K。但是「水平跳板原則」，則容許 E 直接向 K 連絡協商，省卻一大段呈轉下達時間，提高工作效率。在官僚機構，事事講求秩序（手續），遺忘目標，所以常只用「骨幹」原理。只有實行目標管理之企業機構，才敢利用「跳板」原理，以追求效率。

10.「秩序」原則 (Order)

即一個組織體內的任何事物及人員，皆應有其應有之位置，不可混亂。對人而言，是要有組織結構 (Organization Structure) 及職責說明 (Responsibility Descriptions)。就物而言，更須有定位，不可今天放這個地方，明天放那個地方，後天又放到第三個地方，致使想利用它的人找不到，或是雖找得到，但卻須花費很多時間精力去找。此「秩序」原則，與我國「天地位，萬物育」之古訓相似。在工廠裡的秩序原則演變成「工廠布置」(Plant Layout) 原則及「生產線」(Production Line) 原則，在公司裡的秩序原則，演變成「職責說明書」或「工作說明書」(Responsibility or Job Descriptions)。

11.「公正」原則 (Equity)

所謂「公正」是指「合情」加上「合理」。所謂「合情」(Friendliness) 是主觀情緒的有利認定，所謂「合理」(Justice) 是客觀理智的推理認定。凡是合情又合理的事件，就是經理人員應採取行動的場合，即使不「合法」，亦在所不惜，因為合法本身並無目的，法（規則）只是用來幫助經理人員執行合情合理之事件而已。舊法若不合新情、理，則不應再遵守之，而應修正之，使它再合乎新情、理，而有助於經理人員「例內管理」及「例外管理」之決策行為。官僚機關之人員，講求合「舊法」不合「新情、理」，所以事事難行，惹來民怨。有效企業機構之有魄力、有擔當之主管人員，講求合「新情、理」，不合「舊法」也要做，所以能創新，績效高，能為民造福。

12.「員工穩定」原則 (Stability of Staff)

即一個成功的企業機構，應維持其主管級人員之工作穩定，不可讓他們流動得太大。因為一位能幹的員工，想對某一個機構有所創新貢獻，也要熟悉兩年以上。假若人事更換頻仍，即使其人才皆屬一流，亦逃不過「滾石不生苔」的定律，所以大凡一個成功的機構，其主管人員的服務年資往往較長。反言之，不成功的機構，其人事變動亦必太大。此原則之用意在於鼓勵員工在進入一機構後，應立意做較長期之服務。

13.「主動發起」原則 (Initiatives)

即一個機構內的人員應該具有「主動發起」新構想、新改良之精神與行動，而非被動守舊，偷生苟且。主動發起的「創始」精神，是規劃方案及執行方案的原始動力。員工若被鼓勵發揮主動發起的精神，則員工的敏銳觀察力及堅毅忍耐力皆可大大增強，形成成功的必要「心理力量」。當然，員工的主動發起精神必須在預先計劃好的大範圍實施，不可盲目，無限制，破壞團體紀律。

14.「團體精神」原則 (Espirit de Corps)

即一個機構之經營成效，視該成員們之團結精神及協調合作程度而定。所以高階主管應強化員工之團體精神，抑止個人為私己利益而破壞團體利益之行為。強化團體精神的方法，在於嚴守統一指揮之原則，並多用口頭的意見溝通 (Oral Communication)。

以上所列費堯的一般管理十四原則，至目前大多可應用。在 1916 年，他就能提出這些深遠見解的原則，實在令後人大為敬佩，費堯的一般總體管理理論直到 1947 年才被以英文方式在美國出版，轟動美國企業界。有人說，若在 1916 年就以英文版在美國發行，費堯的名聲一定會和泰勒先生一樣高。費堯是以總經理的身分來談管理，比泰勒以工業工程師的身分來談工廠，氣勢自然不同。費堯講的是從高階策略管理 (Top Management, Strategic Management) 開始往下走。泰勒講的是從基層標準管理 (Standard Management) 及作業管理 (Operations Management) 向上行。

第五節　技術與人性的衝突時代 (Conflicts between Technical Side and Human Side)

從早期「科學管理」思想發展以來，歐美人們講求勞動生產力提高的方法風行一時，直到 1930 年末期「個人主義」(Individualism) 的樂觀趨勢，逐漸被技術及環境變遷所帶來之「相互依賴」(Proximity and Interdependency) 趨勢所打敗，形成「衝突時代」(Period of Collision)。

技術發展完全起因於工業革命之影響，機械化 (Mechanization) 大量替代人力，標準化 (Standardization) 廣泛地實施於工廠的生產工作及公司的各部門活動。「分工」的必然結果促使彼此間更緊密的「依賴及協調」(Interdependency and Coordination)，個人隨意作主的局面遂告破產。

尤有進之，大量生產及分工專業化的性質需要許多不同人從事不同的機能，方能成就一特定產品，所以工廠裡的工人更無法隨所欲為，一年到頭轉換自己所喜歡的工作種類。此種工廠生產技術的變化，又被運輸及通訊 (Transportation and Communication) 技術改進所強化，整個國家在無形中變小，產品市場則擴大，所以工業化 (Industrialization) 蔓延各處，替代農業化的往昔景觀。在 1890 到 1930 年間，美國人口也增加一倍，都市居民 (Urban Citizen) 從 1860 年的 20% 增加到 1920 年的 50%。這個人口因素也扮演了一個重要角色，使以前以「個人為主」(Individual-Centered) 之社會型態，改變為以「團體為主」(Group-Centered) 之型態。

在 1930 年代，美國西部開發的大門也遂告關閉，所以人們缺乏躲避團體化的安全閥門，只得乖乖地接受工廠大量生產制度下，專業化及高度分工之工作機會。以前西部開發的個人英雄主義作風，確是人類天性的最佳表現，如今被迫關進工廠，從事細小操作，消磨英雄壯志，無疑是一大心理衝突。

在 1930 年代，美國的社會價值觀念也發生變化，與生產技術及人性衝突之時代相符。此種變化是開始拋棄「個人主義」的倫理價值，而接受「社會團體」的倫理價值。七種明顯的變化可以用來說明此種社會價值的轉變。

第一是政府提高其參與經濟事務 (Government Participation on Economic Affairs) 之比重，之前是採取資本家個人完全自由 (Complete Freedom) 的不干涉主義，現在則干涉那些因個人主義過分擴張，而妨害他人利益的經濟企業活動，譬如羅斯福總統 (President Roosevelt) 開始引用「休曼反托辣斯法案」(Sherman Anti-Trust Act) 取締壟斷性企業，大大地抑制個人主義的發揮。

第二是婦女地位 (Women's Position) 的提高及被承認保護，大大地抑制往昔男性個人主義至上的威風。

第三是參議員直接由民眾投票選舉 (Senator's Directed Election)，也從根本上推翻以前由少數政客操縱的腐敗間接選舉作法。

第四是建立最低工資 (Minimum Wage) 的標準，限制資本家隨意剝削勞工的權力。

第五是鼓勵各行業工會 (Industrial Unions) 的成立，以保護工人免受資本主義的各個擊破，遭受不合理之處分及待遇。

第六是工人開始追求安全感、附屬感、及消費享受。

第七是文學作品採取「反個人主義」(Anti-Individualism) 的態度，批評以前白手成家，刻苦剝削，集資自私的成功公司。

無疑地，在此段時間（1900～1930 年）內，中國尚處於滿清政府腐敗不堪，國民革命初成，軍閥內亂之局面，人民生活於躲避腐吏剝削及烽火連天狀態，根本談不到「工業建設」(Industrial Construction)，甚至連「農業發展」(Agricultural Development) 也談不上，甚屬可悲。但在美國，已經走入極度工業化階段，正在發生「個人第一」與「團體依存」之爭論，邁向更進步的階段。在此時間，因工業化的大量生產技術普遍採行，逐漸發現缺點，所以在管理知識上也導致「工業心理學」(Industrial Psychology) 及「人群關係學」(Human Relations) 之興起。雖然 孫中山先生為了吸引世界各國利用一次世界大戰結束（1914 年），歐美重機械工廠無業可作之空檔，到中國大陸來投資，所以寫了《國際共同開發中國經濟計劃》(*The Internat Tonal Derelopment of China*)（簡稱《實業計劃》)，也不見實效。一直到八十年後（1978 年）的中國改革開放 (Reform and Open-Door)，世界各國資本才真正到中國來共同開發，包括臺灣傳統勞力密集工業，傳統外銷工業，甚至高新科技產業，也因成本壓力及市場吸力，而紛紛到中國大陸去投資發展，從 1996 年起，臺灣政府雖採取「戒急用忍」及「積極開放，有效管理」之圍堵政策，也禁不了臺灣資本的外移中國大陸，此乃大趨勢走向，誰也禁不了。

第六節　工業心理學之提倡 (Industrial Psychology)

最早提倡「心理技能」或「智力技能」(Mental Skills) 的人，應數德國人孟斯特伯 (Hugo Munsterberg)。他首先在萊比錫跟隨「現代心理學之父」馮特 (Wilhelm Wundt) 研習心理學，在 1885 年獲得博士學位，兩年後又取得海德堡大學醫學博士學位，在 1892 年到美國哈佛大學擔任教授，並開始主持心理實驗所。

孟斯特伯的興趣廣泛，將研究範圍跨及法律學、社會學、醫學及工商企業。他幾乎精通每一樣東西，從性教育到科學管理，從克己節約到在職訓練，從研究艾默生的論著，到艾默生的效率工程師，從餐桌給小費到餐廳員工訓練等等，真正將心理學活用到通俗化的地方，指出心理學對每一個人均有應用的價值。

孟斯特伯的主要目標之一，是希望在「產業效率」(Efficiency) 或生產力 (Productivity) 與「科學管理」之間建立一座鞏固的橋樑，完成泰勒及其同仁們所未完成的使命，因為當時一般的「效率工程師」(用來指崇信「科學管理」之機械式效率之專家) 過分重視勞工的「體力技能」(Physical Skills)，而忽略勞工的心理技能 (Mental Skills)，所以未能真正發揮員工的潛能。他認為應該把心理學也放入科學管理之內才能彌補上述「兩缺一」之毛病。在當時的科學管理專家，只想把物理學、數學、生理學、化學等知識應用到事業經營上，不肯去碰一碰心理學方面的可能適用問題。

孟斯特伯從事「工作」(Job) 和「心理狀態」(Mental Status) 的並行職業研究，發現在許多情形下，員工生產力之未能提高，並非來自實體技巧方面的不熟悉，而是來自心理條件的不適當，如注意力、疲勞、工作單調、及社會影響等，所以要提高「生產力」，必須同時改進「心理條件」與「實體技巧」。

孟斯特伯常勉勵企業應追求最大效果 (Whole Effectiveness)，不可只求一半效果 (Half Effectiveness)。因此他呼籲主管人員應將心理學 (Psychology) 普遍應用到工業管理的行為中，否則，只講求科學管理，等於只講求一半效果而已。他舉例說，在廣告溝通活動方面，通常我們總希望顧客都「閱讀」我們的廣告文稿，最好又快又準確地閱讀到，這是屬於科學管理所講求的問題。可是我們也希望閱讀到的顧客能「記得」廣告內容，並採取購買「行動」，這乃是屬於心理學方面的問題。他建議企業經營者應研究廣告文稿的面積、彩色、圖樣、文字、字體及編排等等因素所能產生的效果。他的這種看法，乃是今日廣告效果「衡量」(Measurement) 的作法。孟斯特伯將此種內在的心理作用原理推廣到採購、銷售、商品展示等等方面，一一指出心理學應用對提高績效的幫助，使「工業心理學」樹立一幟，成為今日管理科學的一支，而他也因之被尊稱為「工業心理之父」(Father of Industrial Psychology)。

第七節　人群關係與社會學之應用 (Human Relations and Sociology)

除了孟斯特伯提倡工業心理學之外，社會學的應用亦在此時期興起，其中最重要的代表性人物要數澳洲人梅友 (Elton Mayo) 教授與陸斯利斯博格 (Fritz Roethlisberger) 教授所創立的「人群關係」(Human Relations) 學說，用以與泰勒先生之「科學管理」相對立。人群關係講求人與人之間的主從關係，而科學管理則講求個人的實體操作技巧，一為人性面 (Human-Side)，一為機械面 (Mechanic-Side)。

梅友原任教於澳洲昆士蘭大學 (Queensland University)，講授倫理學、哲學、及邏輯學，後又進入英國蘇格蘭愛丁堡大學研究醫學 (Medicine)，並任精神病理副研究員，後轉入美國賓州大學華頓學院 (Wharton School of Finance and Commerce, University of Pennsylvania) 及哈佛大學商學院 (Harvard Business School) 任教，並從事工業研究與陸斯利斯博格教授同事。

梅友首先進行的研究，是賓州費城一家棉紡工廠之工人休息時間排定與生產力關係，發現推行由工人自定之有系統之休息制度，可以提高生產量，減少工人流動率。其主因是消除員工之「疲勞」及「單調」，掃除「悲觀的幻想」(Pessimistic Revere)，恢復積極心理。

梅友在 1926 年進入哈佛商學院後，即籌劃進行大規模之工廠實驗研究 (Plant Experiment Study)。從 1927 年開始至 1933 年止，他與陸斯利斯博格教授負責美國伊利諾州，芝加哥市附近之西方電器公司之河松工廠系列研究 (Hawthorne Works, Western Electric Company, Chicago, Illinois)。此系列研究之結果史稱「河松廠研究」(Hawthorne Study)，國人有將「河松」廠譯為「霍桑」廠，兩者皆為音譯，並無不可。Hawthorne 為一工廠名，而非一人名，譯為「霍桑」頗近人名，我國有漢朝名將霍去病也姓霍，特此提請注意。河松研究起始於 1924 年，原為該廠工業工程師之研究案，後因研究後果與預期假設相差很大，才請梅友教授參加後續研究，分析其中原因。

梅友等人之河松工廠研究包括四階段，第一階段為工場照明 (Lighting) 與生產力關係之實驗研究，第二階段為繼電器裝配 (Relay Assembly) 室工作環境與生產力關係之實驗研究，第三階段為二萬人之大規模訪問調查 (Mass Survey)，搜集員工態度、地位、身分與生產力之關係，第四階段為接線板接線工作室之集體行為 (Group Behavior) 研究。

河松廠實驗研究的原本用意，是檢定一些相傳已久的「科學管理」之假說 (Assumptions)，所以第一個實驗就是檢定燈光照明對工人生產力有正面影響力的說法，結果發現燈光減弱與生產量高低兩因素間的關係並不一致；反之，當燈光減弱一些時，被實驗廠之工人生產量卻一直在增加中。此種結果確實與科學管理學派諸人的想法完全不同，所以梅友教授等被請來解決疑惑。他們為了解釋此種不符原定假設之「神奇」原因，乃進行第二階段工人工作行為與工作態度之觀察研究。

第二階段的研究正好符合梅友以前所學專長（社會學、醫學、精神病理學），他發現許多工人找不到適當滿意的發洩出口，以表達他們長久以來對工作的不滿，當時的工作安排已依「科學管理」方法，實施高度專業分工之生產線法，所以許多工人都具有絕望、失望、無可奈何、不知怎麼辦？等等之不正常心理。第一階段研究結果是發現生產量與燈光無絕對關係，所以第二階段進行生產量與工作時間之長短及休息時間之安排等「實體工作條件」(Physical Working Conditions) 之關係，但是結果亦是推翻原定科學管理之假設，所以引導梅友諸人之新假設 (New Hypothesis)，即工人之生產量係與工作之社會環境 (Social Conditions) 相互關聯，尤其與激勵 (Motivation)，滿足 (Satisfaction)，及督導方式 (Patterns of Supervision) 關係尤深。

第三階段的研究是在三年內訪問 21,000 個員工，其結果證明工作環境中的「社會因素」(Social Conditions) 確被員工們認為很重要。以此結論再進行第四階段的實驗研究，以六個月時間分析十四位男性作業員之工作行為。發現這 14 位工人之間形成「非正式團體」(Informal Group)，此非正式的小團體自行設定他們認可的生產目標 (Production Quota) 及行為規範 (Behavior Norms)，而與管理當局所設定者常有衝突。非正式團體所設定之標準對員工個人行為甚有約束力，假設個別員工不遵守，將受到他人之排斥，而難於立足。反之，若遵行，則彼此間同情及幫忙作用很高。

此種基於員工個人間所共同持有之「情緒」及「態度」(Sentiments and Attitudes) 所形成的「社會團體」(Social Group)，有時與公司正式政策完全不相干；換言之，若公司高級主管不瞭解員工私底下之真正情緒及態度，就自行設定自己喜歡的政策，則底層員工可能在表面上敷衍一下，而在骨子裡依然我行我素，不理上頭所訂的那一套高調。

第四階段的小團體之行為實驗，也發現員工間富有人情味 (Friendship) 的行為，當彼此有困難時，則互相扶持，無困難者多出一些力量，克服困難，去涵蓋有困難者，達成團體目標。員工們對接近他們的人（如組長），則認為是他們小團體中的一員，以特有之感情相待，對離他們越遠的人（如股長、課長），則認為不是他們團體的一員，以防範或敬鬼神而遠之的態度對待。換言之，「保護成員，防範外侵」(Protecting Members and Defending Invasion)，成為非正式小團體的一大特色。

在 1933 年，河松廠實驗研究結束，梅友出版一書，叫《工業文明之人性問題》(*The Human Problems of an Industrial Civilization*)。在 1945 年又出版另一書，叫《工業文明之社會問題》(*The Social Problems of an Industrial Civilization*)，正式奠定「人群關係」(Human Relations) 學派，認為要提高生產力，不能只強調工人之操作技術、時間標準、實體工作環境及獎工制度，更應該要強調工人的社會環境及人群關係。

把小群體之動態關係 (Group Dynamics)，社會派系關係 (Social Group)，主管人員與工人間之指導關係 (Supervision Relations) 安排好，自然能使員工獲致滿足，消除心理空虛，而產生激勵作用，產生高效率。當然，梅友的實驗發現是學術歷史上的一大貢獻，但是對激勵、滿足、領導、意見溝通等之深入探討尚嫌不足。

從 1930 年代「人群關係」崛起後，美國各界亦重視一時，企業界紛紛採取「使工人高興」(Please the Workers) 的措施。但也有不少工廠並未誠心誠意謀求上下互諒及合作，在實際上改進對工人們之「人性待遇」，還是把工人當作機械零件處理，只是在外面包上一層人群關係的「糖衣」，以應付外人的參觀，所以當時有學者批評「人群關係」被當作沒有實質作用的「窗飾品」(Window Dressing) 而已。但是不管批評是否成立，「人群關係」之學說，已成為今日管理科學之人性面支柱。

至此，管理知識的開發已出現物理學、化學、工程學、數學、心理學、醫學、及社會學之綜合應用，儼然樹立一大新學問，尤其「管理科學」與「人群關係」兩大派別，競相提出對勞動生產力之貢獻祕訣，對工業發展及企業管理確實助益甚大，美國得天獨厚，有些人類智慧結晶可供應用，而中國在此時間（1930～1940 年代）則處於對日抗戰之兵荒馬亂局面，根本無從也無法應用他們的心血結晶。

「科學管理」與「人群關係」學說不僅在企業發展上，具有深遠之意義，促使人類發揮潛力，提高生產力，使民富國強。它在政治上亦具有巨大無形的力量，調和資本主與勞動者之利益，共同提高生活享受水準，避免馬克斯所預言「美國資本主義必被勞工推翻」之厄運。時至今日，那些由劇烈社會主義（即共產主義）統治的國家，因未能實施「科學管理」與「人群關係」之學說，重視勞工技術能力及心理能力之發揮，所以在享受水準上，無法趕得上實施此學說之國家。

當然，就管理科學之整體學術而言，早期之「科學管理」及中期之「人群關係」，尚屬雛形之架構而已，真正之成熟思想，有賴近期之「百家齊鳴」（見第八章）。

第八章　近期之經營管理知識
(Recent Management Thought)

第一節　百家齊鳴的時代 (Era of Multiple Schools)

一、生產力與心態革命 (Productivity and Mental Revolution)

管理知識從早期中國古代、羅馬帝國、天主教廷、以至英國、美國、法國諸代表性人物提出治理一個企業或機構之學識以來，已逐漸形成一股明確的力量，喚起人們注意「齊家、治國、平天下」的大道，已非少數「天生」(或「上帝派遣」)人員之專利品，尤其美國「科學管理」運動諸將（以泰勒為代表）更是將「工廠」基層管理(原指工人部分之管理)之方法，發展成提高「勞動生產力」(Labor Productivity)的要徑，蔚成工業革命（1750 年）以來之「心態革命」(Mental Revolution)，對美國經濟及政治發展，有至高無上之貢獻，使美國各工廠的生產效率（即生產力）比他國為高，使美國的資本主義之自由民主政治體制，得以在調和資本主與勞動者之利益下（指動作與時間研究及獎工制度)，逃避馬克斯所預言之共產主義災禍。1850 年出現於歐洲的共產主義思想，曾氾濫一時，影響蘇俄、中歐、東歐及中國大陸之政權。但在美國，卻被 1875 年出現並於 1912 年成熟的「科學管理」運動在無意中打敗，實是人類大幸運。

在法國，費堯所提出之「一般通用管理」(General Management) 原則，主張從公司高層管理著手，也是用來提高生產力的方法，雖與泰勒先生之基層管理主張方向不同，但在同一時代，皆是注重提高員工勞動生產力，增加產量，即可在供不應求之「賣者市場」(Seller's Market) 獲取利潤。老實說，企業經營在早期時代裡，因無競爭林立，無顧客需求眾多不同花樣之產品，以及無技術快速更新等環境壓力，只要能提高工廠勞動生產力，就等於賺錢，所以經營之道並不困難。

中期管理知識，由講求實體環境改善及員工分工專業化技能之強調，轉到員工社會群體關係及心理技能之發揮，由「外」轉向「內」，擁有重點之差異，但是用以提高員工「產量」方面之生產力的經營目標並無改變。換言之，在市場供需情況未改變時，生產者立於「賣者市場」之優勢，只要能埋首努力，提高自己的生產力，不必太注意顧客需求及競爭者行為，照樣可以賺錢。

此種市場型態維持到 1945 年第二次世界大戰之後，就發生變化。美國因戰爭結束，正式成為世界領袖，美元成為世界共同接受之貨幣，經濟更加繁榮，人民生活水準大大提高，顧客需求種類層出不窮，技術研究發展亦是日新月異，廠家間競爭劇烈，產品陳舊廢棄率 (Obsoletion Rate) 加速，所以「賣者市場」轉為「買者市場」(Buyer's Market)，生產者追求利潤之方法，已不能局限於提高勞動生產力（產量）而已，而是應該擴及提高「利潤生產力」(Profit Productivity)，意指應該先將市場調查「好」(Market Survey)，潛力預測「準」(Sales Forecasts)，產品設計「對」(Right Products)；再以「低」成本 (Low Cost)，「高」品質 (High Quality)，「高」效率 (High Efficiency) 生產後；以「高」價格 (High Price)，「多」銷售 (High Quantity)，賣給顧客，使之「滿意」(Satisfaction)，並賺取「利潤」。當此「利潤」越高，表示整個公司的生產力越高。無疑地，經營管理當局所應努力的地方，遠比以前為多，所需要的知識也比以前為多，而不是只限於激勵員工的勞動體力 (Physical Power) 而已，更重要的是激勵員工的智慧腦力 (Mental Power)。演化到二十一世紀，這種趨勢，就變成「知識經濟」(Knowledge Economy) 的名詞。

二、百家齊鳴之派別 (Multiple Schools of Thoughts)

所以，在 1945 年以後至今，管理知識的發展，呈現百家齊鳴的現象。「科學管理」學說演變為「工業管理」(Industrial Management)，「工業工程」(Industrial Engineering)，「工廠管理」(Factory Management)，「生產或製造或作業管理」(Production or Manufacturing or Operations Management)。「動作時間研究」的技巧，也越改進越精巧。「品質管制」(Quality Control) 大受重視，並進而成為統計品質管制，品管圈，總體品管以及全面品質管理。「物料管制」(Material Control) 也受重視，經濟採購量 (Economic Order Quantity, EOQ)、安全存量 (Safe Quantity)、材料編號 (Material Coding)、收料、發料、驗收 (Inspection) 等等，已變成電腦化物料管理的一大工作，如 MRP-I, MRP-II，以及 ERP。「生產計劃與控制」(Production Planning and Control, PPC) 也演變為「人一機」配合 (Man-Machine Combination)，生產裝配線 (Assembly Line)，生產線平衡 (Line of Balance)，自動化生產 (Automation) 等等高級技術。工廠布置、物料搬運、倉儲運輸、設備維護保養、安全衛生、員工福利以及工作環境改善等等，洋洋大觀，已遠超過當初泰勒先生所提倡「提高個別員工勞動生產力」之範疇，走入提高「工廠生產力」及「企業生產力」之境界。

在「人群關係」學說方面，也演變成「行為科學」(Behavior Science) 的更廣泛而深入的「人性」(而非「動物性」或「野獸性」) 研究與應用領域。

除上述早期及中期管理知識繼續發揚光大外，「決策」(Decision-Making) 行為及理論，「正式組織」(Formal Organization) 理論，「數量方法」(Quantitative Method)，「系統方法」(System Approach)，及廣義之「管理科學」(Management Science)，多角化 (Diversification)，全球化 (Globalization)，核心競爭化 (Core Competence)，分權化 (Decentralization)，簡縮化 (Down Size)，資訊科技化等等皆告誕生，並漸次成熟。尤以廣義之「管理科學」以「制宜式」(Contingency)、「條件式」(Conditional) 或「情境式」(Situational) 看法，把企業功能別管理活動融入「管理程序」(Management Process)、「管理功能」(Management Functions) 或「管理循環」(Management Cycle) 中，兼含各派學說，置於適當地位，構成完整之管理科學系統，把「管理」這門前人視為「藝術」(Arts) 的人類社會行為，提升為「科學」(Science) 地步，為日前之最新發展。

三、學問為濟世之本 (Knowledge must be useful)

目前部分人士常將管理知識大分為「數量」學派、「行為」學派、及「程序」學派，三足鼎立，互比功力，互相批評，爭取信徒，誠屬膚淺看法及零碎見解。事實上，「學問為濟世之本」，好的學問必須能「實用」，並有「濟」於「世」；否則再如何吹噓，亦屬「老王賣瓜，自賣自誇」之流。相同地，「有用」的知識，不論其為何型態，或複雜或簡單，或數量或人文，皆屬可崇信而實用的學問。當然，若時代不同，環境亦異，所謂「有用」知識之內涵，亦應修改其為「真」學問之型態，則為我們追求有用知識之人 (也是人類異於禽獸之處) 所應認識之前提。

所以本書除在第二篇略為介紹現代管理知識之起源及演進外，其他各篇皆以綜合應用之方式，將各派學說適當注入一個企業機構真正會大量遭遇到的活動點上，即行銷、生產、研究發展、財務、人事等等企業功能別之計劃、組織、用人、指導、控制之決策、協調及資源運用活動中。

四、目標是選擇手段的指針 (Objective is the Guide of Ways and Means Selection)

本書不特別強調數量方法之重要性，也不特別強調人性行為之重要性，因為它們在不同的機構，不同的管理階層，不同的部門，及不同的活動中，確有分量不同的使用性。太崇信數量方法萬能的人，常會被情報資料 (Information) 之「不足」、「不準」、「不及時」所貽害，陷於過分簡化或僵化之決策危險中；相同地，太崇信隨意猜測、憑天生本領做決策的人，也常會陷於愚笨、無知、偏見之危險困境，兩者皆非所宜。最佳之法為廣泛探討各方智慧，選擇合理「目標」，以目標之有效達成來指導數量與非數量手段之適宜搭配，所以「目標」管理（而非「手段」或「手續」管理）亦是含有以「目標」之達成，為最高指導原則之意義，用來仲裁數量派與非數量派之紛爭。

本章以下各節將闡釋近期（中期以來至二十一世紀初期）各學派之內容，作為其他各章之立論基礎。第二節說明決策行為及理論，第三節說明正式組織及權威理論，第四節說明行為科學及領導理論，第五節說明數量方法，第六節說明系統方法，第七節說明「制宜」觀點（一稱「權變」觀點），第八節說明綜合策略思想的演化。

第二節　決策行為理論 (Decision-Making Behavior)

一、主管乃是決策者 (Managers are Decision-Makers)

近期的管理思想非常發達，但以賽蒙 (Herbert Simon) 在 1947 年出版的《管理行為》(*Administrative Behavior*) 為開端。賽蒙兼學政治學、經濟學、數學及管理學，在 1978 年，以其《管理行為》一書挑戰傳統經濟學「完美情報」(Perfect Information) 之不當假設，而獲得諾貝爾經濟學獎 (Nobel Prize of Economics)。正式奠立管理科學在經濟活動中「掛帥」的地位，誠為人類智慧進步的重大明證。

賽蒙研究管理行為有異於泰勒（科學管理）、梅友（人群關係）諸輩，他認為管理行為是經理人員 (Manager) 的專有工作，不當「經理」（或稱「主管」）的人員，不必做管理工作，只要做技術操作性工作即可。他也確認經理人員的工作重心在於「決策」(Decision-Making)，亦即尋找適當對策（辦法）以解決問題。尤其在一個組織中，人員眾多，並有多重階層，價值看法不同，所以決策行為甚為複雜，但是一個機構的經營成效卻決定於各級主管的決策的品質，所以不得不講求合理有效的理智「決策過程」(Decision-Making Process)。

二、決策前提 (Decision-Making Assumptions)

賽蒙發現任何人決策皆有某種「前提」或「假設」(Premises Or Assumption) 作為根據（或稱決策之「目的」)；而「前提」又可為「事實」(Fact) 方式，亦可為「價值判斷」(Value Judgement) 方式，前者為客觀 (Objectivity) 之要求，後者為主觀 (Subjectivity) 之選定。譬如採購經理要在三家供應商中選擇一家，購進十噸原料，此時他的決策前提可能是工廠操作現場「已經缺料」，不快購買，會導致停工，所以「已經缺料」是「事實」的前提，誰也否定不了。當然，此時採購經理的前提也可能是他自已判斷未來「可能會缺貨」，此時若不買，將來可能買不到，所以「可能會缺貨」是「價值判斷」的前提，若換另外一個人可能不做相同之判斷。

賽蒙指出上級人員（如採購經理）對下級人員（如原料課長）的交代或命令，對上級人員而言，可能是一種「事實」或「價值判斷」，但對下級人員而言，卻是都屬於「事實」根據，甚難違反。相同地，對總經理決策而言，是「價值判斷」的前提，或「事實」的前提（如董事會的決議)，傳到課長級人員，更是「事實」前提。圖 8–1 的細箭頭表示「價值」前提，而粗箭頭表示「事實」前提。

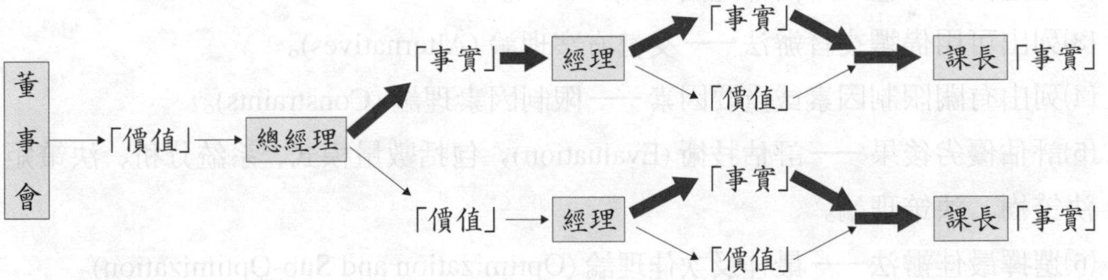

圖 8–1　決策前提之方式及演變

所以越是下級的人員在決策時，所受到的前提約束越多，並且越難改變，因之其自由度越少。所以「上級人員的行為及思想是下級人員的『環境』，常控制下級人員的行為」。可知任何一個機構內任何一個決策，常牽涉好幾個階層人員在內，不是單一個人就能解決，除非這個人是最高主管。相同地，亦可知若是越上級的人，不注意自已所設定主觀價值判斷之合理性，則衍生到下級人員，變成「拿雞毛當令箭」，則決策品質之壞當可想知；所以上級人員「理智決策」(Rational Decision-Making) 的必要性遠大於下級人員。古云：「君無戲言」，指上級人員的認真或草率言論、命令，都會影響下級人員行為，所以必須十分小心。從這種決策衍生的過程中，得知上級言行，就是下級決策的「事實」前提，也是限制下級的「環境」(指不可控制之因素)，所以有人說，改善員工管理績效的「靈藥」就是改善管理「環境」。讓部下有一個和風細水的管理環境是給部下發揮長才的肥沃土地。

三、決策過程 (Decision-Making Process)

賽蒙研究組織內之「決策」行為，導引一股甚大的潮流，所以一般決策行為中之各步驟，都有人個別加以研究，形成今日大家所熟知之決策理論 (Decision Theory)，決策矩陣 (Decision Matrix)，決策樹 (Decision Tree)，組織目標理論 (Theory of Organization Objectives)，交替方案理論 (Theory of Alternatives)，限制理論 (Theory of Constraints)，情報系統理論 (Theory of Information Systems)，評估技術 (Evaluation Techniques)，系統分析 (Systems Analysis)，風險分析 (Risk Analysis)，敏感分析 (Sensitivity Analysis)，最佳及次佳理論 (Optimization and Sub-Optimization) 等等。

賽蒙指出一般理智性決策的過程 (Rational Decision-Making Process) 應包括下列七步驟：

⑴確定問題根因——診斷理論 (Diagnosis)。

⑵確定目標所在——目標理論 (Objectives)。

⑶列出可用備選交替辦法——交替方案理論 (Alternatives)。

⑷列出有關限制因素或重要因素——限制因素理論 (Constraints)。

⑸評估優劣後果——評估技術 (Evaluation)，包括數量模式、系統分析、決策矩陣、決策樹、決策理論。

⑹選擇最佳辦法——最佳及次佳理論 (Optimization and Sub-Optimization)。

⑺執行前之檢定 (Testing)——風險分析、敏感分析、試製、試銷、試辦 (Risk, Analysis, Sensitivity Analysis, Pilot-Run, Test Market, Trial-and-Error-and-Correction)。

為了培養此種理智決策的習慣及技能，所以許多企管系及企管研究所普遍採用「個案」教學法 (Case Study)，訓練未來經理人員之能力，包括分析及綜合能力 (Analysis and Synthesis)、數量及非數量能力。所以賽蒙此種創見被稱為「決策學派」(Decision School)，事實上，它與「科學管理」或「人群關係」之學說並不衝突，而是補充該兩學派疏忽之處，使管理行為能更真實地表露出來，供後人學習，突破「管理是完全藝術，不可捉模」(Management is untouchable arts) 之古老落後觀念。

賽蒙的組織管理行為研究，針對「如何使員工努力工作」的問題，提出兩個方法，第一、就是嚴密控制，在設定目標交給員工之後，就緊密偵察回饋進度。第二、就是鼓勵員工自我控制、主動、積極、不等上級來催辦就埋頭苦幹。在今日知識普及之時代，第二種方法將越來越流行。

第三節　正式組織理論 (Formal Organization)

一、個人、組織與社會三者一體之組織論 (Integration of Individual, Organizational, and Social Interests)

企業是一個組織體，所以有關組織的理論 (Organization Theory)，自古就與管理的理論連在一起，不過在近代思想裡組織的理論與以前略有不同，並且更為進步，合乎提高經營績效的道理。在泰勒的「科學管理」時代，組織理論所重視的是工廠操作工人的嚴密分工，並接受不同工頭的指令，表面上是順序井然，方向一致，內心裡則單調、煩躁、及衝突。在梅友的「人群關係」(Human Relations) 時代，組織理論所重視的是工廠操作工人間的融洽關係，不嚴格劃分督導與被督導者之地位，大家打成一片，互相幫忙照顧，表面上形成非正式 (Informal) 的小團體，內心裡則以小團體成員之利益為關切要點，無視整個組織體的階層關係及總體利益，有如散沙。無疑地，「科學管理」派強調大團體之利益，「人群關係」派強調小團體及個人之利益，兩者皆有所偏頗。

為補救「科學管理」派及「人群關係」派之兩極端缺點，所以在 1958 年賽蒙 (Herbert Simon) 曾與馬由 (James March) 出版一書叫《組織》(*Organization*, John Wiley and Sons)，正式強調如何建立良好的組織體，尤其是大規模的企業組織體（與往昔小規模之企業有異），促使個人的目的 (Personal Goals) 與大團體（組織）的目的 (Organizational Goals) 協調一致，以及大團體（組織）的目的與社會的目的 (Social Objectives) 協調一致。這種學說對現代社會之影響甚大，因為一個良好的組織體，不僅要使它的工作成員得到利益，也要使股東（或投資者）得到利益，更要使提供生態環境的社會大眾得到利益，才能長遠繁榮下去。所以本書第一章論及經理人員之基本職責時，就提出「公」（組織）目標、「私」（個人）目標、及社會（超然）目標三者必須一舉而得之「一箭三鵰」的最高境界。

賽蒙與馬由的此種個人、組織、與社會利益三者一體 (Integration) 的思想部分源自佛烈特《創造性經驗》(*Creative Experience*) 一書，闡釋個人自由與利益，應在團體利益之範疇下追求之哲學，所以公司利益不能妨礙社區及社會的團體利益。

在賽蒙與馬曲於 1958 年提出「組織」論之前就有德國人韋伯 (Max Weber) 在 1921 年提出理想中之組織型態 (Ideal Organization)，名叫「官僚組織」(Bureaucracy)。他是一位純學者，不是企業實務經理，所以他的「官僚組織」並無惡意，因為他認為企業規模一大，人的關係就複雜，沒有正式組織，不足以克服一盤散沙之缺點。

他的正式組織（即官僚組織）有六個要件：

⑴界定清楚之權責層級結構 (Hierarachy)。

⑵明白清楚之分工 (Division)。

⑶一系列完全之職位、責任、權力規則制度 (Position-Responsibility-Authority System)。

⑷一套完整之作業程序 (Procedures)。

⑸各個人間之關係無私人關係化 (Impersonal)。

⑹依技術能力選用人才及晉升人才 (Competence)。

二、賽蒙的溝通、權威、忠誠理論 (Simon's Theory of Communication, Authority and Loyalty)

賽蒙對組織行為之研究與對決策行為之研究相互關聯，他最常使用的三個名詞是「意見溝通」(Communication)，「權威」及「忠誠」或「團體認同」(Group Identification)。

首先他認為一個組織設計者，必須建立完整的意見溝通網 (Communication Network)，以供應必要之情報信息 (Information)，給各階層主管人員當作決策 (Decision-Making) 基礎。因之，上級有任何決策性之「決定」，一定要再花功夫，將之傳達 (Transfer) 到基層每一個人，使人人瞭解此一決定之內容，並作為自己決策之根據，方能「萬眾一心」(Toward the Same Goal)。若缺乏此種情報傳達，則整個組織決策之品質必然低劣，無法達成目標及應付環境壓力。某些情報信息本身就帶有權威作用，使下級決策者得有某種前提依據，不必再做思量，就可選定辦法，解決問題。

所謂「權威」是指能「影響」(Influence) 或「改變」(Change) 他人行為之「力量」(Power)，它可以⑴具有懲罰性之「命令」(Order)，或⑵平行建議性之「勸告」(Advice)，或⑶純粹參考性，毫無拘束力之「情報」(Information) 的型態出現，只要被對方所「接受」(Acceptance)，就會產生影響或改變作用，若不被接受，則再嚴厲的三令五申也不能產生作用。此種「權威接受論」(Authority by Acceptance) 可再參考柏納德 (Chester Barnard) 的《高階主管之職能》(*The Functions of the Executive*, 1938) 一書。對一位最高主管或國家總統而言，平時他的言論、命令被部下或國人信服、接受，他說什麼方向，大家就跟著是什麼方向，很有力量。可是一旦他的思想或行為被部下或國人懷疑、不接受，他再說什麼，發再大脾氣，甚至威脅用武力，部下及國人都不再理他，背棄他而去，他就變成孤單的一個人，一隻手就可以把他推倒。由此可推知「接受」才有「權威」，「不被接受」就沒有「權威」。

賽蒙認為機構成員對組織目標或其領導人價值觀念之「認同」或「忠誠」，可以簡化組織的決策過程，因為部屬認定上級的決定對他有利，並願「心悅誠服」地「接受」(Acceptance)，則不會發生衝突，協調合作 (Coordination and Cooperation) 的團結力量自然巨大，組織目標亦當達成。所以高級主管應體察下級心態及環境，設定合適之目標，贏取下屬之「忠誠心」及「認同感」，使下級人員的目標與組織目標一致，此即中國古訓之「得道多助」、「志同道合」，可以大大地簡化各種意見交流之路線，縮短決策之猶豫時間，提高決策之「速度」(Speed)。並因部屬有強烈之忠誠心，而促使上級敢於信任 (Trust)，而多「授權」(Delegation)。

所以在賽蒙的心目中，一個機構應是一個社會體系中的有機分子 (Organic Element)，為了對社會有所貢獻，其主持人應隨時注意此機構的正式組織結構 (Formal Organization Structure)，以期意見溝通能「快速」(Quick)，所傳達的情報信息有意義 (Relevance)。日常重複性 (Repeated) 之決策過程盡量以書面管理制度規定，使之「例行化」(Routilization)，而讓高級人員有時間，採行「例外管理」(Management by Exception) 處理偶發事件，有時間多體察環境變化及部屬心態變化。主管人員也應少用含有懲罰性的權威命令，而多用其他鼓勵性之措施（即用中國古訓中「王道」，而非「霸道」方式），以培養部屬的忠誠心。

三、柏納德的權威接受論 (Barnard's Acceptance Theory of Authority)

柏納德 (Chester Barnard) 曾是美國 New Jersey Bell 電話公司總裁，US Organization 總裁，Rockefeller 基金會總裁及 National Science 基金總裁，他是以高級實務經理人員身分從事管理學術寫作的名人之一，他以豐富經驗試圖設定一套組織理論，其著作《高階主管之職能》(*The Functions of the Executive*, 1938, Harvard University Press)，尚是目前重要管理讀物之一，對蒙賽思想之影響甚大。其重要思想可摘述如下：

第一、他強調決策過程在組織裡的重要性以及單獨個人在組織內自由選擇力量的有限性，與往昔認為個人力量無限之看法不同。

第二、他認為所謂「組織」乃是「知覺性協調活動所構成的體系」(A System of Consciously Coordinated Activities) 或「兩人或兩人以上力量所構成的體系」(Forces of Two or More Persons)，而不是毫無知覺之行動所構成之體系，所以必須隨時檢查外界環境之變化，以做必要之調整，不可以閉門造車，變成毫無知覺之動物體。

第三、他認為經由團結的合作行動 (Cooperative Group Action) 可以克服單獨個人的極限。

第四、他認為此合作體系的存在，乃是建立在它達成目標的有效性上，若它不能有效達成目標，則此合作體系就無存在的價值。

第五、他認為此合作體系的有效性又是建立在組織的平衡性 (Organizational Equilibrium) 上，亦即組織給予個人之利益與個人對組織之貢獻，應維持在平衡地位，否則絕不會有效。若個人貢獻大，而組織給予的利益小太多，此個人終必離開此組織。若個人貢獻小，而組織給予的利益大太多，這個組織終究會坐吃山空，枯乾而倒。

第六、他也強調「非正式組織」(Informal Organization) 的角色，並認為非正式小團體可以幫忙意見溝通，團結力量，及自我尊重之感覺。

第七、他認為「權威」乃是建立在部屬對上級「命令」(Order) 之心悅誠服的「接受」(Acceptance) 態度上，凡是部屬認為既不很清楚地可以「接受」，亦不很清楚地可以「拒絕」（或「不接受」）的命令，就是落在部屬的「無差異」(Indifference) 區間。凡是落在「無可」、「無不可」之「無差異」（即俗稱灰色）區間的命令，就要看部屬個人的認同感而決定是否願有效執行。凡是部屬不接受（或「拒絕」）的命令，不論是否表明態度，就會變成「陽奉陰違」、「偷工減料」、「弄個形式，應付了事」之無效後果。

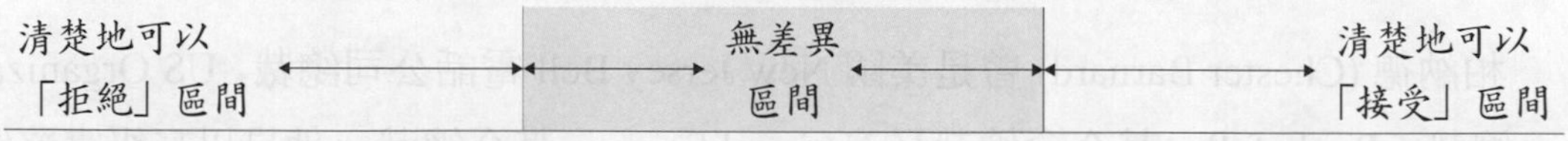

圖 8–2　部屬對上級命令之接受態度 (Attitude to Acceptance of Order)

第八、他認為複雜的組織（如大規模企業）本身就包含許多小團體，其相互關係更非傳統看法所能說明。

第九、他認為傳統的組織理論將其界限及成員數限於老闆 (Boss) 及員工 (Subordinates)，不合時宜；而主張將之擴及投資者、經理人、員工、供應商、顧客、政府、金融機構、及社會等等對組織有所貢獻之人員。

第十、他認為經理人員（或主管人員）是組織體中意見溝通網的連結點 (Communication Network)，用以確保此合作體系發揮力量，所以管理工作乃是維護組織體存在及運用之專門性工作，其重要性等於人體的大腦及神經系統。換言之，管理工作若不好，等於大腦及神經系統失靈，人體或組織體必趨於死亡。

四、杜魯克的目標管理論及安松尼的責任中心論 (Drucker's MBO and Anthony's Responsibility-Centers)

在 1954 年，彼得·杜魯克出版《管理實踐》(*The Practice of Management*, Harper and Brothers) 以來，轟動甚久，至今依然成為管理學上的經典讀物，歷久可讀，意味深遠。杜魯克在 1909 年出生於維也納 (Vienna)，在奧地利 (Austria) 及英國受教育，獲法蘭克福大學 (Frankfurt University) 博士學位，曾擔任記者、銀行職員及證券分析員，受過三個不同性格主管的煎熬磨練，造就他一生觀察、分析、及撰寫的傑出能力。後來移民美國，從事管理顧問工作，也在紐約大學企管研究所教書，直到 1971 年移到加州克來蒙大學 (Clarement University) 任教及撰寫。他寫過三十四本書及三十多篇論文在《哈佛商業評論》(*Harvard Business Review*) 發表，六度獲得「麥肯錫」(Mickinsey HBR) 傑出獎，是至目前為止最出色的管理大師。到 2003 年杜魯克已經年歲 94，還繼續工作，寫文章及出版書籍，老當益壯，精神可佩。

杜魯克主張有效的組織體（尤其大規模者）應採行「聯邦分權」(Federal Decentralization)，將企業活動依產品別 (Product) 或地區別 (Area)，歸組成半獨立之自治體 (Autonomous Unit)，達成盈餘目標 (Profit Objective) 或負責虧損責任。各個半獨立之自治體再聯合組成聯邦總部。對那些無法達成盈虧責任的單位，則必須實行「機能分權」(Functional Decentralization)，分別課以達成企業利潤過程中所必要之中間階段之工作責任。這就是目前所有世界性大企業所採行者，也是通用汽車公司 (General Motors, GM) 史隆 (A. Sloan) 用來戰勝福特汽車 (Ford Motor) 公司老福特先生 (Henry Ford) 之最早妙招。

為了統合這種劃分責任目標的哲學，杜魯克用「目標管理」(Management by Objectives, MBO) 及「自我控制」(Self-Control) 來標榜這種現代化的管理思想及技術。「目標管理」係指上級主管設立「合理目標」來要求部屬負責達成。至於如何達成目標之「手段」(Means, Tools, Procedures)，則任由部屬在上級授權範圍內，自行選擇，上級不再事事牽制，管制下屬之手段。而「合理」目標則必須切合實際環境潛力，在部屬可控制之範圍內，以及上、下級人員彼此商洽同意，不可隨意由上級或下級單方面設定，造成不切實際之過高或過低目標，有礙整個團體目標之達成及資源之有效運用。「目標管理」可應用於整個組織體內的任何上、下級人員之間，構成完整之目標網或目標體系 (Objective Network)，供各級人員自我核對進度及將來可能會有之獎懲水準。

與杜魯克有相同思想的另一學者為安松尼 (Robert Anthony)。安松尼為管理會計專家，主張為衡量組織內各單位之工作表現，應該先建立可以計算責任 (Accountable) 之目標或標準，再運用管理會計之資料，分別計算各單位之目標達成度，而作為獎懲責任之歸宿。所以安松尼認為有效的組織，應是各種責任目標中心的組合體 (Composition of Task-Responsibility Centers)，最高者可成立「投資責任中心」(Investment Centers)，次高者可成立「利潤責任中心」(Profit Centers)，再次者可成立「成本責任中心」(Cost Centers)，再次者可成立「工作責任中心」(Task Centers)。此種責任中心 (Responsibility Centers) 之精神，即建立在工作表現之「可計算性」(Accountability) 上。

杜魯克的「目標」即是安松尼的「責任」，只是「目標」是用來指事前的理想境界，「責任」是用來指事後的實際程度，若事前「理想」(Ideal) 與事後「實際」(Reality) 相一致，無差距 (No Gap)，則表示「成功」(Success)，應得獎勵。若兩者差距甚大 (Big Gap)，又無可原諒之原因，則表示「失敗」(Failure)，應受懲罰。

很明顯地，杜魯克與安松尼所談論的組織，都是屬於正式組織，才需要有明確的目標 (Objective)—責任 (Responsibility)—授權 (Delegation)—獎懲 (Reward-Penalty) 體系，與「人群關係」派或「科學管理」派之組織理論相較，後者就顯得很簡略，而且難以完全應用於今日到處林立之大規模企業。

五、柏金斯定律及彼得原理 (Parkinson's Law and Peter's Principle)

關於正式組織之擴大，除了因實際業務增加的需要而添加人手外，尚可能由於心理懶散及增加部屬以壯聲勢之「病態心理」(Illness in Psychology) 而造成，在 1957 年，柏金斯 (C. Northcost Parkinson) 出版《柏金斯定律》(*Parkinson's Law*, Houghton Mifflin Company)，說明組織擴大，人手增多，但實際業務量不增加之病態現象，以及其擴大之過程。

柏金斯認為一個機構內書面工作 (Paper Work) 增加之理由，常是因為有太多人手（冗員）沒正經事可做，空閒時間太多，但為怕別人說「吃閒飯」之風涼話，所以找出最好的應付方法是製造更多的無聊手續 (Procedures and Rules)，讓大家忙碌，一方面顯得很重要（因為忙碌），二方面創造就業機會（讓大家有飯吃）。這種病態現象到處存在，尤其是那些毫無競爭挑戰性的公務機關、公營事業為最嚴重。

柏金斯認為人手的多寡，實際上與真正的工作量無多大關係，許多人手的增加完全是主管人員「心理疲倦」及「好大喜功」所致。因為沒有競爭挑戰，所以惰性漸生，以前一個人可以做好的工作量，現在變成一個人無法承擔，必須找人來幫忙。也因為好大喜功，自己想當主管，率領廣大部屬，以顯威風，所以找來幫忙的人，不能與自己同立於相同競爭職位水準，而必須比自己職位低。再者，要找新部屬來幫忙，若找太少人則顯得工作量沒增加多少，所以應多增加一些人，才能說得過去，假使新找來的部屬沒有工作可以做，則主管人員必會互相幫忙（官官相護），創造一些新的但不必要的手續，以填滿這些新人之空閒時間。

所以柏金斯提出警告，若高級主管人員不小心檢討改進，則一個機構的組織結構開始膨脹時，就是無效率的開始，一個機構開始增添豪華而無真正必要之設備建築時，就是該機構走向毀滅的開始。換言之，也就是我們通常聽到的說辭，當高樓興起時，也就是高樓開始垮的時候。甚至有人說，看他樓起了，看他樓垮了！

與柏金斯病態組織理論相齊名的是彼得原理 (Peter's Principle)。彼得認為很多人都想追求「晉升職位」(Promotion)，直到他「無法勝任」(Deficiency) 的水準為止，而非追求他可以勝任之職位。換言之，他認為一個人在組織的正式職位結構上升遷，常有一定的極限，該極限就是他「無能」之處 (Deficiency Level)。所以一個機構內經久不變的現職主管，常是「無能」的主管，因為他們若是「有能」，必定會再升遷。一直升遷到「無能」的位置才停下來。

彼德原理也是用來諷刺正式組織內經常發生之病態現象，高級主管若不經常檢討改進其部屬之才能，則整個機構可能到處充滿著「無能」的主管人員，而那些「有能」的人員可能流動到其他機構去，或被無能的主管所壓制，久而久之，也變成久於斯位，毫無生氣之「無能」人員。

「彼德」原理若與「柏金斯」定律相印證，可以發現那些急於擴大無聊組織的主管人員，常是「無能」之人。而有能之人，則以實際工作量之增加才增加人手；若工作量減少，則不願多加人手，以防浪費及無效。換言之，「有能」的主管不會做出為滿足個人表面虛榮感，雖無所事事，亦追求擴大組織，尋找更多比自己低下之部屬，造成人多勢眾，無形中自己「升等」之浪費行為。

第四節　行為科學理論 (Behavioral Science)

一、三大理論重心 (Three Theory Focuses)

繼續「人群關係」學派對人性之重視，有許多實用心理學家及社會學家對「個人」及「小團體」之行為動機及領導方法特加研究，使企業管理人性化（而非機械化）的主張得到更周全而深入的根據，這就是目前流行的「行為科學」(Behavioral Science) 派的形成。

所謂「行為科學」就是指研究人類行為動機及行為方式的學術，因為人是企業組織體的重要組成因素，也是運用其他資源（如金錢、機器、設備、物料、技術、情報、時間）之活動因素，所以人的行為若能「有效」，則企業的經營成果就可能跟著「有效」起來，因之研究人類行為被認為與研究實體環境配備及操作技術一樣的重要。

「行為科學」的根基是心理學、社會學、人類學、歷史文化學，及社會心理學。在管理學識演進上，「行為科學」是用來補充「人群關係」，使「人性論」成為提高經營成效兩大支柱之一（另一支柱為「專門化」）。

為了說明上的方便，我們可將行為科學派的重心劃分為三，第一為建立人類「個人慾望」之層次理論，以為主管人員激勵部屬努力工作的根據，以馬斯洛 (Maslow) 之「人類慾望階層」(Hierarchy of Human Needs) 為代表。第二為探討企業家對「人性善惡」的基本看法，以求發展人類潛力及授權之根據，以麥格列哥 (McGregor) 之「企業之人性面」(The Human Side of Enterprise) 為代表，此即「性善」（孟子）說、「性惡」（荀子）說、「性可善可惡」理論之闡釋 (Theory X, Theory Y, and Theory Z)。第三為證明「領袖作風」之不同，可能影響員工情緒及生產力之後果，以李克 (Likert) 之「管理新典型」(New Patterns of Management) 及布列克 (Blake) 與莫頓 (Mouton) 之「管理調配架構」(Managerial Grid) 為代表，此即「自私獨裁」（暴君作風）、「賢明獨裁」（父慈作風）、「諮詢參與」（顧問作風）、「民主參與」（民主作風）、及「放任」（無為而治作風）之闡釋。總之，「行為科學」派之學說可以配合賽蒙、韋伯之正式組織理論，增強經營管理的系統性知識，但是它並不能替代科學管理及數量決策方法之地位；反之，科學管理與數量決策方法也不能替代行為科學及組織理論，此為吾人必須牢記之重要觀念。

二、馬斯洛的「人類慾望階層」及赫滋伯的「兩因素」激勵原理 (Maslow's Need Hierarchy and Herzberg's Two Factors Theory)

馬斯洛 (Abraham H. Maslow) 在 1950 年代出版《動機與人格》(*Motivation and Personality*) 一書，把人群關係的理論引入人類激勵動機的心理研究。他具體地提出「人類慾望階層」(Human Needs Hierarachy) 理論，認為人之所以會被激動，被驅策，朝向某目標而努力，乃是為尋求滿足某種「慾望」。而人類的慾望有很多種，時常變化，不易一一呆板地劃定，但卻可歸類為五個層次，即生理慾望、安全慾望、社交慾望、尊嚴慾望、自由慾望，見圖 8–2，當較低層次的慾望滿足時，較高一級的慾望就會出現，可被用來當作激勵的工具，而該已滿足的慾望就失去激勵作用，除非它又不被滿足了。但是無論如何，人類總是處於追求滿足某種慾望的狀態中，不管該種慾望是屬於低層或高層。

低層的慾望常屬於物質方面 (Matcrial Side)，高層的慾望常屬於精神方面 (Spiritual Side)。人類在追求滿足高層的精神慾望時，可能會被別人認為是「利他」(即「義」，慈善）行為，但是在骨子裡卻依然是「利己」（自私）行為，只是此種行為已從物慾追求昇華為精神追求。中國人有「六慾」、「八風」之說法，六慾即「名、利、財、色、食、睡」，八風即「苦、樂、利、衰、榮、辱、褒、貶」，皆指慾望無窮也，但無層次之分。

馬斯洛的人類慾望階層可分為五層，最低的第一層稱「生理慾望」(Physiological Needs)，即維持生存之慾望，如飲食、住宿、衣蔽、休息、及男女大慾（色、性慾）。第二層稱「安全慾望」(Safety and Security Needs)，即保護免於死亡及免於失業之慾望以及維持第一層慾望長久滿足之慾望。第三層稱「社交慾望」(Social Needs)，即接受與給予他人關切，與他人合群之慾望。第四層稱「尊嚴慾望」(Esteem or Ego Needs)，即自己尊重及受人尊重之慾望，包括自信心、有學問、能幹、有地位、受人承認、奉承、成就感等。第五層稱「自我實現慾望」(Self-Actualization or Self-Realization Needs)，即追求自由，發揮潛力，達成遠大理想，不受他人約束、壓制之慾望。

馬斯洛的人類慾望階層理論雖很抽象，難以實驗，但卻甚明白合理，所以主管人員在激勵部屬努力工作時，首應瞭解部屬的慾望滿足狀態，方能對症下藥，提高績效。

在這五層慾望分類裡，第一、二、三層慾望屬於「外在」(External) 的「較低層」

(Lower Levels) 的慾望，與一般動物甚為相同，所以我們常稱追求一、二、三層慾望之人為「常人」或「動物」，但追求四、五層慾望之人為「賢人」、「聖人」。

與馬斯洛的激勵理論相類似的是赫滋伯 (Frederick Herzberg) 之「維生－激勵」兩因素理論 (Hygiene-Motivator Theory)。若用中國話來說，可以稱為「保平安－添福壽」理論。赫滋伯在 1968 年《哈佛商業評論》(*Harvard Business Review*) 1～2 月期上，特以〈如何激勵員工?〉"How to Motivate Employees?" 為題，說明他的兩因素 (Two-Factors) 理論。

赫滋伯認為激勵人類努力的慾望可大分為兩類，第一大類叫「保衛生存」，或稱「維生」(Hygiene)，或稱「維持」(Maintenance) 因素，例如薪水 (Wage-Salary)、技術督導 (Technical Supervision)、實體工作環境 (Physical Environments)、公司規則與政策 (Policies and Rules)、福利 (Benefits)、及資深特權 (Senior Advantages) 等等慾望。當這些慾望被滿足時，員工只會普普通通的努力，以維持不被老闆解雇，就得過且過；但當這些慾望不能滿足時，則員工必會不滿與情緒低落，開始偷懶、偷工減料、陽奉陰違。所以主管人員只能用這些慾望來維持士氣不墜而已，但不能期望太高，要求員工額外努力，畢竟員工們在這類慾望水準下工作，只是為保衛生存而已（俗稱說只求「保平安」而已）。此類因素也只能「預防」員工不滿之情緒，但並不能創造滿足的情緒，所以是屬於消極作用。

赫滋伯的第二大類慾望叫「激勵」(Motivator) 因素，以別於第一類之「維生」(Hygiene) 因素。從字面上可看出「激勵」比「維生」有力量，屬於積極作用的因素。它包括成就感 (Achievement)、挑戰性 (Challenge)、責任心 (Responsibility-Mind)、成長力 (Growth)、進步性 (Progress)、受人承認 (Recognition) 等等慾望。當這類慾望滿足時，員工必會自動自發，努力向上，發揮最大潛力，不必等上級用懲罰、威脅手段，就能自我控制，自我激勵。所以主管人員可以利用這些慾望之滿足來創造業績。

赫滋伯的第一類因素等於馬斯洛的「生理」、「安全」、及「社交」慾望。所以可稱為「較低層」及「外在」的慾望。赫滋伯的第二類因素等於馬斯洛的「尊嚴」及「自我實現」慾望，所以可稱為「較高層」及「內在」的慾望，圖 8–2 將兩人之激勵理論融合在一起。

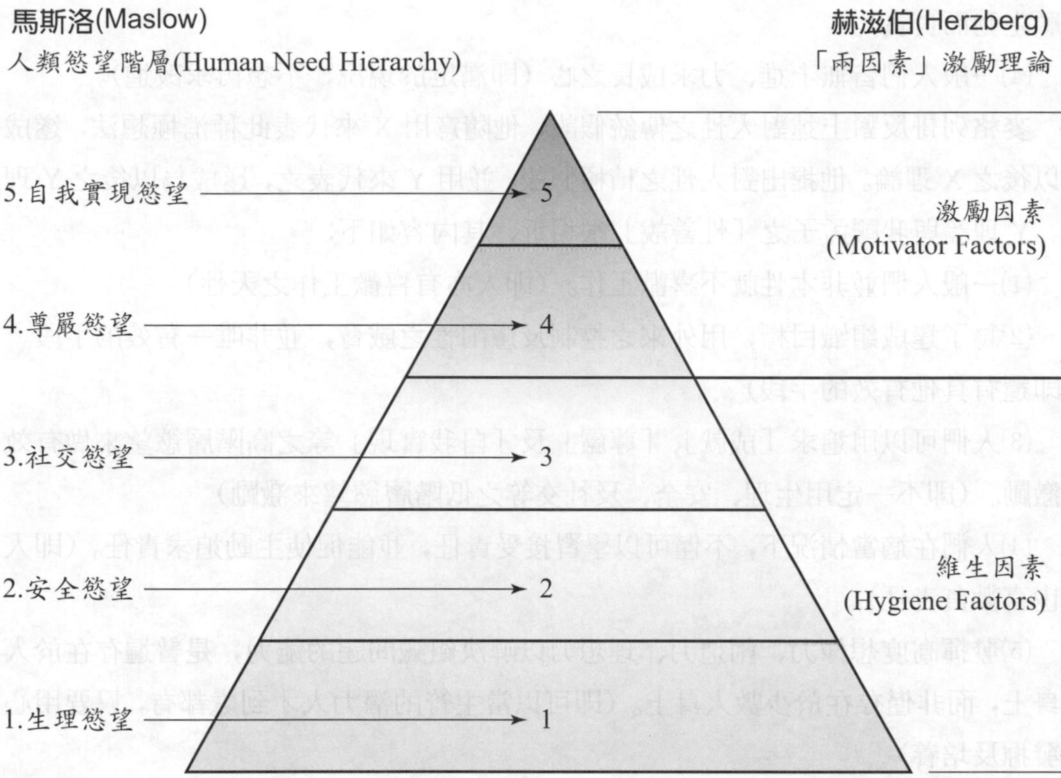

圖 8–2　「人類慾望階層」及「兩因素」激勵理論之配合

三、麥格列哥的「企業人性面」與艾吉利斯的「成熟七變化」理論 (McGregor's Human Side of Enterprises and Argyris's Maturity 7 Changes)

麥格列哥 (Douglas McGregor) 在 1960 年出版《企業的人性面》(*The Human Side of Enterprise*) 一書，奠立主管人員應善待部屬的理論，反駁往昔將人完全假設為壞人之傳統看法。主管人員若不能善待部屬，則部屬潛力很難發揮，勢必影響經營績效，他提出 X 理論 (Theory X) 的四個假設，與我國荀子之「性惡說」很相近。X 理論之假設如下：

(1)一般人之天性不喜歡工作（好逸惡勞），所以在情況容許下，將盡力規避工作（偷懶）。

(2)由於人性好逸惡勞，所以若要人們努力，達成目標，必須採用強迫、控制、耳提面命及以懲罰相威脅的手段。

(3)一般人們願意聽人指揮而動作，不願自出主張而負責（即寧願被動無責，而不願主動而負責)。

⑷一般人們皆無上進、力求成長之心(即滿足於現況,不想再求改進)。

麥格列哥反對上述對人性之傳統假設,他隨意用 X 來代表此種消極想法,遂成為以後之 X 理論。他提出對人性之積極假設,並用 Y 來代表之,遂成為以後之 Y 理論。Y 理論與我國孟子之「性善說」很相近,其內容如下:

⑴一般人們並非本性就不喜歡工作。(即人亦有喜歡工作之天性)

⑵為了達成組織目標,用外來之控制及懲罰性之威脅,並非唯一有效的手段。(即還有其他有效的手段)

⑶人們可以用追求「成就」、「尊嚴」及「自我實現」等之高階層慾望來做有效之激勵。(即不一定用生理、安全、及社交等之低階層慾望來激勵)

⑷人們在適當情況下,不僅可以學習接受責任,並能促使主動追求責任。(即人們也喜歡負責任)

⑸發揮高度想像力、創造力、理想力以解決組織問題的能力,是普遍存在於人們身上,而非僅存在於少數人身上。(即可以當主管的潛力人才到處都有,只要用心去發掘及培養)

無疑地,麥格列哥的 Y 理論是積極的性善論,但印證於實務界,並不能完全應用到各階級各種心態之員工身上,因有不少人卻非性善、主動、向上之輩。為了融合 X 理論及 Y 理論的適應情況,遂有 Z 理論出現,即認為 X 及 Y 理論之假設皆存在人間,並存不悖,所以主管人員應視情況及部屬之心態、能力,而兼採性善及性惡理論,同時對待主動及被動之部屬,以追求組織之最高績效。X、Y、Z 都是隨意取的名稱,其本身並無特別意義。

人是否一生時間內都是性善或性惡?人是否在眾人面前及單獨自處都是性善或性惡?人是否在貧及富時都是性善或性惡?人是否在高官及低官時都是性善或性惡?人是否在讀多書及讀少書時都是性善或性惡?答案都「不一定」,所以 X、Y、Z 理論都有用。

在 1964 年,艾吉利斯 (Chris Argyris) 出版《個人與組織之整合》(*Integrating the Individual and the Organization*) 一書,與麥格列哥一樣反對往昔高度控制部屬的「性惡」理論,認為把人皆當為消極、被動之動物處理,根本就無法培育出「成熟」(Maturity) 之人才,也更無法發揮人類特有之潛力,為組織目標努力。

艾吉利斯用七種變化來區別「成熟」(Matured) 人與「未成熟」(In-Matured) 人。所謂「成熟人」即指主動、積極之性善說人們,所謂「未成熟人」即指被動、消極之性惡說人們。當人們從「未成熟」（如嬰兒、孩童）演進為「成熟」（如成人）之過程中，他們的明顯變化為：

⑴活動越來越多 (Activity)。

⑵獨立性越來越大 (Independence)。

⑶興趣越來越強 (Interest)。

⑷處理事務之替代方案越來越多 (Variety of Ways)。

⑸時間觀點越來越長 (Time Prospective)。

⑹附屬性越來越輕，平等性及超越性越來越強 (Subordinate and Super Ordinate Position)。

⑺自我醒覺及自我控制越來越強 (Self-Awareness and Self-Control)。

無疑地，艾吉利斯及麥格列哥皆呼籲主管人員應善待部屬，把部屬當有潛力之人看待，以培養成熟負責之新一代。若以二十一世紀「知識經濟」而言，員工都是知識員工，知識都將電腦化，成熟度高，所以麥格列哥之「Y 理論」及艾吉利斯之「成熟論」越來越合用。

四、李克之「四領導典型」、布莫氏之「五管理調配架構」及費德勒之「三情境制宜」理論 (Likert's Four Patterns of Leadership, Black & Mouton's Managerial Grid and Fiedler's Three-Situational Theory)

李克 (Rensis Likert) 在 1961 年出版《管理新典型》(*New Patterns of Management*) 一書，說明他長久研究組織內主管領導部屬的四種典型及其可用性。他用「系統一」(System 1) 來形容「自私獨裁」領導作風 (Autocratic Leadership Pattern)。用「系統二」(System 2) 來形容「善意賢明獨裁」領導作風 (Paternalistic Leadership Pattern)；若用中文來叫，可稱為「嚴父慈母」式，簡稱「父慈」式或「賢明獨裁」式之作風。用「系統三」(System 3) 來形容「諮詢參與」之領導作風 (Consultative-Participation Leadership Pattern)。用「系統四」(System 4) 來形容「民主參與」之領導作風 (Democratic-Participation Leadership Pattern)。他的研究結論指出為提高企業長期績效計，主管人員應該採取新的管理典型，亦即採用「系統四」（民主參與），放棄老舊的「系統一」（自私獨裁式）。至於「系統二」（父慈式）及「系統三」（諮詢參與式）則視部屬之能力及意願，斟酌採用之。反之，若主管人員只想榨取部屬油脂，謀求短期成效，則採取「系統一」（自私獨裁式）最有力量。

與李克教授發現相類似的學說，是布列克 (Blake) 與莫頓 (Mouton) 在 1964 年出版之《管理調配架構》(*Managerial Grid*)，他們認為主管人員對部屬之領導作風，可視他們對部屬利益的關心程度 (Concern for People) 及對公司生產力的關心程度 (Concern for Productivity)。前者代表對「人」，後者代表對「事」的導向。他們使用水平與垂直兩座標來表示主管人員領導作風之調配架構，如圖 8–3 所示。依平面幾何之座標閱讀方法，可以讀出五種不同的管理調配作風。其中 (1.1) 型者可稱為「放任式」，即該主管既不關心公司生產力，亦不關心部屬利益，屬於「好好先生」或「一無可取」之領導人，最不可取，因為它也是「雙害型」，既不利公司也不利部屬。

(1.9) 型者可稱為「娛樂式」或俱樂部 (Club) 式，因為此種主管只關心部屬之利益，而不關心公司利益，天天把辦公場所當作嘻嘻哈哈的快樂場所，極盡討部屬歡心之能事。此種主管也不可取，因在長久下，公司必會倒閉。

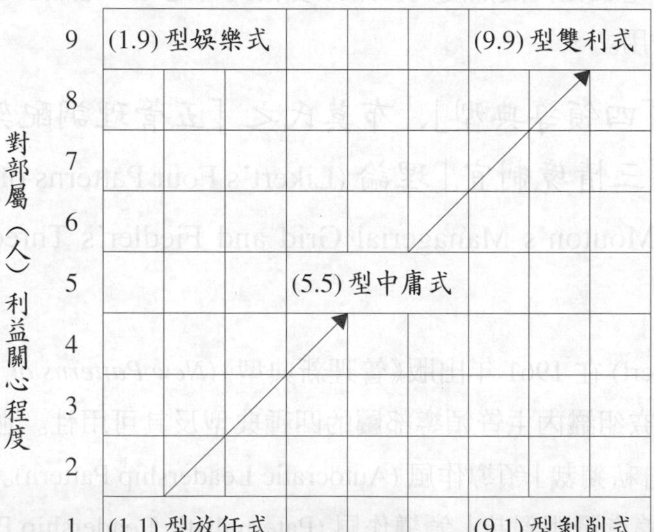

圖 8–3　管理調配架構

(9.1) 型者可稱為「剝削式」或「暴君式」，因為此種主管只關心公司生產力，而不關心部屬利益，事事壓迫部屬犧牲小我，成全大我，把辦公室演成嚴肅非人之場所，極盡討取老闆歡心之能事。此種主管也不可取，因在長久下，員工必會脫離或士氣大傷，公司必會倒閉。

(5.5) 型者可稱為「中庸式」，因為此種主管已經知道要為公司及員工之利益取得適當平衡，但卻未能盡最大努力，所以也不可取。

(9.9) 型者可稱為「雙利式」，因為此種主管完全努力為公司及員工利益著想，最為可取，也是屬於「一石二鳥」或「一箭雙鵰」的高手經理人員，為最佳的領導作風之調配組合。

當然，我們無法把李克的四個典型與布列克及莫頓之五種調配架構完全對稱起來，但在精神上，(9.9) 型大約與「民主參與」式相近，(9.1) 型與「自私獨裁」式相近，(5.5) 型與「諮商參與」式相近，(1.9) 型與「父慈」式相近，而 (1.1) 型則為獨特之不可取領導作風。

除了李克之四個新管理典型及布列克與莫頓之「五管理調配架構」理論外，尚有費德勒 (Frederick Fiedler) 在 1967 年出版《有效領導理論》(*A Theory of Leadership Effectiveness*) 一書中，所提出之「三情境制宜」理論 (Three Situational Contingency Theory)，可以用來說明學者對領導作用之見解。

費德勒從 1951 年開始研究有效領導作風之情境特性 (Situational Nature of Leadership Effectiveness)。他發現有效的領導作風受三種情境因素之影響，沒有固定的典型作風可循，完全必須看此三種情境因素之內容而制宜。此種因時因地因人因物而改變領導作風，以期達成最佳成效的制宜措施，俗稱「目標不變，手段萬變」、或「萬變不離其宗」、或「權衡情勢、變通作法」，所以費德勒的「情境理論」(Situational Theory)，亦稱「條件理論」(Conditional or Contingency Theory)，或「權變理論」，或「制宜理論」，或「情境制宜理論」。

費德勒所主張的三種情境因素是：

⑴主管人員職位權力之大小 (Position Power)：如聘用、解雇、獎勵、懲罰、採購、販賣等等權力。

⑵部屬工作目標內容之清晰確定程度 (Task Structure)：如例行、明確、人人皆知，或專案、含糊、必須猜測。

⑶部屬對主管能力威望之敬重程度 (Confidence and Respect)。

三種情境因素之強弱，可以構成八種搭配組合，而有效領導之強硬作風、任務導向 (Task-Oriented)，或軟弱作風、人群關係導向 (Group-Oriented) 之選擇，就須視何種搭配情況而定，若選擇正確，則領導績效高，若選擇錯誤，領導績效就低，表 8–1 即是費德勒的三情境制宜理論精華。可用下列公式來表示

L = F (P、T、R)

式中，

L代表 Leadership Style（領導作風）。

P代表主管權威大小 (Power)。

T代表任務清晰與否 (Task)。

R代表主管被敬重與否 (Respect)。

表 8–1　費德勒「三情境制宜」理論之領導作風

情境組合	主管權位權力大小	部屬工作目標內容	主管之能力威望程度	制宜（有效）之領導作風
1	大	清楚	高	任務導向（強硬）
2	小	清楚	高	任務導向（強硬）
3	大	不清楚	高	任務導向（強硬）
4	小	不清楚	高	人群關係（軟弱）
5	大	清楚	低	人群關係（軟弱）
6	小	清楚	低	尚未確定
7	大	不清楚	低	尚未確定
8	小	不清楚	低	任務導向（強硬）

第五節　數量方法 (Quantitative Methods)

一、管理經濟學及工程經濟學 (Managerial Economics and Engineer Economics)

管理理論在近期發展中的另一突破處就是數量方法的正式受到重視，並且納入重大決策的分析過程中，由本章第二節之概述中可見一斑。

數量方法用於管理決策的始祖可稱經營學及會計學，後來才再演變到科學管理學及統計學、作業研究、決策理論等等。普通經濟學 (Economics) 與管理經濟學或工程經濟學 (Managerial Economics or Engineer Economics) 有所不同，前者之主要目的不在協助企業經營人員如何有效管理工商百業，而是在於協助政治人物，分析比較廣大的國家經濟及社會問題，如國際貿易平衡 (Balance of Payments)、租稅徵收 (Taxation)、儲蓄與消費 (Saving and Consumption)、公共支出 (Public Expenditures)、經濟景氣衰退循環 (Economic Cycle)、貨幣與銀行 (Money and Banking)、工資，利率，匯

率 (Wage, Interest, Exchange Rate) 及政府控制人民行動之制度等等，所以經濟學的理論常建築在比較抽象的宏觀基礎上，不是一般企業人員所能直接應用。

不過在近世來，學者發現管理一個大企業與管理一個國家很相似，所以經濟學也應該對企業管理有所幫助才對，因為它與管理學一樣，都是講求有效運用資源以達成目的 (Optimization)。它與管理學一樣都重視「未來」而非「過去」。經濟上所講求之「成本」(Costs) 觀念，如「固定成本」(Fixed Costs) 與「變動成本」(Variable Costs) 之行為，「機會成本」(Opportunity Costs) 與「遞增成本」(Incremental Costs) 之解釋，對管理上投資決策 (Investment Decision) 甚具參考價值，所以在 1951 年迪恩 (Joel Dean) 正式建立「管理經濟學」(Managerial Economics) 之名，將經濟學理論濃縮，並轉入個體企業之經濟決策行為，成為企管碩士學生重要課程。成本行為、損益平衡、定價、需求預測、資本支出、投資報酬等是管理經濟學之重要項目。在工程師方面，有很多人對大工程專案之投資規劃有興趣，所以又演化出「工程經濟學」(Engineer Economics)，把許多成本效益、損益平衡、時間安排與成本關係之分析技術都涵蓋在內，幫助工程師成為主管人員。

二、管理會計學 (Managerial Accounting)

早期的會計（亦稱簿記，Bookkeeping）起始於義大利文藝復興時代的商人，已是企業經營的重要工具。不過會計的作用，常被用於記錄企業已發生之活動，並在期終編製整體性之損益表 (Income Statement) 及資產負債平衡表 (Balance Sheet)，供股東、稅捐機關及最高主管參考之用而已，對中、基層主管人員毫無助益，有時尚有極大妨礙，如使用資源及支用金錢之嚴格手續性控制，失去其絕大部分之作用潛力。此種以最終報表編製為目的之會計，俗稱「財務會計」(Financial Accounting)。

財務會計在今日（二十一世紀）的資訊科技時代裡，記帳、過帳、編製報表的繁重工作，已經被電腦及電腦軟體所取代。可是因新時代的公司籌資、融資來源移向社會大眾之「股權市場」(Equity Market or Capital Market)，公司經營績效表達之正確度、透明度遠比往昔重要，所以政府要求公證會計師 (Certified Public Accounting, CPA) 對股票上市上櫃公司的稽核查帳規定更嚴格，因而本身也更需要小心來處理財務會計的工作。一般財務會計準則 (General Accounting Standards) 的標準化工作，也成為世界性的共同要求。最近，很多國內及國際性上市公司發生資金掏空，而成為地雷股，危害社會大眾之事件，都來自公司本身財務會計作業異常化（受公司高階主管指使，違反會計處理規則，以少收入報多收入，以多虧損報少虧損等等）

以及公證會計師 (CPA) 失職，隱瞞作弊所致，涉嫌的公司主管及會計師，都遭受政府司法部的追究。美國恩龍 (Enron) 能源公司之掏空事件，導致世界最大公證會計師 (CPA) 事務所安德森 (Arthur Anderson) 關門就是最佳例子。

為了發揮會計之管理作用 (Managerial Applications)，於是有「成本會計」(Cost Accounting) 出現，作為控制各種成本之工具，其貢獻比財務會計為大。但是後來又發現，許多決策並不完全可用單一目的性之成本名稱所能涵蓋，所以「管理會計」(Managerial Accounting) 又應運而生，把會計紀錄之資料，依多種不同之目的別而重新分類，並及時送給各層主管人員參考應用，改進他們的決策品質。麥肯錫為此方面之先導，其《管理會計》(*Managerial Accounting*) 遠在 1924 年即出版，至 1960 年美國哈佛教授安松尼 (Robert Anthony) 臻於成熟。安松尼教授曾幫助其 MBA 時代之同學麥克馬拉 (McNamara) 擔任美國甘迺迪總統時代國防部副部長（麥為部長），創立 PPB 制度 (Planning-Programming-Budgeting System)，為甘迺迪總統 (John Kennedy) 管理龐大之國防花費，成為歷史佳話。

我們可以把傳統之「財務會計」視為「對外」之整體企業活動及財產情況之報告工具，把「成本會計」視為「對內」控制各製程 (Process) 或各批量 (Batch) 成本之工具，把「管理會計」視為對內協助各責任中心負責人完成目標之自我控制工具。管理會計以管理決策為中心，已成為企管學生重要課程之一。將會計用於「計劃」步驟，則稱「預算」(Budgeting)，將會計用於「執行」步驟，則稱「簿記及報表」(Bookkeeping and Reporting)，將會計用於「控制」步驟，則稱「標準成本」(Standard Costing) 或「比率分析」(Ratio Analysis) 或「責任會計」(Responsibility Accounting)。

三、數學及統計學之應用 (Mathematics and Statistics)

數字資料 (Numerical Data) 在管理上之應用歷史已甚久遠，但近世來重大決策過程所應用的數字，則越來越具有「數學」(Mathematics) 及「統計」(Statistics) 之性質，在數學方面的發展已被稱為「作業研究」(Operations Research) 或狹義之「管理科學」。在其他學科方面的數量應用發展，則有「計量經濟學」(Econometrics)、「計量心理學」(Psychometrics)、「計量社會學」(Sociometrics)、「計量生物學」(Biometrics)。在統計方面的發展則為「抽樣理論」(Sampling Theory)、「機率理論」(Probability Theory) 及模擬理論 (Simulation Theory) 等等。

人們總是有一種偏好趨勢，希望用數量形式 (Quantitative Form)，把自己所學習的相關東西一般化 (Generalization)，所以不是求助於數學方程 (Mathematical Formula)，就是求助於統計推論 (Statistical Inference)。事實上，數學與統計兩者彼此互相關聯，因為前者若無後者之觀察性支援，也難以證明其為真理。當然，至今尚有許多先賢所設定之假設理論，無統計性之證明，也不失其為人類智慧結晶之價值。

雖然在管理領域裡，在傳統及未來相當長之時間上，絕大部分的決策基礎都是「非數量」性 (Nonquantitative)，但是學者及有心人士，卻不可輕視數量方法對思考品質之改善貢獻。本節將不詳細介紹各種數量方法的細節，但其發源之介紹則有參考之必要。

在 1944 年，紐門及莫吉斯坦 (John von Neuman and Oscar Morgenstern) 合著《競賽理論及經濟行為》(*Theory of Games and Economic Behavior*)，首次詳細將企業及經濟行為用數學公式予以說明，以後威廉 (John D. Williams) 在 1954 年著《完整策略家》(*The Complete Strategist*) 及麥肯錫在 1953 年著《競賽理論導論》(*Introduction to the Theory of Games*) 皆是繼續紐門及莫吉斯坦之後的大著。

在 1957 年，邱池門、亞可夫及安諾夫 (C. W. Churchman, R. L. Ackoff, and E. L. Arnoff) 等三人合著《作業研究導論》(*Introduction to Operations Research*)，正式建立作業研究之大名。在 1957 年，波門及費托 (E. H. Bowman and R. B. Fetter) 二人合著《生產管理之分析》(*Analysis for Production Management*) 及 1959 年沙鮮尼、耶斯本及費立門 (M. Sasieni, A. Yaspan, and L. Friedman) 三人合著《作業研究之方法與問題》(*Operations Research: Methods and Problems*)，把作業研究的範圍擴大到不同的範疇。

在數學方法內之首要工具要數「線型規劃」(Linear Programming)，其重要著作要數 1953 年柯波與韓德生 (W. W. Cooper and A. Handerson) 合著之《線型規劃導論》(*An Introduction to Linear Programming*)，及 1951 年庫波門 (Tjallirg Koopmans) 所編之《生產及分配之活動分析》(*Activity Analysis of Production and Allocation*)。另外 1958 年多夫門等 (Ro Dorfman, P. Samnelson, and R. Solow) 所著之《線型規劃與經濟分析》(*Linear Programming and Economic Analysis*)，及開米立等 (J. G. Kemeny, J. L. Snell, and G. L. Thompson) 所著之《有限數學導論》(*Introduction to Finite Mathematics*) 也是很有名的代表作。

統計方法之首要工具為機率。在 1959 年史賴福 (Robert Schlaifer) 所著之《企業決策之統計及機率》(*Probability and Statistics for Business Decisions*)，是此方面的早期名著。在 1953 年布魯斯 (Irwin Bross) 所著《決策之設計》(*Design for Decision*) 亦是很有名。

在統計應用方面，要以品質管制及工作抽樣為主要。在 1952 年葛列特 (Eugene L. Grant) 之《統計品管》二版 (*Statistical Quality Control*, 2nd ed.)，及 1959 年杜肯 (A. J. Duncan) 之《品管及工業統計》修訂版 (*Quality Control and Industrial Statistics*, Rev. ed.) 都是名著，其根源的先鋒作者則可追溯到 1931 年貝爾電話研究院 (Bell Telephone Laboratories) 薛華特 (Walter A. Shewhart) 之《製造物之品質經濟管制》(*The Economic Control of Quality of Manufactured Products*)。統計在工作抽樣之應用名著，則數波恩 (Ralph M. Barnes) 之《工作抽樣》二版 (*Work Sampling*, 2nd ed.) 及 1960 年漢生 (Bertrand Hansen) 之《現代管理之工作抽樣》(*Work Sampling for Modern Management*)。

數學所處理的前提常為「穩定」(Certainty) 情況下之決策問題，而統計學所處理的常為「不穩定」(Uncertainty) 情況下之決策問題，所以今日學者把決策理論 (Decision Theory) 融入決策過程 (Decision-Making Process) 中，見第二節。把決策時所面臨之大環境分為「穩定情況」、「風險情況」及「不穩定情況」三種。穩定情況 (Certainty) 及風險情況 (Risk) 下決定標準 (Decision Criterion) 都以最大「期望值」(Expected Value) 之策略為準。而不穩定情況 (Uncertainty) 下之決策標準則有所謂樂觀派之「最大中之最大報償」(Maximax) 法則，由赫維滋 (Hurwciz) 所主張；亦有悲觀派之「最小中之最大報償」法則，由華德 (Wald) 所主張；亦有悲觀派之「最大中之最小懊悔」法則，由謝維吉 (Savage) 所主張；亦有平分秋色之「理智」(Rationality) 法則，由賴帕拉斯 (Lapalace) 所主張。

四、系統分析與電子資料處理 (Systems Analysis and EDP)

系統 (Systems) 觀念首見保定 (Boulding) 教授在 1950 年代初期之「一般系統理論」(General Systems Theory)，而後產生系統哲學 (Systems Philosophy)，系統管理 (Systems Management)，系統分析 (Systems Analysis) 等等名詞。在 1960 年麥克馬拉 (McNamara) 當上美國國防部長時，正式引用系統分析觀念到國防計劃與控制活動上，使系統分析正式奠定地位，成為今日重大投資決策及企劃工作的重要工具。

系統分析本身不是固定的「產品」，而是觀念性之分析與計劃決策之方法論 (Methodology)，它強調「整體」(Wholeness)，而非局部或零件；強調邏輯「關係」(Relationship)，而非因素本身之孤立；及強調「目標」(Objective)，而非手續本身。它特別指科學性之決策分析步驟 (Procedure) （見第二節）及數量性模型或公式 (Model or Formula)，講求「治本」（而非「治標」），對人腦智力 (Mental Power) 之訓練有助益。

電子資料處理 (Electronic Data Processing, EDP) 與電子計算機或電腦 (Computer) 之關係密切。自 1950 年代電腦正式商用化之後，每年以快速之腳步，踏入人類決策用腦之領域，專門在資料之輸入 (Input)、記憶 (Memory)、處理 (Processing)、檢索 (Retrival)、輸出 (Output) 等功能上，協助人類處理資料龐大性質複雜之決策問題。至今，大電腦，中電腦，小電腦，個人電腦 (PC)，筆記型電腦 (NB)，平板電腦 (Tablet PC) 微處理機之替代發展及降價，軟體程式設計之日新月異，以及電腦、電訊（有線及無線）之連接，已促使人們盡量使用數量方法及大系統分析之作業，並提供多種情況假設及機率分配之模擬 (Simulation) 的器具。若無快速之電子資料處理技術及網際網路 (Internet) 之出現，其他許多新式的管理技巧不會逐漸廣泛被採用。

從 1975 年開始，微軟公司與 IBM 公司之個人電腦聯合 MS-DOS 軟體改進，使辦公室自動化及工廠管理自動化進展神速，再加上資訊科技及電子、電腦軟硬體科學之進步，使企業的採購、銷售、及公司內部管理之電腦化達到 "SCM-ERP-CRM" 三者掛鉤合一之境界。

第六節　企業功能與管理功能 (Business Functions and Management Functions)

一、完整「企業功能」體系之建立 (Complete Business Functions System)

從早期科學管理諸賢創立比較系統性之理論以來，經中期「人群關係」之激盪，以至近期之百家爭鳴為止，在人們腦內總是存在著一個陰影，即企業經營之成功要訣在於提高員工的勞動生產力 (Labor Productivity)，所以一切管理理論及技巧，都以「工廠」(Factory) 內之生產管理為主要對象，包括動作時間研究、品質管制、生產管制、物料管制、獎工制度、工廠布置、物料搬運、領導統御術、投資決策、作業研究、機率、成本會計等等。所以當時所稱之「工業管理」或「產業管理」(Industrial Management) 實際上就是「工廠管理」或「生產管理」(Factory or Production Management)。換言之，當時人們所稱之「企業機能」是以「生產」(Production) 工作為主，至於其他機能如銷售、財務、會計、人事、技術研究等等皆是附屬性之工作，不必講求系統性之管理，正如在工業革命以前，人們皆認為生產工作沒有什麼了不起，只要有人力就可以了，不必講求科學管理一樣的天真。

到了第二次世界大戰後（1940～1944 年），世界各國企業大為繁榮，規模擴大，延伸全球各地，競爭劇烈，人們慾望及需求亦層出不窮，所以往昔認為只要把生產工作管好，提高勞動生產力，就能大賺其錢的天真簡單想法，遂告破滅。「利潤」生產力觀念替代「勞動」生產力觀念，把企業經營成功的要訣從「生產」功能之健全，擴大到「行銷」、「研究發展」、「人事」、「財務」、「會計」等功能之健全，終於建立完整之企業五功能之完整體系，把現代管理的觀念 (Concepts)、原則 (Principles)、技巧 (Techniques) 一同應用到各個功能部門去，形成「高階管理」(Top Management)、「行銷管理」(Marketing Management)、「生產管理」(Production Management)、「財務會計管理」(Financial-Accounting Management)、「人事管理」(Personal Management)、「研究發展管理」(Research and Development Management) 之整體系統，如圖 8–4 所示。在部門管理法中之順序，「行銷」應居首，「生產」（含採購）居次，「研究發展」居三、「人事」（含總務）居四、「財務」（含會計）居五，方能構成良好關係之企業系統 (Business Systems)，此乃為「行銷導向」(Marketing Orientation) 之經營哲學 (Management Philosophy) 之應用。

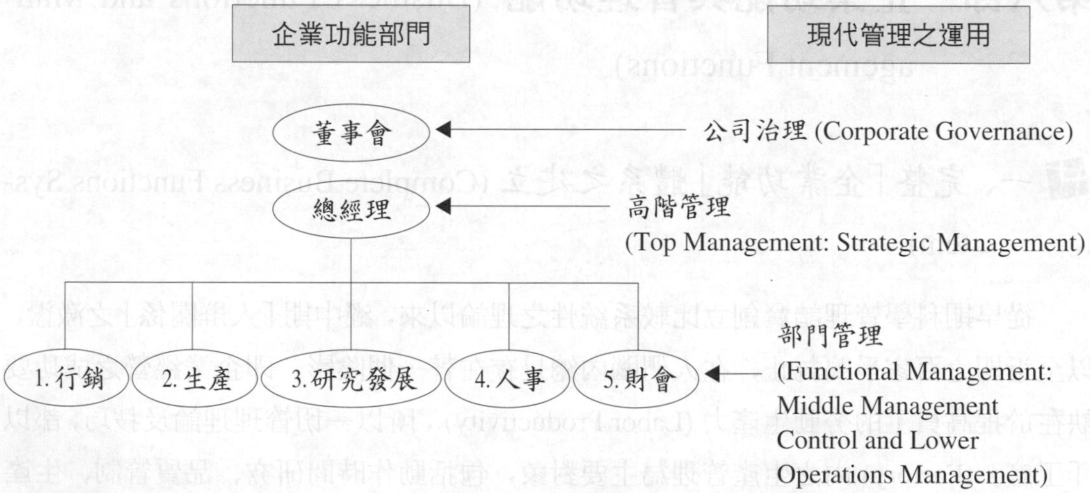

圖 8–4　現代管理應該運用之企業功能部門

目前我們許多企業或非企業機構，包括公營事業、行政機構、社會機構及民營企業，尚未能以完整之「企業五功能」來替代「生產」、「財務」或「人事」之單一功能觀念，為經營績效不彰，或困境累累之根因。從 1960 年代開始，以「行銷」為五功能系統之首者，並將之做好，就可確保成功之一半。反之，不把行銷當作第一功能者，就等於失敗的一半。

時至二十一世紀之開始，美國先進企業已進化到只把握「行銷」及「技術研發設計」功能，而把「生產」功能委託外面，甚至國外去生產的「虛擬生產組織」(Virtual Production Organization) 型態。臺灣很多高科技電子電腦廠家，就是接受別人委託生產之 OEM (Original Equipment Manufacturer), DEM (Design-Engineering Manufacturer), ODM(Original Design Manufacturer) 訂單的殖民或半殖民公司。

二、完整「管理功能」體系之建立 (Complete Management Systems)

「企業功能」所談的都是屬於專業性技能工作，亦是吾人通常所稱之「做事」，在原則上皆由有專長 (Special Skills) 之人員所從事。但是在規模較大之機構，各個從事專業性技術工作的人員，則須有上級人員來從事計劃、組織、用人、指導、及控制之統合功能，此乃吾人所稱之「管人」(Managing People) 工作。此種橫切面 (Cross-Sectional) 之統合功能就是「管理」功能 (Management Functions)。

與上述「企業功能」由傳統之「生產」單一工作演進到「行銷、生產、研究發展、人事、財會」五工作之情況相似，在近期思想裡，管理功能亦由傳統之單一「執行」(Do)，即通稱之「幹了再說」，演進到「計劃、執行、考核」之「行政三聯制」，或「計劃、組織、用人、指導、控制」之管理五功能之完整體系。

目前稍有管理知識的人們皆知「謀定而後動」(意指計謀設定後再執行)，「好的開始是成功的一半」(意指計劃周全完好之後再開始執行，等於確保一半成功的機會)。但是老朽的人，卻往往崇信「幹了再說」(盲動)、「行而不知」(做錯或做對，皆無所知)、「不知而行」(沒有計劃就先幹)、「不計成本」(不知投入成本與產出效益關係)。所以兩者相比，優劣立判。那些自認具有專業技能，而實際上毫無管理才能的人，往往是不計劃就先盲幹的人，結果常造成「幹時轟轟烈烈」，但「幹後虎頭蛇尾」、「績效太差」。

管理知識在近期之發展已是突破往昔只重視「執行」，不重視事前「計劃」與事後「控制」之狹窄觀念，而構成三者完整一體的「管理程序」(Management Process)、或稱「管理功能」、或稱「管理循環」(Management Cycle)、或稱「管理系統」(Management Systems)。

關於完整管理功能或管理程序之組成內容，各家說法不一，以下列出十位早期開山祖師級管理專家及本人的主張，供讀者參考。

(1)費堯 (Henri Fayol) 的管理程序（五步）：

計劃 (Planning)
組織 (Organizing)
指揮 (Commanding)
協調 (Coordinating)
控制 (Controlling)

⑵亞伯斯 (Henry H. Albers) 的管理程序（四步）：

計劃 (Planning)
組織 (Organizing)
指導 (Directing)
控制 (Controlling)

⑶戴耳 (Ernest Dale) 的管理程序（七步）：

計劃 (Planning)
組織 (Organizing)
用人 (Staffing)
指導 (Directing)
控制 (Controlling)
創新 (Innovation)
代表 (Representing)

⑷海曼 (Theo Haimann) 及史格特 (William G. Scott) 之管理程序（五步）：

計劃 (Planning)
組織 (Organizing)
用人 (Staffing)
影響 (Influencing)
控制 (Controlling)

⑸希克斯 (Herbert G. Hicks) 之管理程序（六步）：

計劃 (Planning)
創造 (Creating)
組織 (Organizing)
激勵 (Motivating)
溝通 (Communicating)
控制 (Controlling)

⑹孔茲 (Harold Kootz) 及歐登列耳 (Cgril O'Donnell) 之管理程序（五步）：

計劃 (Planning)

組織 (Organizing)

用人 (Staffing)

指導 (Directing)

控制 (Controlling)

⑺紐曼 (W. H. Newman)、沙莫 (C. E. Summer)、及華倫 (E. K. Warren) 之管理程序（四步）：

計劃 (Planning)

組織 (Organizing)

領導 (Leading)

控制 (Controlling)

⑻西斯克 (Henry L. Sisk) 之管理程序（四步）：

計劃 (Planning)

組織 (Organizing)

領導 (Leading)

控制 (Controlling)

⑼泰利 (George Terry) 之管理程序（四步）：

計劃 (Planning)

組織 (Organizing)

執行 (Actuating)

控制 (Controlling)

⑽佛區 (Dan Voich, Jr.) 及倫恩 (D. A. Wren) 之管理過程（三步）：

計劃 (Planning)

組織 (Organizing)

控制 (Controlling)

⑾陳定國 (Ting-Ko Chen) 之管理程序（五步 × 三因素）：

管理五功能		共同三因素
計劃 (Planning)		
組織 (Organizing)		決策 (Decision-Making)
用人 (Staffing)	×	協調 (Coordinating)
指導 (Directing)		資源運用 (Resource Utilizing)
控制 (Controlling)		

三、管理功能與企業功能之交合

管理功能是任何階級之主管人員，用來激勵部屬潛力，凝結部屬力量，以完成工作目標之手段，屬於「管人」方面。企業功能是任何機構謀求存在及成長之必要器官，屬於「做事」方面。兩者相交合，構成「企業」「管理」之完整體系，如下所示，亦即今日所稱廣義「管理科學」(Broad Management Science) 之範疇：

管理五功能 (Management 5 Functions)	×	共同三因素（決策、協調、資源運用）	×	企業五功能 (Business 5 Functions)	=	完整企業管理體系 (Complete Business Management Systems)

事業上，企業的「做事」活動很多，不同行業，不同內容，雖千變萬化，如同中國古典小說《西遊記》中之孫悟空千變萬化、心猿意馬，終究被釋迦牟尼之「五指山」所制服，所以我們也可引用「行銷」、「生產」、「研究發展」、「人事」、「財會」為涵蓋繁雜企業活動的「企業五指山」。相同的，管理的「管人」活動也是很多、很錯綜複雜，我們也可用釋迦牟尼的另一個「管理五指山」(計劃、組織、用人、指導、控制）來涵蓋。當「管理五指山」與「企業五指山」相交叉；就形成「雙重五指山」所形的「管理科學矩陣」，見第一章圖 1–5。此廣義企業管理科學的雙重五指山矩陣圖，是用來涵蓋中外古今管理思想的概念模式 (Conceptual Model)。未來的企業將帥的芸芸學子謹記此一模式，就可掌握企業管理精華要義。這個「管理矩陣」由簡化的「十字訣」所形成：「銷、產、發、人、財；計、組、用、指、控。」把這十個口訣念熟，並記在心中，就如同一張企業醫師的診斷表 (Check List)。

第九章　策略管理時代的新觀念新作法
(New Concepts in Strategic Management Era)

管理思想從「科學管理」的機械化，到「人群關係」的人性化，到「決策行為」(Decision Behavior) 的內心化進展，出現百家爭鳴、百花齊放的豐富文獻，為今日中小企業奠定了有效管理的基礎，尤其以廣義管理科學的「雙重五指山」所構成的企業管理矩陣圖為「銷、產、發、人、財」及「計、組、用、指、控」抽象的總括模式，供初學者方便記憶。

但是在第二次世界大戰（1939～1945 年）之後，美國企業從美國國內高度生產力境界，開始紛紛向國外投資發展。使企業管理的範疇從一個公司的總經理，到各部門經理，到各廠廠長，各課課長，各班班長，各員工的操作「技術」，擴張到多國性公司、跨國性公司，及全球化公司集團的經營管理「戰略技巧」層面。把以往一個單公司內部管理（指銷、產、發、人、財、計、組、用、指、控）當作「定數」(Constant)，把高層主管的精神移注到多行業多公司，跨國公司，世界公司的大策略變數 (Variable) 上，許多新管理思想也因新環境之變化而產生。

第一節　各時代新策略思想的波濤萬丈

有效經營管理的最終目標是兩個：第一、顧客滿意 (Customer Satisfaction)，第二、合理利潤 (Reasonable Profit)。在這兩個目標中，又有相互關係，若無「顧客滿意」存在，終究也不可能有「合理利潤」的出現。若無「合理利潤」的存在，就不會保有良好員工及良好薪酬待遇，也不會有高士氣，不會有高生產力，不會有研究發展及創新，不會有強的競爭能力，不會有大的市場佔有率等等。所以從古到今，各種各樣新策略思想及技術，都是為應付不同環境的挑戰，用來提高經營目標的手段，所謂「手段雖異，目標不變」；「外相萬千，本性則一」；「諸法皆空，如如不動」等等說辭就是此種現象。本節將分段舉例不同時代背景下的實用策略思想。

一、科學管理與人群關係時代之新策略思想 (Strategies in Scientific Management and Human Relations)

在 1901 至 1932 年科學管理及人群關係時代有四大戰略性思想出現：

⑴工作方法之「動作時間研究」及工廠生產「機械化」(Frederick Taylor, "Scientific Management," *Time and Motion Study and Mechanization*, 1972)，以快速提高工人及工廠之生產力。

⑵中央管理的「分權思想」，對付產品多角化事業部之組織發展 (Dupont, *Decentralization*, 1924 To copy with Multiple Division Structure on Product Diversification)，以提高大公司之生產力。

⑶讓中低層員工「參與式管理」思想，以提高決策品質及執行親切感。(Mary Porker, *Participatory Management*, 1907)

⑷「人群關係」思想，強調員工小團體之互動、支援、諮詢及訓練，以提高生產力及工作樂趣。(Elton Mayo, *Human Relations*, 1930)

二、第二次世界大戰時代之新策略思想 (Strategies in World War II)

美國企業在經濟大蕭條至第二次世界大戰結束期間（1932 ～ 1945 年），也有四大戰略性思想出現。

第一、「大型公司之現代化及私有財產之中階級化」，使公司的傳統老舊股東逐漸失去對新式經理人員的控制力量，因專業經理人員 (Professional Manager) 階級之出現，掌握公司的日常經營管理，走上正派途徑。(Berle and Means, *The Modern Corporation and Private Property*, 1933)

第二、「公司高階主管的功能」不是暴君式之強壓剝削，而是和諧合作與協調，才能真正發揮領導部屬之能力。(Chester Barnards, *The Functions of Executive*, 1938)

第三、有系統的分析「人類慾望層次」，深入解析人類不可猜測的行為，建立行為科學理念，協助科學管理之運作，更進一步提高員工生產力。(Abraham Maslow, *Hierarchy Of Needs*, 1942)

第四、瞭解「行政機構之管理行為」，有系統地解析人類決策行為步驟及決策前提之客觀性與主觀性的區分，催使對事不對人理智決策科學，大大提高管理決策品質。(Herbert Simon, *Administrative Behavior in Organization*, 1947)

三、行銷與多角化的策略管理思想 (Marketing and Diversification Strategies)

時代走入 1946～1960 年，美國企業也走入高度成長及高度信心 (Growth and Confidence) 年華，「行銷」功能正式發揮，公司成長進入「多角化」綜合集團 (Diversification and Conglomeration) 途徑。

第一、「廣告應花多少錢」才夠力度被正式提出討論。(Joel Dean, "How Much to Spend on Advertising," *Harvard Business Review* (*HBR*), January-February, 1951)

第二、「財務投資應作分散處理」的思想，使公司正視分散風險的必要性。(Harry Markowitz, *Portfolio Analysis*, 1949)

第三、利用心理學，來瞭解及改進員工意見溝通的「障礙與大門」。(Rogers and Roethlisberger, "Barriers and Gateways of Communication", *HBR*, July-August, 1952)

第四、重視「目標管理的實踐」比搞社會關係，比搞政治關係更重要。(Peter Drucker, *The Practice Of Management*, 1954)

第五、採取產品「多角化」的「綜合企業集團」模式，可以維持企業的穩定成長。(Royal Little, "Conglomeration," 1952)

第六、公司「有效高級管理者的技能」是來自訓練，不是來自天生的人格特性。(Robert Katz, "Skills of an Effective Administrator," *HBR*, January-February, 1955)

第七、公司最高主管若把公司經營的產品功能範圍界定得太狹隘，一定會犯上「行銷短視病」，把公司引導到碰壁的惡運。(Theodor Levitt, "Market Myopia," *HBR*, July-August, 1960)

第八、「管理教育」應該走向實用性，普遍性及永續學習性。(Carnegie and Ford Foundations, *Management Education*, 1960)

四、社會大變遷中組織結構必須跟隨經營戰略變動而變動之策略思想 (Social Changes and Strategy Changes)

時代走入 1960～1972 年，美國人權主義高漲，社會暴動不安，年輕人熱中新價值新運動，企業利潤下降，外匯開放浮動，新的企業策略思想隨之產生：

第一、軟性管理的「Y 理論」「性善說」思想出現，補正硬性管理的「X 理論」「性惡說」。(Douglas McGregor, *The Human Side of Enterprises*, 1960)

第二、企業組織「結構」(Structure) 跟隨經營「戰略」(Strategy) 的變化，不可僵固組織及人事，使好的戰略無法執行。(Alfred Chandler, *Strategy and Structure*, 1962)

第三、公司的行為如同個人的行為一樣，是屬於有機體的開放系統 (Open-System) 作用，應避免內部衝突，也必須兼顧本身利益及社會利益，股東利益及員工利益，公司利益與顧客利益間之平衡調整發展。(Cyert and March, *A Behavioral Theory of the Firm*, 1964)

第四、企業經營在「高階決策」的影響力遠大於在「低階決策」的影響力，所謂「差之毫釐，失之千里」，所以每一位經營者，必須重視「戰略」之優劣重要性大於「戰術」之優劣重要性之觀念。因之高階主管首先應把時間及精力放在戰略計劃及決策方面。(Kenneth Andrew, *The Concept of Corporate Strategy*, 1965)

第五、鼓勵員工應該從員工滿意 (Employee Satisfaction) 的根本著手，而不是光在表面上做「敏感性訓練」(Sensitivity Training)。重視員工生涯利益，用「一忙除三害」方法，提高員工士氣，並區分好員工與壞員工。(Frederick Herzberg, "One More Time: How Do You Motivate Employees," *HBR*, 1968)

第六、企業組織「結構」必須跟隨經營「戰略」而改變，尤有進之，公司的經營「戰略」也必須跟隨大「環境」的變化而改變。因之「環境」影響「戰略」，再影響「組織」之 ESS 思想成為高階管理的定律。(Lawrence and Lorsch, *The Organization and the Environment*, 1969)

第七、公司的經理人員不可以太依賴直覺判斷 (Intuition) 及個人間利害接觸關係，而應走向「專業經理人員」(Professional Managers) 之道。(Henry Mintzbery,"The Manger's Job," *HBR*, 1975)

五、劇烈競爭之挑戰及公司重組 (Competitive Challenge and Restructuring) 之策略思想

世界經濟在 1972 年，由於日本公司生產力及品質之提高大量出口，挑戰歐美市場，尤其美國企業遭受日本公司的劇烈競爭，紛紛採取公司重整改造 (Restructuring) 工程，並向日本學習提高生產力之道，在美國企業興起下列策略思想：

第一、公司的經理人是社會大眾股東的代理人 (Agency)，經理人的利益和股東雖不完全一致，但應優先以提高公司股票之市場價值，有利於大眾股票為要。(Jensen and Meckling, *Agency Theory*, 1972)

第二、公司的層級式組織 (Hierarchies) 會影響婦女的晉升，理應避免並補救之。

(Rosabeth Moss Kanter, *Man and Woman of the Corporation*, 1977)

第三、員工的心理障礙會影響員工對學習及應付變革的雙重學習效應，所以應特別注意消除障礙。(Chris Argyris, "Double-Loop Learning in Organization," *HBR*, 1977)

第四、大公司的組織氣氛，常會抑壓具有創新性力量的領袖人物 (Leaders)，反而鼓勵保守性的經理人 (Managers)，這也是很危險的現象，必須設法避免。(Abraham Zaleznik, "Managers And Leaders", *HBR*, 1997)

第五、應該先評審公司所面臨之（五種）競爭壓力，然後再設定公司的經營戰略。(Michael Porter, "How Competitive Forces Sharp Strategy," *HBR*, 1979)

第六、美國經濟不景氣，是由於政府政策脫離作業事實情況及錯誤的投資策略所導致。(Hages and Abernothy, "Managing Our Way to Economic Decline", *HBR*, 1980)

第七、重視客戶，重視品質，重視員工，重視研發創新，重視財務健全，重視社會責任，是「追求卓越」之公司的特色。(Peters and Waterman, *In Search of Excellence*, 1982)

第八、美國企業在世界市場上輸給日本企業的主要原因是輸在「生產線上的品質」。(David Garvin, "Quality on the Line," *HBR*, 1980)

第九、美國企業要能爭回競爭優勢，必須在「成本領袖」，「產品差異」，及「市場焦點」三方面大下苦功夫。(Michael Porter, *Competitive Advantage*, 1985)

第十、傳統會計方法，只記錄保守性的有形活動，但不記載「相關」(Relevance) 但無形的「經濟活動」(Economic Activities)，所以對經理人員已失去決策的參考作用。(Johnson and Kaplan, *Relevance Lost*, 1987)

第十一、女性經理及當母親的女性工作者，對企業已形成重要的工作團隊，不可歧視及輕視。(Felice Schwartz, "Management Woman and the New Facts of Life," *HBR*, 1989)

六、全球化及知識經濟時代 (Globalization Knowledge) 策略思想

從 1987 年至今（二十一世紀開始），經濟活動因政府法規鬆綁 (Deregulation) 而呈現自由化 (Liberalization)，企業由跨越國界限制 (Borderless) 及通訊時間限制 (Cyberization)，到世界各地投資經營，而呈現全球化，競爭變成處處常態，知識變成每日餐點，企業經營也興起不少新策略思想：

第一、無組織無秩序之企業 (Disorganized Business, DB) 必須走入「總體品質管

理」(Total Quality Management, TQM) 階段，才能免於被淘汰，然後再走入「永續學習」(Continuous Learning, CL) 階段，才能保持在主流 (Mainstream) 之內；然後再走入「世界名流」(World Class, WC) 階段，才能領先群倫。(Peter Senge, *The Fifth Discipline*, 1990)

第二、公司必須集中精力在「核心競爭力」的事業產品，並進行一系列創新再創新 (A Series of Innovation)，使別人無法抄襲或抄不勝抄，才是致勝之道。換言之，產品種類不可以貪多神散，備多力分，失去核心焦點。(Prahala and Hamel, "The Core Competence of the Corporation," *HBR*, 1990)

第三、在衡量公司業績表現，不可只用財務指標來記分，而致失衡；應該要把財務及營造相關（銷、產、發、人、財、會、資、採）之指標納入，作平衡記分 (Balance Scoring)，才是正確。(Kaplan and Norton, "The Balance Score Card," *HBR*,1992)

第四、實行「中央均權，地方分權」的聯邦主義方式來管理大企業集團，讓部屬有較大的自主權，但又不超出預定界限，並能快速回饋業績報告。(Charles Handy, "Balancing Corporate Power," *HBR*, 1992)

第五、公司若要「長命」(Longevity)，就應設定長遠寬廣的「願景」及「目標」(Vision and Goals)。(Collins and Porras, "Built to Last", 1994)

第六、時代進入二十一世紀，「新的管理典範」(New Management Paradigm) 已出現，應修正過去二十世紀一百多年來的七個管理假設 (Assumptions) 及其衍生的管理原理原則。譬如「正確」的組織結構只有一個的假設要改，事實上，必須因時、因地、因人、因事、因物而改變理想結構方式；譬如「管理」只應用於「營利事業」(Profit-Seeking Organization) 的假設也要改，事實上，「管理」也可以應用於「非營利事業」(Nonprofit Organization, NPO)；譬如「管部下」的方法只有一個的假設也要改，事實上，不同的下屬，要用不同的方法來對待，尤其對「知識員工」(Knowledge Worker) 更要如同「同伴」來對待；譬如「隔行如隔山」，各行業各有自己的技術、市場、終端顧客的假設也要改，事實上，技術無行界，同行競爭，異行也競爭，非客戶也是潛力客戶；譬如「管理者只管自家公司員工及資產」的假設也要改，事實上，協力廠，供應商，合夥者雖不是自家公司所擁有，但也應該去密切關心它們，因它們影響我們整個營運過程；又如「總經理以管理自家公司內部營運為主」的假設也要改，事實上，總經理也要有企業家精神 (Entrepreneurship)，從事與外界資源相關之「創新、利用、改善、及廢棄」等冒險性工作，同時重視行銷也比重視生產為優先，資訊技術也應重視提供外部新資訊情報內容為重，而非只用更快速技術設備來加工內部舊資料而已。最後，譬如「一國界以內就是經營企業的生態環境」的假設也要改，事實上，企業經營已無國界限制，企業組織應依產品行銷之需要，做全球布局，不受一國界之限制。(Peter Drucker, *New Management Paradigms*, Forbes, October 5, 1998; and Peter Drucker, *Management Challenge for the 21st Century*, 2000)

第七、二十一世紀的企業經營正如要走入「一個不可見的新大陸」(An Invisible Continent) 一樣，這個新的「新大陸」有四大成功因素，⑴正派經營一個「堅實經濟體」，包括 (Real Economy)，傳統或新科技事業，當作「老虎」；⑵利用無國界概念，走入全球市場 (Borderless)，⑶利用快速無時界之網際網路資訊科技 (Cyber)；及⑷尋找低投入成本高倍數產生效益的產品行業來投資 (Multiple)，當作老虎的「新翅膀」（即超越時空之翅膀，及倍數效益的翅膀），以「如虎添翼」之姿態，走入二十一世紀 WTO 的新「新大陸」。（大前研一 (Kenidu Ohame)，*An Invisible Continent*，2001）

第八、「二十一世紀變無窮，優勝劣敗看創新」。（陳定國，上海《遠見》及臺灣《管理》，雜誌 2002）

七、「二十一世紀變無窮，優勝劣敗看創新」——新時代正派專業經理人的觀察力

二十世紀初期，美國採用泰勒的「科學管理」，透過工作方法科學，人才訓練科學，人機配合科學及操作一管理分工科學提高生產力，分享給勞動者及資本者，國力空前強大，贏得第一次（1914～1918 年）及第二次（1939～1945 年）世界大戰，企業經營實力延伸全球。在 1965 年後的二十年，日本急起直追，提高品質，提高生產力，氣燄壓過美國，出口貿易稱霸世界。但在 1985 年後，美國利用多變化的世界經濟社會環境，走向虛擬化的知識創新之經濟隧道，又遙遙領先世界各國。

二十一世紀開始，世界貿易組織 WTO 接受中國大陸及寶島臺灣成為第 143 及 144 個會員，使傳統小池塘的經濟融入新的世界大湖海經濟，我們這些以企業有效經營為手段，來達致民富國強為目標的專業經理人員，應該首先「審時度勢」，然後再「經權致用」，迎戰 WTO 全球市場。

二十一世紀的世界總體大環境必是變動不居，會繼續二十世紀末期的趨勢，朝向以下「三十六化」發展，誰能審其時、度其勢，並萌芽未動，搶盡創新先機者，就是優勝者，否則就是劣敗者。

⑴經濟自由化，企業全球化，競爭劇烈化。

⑵創新快速化，產品短命化，顧客國王化。

⑶科技高級化，應用廣泛化，高品低價化。

⑷工人知識化，上司同伴化，辦公家庭化。

⑸知識電腦化，買賣網路化，通訊對面化。

⑹環境保護化，社區鄉村化，鄉村都市化。

⑺壽命延長化，人口高齡化，退休就業化。

⑻食品健康化，醫療家庭化，運動休閒化。

⑼社會責任化，義工慈善化，福利政治化。

⑽財富平民化，理財股票化，金錢虛體化。

⑾民權高漲化，神權淡忘化，政權變動化。

⑿婚姻淡薄化，子孫平等化，養老自助化。

第二節　偉大企業家的經營策略

在二十世紀這一百年中，世界經濟舞臺由美國、英國、德國、法國、日本等企業所包辦。中國大陸自滿清政府後半朝代一百多年腐敗所拖累，在二十世紀的經濟發展上，沒有什麼值得稱許的地方；寶島臺灣自 1949 年國民黨政府轉進駐佔之後，一切經濟企業學習美、日、歐，國民平均所得自 200 美元提高為 2003 年之 13,000 美元，但因格局狹小，中小企業為多，除王永慶、蔡萬霖、郭台銘、張忠謀、施振榮、曹興誠等等先生較為有名外，難以產生著名的世界級大企業家，所以本節所列舉數名偉大企業家經營策略皆為歐、美、日之流。

影響二十世紀人類生活的大企業家以汽車業及電腦業為貢獻最大者，其次為石油化學業及電器業，再其次為金融業及鋼鐵業，而飲料、食品及零售業再為其次。汽車的發明提高人類移動性，電腦的運用提高工廠及辦公室自動化，石油化學提供新材料，電器使用提高人類享受水平，金融發展增強企業繁榮，鋼鐵支持公共建築，飲料快速食品及零售業的改善促進零售革命顛覆傳統。

一、汽車大王亨利・福特 (Henry Ford)

以偉大的創新精神，開創人類社會高度移動性的嶄新生活方式，以及創造了「薄利多銷」和「流水式生產線」(Stream Line) 經營方式，讓人類受用無窮。

亨利・福特 (Henry Ford) 於 1863 年出生於美國密西根州狄兒本 (Dear Born, Michigan) 的農場家庭。幼年就喜歡把玩機器，10 歲就開始拆卸鐘錶，17 歲時放棄學業到底特律市 (Detroit) 去追求機器夢，特別喜歡用蒸汽機改裝牽引的「自動馬車」。24 歲受聘於愛迪生照明 (Edison Lighting) 公司當機械師，二年後升為主任技師，業餘時間用於研究自己的「自動馬車」。1892 年美國本土的第一輛汽車由查理斯・杜倫先發明，更加強福特研究自己「自動馬車」的決心。

1899 年，福特終於研製出三輛汽車。同年「底特律汽車」(Detroit Motor) 公司成立，福特受聘為製造經理，辭去愛迪生照明公司工作。1900 年，「底特律汽車公司」倒閉。1901 年，福特在一批經銷商支持下，創立「福特汽車 (Ford Motor) 公司」。一年後，因福特花用精力在沒有商業價值的賽車上，公司又告倒閉。兩次創辦汽車公司的失敗，並未磨滅福特的堅強信念，他強烈的創新精神，支撐他百折不撓，勇往直前。

1903 年，福特在煤炭商馬爾科姆遜支持下，又創辦了「福特—馬爾科姆遜汽車公司」，登記股本 10 萬美元，現金股本 2.8 萬美元，兩人各佔 25%，另 50% 為小股東所有。同年後來，公司名稱改為「福特汽車公司」(Ford Motor Company)。此次福特取起前車失敗之鑑，把經營方針集中在市場所需之大眾化 (Popular) 汽車上，並設法聘請 12 名有豐富經驗之技工，果然成功；在 1904 年，福特公司生產 1,700 輛汽車。他繼續領導自己的技術部門，全力以赴，努力創新，參考別人汽車的優點，包括法國的雷諾 (Renault) 汽車在內。

1908 年，聞名世界的福特 T 型車 (Model T) 誕生，代表福特創新精神輝煌碩果，在 1998 年 4 月 13 日，美國《時代雜誌》(*Time*) 將其列為二十世紀文化科學領域十大企業事件之一。到 2003 年 6 月 16 日，美國福特汽車公司慶祝一百周年生日，由老福特的曾孫，比爾福特 (Bill Ford) 董事長主持慶祝會。

福特聘請詹姆斯・庫茲恩 (James Kontzne) 為行銷總經理，實行「薄利多銷」策略，把每輛車售價定在一般人買得起的 990 美元，銷售大增，以後一路大量降低，大量銷售。從 1908 年 990 美元，降到 1910 年 850 美元，而到 1925 年的 240 美元。

總銷售量到 1927 年 T 型車生產線關閉時，總共有 15,458,781 輛。在第一次世界大戰結束時 (1914 年)，福特汽車已經是世界各國最大的汽車廠商。生產速度曾是 10 秒鐘一輛汽車完成。

福特的大量生產是泰勒先生「科學管理」精神的應用。他在 1910 年把泰勒在美國鋼鐵業的流水線 (Stream Line) 生產原理，應用到新建的工廠，供工件如流水般往一臺機床流向另一臺機床。不僅零部件用輸送帶加工法，到了 1913 年，連整車裝配也用底盤流水線輸送裝配法。1914 年 1 月 14 日更進步到在全過程鏈式「總裝傳送帶」(Total Assembly Conveyor) 兩邊，安裝了移動式零部件供給線懸空式輔助傳送帶。進去的是零件，經過傳送帶的流動，流出來的是一輛一輛汽車，最快時只需 10 秒鐘（1925 年 10 月 30 日）就流出一輛汽車。從此流水式生產線 (Stream Production Line) 的「福特制」就成為世界各行各業生產工廠之典範生產方法。

福特採取「大量生產」,「薄利多銷」策略的同時，也大幅提高工資。在 1913 年 10 月，工人的最低每日工資是 2 ～ 4 美元，1914 年提高為 5 美元。他也實施工人每人「6 小時工作日」,「5 日工作週」的工人福利政策。這些「以人為本」的作法不僅使他獲得精銳的勞動大軍（1914 年他用 1.5 萬名員工生產美國汽車產量的 50%，另外 50% 由其他 300 家汽車廠用 6.6 萬名員工所生產），改善了勞資關係，同時也控制了工人，誘使工人拼命工作，賺錢來買低價的汽車，使福特公司更賺錢。

1919 年，福特買下其他股東的股本，使福特汽車公司成為福特家族的獨資企業。1927 年 5 月，T 型車被市場上通用汽車 (General Motors) 的日新月異的競爭新型車所淘汰而停產。1928 年 10 月 21 日，福特 A 型車問世，又恢復市場佔有率 34%。福特汽車最興盛時的市場佔有率曾達 70%。

在 1941 年，日本偷襲珍珠港，美國參與第二次世界大戰（1939 ～ 1945 年），福特年齡已經 77 歲，依然建廠製造 B-24 轟炸機 8,000 架，及坦克車，裝甲車，水陸兩用戰車，軍用卡車等等軍火產品。

福特的貢獻是偉大的「創新精神」,「人本主義」,「大量生產，大量降價，大量銷售」（即「薄利多銷」）以及發明「福特制」流水線生產方法。他的缺點是「生產導向」,「孤芳自賞」, 及「剛愎自用」。老福特獨子愛迪舍・福特 (Edsel Ford) 於 1943 年經營高壓力下，鬱鬱寡歡而英年早逝，他本人於 1947 年 4 月 7 日去世，享年 84 歲。他的孫子亨利・福特二世 (Henry Ford, Jr.) 於 1945 年 9 月 30 日，從他爺爺手上，接下總經理職位，1947 年他爺爺去世後再兼董事長，延用麥克馬拉等英才，重振福特汽車公司的經營雄風。1979 年 10 月 1 日，62 歲的福特二世，因逼退艾可克，公司業績下降，被迫辭去董事長職務，並於1982年正式退休。

2003年4月份《財星》(*Fortune*)500大企業排名榜上，福特汽車排列第四，銷售1,636億美元，虧損4.8億美元。比2001年之銷售1,806億元，利潤35億元之業績相差甚大，顯示市場競爭劇烈。

二、通用汽車 (General Motors)

通用汽車的杜蘭 (W. Durant) 和史隆 (A. Sloan) 以超級開山購併及行銷導向奇才，營造企業王國之王。

美國是世界的汽車王國，而汽車王國中之汽車大王福特並未能稱霸超過三十年。在1927年之後，美國的汽車霸主由通用汽車公司 (General Motors, GM) 接手，一直到2003年的今日。2003年世界500大企業排行榜中，通用汽車排列第二（從1956到1999年的第一名，掉為第三名，落後於Wal-Mart），銷售額為1,867億美元，淨利17億美元。從1905到1927年，通用汽車公司原先都落後於福特汽車，但是利用杜蘭 (W. Durant) 的開山始祖及史隆 (A. Sloan) 的中興之主的角色扮演，使通用汽車後來居上，一直領先福特汽車直到今日（2003年）。杜蘭為「創業天才」，史隆為「管理天才」。

1981年，威廉・杜蘭 (William C. Durant) 出生於美國麻薩諸塞州波士頓市 (Boston, Massachusetts)，比亨利・福特早生三年。杜蘭17歲時失學，到處打工。1980年代末期，他開設自己的馬車製造廠，生意興旺。但二十世紀伊始，美國城市開始出現小轎車（1899年福特已經研製出三輛汽車了），威脅著馬車的未來生路。一葉落而知秋，1904年，杜蘭果斷放棄那財源滾滾的馬車製造業，將自己1,200萬美元的全部儲蓄投資處於困境之中的別克汽車公司 (Buick Motor Company)。這些投資比福特第三度建公司的股本10萬美元大很多。

杜蘭是創業式天才，不甘於經營一家別克公司，於1908年秋季，經由參股、兼併、收購、聯營 (Joint-Venture, Merger, Acquisition, Alliance) 等方式，把別克 (Buick)、奧克蘭 (Auckland)、歐茲 (Oldsmobile)、凱迪拉克 (Cadillac) 四家大汽車製造公司，以及另外五家較小的汽車製造公司，三家卡車製造公司，十家汽車零配件公司，以及加拿大麥克拉夫林推銷公司，合併成通用汽車公司 (General Motors Company)。這時，福特汽車已經推出T型車 (Model T) 在大量銷售中。在1917年10月13日，杜蘭在德拉瓦州 (Delaware) 成立通用汽車股份有限公司，用調換股票方法，取得原通用汽車公司的全部股權，於 1917 年 8 月解散原通用汽車公司。杜蘭從 1904 年創業，到 1908 年就成為足以與福特公司抗衡的領導地位。

杜蘭雖有創業的奇才，但不善於經營管理大型企業的組織結構及內部作業制度，仍然沿用傳統「作坊式」（指小工作坊，Workshop）隨意而為的落後管理方式，獨斷專行，不用專業經理團隊，經營業績不振，債臺高築，終於為了避免公司倒閉，以股票信託方式，向投資公司借入 1,500 萬元資金，並辭去總經理職務，退出「通用汽車」。杜蘭離開通用汽車後，參與路易斯雪佛蘭汽車公司 (Chevrolet Motor Company) 之經營，獲得巨利，再大量收購經營情況不佳之通用汽車公司股票，到 1916 年 6 月，重掌通用大權，就任總經理。

重掌通用大權的杜蘭，重施購併手段，使公司規模擴大八倍，成為一家空前的「超級企業」，但是在管理方面，仍然沿用老套方法，使公司經營處於極度混亂中。到 1920 年，通用汽車再度陷入困境，債台高築，是年「福特」汽車公司市場佔有率上升為 45%，而「通用」市場佔有率急降為 17%，杜蘭自感回天乏力，只好再度辭去通用汽車總經理之職，於 1920 年初，永遠離開通用公司及汽車業，這也是為什麼目前很少人知道杜蘭這個名字的原因。

杜蘭的創業「戲法」很傑出，一直影響二十世紀及二十一世紀的企業發展方式，他所創辦的超級企業通用汽車，也成為二十世紀世界企業艦隊之「旗艦」。但是杜蘭的經營管理是落後的農業社會方式。他是成於創業冒險家精神，敗於落伍的管理方式。杜蘭退休後回老家隱居，經營一家滾木球遊戲場及一家賣漢堡的小餐館，於 1947 年去世，享年 86 歲；老福特也是在 1947 年去世，享年 84 歲。

1920 年初，杜蘭離開通用汽車公司之後，由大股東杜邦 (Du Pont) 家族的皮埃爾杜邦 (Pier Du Pont) 擔任公司董事長兼總經理，他十分賞識史隆 (Alfred Sloan) 所提出的「改革整頓」建議計畫，委任他擔任常務副總經理，從此通用汽車公司走入「中興」之途，造就曠世經營奇才「通用模式」——分權自主管理及協調控制。

史隆於 1875 年 5 月 23 日出生於美國康乃狄克州 (Connecticut)。1896 年畢業於麻省理工學院 (MIT) 後，進入海厄特軸承公司 (Howard Boeing) 工作，1916 年通用兼併海厄特公司，1918 年升為通用的副總經理，1921 年被委為常務副總經理，1923 年 5 月，又被杜邦董事長委任為總經理，1924 年改任總裁，直到 1956 年退休，一共在通用汽車公司服務了 40 年。

史隆在皮埃爾杜邦董事長大力支持下，對通用公司進行一系列的改革。史隆首先分析杜蘭開創「通用」的經驗及教訓，提出「分權經營，協調控制」(Decentralization and Coordinated Control) 的管理模式。

史隆把公司的職能分為兩類；即「決策」職能及「執行」職能。公司「董事會」是「決策」機構，它再分「業務經濟」委員會及「財務總控」委員會。「總管理處」（總公司），「各事業部」（分公司），及各營業處、工廠等三級為「執行」機構。總管理處（HQ，總公司）對各分公司或事業部 (Division) 的生產技術、生產計劃及財務進行協調控制。但各公司事業部的生產操作、行銷活動按不同產品別、地區別，所劃分的利潤中心之工廠及營業部門則獨立經營，單獨核算盈虧。對整個集團而言，既相互配套，融為一體，又相互競爭，相互促進。

史隆對總管理處之下屬工廠也作重大調整，將資金集中於轎車、卡車、拖拉機及相關產品，而放棄對鋼鐵、橡膠、皮革、玻璃等部門的投資。對二級單位的各分公司則加強協調控制，以避免兄弟間過度相互競爭，而自相殘殺。另外在採購方面，對汽車零配件規格進行標準化及通用化，使各車種的零配件可以互相流用。

史隆希望在保留競爭力的有利彈性條件之同時，也享有「規模經濟」的好處。所以讓轎車、卡車、零件、金融、及各利潤中心單位，擁有較大的核決自主權，其領導人成功者則獲獎賞，失敗者則讓位。經此改造，確實給「通用公司」這個龐大的企業機器，注入一般小型公司所常具有的活力，亦即要求「大」中有「小」，眾「小」個個強。

在行銷及產品發展戰略方面，史隆也提出著名的及「四條原則」(Four Principles)：「分期付款」(Installment)、「舊車折價」(Trade-In)、「年年換代」(Annual Absolution) 及「密封車身」(Enclosed Body)。

在「分散經營，協調控制」及「四條原則」的實施下，通用汽車迅速發達起來，市場佔有率從最低的 1921 年的 12%，上升為 1923 年的 20.2%。到 1928 年，通用汽車第一次超過福特汽車（福特汽車在 1927 年停產 Model T 車），從此以後，通用一直是美國汽車業的老大哥。1929 年，GM 的市場佔有率又升為 32.3%，1941 年超過了 40%，大大壓過主要對手福特汽車。

1956 年史隆退休時，通用汽車的市場佔有率上升為 53%，幾成壟斷之勢。與 1920 年代杜蘭掌舵之時相較，已是天壤之別。史隆的「分散經營（分權），協調控制（控制集權）」及「分期付款（先享受後付款），舊車折價（換高檔新車）、年年換代（系列性研發創新）、密封車身（與馬車區隔）」的經營原則，使他贏得「管理天才」美稱。至今他的名字尚留在麻省理工學院的「史隆管理學院」(Sloan School of Management) 及史丹佛大學的「史隆高階管理計畫」(Sloan Program in Top Manger)，永垂不朽。

三、豐田汽車 (Toyota Motor)

以「三河商法」與豐田「零庫存」生產方式，成為日本工業「王中王」。

2002 年《財星》(*Fortune*) 全球 500 大 (Global 500) 企業排行榜中，日本豐田汽車公司 (Toyota Motor) 列名第十，銷售額 1,208 億美元，淨利 49 億元，比 2001 年排名第十，銷售 1,214 億美元，淨利 43 億美元之業績，相差不多。1999 年英國《金融時報》(*Financial Times*) 評選世界聲望最佳公司中，豐田被列為第五名，為「世界第一汽車」，超過通用汽車的聲望。

豐田汽車創於 1973 年，由豐田喜一郎主持。但是創立汽車業的念頭不是來自豐田喜一郎，而是來自他的父親豐田佐吉。豐田佐吉於 1866 年出生於日本愛知縣的農民家庭。年輕時投身於織布機，1894 年，他研製出自動回線織布機，有很好效能，所以籌措資金，開辦織布機工廠。1910 年，豐田佐吉已經 44 歲，赴美國考察，對美國正興起的汽車發生濃厚興趣，認為汽車時代將來臨，回日本後，便把主要精力移轉到汽車研製上。當時，他的「豐田自動紡織機」已經在日本及上海市場上很有名聲。1923 年 9 月 1 日日本關東大地震，把他的汽車研究耽擱下來。

1924 年美國福特汽車公司到日本設立分公司,1927 年通用汽車也在日本設立公司，對豐田佐吉刺激很大。為了加快他的汽車事業，他讓剛從東京大學畢業的長子豐田喜一郎主持這項工作。在汽車尚未投放市場前，豐田佐吉就離開人世，享年 64 歲。他給兒子的遺言是:「我造織布機為國盡了忠，你就以製造汽車為國盡忠吧!」

豐田喜一郎始終牢記父親遺囑，在 1931 年完成小型汽油引擎研製工作，1933 年時豐田自動織布機製造廠成立汽車分廠，1935 年 11 月生產第一輛豐田汽車 A1 型小轎車，不久又研製出 G1 型卡車。喜一郎經營有方，不斷發展，於 1937 年 8 月成立「豐田汽車工業公司」(Toyota Motor Company)，比起美國福特汽車公司（1903 年）要慢 34 年，比起通用汽車公司（1908 年）要慢 29 年。

第二次世界大戰以後，受日本經濟災難的影響，豐田汽車公司債臺高築，1945 年豐田喜一郎不得不引咎辭職，由非豐田家族的石田退三接任總經理。石田退三力挽狂瀾，使豐田汽車再度振興。

在 1967 年，石田退三讓位給東京大學工學部畢業生豐田英二。在英二領導下，豐田汽車飛躍發展，在 1978 年全世界各大汽車公司都賠錢（第二次石油危機）之時，只有豐田汽車盈利 5 億美元。由豐田汽車公司兼營的豐田自動織布機製造廠、豐田紡織公司、愛知鋼鐵公司、東和不動產公司、豐田通商、日本電氣公司等等，也都生意興隆，蒸蒸日上。

在 1981 年，豐田英二退任董事長之職，推舉豐田喜一郎的兒子豐田章一郎繼任總經理。在章一郎統領下，豐田繼續發展，對美國出口節節上升，令美國同行坐立不安。在 1968 年，日本汽車佔美國市場不到 3%，但到目前 2003 年已經佔 33%，可見豐田汽車在經營上的競爭優勢。

豐田汽車的競爭優勢建立在「三河商法」，又稱「豐田商法」，之上。因為豐田汽車公司的工廠集中在日本愛知縣的三河地區，而公司的高級經理人員及大部分員工，都是三河地方人，所以他們自稱「三河忠誠集團」，而將公司的經營戰略稱之為「三河商法」。三河商法包括三個主要原則：第一、「批量生產」(Mass Production)；第二、吝嗇（節約）精神 (Cost Saving)；第三、無貸款（無債）經營 (Zero Debt)。這三部分是一個整體的三小部分，並互相影響。

第一、所謂「批量生產」（訂貨生產）就是豐田式無存貨 (Zero-Stock)、杜絕浪費的工廠生產方式，從人的自動精神，推衍到機器的自動精神 (From Human Automation to Machine Automation) 來杜絕浪費，其具體表現就是生產工序「非常準時」(On-Time or Just-In-Time, JIT)，把傳統的「由上道工序把工件傳給下道工序」的方式，改為「由下道工序向上道工序領取工件」的生產方式（即由後向前要求）(Bottom-Up)。要能如此，必須有「三準確」(Three Accrue)：⑴準確必要的「工件」(Ports)，⑵準確必要的「時間」(Time)，⑶準確必要的「數量」(Quantity) 到位。而所謂下道工序就是「顧客」。換言之，由「顧客」的需求來嚴格要求不多不少，以及準時供應的工件。為了確保「三準確」，所以要用「流程卡」(Flow Card)（分為「領導指令」、「生產指令」、「運送指令」）。而流程卡由後道向前傳遞，保證前道工序所產生的或購買的「工件」，正是後道工所需要的工件及數量，如此方能杜絕流程中的積壓與浪費。

「非常準時」(JIT) 的工序不只在工廠內實施，也從工廠延伸到市場行銷。本來「由下道工序向上道工序領取工件」和「三準確」（工件、時間、數量）的制度，是為工廠大量生產及降低成本而設想的。現在則延伸到行銷部門，就是要保證實現「完全銷售」及「訂貨生產」(Order-Made)。豐田公司對「準時代」的努力，自然造成各工序「無存貨」(Zero-Stock) 後果。各工序「準時」(On-Time) 不早到，不晚到，也就「無」存貨的必要，這對豐田汽車公司的效率提高影響巨大。

第二、所謂「吝嗇精神」就是為了「生產廉價車」而發展出來的作法。其意義是指凡花錢必須用在刀刃上。在買機器時，很大方，一定買第一流的機器，再用第一流的工作精神，生產一流的產品。但是對非生產性的開支就要十分吝嗇，譬如咖啡杯，用粗瓷碗，不用精緻瓷杯。工作的時候，就要認真工作，不可拖泥帶水浪費時間，工作做完就可以回家，不要逗留浪費時間。燈光、自來水、文具用物、食品飲料等等，能省就省。產品品質一次就要做好，不可重做，不可做壞，以致浪費原料、工時、工資、水、電、機器折舊費等等。

豐田的吝嗇精神導出「無缺點」及全面品質控制的合理化制度，從「產品設計—原料—零件—製造—檢查—銷售—市場調查」，整個循環過程都要做到「無缺點」及「連續改善」(Continuous Improvement)。換言之，降低成本及品質保證（不送次品給下一工序）是一體的兩面，都是為了爭取顧客的歡心。

第三、所謂「無貸款經營」就是儲備自有資金供經營發展之用，不向別人借債、欠錢。所謂「自己的城池自己守」就是指「無債經營」。這是第二代經營者石田退三有鑑於第一代創業經營者豐田喜一郎因債臺高築而辭職所提出的原則，得到豐田家族的支持。要做到「無債經營」則有約法三章：⑴賺錢之年，少分股利，多儲準備金，擴大資本額。⑵實行全部固定資產折舊償還制度（即高提折舊準備金）。⑶設備投資一律不使用銀行貸款（即無累積足夠資金，不開動新投資方案）。從此，豐田汽車公司的經營發展不受經濟不景氣所帶來的高貸款利息之阻礙。

三河商法使豐田汽車保持「只生產賣得出去的車」及「生產廉價車」的理念，以豐田汽車銷售公司來帶動豐田汽車生產公司（市場顧客導向），並佔日本市場 50% 以上及世界市場的好銷量。

四、奔馳—戴姆勒 (Benz-Daimler)

以「絕無僅有三服務」成為世界名牌第一車。

2002 年《財星》全球 500 大 (Global 500) 企業排行榜中，德國戴姆勒—奔馳 (Daimler-Benz) 汽車公司合併美國克萊斯勒 (Chrysler) 汽車之後，列為第七名，銷售額 1,369 億美元，虧損約 6 億美元，比 2001 年之排名第五，銷售 1,501 億美元，淨利 49 億美元差很多。

1999 年 11 月 30 日《英國金融時報》(*Financial Times*) 評選世界聲望最佳公司中，奔馳列名第六。奔馳曾被評為世界第一車，人們喜歡汽車，以擁有奔馳車為正宗的紳士地位代表。

德國人卡爾・奔馳 (Carl Benz)，生於 1844 年，父親是火車司機，上過技術學校，做過小機械修理廠。在 1886 年研製出由馬達發動之馬車式「三輪汽車」，這是世界上最早的汽車，比美國 1892 年的三輪汽車為早。所以奔馳先生是世界汽車之父。戈特利布・戴姆勒先生 (G. Daimler)，生於 1834 年，家裡是麵包店，從小對機械有興趣，學過槍枝修理，在機械公司當技術主管。在 1890 年研製出內燃發動機高速轎車。1926 年 6 月，奔馳和戴姆勒把兩家企業合併聯予成立「戴姆勒一奔馳汽車股份有限公司」(Daimler-Benz Motor Company)，一般簡稱奔馳公司（另有稱朋馳，或賓士公司者）。奔馳車的安全、節能、耐力與速度，均享譽世界。到 1939 年為止，奔馳在各種世界性汽車比賽中，76 次獲勝，17 次打破世界紀錄，向消費者提供 3,700 種型號的奔馳車，打下高級耐磨車之王位。

本來戴姆勒汽車的速度比奔馳車快，質量又較好，所以 Daimler 車以後來居上之勢超越了 Benz 車。Daimler 的 1900 年新車，又以女兒名字「梅賽德斯」(Mercedes) 為名，如虎添翼，暢銷市場。1918 年第一次世界大戰結束，美國福特的 T 型車以流水線生產方式，大量低價，銷往世界市場及德國市場，奔馳與戴姆勒兩家汽車廠均處於危機之中。1926 年 5 月，奔馳先生專程拜訪戴姆勒先生，促成 1926 年 6 月「戴姆勒一奔馳汽車股份有限公司」的成立，此時，奔馳已是 82 歲之人，而戴姆勒更是高齡 92 歲。之後不久，他們便離開公司，但卻為公司建立了永續經營的生機，使奔馳先生的行銷經營奇才和戴姆勒先生技術質量高超，精益求精的執著精神，得到完美的結合。「行銷」與「技術」攜手合作，就是經營成功的必勝祕訣。驗之於二十世紀及二十一世紀初美國及臺灣高科技電子電訊、電腦企業的經營方法，無不吻合。即自己掌握「行銷」與「技術」，把「生產」委外託工 (Outsourceing)，走上虛擬組織 (Virtual Organization)，無國界 (Borderless) 的全球營運大道。

戴姆勒一奔馳汽車公司合併成立之後，奠定了堅強的生產基礎，技術基礎與人才基礎，並提出了至今令人讚嘆的無價之寶——絕無僅有的「三服務」(Three Services) 經營要訣。長久吉星高照，安然渡過以後多次的世界經濟危機。雖然買一部奔馳車之價格可以買二部日本車，但是有錢的日本人還是喜歡買奔馳車。雖然美國福特 T 型車曾壓得奔馳車喘不過氣來，但是在美國市場，奔馳車進口越來越多。

所謂絕無僅有的「三服務」是指：第一、「保你滿意的產前服務」(Pre-Production Services)；第二、「無處不在的售後服務」(After-Sales Services)；第三、「領導潮流的創新服務」(Leading Innovation Services)。「保你滿意的產前服務」是指奔馳有 140 多個品種，3,700 多種形式，保證任何不同的需要都能得到滿足。奔馳車廠裡未成型的汽車上掛有牌子，上面寫著顧客的姓名、車輛型號、式樣、色彩、規格和其他特殊要求。來取貨之顧客驅車離去時，奔馳公司還會贈送一輛可作為孩子玩具大小的奔馳車，使車主的下一代對奔馳車開始產生興趣，爭取一代代皆為奔馳客戶。

「保證品質」(Quality Assurance) 是產前服務的中心，首先奔馳有堅強的生產技術員工團隊，有 52 個培訓中心，每年維持 6,000 人在受訓。其次奔馳實施嚴格的 42 道工序檢查。外廠供應的零組件若有一個不合格，則全批退貨。工廠有定期質量抽查制度，由董事會、工廠代表及技術人員組成抽查小組，每兩週對一批九個單位進行檢查，遇上問題就地解決。工廠裡從事質量控制的檢驗人員佔員工總數的七分之一。

「產前服務」不僅產品種類規格合乎要求，品質保證，同時包括產前的設計與研製。在 1990 年，奔馳有一萬名員工從事研究發展及設計研製，其研發費用佔總銷售額 4% 以上。

「無處不在的售後服務」是指「駕駛奔馳車無後顧之憂」。奔馳公司在德國設有 1,700 多個維修站，雇有 5.6 萬人做保養、修理工作，在公路上，平均不到 25 公里就可看到奔馳車維修站。在全歐洲有 2,700 多個維修站，在全世界有 5,000 多個。奔馳車一般每行駛 7,500 公里需要換機油一次，行駛 1.5 萬公里需要檢修一次；只有做到「無故障率」，才能讓客戶知道，買「奔馳」就是買「安心」。

所謂「領導潮流的創新服務」，就是領導全世界汽車發展的潮流，為顧客提供走在時代前端的創新服務。卡爾・奔馳先生本是世界汽車的鼻祖，他的火星塞點火原理，至今每一輛汽車還在採用。1936 年的柴油發動機小轎車也是世界第一，1938 年 230 馬力，八汽缸壓縮發動機的大 Mercedes（梅賽德斯）也是世界第一。在 1973 年推出 Mercedes 450sel 6.9 車，以其技術尖端性，被評為最佳汽車。在 1980 年代推出「前低後高」，弧形曲線車型，也是領袖群倫。1990 年代，又獨家採用可以壓縮汽車容積，同時又能增加馬力的四油門汽缸技術。

在質量、美觀、安全、節能等方面，奔馳公司在同行中，一直領袖群倫。譬如框形底盤的承載式焊接結構之使用，安全客艙之設計，套管式轉向柱之設計，電子裝置控制輪胎的 ABS 剎車系統，自動空氣動力調節系統，以及方向盤上安全氣墊之設計等等，都是奔馳公司領導潮流的創新服務，提高客戶的信心。

奔馳一戴姆勒公司的絕無僅有「三服務」戰略，使它成為德國工業的代表公司，也是世界汽車業的長春巨人。在 1998 年，Daimler-Benz 與美國克萊斯勒 (Chrysler) 合併，成為「戴姆勒克萊斯勒」(DaimlerChrysler) 汽車公司。雖然合併後美國部分的 Chrysler 工廠業績未見改善，但是德國 Daimler-Benz 部分依然業績傲人。

五、藍色帝王 IBM

澳森 (Watson) 堅持「三條信念」，用電子計算機（目前改稱「電腦」）實現了辦公室自動化。

汽車的普遍使用提高了二十世紀人類行動的移動性，而電子計算機的普遍使用則提高了工廠機械化及辦公室自動化的程度，對人類的貢獻極大，有人評估汽車及電腦是二十世紀人類科技發明的第一名及第二名。

科技學術界認為，蒸汽機 (Steam Engine) 的應用是世界第一次工業革命的標誌，發電機 (Generator) 的應用是第二次工業革命的標語，而電子計算機 (Computer) 及電子產品的應用則是第三次工業革命的標誌。而第三次工業革命的「領頭羊」就是被稱為（藍色帝王）(Blue King) 的 IBM 公司。當然，在企業管理學界的認為第一次工業革命的代表是蒸汽機發明（1750 年）及應用，使工廠生產力提高。第二次工業革命的代表是「科學管理」運用（1875 年開始），使工廠生產力更提高，還消除了勞工與資本主間之對立鬥爭。第三次工業革命的代表是電腦—電訊結合所形成之全球網際網路 (Internet)，使公司生產力更為提高。其間關於電力使用於工廠，機械化及自動化等等，都是追求提高生產力及競爭力的手段。無論如何，電腦的普及應用，對人類生活確實影響很大。

雖然在 2002 年《財星》全球 500 大企業排行榜中，IBM 排列第十九名，銷售額 859 億美元，淨利 77 億美元，已經被擠出十名之外（2001 年之排名也是第十九名，銷售 884 億美元，淨利 81 億美元，兩年相較，表現很好）。但在 1983 及 1984 年，它的淨利為 55 億美元及 66 億美元，居世界工業世界之冠。1990 年世界經濟不景氣，1991 年 IBM 的利潤仍有 55 億美元，繼續居世界第一的寶座。1999 年《英國金融時報》評定世界聲望最佳公司中，IBM 列第四名。

IBM 的創辦人湯姆斯・澳森 (Thomas Watson) 1877 年生於一個蘇格蘭和愛爾蘭混血移民農家。17 歲時便出外做工，趕馬車到農民家推銷鋼琴、風琴和縫紉機，作為一個推銷員，澳森為人談吐文雅，風度翩翩，機警，有魅力。19 歲時遠離家鄉到紐約州水牛城找工作，先開肉舖，後受雇於「國民收銀機公司」(National Cash Register Company, NCR)。NCR 的總裁名叫約翰・彼特森 (John Peterson)，號稱「現代推銷之父」，在美國商業史上很有名聲。澳森在彼特森手下工作 18 年，學得不少經營事業之道，對彼特森很崇敬。澳森 37 歲離開 NCR 後，於 1914 年受聘為「計量製表記錄公司」(CTR) 經理，雖然當時 CTR 負債累累，瀕於倒閉，但澳森看出美國經濟社會正在飛速發展，大公司逐漸陷於大量文書工作中，急須找到解脫方法，他認為辦公室自動化工具會越來越看好。

他進入 CTR 公司後，專心做「三信條」，第一、花大力氣改進主產品製表機 (Table Machine) 的生產及性能；第二、運用從 NCR 彼特森學來的銷售技巧，大力行銷，並加以創新（如制訂公司口號及歌曲、辦公室小報及小學校）；第三、重視「人本主義」，如告訴員工，他需要他們，不會輕易解雇任何人等。澳森對 CTR 很有信心，有錢就用來買公司股票。等到有了控制權比例時，在 1924 年把 CTR 改名為「國際商業機器」(International Business Machine, IBM) 公司。雖經歷 1929 年經濟蕭條考驗，澳森不僅不縮收業務，反而擴大生產。當 1933 年美國政府實施「國家恢復法案」，即羅斯福總統的「新政」(New Deal)，IBM 就得到好機運。1935 年，IBM 的穿孔機成為美國商業辦公機器的最大供應商。在 1936 年，美國政府公布全美最高收入者排行榜時，IBM 的澳森先生列為榜首，當年收入 36.5 萬美元，可真「日進千金」。

在 1939 年，紐約市舉行世界博覽會，IBM 得到與通用汽車 (GM)，通用電器（奇異、GE）等世界一流公司的相同待遇。為此，澳森抓住契機，投入 100 萬美元，等於 IBM 一年十分之一的收入，舉辦「IBM 日」，使 IBM 聲名大噪。澳森不僅注意「行銷」及「生產」，也很注意企業形象及道德觀念。當時在第二次世界大戰期間，IBM 也製軍品，但規定為政府生產的軍需品的利潤不得超過 1%，公司要賺錢應該從自由市場去賺，不可賺政府的錢。

1946 年 9 月，「IBM–603 電子乘法器」問世；1947 年，IBM–603 計算器增加除法功能。這些都代表澳森很重視研究發展與開發新產品。小澳森 (Thomas Watson, Jr.) 於 1914 年出生，在大學畢業後，於 1937～1938 年進入紐約 IBM 銷售學校受訓兩年。1939 年，第二次世界大戰爆發，小澳森參加空軍，接受鍛鍊。1946 年 1 月退伍，回到公司工作。1947 年擔任 IBM 副總裁，分管行銷部門，這是老澳森最為看重的部門。小澳森掌管行銷工作，展露能力及自信，並物色及重用更多有才華的行銷專家，這對 IBM 這個新生小伙子，在電腦界打敗老將 GM（奇異）及 RCA 之電腦事業部之戰役，很重要。

老澳森在 1949 年初再組建「IBM 世界貿易公司」(IBM World Trade Company)，由小兒子迪克 (Dick) 負責，而由小澳森於 1949 年 9 月晉升 IBM 執行副總裁 (EVP)，成為第二號人物。小澳森當了 EVP 之後，在父親支持下，大膽採用真空管 (Vacuum Tube) 及電子線路技術開發新產品。自 1950 年起 IBM 大量招聘電子技術人員，前所未有，達 2,000 人。韓戰（1949～1954 年）爆發後，IBM 投入鉅資開發高性能大型計算機，並取名為 Defence Computer（國防計算機），二個月馬上接得訂單，走入大型計算機的巨大市場。

1952 年 1 月，77 歲的老澳森先生專任董事長，小澳森出任 IBM 總裁。1952 年 12 月，IBM–701 計算機設計、製造完工，在 1953 年 4 月正式投入運行，有 150 位美國頂尖科學家和商界領袖參加慶典，這是人類極端智慧的大貢獻（用原子彈之父羅伯特奧本海默的稱語）。1954 年，大型電腦 IBM–740，IBM–750 相繼進入市場，數據處理業務大為發展。民用型電腦 IBM–702 也在 1953 年問世，後來裝配由華人電腦專家王安發明的「記憶磁圈」的改進型 IBM–702 電腦，一舉打敗市場上同類型的小型電腦，確立了 IBM 在商用電腦市場的壟斷地位，RCA 及 GE 等老牌電器公司都退出電腦市場，小弟打敗大哥，此一例也。後來又推出物美價廉的 IBM–650 型小型計算機，在市場上暢銷，從此電腦正式進入人類進化歷史的不朽地位。

1956 年 5 月，老澳森正式交班，把董事長職務交給小澳森，6 個星期後，與世長辭，使人類永遠懷念他對資訊產業 (Information Industry) 的偉大貢獻。在完成父親葬禮當天，小澳森宣布繼承老澳森的成功三信念：第一、尊重員工個人的信念；第二、尊重客戶的信念；第三、用理想去執行一切任務的信念。

所謂「尊重員工個人的信念」(Respect to Employees)，是指老澳森在日常管理中，很注意尊重員工人格，啟發員工自己尊重自己；想方法調動員工的積極性 (Aggressiveness) 及主動性 (Initiative)，使大多數員工都有一種忠於企業 (Loyalty)，獻身企業 (Contribution) 的精神，使其潛能 (Potential) 得到極大的發揮。

所謂「尊重客戶的信念」(Respect to Customers) 的經營宗旨，並用空前規模的行銷活動 (Marketing Activities) 來體現。首先老澳森親自選拔那些瞭解市場，有演員才能，有牧師般宗教狂熱的人。第二、將他們組成 IBM 推銷隊伍，講授推銷藝術，訓練他們掌握市場銷售知識。第三、派遣他們前往世界各地，以開設資料處理訓練班為推銷 IBM 機器的行銷工具，機器操作示範人員配合推銷講授人員，場場爆滿，成果非凡，在企業史上，IBM 的市場行銷活動，是空前首創的佳例。

所謂「用理想去執行一切任務的信念」(Doing Best to Do Job)，是指每位員工都要具備樂觀 (Optimistic)、熱忱 (Enthusiastic)、進步 (Progressive) 的卓越精神理想，來從事推動每一工作任務，敢於承擔別人不敢承擔的具挑戰性的棘手任務，成為推進世界往前進步的貢獻者。由於有這樣的一支創業理想員工隊伍，前面兩條信念才得以保障，才能面對強勁競爭對手，使 IBM 佔據上風，橫掃千里。

在小澳森繼承其父三信條的領導下，IBM 在 1958～1959 年相繼推出第二代計算機 IBM–1400, IBM–7000 產品，確立至今不倒的電子計算機霸主地位。在 1960 年代，又研製出工商界及科技界皆可共用之 IBM–360 型系統，訂單如潮水般湧入。1977 年，蘋果電腦公司推出個人電腦蘋果 2 型 (Apple 2)，十分暢銷，IBM 原本對微電腦不屑一顧，但看到市場反應，立即跟進，並打出「大小隨意，應有盡有」的廣告。只花二年時間，大型電腦的霸主 IBM，又成了微電腦 (Personal Computer, PC) 市場的龍頭老大。像 2002 年的電腦市場之明星企業，微軟 (Microsoft)，英特爾 (Intel) 等，都是當年為 IBM 提供配套件的供應商，它們是搭上 IBM 這東西「巨型列車」而騰雲的得益者。1979 年，小澳森因心臟病而辭去董事長所有職務。

澳森父子所開創的 IBM 事業，在老澳森「三條信念」指引下，繼續發揚光大。IBM 雖曾在 1980～1990 年代發生因組織龐大，績效下降的危機，但經過 1993 年新總裁葛斯洛 (Lou Gerstner) 的改組及改造後，又恢復生機勃勃的大企業，在 1993 年之後，IBM 的業務種類除了銷售原來的硬體設備（指大電腦及個人電腦）產品外，尚走入軟體及資訊科技服務，並把硬體設備儘量委外生產，自己則專注於軟體及服務兩項利潤高的業務，所以有人把 IBM 改稱為 IBS（意指不是賣機器，而是賣服務。）IBM 的研究室 (IBM Research Laboratory) 曾與 AT&T 公司的貝爾研究室 (Bell Research Laboratory) 齊名，為企業界敢投資於大型研究發展的頂尖領導者。目前世界網際網路 (Internet) 科技，事實上就是由這兩家電腦公司與通訊公司 (Computerization and Communication) 之跨業競爭結合的新兒子。

六、電腦軟體大王微軟公司

比爾・蓋茲 (Bill Gates) 依靠一批棟樑之才，將知識開發變成世界首富。

在二十世紀，IBM 和微軟 (Microsoft) 公司被稱讚為改變公司企業工廠及辦公室自動化之二大功臣。在 2003 年 4 月 21 日《財星》雜誌 (*Fortune*) 所發表之美國 500 大企業排行榜上，微軟公司排名第十七名，其營業收入為 284 億美元，淨利為 78 億美元，與排名第八名 IBM 的銷售收入 831 億美元，淨利 36 億美元相較，生產電腦軟體的微軟公司，比生產電腦硬體的 IBM 是量小利大得很多。微軟的總資產 676 億美元、業主淨值為 521 億美元，但其股票市場價值卻有 2,860 億美元（尚高於排名第五的奇異電器 (GE) 的 2,556 億美元，遠比 IBM 的總資產 965 億美元、業主淨值 228 億美元及股票市值 1,364 億美元的表現為佳。微軟真是「小兵擔大任」，令人刮目相看。

微軟公司的主要創辦人比爾・蓋茲是目前世界的首富（2003年財產約達528億美元），並已連續多年。他是世界上第一個完全靠榨取自己知識而致富的人，不是靠榨取土地、機器、廠房、勞力等資源而致富。

微軟是靠IBM開發MS-DOS操作系統而起家，是搭IBM這個「巨型列車」而稱霸軟體市場。然後再依賴一批棟樑之材，不斷推出受世界市場廣泛接受的新軟體——視窗 (Window)。

比爾・蓋茲於1955年10月28日出生於美國西雅圖 (Seattle)。從小酷愛讀書，上小學時，就喜歡翻閱父親的藏書，尤其喜歡《世界圖書百科全書》，他的數學和自然科學十分優秀，同時具有執著毅力及進取精神。他11歲時，被送入西雅圖地區的好學校湖濱中學 (Lakeside School)，與各方來的天才學生一起受嚴謹的教育，激發了他的智慧火花，與比他年長2年的保羅・艾倫 (Paul Allen) 及伊文 (Evens) 等，開始走入計算機「天堂」。1971 年在學校裡，他們就曾以電腦程序編製小組名義，為外界公司設計工資表軟體，初次賺得利潤甜頭。之後蓋茲與艾倫又合辦一家交通數據公司，為華盛頓州電力網公司修改電腦軟體程序，又賺了幾萬元。湖濱中學畢業後，蓋茲被哈佛大學接受入學，但他已在暑假裡與就讀於西雅圖華盛頓大學計算機科學系的艾倫，商議創辦自己的軟體設計公司的計畫。這個「暑假計畫」(Summer Plan) 就發展成為後來稱霸世界的微軟公司 (Microsoft)。

1975年初，「暑假計畫」正式誕生於「微軟公司」(Microsoft)。所謂「微軟」是「微」型計算機 (Micro Computer) 及「軟」體 (Software) 之商標。起初在公司股權協議中，蓋茲佔60%，艾倫佔40%，後來在Basic語言設計完善過程中，因蓋茲出力較多，所以股權又調整為蓋茲64%，艾倫36%。在該時兩人都尚在就學中，公司的盈利前途尚渺渺不可測，股權比例多一些，少一些，無關緊要。但卻因此造就了日後蓋茲成為世界首富的基因，當然艾倫後來也是名列前茅的大富豪之一。

Microsoft的最初Basic語言使用權轉讓，買主中有奇異電器公司 (GE) 及國民收銀機公司 (NCR) 二大著名公司，所以使得這家初出茅廬的Microsoft聲名鵲起。為了更大發展，蓋茲又找了很多位當初在湖濱中學計算機房的好友，這一批人後來成為蓋茲創業成功的「棟樑之材」，由艾倫當研發的頂樑柱。這也是蓋茲創業的最重要戰略。

在二十世紀七十年代蘋果2型個人電腦 (Apple 2) 出現，是用摩托羅拉 (Motorola) 的8位元微處理器 (Microprocessor)。在巨霸IBM決定進入個人電腦市場後，不願走在別人身後，所以用 16 位元的微處理器，意欲尋找作業系統的合作夥伴，而蓋茲行銷頭腦靈活，捷足先登，千方百計與 IBM 拉上關係。在當時，西雅圖計算機公司已經研製出一種以 CPU 為基礎的 DOS 作業系統，蓋茲取得此一作業系統的使用權，並在此系統上再錦上添花，研製出適合 IBM 個人電腦所需的軟體系統，如此節省一年的前期研製時間，在 1980 年 11 月順利地和 IBM 簽立供應軟體公司。

IBM 要求條件很高，要求所有的計算機語言都適用這一作業系統，包括 Pascal, Cobble, Fortran 及 Basic 在內，都要轉換，所以蓋茲團隊大約要設計千萬條轉換指令，還不包括操作系統本身。蓋茲承接重擔，依靠那一批湖濱中學學友的棟樑之材，在 1981 年 8 月完成使命，使 IBM 新型個人電腦 (IBM PC) 成功推入市場，引起業內人士的轟動及經銷商的歡迎，IBM 又一次成為個人計算機市場的大贏家，而 MS-DOS 也成為軟體開發的標準和基礎，蓋茲也成為計算機軟體市場的大名人，美國工業發展史增添了一件輝煌壯舉。

比爾・蓋茲沒有被勝利沖昏頭，他繼續率領他的棟樑團隊相繼開發出升級版：MS-DOS 1.1, MS-DOS 2.0 等等。當 IBM-PC 在市場上呈席捲之勢時，誘發了康柏 (Compaq) 等幾十家電腦公司競相開發與 IBM-PC 兼容的個人電腦，包括臺灣的宏碁電腦也在內，大家在下游市場爭得頭破血流，但對上游供應軟體的 MS-DOS 無動於衷，人人向 Microsoft 買 DOS 軟體的複製權，在 1984～1985 年就收入 1 億美元。

在 1983 年，與蓋茲共同創業的艾倫 (Paul Allen) 離開微軟公司，是一大打擊，但蓋茲又馬上找到兩大棟樑之材，一是「左膀」喬恩・謝利 (John Shieley)，一是「右臂」羅蘭德・漢森 (Roland Hauseu)。謝利是管理專家，當總裁，降低微軟公司成本，發揮資源合理配置之效力。漢森則是行銷專家，第一、善於品牌策略，把 "Microsoft" 之名掛在公司各種產品之上，使市場上購買產品即購買「微軟」，「微軟」從此成為世界品牌。第二、漢森推出軟體新技術「界面管理者」(Interface Manager)，將之命名為「微軟一視窗」(Microsoft Window)，使世界各地的電腦界人士，共同領略「視窗」的獨特技術及完美效果。「視窗」程序的 85% 是用 C 語言編寫，其餘的關鍵部分則直接採用彙編語言，都是那批棟樑之材，在超負荷瘋狂工作中完成。

微軟公司的棟樑之材，源源不絕得到補充，而且素質高超。每位程序設計員都有自己獨立的辦公室，得到最好的待遇。蓋茲與他們交往頻繁，常常深夜討論問題，他們之間沒有中層領導，組織層面扁平，彼此直呼名字，人人對蓋茲都有「士為知己者用」之家庭成員感情，他們每週工作 60～80 小時，超負荷瘋狂工作，已蔚成風氣，蓋茲反而反過來勸他們不要太拼命。蓋茲是他們的老闆，也是他們的英雄。微軟的產品去陳出新，與 IBM 共同開發 DOS 新版本 OS/2 之同時，也自己開發視窗 2.0（1987 年 10 月 6 日），視窗 3.0（1990 年 5 月 22 日），視窗 95（1995 年 8 月 24 日），視窗 98 ……。每年新品出售，都會造成市場搶購。一直到 2001 年，美國司法部還告微軟賣得太好，是壟斷市場，違背法律。1986 年 3 月 13 日上午，微軟股票上市，價格即為美元 25.17 元，以後一直飆到 114 美元。使公司 2,000 人員成為百萬富翁，多人成為 10 億萬富翁，蓋茲也成為世界首富，還捐贈巨額慈善基金。微軟是靠「知識」及「人才」創業成功的企業代表。

第三篇　管理程序通論

(Process of General Management)

在第一篇第一章裡，我們曾強調「管理」乃是泛指上級主管人員，設法經由他人（部屬）的力量（體力及腦力），來完成工作目標（股東目標、員工目標及社會目標）的系列活動。本篇將討論這些系列活動的內容，供總經理、各部經理、各課課長、各股股長等等人員及潛力主管人員之實務參考。此系列活動若用比較簡單的文字來表示，就是「計劃－執行－考核」(Plan-Do-See, PDS）行政三聯制，若用比較複雜的文字表示，就是「計劃－組織－用人－指導－控制」(Planning-Organizing-Staffing-Directing-Controlling, POSDC) 管理五功能或管理五程序。這個「管理五功能」再和「企業五功能」相交叉，就成為雙重五指山的「管理矩陣」(Management Matrix)，可參閱第一章圖 1–5。

事實上，一個機構的「主管人員」(或「經理人員」或「管理人員」)，無論他是在營利事業或非營利事業的生產部門、行銷部門、財務會計部門、人事總務部門、或研究發展部，都必須講求計劃、組織、用人、指導、控制等管理活動的決策 (Decision-Making）與協調 (Coordinating) 功夫，以充分發揮所配屬之土地 (Land)、人力 (Manpower)、資金 (Money)、物料 (Materials)、機器 (Machines)、技術方法 (Methods)、時間 (Time)、情報資訊 (Information) 等八寶貴資源之潛力，爭取顧客市場 (Market) 及提高員工士氣 (Morale)，高度達成投資者的利潤目標、員工的薪酬目標、及顧客與社會大眾的福祉目標。很明顯地，依上所述，各行各業管理的使命很相似，雖然所處理的產品、市場對象內容不同，所能運用的資源多寡不一，所以本篇所探討管理程序之知識，乃屬所有主管人員可以通用之論據 (General Use of Management Process)，所以也可以用「全方位管理」、「通盤管理」、「通用管理」、「總體管理」、「總管理」(General Management) 等等名稱來標示，以區別於行銷管理、生產管理、研發技術管理、人事（人力資源）管理、財務管理、資訊管理、會計管理等等之機能別分科應用管理活動。

在「總管理」體系中，計劃是老大哥，是第一位的功能。俗語說「好的開始是成功的一半」，所以我們也可以套用來說「好計劃就是成功的一半」。要做好計劃工作，也就是設定好「目標」及好「手段」，也就是要設定高階人員的長期、廣泛、重大目標及政策戰略。中階人員的執行目標及方案，基層人員的操作目標及工作指標與標準等等未來性大、中、小理想境界，必須涉及內外環境、供應商、競爭者、顧客、及自我本身體系之情報蒐集、分析、比較、預測、更需涉及決策、協調、及資源運用之心力思考功夫。凡此都屬於「知識力」及「創造力」與「計算力」的無形作用。這也是為什麼在二十一世紀，特別強調「人力資源」中無形寶礦的「腦力」(Mental Power) 開發，以及其在經濟活動中的重要性，並泛稱之為「知識經濟」。如果大家有興趣去涉獵佛學中的唯識法相宗，就可以略知「知識」思想的廣大力量。「計劃」就是「知識」的第一個應用地把計謀劃下來。通常大領袖人物，就是指大知識、大智慧的擁有者及應用者，不是指大體力的發洩者。

做好了「計畫」，第二步就是設計好組織結構，第三步就是設計好用人標準，第四步就是對部屬的領導指揮激勵及溝通，第五步就是追蹤、回饋、控制執行的進度結果，以與計畫預算相符，達到成功的目標。在做計劃時，必須知道決策的方法。決策不只是計劃而已。但計劃一定是決策的一種活動。

所謂「決策」係泛指尋找「對策」，以解決「問題」的用腦思考過程。「決策」是人人、天天要做的活動，尤其職位越高，責任越大的企業主管人員，無論在目標手段計劃、在組織設計，在用人，在指揮領導，在溝通協調，在激勵關懷，在追蹤考核，在獎賞處罰時，都要決策。所以有人就把決策當作高階主管的特殊職責。不做決策的主管，等於不盡責的主管，等於「佔著茅坑不拉屎」的人，是非常嚴重的罪過。決策有風險 (Risk)，所以要用到「創造力」及「計算力」，前者為情緒範圍，後者為理智範圍。請見第十章及第十一章。

第十章　企業決策與創造力開發

(Business Decision-Making and Development of Creativity)

第一節　決策行為的意義與管理程序 (Decision-Making and Management Process)

一、決策乃是選擇「對策」以解決「問題」之用腦過程(Mental Process of Making Choice)

凡是人都會遭遇某種「問題」(Problem)，也都必須設法尋找一個對策或辦法 (Solution) 來解決它，方能生活得下去，並達成某種預期的「目標」(Objective)；否則他必會陷入困境，失去目標。因為企業主管人員也是「人」，而他所可能遭遇的問題遠比單純的個人為多，所以他應設法尋找對策的機會及必要性，也比單純的個人或部屬為大，為急切。舉凡他在計劃目標及手段時，在設計組織結構及分配權責時，在招募人才時，在指揮領導部屬時，在獎懲糾正部屬時，都會遇到有「決策」必要之機會，所以經理人員也常被稱為「決策者」(Decision-Maker)。圖 10–1 顯示整個管理過程（計劃、組織、用人、指導、控制）都有「決策」活動存在。因為「決策」(Decision-Making) 行為已經變成經理人的隨身特性，所以大家很關切決策的觀念性意義 (Concepts)，決策的科學分析方法 (Scientific Analysis Process)，以及經常需要決策之工作範圍。

所謂「對策」或「辦法」(Courses of Action or Solutions) 是指可以消除問題之對立治療藥方，譬如缺料補料，飢餓進食，著火澆水，生病用藥，欠債還錢，殺人償命，男大當婚，女大當嫁，魚險則潛，鳥險則飛等等。尋找各種可能之「備選」或「對抗」(Alternative) 對策常是決策過程中的主要工作，常需有高度創造力，想像力，創新力，經驗，學識之人來充實對策之構想來源。

所謂「解決」(Solve) 是指「消除」問題，而非「創新」新問題。在英文有 Problem-Solving（解決問題），Problem-Solver（解決問題之人），Problem-Shooter（排解難題者）；在中文有「好幫手」、「左右手」、「得力助手」等等，其意指有益於目標達

管理過程（管理五功能）

計劃時	組織時	用人時	指導時	控制時
要尋找、選定:	要尋找、選定:	要尋找、選定:	要尋找、選定:	要尋找、選定:
・社會經濟目標 ・行業目標 ・產品目標 ・市場目標 ・技術層次目標 ・銷售、生產、利潤目標 ・政策規定 ・戰略方向、方案 ・目標、責任、授權分配等等	・組織類型 ・組織大小 ・組織層次 ・責任中心體系 ・職責分配 ・指揮、報告、協調、合作網路 ・作業程序及規則等等	・人才種類 ・人才規格 ・人才來源 ・選用標準 ・任務分派 ・訓練發展 ・薪酬制度 ・福利措施等等	・領導作風 ・指揮方式 ・溝通方式及次數 ・激勵手段 ・關懷程度 ・仲裁作風等等	・報告回饋方式及次數 ・會議種類及參加人員 ・業績檢討內容及次數 ・修正目標及手段之方法 ・獎懲制度

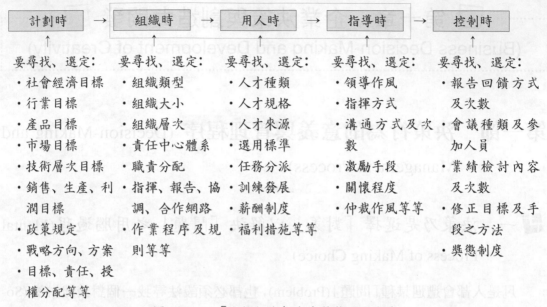

圖 10–1　「決策行為」存在於管理過程中

成之正面效果者，若反而帶來反面後果，在中文我們稱他為「越幫越忙」，在英文則稱 Problem-Solver 變成 Problem-Creator（問題解決者變成問題創造者）。那些在辦公室內不好好工作的冗員，常是創造問題（或稱搗蛋）的人員，最令主管頭痛。好的經理人員，好的主管人員，就應該是勇於負責的問題排解人，不是問題的哼、哈、推拖者（指推開，拖延問題的不負責任者）。

二、發掘問題是決策之前提(Problem Discovering)

所謂「問題」(Problem) 是指「期望目標」(Expectation) 與「實際情況」(Reality) 間之「差距」(Gap)。見圖 10–2。凡是「差距」越大者，「問題」就越大；無「差距」者，就是無「問題」；無法發現「問題」者，就不知道要設法解決問題，也就連帶地，不需要「決策」。我們可以到處發覺，許多機關的營運成果不佳，可是其主管人員卻不拿出辦法來改進，真令人不解。其實是其主管人員不知道有問題存在，或是雖知道問題所在，卻拿不出決心，來尋找對策以解決之。

1. 有「期望目標」(Expected Objectives)，即有上限 (Upper Limit)

3. 比較上、下限之差距 (Gap)

2. 有「實際情況回報訊息」(Feedback Realities)，即有下限 (Lower Limit)

圖 10–2　發掘問題之要訣（即比較「目標」與「實際」之差距）

我們可以很有把握地認為，能「發掘問題」乃是導致「改進措施」或「改善措施」(Improvements) 的先決條件，不能發掘問題乃是任令成果敗壞之主因。一般而言，一個主管人員沒有發現他所做的工作是否有問題，或一個學生沒有發現他所讀的課本是否有問題，可能來自四種沒有「差距」之情況，其中只有一種是正常的好現象：

第一種無差距情況：他根本沒有在事前設定期望目標（即無上限），所以雖在事後有實際情況回送訊息（有下限），但因無「上限」，所以不知上、下限之差距有多大。此暗示，管理工作應有「目標」(Objectives)，即上限。

第二種無差距情況：他沒有事後實際執行情況之回送訊息（即無下限），所以雖事前訂有期望目標（有上限），但因無「下限」，所以也不知上、下限之差距有多大。此暗示，管理工作應有「情報回送」(Information Feedback)，即下限。

第三種無差距情況：他既無事前之期望目標（即無上限），亦無事後執行實況之情報回送（即無下限），所以無上、下限之存在，根本不知差距何在。此暗示，無目標、無情報回送的好好先生，不是良好之管理者。有云「好人不一定是好經理」(A good man is not necessary a good manager)。

第四種無差距情況：他在事前訂有目標（即有上限），在事後亦有實情回報（即有下限），但兩者相符，上、下限之差距很少或等於零，所以沒有問題 (No Gap, No Problem)。只有這種情況屬於良好現象，而第一、二、三種皆非良好現象。

中央政府級之全國政治、經濟、法律、科技、人口、文化、社會、教育等總體問題，地方政府級之政、經、法、技、人、文、社、教等問題，企業級之銷、產、發、人、財等問題，以及家庭級與個人級生、老、病、死、婚嫁、謀職、進修等等「問題」(Problems) 的發現及改善創新，都屬於類似的分析過程。

「問題」之存在來自於「差距」之存在及被發現，已詳述如上。但是「問題」之性質又有「目前性」與「未來性」(Present or Future) 及「改進性」與「麻煩性」(Improvement or Troublesome) 之分，如圖 10–3 所示。所謂「目前之麻煩性」問題指該「差距」若不能馬上設法消除，則對公司或個人會發生不良後果，如倒閉、停工、死亡、不及格等等。

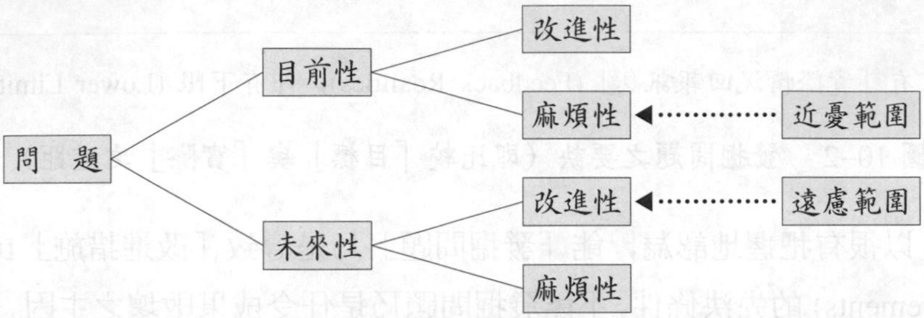

圖 10–3　「問題」之種類

所謂「未來之改進性」問題指該「差距」若不馬上解決，對公司或個人都無不良影響，但若能解決，則有很好影響。

三、人無遠慮，必有近憂(More Long Term Decision-Makings)

凡是正常人，尤其經理人員，無法免除使用腦力以解決問題之心理負擔（俗稱「傷腦筋」），只是有為「近期」問題或「遠期」問題而用腦之區別而已。古人有云「人無遠慮，必有近憂」，意指我們若不為未來性之改進問題花用腦力的話，則必然會為目前性之麻煩問題焦慮。若改為經營管理方面的文字來說，則可換為「經理人員若無長遠之未來計劃，則會被臨時性之難題所困」。為未來改進性問題而決策，可稱為「計劃」(Planning)，為目前麻煩問題而決策可稱為「救火」(Fire Fighting)，如圖 10–4 所示。

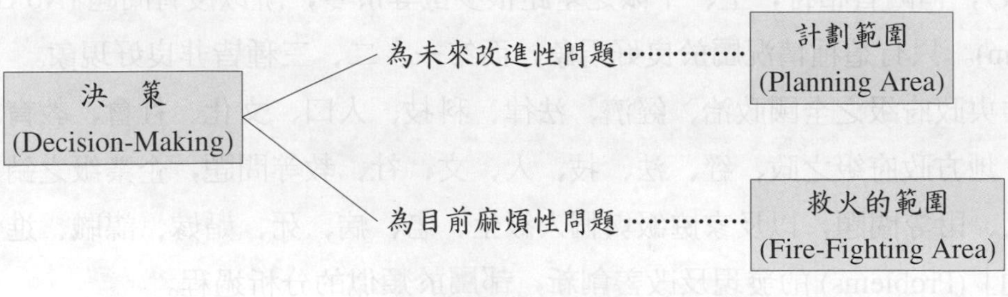

圖 10–4　「決策」與「計劃」之關係

既然人總是無法免去使用腦力以解決問題之負擔，所以「有效經理」(Effective Managers) 寧願多遠慮而少近憂。因為「遠慮」所能運用之對策遠比「近憂」的對策為多。凡是一天到晚為目前性問題而忙得團團轉的人，如為每日下午三點半銀行停收支票款項而到處借錢周轉的人，必然是屬於經營上已生病的現象。經理人若處於此種緊迫景況，當然無能力也無意願為遠期之經營改進花用腦力，所以事業前途自然堪虞。因此，我們奉勸想做「有效經理」的人，應設法避免掉入「近憂」救火的泥沼，否則一經掉入，身不由己，最後必然出之以「歇業」或「倒閉」之途。假使你要去評鑑一個國家或一個企業或一個人是好、是壞，除了看他「目前」財務盈虧數字之外，還要用非財務數字的「遠慮」項目來打分數，如研究創新活動 (R&D)，人才培育活動 (Training and Development)，知識學習及管理品質活動 (Learning and Management Quality)，制度改善及電腦化活動 (Systems and Computerization)，市場行銷 (Marketing) 及顧客滿意改善活動 (Customer Satisfaction)，社會責任履行活動 (Social Responsibility) 等等，這叫做「平衡計分卡」(Balanced Scorecard) 評鑑方法，而非「偏頗計分卡」。美國教授柯甫蘭 (Kaplan) 及諾頓 (Norton) 在 1992 年《哈佛商學評論》(*Harvard Business Review*)1–2 月份上就以〈平衡計分卡〉為文，鼓勵經理人員應同時利用財務性衡量指標及非財務性之營運指標來綜合衡量一個企業之優劣，以糾正往昔只看重財務之「結果」數字，而疏忽眾多非財務之「原因」活動。這種強調對股票上市公司特別重要，因財務數字容易被作假，若只靠它來判斷，被騙上當的機率高；反之，用平衡計分法來判斷，被騙上當機率就低。

四、使用腦力是創新去舊的功夫(Mental Process as Innovation)

所謂「用腦過程」(Mental Process) 是指使用「大腦」來思考創新構想 (Innovative Ideas) 之連續性步驟 (Sequential Steps)，而非隨意猜測、或呆板守舊之定點 (Static Point) 反射作用。

人之能異於禽獸，乃是人比較能運用大腦之創新功能，克服舊環境之束縛，而非人之體力大於禽獸所致。無疑地，人的體力在動物世界裡，算是很微小的一類，若光以體力來與大環境及其他動物相抗衡，人必淪為其他禽獸的奴隸或食物。今日人類能為萬物之首，實在是得力於運用大腦的創新及創造功能。換言之，我們是以「無形」的力量（大腦之力）來制服「有形」的力量（身體之力)。在經營管理上，經理人員也是在以其無形之腦力來運用部屬之力量（包括腦力及體力)，達成目標。所以當主管人員在決策時，必須依賴其本身腦力及幕僚部屬之腦力，來尋找較佳對策 (Better Alternative Solution)，以解決問題。假使只靠主管人員一人之體力來解決問題則其作用甚屬有限，務必運用有創新性之腦力，才能成全大事。所以古云「將在謀不在勇」；政府機關的中央級領袖，地方領袖及企業的各級主管人員，都應是以「智」，以「謀」掛帥的人才。

假使一個人的腦力不夠用時，必須設法借用他人的腦力，以為補充。俗云:「三個臭皮匠，勝過一個諸葛亮」，即是指三個看來平凡的人，其腦力的集合作用，常比一個自認腦力甚佳之人的能力來得強。

五、人人應做「大腦專家」

人腦原有「大腦」與「小腦」之分，大腦主管「去舊布新」(Creative) 的思考作用，小腦主管「固守舊規」(Automatic) 之反射作用。決策過程要借重的是大腦的創新突破作用，而非小腦的固定陋規的作用。我們常稱勤於使用大腦，解決問題的人為「大腦專家」(Big Brain Experts)。也稱那些只用小腦追思舊制，不知解決問題的人為「小腦專家」(Little Brain Experts)。有人戲稱阿兵哥是「四肢發達，頭腦簡單」，乃是指其只遵循一個命令一個動作，沒有命令就不知思考變竅，以解決問題。主管人員最應運用大腦的創新作用，不應成為「四肢發達，頭腦簡單」的人。

人類的大腦越用越好，越不用越會「生銹」，終久失去作用，所以我們不必為大腦的過度使用而擔心。人的大腦細胞據說有十億個，一般人只用一億個，還有九億個可供使用。大腦用得越多，腦的微血管就越密布，智慧就越高。腦力的創新作用是解決問題的決策靈魂，人無腦力作用，決策即失作用，此為吾人必須謹記之要點。所謂「天下無難事，只怕有心人」，即是指只要我們知道使用大腦的創新去舊作用，天下沒有不能解決的難事。反之，我們遇事推諉，不肯用頭腦去想辦法，則寸步難行，變成「天下無易事，只怕無心人」。

第二節　決策的科學分析方法 (Scientific Analysis Process of Decision-Making)

一、決策應走系統性分析途徑 (Systems Approach for Decision-Making)

第一節說明「決策」行為到處存在於經理人員的生活中，它是一種使用大腦的思考活動，我們應重視未來改進性 (Future-Improvements) 問題，多多使用大腦細胞，而不應任由可用之大腦細胞荒廢不用，等候危急事件發生干擾我們的行動，束手無策。

人們若能好好運用決策的科學分析方法，也就是理智分析方法 (Rational Decision Analysis)，並充實各種管理知識及專業知識，則可走遍天下，在各行各業出人頭地。本節專門詳細介紹理智性、科學性之決策分析步驟，亦稱為系統分析步驟 (System Analysis Procedure)，因為「決策」之最簡單意思是「選擇」一個對策，在選擇之前，可能多作分析，也可能不作分析；而在「分析」時，又可能「系統」或「全盤」性（稱 Systems Analysis），亦可能「局部」性（稱 Partial Analysis），見圖 10–5。我們講求現代管理，當然主張走系統性決策分析之途，所以今後在處理各種管理問題時，以系統性分析為決策基礎。

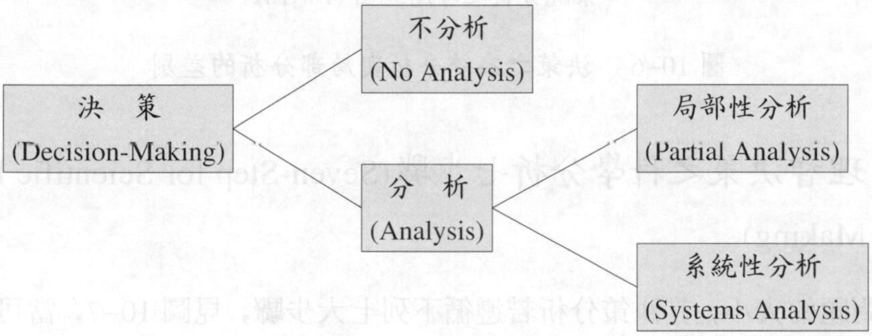

圖 10–5　決策分析

所謂系統性分析包括二層意思，第一層為系統組成因素 (Elements) 之尋找及考慮應該「廣而深」，而非「狹而淺」。第二層為各因素間之順序排列合乎邏輯推理關係 (Logical Relationship)。假使我們面臨一個採購或晉升問題，在做選擇決定前，若有十個候選對象及十個限制因素應加考慮，但是我們只考慮三個對象及三個限制因素，則很明顯地，我們是走局部分析法，而非系統分析法，見圖 10–6。尤有進之，我們若將這十個候選對象及十個限制因素，不按重要性順序排列，則所選三個對象及三個限制因素，可能是最不重要的。如此一來，此種局部性分析的結果，一定不會導致良好的決策，其後果當然堪憂，此乃不走系統分析途徑之必然風險，吾人不得不小心。

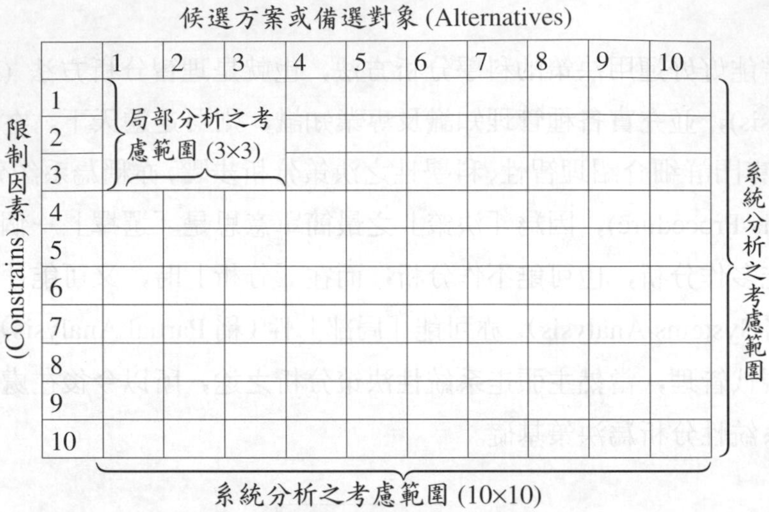

圖 10–6　決策之系統分析與局部分析的差別

二、理智決策之科學分析七步驟(Seven-Step for Scientific Decision-Making)

不論問題的大小，其決策分析若遵循下列七大步驟，見圖 10–7，當可獲得較理智而客觀的成果。此七步驟為「斷」(診斷)、「圖」(意圖，目標)、「方」(方案，對策)、「慮」(考慮限制因素)、「評」(評定比重，分數)、「選」(選擇一個較佳對策)、「測」(檢定測試)，逐一說明如下：

(1)「斷」：確定中心問題 (Identifying the Central Problem)——亦即「診斷」(Diagnosis) 問題的來龍去脈，發掘根因 (Root Causes)，以利對症下藥。此步驟包括 SWOT 分析。(S 代表強點或優勢 Strength；W 代表弱點或劣勢 Weakness；O 代表利基或機會 Opportunity；T 代表危險或威脅 Threat)

(2)「圖」：確定真正意圖目標 (Identifying Objectives)——亦即靜心澄清解決此問題之最後目的或意圖，以掃除含糊不清之障礙。沒有搞清真正底牌意圖，把中間手段當最終目的，常誤導方向。

(3)「方」：尋求可行備選對策或方案 (Searching or Developing Alternative Courses of Action)——亦即用創新力及專業力，列出各種可以用來解決問題之候選，備選對抗辦法。此步驟之廣狹度關係到此決策是否系統分析或局部分析。

(4)「慮」：尋求相關考慮因素或限制因素 (Searching or Developing Relevant Factors or Constraints for Consideration)——亦即用創新力及專業力，列出各種對策所可

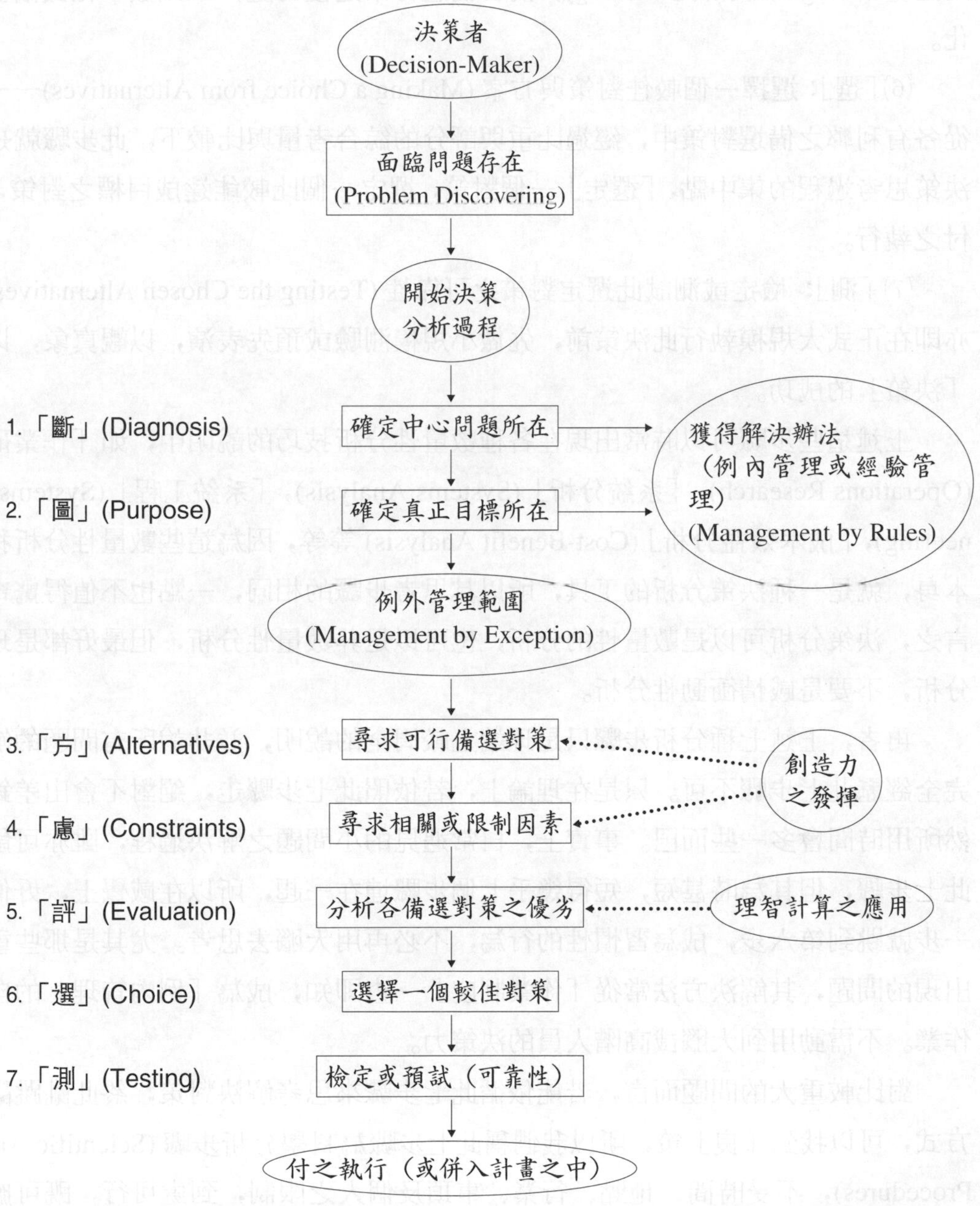

圖 10–7 理智決策之科學分析七步驟——「斷、圖、方、慮、評、選、測」

能牽涉到的利或不利的考慮因素。此步驟之深淺度也關係到此決策是否系統分析或局部分析。

(5)「評」：評定分析各種備選對策或方案之優劣後果 (Analyzing Consequence of Alternatives)——亦即以應考慮之限制因素（第四步）來評估各備選方案（第三步），

用比重 (Weight) 及評比 (Rating)，將各備選方案之優劣處，予以數字化或偏愛明朗化。

⑹「選」：選擇一個較佳對策與方案 (Making a Choice from Alternatives)——亦即從各有利弊之備選對策中，經過比重與評分的綜合考量與比較下，此步驟就是整個決策思考過程的集中點，「選定」一個對策，選定一個比較能達成目標之對策，以利付之執行。

⑺「測」：檢定或測試此選定對策之可靠性 (Testing the Chosen Alternatives)——亦即在正式大規模執行此決策前，先做小規模測驗或預先表演，以觀真象，以確保「決策」的成功。

上述這些步驟可以時常出現在各種數量性分析技巧的說明中，如「作業研究」(Operations Research)，「系統分析」(Systems Analysis)，「系統工程」(Systems Engineering)，「成本效益分析」(Cost-Benefit Analysis) 等等，因為這些數量性分析技巧的本身，就是一種決策分析的工具，所以其思考步驟的相同，一點也不值得驚奇。換言之，決策分析可以是數量性的分析，也可以是非數量性分析，但最好都是理智性分析，不要是感情衝動性分析。

再者，上述七種分析步驟只是理論上較周全的說明，並非說所有問題的解決非完全經歷此七步驟不可。只是在理論上，若依照此七步驟走，絕對不會出差錯，雖然所用時間會多一些而已。事實上，日常遇見的小問題之解決過程，雖亦可能具有此七步驟，但其為時甚短，短得幾乎七個步驟連在一起，所以在感覺上，好像從第一步就跳到第六步，成為習慣性的行為，不必再用大腦去思考。尤其是那些重複性出現的問題，其解決方法常從「作業制度」一查即知，成為「例內管理」的自動化作業。不需動用到大腦或高階人員的決策力。

對比較重大的問題而言，若能依循此七步驟來思考解決對策，終此亂跳亂找之方式，可以找到「良」策，所以我們稱此七步驟為科學分析步驟 (Scientific Analysis Procedures)，不受時間、地點、行業、事項及個人之限制，到處可行。既可應用於國家大事，亦可應用於公司業務，更可應用於家庭及個人事務之處理。本章及十一章各節將詳細說明決策七步驟。

第三節　診斷問題——決策之第一步 (Problem Diagnosis ——The First Step of Decision-Making)

一、「診斷」是確定中心問題的要徑(Diagnosis for Root Causes)

如上所述,「決策」是尋找對策以解決問題的思考過程,所以其第一步驟是詳詳細細確定「問題」的根因中心為何。所謂「問題」,原指「期望目標」(如每月預定銷售 500 萬元)與「實際情況」(如該月結算實際只銷售 300 萬元)間之「差距」(見圖 10–2 所示)。此種差距(即短銷 200 萬元)的「根因」(Root Causes) 必須診斷出,才能對症下藥,否則僅對其表面「病徵」(Symptom) 下藥,常會帶來副作用,演變成得不償失,甚至越醫越糟糕的後果。

診斷問題根因(而非表面病徵),通常是醫生替人治病的第一步驟,與經理人解決企業問題之方法完全一樣,所以有人稱「管理顧問專家」乃是「企業醫生」,其為人解決問題的步驟與醫生相同。

二、良好診斷之三目的(Purposes Of Doing Diagnosis)

良好診斷的第一個工作目的是找出「期望」與「實際」間之真正「差距」或「缺口」(Gap) 所在位置;第二個目的是找出造成此缺口之「原因」(Cause) 或妨礙達成原定目標之關係 (Relations),以便將來尋找對策時,確認應有之限制(如時間、金錢、人事、政策等等)。第三個目的是發現「似曾相識」的類似舊情境,以便套用舊辦法即可解決(即例內管理)。

就全盤而言,除非診斷做得好,否則以下決策步驟常會被誤導方向並浪費巨大資源,勞而無功。醫生在開刀下藥前,必須做好診斷,才不會下錯藥或開錯刀,甚至把病人醫死了。相同地,企業診斷必須做好,才能提出解決辦法,否則把人事問題當成生產問題解決,再怎樣努力,也不會產生好效果。

一般行政機關或企業的經理人員,常常疏忽詳細診斷的功夫,而希望採取快速行動,力求立竿見影,結果只做了短視的皮毛功夫,無濟大事。譬如一位總經理發現公司銷售業績不佳,就馬上採取廣大的促銷活動 (Sales Promotion),而不理此種活動是否針對適當之目標顧客,一味「下藥」,花費大筆金錢,可是最後業績依然不振,非常不服氣,請管理顧問前來診斷,發現這位總經理正在衰退的市場區隔中努力衝鋒陷陣，雖然其促銷活動做得轟轟烈烈，可是斬獲很少，因為顧客根本沒有幾位，即使在促銷開始的頭幾天尚有銷售成績，可是好景不常。假使這位總經理耐心一些，在一開始就對業績不振的問題，做詳細的診斷，找出根因，而非病徵，則可避免花費一大筆的促銷成本，老早就放棄此衰退市場區隔，另找有希望的新市場區隔。

一般來說，決策過程中良好的診斷工作必須包括三大要素，可以下列問題來表明：

⑴到底目前實況與原來期望兩者之間的差距缺口 (Gap) 何在？有多大？

⑵造成此差距缺口的間接原因及直接根因 (Root Causes) 為何？

⑶是否上一級目標或較廣大的環境 (Context) 造成本問題之發生？或本問題之發生乃是上一級的目標或環境所造成的？

（換言之，本問題若是上級造成的，則「解鈴還須繫鈴人」，可從上級著手解決）

茲將此三問題之內涵逐一說明如下：

三、尋找「差距」，作為改進機會(Finding the Gap)

診斷的起始步驟是尋找原來認為「正常」(Normal) 的情況為何，譬如一個健康正常的人，其體溫、呼吸、脈跳、大小便……等等情況如何。假使一個企業機構原先未訂有各種認為「正常」的目標條件 (Standards)，則甚難做是否「不正常」(Abnormal) 之診察。此時，經理人只好憑主觀感覺「不太對勁」或「好像可以再好一些」的第六感來診察。感覺敏銳的經理人可以在事件未變成不可收拾之前，憑感官覺察「不正常」之存在，尚屬萬幸；反之，感覺遲鈍的經理人，則無此幸運，常在事件已經變得很不正常，不可收拾時，尚「處逆境如順境」。此種不建立制度化之目標，以供診斷時比較參考的作法，甚為危險，有如行走空中鋼繩（而非坦途大道），完全因經理人第六感之差異而定勝負，「以人治理」，而非「以制度治理」之不良現象莫此為甚，值得我們警惕。

通常我們很容易患「含糊其詞」(Ambiguity) 的毛病，以致造成無法清楚診斷的困難，譬如我們聽到某經理說：「高雄地區的銷售業績應該會大大地改進」，或「我們的行政服務部門能力很強，可是並未發揮潛力」等時，總會感到迷糊，因為何謂「大大改進」？何謂「能力很強」？假使該經理能更清楚地把話說明白，如「基於本公司各地區業績紀錄及調整各地區之客觀因素，高雄地區之業績應該可以在不增加費用之前提下，提高銷售業務 20%」，或「基於人數、經歷、年齡、及設備之條件，及與其他公司之比較，本公司行政服務部門應該可以把會計、出納、採購、及文書服務做得水準提高一倍，可是卻沒有做到」，則大家可以更容易地確定「期望」(Expected or Desired) 與「實際」(Actual) 間之差距，作為改進的機會。所以對有心改進績效的人來說，勤於設定明確目標，勤於尋找事實資料，並檢討差距之存在，乃是必要措施。

四、尋找「根因」，作為擬定良策之對象(Digging Root Causes)

在確定差距 (Gap) 存在之後，必須再尋找根因，才能對症下藥。因為世間人與事之交錯複雜，要想尋找根因，並不容易。假使不花下相當功夫，可能找到的只是不相干的「副因」而已，並非「正因」，也可能找到的是下游的「果」，而非上游的「因」。甚至於找到的可能是表面的徵候，而非主因。尋找根因的要訣可分為二，第一為尋找主要障礙 (Key Obstacle)，第二為由表面追到裡面 (From Surface to Root)。茲舉一例以明之。

譬如在冷凍食品 (Frozen Food) 初次上市時，製造商馬上遭遇困境，因為銷售量未能達到預定期望水準。為了消除此種「期望」與「實際」間的差距，廠商就直接想到可能是消費者興趣尚未培養起來 (Not Interested)，所以採取廣告策略似乎是一個合乎邏輯推論，因為假使消費者不瞭解冷凍食品的特性及優點，絕不會有購買的慾望。可是當此廠家再做一陣廣告，稍見銷量上升之後，依然不滿意整個銷產情況，所以決定再追查為何市場顧客對此產品的認知 (Perception) 如此之不好。

經過小心調查研究之後，發現雖然消費者對於冷凍食品尚屬初見，興趣尚未普遍培養，可是真正銷售不振的原因是零售商不願儲存足夠 (Stock Not Enough) 分量的冷凍食品，供消費者選購。而零售商之不願儲存足量的原因，是來自於避免投入幾萬元在冷凍食品展售箱之購置上。假設廠商能繼續投下大筆金錢在冷凍食品廣告上，刺激消費者之需求，則零售商也許願意改變想法，花幾萬元投資在展售箱上，但是在目前零售商合作程度尚很冷淡之階段，廠商的此種作法，必冒很大風險，不值得一試。不過由於追查主要障礙，從表面追到裡面，發現真正根因在於冷凍展售箱之購置投資上之後，此廠商已掌握要害，可以設計出替代對策，如安排展售箱之租賃 (Leasing) 或貸款 (Loaning) 之方法，來改變猶豫不決之零售商之態度。

在 1965 年，C. H. Kepner 及 B. B. Tregoe 曾出版《理智經理人》(*The Rational Manager*, McGraw-Hill) 一書，也建議兩種追查根因的方法。第一法為集中注意力於「目標已達成」及「目標未達成」之情況間的「不同」(Differences between Situations Where The Desired Goal Is Realized and Those It Is Not)。第二法為尋找「反面證據」

來擊敗假想原因 (Power of Negative Thinking)。

就第一法（不同情況法）而言，可舉某業務經理尋找其現場業務代表為何不能如期呈交報告之原因來說明。譬如有 60 位業務代表分布全省，其中有 30 位如期交來報告（銷售及盈虧），但 30 位不能如期交來。兩者間之不同可能來自於「人」或工作「環境」的原因。經過追查之後，也許可發現那些遲交報告的業務代表只集中於某幾個地區，因而可以針對這幾個地區採取改正或補救措施。反之，若這些遲交報告發生於所有地區，則改正措施亦必不同。

就第二法（反面證據法）而言，乃是針對人類行為弱點而發，因為每當一位經理人對某一問題假想出一個原因 (Hypothetical Cause) 後，自然就會想出上百個正面理由來支持它，使得我們迷失了方向。所以最好的方法是在假想出原因後，應從反面來想，找出可以否定該原因之證據，若逐一反想都無法擊敗該假想原因時，該假想原因就可以成立，據以思考對策以解決之。

追查根因之通俗說法可以用「為什麼 (Why)？為什麼？為什麼？」之「打破砂鍋問到底」的連問方式來表示。譬如一位 60 歲的老年人深為散光眼及頭痛病所苦，請醫生治療，眼醫斷定其原因為眼力衰退，所以為其配雙焦距眼鏡，可是此老年人不習慣戴此種眼鏡，竟然摔倒而傷及臂部，又請醫生治療，外科醫生斷其原因為血壓過高，以致散光及頭痛，所以為其配新食物法及藥物，以改正其高血壓。可是後來他去看牙醫，牙醫發現其蛀牙嚴重，傷及神經，所以飲食不順，引起高血壓。當然這些病徵性的原因，皆未真正指出此老人散光眼的根因——即年紀太老。不過這些醫生若自始就能一步一步追查散光眼及頭痛的各層次原因，以致最後「年紀太老」的根因，則可拿定較佳處方，即使無法治療年老，但至少可以治療牙病。這就是為何要打破砂鍋問到底，然後逐步退讓，開取藥方，直到可以治療離根因較近之原因為止。

另有一例，說明此種「為什麼？為什麼？為什麼？」的追問方法。某公司正面臨員工陸續辭退之人事問題，其經理人可能馬上假想出其原因為「士氣低落」。但在實際上，此種假想尚不夠深入，因為若是「士氣低落」導致員工流動，那麼又是什麼原因造成「士氣低落」？是「訓練不足」？「督導不當」？「薪酬太低」？「福利活動太少」？或「缺乏獎勵措施」？倘若是「訓練不足」所造成；則其進一層的原因又是什麼？是「幕僚太少」？「設備不當」？或「課程不適」？倘若是「幕僚太少」，則其進一步原因又是什麼？是「預算不足」？或「找不到合適幕僚」？……總之，類似此種連續追問方法必須採用，方能找到真正之原因。

如果用 Why, Why, Why 追問根因時，發現造成問題之原因有多個，並且平行存在，此時則可用「魚骨圖」(Fish-Bone)「因素分析法」(Factor Analysis)，把第一層原因，第二層原因，第三層原因……呈現出來，如同魚的骨頭關係一樣，讓人一目了然，對比較重要的原因先下手醫治。見圖 10–8 所示。

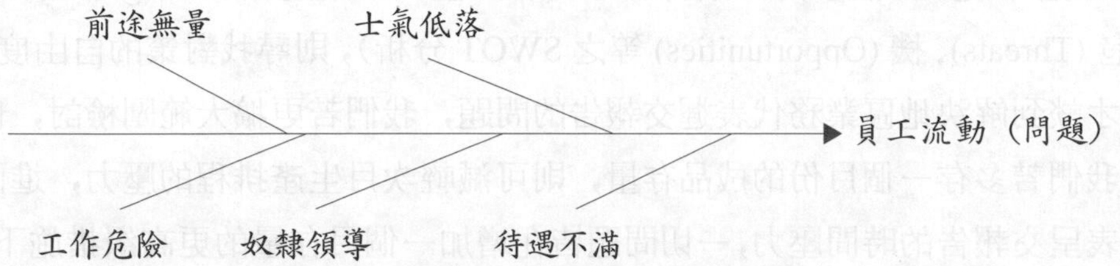

圖 10–8　魚骨圖因素分析法

五、檢討上級目標及整個環境，以求直接解決(Upper-Objectives and Environment Relations)

有時候連續追問一個問題的根因，如同上面所舉例子，並不一定是最好的方法，因為若追問到窮處碰壁，也無可奈何。所以另一種替代途徑是檢討上級目標，反可以馬上獲得解決。譬如上面提到業務經理，為地區業務代表未能如期呈交報告所苦惱的問題，其問題可寫如下：

期望狀況：地區業務代表必須在下一個月開始的第五天內呈交報告。

實際狀況：有二分之一的業務代表未能如期呈交，總是遲延一至六天。

我們若是追求根因，當可查知是各地區皆發生相同情況，並採取一致或差異措施。可是我們若反過頭，先問「為什麼我們要求這些業務代表在下月份第五天內呈交報告呢?」也許回答此問題，就可直截了當地解決了遲交報告的問題。因為在事實上，第五天內交報告，只是一種達成另一高層次「目標」(Ends) 之「手段」(Means) 而已，我們若能設法達成該目標，就不必在乎五天之內，呈交報告了。譬如該高層次之目標為「提供生產部門下個月份生產排程 (Production Scheduling) 之準確資料」，則我們可以設法改進儘速提交報告之內容，即要求趕快呈報已銷售產品之型式及數量，不必等整個銷售盈虧結算後才呈報，因為與下月生產時程有關的是產品型式及數量，而非盈虧結算。

無疑地，診斷問題根因時，連帶檢討上級目標，常常可以發現意想不到的良方，因為在組織結構裡，任何問題皆可連貫到較高層次或低層次之「目標一手段鏈」(End-

Means Chain)。我們若能從上級「目標」檢討之中，發現其「手段」之可修正性，則解決問題之良方就自然出現。所以解決問題時應「眼觀四面，耳聽八方」，「解鈴人還須繫鈴人」，「以夷制夷」，不可「埋首沙堆」或「緣木求魚」。

假使我們更進一步，把檢討上級目標程度，擴展到檢討更大的整個環境情況（可包括大環境，供應商、競爭商、顧客商，本身投入產出系統之強 (Strength)、弱 (Weakness)、危 (Threats)、機 (Opportunities) 等之 SWOT 分析），則尋找對策的自由度更大。譬如剛才談到解決地區業務代表遲交報告的問題，我們若更擴大範圍檢討，也許可以發現我們若多存一個月份的成品存量，則可減輕次月生產排程的壓力，進而輕緩業務代表呈交報告的時間壓力，一切問題皆在增加一個月存量的更高級措施下解決。俗語說，跳高一個層次看問題，解決辦法就在「欄柵處」（指在眼前），所以「曠野觀天法」遠比「祕室觀天法」高明。

關於診斷之祕訣很多，本文僅提供⑴明白確定差距，⑵追查根因（包括不同情況法及反面證據法），⑶檢討上級目標及整個環境等三步驟，供讀者參考。

企業主管人員所應澄清之目標順序，以公司利益為第一，個人利益為第二。在同一目標項目下，以長期目標為第一，短期目標為第二。因為事事以個人之短期目標為第一優先，則必易傷及他人目標，遭受反擊，到最後，反而得不償失。

六、可用決策樹圖形來澄清目標

普通在澄清目標所在時，可用決策樹 (Decision Tree) 方法，畫出不同組織層次之「目標—手段鏈」(End-Means Chain)，檢定自己目前所欲目標，是否處於低層次之「手段式目標」地位而已，而非高層次之「目標性目標」。圖 10–9 即是表示此種分析法。

我們遇事，若能把這種「目標—手段」體系，用樹枝形狀 (Tree Diagram) 之圖形表明出來，則有助於避免將「手段」誤當「目標」，而找到達成手段之下一級手段，以免把全盤棋打亂了。譬如有人未搞清真正目標為何，就借 6,000 萬元買下一棟大樓，買下之後，初想等房地產價格上漲，再出售，賺取差額投機利潤。但是一等二個月尚無人前來問津，貸款利息又高，不敢再等下去，結果又借 2,000 萬元裝修內部，硬將之當作百貨公司推出。二年下來，百貨生意不佳，貸款利息更重，終告周轉不靈，宣告倒閉，商場聲譽完全泡湯，負責人尚變成惡性倒閉之嫌疑犯，毀了一世英名。這是沒有澄清最初借 6,000 萬元買大樓（當時以為很便宜）之真正目標，所帶來的一連串禍患。假使當初看到標價 6,000 萬元的大樓很便宜時，馬上澄清購

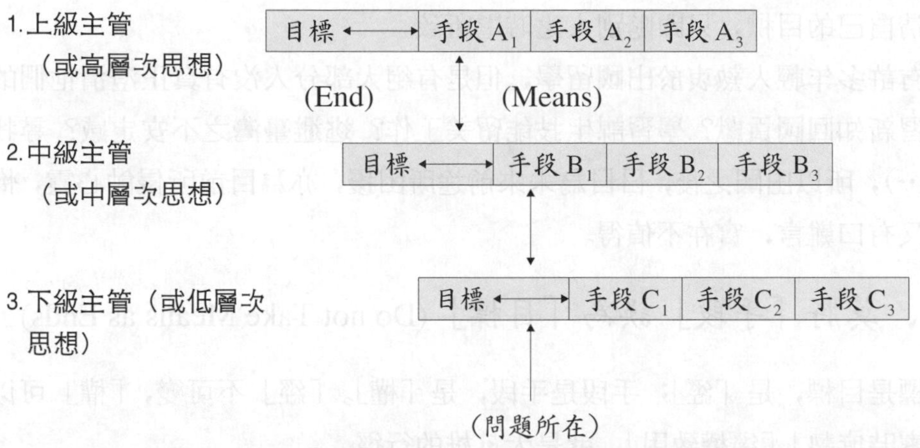

圖 10–9　澄清目標之工具——「目標—手段鏈」

買目標，就不會走上被逼開辦百貨公司之錯誤旅途。

第四節　目標意圖之澄清——決策之第二步 (Identify Purposes—The Second Step of Decision-Making)

一、目標是一切管理活動之最高指導準則(Purpose is the top guidance of management activities)

在「診斷」步驟裡，我們曾經一再提到檢討上級目標及整體環境情況，以利撥雲見日、急轉直下，找到解決問題的良方。可是許多問題的解決不能總是那樣幸運，而是需要走比較漫長的旅途，所以我們假設「診斷」後，問題根因雖已知，但在尋找備選對策良方之前，我們應平心靜氣澄清解決此問題背後所要的真正目標，以防迷途。因為「目標不同，手段必異」。在採取手段以前，必先確定目標，否則方向晦暗不清，隨便選一個不是真正要的目標，然後再努力去找一個配合的手段，執行後，才發覺所產生後果與真正期望的目標不符，才懊悔要求重改，必然有損時間、金錢、精神、及人力。

在「目標管理」(Management by Objectives, MBO) 的哲學裡，目標是一切管理活動的最高指導準則，所以此最高指導則不能不好好澄清。譬如有人購買公司自用飛機，但其真正的目標不是用來機動靈活視察全球業務，而是用來當誇耀的裝飾品，所以買後發現成本太高，也只好忍氣吞聲承受下來，此種麻煩的產生，是由於事先沒有澄清自己的目標，只跟隨別人之時髦所致。

現有許多年輕人熱衷於出國留學，但是有絕大部分人沒有真正澄清他們的目標（如學習新知回國貢獻？學習謀生技能留美工作？逃避臺灣之不安定感？尋找結婚對象……），所以出國之後，日日為未來前途所困擾，亦為目前所侵蝕心靈，悔不當初，但又有口難言，實在不值得。

二、莫將「手段」誤為「目標」(Do not Take Means as Ends)

目標是目標，是「經」；手段是手段，是「權」。「經」不可變，「權」可以變，古云「審時度勢」「經權致用」，就是大英雄的行徑。

有很多人在想辦法解決問題時，把所要達成的長期不變之「目標」，意圖誤解為短期可變之「手段」，所以當該問題獲得解決之後，真正目標還是未達到，新的問題（即副作用）又產生了，使他們忙得團團轉，治絲益棼脫不了迷陣。譬如有人深感寂寞難熬，想找一位異性朋友做伴，但是他沒有把找異性朋友做伴的真正目標搞清楚，譬如是做終生伴侶（即結婚）呢？或是做短期露水鴛鴦，彼此殺殺時間呢？就著手尋找對策，結果花用大功夫所找到的異性朋友，不符所望，即行分離，甚至惹上一身麻煩，傷害身心，即是事前未澄清目標所致。

澄清真正目標，與診斷問題中心一樣，都應追根究底，不可含糊其事，以免選錯手段，悔恨莫及。

第五節　備選決策——決策之第三步 (Alternative Courses of Action—The Third Step of Decision-Making)

一、尋求「備選對策」最需專業知識及靈活創造能力(Expertise and Creativity to Find Alternatives)

在診斷出問題之根因，及澄清解決此問題之真正目標意圖之後，應尋求所有可能用來消除此問題（或去除期望與實際間之「差距」）之對策（亦稱「方案」或「辦法」），及其應該考慮的有關限制因素 (Constraints)。這些可能被採用之對策間，互相具有替代作用或對抗作用。換言之，若有甲、乙、丙三種對策可以用來解決某問題，甲若被選中，則乙、丙不用；若乙被選中，則甲、丙不用；若丙被選中，則甲、乙不用。甲、乙、丙三種對策都是預備給決策者選用的對象，我們通稱其為「替代方案」、或「備選方案」、或「對抗方案」、或「候選方案」(Alternative Courses of Action or Alternatives)。無疑地，這些「方案」或「辦法」都是用來「對付」問題，與問題相戰鬥的，所以自然稱之為「對策」或「良策」。這些備選對策之被選定，端視其在各相關限制因素 (Constraints) 之優劣地位及成本效益而定。

對一個聰明才智高超，專業經驗見識豐富，並具有靈活創新想像力的決策者而言，任何問題都可以用一個以上之辦法來對付（解決），所以在選中其中一個辦法之前，為求萬全，理應先把所有可能之候選者及相關因素都尋找出來，並將之一一列在紙張上，以便清楚的考慮，所以此步驟亦稱為「列出可行方案」(Listing the Alternatives)。

對一個才智低劣，毫無專業經驗及思維遲緩之決策者而言，碰到問題常常束手無策，等候問題演變成不可收拾局面。所以培養靈活之思想能力 (Bright Ideas) 是良好決策的必要條件之一。此種靈活的思想能力可來自過去的「經驗」及未來的「創造」(Past Experience and Future Creativeness)。

二、從過去經驗中找對策 (Solutions from Past Experience)——「例內」及「例外」決策行為 (Decision-Making by Rules and by Exception)

最自然而便宜的對策尋找法，就是從自己及別人過去處理類似問題的經驗中，尋找可行對策，將之「依樣畫葫蘆」地套用新遭遇的問題上，此種方法亦稱為「援例使用」或「模仿使用」或「蕭規曹隨」。假使問題的性質相同，並一再發生 (Repeat)，而採用的對策亦是一再相同，則久而久之，此種問題解決過程會變成「習慣」(Custom) 或「傳統」(Tradition)，並淪為下意識之行為。假使此種解決方法甚為適當，後果甚佳，則成為好習慣或好傳統，不必花用很多人力、精神、及時間，就可解決問題，乃是組織結構中，最有效率的作法，所以有效的經理人員，在潛意識裡，都希望建立此種習慣性的良好決策行為，並將之寫成「作業制度」(Operations Systems)，授權下屬自動依例決定。

而在實際企業活動中，有效的組織，確實有必要依賴此種經驗性決策行為。所以企劃部門對重複性之事件處理，盡力設法制訂（及修正）合乎目標效率之政策 (Policies)、作業程序 (Procedures)、辦事細則 (Rules)、操作標準 (Standards) 等行為規範及作業制度，指導下級員工思想及行為之方向及程度，使之成為「例內決策」(Decision-Making within Guidance and Rules)，以對付極大百分比例的企業例行活動事項，而將極小百分比例未規定事項之突發性、間斷性決策事件，交由上級主管進行創造性之思想過程，俗稱為「例外決策」或「例外管理」(Decision-Making or Management by Exception)。「例內管理」為「法治」(依作業制度來自動決策)，「例外管理」為「人治」(依新情境來思考新方法)。前者應佔 80% 以上，後者不可高於 20%。

在職位層次上言，越下級的部屬，越應使用習慣性之「例外決策」行為，而越上級的部屬，越應使用創新性之「例外決策」行為。在企業活動的複雜性及競爭性而言，越簡單及無競爭的業務活動，越應使用傳統性之「例內決策」行為，因為它既便宜又適當；越複雜及有競爭壓力的業務活動，越應使用創新性之「例外決策」行為。

要從過去經驗中尋找對策，除了本人應在本行本業知識方面博學強記，交遊廣大，接觸頻繁外，尚應多讀有知識性及經驗性之雜誌、學報、研究報告，亦應多參加演講會，研討會，才能使自己的腦海裡，時時注入別人的經驗知識，擴大自己大腦細胞之作用，以便「舉一反三」，甚至「舉一反十」。主管人員千萬不可閉門造車，夜郎自大，剛愎自用，自認自己是天下最聰明的人，結果使自己的大腦細胞成為「一潭死水」，久而久之，變成「江郎才盡」，遇到問題發生，一籌莫展。

過分依賴自己或別人的過去經驗來解決問題，亦有危險之處，因為在目前網際網路超越時空限制的動態社會及劇烈競爭的環境下，處理過去類似問題有效的對策，不一定有效於今日的問題。尤其當顧客需求種類轉變(或口味變化)，新技術出現(如新材料、新製程、新設備、新產品)，政府管制法規增多又嚴格，同業及替代行業競爭壓力加強，員工態度及職業道德變化，以及消費者保護主義抬頭等等，往往使過去很「神通」的對策，在今日變成毫無用處。所以經驗雖佳，但卻不能「生活於過去」(Live in Past)，不能把今日當成昨日，否則越引用過去成例，失敗的命運就越快來臨，此乃何以我們尚須講求「從未來創造中找對策」，使我們生活於未來 (Live in Future) 之原因。

三、從未來創造中找對策 (Solutions from Future Creativity)——以「未來」為決策時間之導向 (Future-Oriented Decision Makings)

人類遭遇困難問題，會自然地思維過去，尋找經驗或教訓的解答。但此種習慣性的自然行為 (Natural Behavior)，若應用過於廣大，籠罩著所有人類生活行為，必然會妨礙走向更美好未來的機會。所以在企業決策裡，必須非常小心地提醒各主管人員，不可過分耽迷於過去的經驗 (Do not over-trust past experience)，而放棄大腦細胞的創新能力。前曾提及，人類之所以為萬物之靈，乃得力於大腦細胞之創新能力

(Big Brain Creativity)，突破過去舊習慣行為，創設更有效之新行為 (New Behavior)，並再使之成為大眾之習慣行為 (Custom Behavior)，以廣大之效果，之後又有更新的突破行為，改進原來舊習慣。如此層層創新去舊，終於趕過其他動物，而成為萬物之靈。反言之，其他動物之所以不如人類，乃是牠們少用未來導向性之大腦創新能力，而只遵用小腦之守舊能力，事事依照過去的習慣作法，雖然環境已變，亦無所知曉，亦無勇氣突破舊習慣及經驗，所以逐漸走向被環境主宰之命運。

企業經營是所有人類活動中，最具動態壓力的挑戰性工作，所以遭遇困難問題時，雖可利用人類自然習慣，在過去經驗中找找有否可用之對策，但卻萬不可沉耽於該等經驗，為其所困。反之必須將主要力量放在以未來為導向的創新過程中，力求突破改進，有效達成目標。

凡是所有決定增加某些「新而有用」(New and Useful) 因素之決策都可以稱為「創造性」決策 (Creative Decision)。有時候，人們會把重複或模仿 (Repetition or Imitation) 的作法也稱為創造性（譬如某廠在臺灣市場，首次仿製美國或日本的產品，在臺灣說，是屬於創造性)。可是人們往往喜歡採取比較嚴格的看法，認為創造性的決策，應是「不同」及「原始」(Different and Original)，而非重複或模仿。

通常我們會很容易地看到這些創新性的因素，譬如新產品的發明（尼龍)，新製程的發明（金屬模造法)，新機器的發明（工具機切削中心)，超級市場 (Supermarket)，郊區購物中心 (Suburban Shopping Centers)，「提現金載貨走」之倉儲量販店 (Cash-and-Carry Warehousing Retailing Store)，無菌鋁箔包裝，自動倉庫 (Automatic Warehousing)，先進先出 (First-In-First-Out) 存貨管理法，衛星無線手機 (Wireless Cell Phone)，全球網際網路 (Internet)，虛擬金融 (Virtual Finance) 等等都是創新活動的成果。無疑地，每位主管人員在遭遇問題之時，就有想出新對策的創造機會。嚴格說來，若是有心人，他可以在整個決策過程中，充分運用創造的力量，改進決策品質，譬如在診斷時，在澄清目標時，在思考對策時，在尋找相關因素時，在評估優劣時，皆可使創造力發生作用。不過，通常我們最需要創造能力的時間，是思考對策及尋找相關因素之階段，因為對策及相關因素挖掘得越多，越能把「系統分析」的範疇建築得越大及越鞏固（見圖 10–6)。

不同的企業問題，需要不同的專業知識為後盾，來幫助創造力，思考出較多而合用的備選對策。所謂專業知識可分為「行業別」、「產品別」、及「企業功能別」（指行銷、生產、研發、人事、財會)。本章受篇幅所限，無法擴大包括前二者，但對第三者之決策範圍，將在本書以後部分列出。本節僅將列舉出一些有關創造力之共同性步驟，以及有助於個人創造力與團體創造力之方法，供參考。

第六節 創造力的培養——決策過程的靈魂 (Cultivation of Creativity—Soul of Decision-Making Process)

一、創造力之發揮過程(Development Process of Creativity)

尋找良好對策以解決各種企業管理問題（如行銷、生產、財務、人事、技術、目標設定、手段選取、組織設計、權責劃分、用人、領導、溝通、激勵、情報回送、獎懲、糾正等等問題），是對人類創造力最大的挑戰，所以設法培養及發揮創造力，一向是講求有效經營的最基本要訣，也是發掘「腦礦」(Brain Mines) 的捷徑。

創造力的來源為廣深的專業知識及工作常識，但其具體性的出現，則大約遵行圖 10–10「專」「深」「孵」「頓」「研」之五步驟：⑴「專精貫注」(Saturation) 於某一特定問題，充分瞭解其來龍去脈；⑵「深思熟慮」(Deliberation) 各種構思，從各角度反覆檢討分析；⑶「孵化靜待」(Incubation)，稍安勿躁，使潛意識 (Subconscious) 發揮作用；⑷「頓悟明途」(Illumination)，豁然開朗，突然出現嶄新概念，呈現有利景象；⑸「研磨涵納」(Accommodation)，澄清該嶄新概念之真正適合性，或做必要研究、分析磨合涵納之修正適應，並將之明確書寫下來，徵求他人反應意見，而定最後對策之形狀，茲略述以上五步驟之內容，供參照。

(一)「專精貫注」(Saturation) 的階段——第一步 (First Step)

一個經理人員確實需要運用創造性的思考力 (Creative Thinking) 來解決特定的問題，因為專靠公司老舊的規則，無法一面真正解決問題，一面又達到目標。對每一特定情況而言，他都必須小心謹慎，將其注意力放到「對」的地方；不可粗心大意，隨便找個地方，簽註兩字，敷衍塞責，就認為已經「做」了。對這位經理人員而言，「專精貫注」的階段，通常需要充分熟悉該問題之「本身」，該問題之「歷史」，該問題之「重要性」，該問題與本企業其他部門之「關係」，以及該問題之「環境結構」。無疑地，假使一個主管人員已經面對該問題有一段相當長的時間，並且也參與此問題之診斷過程，他對此問題有很深入瞭解，已走過「專精貫注」之階段。反言之，假使他是一個初次接觸該問題的人員（有許多幕僚人員常屬此種情況），他若能先讓自己充分浸潤在問題之背景資料裡，則很有可能提出有用的貢獻性見解。簡言之，只要是參與問題解決過程的人，專精貫注於問題之來龍去脈，必是他培養創造

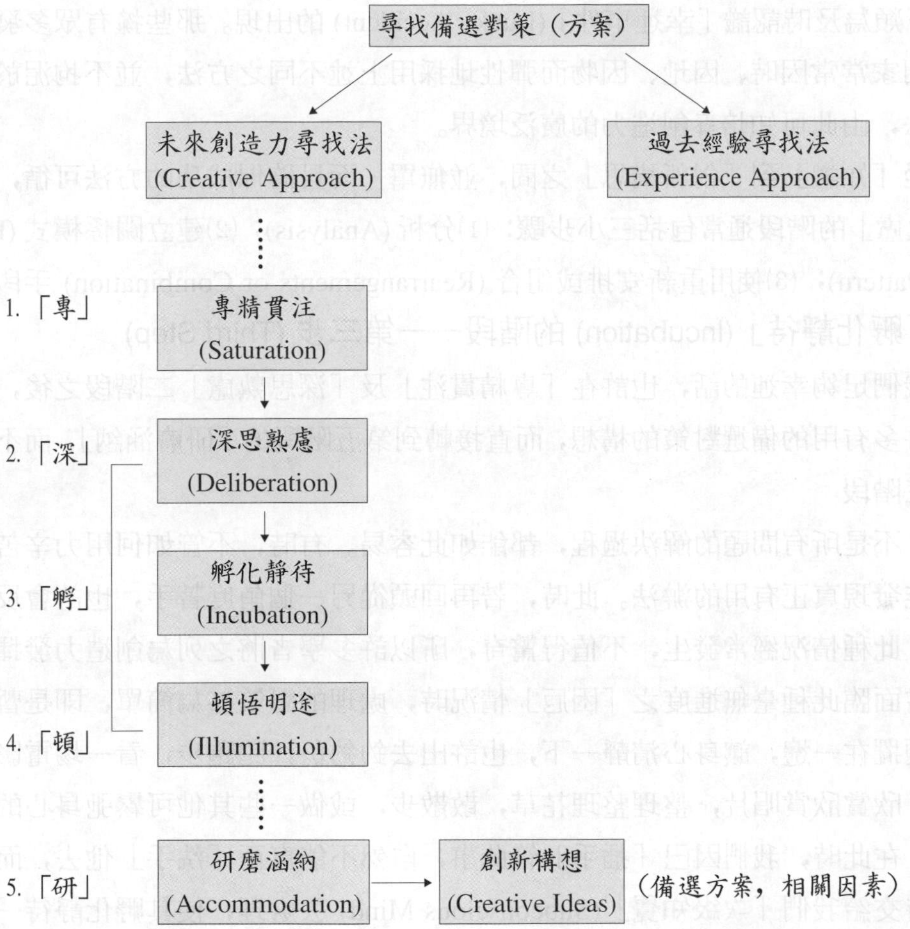

圖 10–10　創造力之發揮過程──「專、深、孵、頓、研」

力，尋找良好備選對策的最有力步驟。

（二）「深思熟慮」(Deliberation) 的階段──第二步 (Second Step)

不管對過去事件的認識有多完整，「知識」(Knowledge) 本身並不能自然地產生創新的構思。換言之，「情報」(Information) 或「知識」必須再三加熱研磨，直到進入「心智消化」(Mental Digestion) 或「融會貫通」的程度，才有產生創新構想的可能，因為我們常常不知道原先觀念的某一套定點會產生突破 (Breakthrough)，所以沒有人敢百分百說在手中現有的資料應如何分析才對。

有人分析艾克森美孚石油公司實驗室所獲得之 144 種專利構思如何發明，得到五類方法，第一類為尋找某特定產品或製程之新用途 (New Use)。第二類為尋找替代 (Substituting) 現有工作之方法，甚至在別的學科方面設法；第三類為純粹在理論或推理上思考 (Theorizing)；第四類為到實驗室內進行實驗工作 (Experimenting)，以見分曉；第五類為及時認識「幸運事件」(Lucky Accident) 的出現。那些擁有眾多發明構思的發明家常常因時、因地、因物而彈性地採用上述不同之方法，並不拘泥於某一特定方法，由此可知培養創造力的廣泛境界。

雖然從「知識」到「創新構思」之間，並無單一而且確保成功的方法可循，但是「深思熟慮」的階段通常包括三小步驟：⑴分析 (Analysis)；⑵建立關係模式 (Relationship Pattern)；⑶使用重新安排或組合 (Rearrangements or Combination) 手段。

（三）「孵化靜待」(Incubation) 的階段——第三步 (Third Step)

假使我們足夠幸運的話，也許在「專精貫注」及「深思熟慮」二階段之後，就可以領悟許多有用的備選對策的構想，而直接轉到第五階段的「研磨涵納」，而不必逗留在第三階段。

不過，不是所有問題的解決過程，都能如此容易。有時，不管如何用力辛苦深思，也不能發現真正有用的辦法。此時，若再回頭從另一個角度著手，也許會反而增加困擾。此種情況經常發生，不值得驚奇，所以許多學者將之列為創造力發揮過程之一。當面臨此種毫無進度之「困厄」情況時，處理的對策甚為簡單，即是暫時將整個問題擺在一邊，讓身心清靜一下，也許出去釣釣魚，跑跑步，看一場電影，聽一場歌，欣賞欣賞唱片，整理整理花草，散散步，或做一些其他可鬆弛身心的活動。當然，在此時，我們因已「插手」管此事，自然不能真正「洗手」他去，而是將問題暫時交給我們「次級知覺」(Subconscious Mind) 去處理，使其孵化靜待一下而已，等我們身心輕鬆，腦力清醒之後再接手回來思考。

（四）「頓悟明途」(Illumination) 的階段——第四步 (Fourth Step)

在碰到困厄之境，束手無策，無法突破，而暫時讓心情放鬆，使問題置於孵化靜待之後，經常可以頓悟明途，豁然開通，或觸類旁通，產生有用之構思。譬如瓦特 (James Watt) 發明蒸汽機之解決辦法，就是在星期日下午出外散步中得到的。又如我們要撰寫論文稿件，在百思不得要領之際，常在乘車或如廁之時忽得明燈，凝成具體綱領。此種頓悟明途的現象到處可得，不足為奇，只要我們有心堅持，問題總有辦法解決。

有人會問，為何思維線索已陷困境，尚能頓悟明途？學者的解釋可分為二種，第一種解釋為我們在「專精貫注」階段所下的背景研究功夫不夠深，所以會陷入困境。第二種解釋為我們的「半知覺」(Semi-consciousness or Sub-consciousness) 能力甚強，當我們「全知覺」(Consciousness) 能力無法克服思維困難時，將之交付「半知覺」處理，可以得到意想不到的效果。在佛學有五官八識。如「色」、「聲」、「香」、

「味」、「觸」、「法」六識為全知識而「莫那」(Mona) 識為「半知覺」、「潛意識」是第七識。「阿拉耶」(Alaye) 識為「無意識」(Unconsciousness) 是第八識。

至目前的研究顯示，人類「半知覺」的處理構思能力甚快，比電子計算機的能力並不遜色，所以我們可以在很短的時間內，夢見很複雜的事件。如「南柯一夢」，雙蟻大戰，如邯鄲途中「黃梁一夢」，一生飛黃騰達終被斬首之快。再者，人類「半知覺」儲存構思及重新組合構思間關係的能力，也比現有任何電子計算機為大，所以只要我們能善用此種機能，使「全知覺」定時輕鬆，讓「半知覺」發生作用，則可想出許多原本不知道的好辦法。

當然，在「半知覺」與「全知覺」之間，可能有一種「過濾」(Filter) 的機能，使「半知覺」所處理的眾多構思經過過濾器，讓較佳或可用的構思到達「全知覺」之世界。雖然此種「全知覺」、「半知覺」或「次知覺」(Sub-Consciousness) 及「無知覺」或「不知覺」(Unconsciousness) 三者之作用劃分有待進一步研究，但是在開發創造力的過程中，我們確實需要⑴會很輕快地放棄一大堆無用的構想，⑵同時也會很快地認識或抓住有用的構想。經驗告訴我們，「良機稍縱即逝」，好的構想若一出現而未能及時體認它，則必消逝於無蹤。為了減少此種可能的損失，所以有許多協助的方法可供人們利用，請見以下說明。

(五)「研磨涵納」(Accommodation) 的階段——第五步 (Fifth Step)

通常初次出現的良好構思並不一定以「完整形式」(Finished Form) 存在，而是需要進一步的研磨，使之成形，或需要進一步與其他構思核對、修正，以求涵納圓融，不生阻礙。譬如新材料發明的構思出現後，必須到實驗室去實地試驗，看看它是否真正能發生作用，所以將此新構思寫成公式，並試驗其正確性為研磨涵納之階段。

又如一曲新樂構思出現後，亦須將之寫成音譜，真正彈奏，試其真正美妙之處。在企業決策範疇裡，任何新構思出現，亦皆將之與實際世界印證，確定其應加修正、適應，甚至應加改換之處。換言之，在把「原始觀念」(Original Concept) 轉換為「具體建議」(Concrete Proposal) 以供他人檢定之中間，需要相當的研磨涵納功夫。

由以上分析說明，我們可以知道，創造力發揮的過程為⑴專精貫注⑵深思熟慮⑶孵化靜待⑷頓悟明途及⑸研磨涵納。在企業決策過程中，我們可以假設問題「診斷」及目標確定，已在這五過程以前即已完成，並有不少情報資料可供參考，所以創造力工作者，應是與其他工作者一樣，懷有明確目標及毅力恆心。

當然，為了真正實用起見，創造力之發揮必須借「個人」或「群體」之智力為之，所以以下二小節特別介紹「個人創造力」與「群體創造力」之協助術。

二、個人創造力之開發(Development of Individual Creativity)

(一)自信心與肯用心 (Self-confidence and Willingness) 是個人創造力開發之要件

由以上分析，我們可以得到兩個結論，第一、創造力存在於任何有相當智力之普通個人身上，而不一定只限於「天才」；第二、要創造一個有用的新構想，必須花用相當之心力 (Mental Work)，所以創造力開發的要件可以說是(1)「自信心」(Self-confidence) 及「肯用心」(Will to Work)。一個具有豐富創造力之人的想像力，大多與其認識某特定問題之密集度 (Intensity) 與清晰度 (Clarity) 有密切的關係。

除了自信心及肯用心之外，個人創造力之激發方法，尚應注意三個準則，第一、認識心理障礙 (Psychological Barriers)，第二、改變特性 (Changing Attributes)，第三、觸類旁通 (Serendipity)，分別說明如下。

(二)認識心理障礙 (Recognizing Psychological Barriers)，有益創造力開發

雖然心理學家曾設法提高人類創造新構想的能力，但至目前尚無完全可靠的方法，不過他們已經確認「文化障礙」(Cultural Blocks) 及「認知障礙」(Perceptual Block) 是減低人們創造力的共同敵人，所以我們若能多認識這兩種心理障礙，必然有助於我們創造力之開發。

1. 「文化障礙」(Social-Cultural Blocks) 之認識

所謂「文化障礙」是指我們生活的社會有某力量，驅使我們個人的思想及行為，朝向群體之模式方向發展，由之壓制了個人創新力量的發展。無疑地，人是群體動物，所以我們在全知覺，或半知覺，甚至不知覺中，會調整我們自己的思想及行為，以符合我們同輩的生活方式及態度。假使我們偶有微小離異，尚可被接受，若太離譜，則甚難在此社會立足，此種外來壓制力量，確實會折喪個人的創造力。

再者，從個人而言，沒有膽識的人，也有寧願跟隨群體而行，不願做出與他人不同舉動的傾向，所以其想像力自然自我拘束，無法發揮。譬如我們的社會尚處於「先苦後甘」、「節約美德」的時代，所以分期付款購買者、蜜月旅行或購買奢侈享受品的行為，就被視為異端。

過分遷就社會既有的文化典型，不敢逾越，對於人類進步甚有害處，因為任何進步都是破壞現有典型 (Progress is obstruction)，若無特立獨行之思想，自然無法導致現有典型制度變遷之可能。從人類歷史的演進而言，所有的進步，都是來自某些

少數寂寞孤獨人士的夢想，而非絕對多數人士之滿足甜眠。這些夢想對人類長遠進步而言，甚為重要，因為「今日的夢想代表明日的實際」(Today's dream is tomorrow's reality) 文化障礙的危險，不在於社會大眾對個人創造力的壓制，而是個人過分自我節制，因而折喪他獨特、原始的貢獻。所以企業最高主管人員應設法，在群體生活文化典型或構架內，鼓勵個人的創造力與想像力之發揮，不應隨意以壓制、恐怖言論及手段折喪之，否則建設性之進步永不可期望。

2.「認知障礙」(Perceptual Blocks) 之認識

阻礙創造力發揮之障礙不僅文化傳統而已，我們個人對事件的偏頗看法也會阻礙。有一位心理學家曾做一實驗，拿六根火柴棒要求人將之構成四個三角形，並使所有火柴棒的頭尾相接觸。大部分的人皆無法做成，甚至中途放棄嘗試，因為他們皆以平面的看法來安排火柴棒，而不是以立體的看法來安排。「平面」看法乃是一般人的認知障礙。

有一個克服認知障礙而導致新發明的佳例，就是亞歷山大・佛來明 (Alexander Fleming) 發現盤尼西林 (Penicillin)。許多細菌學家多年來研究殺菌藥物，曾培植許多細菌供實驗之用，但是一直認為新培植之細菌上的黴只是無意中生出來的一種破壞物，它雖一再把細菌殺死，但科學家們卻沒有發現，它本身就是一種最佳的殺菌藥，而把被殺死的試驗品連同上面的黴一起倒掉，重新培植，到最後佛來明 (Fleming) 才恍然大悟，黴就是他們多年來「踏破鐵鞋無覓處，得來全不費功夫」的答案。黴之未能及時被確認，乃是細菌學家們認知障礙所致，他們的腦子裡，總認為殺菌藥必然是另一種化學品，所以一直在化學品內打滾尋求。

發明汽車的時候，人們也一直認為汽車只是「無馬的拖車」(Horseless Carriage) 而已，所以最初的設計是用馬達來代替馬，而不是用馬達來推車。最早時，人們也一直以為工程師 (Engineers) 只與工廠的生產設備有關係，與全公司的經營利潤無關，所以要把生產與銷售拉在一起，確實要花最高主管很多的心力與時間。

目前，很多國家的公營事業（包括金融事業、交通事業、製造事業及貿易事業）經營績效不佳，許多人士一直認為將「所有權」(Ownership) 出售民營是改善的最好途徑（即民有民營），而未真正想從「管理」(Management) 制度的企業化著手（即公有民營）。相同地，目前銀行體系之作為無法應付民營企業之需要，因而證券及投資信託公司大行其道，許多人認為應嚴加管制證券及授信公司之營業範圍，而未想到應促使銀行體系與證券、授信及保險體系採取現代聯合行銷作法，以擴大債權市場、股權市場及理財融資市場之作用。類似地，有不少很想做官的人，一直認為臺灣獨立，就可壟斷做官的有限機會，但是沒有想到和大陸融成一體，用臺灣經驗知識領先的優勢，可以取得大陸廣大省、市、縣及中央當官的機會。想太狹，就是大障礙。

認知障礙的另一種來源，是以「兩方法」(Either-Or) 來劃分問題的解決辦法。例如有一家中型工廠，正面臨訂單供不應求的問題，但是缺少資金，高級主管們只在「增資擴廠」或「不增加擴廠」之兩對立辦法中大傷腦筋，這就是「認知障礙」的為害。事實上，此問題尚有許多辦法可想，除上述二種之外，第三，可以轉包給其他工廠代製；第四，可以將舊廠與擴建新廠一起出售給別人（如財團），然後再用租賃契約的方法長期租回來用，解決訂單源源不絕及缺乏擴建資金的雙重問題。

（三）改變特性，匯少成多 (Listing Attributes and Little Changes)

認識心理障礙可以增加創造能力之外，尚有改變問題或產品特性之方法，可以增加創造力。其作法可分三步驟，首先將所有重要特性 (Important Attributes) 一一縷列出來，其次選擇其中最重要的一個特性，詳加考慮改變或修正的各種交替方案，第三，逐一就其他特性做相類似之思考。此種「特性縷列，逐一改變」的作法，可以匯集許多微小的改變，變成重大的改變，所以可說是一種很有威力的創造力開發法。

譬如我們要發展一種新窗簾產品，首先我們把窗簾的重要特性列出，如：⑴阻止蚊蟲侵入⑵可以透光⑶可以透風⑷有堅固的架子⑸年年換新。其次我們挑「阻止蚊蟲侵入」的特性，思考可以改變的方法，而得⒜逐蟲臭味⒝電氣波⒞聲波⒟誘蟲小陷阱。第三，就其他特性，逐一思考可以修正之備選方案（略請讀者試一試，想一想）。

再如某一公司正想發展出一套主管人員薪酬計畫。首先將其重要特性縷列如⑴正常薪額，⑵個別獎金，⑶付款時間及方式，⑷調整方法。其次，先挑「正常薪額」來考慮各種可行方案，得⒜高基薪小利潤比率，⒝低基薪大利潤比率，⒞從最低主管比照他廠薪額開始，往上，則逢高低取平均數而定等等辦法。第三就其他特性逐一考慮。

（四）觸類旁通，意外之得 (Side Truck Serendipity)

一般而言，主管人員所關切的是有效達成目標，所以當他們在尋找辦法時，也常一心一意針對能達成目標的方向走，可是在此種心無旁騖的過程中，卻常常出現「有心栽花花不發，無心插柳柳成蔭」的意外收獲，在學理上，此種正打不著，觸類旁通 (Serendipity) 之技藝也是創造力開發方法。一個常用心力的人員，若有相當用心及內視能力，常有見物思他情之旁通奇蹟可得。

佛來明 (Fleming) 發現盤尼西林 (Penicillin)，也是觸類旁通之佳例（見前述「認知障礙之認識」)。偉翰・盧恩錦 (Wilhelm Roentgen) 發現 X 光，也是屬於意外之得。本來他是實驗陰極燈泡 (Cathode Tube) 的功能，無意中把一把鑰匙和一張未沖洗的底片板（以黑紙包紮）放在一個燈泡上，就外出。其研究助理在忙誤中，將該底片板沖洗出來，發現有該鑰匙的痕跡，盧恩錦 (Roentgen) 於是很感奇怪，追查為何陰極燈泡之光能穿過黑紙，所以發現原來是 X 光在作用。

在管理學上亦有觸類旁通之佳例。譬如人群關係學派之始祖梅友，在 1928 年於美國西方電器公司河松工廠進行實驗，其原先目的是證明工作條件之變化對工人生產力之影響關係，所以變化燈光、聲音、溫度等等因素，以觀察工人之實際生產力變化。可是實驗結果出乎意料之外，即工人間之社會關係 (Social Relationship) 及工人意願 (Willingness) 與領班合作之程度 (Cooperation) 會影響生產力，而工作環境變化對生產力之影響力不大，由之梅友等人發現工業心理學 (Industrial Psychology) 在管理上的重要地位，建立「人群關係」(Human Relations) 學說。

再者，名管理專家麥肯錫 (James O. McKinsey) 原先以會計及預算控制專家執業，充當企業顧問。很快地，他發現一個公司的預算很難制訂，假使該公司的組織結構不先設計清楚的話。尤有進者，該公司更應有明白而具體的目標及策略，才能把組織結構及預算編得有用。就此，麥肯錫忽然領悟，把力量花在改進計劃目標與策略，及組織設計方面的功效，遠大於花在預算及會計細節上的功效。所以他就創立了世界上有名的高階管理顧問公司。臺灣企業鉅子王永慶先生最早要辦的工業原是橡膠工業，可是在辦理登記時，發現橡膠工業已被登記，無獎勵措施可得，所以觸類旁通，改辦塑膠工業，終於造就了今日之台塑集團企業在石化、石油、電子、電腦、醫療、汽車各行業之雄姿，亦是一個佳例。

當然，觸類旁通有如神來之筆，其成果甚不可預期，而企業的永續發展也不能依賴此種渺不可及的意外之得。不過，我們不能否認它之可能出現，所以有創造力的機構及主管人員，應隨時醒覺，以抓住此種意外神筆，改進決策品質。

三、群體創造力之開發(Development of Group Creativity)

在合適的環境氣氛之下，群體合作所能創造出來的新構想比單獨個人所能創造出來的構想總會為多，所以目前許多企業已採用不同的方法來培養及開發員工的創造力，其中最有名的是「腦力激盪術」(Brainstorming) 及「逐步激盪術」(Synectics)。前者亦稱「動腦法」，適用於解決簡單問題，後者亦稱「作業創造術」(Operational Creativity)，適用於解決較複雜問題。

（一）腦力激盪術之應用方法 (Application of Brainstorming)

「腦力激盪術」原為 1963 年奧斯本 (Alex Osborn) 描述一群人互相激盪構想，以解決問題之自由想像行為。在意義上，是指用「腦力」(Brain) 來「打擊」或「轟擊」(Storm) 問題，使之化解。在過程上，是利用眾人毫無拘束之自由輕鬆氣氛，來發揮人類最高的聰敏能力（因為人若緊張就會失去聰敏），所以若碰到一個人無法解決之問題時，可以將之提給一群人（約 6～7 人）的面前，請他們盡量想（並講出）可能的解決方案之構想，互相激發，並一一將之記錄下來，約過半小時至一個小時，即告停止。經過記錄整理之後，常可找到原來一個人無法想出的新構想，導致解決問題。

奧斯本舉出廣告界從業人員最常用此種「三個臭皮匠，勝過一個諸葛亮」的群體腦力激盪方法，因為廣告事業最需要創造力的開發，才能出奇致勝。許多廣告公司（即廣告代理商）的每一部門裡，幾乎都組有一個腦力激盪小組 (Brainstorming Group)，當新問題出現而需要新構想時，主管人員就召集小組成員到會議室或「腦力激盪室」（指布置高雅，氣氛輕鬆，設備齊全，邀人遐想的房間），請大家提出可以解決之構想，不拘形式，不怕荒誕，不可批評，不怕可行與否，用筆記或錄音機將各人的構想記錄下來。當然，在其他機構，任何場合，凡是需要利用多人之腦力，皆可採用腦力激盪術，不一定限於廣告代理商才用。

為了使腦力激盪會議更成功起見，奧斯本提出下列「不批評」、「讓心飛翔」、「愈多愈好」、「借用別人」等四個規則，請小組成員遵守。

⑴不可以批評別人構想 (No Critics)：即對別人提出之構想雖有不合己意或過分荒謬之處，亦不可在當時即予以批評辯論，應等整個「構想製造」(Idea Generation) 過程結束後再提出討論。

⑵讓「心意」自由自在的「飛翔」(Free Flying)，即盡量保持氣氛輕鬆，不要嚴肅，使荒誕的構想「飛」出來得愈多愈好，因為要使氣氛「冷」下來很容易，要使之「熱」起來較難，所以應盡量設法維持熱絡自由的場面。

⑶製造愈多構想愈好 (More Ideas)：因為新構想激盪得愈多，將來整理後，找到可用的構想的機會也愈多。

⑷鼓勵借用別人構想加以組合或改善 (Extending Others)：即除了自己提出構想外，或延伸，或改善他人的構想，使之形成一連串的新構想。

主管人員可以利用此種方法來處理各種問題，例如：如何尋求汽車用玻璃的新用途？如何改進公司的認同感？如何設計新輪胎製造機器？如何改進高速公路的收款方法？如何降低工人缺席率？如何簡化招標手續及防止圍標？如何防止公務人員利用手續規定索取紅包？如何對公營事業董監事會授權？如何改進公司董事長的集權弊病？如何加強董事會對總經理及各部經理之管理（公司治理）？等等。

普通一個小時的腦力激盪可得 60 至 150 個構想，其中大部分皆屬不切實際者，其他屬於平凡無奇者，只有極少數值得嚴肅的做進一步考慮。此一步驟事實上是屬於前述創造力開發過程的第四步驟「頓悟明途」。

（二）腦力激盪術之限制 (Limitations of Brainstorming)

依照過去經驗，腦力激盪術最有效力的使用場合是解決「簡單而確定」(Simple and Specific) 的問題。假使一個問題（或主題）有許多角度或層面可談，則討論將失去焦點 (Focus)。譬如一個問題內容很複雜，花很多時間去澄清，並且需要一點一滴寫下可能的解答方法，則將失去即席發言，隨意構思的可行性。此時解救困難的辦法是小心診斷，以掌握住真正問題的中心（見決策過程的第一步驟）。換言之，複雜的主題應打碎（或分裂）為幾個部分，就每一部分舉行個別的腦力激盪會議（見「逐步激盪術」）。

除了問題必須「簡單而確定」外，腦力激盪術尚有幾個限制：

第一、費時 (Time-Consuming) 太多：因激盪會議本身及事後的整理都需要一段時間，何況許多製造出來的構想都屬無用者。

第二、膚淺解答 (Superficial Answers)：即製造出來的構想只用來填塞時間空檔的舊辦法，而非真正的新奇構想，因為參加會議的成員不瞭解問題內情。

第三、選擇熟悉成員不易：為了克服請「非專家」來充任「專家」之缺點，所以謹選「專家」成為主管人員的一大困難。

（三）逐步激盪術之應用 (Application of Synectics)

另一個激勵群體成員發揮腦力的方法叫做「逐步激盪術」(Synectics)。此英文的來源為希臘字，其意思為「把不同的個體因素組合起來」(Fitting Together of Diverse Elements)，所以也稱作「協力術」或「作業創造術」，以區別於上述簡單之腦力激盪術。此術為 1965 年高登 (William Gordon) 創立 Synectics, Inc. 時所提出，高登亦是美國名管理顧問公司亞瑟利特 (Arthur D. Little) 的顧問。高登認為奧斯本 (Osborn) 所倡腦力激盪術會議的最大弱點為太快下結論，尤其對複雜問題為然，往往在足夠有利答案提出前就已結束思考過程，所以所得構想常屬不切實際，太平凡。不能真正應用。所以高登認為處理複雜問題，必須用「逐步法」，不用「即時」的腦力激盪術。其使用的時間亦較長，約三小時以上，因為「疲倦」因素也被認為是創造力的重要角色。

「逐步激盪術」與「腦力激盪術」有三個假設前提相同：

⑴認為所有的人都擁有比他日常所能思考能力更高的創造力，所以應加利用。

⑵在尋找創造性構想時，情緒性，甚至近乎不理智性之因素，與智慧、理智因素，同樣重要，所以容許自由發言。

⑶為了利用情緒及不理智之威力，所以必須使用「方法」及「紀律」(Methodology and Discipline)，將自由思想收集起來。

「逐步激盪術」與「腦力激盪術」的重要區別如下：

⑴首先必須把「問題」徹底深入探究清楚，包括問題的內部技術細節及其外部環境，同時也必須檢討前面已做過的「診斷」結論，以便激盪小組的成員充分瞭解，以免提出可笑、平凡的無用構想，而真正走入「創新」境界。

⑵小組負責人逐次挑戰一個子題，請成員提出可用之新構想。除非此子題已激發足夠的構想，否則不提出第二個子題，此即是「逐步」或「作業」名稱之來源。（在簡單問題之腦力激盪術裡，則不將問題劃成幾個部分。）

⑶使用各種方法，刺激新構想的產生。有的人稱這些刺激新構想的方法為 Method in the Madness（其意「瘋狂」方法）。包括：

①「遞延」法 (Deferment)：即首先尋找「觀點」，而非「解答」，把「解答」之構想遞延以後再提出。

②「問題自主」法 (Autonomy of Object)：即讓「問題」本身有自己的生命，而非附著於別物，不必太限制它是否一併要被討論，或是屬於我自己一定非解決不可之事。

③「共同點」法 (Use of Commonplace)：即盡量利用熟悉的事物以作為邁向陌生物之跳板。

④「類推隱喻」法 (Analogy)：即利用類似事件來推測新構想，如舉一反三，舉一反十。

⑤「若即若離」法 (Involvement/Detachment)：即在「進入」問題之特定部分，及「脫離」特定部分徘徊，以便觀察它的整個全貌。

可以反覆研討，從不相干之討論拉回真正問題核心，所以可以請技術專家在場說明或協助評估各種構想之可行性，以免「走火入魔」而不自知，以致浪費巨大心力及時間。

以上四點可以充分說明「逐步激盪術」遠比簡單的「腦力激盪術」為正式化，

所以在複雜問題及技術問題之解決上，前者亦比後者有威力。

四、創造力的根源——縱容氣氛與借用引申

從「腦力激盪術」及「逐步激盪術」之過程，我們可以獲得兩個創造力培養的根源，即是「縱容氣氛」(Permissive Atmosphere) 及「借用引申」(Borrowing and Adapting)。所謂「縱容氣氛」是指允許小組成員自由自在提出任何荒誕的構想，都不要在當場予以評論是非及善惡，換言之，所有的評估都應延遲到以後。「容忍」別人提出與自己不同之構想，乃是知識分子的一大美德及能力，因為一般的社會障礙（或傳統文化行為），在無形中會逼使人們走向與傳統一致 (Conformity with Convention)，所以聽到有異於自己想法之構思時，自然會出口批評，但如此一來，就會扼殺新構想的產生，有害進步。

輕鬆、縱容、自由及溫和的氣氛確實可以使人們腦力活潑起來，因而鼓勵創造力之開發，因為在此種場合⑴人們可以大膽無懼地表達其構想，即使與過去作法，與團體準則，與上級意見等等有所差別，亦無所謂；⑵主管及同輩都正面鼓勵成員試試新的或不同的構想；⑶彼此互相尊重所提出之構想，不必擔心別人會有不良之反應。

除了必須具備縱容寬大之自由氣氛外，尚應允許小組成員借用及引申別人也提過的構想，不必擔心別人會批評「抄襲」、「仿照」、「類似」等等。就一個人而言，心理障礙 (Mental Blocks) 時常會使我們與新構想「相逢不相識」，或「僅隔一衣帶水」。假使容許借用引申別人的構想，正可越過心理障礙，接上創新思潮。此種互相交換構想之場合與「團隊精神」(Team Spirit) 密切相關，因為創造力是講求新構想的產出，而不講求其產出方法。只要能創出有用的構想，大家貢獻一部分，甚至重新診斷，尋找根因，皆可應用，皆所歡迎。「專利」在集體創造力開發過程中並不存在。

第十一章 企業決策與理智計算力
(Business Decision-Making and Rational Calculations)

第一節 評估比較備選對策之優劣——決策第四、第五步
(Comparisons of Alternative Advantages and Disadvantages—The 4th and 5th Steps in Decision-Making)

在前一章裡，我們以相當大的篇幅介紹決策的第一、二、三步驟（問題診斷、目標澄清、備選對策），尤其對第三步（備選對策）有密切相關之創造力 (Creativity) 開發，做相當深入的解析，因為人類智力 (Mentality) 的可貴，即在於靈活創造力的開發而非呆板守舊性之固定。在本章裡，我們將轉移另一個角度，介紹決策過程的理智計算力之應用。無疑地，「創造力」與「計算力」(Calculation) 乃是相輔相成的連續步驟，和「演繹」(Induction) 與「歸納」(Conduction) 之為科學研究方法之相輔相成一樣。有了好的創造力，會想出許多備選對策的構想，以及每一對策應加考慮的相關因素。尚須有好的計算力，才能詳細評估比較 (Evaluate and Compare) 各對策之優劣後果，供決策者選取一者，付諸執行，以達原定目的。

在評估比較備選對策之優劣過程中，首先必須先確定各對策應加考慮之相關限制因素 (Related Factors or Constraints to be Considered)，以為評估比較計算之基礎，此為決策之第四步驟。然後，再針對每一備選對策及相關因素，評估其可能優劣後果數字（包括有形數字及無形數字），構成相同單位（或指數），以利備選對策間之比較，此即為決策的第五步驟。所以決策的第四、五步驟是混合在一起，不能分離的，否則便會失去意義。

所謂備選對策應加考慮之限制因素或相關因素，係指優劣後果之考慮對象，譬如人事間問題之決策考慮因素，有⑴過去工作表現，⑵學歷，⑶經歷，⑷資歷，⑸領導能力，⑹合群能力，⑺年齡，⑻外表……等。又如採購問題之決策考慮因素，有⑴價格（或成本），⑵品質，⑶交貨時間，⑷交貨持續性，⑸售後服務，⑹互惠條件，⑺累積折扣……等等。不同的決策問題，將有不同之考慮因素，決策者必須針對特定問題，思考可能相關因素，以免遺漏而致失算。關於各種不同問題對策所應考慮因素，大多在專業學科內會提及，本書不一一縷列，以節省篇幅。但各種各樣

公、私決策問題所需要考慮的限制因素，在決策分析過程，不能縷列太少；正如備選方案不能縷列太少一樣，否則此決策分析就會變成「局部分析」(Partial Analysis)，而不是「系統分析」(System Analysis) 了。

一、理智分析之要件 (Elements of Rational Analysis)

評估 (Evaluation) 比較各備選對策之優劣後果，事實上，不一定等到本步驟才開始，而是在尋找根因（指診斷）時，就時常會指出單一可行之對策 (Single Course of Action)。有時候，在第三步驟尋找備選對策時，也可能會發掘一系列對策 (Line of Actions)，很明顯地比其他對策為佳。假使遇到這類幸運的情況時，根本不必花太多時間在評估優劣及從中選一的功夫，而是可以直截了當選取該最佳方案。不過，一般說來，愈理智的選擇，愈需要按部就班地循著「決策過程」走。所以理智分析之要件有四，第一、尊重理智作風，第二、澄清先行步驟，第三、態度嚴肅，第四、培養兼具創造與計算能力。

(一) 分辨理智與感情選擇之分野 (Rational vs. Emotional Decision-Makings)

當然在人生活動裡，不一定所有的重大選擇都是以理智方式為之，所謂理智選擇，意指深思熟慮 (Deliberate)，客觀 (Objective)，及邏輯推理 (Logical Thought)，譬如選擇伴侶（或配偶），常常就是在非理智的感情用事情況下為之。不過對經理人員而言，理智評估分析各種備選對策之優劣點，乃是現代管理的最高造詣。換言之，經營事業的主管人員，應朝向理智決策之道路努力，不應逗留在感情用事之圈內打轉，否則事業遲早會失敗。至於不經營事業的人，則並不一定要求其理智分析，譬如小說家、文學家、藝術家、哲學家、政治家、政客、演藝人員、游俠、黑道、官僚、一般庶人百姓等，較可依感情行事，亦不會大失敗，虧大本。

(二) 界定備選對策之真義 (Identifying Alternative Courses of Action)

理智之分析比較必須建立在問題之充分瞭解及備選對策之確認二大基礎上，假使兩個人對該兩者皆無一致性之看法，則要比較不同對策之優劣，等於兩人在說不同世界之語言，難趨一致。當此種情況發生時，最好的辦法是重新回頭，明明白白地確認問題的中心（診斷），所要的目標（意圖），及可用之備選對策（方案），而不要呆板地釘住在那裡，胡亂的比較不同世界的東西，導致「公說公有理，婆說婆有理」，不分天地之紛亂局面，永遠解決不了問題。

(三) 認清嚴肅與輕鬆之分野 (Relaxation vs. Seriousness)

在創造力發揮之階段，我們容許自由想像之輕鬆氣氛，以靈活腦力，舉一反三。

可是在比較對策之優劣時，則需要不同的心態，亦即我們要求挑戰性之證據，去除不相干的論點，追求邏輯推理，尊重反對意見者之理由。總之，此階段的氣氛乃是嚴肅而挑剔。胡適先生曾以「大膽假設，小心求證」來說明科學研究的精神，也正可用來說明決策過程中「創造力」（大膽假設）與「計算力」（小心求證）之真諦。在創造力發揮時，可以大膽假設，但在理智計算時，就應小心求證。所以理智決策的系統分析過程中，有輕鬆大膽的成分，也有嚴肅小心的成分。

（四）培養兼具創造與計算之能力 (Creativity vs. Calculation)

一般的人大多只偏頗專長於創造性之思考，或理智性之計算，只有很少數的人兼具雙重能力。事實上，當一個人專長於此時，就常會不耐於彼，本不足為奇。可是良好的決策，卻需要兼具兩種能力，而真正能兼得雙長的經理人，也是足可慶幸。對企業經營而言，我們至少要求每一位經理人，都能明白在計劃過程中，創造力與計算力之分野；也應明白不同人所能做的不同貢獻。如此，他才能針對自己的弱點，尋求他人的補助。在日常生活中，他也應利用機會，培養具備雙重能力的才能。

二、預計可能發生之影響後果 (Estimates of Possible Consequences)

在比較各種備選對策之優劣時，必須先預計各對策對公司目標之⑴有形與無形之影響 (Tangibles vs. Intangibles)，⑵長期與短期之影響 (Long-Term vs. Short-Term)，⑶好與壞之影響 (Positives vs. Negatives)。假使我們只對有利的後果拼命擴大說明，而故意疏忽或無意述及其不利的後果，則決策執行後必然會很容易地發生「悔不當初」或「事後諸葛亮」之現象。

在預估影響後果時，常涉及甚多因素，為了說明上之方便，茲舉一例以明之。某電器公司之工廠處於臺灣西岸北部，但其產品行銷全島、東南亞及中國大陸。其業務副總經理建議在上海設立一個裝配廠，以利就近服務中國大陸顧客，提高在中國大陸之競爭能力。目前該公司僅有一倉庫及分公司在香港，競爭及服務能力皆感不足。公司總部在決定此建議之前，無疑地，必須先回答下列相關問題（或相關限制因素）：

（一）列出重要相關因素 (Listing Consideration Factors)

⑴ Transportation Costs：指運送成品及零件至上海之運輸成本差異為何？

⑵ Labor Costs：指上海設立裝配廠之直接人工成本為何？間接人工成本（如維護、清掃等等）為何？在總廠可節省之人工成本為何？

⑶ Overhead：指上海裝配廠的固定費用（包括租金、折舊、動力、用水、主管

薪酬、辦事員薪資等等）為何？在總廠可節省之部分為何？

⑷ Investment of Capital：指上海裝配廠必須投入多少新資金（包括設備、機器、存貨、辦公用具、裝置及搬運費，及建廠期間之資金成本等等）？

⑸ Flexibility：指上海裝配廠應付季節變化之彈性能力為何？總廠應付季節變化之彈性能力為何？

⑹ Taxes：指上海市對新廠之稅捐待遇為何？設立單獨公司又有何益處？

⑺ Service Level：指設立裝配廠後，對顧客服務水準提高之程度為何？譬如送貨及修理速度是否改進？

⑻ Local Image：指設立裝配廠對改進「當地事業」印象之程度為何？

⑼ Quality：指新裝配廠之品質控制是否與總廠一樣？

⑽ Labor Relations：指新廠與總廠對勞工問題之處理自由度有何不同？

⑾ Responsibility and Coordination：指新廠是否受業務副總經理統轄？若是，則總公司生產副總經理，技術、工程、人事及會計經理對新廠之權責或協調方式為何？

⑿ Sales：指新裝配廠設定後，對銷售業績之影響為何？

⒀ Profit：指公司將可獲得多大之利潤？

（二）計算成本效益後果 (Calculating Cost-Benefit Consequence)

無疑地，此電器公司的總經理必須逐一回答上述問題，或計算每一因素之優劣數字，其企劃幕僚為其彙編一比較表，如表 11–1 所示。事實上，在彙編比較表之前，必須花費相當深入的功夫，尋找情報資料 (Fact Gathering)，方能針對上述每一重要相關因素，給予數量性評估。無疑地，從表 11–1 之有形成本效益之計算而言，在中國上海設立一個新裝配廠的對策（新作法），遠優於由臺北總廠直接運送成品到中國大陸之對策（現行作法），因在銷貨收入上言，在顧客服務水準上言，以及投資報酬上言，皆甚合算。

（三）亦應權衡其他後果 (Considering Other Side Effects)

在蒐集情報資料，彙編成本效益計算比較表之後（此步驟是數量管理學派最講求的重點），我們尚應權衡其他「副作用」(Side Effect) 之後果，不可草率付諸執行，因為沒有一個管理行動僅會產生單一後果，而是在採行一個行動，追求一個目標或數個目標時，常須付出相當的代價或犧牲 (Expense or Sacrifice)，假使代價大於目標時，則此決策為不良之決策，不可採行。

譬如美國在以前，認為將剩餘之小麥免費贈送給落後或飢餓國家，乃是一大善舉。可是有人認為如此做，必定招來政治上之不良反應，因為不少「友」幫國家是

表 11–1　設立上海新裝配廠與否之成本效益比較表

單位：百萬美元

考慮因素	A 方案 總廠成品支援 （不設立新裝配廠）	B 方案 設立新裝配廠	兩者差異
一、額外新投資：			
設備費	$0	$30	
開辦費	0	10	
存貨（零件）	0	15	
合　計	$0	$55	$55
二、每年收入與支出：			
1. 銷貨收入	$200	$400	$200
2. 支出：			
⑴零件成本增加額	90	170	
⑵運輸成本（至上海）			
成　品	15	–	
零　件	–	22	
⑶裝配人工成本			
直　接	12	24	
間　接	4	12	
⑷固定成本			
管理（督導）	0	8	
文書總務	0	5	
水　電	0.2	0.8	
租金（廠房）	0	7.6	
折　舊	0	2	
⑸租稅及保費	0	0.5	
⑹銷售佣金（東海岸）	10	20	
支出合計	$131.2	$271.9	$140.7
三、每年淨得（收入 – 支出）			$ 59.3
四、稅前投資報酬率（增額收入 ÷ 增額投資）			（見底下之計算）

・第一年 $59.3 百萬 ÷55 百萬=108%（一年回本）

・平均各年 $59.3 百萬 ÷40 百萬=148%（因設備費 30 百萬美元會折舊完，所以以平均 15 百萬美元計算投資額。）（七個月回本）

靠出售小麥賺錢，如此一來，豈不等於斷絕「友」邦的生財之道。

又如，手錶廠的生產部經理，也許認為小量難銷之手錶應該停產，以節省成本。可是如此一來，卻忽略了大百貨公司想保持擺出各類大小風格（應有盡有）之手錶的目的。

又如，在勞力密集之社會，工廠工業工程部經理，也許認為節省成本之道是取消每天加班工作之方式，替代較佳之時程安排及購買新式機器。可是他卻可能忽略，如此一來，工人們每月薪資會減少 15%，工會也可能因之要求提高基本工資率，以彌補損失，並可能因之刺激較高之員工流動率。考慮這些可能之「副作用」後，也許只能重排工作時程，但不能購買新機器，完全取消加班。

又如，美國目前正與中國大陸加強外交關係，已經給予貿易最惠國待遇。可是如此一來，美國國內紡織業受中國大陸低廉工資之紡織品損害的程度一定更大，將得不償失，所以要求中國大陸在進入世貿組織後，一定要履行開放農、工、商市場之承諾，以平衡紡織品大量進入美國之逆差。

很顯然地，比較各種備選對策間之優劣後果，不是容易之事，因為目標難以確定，資料難以收集。不過難做並不等於不能做。為了有效執行此不容易做的決策過程，有五個要點（或祕訣）可供參考：⑴重視差異 (Differential) 之處，忽略共同 (Common) 部分；⑵以金錢數字（會計資料）表達；⑶簡化無形因素；⑷減少替代對策之數目；⑸集中在關鍵因素上用功夫。茲逐一說明如下，以增強讀者之瞭解。

三、重視差異之處 (Focusing on Differences)

在評估比較備選對策間之優劣後果時，首應重視彼此差異之處，方能簡化比較的過程。換言之，應該忽略共同部分 (Disregard Common Elements)。譬如在前面所提是否在上海設立新裝配廠之例子，我們就應該放棄比較總廠及裝配廠兩種對策之原料成本因素，因為它在兩個對策之比較表裡都會同樣地出現，屬於共同部分。相同地，我們也不必考慮分公司及推銷人員的成本，因為任一個對策被選定時，皆需要分公司及推銷人員的存在，同時也不想變化人數。再者，此公司總經理的薪水也不會受到影響，所以也可以不必比較考慮在內。

當然，我們在此處所提「忽略共同部分」，並不是指它們不重要，或不能再加以改進，而只是說在目前評估比較兩對策間之優劣時，暫時可以不必牽涉在內，以免增加複雜性而又無助益。至於如何改進原料成本、品質及推銷員之能力等，則屬另一個決策問題，不必一下子統統攪在一起。

相反地，我們在應用此原則時，也不可太大意，把太多因素都假設不變，而過於疏忽它。譬如在上海設立新裝配廠而確可以增加很多之銷售量時，則分公司及推銷人員就應連帶變動，而影響到成本；再者，如果裝配廠決定設於他處而影響到運送方式及費用時，則亦應一併考慮在比較表內。總之，「重視差異之處」之原則，僅應用於不受備選對策之選定而影響之場合，不可隨便亂用過分。

四、以金錢數字表達差異之處 (Stating Differences in Dollar Term)

對主管人員而言，要他們隨時記住所有相關因素之相對比重 (Relative Weight)，是一件很困難，也是很浪費的事，所以用來減少此種複雜記憶工作的辦法，就是把相關因素的優劣點都轉化為收入、支出及投資 (Income, Expense, Investment) 等金錢數字。這些數字皆可以合併成一個或兩個「淨值」(Net Amounts)，以利比較裁決。當然，簡化為金錢數字也有危險之處，譬如人們因它比主觀因素容易「掌握」，也因它似乎比其背後之假設因素「可靠」，因而招致太多的誤會，反而難以取決。不過，在比較兩者優劣之後，大家還是認為轉換為「淨值」之金錢數字比被可能誤用之危險為佳。

以金錢數字來表達各備選對策在相關因素之後果，可以很客觀地加減，而獲得收入或支出之「差異」，再與投資變化數比較，就可以很清楚地得到優劣結論，確是很好的決策工具。

在以金錢數字表達各備選對策間之差異時，尚可注意三個要點：

第一、盡量應用會計 (Accounting) 上的成本資料，所以建立健全之普通及成本會計制度，甚為必要。

第二、應用遞增 (Incremental) 或邊際 (Marginal) 成本及收入觀念，而忽略固定或沉入 (Fixed or Sunk) 成本部分，以免干擾各對策間之真正面目。

第三、應該調整時間差距 (Time Difference)，因收入與支出在不同時間發生時，含有時間利益或時間成本因素，必須以「現值」(Present Value) 觀念將之轉換為同一時間基礎，才能比較真正利弊。

五、簡化無形因素 (Simplifying Projection of Intangibles)

雖然我們在評估比較備選對策之考慮因素的優劣點時，首先會想到有形 (Tangibles) 成本收益之數字，但是有許多決策問題所涉及之無形因素 (Intangibles) 遠多於直接有形因素，因而帶給決策者很大困擾。從理智決策立場而言，我們還是盡量要把無形因素簡化為「相當」金錢數字，以利比較。此種將「無形」化為「有形」之過程，屬於一種高超系統猜測 (Systematic Guess) 技巧，茲舉一例以明之。

譬如光華機械廠產製甲型數據控制車床 (Numerically Controlled Lath)，新客戶南光公司已訂購 11 臺車床，每臺價格 1,600 萬元，但是南光公司提出要求增購第 12 臺，但只出價 1,100 萬元，請問光華機械廠應否答應此要求？假使只基於有形成本收益因素及遞增觀念之分析，則應答應。因為第 12 臺之遞增生產成本只 800 萬元（依成本計算資料），而遞增收入為 1,100 萬元，可多賺 300 萬元。可是若考慮下列二個無形因素，則問題就不那樣容易解決，而須費一番功夫，將之簡化才行：

第一個無形因素：對未來客戶而言，說不定無法再收取每臺 1,600 萬元的價格。

第二個無形因素：也許此位新客戶（南光公司）是大戶，與之交往，建立根據地，可以獲得未來設備及零件銷售機會。

我們若真正花精神考慮這二個無形因素，就不會貿然地以可多賺 300 萬元，就下決定，因為 300 萬元是「蘋果」，而該二無形因素之優劣是「橘子」。蘋果與橘子為不同單位之物，不可以直接相加減，而必須予以轉化為相同單位才可。

對第一個無形因素而言，我們可以將之化為下列問題，逐一簡化估計：

(1)假使我們不以 1,100 萬元賣第 12 臺，未來有多少生意可以賣到每臺 1,600 萬元？

(2)有多少未來新客戶會知道我們賣第 12 臺之價格為多少呢？

(3)這些知曉我們減價出售第 12 臺之新客戶中，有多少人能逼我們以低於 1,600 萬元（正常價格）之價賣給他們呢？

(4)他們又能逼我們減價到多少錢呢？

當然，我們要回答這些問題，需要花一番經驗性的系統猜測功夫。可是逐一回答（或猜測），總比含含糊糊地以「搞亂正常價格」之回答為佳。

對第二個無形因素而言，我們也可以將之化為下列細部問題，逐一簡化估計：

(1)南光公司的業務量成長潛力有多大呢？

(2)它會不會再向光華買新機器呢？若會，會買多少呢？

(3)南光在以後，會不會以正常價格向光華買呢？

(4)南光在未來，需要買多少替換之零配件呢？這些替換零配件之利潤為何呢？

愈能將這些小問題轉化為金錢數字，愈接近簡化無形因素之境界。在數量方法裡，作業研究 (Operations Research) 專家曾提出「效用函數」(Utility Function) 之方法，將不同層面之無形因素轉化為相同層面之數字（即以「效用」為基準）。可是在真正應用上，還是有許多困難存在，所以逐步 (Step-Wise) 思考及猜測的方法還是用得上，將無形因素減到最低程度，而朝向客觀理智方向努力。

六、減少替代對策之數目 (Narrowing the Number of Alternatives)

記得在決策第三步驟——尋找備選對策時，我們鼓勵大家發揮創造力，思考越多的對策越好。可是到評估比較各對策之優劣後果時（第五步），我們卻須用另一道功夫，把這些數目眾多的對策減少，以利比較，因為經理人員的精力與時間有限，無法對太多的備選對策，一一進行如以上所提到的理智計算。同時在心理作用上，經理人員也比較願意對「有希望」的備選對策花功夫，不願對那些無希望者窮磨功夫。尋找「有希望」對策之原則，就是一方面減少替代對策之數目，另一方面又不將有希望者剔除掉。在作法上有二，第一是以先決限制因素或前提條件進行「初選」(First Screening)，第二是將類似對策「歸類」(Grouping)。

「初選」(First Screening) 的前提條件，可能在決策第一步診斷中心問題時，就已發現，以之作為把關大將，也很適合。譬如在增加新產品的決策場合 (New Product Decisions)，可以設定「必須能以現有生產設備製造者」才加以考慮，或「必須為現有銷售組織能處理者」才加考慮之先決條件，如此一來，可以把許多新產品構思 (New Product Ideas) 之備選方案減少一大半。又如在提升教授陣容之決策場合，可以設定「必須有國內外公認一流大學博士學位者」才加考慮之先決條件。在採購決策之場合，可以設定「必須經過公證機構檢驗合格者」才加考慮之先決條件。

「初選」條件雖可以用來減少備選方案之數目，但在碰到太多備選對策之場合，想以一、二個重要因素來做「初選」工作，也會嫌太花功夫，所以「歸類」的作法變成很有用。假使我們從每一類中挑選一個代表性對策，與其他類的代表互相比較，或與先決條件對試。再將精神集中於那一個「比較」好的代表所屬之「類」上，進行類似比較，以大大地減少備選對策的數目，而又不會漏掉好方案。譬如在選擇工廠的廠址時，首先從各地區 (Region) 選出一個代表市 (City)，經過比較（或與先決條件對試）後，確定較佳代表市所屬之地區為工廠所在地；其次，在將此理想地區內所有城市提出比較，以確定較佳之城市為工廠所在地；最後，再將此理想城市內所有地段提出比較，以確定較佳之地段為工廠所在地，再請工程師進行地坪測量，水、電、管道、建築物及機械設備安置之細部設計。

當然，在減少備選對策之過程中，我們很可能把真正詳細分析後證明為「好」的對策也剔除掉。不過在實務上，經理人員確實無法對所有創造出來的可能備選方案，一一詳細計算有形與無形優劣點，所以「初選」及「歸類」變成不可或缺之有力步驟。

七、集中在緊要因素 (Concentrating on Critical Factors)

上面是研究如何減少備選對策之數目，以簡化比較計算過程，本處則研究如何減少應加考慮之相關因素之數目。我們也可以找到二個方法，來協助決策者簡化思考過程，第一是應用「滿意」(Satisfactory) 原則，第二是應用「緊要」(Critical) 原則。

（一）對各因素設定「可接受之滿意」水準 (Satisfactory Level)

本來在進行理智計算時，我們是針對每一個備選對策與每一相關因素，以有形成本與收益數字表達優劣後果。可是為了簡化決策過程，可以對每一因素事前設定眾人「可以接受」(Acceptable) 之水準，此水準亦稱為「滿意」水準，而非「最大」(Maximum) 水準。假使所有備選方案在某一因素之表現，都達滿意水準，則證明該因素是「共同部分」(Common Parts)，可以忽略。

此可接受之「滿意」原則，在企業界之應用甚廣，因為它可防止經理人員走火入魔，把所有精力花於無多大作用之牛角尖裡，譬如談到生產成本的問題，每一位經理人員都想永無止境地減少成本，至少許多經濟學家都如此想。不過在實際上，經理人員只重視某一「緊要水準」(Critical Level) 而已，而非永無止境的減低，此時，若競爭劇烈，則競爭者所定之成本水準，就是本公司之「緊要水準」，我們只要不超過此水準，經理人員就放心了。

又如談到價格水準的問題，經理人員所注意的只是一方面維持一般市價水準，另一方面給予經銷商相當毛利，以維持銷貨成績，而不是毫無止境的提高價格。再談到產品品質問題，經理人員雖也想繼續提高品質水準，但他真正重視的是客戶出價所要求之水準，而非「超水準」；此種情況，亦可引用到送貨時間方面，雖然送貨時間越快越好，但真正重要的是客戶所能接受的水準，而非一日送貨十次。在防止污染方面，重要之處是維持污染程度在政府所能接受之水準之內，而非百分之百的乾淨。設定「滿意」水準（或可接受水準），將各備選對策皆達此水準之因素剔除，或將未擁有達此因素水準之備選方案剔除，可大大簡化計算工作。若所有備選對策皆被剔除光，則應再思考新對策，或應降低「可接受」之水準。

（二）挑出關鍵性因素 (Key Factors)

在數個備選對策中，尋找較佳者之過程中，時常會碰到一、二或三個因素是決定性的關鍵所在，所以，我們若能在進行煩瑣之計算比較之前，就挑出這幾個關鍵因素，必可很快地把沒有吸引力之備選方案數目大大減少，省卻許多比較的功夫。

譬如某化工公司原本以銷產油漆而著名，最近研究部門開發成功一種抗熱、耐磨的新塑膠產品，可以用來製造機器及飛彈零件，公司正要找一位「產品經理」(Product Manager) 來推廣此新產品，因為原本的營業部門集中全力在油漆上，無法照顧此新品，所以招募新人才成為決策問題。此新塑膠製品之銷售必須與工業使用戶簽訂長期供應合同，與油漆之銷售要訣不同，同時此位新人員也不需要上級的緊密監督，完全要靠他自己的主動努力。人事經理本可為總經理列出許多考慮因素，以供合乎基本條件之候選者比較。可是為了簡化比較功夫，人事經理挑出兩個關鍵因素，第一是「主動」(Initiative)，第二是「決策能力」(Decision-Making Talent)，因此兩因素把十幾位候選者篩減為三人，此三人皆具有高度「主動」精神及「決策能力」。然後，再列出其他因素來比較，如行業知識，感情穩定性（成熟），社會敏感性（合群性），及薪酬要求等等。假使開始就對十幾位候選者，一一針對這六因素予以同等的評分比較，會嫌太多，也妨礙理智決策之品質。

關於此種作法，也可以應用到前面所提到之到上海設立電器裝配廠之例子。從表 11-1 之成本收益分析中，可知到上海設廠之可行先決條件是銷貨額之大幅增加，所以「銷貨」自然成為此決策問題關鍵因素。公司的主管人員，在分析品質控制問題，公司所得稅問題，勞工問題之前，就應先花下功夫好好研究，是否設立裝配廠能大幅提高銷貨。

在結束本節理智性評估比較各備選對策之優劣後果之前，我們應重新提醒簡化此種比較過程之要點，即是(1)重視差異之處；(2)以金錢數字來表達優劣後果；(3)簡化及轉換無形因素；(4)減少備選對策之數目；(5)集中精神在關鍵因素上。

第二節　選定較佳對策——決策第六步

(Selection of Better Solution—The Sixth Step Of Decision-Making)

決策過程的第五步驟是以理智計算來評估比較備選對策之優劣，所以第六步就是下定決心，選取一個最合意的（或最值得的）對策，付諸執行。此種下定決心的情況就是通稱之「選擇」或「抉擇」(Making a Choice)。下定決心與(1)價值觀念，(2)不確定因素，(3)數量技巧有關，本節專門詳細分析此三要件之內容，供參考並激發思考力。

一、界定價值與目標關係 (Values and Objectives)

就普通心理狀態而言，一個人在若干候選辦法（或對策，或方案）中，所選定之特定辦法，一定是他主觀認為「合算」(Justified) 或「值得」(Valuable) 者。而所謂「合算」、「值得」乃是指能達成另一較高層次之目標而言，所以我們可以說，「值得」選取的對策，一定具有較佳之預估成果 (Projected Results)，而是否「值得」又是視能否達成另一層次目標而定。因之「成果」(Results)，「價值」(Values)、及「目標」(Objectives) 三者之間具有密切關係。

人們選取不同對策，係因其主觀認定 (Subjective Perception) 之價值不同所致，而該主觀價值是否為他人接受，又視是否能達成上層次之目標而定。譬如一位臺大商學研究所畢業生，具有大學化工及研究所企管之雙重才能，正面臨就業選擇問題，在許多就業機會中，經過理智計算後，只剩下甲公司（某大化工原料公司）及乙公司（某中型電子公司）二個旗鼓相當之機會。

甲公司要他去當業務工程師，直接走入行銷 (Marketing) 之路，乙公司要他去當新建廠工程之專案工程師，走生產採購之路，但以後尚可轉入行銷之路。甲公司每月薪資 5 萬元，乙公司每月薪資 45,000 元。甲公司之管理方法較新，乙公司之管理方法較老。二個機會都很好，此位年輕人可以認為其中任何一個都很「值得」選取，至於那一個價值是真正「對」的，則須視他背後有何種目標而異，只有能與背後目標相連貫之價值選擇，才是真正「對」的。

又如一家設廠於臺北之家族公司，其資金能力有限，但卻想到廣州開拓業務，其主持人可選「找代理商」或「開子公司」之二種方法，他認為「合算」的方法，一定是符合其背後目標者。譬如他的背後目標是「不要冒險，少賺即可」，則選「代理商」是合算的選擇；若其目標是「快速成長，不賺無妨」，則選「子公司」是合算的選擇。所以如何選擇對策，與後果、價值、及目標三者關係密切，所以我們必須好好界定「價值」與「目標」之真義，包括⑴「目標一手段鏈」(End-Means Chain)，⑵多重價值目標 (Multiple Objectivies)，⑶價值遞減作用 (Value Declining)，⑷公私價值順序 (Public-Private Value Order) 等要項。

（一）從上級目標導出下級價值 (Derivatives from Upper Objectives)

合理的決策條件，應在下級價值衍生自上級目標之「目標一手段鏈」架構下，而「目標一手段鏈」指「有目標必須搭配有手段」，「下級的目標是上級的手段」如此層級相連，從最上級到最下級。此種「目標一手段」關係，已在上一章確定目標步驟中有所闡釋，本章重新提出討論是供下決定之參考，事實上兩者相同，下決定就是為了要達成目標。前者以診斷及澄清目標為主，後者以選定對策為主。

圖 11-1 指出某公司總工程師贊成委託外界企管顧問公司，代為選拔一位設計工程師，以充任實驗設計室主任之建議，因為他認為此建議符合公司的長期目標，其目標一手段鏈之詳細內容，步步相扣。「手段」被選定，即成為「價值」，而此「價值」必須能達成目標，才能為大家所接受。換言之，若目標被大家所接受，則能達成此目標之手段，即成為「價值」，簡稱為「值得採取之手段」。

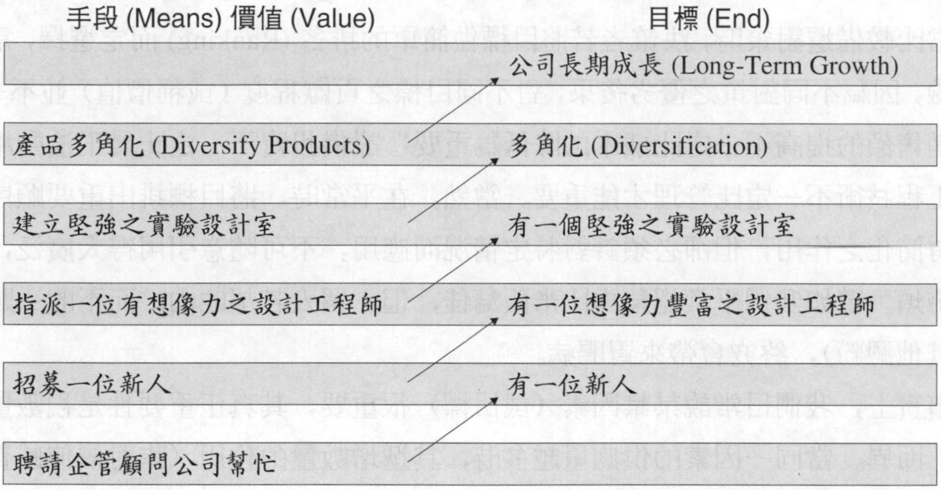

圖 11-1　個人思考之「手段一目標鏈」範例（手段是用來達成目標）

（二）考慮多重動態之目標與價值體系 (Multiple Dynamic Objective-Value System)

在界定價值（手段）與目標之關係時，尚應考慮到一個經理人員必須面對多重公司內部目標 (Multiple Internal Objectives) 及多重外部目標 (Multiple External Objectives) 之問題，所以在實務上，經理人員要處理的「目標一手段鏈」是很多個，並且彼此間有衝突，也有互補之處。

就公司內部目標而言，「穩定成長」，「短期利潤」之獲取，「較低的風險」，以及「容易控制」等都是經常會提到的佳例。在理論上，這些目標應該可以說是追求另一單一高層次目標之「手段」，可是這個單一高層次目標常是太過於抽象，無法確定其與這些手段性目標之關聯線索，而無實用價值，此與我們個人常有多種目標一樣，除非將其轉化為同一計算單位，否則難於比較其「損益交換」(Trade-Off) 之比率。

公司對外所追求的目標亦是多種，譬如電力公司必須追求不停電、低電價、快接電、無污染、快擴充等顧客要求之目標。這些外在目標之間已有衝突存在，若再與內在目標對照，則衝突矛盾之處更明顯，所以決策時，不能隨便以單一小範圍之「目標一手段鏈」為根據而已。

現時代的企業經理人，必須有效地統合公司內部之可用資源，以適應外在環境之變化要求，並達成公司設立之目標，所以設計上層總體戰略 (Master Strategy) 及中、下層之詳細之執行方案 (Action Programs)，以構成完整之「目標一手段鏈」，成為有效經營之企劃的祕訣。

（三）應該比較價值遞減作用 (Value Declining Effect)

當比較備選對策時，決策者若將目標做簡單的排名 (Ranking) 而定選擇，常會發生危險，因為不同對策之優劣後果，對不同目標之貢獻程度（或稱價值）並不一樣。譬如銷售額的提高不一定比成本的降低為重要；設備投資不一定比員工流動率為重要，工程技術不一定比管理才能重要。當然，在平常時，將目標排出重要順序之名次，有簡化之作用，但卻必須針對特定情況而應用，不可隨意引用得太廣泛，以致招來麻煩。譬如我們平常認為肉比米飯為佳，但一個人若都吃肉，而不吃一點米飯（或其他澱粉)，終究會帶來胃腸病。

事實上，我們日常說某某因素（或目標）很重要，其真正重要性是視數量（或程度）而異。當同一因素的供應量越多時，其遞增數量的作用（指對價值感覺）常呈遞減現象，當然，這也只是對某特定情況而言而已，因為有時遞增，其作用越大，有時遞增，其作用越小。當一個工廠都無清水時，若能取得一些清水，其作用價值馬上增大，但若繼續增加供應時，其額外之作用價值則遞減，此乃一般經濟學者所稱之「邊際效用遞減原理」(Theory of Marginal Utility Declining)。

將我們的注意力集中在備選對策（手段）對目標貢獻度之價值遞減原則，可以應用到任何場合。譬如應用到機器採購方面，若起先都找不到一個供應商時，公司採購人員就會很緊張，因這是「有與無」「生與死」之大事；若隨後找到第一家供應商，則其效用價值最大，若找到第二家供應商，其價值亦大，但總沒有第一家之大；若再找到第三家供應商，也很好，多多益善，但在價值感覺上，第三家總比第二家為少。每增加一家供應商，其價值總在遞減中。

此種情況亦可應用在聘請高級經理人之例子。我們常把「誠實」(Honesty) 當作必要之基本選拔條件，但是此「誠實」是否絕對「黑與白」之分辨，則需待其上級主管之主觀裁定。再如提高「品質」(Quality) 之努力亦是一例。大家都希望品質提高，但是若超過了顧客價格支付能力之上，則可提高一分品質，成本也增加一分，但對製造商之價值則遞減。若將提高品質之成本，完全轉嫁給購買者，則提高品質水準一分，對購買之成本負擔（指價格）增加一分，一直到其價格能支付之水準為止尚無異議，若超過所能接受之水準，則增加之成本將無法獲得比例增加之價值感覺，終必導致購買量下降。

此種檢討「價值遞減原則」之實際應用，對決策者比較備選方案甚有助益，它讓我們在比較數量多寡（見第五步驟）之外，尚衡量數量增額，對價值目標之貢獻遞減現象，使最後選定的對策，真正符合我們內心所要求的。

對公司而言，某對策價值多少，視對公司目標之急切性而定。對一家近乎破產的公司而言，能多收入 2,000 萬元，比提高顧客信譽之對策有「價值」，所以應該優先選擇。

（四）個人目標應置於公司目標之下 (Company Objectives over Personal Objectives)

從以上的分析，可以知道一個人在數個備選對策中，選定一個「較佳」者之過程中，涉及許多「主觀判斷」(Subjective Judgements)，首先在預估各備選對策之優劣後果時，就需要用到判斷；其次在區別各限制因素之差異時，也要用到判斷；第三在平衡遞增或遞減價值效用時，也要用到判斷。很明顯地，它是決策過程中不可或缺之要素，否則人就不如機器了，這也就是為什麼要說一個機動公司要 80%「法治」(用制度來治理，自動化管理)，20%「人治」(用創新腦力之決策及判斷來治理)。

可是決策過程若過分依賴主觀判斷（人治），則「假公濟私」（即以私人目標代替公司目標之謂）之危險必然會出現，而妨礙公司（或團體）目標的達成度。「假公濟私」(Use Company to Benefit Individual) 之現象可分為三種，第一為「有意藏私」(Purposed Stealing)，第二為「無意藏私，但老觀念作祟」(Old Concept Stealing)，第三為「無意藏私，但湊巧兩合」(Unpurposed Association)。我們必須認識它們，並防止它們，否則就不是理智決策。

所謂「有意藏私」是指主管人員在實施主觀判斷時，明知甲種選擇對公司有益，乙種選擇對公司無益，但乙種選擇對自己利益較有幫忙，所以找個藉口，排斥甲種選擇，假借為公行事，其實為自己私利。譬如在現實活動中，某經理明明知道買甲品比買乙品對公司工作品質較佳，但因乙品的推銷員是自己的好朋友，所以就找個莫須有藉口，說甲品如何不好，決定買乙品。此種有意識私之行為，在社會上最普遍，也是經營效率不佳的根因之一。

所謂「無意藏私，但老觀念作祟」是指主管人員在實施主觀判斷時，並無意從中取得自己私利，而是他個人的知識觀念及經驗太老舊落伍，以「本位主義」(Sub-Optimization) 而非「整體主義」(Optimization) 來看事件，以致造成有害公司利益之行動。譬如老推銷員只顧短線推銷訂單數；老生產員只顧工廠出品率；老總經理只顧回憶以前他們在年輕時如何做事，目前世風多不好，處事多困難，所以只能等候公司慢慢衰亡或自己等候退休，不知奮發圖強，克服困難。此種「老觀念作祟」的現象，在社會上亦甚普遍，雖然就他們自己的評估來說，是出於一片至誠，毫無藏私之意，但對組織全體而言，亦屬有害，因他們是以個人價值觀念影響了判斷行為。

所謂「無意藏私，但湊巧兩合」是指主管人員在實施主觀判斷時，很熱心追求公司的利益，但很湊巧地，也在無意下，將個人之利益附著在公司利益之中。這種現象屬於較佳之流，但若演變過烈，則可能「喧賓奪主」，將個人利益置於公司利益之上，所以防止之道，為在選定對策，付諸執行之前，應行「檢定」(Testing)，以防止誤失。關於決策後執行前之檢定或試驗方法，請見下節第七步。

就公司決策或主管人員之理智決策而言，在實施個人主觀判斷之場合，必須謹記「個人目標應置於公司目標之下」，不能以個人偏失之價值排斥公司遠大之價值。「為公可以忘私」，但「為私不可害公」，當然最好是「大公致私」。把私自目標附屬於公目標，當公目標達成時，私目標也自動達成。

二、不確定風險因素之適當調整 (Adjusting for Uncertainty)

在選定對策時，除應檢討手段之價值與目標掛鉤之種種關係外，尚應對不確定因素 (Uncertainty) 做必要之調整，因為不確定因素存在於企業活動間，正如呼吸存在於人生中一樣地普及。經濟循環 (Business Cycle)，天候 (Weather)，戰爭 (Wars)，冷戰 (Threats of War)，競爭 (Competition)，創造發明 (Innovation and Invention)，新法規 (New Laws) 及許多其他動態變化的情境，都可能使某一企業感到前途不確定。尤有進之，在企業內部，機器設備之損壞停工，員工表現之不穩定（如時好時壞），以及工作標準之不容易維持等等，皆可增加「不確定」之威脅性。雖然人們想盡方法來預測未來的可能變化，可是無人是「全知」者，可以百分之百看透未來的事事物物。

在企業經營裡，事事講求有效，所以有效經理人必須在他認為前途不確定情況下，做成決定，不能拖拖拉拉，把時間及時效浪費掉。所謂「兵貴神速，不在巧緩」。換言之，有效經理人必須具有堅強、接受挑戰的態度，處理具有「風險」(Risk) 之決策問題。他不能期望所有因素皆摸得清清楚楚，得失利害皆計算得一絲不差，才敢下決心。假使他是這種無膽量的人，則他必定是一位無效的經理人，或是一位幕僚專家而已。學習在不確定情況下做決定，學習「吸引」(Absorption) 不確定之恐懼感，乃是有效經理人的基本條件；職位越高者，「吸引風險」(Risk-Absorption) 的能量及責任應越大，高職位領高薪，也是因為他必須吸收高風險的挑戰。本小節將以較深入之統計學觀念及處理不可靠，不完整情報之方法，來說明調整不確定（風險）因素，以制訂決策之道理。

（一）統計機率 (Statistical Probability) 之用途

關於處理不確定風險因素之決策，有時有豐富之統計資料可供參考，則較易拿定信心。譬如保險費率之收取就是一個佳例，在統計資料上顯示，20 歲的人在投保五年內死亡的機率只有 1%，而 50 歲的人在投保五年內死亡的機率為 5%，所以在收取保險費率時，同樣五年保期的契約，對 50 歲的人應收取五倍於 20 歲的人，才算合理。

同樣地，假使一個經理人面對一個投資決策，他估算在某一段時間內回收利益 10 百萬元之機會為 50%，回收 2 百萬元之機會為 40%，損失 5 百萬之機會為 10%，經過計算之後，他獲得一個結論，即此投資專案之「期望報酬值」(Expected Value of Return) 為 5.3 百萬元（即 $10 \times 0.5 + 2 \times 0.4 - 5 \times 0.1$）。

當然，像上述這種在投資學上常見之例子，並不是真正可消除風險因素之存在，因為同樣個案出現的次數不多，所以機率估計可疑。再者，只計算期望「平均值」(Average)，而不計較「差異值」(Deviation)，有時很難比較同平均值，但不同差異值之兩個備選對策。例如甲案之報酬率可能在 20 至 30%，平均值為 25%，乙案之報酬率可能在 5 至 45%，平均值亦為 25%。很明顯地，兩者之平均值相同，但乙案之風險性遠比甲案為大，因其差異較大也。

在企業實務界而言，能嚴格應用統計機率來消除決策風險之個案很少；換言之，其應用範圍很窄，其主因有二，第一、應用統計技巧，必須有許多類似個案之巨大資料，方能導出所需用之數值；第二、所應用之樣本必須界定得很清楚，才不致「張冠李戴」，失去原本意義。不過，統計的機率原理亦給予決策者二個有用之觀念，第一、當不同備選方案有不同之估計後果及機率時，則所得之期望值可提供一個我們比較的基礎；第二、假使再能算出出現之可能範圍 (Range)，則確可給予決策者算定風險程度之心理準備。在實務上，統計的「邏輯觀念」(Logical Concepts) 遠比嚴格的數量「計算技巧」(Calculation Skills) 有用得多。

（二）推測機率 (Inferred Probability) 之用途

除了應用客觀性之統計機率來調整不確定風險事件外，尚可用主觀性之推測機率來消除風險性。此種以有限資料為基礎之推測機率，在日常生活上經常碰到。譬如「中信職棒隊勝統一隊之機會為三對一」；「今年美國司令部對微軟公司市場壟斷勝訴之機會為二對一」；「今年立法院擱置國營事業民營化條例之機會為一對二」；「某甲晉升為經理之機會為一對一」等等。

像以上所舉之推測性機會確實幫助許多人消除不確定因素，而勇往直前，做下決定，推動事情，因為它至少提供「到底風險會有多大」之粗略估算。譬如我們說「第七家臺灣銀行被中國大陸政府批准設立之機會是一對五」，總比說「中國大陸政府有可能批准第七家臺灣銀行之設立」為有力得多，因前者提出數量性之機率 (Quantitative Probability)，而後者只提出質量之可能性 (Quantitative Possibility)。

同理，推測性機率可以應用得更為細緻。譬如前面表 11–1 列出某電器公司到上海設立裝配廠之優劣比較數字，其總經理最關切銷售額增加之確定性。其業務經理認為設立裝配廠可將 200 百萬元推高至 400 百萬元，但總經理認為此種估計太樂觀。若應用推測機率來調整此不確定因素，總經理可以列出表 11–2，估計不同之銷售數額及盈利額，配以不同之可能機率估計，而最後得到調整風險機率後之報酬額為 15 百萬元，折算最初投資報酬為 28%，比表 11–1 所計算者低很多，但尚比一般銀行利率高很多，尚屬有利。

表 11–2　調整風險機率後之盈利表

單位：新臺幣百萬元

(1)可能之銷售額（每年）	(2)估計盈利額	(3)總經理之推測機率	(4) = (2) × (3) 期望盈利
$200	−19	0%	$ 0
250	0.6	50%	0.3
300	20.1	30%	6.03
350	39.7	15%	5.955
400	59.3	5%	2.965
調整風險機率之盈利			$15.250
投資報酬率（$15.250÷$55 百萬）=28%			

很顯然地，此公司總經理認為設立上海裝配廠之後，銷售額上升幅度不大，以 250 百萬元為最可能，越往上提升，越不可能。此種詳細之推測機率應用，可以得

出一個合成數字 (Synthetic Figure)，確實比原來估計之報酬率，令人有更大之把握感。所以，現代經理人不能沒有統計觀念，否則無法調整不確定之風險感覺。只要我們有此觀念，當面臨不確定因素時，在紙上或心上，把推測機率寫出來，即可大大地幫助我們理智決策。

（三）應該學習調整不可靠之資料 (Adjusting Un-Reliable Data)

在以統計機率或推測機率觀念，來調整不確定因素，而供主觀判斷或客觀計算時，經常必須依賴「不可靠資料」(Un-Reliable Data)，無法完全依賴十分準確的資料而不誤時、誤事、或成本過高者。

譬如公會提供的資料常只代表該行業的一部分廠家而已，推銷員常會誇大產品的性能，總經理也會掩飾公司的弱點，廣告公司做了市場調查之後，總是會叫人多做廣告，醫生看病後，也會叫人多來拿藥，多做檢查，甚至應該開刀住院。軍事專家也會誇大敵人之危險性，要求多給經費預算。凡是這些都是只說出一部分真話而已，絕非全真，但是決策者，必須在這些不完全可靠的資料基礎上做決定。

當然，聰明的決策者，會想盡辦法從各方「消息靈通人士」套出點點滴滴的真理，以織成比較完整的資料網。有經驗的決策者，也會從誇大言辭，析得一些可靠資料。譬如女兒吵著要買新皮鞋，她可能說：「大家都穿白皮鞋，只有我沒有」，有經驗的爸爸就會打個折扣，將之解釋為她的 6～7 位女同學已經穿白皮鞋了。

處理不可靠資料的妙方有二：第一、時常注意與我們相處事物之情報，並對之「持疑」於心中，或調整之使達可靠水準。第二、先評估提供資料之人，假使我們越能瞭解他的興趣、專業能力、判斷力、忠誠心等等，我們越能評估他所能提供資料之可靠度，以辨別何者為「可靠」，何者為「不可靠」。

（四）必須適應不完整資料 (Living with Incomplete Data)

除了必須時常與不可靠之資料打交道外，經理人尚須與不完整之資料 (Incomplete Data) 打交道。一般說來，一個人所知道的事物總是有限，所以若要選擇較佳決策，必須依賴他人尋找更多的情報 (Information)，可是尋找情報是屬於花費時間及精力的研究工作，必須支付相當費用（成本），所以經理人員所面臨的兩難問題是：「多找一些情報」？或「多花一些時間及費用」？(Much More Information vs. Much More Time and Expense) 換言之，這是「情報與經費成本」，「情報與時效」競爭的另一種決策問題。

1. 花成本請顧問 (Buying Advisors)

一般的管理或工程顧問案件，就是屬於不完整情報與經費成本互相替換之佳例，譬如最早美國波音飛機公司 (Boeing Aircraft Company) 為了設計波音 707 型噴射機及 k–135 型就花費 4 百萬美元，請顧問工程師提供藍圖 (也是情報的一種)。某一中壢市郊倉儲量販中心為了找一個地點，就花了 1 百萬新臺幣請管理顧問公司提供資料。中國鋼鐵公司 1980 年代第一次為瞭解國內鋼鐵使用情況，就花了將近 3 百萬新臺幣，請金屬工業發展中心進行市場調查。中國石油公司在 1966 年第一次為預測石油化學終端產品之市場潛量，亦花將近 2 百萬元，請工業技術研究院工業研究部門進行市場調查預測工作。臺灣電力公司 1979 年第一次為檢討改進其內部管理制度，則花了 160 多萬元，請臺大商學研究所進行調查診斷工作。第一次臺電核能電廠之興建，中鋼公司一貫作業鋼廠之興建等等，都花用很多錢請國外工程顧問公司，法律事務所，會計師事務所幫忙。現在有許多本地公民營企業，也開始學會在正式投資之前，要花一些錢請工業技術研究院進行「投資可行性研究」(Feasibility Study)，以確保未來之成功。無疑地，花錢請專家顧問，尋找更完整的情報資料，乃是一失一得之事，若其「失」小於「得」，則屬理智之決定。

2. 完整情報價值與研究成本對比 (Value of Perfect Information vs. Research Cost)

若用數量分析的名詞來說，為減少不完整情報之危險性，或為提高「完整情報」(Perfect Information) 對決策之價值，必須花用相當研究成本 (Research Cost)。假使「研究成本」小於「完整情報價值」時，則委託研究之工作值得做；用另一種說法，即要用多少錢來委託顧問公司進行研究，取決於主管人員認定未來完整情報下做出之決策，與不完整情報 (指不進行研究) 下做出之決策間之期望利益的差別。假使兩種情報狀況下之決策利益差別不大，則大可不必花大錢請顧問公司進行情報研究工作。

3. 「當機立斷」(Timely Decision)

除了情報與經費成本之對立外，情報與時機 (Timely Action) 亦是對立現象，因為要及時採取行動，常常就等不及尋找完整情報，但在不完整的情報下採取行動，也可能做錯決定，導致損失。譬如當競爭對手減價時，我們就必須及時決定是否跟著減價對抗，或維持原價，或維持原價但加給贈品等等。又如一個重要客戶詢及是否能在某一時間內送達一大批貨品，我們也不能等很久，待各單位協調後才給回答。又如石油煉製廠因故停工，主管人員也必須當機立斷，採取行動，不能等詳查原因，拖延很久，才下決定。「當機立斷」是經理人員在不完整情報下，很大的挑戰決定。力求表現的經理人員，都應學習適應此種冒風險、冒成本的習慣。

4. 適當延擱 (Proper Delay)

如前所述，經理人克服情報資料之不可靠性及不完整性所帶來之缺點，其本身就是一種決策問題 (Decision Problem)，所以也需要經過診斷、目的、備選對策、相關因素、優劣後果評估及主觀判斷等過程。有一些既可提高情報儲存量，又可減低研究成本的方法，值得介紹。第一是勇敢地在眾多因素中，找出一、二個關鍵因素（請見第一節），就此關鍵因素搜集事實資料；其次是我們可能需要的總資料中，取出一些樣本，不必等所有資料都搜集完；第三是在可容許的範圍內，把決策延擱直到有更佳情報可用時（但在情況不容許下，則記住，不可隨意延擱決策，否則將誤大事，見前段「當機立斷」)。

5.「預期未來，準備現在」(Present Preparation for Forecasted Future)

要兼得「完整情報」與「立即決斷」之利甚為困難，不過解決此一難題之方法不是沒有，其要點是在問題尚未發生之前，就先有預期準備，並著手搜集資料等待問題之來臨。譬如預期競爭對手會採取減價行動，我們事前就做好應付對策。又如預期敵人會攻打過來，事先就籌劃好屆時應付之戰略。

與此種方法相類似之另一方法，是把一個問題分裂成若干部分，逐一搜集資料，直到資料最弱的部分停止，等候可用的資料出現時，才做最後之決定。譬如某一銷產多種產品之大公司，在數個月前就計劃推出一系列每週一次之電視廣告節目，其廣告文稿之設計一直未定案，直到市場調查顯示出某一特定產品能得到最大利益時，才確定以該產品為廣告主題對象。

總之，在選定對策之時，經理人員常會面臨不確定因素 (Uncertainty)，即使他是聰明的人，他會利用統計機率與推測機率之觀念來減少一部分不確定程度；他也會學習調整別人提供之不可靠資料，從中獲取一部分真實性，減少一部分不確定程度；他更會利用不完整之資料，評衡進一步情報研究與成本或時機之利害，以減少部分不確足性。但是這些方法都只能用來「減少」，而非用來「消除」不確定因素，好像我們只能避免「人心不古」對我們自己的可能害處，但卻無法消除別人「人心不古」之存在一樣，所以經理人不能太古板，期望萬事皆先確定，一點風險皆無，才要採取行動。

三、數量技巧之應用 (Application of Quantitative Techniques in Decision-Making)

在選定較佳對策（決策第六步）時，除應思考手段價值與目標之關係，及調整適應不確定因素外，尚可考慮借用一些比較常用之數量方法，以協助決策者選定較佳之對策。本小節只將介紹四種：⑴作業研究模式，⑵決策樹模式，⑶電腦模擬模式，⑷綜合矩陣模式。

(一) 作業研究模式 (Operations-Research Models)

所謂「作業研究」(Operations Research) 原是泛指由不同科別之專家組成工作小組，共同「研究」解決軍事或企業「作業」(亦稱營運) 上所遭遇之問題。後來轉變為專指銷產作業上之數量決策技巧，例如線型規劃 (Linear Programming)、等候原理 (Queuing Theory)、競賽原理 (Game Theory) 等等，以協助主管人員做理智決定。作業研究模式必須應用眾多之情報資料，方能遂行計算功力，否則將變成抽象之數學公式，尚不如前面經理人處理不確定因素之種種判斷方法，此點讀者必須謹記，否則將會失望。

作業研究的一個主要貢獻是「模式」(Model) 的觀念，將許多備選方案所涉及的許多因素，摘要 (Summarize) 成簡單的公式，容易處理及表示。廣義說來，此種摘要方法包括三個主要特色：⑴數學符號，⑵模式，⑶數字衡量。

1. 用數學符號表達問題 (Mathematical Symbols)

作業研究模式的第一要件是以數學符號 (Mathematical Symbols) 來表達問題。用公式 (Equations) 及數學符號可以把複雜問題，很精練簡潔地寫出，供專家操縱演算，自然科學家最擅長此種表達方法。當然，用數學公式來表達問題，難免涉及令一般人看不懂的專業術語 (Professional Jargon)；不過，若用文字來表達複雜的科學問題，則會顯得笨手笨腳，更加含糊不清。

2. 建立一個模式 (Model)

在工業界使用模式 (Model) 來表示一套問題間相互關係之場合甚為普遍，例如飛機設計師利用許多小模型機在風管中，試驗新型設計。新型汽車出廠之前，也是使用許多模型之後方能定案。工廠機器設備，也是常用縮小尺寸之模型事先檢討後，再正式安裝。這些模型都是代表實際事物的某些特性，而管理問題之數學模式化，也是代表實際情況之部分事實，只是更加抽象一些而已。譬如企管學生最熟悉的模式之一就是「資產負債表」(Balance-Sheet) 公式：

$$A=L+B$$

式中，

A 代表總資產 (Total Assets)。

L 代表總負債 (Total Liabilities)。

E 代表總淨值 (Net Worth) 或是股東權益。(Equity) 某 (T) 年底 E 之總值，係(T–1)年底之 E 總值，加上 (T) 年內之總收入 (Revenue)，減去同年之總費用支出 (Outlay)。

作業研究者所建立之模式，常屬一套方程式 (A Set of Equations)，附上預測後果，可能價值，以及不確定因素之調整係數，以便有秩序地計算，否則容易混淆，無法做出理智決定。

3. 以數字衡量公式中之變數值 (Numerical Measurement)

在模式中，常有若干因變數或主變數 (Independent Variables) 及應變數或隨變數 (Dependent Variables)，作業研究者必須以適當之數字來「充實」之，方能使此模式產生有用之價值，此亦是使作業研究者最感為難之處，因要以數字「充實」公式，勢必「挖掘」許多事實資料，因而市場調查研究 (Market Survey Research) 成為作業研究之先決條件。

典型之作業研究例子是石油公司用它來決定生產日程之排定，以提煉不同產品之比例。此問題涉及之因素有：

⑴汽油、燃油、柴油、潤滑油，及其他產品之價格 (Prices)。

⑵不同等別原油之價格及可取得數量 (Prices and Availability)。

⑶提煉獲量（各種等別原油及各種產品）。

⑷提煉成本（同上）。

⑸超量儲存成本（各種產品）。

無疑地，每一次生產日程之安排及產品比例之決定，甚為複雜，不是用一人之猜測可以有效決定，必須使用電腦來操作龐大之數字，方能竟功。

總而言之，作業研究模式之適用條件有三，第一、問題很複雜，涉及大量資料，非個人腦力所能操縱；第二、因素相互間之關係已確知，很清楚，並可用數學公式表達；第三、各因素所需之統計資料已齊備可用。假使此三條件缺少任何一個，作業研究模式即無法應用。

（二）決策樹 (Decision-Tree) 模式

所謂決策樹是泛指將決策問題有關之相互關聯因素，依一步一步之秩序，畫成樹枝圖樣，從主幹到末枝，代表層層依賴之關係，以協助決策者瞭解問題之全貌，脫離混雜成團、不知始末之困境。

在實務上，許多決策涉及一系列步驟，第二步依賴第一步之決定後果，第三步依賴第二步之決定後果，如此循序而下。當然每一步驟都會有「不確定」(Uncertainty)

因素存在，如此「不確定」之上加「不確定」，會變成混雜難解現象，所以以「決策樹」模式來解決最合用。玆舉一例以明之。

遠東公司出口到澳洲的業務一直在擴大中，所以澳洲的代理商堅持在現在簽訂一個十年長期供應之契約，不過遠東公司的國外部經理建議先開設一個分公司 (Branch)，當作三、四年後設立工廠 (Plant) 的基礎。遠東公司總經理對此問題思考之後，認為三個決策必須依序制訂，方能解決此問題。決策 A 是選擇簽訂十年「代理契約」，以「代理商」字眼代表之，或開設「分公司」。決策 B 是在業務高度成長後，選擇「建廠」(Build Plant) 生產或「轉包」(Outsourcing or Subcontract) 生產。決策 C 是在業務成長不理想後，選擇「轉包」生產或從臺灣出口 (Export)。

當我們⑴把決策問題順序弄清楚，⑵估計不確定因素及機率 (Probability)，⑶估計各對策可能產生之後果 (Consequence) 後，可以畫出圖 11–2 之決策樹，供大家練習演算。在計算時，應將上面三個條件齊備（決策樹順序、機率、後果），然後從後面逐步往前面 (Rolling Back) 推算，以分枝點之「期望值」(Expected Value)，即優劣後果乘推測機率之平均值來決定方向，玆說明如下：

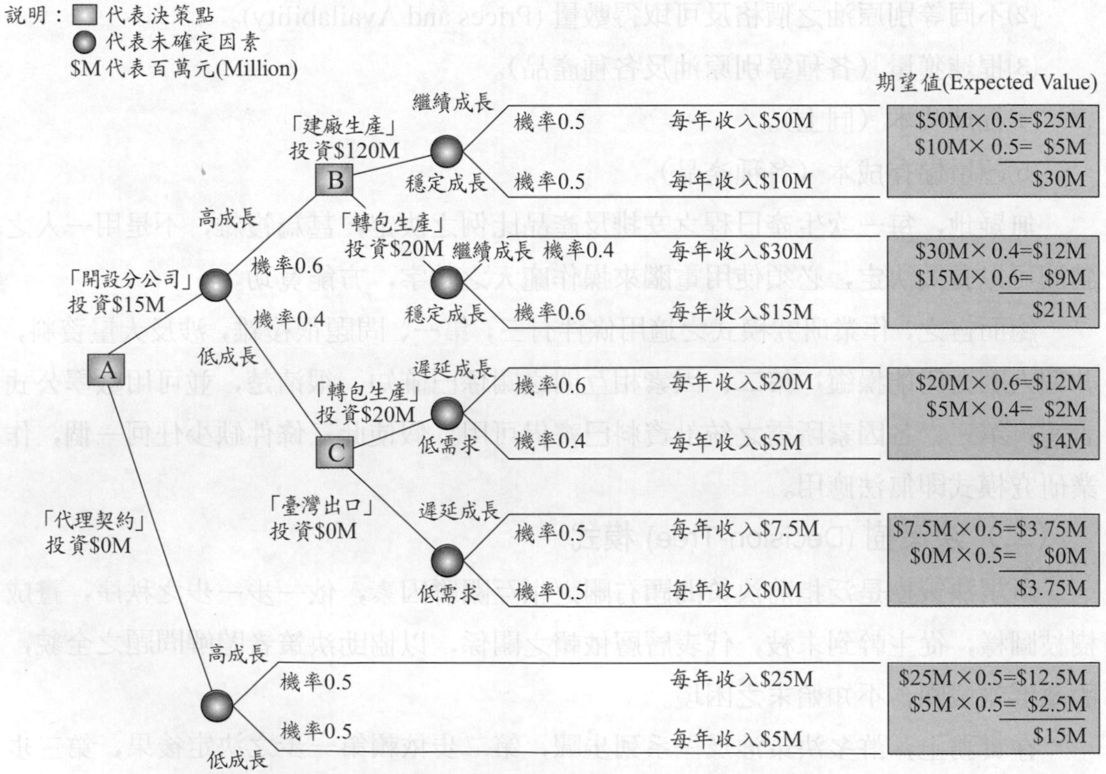

圖 11–2 遠東公司海外擴充「決策樹」範例

第一、就決策點 B 來說，其最佳之選擇是「轉包」生產，因為「建廠」生產之期望收入值與「轉包生產」之期望收入值間之差異（$30 百萬−$21 百萬=$9 百萬），不足以蓋過兩者額外投資額之差異（$120 百萬−$20 百萬 =$100 百萬）。所以我們可以假設決策 B 之代表期望值為 $21 百萬，投資額為 $20 百萬。

第二、就決策點 C 來說，其最佳選擇亦為「轉包生產」，因為「轉包生產」與「臺灣出口」兩者期望收入值的差異（$14 百萬−$3.75 百萬=$10.25 百萬），在數年內就足以蓋過兩者額外投資額之差異（$20 百萬−0=$20 百萬）。所以我們可以假設決策 C 之代表期望收入為 $14 百萬，投資額為 $20 百萬。

第三、利用「高成長」與「低成長」需求之預估機率，我們可以算得「開設分公司」決策之期望收入為 $21 百萬 ×0.6+$14 百萬 ×0.4=$18.2 百萬，開設分公司決策之投資額為 $20 百萬+$15 百萬=$35 百萬。反之，若採用「代理契約」決策，其期望收入為 $15 百萬，投資額為 0。

第四、就決策點 A 來說，其最佳選擇為「代理契約」，因開設分公司與代理契約之期望收入值之差異（$18.2 百萬−$15 百萬=$3.2 百萬元），但兩者投資額之差異則為 $35 百萬，在十年之內，期望收入不足以涵蓋投資支出。

當然，決策樹模式可以用來表達各種問題情況，也可以包含更多之備選對策 (Alternatives)，更多層次之風險 (Risk) 及機率，並可用折現 (Discounting) 方法來計算現金流出及流入 (Cash Outflow and Inflow)，以及投資損失之風險等等，只要問題中把這些因素皆明白說出，即可納入決策樹模式內。不過有一點，我們必須謹記，即使是很簡單的問題，我們若要使之完全數量化，其背後的準備工作已是相當複雜及困難了。

（三）電腦模擬 (Computer Simulation) 模式

決策樹及大多數作業研究模式中，處理不確定 (Uncertainty) 因素之工具是「期望值」(Expected Value)，即將各種可能出現之成果乘以各自之機率，然後加總之數值。此種方法可以協助我們評估不同方案之成功機會的差異，但其「成功機會」只是一個綜合性的平均值 (Average)，而非我們日常可能真正遇到的數值，總是令人有不踏實之感覺。假使能應用「模擬」(Simulation)，則可以給我們帶來不同「假設」(If) 情況下較佳感覺。

所謂「模擬」是指我們在計算任何因果關係之數值時，盡量在不同假設情況下，估計各種備選對策之可能後果，使各種備選對策之期望值皆有很多個，並形成「常態分布」(Normal Distribution) 狀態，除可求得此常態分布之平均值 (Average) 外，尚可求得其標準差 (Deviation)，供各備選對策之比較。

通常「模擬」皆借用電子計算機程式，以方便不同假設情況下資料之輸入及計算成果之輸出，節省人工計算之複雜、費時、及錯誤。

無疑地，許多經營管理問題所涉及之因素及因素間之關係，並非很明白而確定，可以用數學方式來表達；同時，若為了計算方便，把複雜之管理問題過分簡化，亦將失去用途；此皆模擬技巧之天然缺點，我們必須謹記在心。

（四）綜合矩陣 (Matrix Summaries) 模式

除了上述數量公式型之技巧可協助經理人員，摘要各種備選對策之預測成果，以供選擇外，很多人員都有一個共同的希望，能有另一種簡單而彈性的方法，可替代數量公式；甚至於希望此簡單的方法，可以把一些無形的因素 (Intangible Factors) 也包括在考慮之內。此種簡單方法確實存在，並被稱為綜合矩陣 (Matrix Summaries)。它係由一群「評分」(Rating) 及「比重」(Weighting) 交叉而成之指數 (Index) 所構成，代表決策者在對應之「備選對策」(Alternatives) 與相關因素 (Related Factors) 之主觀價值 (Subjective Value)。最後之決策點 (Decision Point) 乃是指數最高之對策入選，或數個較高指數點之對策進行複賽，最後乃以最高指數者入選。為了說明上之方便，茲舉寶島積體科技公司總經理王先生選擇新工廠地點之決策為例。

寶島科技公司總經理已經應用前述各種決策要點，把候選地點縮減為四個，並將各相關之有形因素 (Tangible Factors) 凝結為新廠投資之報酬率 (Return on Investment)，另外他尚確認有五個相關之無形因素 (Intangible Factors) 應一併考慮。王總經理必須先解決此無形因素之兩個問題，方能解決地點問題。該兩問題為：

⑴對每一地點，每一無形因素之滿意程度 (Degree of Satisfaction) 為何?

⑵每一無形因素之重要程度 (Degree of Importance) 為何?

換言之，王總經理對第一問題必須採取因素內之「評分」，第二問題必須採取因素間之比重措施。所謂「評分」是指用 0～10 之分數，把某一特定因素在各個備選對策內之滿意程度（或有利程度）給以分數，評分越低者，代表越不滿意（或越不利）。所謂「比重」是指用一倍數代表某一因素有某程度之重要性，當倍數越大，代表該因素在決策者心目中之地位越高，倍數越小，代表越低。在決策矩陣內（指備選對策與相關因素組成之行列式），每一格之「評分」乘「比重」，可得一個指數 (Index)，將每一格之指數相加，則得綜合指數 (Summary Index)，供備選對策間之比較。表 11–3 代表王總經理利用綜合矩陣模式所得之成果。

表 11–3　綜合矩陣決策模式（積體科技廠地點範例）

相關因素	比　重	備選對策（評分）　指數＝評分×比重			
		地點一（新竹）	地點二（臺南）	地點三（上海）	地點四（天津）
1. 勞工及技工充裕情況	6（倍）	9×6=54（分）	5×6=30（分）	5×6=30（分）	10×6=60（分）
2. 工會關係	8	5×8=40	8×8=64	1×8= 8	6×8=48
3. 地方關係及稅賦條件	9	6×9=54	6×9=54	8×9=72	8×9=72
4. 經理人及工程師服務意願	9	9×9=81	9×9=81	5×9=45	8×9=72
5. 競爭者在鄰近設廠可能性	9	4×3=12	3×3= 9	4×3=12	5×3=15
6. 綜合指數（無形因素）		241（分）	238（分）	167（分）	267（分）
7. 投資報酬率（有形因素）		12.1%	14.7%	16.1%	10.8%

王總經理看表 11–3，馬上可以確定地點二（臺南）比地點一（新竹）為佳，因為兩者之無形因素綜合指數約略相等，但地點二之有形投資報酬率 14.7% 高於地點一之 12.1%。同樣地，王總經理也可以確定地點三（上海）比地點四（天津）為佳，因為在無形因素上，地點四雖然比較好，但其程度不足以壓過有形投資報酬率 10.8%<16.1% 之不利程度。

至此，王總經理只剩下地點二及地點三可供選擇。在細查差別之下，地點二之真正優點在於工會關係比地點三為佳，但投資報酬率卻相差 1.4%，是否工會關係可抵得上 1.4% 之報酬率呢? 則視王先生主觀價值判斷。在大陸，因工會霸王事件少，所以選擇地點二之機率應大於地點三。

雖然綜合矩陣模式並沒有自動地提供決策者正確之回答，但確實有兩個作用，第一、它強迫決策者澄清他對無形因素之判斷；第二、它提供一個構架，協助決策者平衡無形與有形因素間之重要性。雖然在評分及比重時所給之數字都很粗劣，但它確實代表決策者自己主觀價值的一致性，將各種錯綜複雜之候選對策及相關因素，凝集於一點，而供選擇，助益甚大。

在設定決策矩陣時，可以使用各種你所希望之方式，譬如可以在每一格 (Cell) 內用文字代表數字；也可以加上機率，與評分、比重一起乘。總之，它是協助我們以有系統之步驟，處理複雜問題之佳法。讀者若有興趣，可用此綜合矩陣模式，處理採購之高度理智問題，也可以處理擇偶之高度感情問題，表 11–4 為某男性選擇女對象之假想範例，供大家舉一反十，並請計算其綜合指數，替該男性選定一個理想之伴侶。

表 11–4　綜合矩陣決策模式（某男性擇偶範例）

相關因素	比　重	備選對策（評分）				
		對象一（王小姐）	對象二（林小姐）	對象三（李小姐）	對象四（張小姐）	對象五（陳小姐）
1. 身高	2（倍）	8（分）	7（分）	9（分）	10（分）	6（分）
2. 學歷	3	9	9	7	6	8
3. 容貌	2	8	10	7	6	5
4. 身材	1	8	7	6	9	10
5. 年齡	2	7	9	8	8	9
6. 性格	2	10	6	8	7	7
7. 品德	4	8	7	8	8	7
8. 健康	3	10	10	6	7	9
9. 興趣	2	8	9	7	6	8
10. 職業（可為有形或無形）	1	6	7	10	8	7
11. 嫁妝（可為有形或無形）	0.5	10	5	6	9	8
12. 清白	3	8	5	5	8	10
13. 宗教	0.5	7	7	8	10	8
14. 省籍	0.5	10	10	5	5	10

・指數：評分 × 比重倍數。
・綜合指數：各指數之和。
・選擇準則：綜合指數越高之對策，越好。

第三節　檢定對策之可行性——決策之第七步

(Testing of Feasibility—The 7th Step of Decision-Making)

當決策者在數個備選對策中選定自己認為最佳之對策後，理智之決策過程尚未真正結束，因為他無法保證該選擇必定會產生好成果，所以他尚應設法減少他可能犯的重大錯誤，在付諸執行前做必要之「勒馬」叫停。多年來，學者已經發現數法，可以檢測決策之健全性，我們有對其熟悉之必要，以利適當時之應用。當然，時間之緊急性，問題之重要性，以及對未來之懷疑性，都會影響應用這些檢定方法之方式及種類。本節將逐一介紹這些檢定方法。

一、聽聽「壞人」（反面）意見 (Listening Negative Ideas)

很久以來，在天主教堂裡常用「魔鬼的主張」(即壞人或反面意見)，來檢定某特定決策的健全性。其方法是指派某一個人擔任指出弱點及錯誤的角色，他儘可能收集反對議論，以攻擊某一主張，假使該主張經不起這些攻擊（或無法解釋反面意見)，則延擱下來，不予以執行。

在企業界裡，一個決策者經常故意站在旁邊 (即不置身事中)，思考一個主張不能執行之所有原因。在其主管下令執行前，他應撥出充裕時間，計算可能做錯之各種得失。當然，此種反面的行為，可能很難扮演，也可能惹得上級主管之不高興，所以當問題很複雜或涉及強烈感情時，最好請別人扮演此「反角」。因為「反角」不易獲人好感，所以經理人員應該周知部屬，確實瞭解每一個人皆認識「魔鬼主張」不是在為反對而反對，而是在確保所有可能之缺點，在事前都已考慮過。

任何決策皆可以從「證據」(Evidence)、「邏輯」(Logic)、「價值」(Value)、或其他基礎上給予挑戰，也唯有經由「反面意見」之交叉審問，各種尷尬（不健全之弱點）才會被挑出，以利補正。譬如「既然職員每年將可休假三個星期，為何不是所有員工皆可休假呢?」或「公司年報上說銷售額與廣告費用有高度相關，數字證明此為事實，可是此數字不一定就是說廣告費用花得越多，銷售額就越高，也許道理剛好相反，或根本不存在。譬如美國人在心臟病及洗澡次數方面皆比印地安人為多，並不指洗澡越多次，犯心臟病的機會越大」。所以，真正健全的決策，必須是能對類似此種「挑毛病」之問題，給予良好之答案者，否則就站不住腳。

二、將決策投射成詳細執行方案 (Projection into Detailed Action Program)

第二種檢定決策健全性之方法，是把該決策實施後之可能詳細後果一一找出來，以確定當初做決定之智慧性及實用性。譬如一個大公司原想實施「產品事業部」(Product Division) 之分權制度，它利用此種投射（或模擬）詳細成果之方法，把顧客分配成組，畫出部門組織圖，分派高級主管之位置，以及估計設立此新制度之成本等等，發現有很多困難問題及弱點，所以就暫停執行，直到一年以後，大量修改之新組織結構方付諸執行。

許多經理人員有一種不正確的觀念，以為他一旦下達決策，行動就會自然產生，這是一種忽視執行困難之短視病。在社會上，確實有很多人，只喜歡談「大」或「高層」決策，但不願意涉及執行細節及思考可能後果，所以「徒理想不足以實現」（徒喜不足以自行），等於是犯「大頭病」，只談空洞理想，不觸及執行方案，最不可取。

當然，在一個組織結構裡，我們必須分辨高層廣泛之決策以及較為詳細之執行決策 (High-Level vs. Implementation Decisions)，也需要不同的人來執行不同種類之決策。因為執行決策必須在高層決策之範圍內，所以在設定高層決策之時，就應先考慮此決策將來是否能執行。我們若能把決策投射成詳細執行方案，就是檢定該決策實用健全性的最佳方法。

三、重新考慮計劃之前提假設 (Reconsidering Pre-Assumptions)

每一個管理上的決策都是基於各種假設，或計劃前提 (Planning Premises)。這些「假設」可能是對公司未來市場需求之預測，或是對未來原料供應之預測；也可能是對員工行為態度之預測，或是個人價值當作公司價值之假設等等。所以在檢測某一決策是否正確無誤時，經理人首應問自己，到底那一個假設對決策的成功影響力量最大，並進一步澄清這些「軸心」假設 (Pivotal Premises) 之正確性，因為假設若不正確，基於假設所導出來的理論必然不對。所謂「事過境遷，所議皆非」。

無疑地，不是所有的假設或前提都可以證明；換言之，在決策過程中，我們確實無法避免碰到不完整的資料，對事實認識的偏誤，以及意見溝通上的曲解等等不得已事件。不過，一個經理人員，無論如何，至少總應該明白他到底在冒著何種風險，而非糊里糊塗地走入錯誤之境。

除了重新考慮計劃前提外，執行時時日的過去，也可以產生活動資料，供查核原先決定之穩健性，所以重新考慮乃是必要因素之一。

四、檢討被草率摒棄之備選對策 (Reviewing the Discarded Alternatives)

很多良好的備選對策在初次甄選時（見決策第三步驟），常因單一缺點，就被草率的摒棄。事實上，面臨這種單一缺點的場合，決策者應多考慮此缺點是否完全不可克服，而不是馬上將此對策拋棄。換言之，此單一缺點應該當作另一個「次級問題」(Sub-problem) 來處理，其程序與處理原本問題 (Original Problem) 一樣小心。假使此缺點可以克服，則此對策應歸入繼續考慮陣容中。

茲舉一例以明之，某一工廠搬運部有七個工人埋怨他們要走數百公尺遠及爬二個樓梯才到達更衣間及洗手間，實在太累。當時想出解決此問題的方法是讓這七個人每天二次的休息時間多十分鐘，但是人事部門提出反對，認為這樣會製造「前例」，不好管理，所以馬上被排除掉。不過問題總要解決，所以其他兩個替代對策也被提出來。一個是多付一些錢來補償走遠路的不方便，第二個是另外裝置新設備，把更衣間及洗手間靠近搬運部門。無疑地，這二個備選對策也會碰到限制困難。

假使決策者把第一個對策之「單一缺點」當作「次級問題」處理，則他勢必要面對給予額外休息時間，又不會開惡例之挑戰。事實上，處理此次級問題，可以重新設立依更衣間距離遠近而不同之工作時間表，適用於全部員工，雖然此種更動需要特別力量（如指派小組去規劃），也會把額外休息時間給予更多的員工（不只給予原來埋怨的七個人）。不過，這樣處理，說不定比另外二個備選對策所需要花費的成本更低。

當然，在選拔重要部門主管時，上級人員也可能面臨同樣「單一缺點」的事例。例如備選人某甲的各方條件，包括學歷、經歷、專業工作能力、領導能力、合群能力等等都很好，只是他精力充沛，除了本身工作外，尚參加很多額外社會活動，所以被視為「不安分守己」，將被排除於候選名單之外。至於其他備選者乙、丙、丁的學歷、經歷、專業能力、領導能力、合群能力等皆遠不及甲，但卻是「安分守己」，不到外面活動（其原因一則本身能力不足，二則外界不願邀請），所以被視為良好主管之候選者。

假使上級人員將某甲之「額外活動」當作「次級問題」處理，將可要求某甲以後減少外界活動，把精力花在將來當主管之職責工作上，某甲當可答應，也會感到「英雄有用武之地」，因為他以前從事社會活動，不是因他不把本身工作做好，才會擴大活動範圍。如果讓他當主管，其精力自然有地方可發揮，適才適所。至於以「安分守己」為要件，選擇次等人才充任主管職位，雖是社會上常見之行為，但仍屬「草率」摒棄優等對策之後果。

五、徵求同感（同意）(Requesting Consensus)

當部屬提出某一建議，或自己經過考慮後選定一個對策，最好設法確保同輩、專家、或同事也懷有相同之看法 (Consensus)，以免自己一個人智力不足，情報不足，或有潛意識之偏見，而做錯了決定。

大公司的董事會，大法官會議經常採用此種「徵求同感」之技巧，它雖然很費時，但是在不緊急的事件中，確屬確保安全的良法。在個人而言，謀職對象、擇偶對象等之選定皆可找兩、三位要好朋友商量，看看他們是否同意，以檢定決策之健全性。假使對方反對的意見很有道理時，則應重新檢討或選擇，以免犯了「剛愎自用」之錯誤。

目前許多公司設有「獨立」（或「超然」）幕僚專家，提供最高主管諮詢之用，以檢定最高主管決策是否健全，避免草率決定即付執行，發生惡果再撤回決策，或乾脆錯到底之不得已現象。

六、試製或試銷 (Pilot Run or Test Market)

最有把握的檢測決策的方法是「試一試」(trial)，因為許多決策寫在紙上或在實驗室看來很好，但不一定大量執行之後，會真正產生好結果，所以能實際試一試最好。「試做」雖不能證明別的對策「不行」，但至少可以證明本決策「不差」。

「試做」可為「試製」或「試銷」，譬如汽車製造公司可以試製新型車，在各種惡劣情況的道路上試行，如果成果理想，再行大量生產。再如洗衣粉公司發明新配方，可以先生產小量，拿到市場去試銷，如果成果好，再行大量生產及行銷。又如連鎖商店系統可以先在某幾個店先行試用「信用卡」（賒欠）付款方法，以觀成效，修正以往百分之百「現金」付款之作風。當然，像這些「試做」一下的檢定方法都很費時及費成本，所以其適用場合常是比較重大的決策問題。

七、序列決策 (Sequential Decision) 法

另一種檢定決策健全性的方法，是把一個大決策劃分為數個順序連貫之序列性部分，一次就一個部分做決定。第二部分之決定基於第一部分決定施行之後果而定，第三部分之決定又基於第二部分決定施行後之後果而定，如此順推，以一序列之決策來解決一個大問題。

序列決策法與決策樹法有所區別。通常所見之決策樹法雖也將一個大問題分成數個順序連貫的細部問題，不過決策樹法的重心是在第一個決策 (First Decision)，而非每一個決策，因為第一個之後的決策都已經預估好了，供第一個決策選擇之用。而序列決策（或稱「波浪」決策，意指一波次一波次的解決）法是重視每一個決策，因為下一個決策是看前一個決策之證據而做決定的，正與決策樹法相反。

序列決策最適宜主管晉升之決策，譬如遠臺公司陳總經理有意提升業務代表高先生，在三年後充任業務部經理，陳總經理的第一個決策可能是調高先生回總管理處任推廣主任；若其表現良好，再調其為企劃主任；若其表現繼續良好，則在原業務經理退休前六個月，調高先生任業務副理；然後再升其為業務經理。此種序列性職務指派有二種用意存在，第一、使高先生獲得各方面經驗及熟悉總管理處之作業情況，第二、有一較長時間，考察高先生的工作表現，獲得較多證據（情報），以確保升其為業務經理之重大決策的成功。事實上，高先生每調動一個職位，都會提供更多資料，以供第二個決策之參考。

序列決策法也可以用在製藥廠推介新產品上市之決策過程。通常新藥上市必須通過六個步驟，後一步的決策基於前一步的成功。第一步，實驗室研究發現或市場構思之搜集；第二步，臨床試驗其無毒性及有效性；第三步，生產過程之設計；第四步，市場分析，以決定包裝、品牌、價格、配銷網等等行銷策略之設計；第五步，申請衛生機關之核准上市；第六步，大量生產及行銷推廣。很明顯地，假設第一步不成功，未能提供新證據，則下一步的決策就會受阻礙。

「序列決策 (Sequential Decision) 法」與「騎虎之勢，欲擺難下」(Bear-by-the-Tail) 或「一廂情願」(Muddling Through) 之方式不同。「騎虎之勢，欲擺難下」常發生於廣告推廣活動，一發動就很難收住。「一廂情願」常發生於頭腦簡單的人，認為世界上的事與人，都會理所當然地為他個人的利益著想，所以凡事一發動，黃金機會就會在下一步等候他。序列決策法乃是事前在心裡就設計一套前後關連的對策，以處理重大問題。後一步決策必須以前一步驟之新證據來驗證，以利每一步驟都有修正之機會，確實不是「騎虎之勢」，也不是「一廂情願」。

以上七個方法可以協助決策者檢測其決策之健全性，讀者應多多揣摩應用，受益當屬無窮。

前章與本章已經很詳細地，把有關經理人員，在做行銷管理、生產管理、研發技術管理、人事管理、財務管理、會計管理、資訊管理所涉及之決策之觀念性步驟及技術性細節一一說明。這七個科學性決策步驟，可以用來解決個人或組織的任何問題（請見下一章所列之各種企業決策問題），也可以解決無形及具體有形的問題，前者如開設分公司，選擇配偶對象，後者如購買機器或原料等。

雖然不是每一個人解決每一個大或小問題，皆須經過此七步驟，不過瞭解決策過程之「創造開發面」(Creative Development Power) 及「理智計算面」(Rational Calculation Power) 更屬重要，因兩者正反相接，效力無窮。一個人不論他要不要走入企業界，對決策過程之科學分析知識都要知曉，才會使他的人生過得更有效率。

下一章為比較嚴肅的企業決策面，逐一列舉企業經營者面臨之決策種類及名稱，作為以後各章之依據。

第十二章　企業決策與情報研究 (Business Decision and Information Research)

企業決策存在於企業管理各功能部門的計劃、組織、用人、指導、控制等管理活動中，也存在於高階主管、中階主管、及基層主管人員之活動中。只要有麻煩性問題或改進性問題要解決，就有決策行為的必要。但是在企業管理的特殊行業裡，「企業決策」常指高階層、重大性、長遠性、計劃性之行為。所以高階層者常稱「經營決策層」或「經營層」或「決策層」；中階層常稱「管理層」；基層者常稱「作業層」。其實對思考行為而言，高、中、基層人員，在解決問題時，都是決策者。

任何「決策」行為，都需要情報資訊 (Information or Data) 來作基礎。沒有情報資訊為基礎的決策行動，都是隨意猜測行為，不是理智決策行為，所以本章專門針對種種企業決策種類及情報資訊種類提出探討，作為企業管理的靈魂工具。

第一節　企業經營之目標決策——生存與成長 (Decisions for Business Objectives—Survival and Growth)

一、企業與經濟成長之根因 (Business and Economic Growth)

經濟成長是人類追求幸福（或稱「社會福祉」）的主要手段之一，而經濟成長的具體表現乃是各種企業經營銷、產、利潤 (Sale, Production, and Profitability) 成果的累積，所以當我們在日常言談間提及「發展經濟」(Economic Development)、「穩定中求發展」(Stability for Development)、「發展中求穩定」(Development for Stability) 等等議題時，不能忘卻農、工、商百千萬企業之經營管理績效 (Performance) 問題，否則就等於在空中建築樓閣般地美麗但不實際。

在人類知識演進中，有人只談「果」(Effect) 不談「因」(Cause)，有人只談「因」不談「果」，皆屬偏頗無益之詞，真正有用的學問是談「因」又談「果」(Cause and Effect)，要求好的成果，必須建立好的原因，所以我們處於今日生存競爭劇烈，追求高度精神及物質享受的時代，不能不以「全因全果」的「系統」觀念來談論經濟成長之「道」，此「道」乃是改進商、工、農、士各行業之經營績效。

而改進經營績效之「道」，又在於改善目標 (Objectives)、政策 (Policies)、戰略 (Strategies)、工作方案 (Programs)、作業程序 (Process)、處事細則 (Rules)、操作標準 (Standards)、組織結構 (Structure)、授權與責任中心 (Authority and Responsibility Centers)、直線與幕僚之協調合作 (Line and Staff Coordination and Cooperation)、意見溝通 (Communication)、人性激勵 (Motivation)、領導統御 (Leading and Commanding)、獎懲糾正 (Reward-Penalty-Correction) 等等管理行為。

而改進管理行為之「道」，又在於改進主管人員決策之品質 (Decision Quality)；改進決策品質之「道」，又在於儲備充分 (Full)、及時 (Timely)、與正確 (Correct) 之情報資訊；而儲備良好情報資訊之「道」，則在改進企業調查研究 (Business Research) 之功夫。所以歸根究底而言，促進經濟成長之根因，在於有效企業研究與情報系統。

彼得・杜魯克在民國 64 年 (1975) 應現代企管顧問公司紀經紹先生邀請，到臺北演講時，就曾明白指出，在今後的企業經營裡，最寶貴而最便宜的資源，乃是「情報」資訊在那時，大家還不太瞭解他所言何意。事實上，他所稱之「情報」資訊也就是人類有異於禽獸之特有法寶——「知識」。何人握有最新、最充分、最正確的情報資訊，就是最有知識之人，也是最有權威之人，因為他可以根據情報資訊，做出決定，克服對手，爭取權勢；或可協助他人，做出有利之戰略、戰術、戰鬥決定，打敗敵手，爭取勝利。

從 1990 年代開始，杜魯克等名師更進一步，稱會利用情報知識來創造企業超額利潤之經濟行為為「知識經濟」，擁有情報知識的員工叫做「知識員工」，也稱會利用電腦通訊結合之網際網路 (Internet, World Wide Web)、業內網路 (Intranet)、業外網路 (Extranet) 之知識經濟行為為「新經濟」(New Economy)。所以很多先進人士開始叫二十一世紀是「知識經濟」時代，用來區別以往之「農業經濟」時代、「工業經濟」時代、「商業經濟」時代。

二、企業經營之基本目的 (Basic Objectives for Business Management)

企業經營之目的很多，但在基本上可歸為二大類：第一為追求生存 (Survival)，第二為追求成長 (Growth)；而「生存」目的又是「成長」目的的前提，因為企業若不能賺取相當收入，以維持開支及支付資金成本，則必先遭淘汰，那能再期望成長。相同地，「成長」目的也常是「生存」目的的後果，因為企業若只維持目前的生存局面，不再另謀發展，則在其他同業力謀成長之競爭潮流中，必被拋在後面，成為落伍的孤鳥，終至迷途而消滅。所以，不投身於企業經營之行列便罷，凡是投身其中者，便須以維持「生存」及再求「成長」為使命，此種現代化的挑戰觀念，必須貫注於每位企業成員的腦中，去除往昔「有賺就好」的落伍觀念，而代之以「有賺最好，但應賺更多」的積極觀念。

「有賺就好」觀念乃是指不管企業資源是否已經充分運用，成本是否已經努力下降，浪費是否已經完全去除，只要有一些利潤存在，我們就可以停下來休息，不必再掛心努力與否的問題。「有賺最好，但應賺更多」觀念乃是指企業即使已有利潤存在，但我們不能就此即感滿足，不再理會是否還有浪費、不合理、及可以更加開發之機會；反之，企業不能賺錢應視為罪惡之一。若能賺錢最好，不過尚應積極把握可以改進及成長的機會，以便賺更多，為更廣大的顧客提供服務，增進他們生活享受水準。因之用「總資產報酬率」(Return on Assets)、「淨值報酬率」(Return on Networth) 及銷售利用率 (Sales Profitability) 來衡量一個企業是否賺得合理，以及是否充分運用資源。企業要能「生存」及「成長」，又要靠更堅實的目標來達成，那就是「顧客滿意」(Customer Satisfaction) 及「合理利潤」(Reasonable Profitability)。在競爭社會裡，唯有顧客滿意，才能賺取合理利潤；唯有「合理利潤」，才能「生存」；唯有「生存」，才能成長，這些目標互相關聯。

企業經營之「生存」與「成長」，以及「顧客滿意」與「合理利潤」之目標正式由名管理學家彼得・杜魯克 (Peter Drucker) 提出，並深獲贊同。杜魯克為了說明此二種相互關聯之企業經營目的，曾再舉出八個引申性目標（皆屬於企業功能部門目標），供最高主管參考，這也是最近有人（指 Kaplan and Norton, 1992）提出「平衡計分卡」(Balanced Scorecard)，來衡量一個企業是否優良可靠，股票是否值得買之原因。企業是否優良，不可只看短期財務比率而已，也要看各有形及無形之平衡發展，才不會以偏概全。此八大引申性功能目標為：

⑴銷售 (Sales) 目標——屬行銷部門及總經理

⑵利潤 (Profitability) 目標——屬行銷部門及總經理

⑶市場佔有率 (Market Share) 目標——屬行銷部門及總經理

⑷生產力 (Productivity) 目標——屬生產部門及總經理

⑸創新發展 (Innovation and Development) 目標——屬研究發展部門及總經理

⑹實體及財務設施 (Physical and Financial Facilities) 目標——屬生產部門、財務部門及總經理

⑺經理及員工發展 (Managerial and Worker Development) 目標——屬人事部門及總經理

⑻社會責任 (Social Responsibility) 目標——屬總經理

這些目標必須以時間別及數量方式設定，方能真正產生指導全公司員工行為之作用，否則僅做觀念性指導而已。

三、企業經營之業務目標 (Operating Objectives for Business Management)

以上所舉企業經營之「基本目標」(Basic Objectives) 也是用來協助一般最高主管（如董事長、總裁、總經理）設定整個企業努力方向，但對下級作業人員之指導作用較低，所以總經理必須再依各個企業所面臨之社會經濟環境及本身條件，設定較確定之可操作業務目標 (Operating Objectives)，以供各部門中下級人員努力之參考，其目標種類如下：

⑴國內外新市場之開拓 (New Market Development)。

⑵全新產品之開發 (New Product Development)。

⑶改良品之開發 (Improvement of Existing Product)。

⑷多角化業務之創辦 (Diversification)。

⑸品質水準之提高 (Quality Improvement)。

⑹作業效率之改善 (Operations Efficiency Improvement)。

⑺顧客服務水準之改善 (Customer Service Improvement)。

⑻工作環境之改善 (Improvement of Working Conditions)。

⑼員工行為規範之提高 (Upgrading of Employees Conducts)。

⑽無前途市場或產品之放棄 (Deletion of Hopeless Market or Product)。

換言之，業務目標之設定是屬於「行業別目標」(Industry Missions) 及「產品－市場別目標」(Product-Market Lines)，用以規範銷售、利潤、市場佔有率、生產力、創新發展、實體及財務設施、人力發展及社會責任等時間性及數量性目標之設定，以免超出目標市場 (Target Market) 範圍，而致分散力量。

第二節　企業例常營運決策範圍 (Scope of Regular Business Decisions)

一、例常營運與新專案投資決策 (Regular Operation and New Project Investment Decisions)

企業經理人員在追求目標實現之過程中，必須選擇一系列之手段，而這些手段中，可大分為二類：一為現有產品之生產及行銷等有關活動之決策，俗稱為例常營運決策 (Decision for Regular Operations)，另一為新產品銷產投資之決策，俗稱為新專案投資決策 (Decision for New Project Investment)。無疑地，例常營運決策所涉及之固定資產投資風險，小於新專案投資決策所涉及之風險；同時，當新專案之固定資產投資決策完成後，即轉入例常之營運決策行列，如圖 12–1 所示。

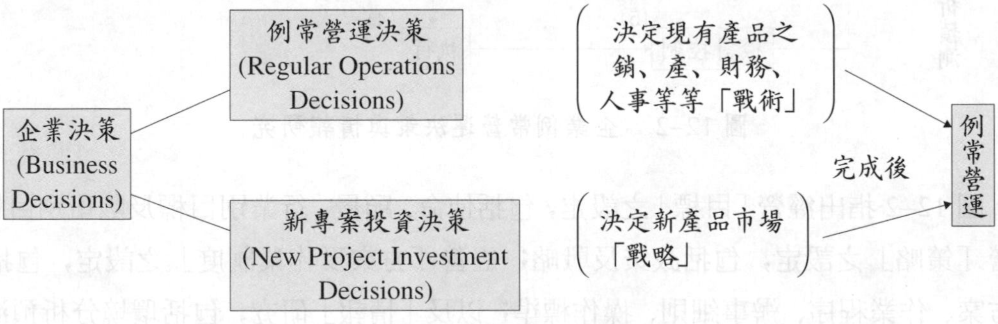

圖 12–1　企業決策種類

一般而言，企業之例常營運決策可以佔所有決策之很高百分比（如 80% 以上），亦可以佔很低之百分比（如 20% 以下）。一個動態成長並具競爭性之事業，其最高主管所面對之新專案投資決策遠高於一個靜態性循門式之事業。不過無論如何，「創業」活動再多的機構，也不能不講求例常營運的「守成」功夫（引用「創業維艱，守成不易」之字），因為真正賺錢的活動是來自有效的例常營運，而非新投資活動。但是，一個毫無創業活動的靜態機構，因缺乏挑戰性，也不會長久處於有效率的狀態中。真正有效率的事業，其例常營運與新投資活動應各居平衡地位之狀態。

二、例常營運決策與情報研究之關係 (Regular Operations Decisions and Information Research)

決策需要情報資訊的支援，才能提高其品質，正如魚需要活水的支援，才能活躍生姿。缺乏情報資訊支援的決策，等於缺水之魚，其危殆可想而知；至於我們需要研究尋找何種情報資訊，則端視我們面臨何種決策而定。圖 12–2 列出一般企業所可能面臨的決策問題種類，也是指明企業研究所應尋找情報資訊的種類。

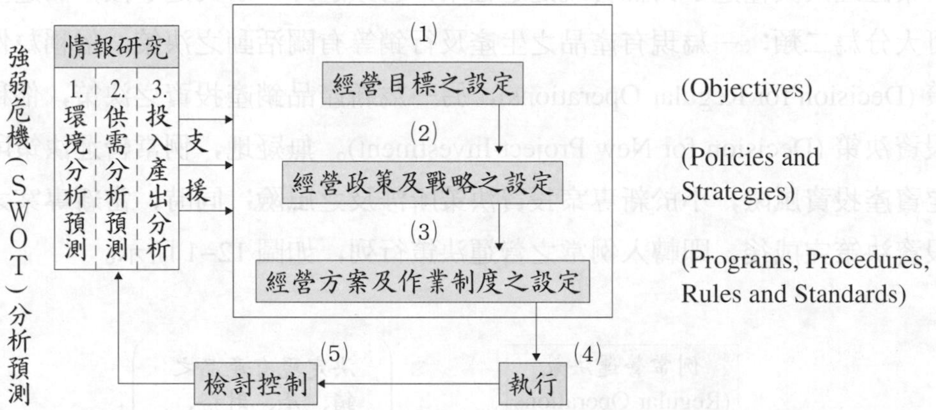

圖 12–2　企業例常營運決策與情報研究

圖 12–2 指出經營「目標」之設定，包括使命、願景、行業別目標及數量別目標；經營「策略」之設定，包括政策及戰略；經營「方案及作業制度」之設定，包括行動方案、作業程序、辦事細則、操作標準；以及「情報」研究，包括環境分析預測、供需（競爭者及顧客）分析預測及投入產出分析，對該三類營運決策支援之必要性。這就是強點、弱點、危險及機會，即 SWOT，分析預測。目前有許多企業的主持人，尚不知這些營運決策的種類、內容、及情報之重要性，實應急起直追，充實自己，並激勵部屬，努力提高經營績效。

三、經營政策與戰略之選擇範圍

關於最高主管設定及選擇經營目標 (Planning for Objectives) 的參考項目已列如第一節，本節僅列出經營政策及戰略之選擇項目 (Planning for Policies and Strategies)。

所謂企業政策 (Business Policies)，係指最高主管所制訂用以指導部屬日常思考路線及行為方式之規範 (Ways of Thinking and Conducts)。所謂企業戰略或方略、方針 (Business Strategies)，係指最高主管所制訂之短期、祕密、突破方向，用以支用重大資源 (Direction of Deploying Major Resources)。企業之「政策」及「戰略」皆是用來達成企業高階「目標」之高階工具。「政策」與「戰略」合稱「策略」，是隨高階目標之變化而變化。企業高階之目標、政策及戰略之計劃決策過程，常會稱為「企劃」或「策劃」(Business planning)，都是企業高階主管的首要職責。

企業「政策」與「戰略」之區別不在於名稱，而是在於其是否為短期性、祕密性、是否支用重大資源，及其是否具穩定性、大涵蓋面性。凡是公開性，涵蓋面大，效力期間長，及不必支用重大資源之思想及行為規範，即可稱為「政策」，如人事政策、採購政策等等。凡是屬於祕密性大、涵蓋性小，效力期間短及需支用重大資源之突破措施，即可稱為「戰略」，如廣告戰略、價格戰略、品質戰略等等。政策用於平時，戰略用於戰時。

以下為企業高階主管可以選擇設定企業政策之項目：

1. **一般管理方面** (General Management Area)

⑴決定組織結構與權責劃分之權限所在及內容。(Organization Structure, Authority Responsibilities)

⑵決定各部門之定價、資本支出、內部轉價、產品範圍之權限所在及內容。(Pricing, Capital Expenditure, Internal Transfer Pricing, Product Lines)

⑶決定企劃控制制度之設定及推行之權限所在及內容。(Planning and Controlling Systems)

⑷設立、修訂及建議修訂政策之權限所在。(Policy Changes)

2. **行銷管理方面** (Marketing Management Area)

⑴決定產品種類、品質水準、保證條件、地區授權等之權限所在及內容。(Product Category, Quality Level, Guarantee Conditions, Territory Delegation)

⑵決定代理契約、外銷通路、經銷商關係、顧客選擇、服務方式等之權限所在及內容。(Agency Agreements, Export Channel, Middlemen Managements, Target Customers, Service Level)

⑶決定報價方式、折扣程度、變更價格之時間等之權限所在及內容。(Price Quotation, Price Discount, Price Change Schedule)

⑷決定廣告媒體、推銷員素質、產品報導方式之權限所在及內容。(Advertising Media, Salesmen Quality, Medial Publicity)

3. 生產管理方面 (Production Management Area)

⑴決定產品生產分派方式、外包契約種類、製造設備與方法之權限所在及內容。(Production Scheduling, Outsourcing, Manufact Equipment)

⑵決定生產計劃與控制、品質管制、物料管制、儲運方法之權限所在及內容 (Production Planning-Control System, Quality Control System, Inventory Control System, Warehousing-Transportation System)

⑶決定工具配備、保養維護、衛生安全制度之權限所在及內容。(Tooling, Machine Maintenance, Sanitory, Safety, Cleanness)

⑷決定生產批量及生產穩定程度之權限所在及內容。(Order-Made System, Standard-Made System, Line of Balance System)

4. 採購管理方面 (Purchasing Management Area)

⑴決定自製或外購種類、數量之權限所在及內容。(Self-Made or Outsourcing)

⑵決定最低採購量、採購通路與方式之權限所在及內容。(Economic Order Size, Purchasing Sources)

⑶決定與供應商維持何種關係之權限所在及內容。(Supply Chain Management)

5. 研究發展管理方面 (R&D Area)

⑴決定研究方向、題目、及深度之權限所在及內容。(Research and Development Directions and Topics)

⑵決定發明權、專利權、商標權歸屬之權限所在及內容。(Invention, Patent, Trade-Mark, Brand, Copy Right, Internet Address)

6. 人事管理方面 (Personnel Management Area)

⑴決定招募、選拔、任用標準之權限所在及內容。(Recraitment, Selection, Placement)

⑵決定工作時間、薪資、福利、退休之權限所在及內容。(Work schedules Wage-Salary, Fringe Benefit, Insurance, Retirement)

⑶決定訓練與發展及工作環境改善之權限所在及內容。(Training and Development, Working Condition Improvements)

⑷決定考績、獎勵、晉升與解雇之權限所在及內容。(Performance Elaluation, Incentives, Promotion, Lay off)

7. 財務與會計管理方面 (Financial-Accounting Management Area)

⑴決定會計制度類型及提出責任報告之權限所在及內容。(Accounting Systems

and Reporting Responsibility)

⑵決定經費預算及稽核制度之權限所在及內容。(Budgeting and Auditing Systems)

⑶決定信用額度、開支權限、資產保護之權限所在及內容。(Credit Lines, Right to Use Money, and Assets Protections)

⑷決定短期資金籌措及調度方式之權限所在及內容。(Short-Term Financing and Mutual Assistance)

⑸決定資本結構及長期資金籌措之權限所在及內容。(Capital Structure and Long-Term Financing)

8. 其他法律事務、公共關係及企業管理有關之事項 (Legal and Public Relation Areas)

以下為企業高階主管可以設定戰略之範圍 (Areas for Business Strategies):

⑴事業多角化經營之特定方向及種類。(Product Diversification, Market Multinational, Merger & Acquisition, and Strategie Alliance)

⑵銷售成長之特定途徑(如廣告戰略、價格戰略、品質戰略、配銷通路戰略等等)。(Sales Growth Approaches: Advertising, Price, Quality, Channel Strategies)

⑶特定產品規格增減之種類。(Increase or Decrease of Product Specifications)

⑷生產方法及工程技術方面之特定措施。(Production Methods and Engineering Technology)

⑸財務信用方面之特定措施。(Financial and Credit Management)

⑹材料採購方面之特定措施。(Material Purchasing)

⑺人事及組織方面之特定措施。(Human Resources and Organization Structure)

四、經營方案之設定範圍 (Scope of Action Programs for Regular Operations)

企業之中,基層主管人員在上級主管人員設定目標、政策、戰略之後,應就自己所職司之範圍,設定執行性之經營方案或工作方案或行動方案 (Action Programs),以執行上級人員之目標,所以經營方案之決策成為動員企業聰明腦力的重要活動,也是貫穿全企業努力方向的橋樑。

設定經營方案所需要之情報資料很多,其詳細程度亦比高階主管所需要者為細,所以「管理情報系統」之建立成為現代化經營公司之共同現象。經營方案之設定範圍涵蓋企業五功能及管理五功能各方面,只要認為某種活動對達成企業總體目標有所貢獻，即可設定，供特定人員「負責」及「授權」之根據，所以企業經營方案體系之建立，成為實施「目標管理」(Management by Objectives) 及「責任中心」(Responsibility Center) 制度之公司的必要步驟。

經營方案之設定可視需要，在下列範圍內擇要為之：

1. 行銷管理之行動方案類 (Marketing Programs)

⑴產品發展方案（包括 A. 新產品觀念發展、B. 材料改良、C. 大小改良、D. 規格改良、E. 品質改良、F. 品牌設定、G. 包裝設計、H. 樣式改良、I. 保證條件、J. 服務制度等等）。

⑵配銷網路發展方案（包括分公司設立、經銷商設立、服務店及門市店面設立、電子網站設立、倉儲體系、運輸體系、保險體系等等）。

⑶價格調整方案（包括增價、減價、折扣等等）。

⑷人力推銷發展方案（包括業務代表招募、訓練、薪酬、分派管理等等）。

⑸廣告方案（包括廣告代理商選定、信息設計、文稿製作、媒體選擇、播放、及效果衡量等等）。

⑹促銷及報導方案（包括減價、贈品、抽獎、展覽、示範、新聞、招待會等等）。

⑺市場試銷方案。

⑻市場調查研究方案（包括各種行銷活動之調查分析、預測等研究題目）。

⑼顧客關係管理及其電腦化方案。

2. 生產管理之行動方案類 (Production Programs)

⑴生產計劃排程與管制及其電腦化與改善方案。

⑵工作方法研究及改善方案。

⑶廠房布置改善方案。

⑷物料搬運及其電腦化與改善方案。

⑸品質管制及其改善方案。

⑹供應商採購制度及其電腦化與改善方案。

⑺存貨管制及其電腦化與改善方案。

⑻成本控制與分析及其改善方案。

⑼維護保養及其改善方案。

⑽安全衛生及其改善方案。

⑾污染防治方案。

⑿設備擴建方案。

⒀產品改良設計方案。

⒁新產品試製方案。

3. 研究發展管理之行動方案類 (Research and Development Programs)

⑴新產品發展方案。

⑵新市場發展方案。

⑶新材料發展方案。

⑷新製程發展方案。

⑸新設備發展方案。

⑹新儀器發展方案。

⑺新用途發展方案。

⑻新管理制度發展方案。

⑼企劃控制制度建立方案。

⑽目標管理及責任中心建立方案。

4. 人事管理之行動方案類 (Personnel Programs)

⑴人力招募方案。

⑵人力選用及分派方案。

⑶人力訓練發展方案（包括管理職位、專業技術及技工等人力）。

⑷意見溝通發展方案。

⑸薪酬制度改良方案。

⑹員工福利事務及其改善方案（包括退休、儲蓄、保險、飲食、交通、宿舍、工作服等等）。

⑺長期人力發展方案。

⑻組織改善方案。

⑼公共關係及其改善方案。

⑽員工考核獎懲方案。

5. 財務及會計管理之行動方案類 (Financial and Accounting Programs)

⑴電腦化普通會計事務及其改進方案。

⑵電腦化成本會計事務及其改進方案。

⑶電腦化內部審核事務風險控管及其改進方案。

⑷外部查帳事務及其改進方案。

⑸計劃預算控制制度配合工作方案。

⑹重大投資計劃協助方案及追蹤控制方案。

⑺現金管理及運用方案。

⑻信用管理事務及其改進方案。

⑼出納事務及其改進方案(包括營業收入薪金、股息、貸款、保險金等等支付)。

⑽申賠及理賠、保險事務及其改進方案。

⑾金融關係發展方案。

⑿財產管理事務及其改進方案。

五、經營方案之設定內容 (Content of Action Programs)

上述中、基層主管人員經營方案 (Action Programs) 之設定應每年為之，至於各部門間之作業程序 (Operations Procedures)，部門之辦事細則 (Rules)，及個人之操作標準 (Operations Standards) 也應一一設定，供自動授權及自動控制之用，並應定時檢討改進。經營方案是企業經營之動態授權工具，而作業程序、辦事細則、及操作標準則為靜態授權基礎，兩者構成促進員工自動自發並自我控制之分工合作基礎，其設定為企業決策的重大而細緻工作，總稱為典章制度 (Systems) 之建立，不能疏忽。

一般而言，經營方案為中、基層幹部每年應設定之具體工作計劃（或稱執行計劃），所以特別重要，尤其處於競爭狀態之事業更為重要。

設定經營方案應循下列七支點法，亦即科學 7Ws 法 (What, Why, How, When, Who, Where, How Much) 綱要，飭使每位負責人（或分授到工作目標之人）詳細思考撰寫之：

⑴方案名稱 (Programs Topic)：越具體越好，不可含糊不清，令人望文不知義。

⑵方案編號 (Programs Code)：供將來管理會計歸戶各案所用時間、經費之用。

⑶方案目的 (Programs Purpose or Objectives)：應逐項列出本案將要做到的東西或事項 (What)，供將來成果驗收時之對照。

⑷方案動機 (Programs Background)：應明白寫出為何 (Why) 要設立此執行方案，以確定是否與上級主管之目標相關聯，作為本案成立與否之理論根據。

⑸工作方法 (Programs Approach)：應逐項寫出執行此案所將採取之方法步驟及順序 (How)，越詳盡越有成功把握。

⑹時間進度 (Time Schedule)：應估計每一工作步驟將花用之時間 (When)，以利計算每步驟間之聯繫時點及總完成之時間長度。

⑺負責人 (People in Charge)：應列明由何人負責主辦及協辦 (Who)，以確定本案

之責任歸屬處及權力授予處。

⑻資源需求 (Resources Requirement)：應列明本案執行時所需之地方、設備、物料、人力等等資源項目及數量 (Where)，以利採購、撥付之用。

⑼經費預算 (Budget)：應以機會成本及實際成本觀念，分項估計本案所需花用之經費數額 (How Much)，以供審查及現金籌措計劃之用。

⑽成果預估及經濟評估 (Result Estimates and Evaluation)：應列出本案完成後所可能獲得之成果項目及數額 (How Much)，並就成本投入及效益產出之比較，評定本案是否值得批准、授權而付執行。

經營方案之名稱 (Topic) 應來自經營目標、政策及戰略（由上而下），而其編製後之彙總體系，將構成公司計畫及預算 (Company Plan and Budget) 基礎（由下而上），所以有人稱此種企業計劃決策方法為「企劃預算法」(Program-Budget Approach) 或「零基預算法」(Zero-Base Budgeting Approach)，因為經費預算之有無及多寡，完全決定於行動方案之有無及多寡，而不決定於過去年度花用多少錢，此乃最有效的目標管理、責任中心及自我控制制度 (MBO, Responsibility-Center, Self-Control System)。若每年每月將之電腦化，則上級更可隨時從電腦上追蹤查核下級工作進度，而不會干擾下級的工作情緒。

第三節　新專案投資決策 (New Project Investment Decisions)

一、新專案投資可行性研究 (Feasibility Study for New Investment Projects)

企業經營之基本目標為力求「生存」及「成長」，其手段為「顧客滿意」及「合理利潤」，而成長的指標常為銷售值及利潤額。欲使銷售及利潤成長，則除在現有產品 (Existing Products) 之銷產、財務、會計、資訊、人事等活動力求改進外，尚應在「新產品」(New Products) 之銷產活動上著手，所以新專案投資決策成為必要之手段；換言之，「創業」活動應在成長企業中持續出現。愈能保持創業活動的企業，愈有成長的勝算，愈無創業活動的企業，愈無成長的希望。成長的企業雖然也會遭遇許多管理上問題，但是總比呆滯不前的企業，更能解決難題，所以聰明的最高主管比較會採用持續的創業活動，來建立顧客供應商、股東、員工、銀行、政府等等之信心，並帶動組織及人事方面的改進。

當然,「創業」活動常需投入相當大的固定資金,假使決策失誤,企業股東所冒之風險就很大,所以新專案投資之可行性研究 (Feasibility Study) 成為另一類企業決策的重心。一般而言,為確保一新投資專案之未來成功,以利轉入例常營運活動之行列,必須進行六種分析研究,如圖 12–3 所示。

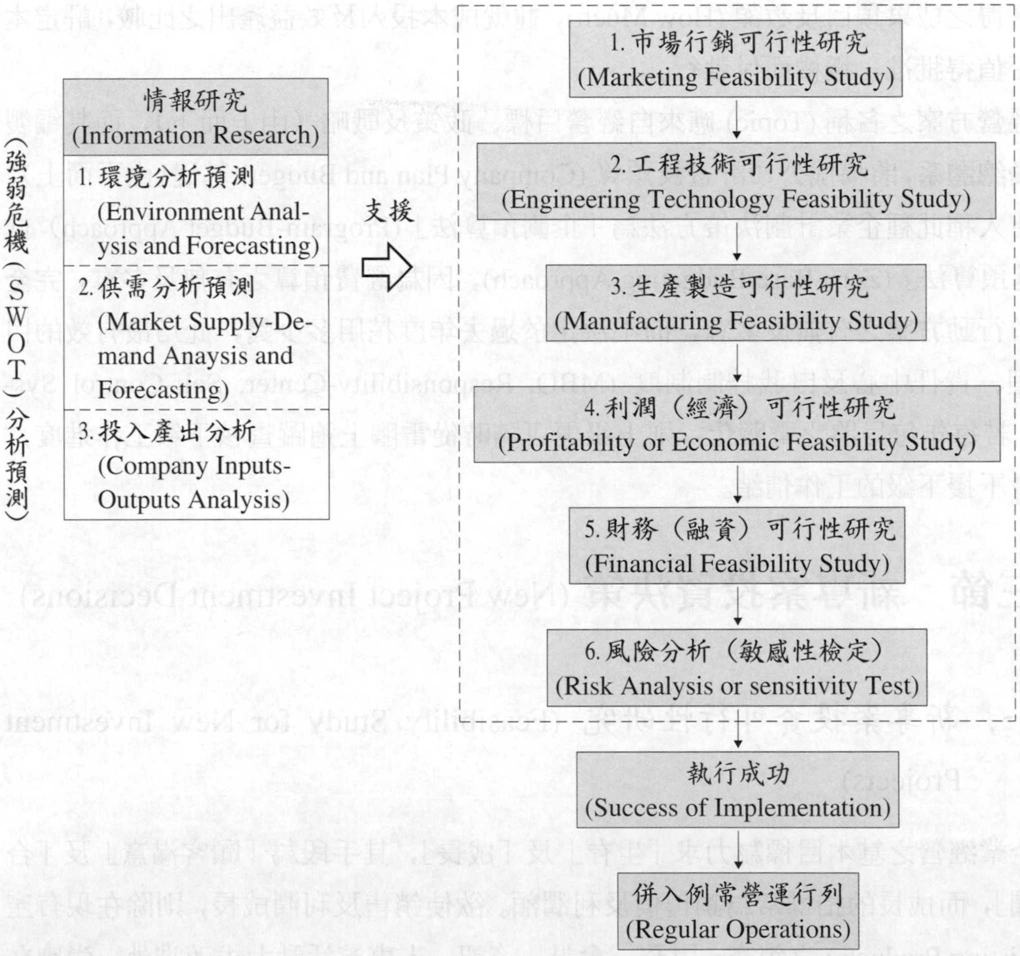

圖 12–3　企業專案投資決策與情報研究(可行性研究要訣)

二、市場行銷可行性研究 (Marketing Feasibility Study) —— 第一步驟

一個新專案投資是否有成功的希望,首先應通過市場行銷可行性研究之檢定

「關」，此關若通不過，則投資案應擱置，此關若通過，方有理由進入下一步之決策考慮。以往很多投資專案在執行以後，遭遇失敗命運，大多種因於未在事前進行周全之市場可行性研究，以「生產導向」的心態，「一廂情願」地投入大筆資金，購地建廠買機器，以致後來發現無市場對象或競爭太劇烈時，無法抽身而退，只好硬著頭皮，死撐下去，錯到底，此為落伍之「生產導向」或「技術導向」觀念所造成之後果，值得警惕。在二十一世紀，不論是工程背景出身，或高科技背景出身的高階人員，都不可再有此種心態了。

市場行銷研究之分析重心在於以下五項：

1. 市場潛力 (Market Potential)

包括市場調查、分析、預測，以確定未來顧問使用者、購買者之購買數量。

2. 競爭壓力 (Competition Pressure)

包括同業現有供應商、新進場供應商及替代行業供應商之銷產能力檢定。

3. 價格趨勢 (Price Tendency)

包括單價升降趨勢之預測及物價上漲因素之調整。

4. 顧客行為 (Customer Behavior)

包括未來顧客購買行為之變化預測。

5. 行銷策略 (Marketing Strategy)

包括未來將採取之產品、價格、推廣及配銷通路之策略。

市場行銷研究之結果乃是訂出新投資專案將來在不同年度內（通常以十年為計算幅度）之可能收入，每年銷貨收入 = 每年銷售數量 × 每年銷售價格。若有五種產品，就應有五種銷售估計，並可列表計算之。若本步驟發現不可行，則本投資案就應打住，不必進行第二步驟。

三、工程技術可行性研究 (Engineering Technology Feasibility Study)——第二步驟

假使對市場行銷可行性研究的結果相當滿意時，應進行第二步驟之決策，即工程設計技術 (Engineering Technology) 之可行性研究。此步驟必須小心從事，以免貿然投入資金，事後發生製造生產之難題，再回頭設計或改變設計，耽誤時間及成本。在進行本步驟研究時，假使發現本公司目前無此種工程設計技術能力，則應向外尋找技術顧問公司來協助，或購買技術專利，以及洽談其成本為何。

工程技術可行性研究應至少包括下列六項重心：

1. 整廠製程之工程設計 (Whole-Plant Engineering)

指整個生產工廠作業系統之規格設計，常稱為「系統工程」(Systems Engineering)，尤其自動化作業工廠，更應重視整廠設計技術之有無購買對象及水準與成本。

2. 細部製程之工程設計 (Detail Engineering)

指在整廠設計下，每一特定作業步驟之詳細程序規格之設計能力。整廠設計屬於整個製程方法之戰略性設計 (Strategic or Master Engineering)，而細部設計屬於局部作業之戰術性設計 (Tactical or Detail Engineering)，受整廠設計之指揮，正如單元操作受整廠設計指揮一樣。

3. 機器設備之工程設計 (Equipment Engineering)

指每一機器設備之硬體規格之設計能力，以供施工打造或向外購買。

4. 產品之工程設計 (Product Engineering)

指產品功能及外型規格之設計能力。

5. 品管檢驗之設計 (Quality Control System Design)

指產品製造過程中及完成後之品管檢驗設備及能力。

6. 搬運包裝之設計 (Packaging and Material Handling System Design)

指原料、零件、配件及成品在生產線製造過程中之搬運系統及最終包裝方法之設計能力。

本步驟之研究結果為確定取得所需技術（不論自行發展或向外購買）應花費多少時間及多大成本。若本步驟發現不可行，則本投資案就應打住，不應再進行第三步驟。

四、生產製造可行性研究 (Manufacturing Feasibility Study)——第三步驟

假使投資專案通過市場行銷及工程設計技術二關之檢定，則應進行第三關之生產製造可行性研究，以確定是否真正有能力把紙上設計好的產品及製程，轉換成實體產品（或勞務）。本步驟之可行性研究重心有五：

1. 機器設備自製或購買 (Make or Buy of Machines and Equipment)

指上述整廠設計、細部設計、及設備設計好之技術規格能否自行製成機器設備，若否，則能否向外購買？其交貨時間及成本為何？品質保證條件為何？

2. 原料零配件來源 (Sources of Materials and Parts-Components)

指供產品製造所需之原料及零配件來源或供應商能否把握？或衛星工廠體系健

全程度如何？品質交貨時間及成本如何？

3. 技術工人來源 (Sources of Technicians and Workers)

指現場操作所需要之各類技術工人及普通工人來源是否有把握？能否經由訓練或建教合作而提高素質？其成本為何？

4. 電力動力及水源 (Sources of Electric Powerial and Water)

指電力動力及水源之把握程度及成本水準為何？

5. 管理人才來源 (Sources of Managerial People)

指各部門各級主管職位之管理人才來源能否確保？能否提高其素質水準？此處所指管理人才包括工程、製造、營業、財務、會計、資訊、人事、研究發展等等主管人員，而非指行政幕僚部門之人員。

生產製造可行性研究的結果為確定將來專案投資執行後，此專案各年必須支出的各種生產、銷售、管理等成本。技術可行性（第二步驟）的探討對象在於無形的製造技術，而生產可行性（第三步驟）的探討對象在於有形的製造設備、人力、原材料、零組件、及動力水源等資源投入，兩者互為表裡，一為軟體，一為硬體。生產製造可行性研究過程中，若發現各要點之取得困難及成本過高，則不必再往第四步驟走。

五、利潤（經濟）可行性研究 (Profitability or Economic Feasibility Study)——第四步驟

假使生產製造可行性之關通過後，投資專案應進行未來利潤能力的檢定，因整個投資專案的目的在於利潤之謀求，所以本步驟最受投資人士的重視，也被通稱為「經濟可行性分析」，因為人們最容易把「會不會賺錢」稱為「經不經濟」，會賺錢的投資案等於經濟實惠的投資案。俗云「殺頭生意有人做，虧本生意無人做」，如果一個新投資案無賺錢希望，一般人不會投下錢去。

事實上利潤能力的檢討是將上述三步驟的資料合併數量化起來，換算成各種形式之投資報酬率 (Return on Investment, ROI)，以與資金成本 (Cost of Capital, COC) 相比較，而決定是否採取投資行動。

本步驟之重心有五：

⑴五年或十年現金流入估計 (Cash Inflow)（即第一步驟可行性分析之收入結果）。

⑵五年或十年現金流出估計 (Cash Outflow)（即第二、三步驟可行性分析之成本

支出結果)。

⑶資金進出運用估計 (Fund Flow)(即第一、二、三步驟之資金進出時程分配)。

⑷每期盈餘或虧損估計 (Profit-Flow),即銷售收入減銷售成本(生產、行銷、管理、財務等成本費用)之餘額(盈或虧)。

⑸現值投資報酬率計算 (Present Value of ROI),本步驟之結果為確定整個投資方案生命期(如十年)內,所可能獲利之能力。以現值 (Present Value) 觀念來估算投資報酬率等獲利能力之指標。

六、財務(融資)可行性研究 (Financial Feasibility Study)——第五步驟

假使第四步驟之利潤可行性研究之結論為淨值投資報酬率高於一般資金成本 (Cost of Capital, COC)1.5 倍以上,則在原則上可以肯定此投資方案可以接受,但是「萬事皆備,只欠東風」,在執行之前,尚應檢討所需投入的那些資金及成本支出,將以何種方式來籌措?其機會成本為何?以及時間配合度如何?換言之,要先把東風借來。假使不做此步財務(融資)可行性研究,就魯莽的開始執行專案投資。例如:買地、買機器、建廠房、招用人員等等,很可能在執行中期就發現資金不夠,無法支應開支,而告停工,發生「未開工就先破產」之現象,致使以上各步驟所花辛苦精神及成本全化為泡影。大約有百分之九十的新專案投資皆敗於「萬事皆備,只欠東風」,此「東風」即是完備可行之財務籌措計劃,吾人不能不小心。

新專案投資所需之資金來源可有五種,每種各有利弊及採取之可能性,不能不詳加研判。該五種籌資來源為:

⑴股權投資:由原股東比例增資或公開發行股票籌資,在二十一世紀,企業新投資所需資金,向社會大眾直接募集比例越來越多,所以證券公司及資本市場成為重要的資金來源。

⑵保留盈餘轉投資:將以前之經營盈餘不作分配,而轉投資於新專案。

⑶債權人投資:向金融機關借債或發行公司債,往昔,由銀行經手之「債權市場」是主要資金來源,但在二十一世紀,股本市場及可轉換公司債會越來越普及。

⑷處置資產投資:處分不用之閒置資產,將所得之款投資於新案。

⑸政府撥款補助投資:受獎勵之專案,可求政府撥款投資或補助。

本步驟之結果為確定萬一真正執行此投資專案,所需「東風」(資金)的最佳來源。新投資專案之決策分析過程,到此步,可說已經完成百分之九十,一個新案過

五關（第一到第五步驟）皆可行，其被接受機會甚高。

七、風險分析（敏感性檢定）(Risk Analysis or Sensitivity Test)——第六步驟

一般專案投資之決策分析到第五步驟，若得有利之結論，即可付之執行，不過重大的專案及情況比較不穩定的專案，為防萬一，常需進一步進行風險程度之分析 (Risk Analysis)，或稱敏感性檢定 (Sensitivity Test)。因為從第一到第五步驟所得的結論，都是對相關因素之單一數值估計 (Single Estimate) 的結果，該單一數值估計所用之情報資料或判斷是否真正可靠，不能確定，所以較保險的對策，是重新由第一到第五步驟，逐一對重要因素，做數種可能數值之替代性估計 (Several Estimate)，查看最後現值投資報酬率之分布形狀 (Distribution of ROI) 或變化的敏感程度 (Variation)，以增加專案投資執行之信心。此步驟在現代已可很方便借用電腦軟體程式之助，免除許多計算上之繁瑣手續。

本步驟的工作重心有五：

⑴各關鍵因素之數種替代數值之估計，包括銷售量、銷售價、技術成本、土地成本、廠商成本、機器成本、原料零組件成本、動力水力成本、電力成本、直接人工成本、間接人工成本、折舊成本、租稅成本、專利成本、財務成本、銷售成本等等。

⑵各替代數值出現或然率之估計。

⑶全套（指第一至第五步驟）計算過程之模擬 (Simulation)。

⑷現值投資報酬率平均值及標準差分布之計算 (Distribution of Average and Standard Deviation of ROI)。

⑸判定在專案投資尚屬可行假設下，各關鍵因素可能數值之變化幅度，以提醒主管注意。

假使第六步驟風險分析後，依然發現常態分配下之現值投資報酬率之平均值及標準差在可接受範圍內，則此專案投資之決策即告完成，可使之真正執行。

第四節　企業決策所需之情報 (Information for Business Decisions)

一、決策需要情報，情報來自研究 (Decision Needs Information, Information from Research)

以上第二節列出企業例常營運所需面臨之決策範圍及其細部內容，第三節則列出企業新投資專案所需面臨之決策步驟及相關工作重心。前者的決策類型通稱為「非專案型計畫」(Non-Project Type Plans) 或例常營運計畫 (Regular Operation Plans)，後者的決策類型通稱為「專案型計畫」(Project-Type Plans)。「非專案型計畫」在政府文書裡則自早被誤譯為「非計畫型計畫」，「專案型計畫」被誤譯為「計畫型計畫」，查其原因係將英文 Project 與 Plan 兩字皆譯為「計畫」所致，實屬不該，應予以更正，因為既然為「非計畫型」那能再有「計畫」呢？不通得很，頗令外人迷糊。

所謂「計畫書」或簡稱「計畫」(Plans) 也是一個觀念性名詞，它是尋找對策以解決未來問題 (Future Problems) 之用腦思考過程 (Mental Process) 的結晶 (Result of Thinking Process)，而任何用大腦來思考解決未來問題之心智過程，皆可稱為「用計」，或「劃計」，或乾脆稱為「計劃」(Planning)。所以「計劃」(Planning) 是動名詞，是用腦過程，而「計畫」(Plans) 是名詞，是用腦過程之定案結晶，兩者皆屬廣泛性之觀念名稱。

我們經營一個企業，必須多用大腦來思考（即計劃）未來的目標、政策、戰略、方案、程序、細則、標準等內容及數值，才能確保成功，所以我們不能規避計劃的用腦過程，但也不能天天只在計劃過程中，而無定案的結論（即計畫書）。在計劃之用腦過程中，我們務必考慮各種可行之替代方案及其可能優劣後果，以便選取一個較佳對策之用腦過程，則稱為「決策」或「抉擇」(Decision-Making)，已詳細說明於前面各節。所以為未來而「計劃」也是屬於「決策」的一種行為。為未來決策的成果，事實上就是我們所稱之定案「計畫書」，不論其為目標、政策、戰略、方案、程序、細則或標準等型態（見第二、三節所述）。

良好的企業決策不能沒有良好的情報資料訊息作為基礎。因為情報代表知識，沒有良好情報為基礎的決策行為，等於是沒有知識的決策行為，其品質之低劣可想而知。企業經營，出奇制勝，靠各級主管人員之「大腦」創新性知識，而非「小腦」

保守性反應，所以現代企業決策特別需要情報資料，以利進行理智性、科學性之「系統性分析」(Systems Analysis)，而非感情性、隨意性之「局部性分析」(Partial Analysis)，或「剛愎自用式猜測」。

情報資料訊息已經成為今日良好企業經營之「氧氣」，供給「血液」(決策) 足夠養料，貫通全身，產生活力，達致目標，然而情報不是自天上而降，而是必須經由研究 (Research) 才能獲得，所以我們應謹記「良好企業決策需要良好情報，良好情報則來自良好研究」的現代觀念。

從二十世紀末開始，收集、處理、儲存、檢索使用情報之自動化技術 (Cybernatic Technology) 大為進步，不僅促使各行各業之廠商管理決策更有效率，同時其本身也成為一個獨立生存的情報資訊工業 (Information Industry)。

二、環境分析之情報 (Information of Environments)

在圖 12–2 及圖 12–3 中指明企業例常營運及專案投資決策時，都列有「情報研究」之投入標示。情報研究就是尋找情報作 SWOT (強、弱、危、機) 分析。企業所需之情報資訊依決策種類及內容而定，但大體上可分為「外在情報」(External Information) 及「內在情報」(Internal Information)。外在情報必須用調查研究 (Survey Research) 方法取得，內在情報則可以從完整之內部會計 (Internal Accounting) 制度而取得。「外在情報」可分為環境分析之情報資訊、競爭者分析之情報資訊及顧客分析之情報資訊，前者之研究可簡稱為「生態環境」(Ecological Environment) 研究，後二者之研究可合稱為「市場供需」(Market Supply-Demand) 研究，至於內在情報之研究，則可簡稱為「投入產出」(Inputs-Outputs) 研究。美國哈佛大學麥克・波特 (Michael Porter) 之產業競爭優勢之五力 (指供應商、顧客、現有競爭者、新進競爭者及代替競爭者等五種力量) 分析，事實上，就是摘自本處所指三種情報研究，或 SWOT 分析而來。

經營生態環境之分析及預測，為設定經營目標及策略 (見第二節) 或設定新投資專案的第一先決要件，因為假若生存的環境甚為惡劣，則任何重大的資源投入皆可能變成「有去無回」的損失。為進行環境分析，事業主持人應加強企劃研究或行銷部門之研究分析能力，以及建立合理之經營情報系統。在目前大集團的作法，是在總裁之下設「策略規劃」部門來負責。

分析經營生態環境時，應對下列與公司整體目標有關之「產品一市場」之適當因素，蒐集國內及國外目標市場 (Target Market) 國家之資料，進行分析，並發掘危

險 (Threats) 或機會 (Opportunities) 之處。環境分析之內容可分為七部分:

1. 經濟環境分析 (Economic Environment Analysis)

包括經濟政策、經濟計畫或方案，以及經濟發展水準等情報分析。

2. 技術環境分析 (Technological Environment Analysis)

包括競爭品及代替品之技術發展水準及新趨勢之情報分析，如新產品或改良品之發展、新材料之改善、新用途之發掘、新製造方法程序之改良等等。

3. 貿易環境分析 (International Trade Analysis)

包括在 WTO 架構下，各國進出口流向、國際收支地位及貿易與資金管制之情報分析。

4. 政治環境分析 (Political Environment Analysis)

包括政治體制及政權穩定性之情報分析。

5. 法規環境分析 (Legal Environment Analysis)

包括各種重要工商稅法及保護、管制、獎勵及融資規定之情報分析。

6. 社會環境分析 (Social Environment Analysis)

包括人口結構、數量、社會文化習性、宗教及教育體制之情報分析。

7. 競爭環境分析 (Competition Environment Analysis)

包括各競爭事業之策略及其最高主管人員之經營管理能力之情報分析。

三、供需研究之情報 (Information of Supply-Demand)

顧客與競爭市場之調查、分析與預測 (Survey, Analysis and Forecasting)，為設定經營決策之第二先決要件，各事業應採取「市場導向」(Market-Orientation) 之經營哲學，加強各單位對需求面之顧客及供給面之競爭者行為之研究能力。

顧客需求之滿意程度決定事業經營之成敗，所以各事業應定期調查、分析及預測各類產品（或勞務）中間商 (Middlemen) 及最終使用者 (End-Users) 下列行為之情報:

1. 顧客（即需求者）情報

(1)使用目的、購買動機及市場區隔。

(2)購買數量、批數、時間、品牌及來源國別、廠別。

(3)採購組織、人員及程序。

(4)銷產、財務、技術等作業概況。

(5)對品質要求及滿意程度。

⑹對價格水準及付款條件之意見及要求。

⑺對送達（或交貨）時間及地點之意見及要求。

⑻對售前及售後服務之意見及要求。

⑼對推廣（包括人員推銷、促銷及廣告）作法之意見及要求。

⑽其他相關項目。

2.競爭者（即供給者）之行銷情報

企業公司除應調查分析顧客使用行為及預測未來需求外，尚應分析國內外同業或替代行業競爭者之行為，其主要情報項目為分析：

⑴國內、外主要生產廠商及進口廠商之品牌別及特性（包括現有競爭者，即將進場競爭者，以及替代品競爭者三類供應廠商）。

⑵歷年國內生產數量及存貨數量。

⑶歷年進出口數量及其主要國別。

⑷價格趨勢。

⑸各主要競爭廠商產品之主要用途別及顧客別。

⑹各主要競爭廠商之市場佔有率及行銷策略之特色（包括產品、價格、推廣、配銷通路等等策略）。

⑺聯營銷售程度或合作、合併方式。

⑻政府輔助、獎勵或津貼種類及程度。

⑼其他相關事項。

3.競爭者（即供給者）之生產情報

各企業公司應配合國內外同業或替代業競爭者之分析，預測未來主要競爭廠商之供給能力，其主要情報項目為預測：

⑴目前及未來擴充後之最大生產能量。

⑵目前及未來之關鍵生產設備種類及數量。

⑶生產設備之利用率。

⑷目前及未來生產技術之最高界限或技術突破處。

⑸管理人才、行銷人才及工程技術人才之陣容。

⑹研究發展及技術引進之能力及計畫。

⑺產品開發及市場開發計畫。

⑻財務結構及其融資能力。

⑼其他相關事項。

四、投入產出分析之情報 (Information of Inputs-Outputs)

企業本身投入產出條件之強弱 (Strength and Weakness) 分析，為設定經營決策（包括例常營運及專案投資）之第三先決要件。各事業應定期（如半年、一年）分析、盤存、診斷本身銷產及幕僚活動之投入產出條件之強點與弱點，以配合生態環境及市場供需研究之發現，「知己知彼」，掌握有利之機會 (Opportunities)，並避免危險 (Threats)。此三步分析研究，統稱為 SWOT 分析，是設定任何目標、策略決定之先鋒情報。

各企業在進行某特定產品（或勞務）之投入系統 (Input Systems) 分析時，應特別注重下列項目，蒐集情報並分析其強弱點：

(1)工程技術設計能力之水準及發展趨勢。

(2)生產製造技術之水準及發展趨勢。

(3)生產設備之能量。

(4)原材料來源之掌握能力。

(5)動力、燃料、用水來源之掌握能力及成本。

(6)科技人才之數量、水準、能力及士氣。

(7)管理人才之數量、水準、能力及士氣。

(8)財務能力。

各企業在進行某特定產品（或勞務）之產出系統 (Output Systems) 分析時，應特別注重下列各項，蒐集情報並分析其強弱點：

(1)產品（或勞務）之規範種類。

(2)品質水準。

(3)可靠度。

(4)生產供應量。

(5)成本、附加價值及價格。

(6)交貨（或送達）時間。

(7)推廣（人員推銷、廣告、促銷）能力。

各企業分析各產品之銷產投入產出條件後，若發現有弱點存在時，應一併列入經營策略或方案（見第二節）規劃中，予以強化改進。

五、結　論

本章至此已將經營一個企業各級主管人員所可能需要做決策的範圍予以指出，供各業經理人員當作核對表之用，至於如何來蒐集及分析這些決策所需要的情報，應參閱「企業研究」有關專書。在結束本章之前，我們應再強調下列數個觀念：

⑴企業決策可分為二大類：一為例常營運之決策，一為新專案投資之決策，但是新專案投資決策執行成功後，則又歸入例常營運決策之內。

⑵企業例常營運決策包括企業宗旨、使命、願景、產品行業、市場地區等等之目標 (Objectives)、企業政策 (Policies)、企業戰略或方略或方針 (Strategies)、企業行動方案 (Action Programs)、預算 (Budgets)、作業程序 (Procedures)、辦事細則 (Rules)、操作標準 (Standards) 等等之設定。

⑶企業新專案投資決策包括市場行銷、工程技術、生產製造、利潤、財務等可行性研究及風險分析等六大步驟可行性分析研究。

⑷所有的決策都需要情報當作參考基礎，無情報基礎之決策，等於無知識基礎之決策，其品質水準甚可憂慮。企業情報有三大類，即環境情報，供需情報及投入產出情報，供作「強、弱、危、機」(SWOT) 分析之用。

⑸要有充分、及時、及正確之情報供作決策基礎，必須從事各種研究 (Research)，所以企業研究方法成為現代企業經營管理的有力工具。

第十三章　企業計劃之要義及作用

(The Essences and Applications of Business Planning)

遵循管理科學矩陣 (Management Matrix) 雙重「五指山」（指企業五功能及管理五功能）之指示，計劃是管理五功能體系的第一個龍頭功能，語云「好的開始，是成功的一半」(Good starting is half of success)，再推演之，「好的企業計劃，就是企業管理成功的一半」，可見「計劃」的重要地位。個人要謀生存及發展，企業公司及事業機關也要謀生存及發展。這個「謀」字就是「計劃」；「謀」就是「智慧」的應用。人人都要從小就開始學管理，學會計劃未來 (Planning for Future)。

第一節　計劃之意義及作用 (Meanings of Planning)

一、計劃是「用計」的功夫及管理的首要 (Planning is the Art of Using Strategies)

「計劃」是管理五功能（計劃、組織、用人、指導、控制）的首要，已於本書前面各章提及。「計劃」活動的結果就是設定「目標」及「手段」，有好目標又有好手段，當然容易成功。計劃也是任何行動的前置作業。古人也說「知而後行，勝算在握」；「凡事豫則立，不豫則廢」，「豫」是指預先計劃之意，即是指先有良好的「計劃」（知道要做什麼及如何做），成功的機率比沒有計劃來得高。沒有計劃就動手做一件事，就是「不知而行」，其成功的機率及失敗的機率各佔二分之一。所以說「良好的計劃是跨出成功管理的第一步」。

「計劃」的原始意思是指用「刀」把「計」謀（或構想）刻在平面物 (Plain) 如龜甲、骨頭、竹簡或木板之上，供以後記憶參考之用，該刻成物 (Plan) 遂成為地圖 (Map)、藍圖 (Blueprint)、書冊 (Book)、文件 (Document) 等等有形物。

人類在沒有紙、筆、印刷術、打字機、電腦螢幕、電子郵件、電子印刷機、影印機、印表機、電子投影機等等以前，能用石刀或鐵刀把「計謀」、把「構想」刻在龜甲、竹簡、木牘之上，使思想、智慧的結晶能夠一代一代的傳播下去，累積成偉大的文化知識及科學技術，用以克服天、地、水、火、雷、雨、風、山（指八卦乾、坤、坎、離、震、兌、巽、艮之對象）等環境所構成之困難障礙，形成今日「人定勝天」，指揮萬物（即「人為萬物之靈」之來源）之局面，實在是很奇妙的盛事。所以至今，所有傑出的人物，都是擅長於計劃之人，亦即擅長於運用大腦，思考未來的謀略家也是會「運籌帷幄，決勝千里」的人。在中國四、五千年歷史中，每一個新興朝代的君主，必是英明、靈活、有道，並且有「足智多謀」的幕僚為其貢獻大計，制訂典章制度，推薦良才。反之，每一個衰亡朝代的君主，必是昏庸、呆板、無道並且容納不下有智謀的幕僚助手，反而寵信報喜不報憂、歌功頌德、掩蓋部屬及百姓怨氣之奸臣。總而言之，朝代興亡常繫於謀略有無及良劣。想在事業上有重大成就之人，不可不在計劃能力之發揮上大下功夫。會「策劃規劃」、「目標管理」與「責任中心」之領袖人物才是會成功之大人物。

古人說「正臣」有六種，即「聖臣、大臣、忠臣、智臣、貞臣、直臣」，都是指貢獻智謀，富民強國之好部屬。古人也說「邪臣」有六種，即「具臣、諛臣、奸臣、讒臣、賊臣、亡臣」，都是指不貢獻好計謀，反而敗家滅國之壞部屬。

「計劃」是指繪計謀劃的用腦思考過程 (Mental Process)，亦即等於通常人們所說的「用計」的功夫，會用「計」的人比不會用「計」的人聰明得多，也容易事半功倍。越有大腦的人，越會用「計」。越沒有大腦的人，越不會用「計」，但越會用體力。「人定勝天」，「人為萬物之靈」，都是歸功於「會用計」（用大腦），而非歸功於會用體力（用小腦）。講求企業經營成功的祕訣，即在於設法訓練、使所有企業成員 (All Members)，都能重視用大腦思考的「用計」功夫。「用計」就是「創新」，「用計」就是用「知識」及「智慧」，也就是二十一世紀所標榜之「知識」經濟的具體形象。

現在我們把用計的思考行為泛稱為「計劃」，意指任何人尋找「良策」（辦法）以解決「未來問題」(Future Problems) 之用腦思考過程 (Mental Process)。所以凡是思考未來行動目標 (Objectives or Ends) 及手段 (Ways and Means) 的活動，皆可稱之為計劃。經理人員的第一件工作就是計劃其單位的未來工作目標體系。凡是不能計劃未來的主管人員，就是不良或不夠資格的經理人員，此為人人應加警惕之要事。計劃是用腦力的功夫，不是用體力的功夫，所以也是屬「決策」行為的範圍，尤其是屬於未來決策的一種。為未來之目標及手段而決策，就是「計劃」(Decision-Makings for Future Objectives and Ways of Action are Plannings)。

二、計劃的「理想點」及「手段面」(Ideal Point and Action Programs)

一個良好的計劃過程必須注意兩個要件，第一是設定未來的理想點 (Ideal Point)，也就我們通常所稱的「目標」；第二是設定達成此理想點的各種手段方法 (Ways and Means or Courses of Action)。理想可能是一個「點」，但是用來達成此點的可用方法卻有許多種，構成一個「面」，聰明人的使命就是因時、因地、因人、因物、因事，從這許多手段方法中，選擇最有效達成此目標的一個手段方法。所以，我們應謹記，凡是計劃的用腦思考過程，必須思考「理想點」及「方法面」。若只談理想，而不談方法，則該計劃行為只是「空想」、「幻想」、「夢想」而已；反之，若只談方法，而不談目標理想，則該計劃行為只是泛海行舟，失去方舵，只管打槳繞圈的「勞而無功」功夫。當然，又不談理想，也不談方法的人，等於醉生夢死，浪費資源，是不可原諒的罪人。因此良好的計劃是方法與理想並重。佛學裡常說「佛法八萬四千」，令人迷惑；其實是說學佛的目標只有一個，就是「離苦得樂」，但是達成此目標點的方法，也稱佛法，卻有很多，多到「八萬四千個」之多，這個例子正可彰顯「目標點」及「手段面」之意義。

因為計劃過程中所設定的未來期望理想點，常常比過去事實的自然延伸為高，形成一個「目標缺口」(Objective Gap)，所以在設定手段時，就應注意選擇可以補充此缺口之最佳方案，不可隨意點派，任令目標缺口永遠存在，無法消除，失去計劃的二分之一精神，圖 13–1 即是表示計劃所隱含的「目標缺口」及手段方法。

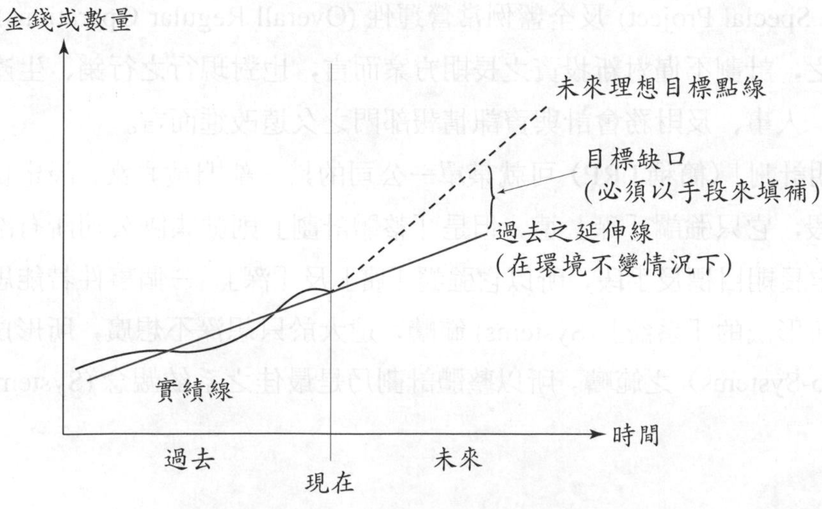

圖 13–1　計劃之目標缺口

目前有許多不認識計劃真義的行政機構主管及企業經理人，很熱中於設定很高的理想點，把企劃幕僚提出之預測值（指在環境不變情況下的未來推估值），大大地加上幾成，形成很樂觀的理想點，就自認已經把計劃做好了，而忘掉還應該設定比以前更積極的執行方案（手段方法）及經費預算，才有把握真正達成理想。此種「一半計劃」(Half-Planning) 的人，雖已經有了目標觀念，但尚缺乏手段觀念，只要能追補之，就可成為有威力的主管了。凡人很容易陷入「輕然諾」、隨意許願、亂開「空頭」支票之弊病，皆不可取，唯有同時想目標點（開支票）又想手段面（兌現支票）之人，才是可信賴之英雄豪傑。

三、整體計劃替代長期計劃 (Integrated Planning to Replace Long-Rang Planning)

長久以來「長期計劃」(Long-Range Planning) 一詞已常被用來描述許多公司及國家的計劃典型，如 3～5 年計劃，8～10 年計劃，表示主政者思考久遠，未雨綢繆。不過由於二十世紀末以來的企業走向全球化，規模日趨龐大，多元產品與多國市場搭配的關係日趨複雜，新舊同業及替代品的競爭壓力日益加重，技術創新速度及數量也在加速中，所以「長期計劃」一詞又漸被「集團公司計劃」(Group or Corporate Planning)，「總體計劃」(Total Planning)，及「整體計劃」(Integrative Planning or Comprehensive Planning) 等名詞所替代，以「廣泛」(Broad) 及「久遠」(Long) 之雙重層面來補充長期計劃之單一「久遠」面，使公司主管人員的用腦行為擴及個別專案性 (Individual Special Project) 及全盤例常營運性 (Overall Regular Operations) 之未來活動。換言之，計劃不僅對新投資之長期方案而言，也對現行之行銷、生產、採購、研究發展、人事、及財務會計與資訊情報部門之久遠改進而言。

「長期計劃」（簡稱 LRP）可就某單一公司的某一部門或方案，設定長期目標及達成的手段，它只強調「深」遠。但是「整體計劃」則就集團公司所有部門的新舊方案，設定長期目標及手段，所以它強調「廣」及「深」。一個事件若能思考得又廣且深，則所形成的「系統」(Systems) 範疇，遠大於只想深不想廣，所形成的「次級系統」(Sub-Systems) 之範疇。所以整體計劃乃是最佳之系統觀念 (Systems Concept) 之應用。

第二節　計劃的四大特性 (Four Characteristics of Planning)

「計劃」有四大特性，即⑴未來性，⑵程序性，⑶哲學性，⑷結構性。反言之，「計劃」不是⑴過去導向，不是⑵一點即止（或點到為止），不只限於⑶形體文件，也不是⑷單一層面的思考過程。以下就其所具有之四大特性略加說明。

一、計劃之「未來性」(Futurity) ——瞻望未來，不留戀過去

（一）未來勝於過去 (Future over Past)

任何計劃首重「未來性」，在英文有"Planning for the future"之文句，譯為中文即為「為未來而計劃」。換言之，一切計劃皆為達成「未來」某種目標，不是僅為檢討「過去」而已。人應往「前」看，不應往「後」望；計劃是為未來，而不是為過去，所以過去不合理的成規，不應使之成為未來進步的障礙。固守過去的成規，以致無法達成未來的目標，乃是一般「不知不覺」者常犯之毛病，自命為「先知先覺」及「後知後覺」的人，不應犯此錯誤，否則社會進步必遭受重大阻礙。

（二）「遠慮」勝於「近憂」(Thinking Far over Worrying Near)

我國古語說得好：「人無遠慮，必有近憂。」凡是不用心思為長遠的未來打算的人，必定會在近期內被麻煩事情所困擾，被鬧得心神不寧，憂愁滿腹。換言之，為長遠未來先計劃的人，雖要付出相當心神，但卻可以安然處理近期的事件，得心應手，甚至左右逢源，績效甚高。那些不肯為長遠未來花費心思的人，也無法節省「思考」的考驗，反而必須在近期內加倍付出，不僅手忙腳亂，還會勞而無功。所以若要用相同的心思，寧願用在「遠慮」方面，不願用在「近憂」方面。「遠慮」的視野及活動範圍大，可以做較佳的安排，「近憂」的視野及活動範圍小，難做良好的安排，所以近年來的管理新趨勢，是把計劃的時間幅度拉長，成為長期計劃，就是此種道理的應用。

（三）高位者越應計劃未來 (High Positioners Should Plan for Future)

在公司機構內，越是居高位的主管人員，越應為公司機構的未來「發展」（不是「凍結」），花心思去計劃，否則低下階層的人，忙於日常例行性工作，很少能撥出額外時間及興趣，來關切公司的未來。上者不願，下者不能，終必導致公司機構於束手無策的困難中。我們可以觀察一個機構，若其高位主管不為其未來發展花費心

思，只忙碌於瑣碎小事，則此機構必然會停止成長，並走向衰退，以至於滅亡。當然那些高位者必是無效的經營者，該機構亦是無效的機構，應及早敬鬼神而遠之。古之「聖臣」為其主上（公司，國家）籌謀未來，是「萌芽未動，已見先機」，趨吉避凶於別人未知之中。

（四）為「未來」問題下決策，不是為「過去」檢討而已 (D-M for Future more than Reviewing Past)

所有的「計劃」都是在考慮「未來」，而愈能考慮久遠之未來者，愈能在商場上穩操勝券，已如前述。在俗語中，又有一句意義深遠的話：「英雄造時勢。」本來「時勢造英雄」是自然的現象（指人先調整自己，適應環境，取得勝利），也是比較容易做到。若要英雄造時勢，則有違反自然的含意，可是有長期計劃的英雄，可以逐步改變環境，創造出有利自己的時勢，做到「人定勝天（自然）」的地步。

在思考過程中，「計劃」是處理目前決策的未來性問題，譬如我們在大力拓展全球供應鏈方面，下定決心在三年內，在中國大陸、東南亞各國設立衛星工廠，我們是在「現在」（目前）下決策，但此決策的執行及後果則在「未來」發生。假使我們能對未來的「執行方案」(Action Program) 及可能產生的「成果」(Result)，搜集更詳細可靠的情報資料，供目前下決策之參考，則投下 5,000 萬美元建立全球供應鏈的決策，可能就是高品質的「遠慮」。否則三年後的今天，我們的產品成本失去競爭力，歐美市場訂單消失，則必「近憂」忡忡。

所以有人說為「未來」問題而下決策，才算是「計劃」。若為「目前」問題而下決策，則非「計劃」，只屬「救急」或「打火」(Emergency-Fighting or Fire-Fighting) 行為。兩者之區別端在問題之未來性，此為計劃的第一個真義。偉大的人確實都是「瞻望未來」，「為未來而計劃」或「計劃未來」；沒有偉人為過去而流連忘返，更不會為過去而計劃。套用一句學術名詞，計劃是屬於「未來學」(Futurology)，不是屬於「考古人類學」(Anthropology)。英文中的一句俗語 "Let bygones be bygones" 也就是說「往者已矣，來者猶可追」，人人應該為未來的目標及手段而計劃。

二、計劃之「程序性」(Process) ——從「上」到「下」，從「粗」到「細」

計劃的第二個特性是「程序性」。所謂「程序」(Process) 乃是指一系列的步驟，所以「程序」與「點」(Point) 相對立。良好的計劃是一系列思考步驟的結晶體，不是一思即得之簡單構思而已。良好的計劃也是許多人參與思考、討論、修正的結晶體，很少由一人作業即成定案。猶有進者，計劃之執行過程也必須具有彈性，做小幅修正，方能達成目標。

（一）有頭有尾的完整過程 (Whole Process of Planning)

就一個公司而言，計劃程序 (Planning Process) 的第一步驟為設定高階「目標」；第二步驟為設定高階「政策」及「戰略」，亦稱「方略」、「方針」以達成目標；第三步驟為設定中階目標及「行動方案」，亦稱「執行方案」(Action Programs) 以執行高階「戰略」，以及設定部門間「作業程序」、部門內「辦事細則」、個人「操作標準」(Operating Standards) 以執行高階「政策」；第四步驟為籌謀所需「經費預算」(Expenditure Budget) 及「收入預算」(Income Budget)；第五步驟為設立執行「組織」、「人事」及「時間進度」(Schedule)；第六步驟是設定績效考核標準及情報回送通路 (Performance Evaluation and Information Feedback)。見圖 13–2。由此可知有效的計劃是一連串設定「目標」與「手段」的過程，而不是一個特定時點即可完事的活動。此特點必須特加強調，因為目前很多人進行的所謂「計劃」，大多僅止於設定「目標」，尤其是抽象的目標而已，等於有「頭」無「尾」，不成為完整的動物，其不發生效用，事理甚明。

（二）彈性執行的「制宜」手段 (Flexibility of Implementation)

因為企業環境的變化是繼續不斷 (Continuity of Changes)，不是隔很長時間才變一次，而企業計劃又必須在環境之內做成，所以計劃活動也就自然地成為繼續不斷的修正過程 (Continuous Revisions)，而非只作過一次，就老死不更改，成為無用之具文，或威力過大之進步障礙。

此種依環境變動而修正計畫的過程性，不僅最足以說明高階經理人員設定目標及策略之計劃（通稱「戰略計劃」Strategic Planning，或簡稱「策劃」Planning），同時也適用於彈性執行 (Flexibility of Execution) 已定案之細部計劃（通稱「方案計劃」Program Planning，或簡稱「規劃」Programming）之場合，避免環境已經變動，但尚呆板地執行原定、但已過時之細節，因而患了「手續齊備，目標不達」之毛病。

計劃之程序性也含有繼續不斷的意義，指一步一步設計下去，周而復始。但此種連續不可誤解為已經定案的「計劃」必須每天更改，而是說因環境隨時在變，所以公司必須有適當的行動，如特定小組定期檢討，做必要之修正，以確保原定最高目標能有效地達成。絕非忽略目標，只在手續規章上打滾，而是堅持目標，在手續上「因時」、「因地」、「因人」、「因事」、「因物」而採取制宜的措施，此亦稱為管理上的「五因制宜」理論 (Five-Factors Contigency Theory) 或「情境」理論 (Situational

圖 13–2　企業計劃之程序步驟

Theory)。

我們的社會上有許多「政策及法規」制訂於幾十年前，當初也許符合環境上「情」與「理」的要求，可是至今環境已經重大變化，「情」與「理」的要求也不一定不變，但該等政策與法規（簡稱「法」）依然故我，不僅未能協助達成目標，反而成為達成目標的障礙。若無適當行動修正之，而執行人員又誤認「惡法亦法」，死板遵守，結果處處造成「崇惡法務不實」之謬誤尚不自知，有時反而振振有詞責備別人不遵守該「惡法」，豈不可嘆。此皆未能確認「計劃」具有程序性及彈性制宜性精神所致，各企業主管應特加注意此點，方不致墮入「手續管理」而非「目標管理」之陷阱。

三、計劃之「哲學性」(Philosophy) ——決心、熱心與毅力

計劃的第三個特性是「哲學性」。此「哲學」二字之意義並非如一般文學上所稱之「形而上學」或抽象不可捉摸之觀念，而是指一種態度與生活方式 (Attitude and Way of Life)。計劃的哲學意義在於系統性與一致性思考時的「決心」(Determination)，在於執行決策時之「熱誠」與「毅力」(Enthusiasm and Persistence)。計劃是成功的先決條件，計劃除了設定「目標」之外，尚須設定「方法」，並熱心執行之。為了將計劃的功效充分發揮，所以在機構內，應培養良好的哲學「氣候」，由最高主管促使各部門、各級主管人員普遍擁有共同觀念，即「計劃」這件事是企業健全發展不可或缺的靈魂，同時人人皆應參與「計劃」，奉「計劃」為一切行動之前導。人人皆會在行動之前問:「是否計劃周全了?」若計劃未做好，絕不能懷著「先做了再說」，或「船到橋頭自然直」的僥倖心理。

假使公司上下人員皆懷有「決心」把計劃做好，以及「熱誠」及「堅持」執行已定計劃，則成功的勝算極高。否則在一個大機構裡，只有幾位低級年輕成員（甚或中級幹部）在談計劃，而其他絕大多數的高階及中階「資深」主管人員，卻不認識計劃為何物，卑視計劃或嘲笑計劃，因而無熱心參與思考過程及無毅力執行既定計劃，則一切為未來準備的計劃功夫，都將化為烏有，使公司再陷於打游擊式之「近憂」境界，成為浪費無效之社會罪人。

四、計劃之「結構性」(Structure) ——集團、子公司、事業部、功能部門

計劃的第四個特性是「結構性」。所謂「結構」(Structure) 是指通常有許多因素與思考的對象相互關聯，所以一個周全的計劃過程之本身含有許多相關的次級計劃過程。就企業機構而言，就反映在各部門各層次主管人員的思考過程，形成層次結構的現象。就個人而言，計劃本身就應瞻前顧後，思左想右，以求周全，而非「孤立」式地衝動決定。換言之，好的計劃過程應是「整套」性的系統思考，而非「孤立」性之零件思考。

從形式上來說，一個大公司的計畫書 (Company Plan) 內容應該包括行銷計畫 (Marketing Plan)、生產計畫 (Production Plan)、研究發展計畫 (Research and Development Plan)、人力計畫 (Personnel Plan)、以及財務計畫 (Financial Plan)。這些計畫互相關聯形成一個結構體而以行銷計畫為主導。

但是大公司的這些計畫內容又是基於許多事業部 (Divisions) 或子公司 (Subsidiaries) 之計畫書做成，而這些事業部或子公司的計畫書又是包括各自的行銷、生產、研究發展、人力、財務等功能部門之計畫。如此層層相關，在無形中自成一套結構作業。

這些較細的計劃內容又是建立在某些「環境預測」(Environmental Forecasting，包括顧客、競爭、技術、經濟、政治、軍事、法律、社會、文化、人口等等）以及公司本身強弱點分析，甚至最高主管之「主觀價值」(Subjective Value) 等等因素之上。環境預測需要有許多假設前提 (Assumption and Premises)，公司強弱點分析需要真實的資料，最高主管之主觀價值則需由高級人員表明個人的喜惡。這些基礎性的情報資料都須經由調查研究 (Survey and Research) 而取得。

所以從底下往上看，一個計畫做成之後常常成為另一個計畫之假設前提，如此層層相疊，構成一個結構複雜而嚴密的全盤「計畫網」(Network of Plans)，或稱為「目標一手段網」(Network of End-Means)，以指導全公司人員之行動。無疑地，在這個結構嚴密的計劃過程中，必須有許多人投入巨量之心思，才能把最終的計畫書做好，而這些人就是各部門各階層的主管人員 (Managers)。

計劃的結構性意義告訴「整體計劃」(Integrated Planning) 與「長期計劃」(Long-Range Planning) 之不同處，因前者包括機構的各部門、各層次及不同時間幅度之計劃，而後者可能只包括某一特定部門或特定投資專案之長時間幅度之計劃。易言之，整體計劃必然包括長期計劃，而長期計劃不一定包括整體計劃。

第三節　「計劃」與「計畫」之種種衍生物

一、「計劃」是因，「計畫」是果；「計劃」是「議」，「計畫」是「決」(Planning is Cause; Plan is Effect)

「計劃」(Planning) 與「計畫」(Plans) 之英文和中文都很相似而且相關，一般人也常常將兩者混用，久而久之，亦無多大不妥之處發生。可是在專門學習企管之人士而言，則應對它們有比較明確之認識，方能有別於一般人。

在觀念上，「計劃」(Planning) 與「計畫」(Plan) 兩者之間存有因果關係 (Cause-Effect) 之順序區別，「計劃」是泛指主管人員從事管理工作的先鋒機能，在實際工作之前，思考需要「什麼」(What，即目標) 及「如何」(How，即手段) 達成的用腦

思考過程 (Mental Process)，它是屬於動態性的決策過程 (Decision-Making Process)，只要在此過程結束之前，任何構想 (Ideas) 及優劣評估，都可替代先前之想法。而「計畫」（請注意沒有刀旁）是泛指主管人員思考後的具體結論。若將此具體結論寫成文字、文件，則成為「計畫」書 (Plans)。

「計劃」的動態意義在於用「刀」（即目前之筆）把思想刻下來，但並不意味著每一刻下來（或寫下來）的構想就成定案，不可更改。相反地，只要尚在刻劃中的草案，儘可「三心二意」，腦力激盪，相互替代。而「計畫」的靜態意義在於思考定案的正式文件或腦中決心，故俗稱「計畫書」。已定案的思想（包括目標與手段）不能隨便再更改，除非思考過程中所面臨之環境有重大改變，不更改，必然無法達成原定終極目標時，方應改變定案文件。

換言之「計畫書」(Plans) 可稱為用腦思考的定案文件（有形）或決心（無形），而「計劃」之用腦活動則是產生「計畫書」之前因。有好的計劃前「因」，才能產生好的「計畫」後「果」；沒有良好的用腦活動，就不會產生良好的計畫書，兩者關係密切。俗云「會而不議、議而不決、決而不行」是指無效計劃過程，只見面（「會」）不談論正事（「議」）；或雖談論正事，但從無結論（「決」），只繞圈子走，不向前踏出；或雖有結論，但卻不採取執行的動作（「行」），所以等於「打空包彈」，雖轟轟嚇人，但傷不到任何人，或等於「開空頭支票」，只許諾言，卻不見兌現。我們應該講求「會而有議、議而有決、決而必行」，才能有效達成目標。「議」是思考過程，屬於「計劃」(Planning)，「決」是思考結果，屬於「計畫」(Plans)。

二、各種「計劃」與「計畫」(Variety of Planning and Plans)

假使我們能明辨「計劃」(Planning) 是泛指用頭腦思考解決未來問題之「過程」，而「計畫」(Plans) 是泛指思考的定案「結果」，則我們可以排列出通常碰到的許多與「計劃」與「計畫」二名詞相近似的詞句。

譬如「我們正在計劃中」，「我們正在做計劃」，「我們計劃如何去中東開拓市場」，「我們已計劃好去中國大陸開拓新天地」，「我們正在長程計劃中」，「我們想設計出一個雙全計劃」，「我們正在擬定長期發展計劃中」……等等，都是屬於動作過程。在古時，我們稱用腦的思考過程為「運籌」（張良「運籌帷幄，決勝於千里之外」，指正式用兵之前，應先在家裡計劃好），「用計」（孔明精於用計，指在動作之前，已盤算好各種步驟之連貫性），「籌劃」、「策劃」（指用竹草當工具先行大略盤算），「規劃」（指用圓規方矩先行詳細盤算），這些詞句都是屬於動詞，表示思想活動之狀態。

又如「我的計畫是先畢業後結婚」,「本公司的計畫是先建立良好品牌再行賺錢」,「企劃部門已經編好公司十年發展計畫」,「總司令的計畫是先打垮敵人士氣，再行攻佔陣地」,「老王施出一招瞞天過海妙計」,「謀略戰應先於攻擊戰」,「我腦裡的藍圖是先調查市場，再找廠地及購置機器設備」……等等，都是屬於定案之主意。「計謀」、「謀略」、「妙計」、「主意」、「藍圖」等等都是「運籌」、「籌劃」、「策劃」、「規劃」、「設計」等思考過程的結晶，兩者關係密切。

在企業經營管理的範圍裡，我們可以為任何大小事情而使用腦力思考，皆總稱為「計劃」，若思考有得，將之確定下來，並寫出書面文件，皆總稱為「計畫」。譬如我們若為「目標」而思考，則可稱為「為目標而計劃」(Planning for Objectives)，簡稱為「目標計劃」(Objective Planning)。我們若為「政策」(Policies) 而思考，則可稱為「為政策而計劃」(Planning for Policies)，簡稱為「政策計劃」(Policy Planning)。我們若為「戰略」(Strategies) 而思考，則可稱為「為戰略而計劃」(Planning for Strategies)，簡稱為「戰略計劃」(Strategy Planning)。我們若為「戰術」或「執行方案」(Tactics or Action Programs) 而思考，則可稱為「為方案而計劃」(Planning for Programs)，簡稱為「方案計劃」(Program Planning) 或更簡短之「規劃」(Programming)。我們若為「預算」(Budgets)，為「作業程序」(Procedures)，「辦事細則」(Rules)，「操作標準」(Operating Standards) 等等而思考，則可各別稱為「為預算（為程序、為細則、為標準）而計劃」(Planning for Budgets or Procedures, Rules, Standards)，更可簡稱為「預算性計劃」(Budget Planning)，「程序性計劃」(Procedure Planning)，「細則性計劃」(Rule Planning)，「標準性計劃」(Standard Planning)。

為目標、政策及戰略等高階主管之三大事而計劃，俗稱為「策略性計劃」(Strategic Planning)，簡稱為「策劃」(Planning)。為中基層之方案（或戰術）、預算、程序、細則、標準（戰鬥）等較細事件而計劃，俗稱為「作業性計劃」(Operational Planning)，簡稱為「規劃」(Programming) 或「設計」(Designning)，皆屬於應用頭腦的過程。其間之差別只在於「高」或「低」階層人士，「廣」或「狹」範圍，及「長」或「短」時間幅度而已，不在於是否運用大腦神經細胞。

當這些大小不一之用腦思考過程達到結晶定案程度時，則分別產出(1)「目標計畫」書 (Objective Plan)，簡稱為「目標」(Objectives)；(2)「政策計畫」書 (Policy Plan)，簡稱為「政策」(Policies)；(3)「戰略計畫」書 (Strategy Plan)，簡稱為「戰略」(Strategies)；(4)「方案計畫」書 (Program Plan)，簡稱為「方案」(Programs)；(5)「預算計畫」書 (Budget Plan)；簡稱為「預算」(Budgets)；(6)「程序計畫」書 (Procedure Plan)，

簡稱「程序」(Procedures)；(7)「細則計畫」書 (Rule Plan)，簡稱為「細則」(Rules)；(8)「標準計畫」書 (Standards Plan)，簡稱為「標準」(Standards)。

所以「計劃」(Planning) 與「計畫」(Plans) 乃是兩個互相關聯的廣泛性「因」、「果」詞句，表 13–1 表示其種種衍生物之稱呼，以利讀者溝通之參考。

表 13–1　八種「計劃」(Planning) 與「計畫」書 (Plans) 之對照表

「計劃」是「因」(Cause) 指思考之用腦過程 (Process)		「計畫」是「果」(Effect) 指思考之定案結晶 (Result)
1. 為目標而計劃；目標性計劃 (Planning for Objectives; Objective Planning)	→	1. 目標計畫（書）;（簡稱「目標」，以下同）(Objective Plans; Objectives)
2. 為政策而計劃；政策性計劃 (Planning for Policies; Policy Planning)	→	2. 政策計畫（書）；政策 (Policy Plans; Policies)
3. 為戰略（或方略，方針）而計劃；戰略性計劃 (Planning for Strategies; Strategy Planning)	→	3. 戰略計畫（書）；戰略 (Strategy Plans; Strategies)
4. 為方案而計劃；方案計劃；規劃 (Planning for Programs; Program Planning; Programming)	→	4. 方案計畫（書）；方案 (Program Plans; Programs)
5. 為預算而計劃；預算計劃；預算 (Planning for Budgets; Budget Planning; Budgeting)	→	5. 預算計畫（書）；預算 (Budget Plans; Budgets)
6. 為程序而計劃；程序計劃 (Planning for Procedures; Procedure Planning)	→	6. 程序計畫（書）；程序 (Procedure Plans; Procedures)
7. 為細則而計劃；細則計劃 (Planning for Rules; Rule Planning)	→	7. 細則計畫（書）；細則 (Rule Plans; Rules)
8. 為標準而計劃；標準計劃 (Planning for Standards; Standard Planning)	→	8. 標準計畫（書）；標準 (Standard Plans; Standards)

關於種種「計劃」與「計畫」（書）衍生物之列舉，在我國政府界、企業界、及學術界，都是屬於澄清觀念的創舉，因為在政府及公民營企業的慣用術語裡，一向不把目標、政策、戰略、方案、程序、細則、標準等之涵義弄清楚，而採含混互用之作風，而令下屬捉摸不住上級主管之真正意向，最為浪費精神，必須及早改正。

第四節　企業計劃的五層面 (Five Dimensions of Business Planning)

前文探討企業計劃（簡稱企劃）的四大特性及「計劃」與「計畫」書之種種衍生物，本節則將討論企劃活動在企業界經常出現的五個重要層面，以協助讀者更進一步瞭解前文企劃「結構性」一詞的實用意義。

從實用立場來看企業計劃，可從五個層面著手，此即⑴「主題面」(Subject Dimension)，⑵「組織面」(Organization Dimension)，⑶「時間面」(Time Dimension)，⑷「要素面」(Element Dimension)，⑸「特性面」(Characteristics Dimension)。當我們看完這些層面的內涵，我們就會更清楚地認識經營一個大公司或一個企業集團（或大機構，甚至一個國家），計劃活動之無所不在，無時不在，也更會喜愛與計劃活動親近，因而激奮我們更有效地運用我們寶貴的大腦細胞，為事業開創光明的前途。假使我們學習到為大企業、大機構策劃、規劃、預算、排程 (Planning-Programming-Budgeting-Scheduling) 的功夫，那麼要從事中、小企業的經營就沒有困難，因為中、小企業也是企業的一種，它所具備的機能與大企業相較，只是具體而微而已，而不是本質上有何不同。

一、企劃的主題面 (Subject Dimension of Business Planning)

通常我們在經營事業中，最常聽到的企業計劃是依「企業功能」(Business Functions) 而分的主題部門別計劃，如以下所舉之名稱：

⑴全公司計劃（Corporate Planning or Company Planning，前者適用於集團企業之大公司，後者適用於一般性單一公司）。

⑵營業計劃、業務計劃、銷售計劃或行銷計劃（Sales Planning or Marketing Planning，前者用於較老式的公司，後者用於較新式的公司）。

⑶生產計劃 (Production Planning)。

⑷採購計劃 (Purchasing Planning) 或外包承製計劃 (Outsourcing Planning)。

⑸擴充修護計劃 (Expansion and Maintenance Planning)。

⑹研究發展計劃 (Research and Development Planning)。

⑺人力發展計劃 (Manpower Development Planning)。

⑻合作經營計劃 (Cooperation Planning)。

⑼合併經營或收購公司計劃 (Merger, Combination or Acquisition Planning)。

⑽策略聯盟計劃 (Strategic Alliance Planning)。

⑾財務計劃 (Financial Planning)。

⑿會計計劃 (Accounting Planning)。

⒀資訊科技計劃 (Information Technology Planning)。

⒁管理革新計劃 (Management Innovation Planning)。

這些計劃都是泛指該部門主管人員，尋找「對策」(即辦法) 以解決其未來問題的用腦思考行為。思考的結果，除可以寫成各該部門名稱之「計畫」書（如公司計畫，行銷計畫，生產計畫……）外，尚可依照逐層參與授權方式設定各部門內之「目標一手段鏈」(End-Means Chains)，或稱「目標體系」(Network of Aims or Objective System)，供以後執行工作時，各級人員制訂日常決策 (Daily Decisions) 之參考架構。當然，比較詳細的各部門內部目標手段體系，可以不必全部放入公司計畫書內，以免篇幅太大，不易閱讀，可是比較特殊的重點，則應放入公司計畫書內，以提醒內外部高級人士。

通常企業機構向董事會報告及向銀行融借大額資金時，最常被要求提出這些機能部門別計畫內容 (Functional Departmental Plans)，所以認識企劃的主題面為最有用之一舉。

二、企劃的組織面 (Organization Dimension of Business Planning)

就現代化企業組織之複雜情況而言，應該設定計畫，以指導企業七大資源（泛指人力、財力、物力、機器設備、產銷技術、時間、及情報知識等可投入之力量）有效運用的組織單位，不一定以「公司」(Company) 為限。所謂「公司」是泛指依公司法登記之營利事業之一種形式。當然，就我國絕大多數之企業而言，因皆屬中、小型規模，所以大家自然而然地認為只要有「公司」計畫，包涵上述各機能部門別之內容，將之送給董事會審查批准就可以（至少在形式上必須由董事會核准）。

不過，當企業邁向全球化，公司員工及組織層次愈來愈多，產品種類愈來愈多，市場複雜性愈來愈高，創新活動愈來愈快，競爭壓力愈來愈大之趨勢下，只有由總經理負責之「公司」階層之一套計畫，常常不能真正發揮部屬之潛在能力。反之，一個具有相當規模（如員工人數在三百人以上，或產品種類在三種以上）的公司，應該再配合前述機能主題面，設定不同組織階層面之計畫，供最高主管實施「目標」管理及部屬實施「自我」控制之根據。

一個比較具有規模的公司或企業集團，可以依據需要，設定下列與組織階層相搭配之計畫書：

⑴「總公司計畫」書 (Corporate Plans)，通常適用於集團企業之母公司或控股公司)，其內再包括行銷、生產、採購、擴修、研究發展、人力、資訊及財務會計計畫等部分。

⑵「子公司計畫」書 (Company or Subsidiary Plans)，通常適用於集團企業之成員子公司)，其內涵與總公司計畫相同，但詳細程度則依總公司之授權或分權程度而異。當總公司分權或授權愈大，則子公司計畫書內容愈詳細，總公司計畫書內容愈粗略；當總公司分權或授權愈小，則總公司計畫書內容愈詳細，而子公司計畫書內容愈簡略。

⑶利潤中心別之「事業部計畫」書 (Profit Division Plans)，通常適用於子公司內的產品別、或地區別、或製程別之自治（獨立計算盈虧）部門)，其內涵亦可能與子公司計畫書相同。

⑷幕僚功能部之「部門計畫」書（Functional Department Plans)，通常適用於不能獨立計算盈虧之幕僚部門 (Staff Departments))，其內涵為上一級計畫書內容中功能別內容之詳細延伸。

⑸「地區別計畫」書 (Area Plans)，通常適用於行銷部門內之銷售地區)，其內涵為該地區之行銷目標、策略、方案及預算。

⑹「產品別計畫」書 (Product Plans)，通常適用於行銷部門內之產品經理 (Product Manager))，其內涵為該產品之行銷目標、策略、方案及預算。

上述這六套組織階層別之計畫書，是以內部目標管理為著眼點，除了第一套總公司計畫應提呈董事會核准外，其他各套計畫書皆供總裁（President，適用於大公司或集團公司）或總經理（General Manager，適用於小公司或單一公司）以下，負實際盈虧責任者之用，不一定要一一非經董事會或股東會（在公營事業則為上級行政機關）之核准不可，因為它們都是構成總公司計畫書之組成因素，其「投入」(成本）及「產出」(成果）數字都應已反映於總公司之計畫書及預算書上。反言之，總公司的計畫及預算，亦是基於它們的工作內容及數字編成，所以董監事會不必過問太細，以免陷於「手續管理」之境而不自知，反而給經理部門帶來無窮的障礙。總公司對子公司、對子公司之事業部、對幕僚部、及對銷售地區、對產品經理等之指揮及控制，皆以「目標」設定及目標達成之評核為主軸，不是以日常執行手段之指示、批准為中心。

三、企劃的時間面 (Time Dimension of Business Planning)

(一) 各級經理人員之「目標—手段鏈」關聯圖

從根本上來說，任何計劃過程的思考結果，都是在於設定某種形式的「目標」(包括原始性目標及手段性目標)。假使公司的各階層主管都盡其基本職責，參與計劃過程，則所得結晶，將是一套上下相互關聯的「目標網」，如圖 13–3 所示。換言之，總經理有其「目標」(What) 之後，必須同時也設定其「手段」(How) 以達成之。各部門經理、課長、股長等等亦應有其「目標」及「手段」。不過經理的「目標」必定是用來支持總經理的「手段」，而經理的「手段」也會成為課長的「目標」，如此層層相聯，形成一套完整的「目標—手段鏈」，簡稱為「目標體系」或「目標網」，作為「責任中心」(Responsibility Centers)，「授權體系」(Delegation Systems) 及「考核控制體系」(Evaluation-Controlling Systems) 之根據，此為徹底運用企劃制度之必然後果。假使你是公司的高級經理人，發現公司的日標網破裂時，你的首要任務就是趕快補此「破網」。

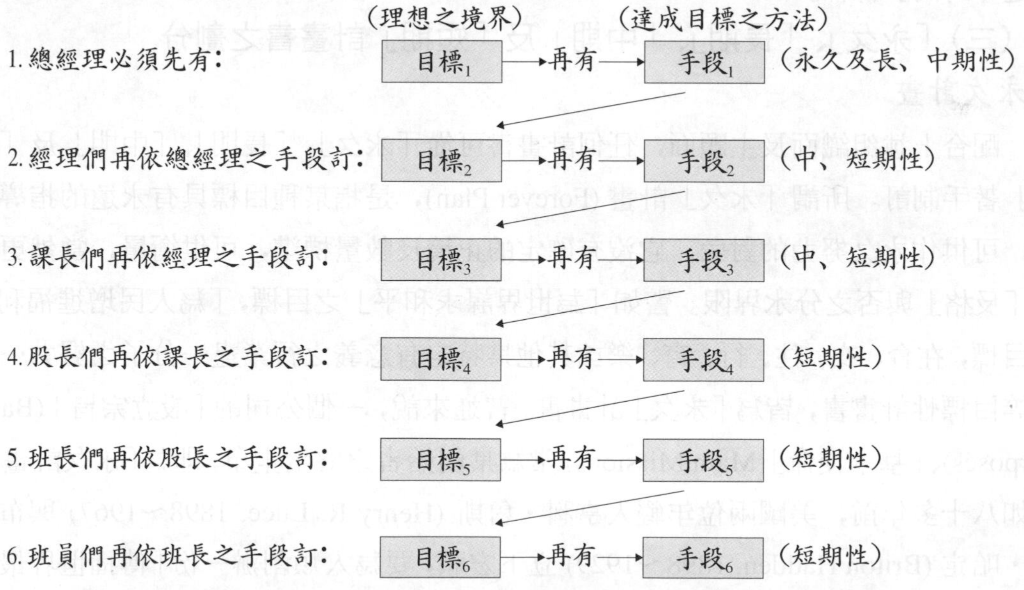

圖 13–3　各級經理人員之「目標—手段鏈」關聯圖

(二) 好目標四條件 (Four Conditions of Good Objectives)

不過良好的「目標」，應具備四個條件，方能發揮預定之效果。此四條件為：

(1)有具體明確之項目名稱 (Clear-Cut Items)：目標的名稱愈具體明晰愈好，因愈容易與他人溝通；愈含糊不清愈不好，因不易與他人溝通。譬如用「淨值報酬率」(ROE) 比用「投資報酬率」(ROI) 明確；用「銷售收入」比用「銷售業績」明確。

⑵有數量水準 (Quantity)：目標的內容若有數量，則較容易與他人溝通，也方便將來評估衡量之用；若無數量內容，則甚難溝通，也不易評估衡量。

⑶有完成時間 (Time)：目標若訂有完成時間界限，則較容易屆時達成；否則將成為「有頭無尾」之餘恨，無濟於原本用意。有項目、有數量、但沒有時限，等於一張沒有兌現期的空頭支票，毫無作用。

⑷有績效獎懲標準 (Reward and Penalty Criteria)：在訂目標時，若同時訂有將來評估成效之可接受（及格）水準，以及超過水準及不及水準之獎勵及懲罰標準，則比沒有訂立獎懲水準，具有激勵作用。

當然，我們可以在日常看到許多「目標」並未具備上述四條件，有的甚至連第一個條件都達不到，只訂含含糊糊，不著邊際之空名詞。你若是明眼人，一下就可看穿它的無用性。目標若能具備上述條件愈多，則屬愈有力量 (Powerful)。關於「項目」、「數量」、及「獎懲」之條件，可在各部門作業時設定，本處只專門討論高階目標之「時間」條件。

（三）「永久」、「長期」、「中期」及「短期」計畫書之劃分

1. 永久計畫

配合上述組織面及主題面，任何計畫書可從「永久」、「長期」、「中期」及「短期」著手制訂。所謂「永久」計畫 (Forever Plan)，是指某種目標具有永遠的指導作用，可供作永久努力的對象，它沒有確定的止境及數量標準，可供衡量，當然更沒有「及格」與否之分水界限。譬如「為世界謀求和平」之目標，「為人民增進福利」之目標，在食、衣、住、行、育、樂或其他某特定有意義之行業盡一分子之努力……等等目標性計畫書，皆為「永久」計畫書。普通來說，一個公司的「設立宗旨」(Basic Purposes)、「基本使命」(Main Missions) 常為某創始者之終生圭臬，即為「永久計畫」，譬如八十多年前，美國兩位年輕人亨利・魯斯 (Henry R. Luce, 1898～1967) 與布利登・哈定 (Briton Hadden, 1898～1929) 立下宏願，要為人類創辦一份「傳播世界最新消息，開拓知識領域」之雜誌，所以《時代週刊》(*Time Weekly*) 自創刊至今，一直繼承這二位已去世創始者宏願，努力堅持，成為世界最權威之社會性雜誌。魯斯與哈定的宏願就是今日《時代週刊》的「永久計畫」。

2. 長期計畫

所謂「長期」或「長程」計畫 (Long-Range Plan, LRP)，是指機構所設定未來八

至十二年，平均十年，甚至遠至二十年之全面努力目標，所以長期計畫常被人稱為「目標計畫」(Objective Plan)，意指這類計畫只含較粗略之大目標方向或數字，而無細緻性之手段策略及明確之預算數字。

寶島臺灣在 1970 年以前，從未設定正式之長期計畫。但從 1970 年起，開始編製十年經建計畫，以替代以往之中期性「六年計畫」及「四年計畫」。但是到 1990 年之後，又因政權轉換，新政府中斷了「十年經建計畫」之作法，以致到 2002 年，民進黨執政，也未恢復，暗示其無長遠之發展方向。

部分公營事業及極少數大型民營事業也備有專案投資性之長期計畫，至於例常營運性之長期計畫則較不完整。至於其他事業則連想都未想到。但先進國家稍具規模之事業，皆備有長期計畫，以防止「富不過三代」(借用俗語) 現象之發生。

3. 中期計畫

所謂「中期」或「中程」計畫 (Medium-Range Plan, MRP) 是指機構所設定未來四至六年內，平均五年，內部各部門所欲努力發展之目標及戰略，用以執行集團公司全面性之長期計畫，所以對一個備有長期計畫之機構而言，中期計畫亦稱為「發展計畫」(Development Plan) 或「戰略計畫」(Strategy Plan)。換言之，中程「發展計畫」是長程「目標計畫」的手段。

假使一個機構未備有長期計畫，而只備有中期計畫，則此中期計畫常常以「目標計畫」之型態出現。寶島臺灣政府從 1953 年開始編有四年經建計畫，每隔四年編訂一次，共編有六期。至 1977 年改變為第一期六年經建計畫，其涵蓋時間為 1977 至 1982 年。可是到 1979 年則修訂為第一期六年經建計畫後三年修訂計畫。到 1980 年則再改為第一期十年經建計畫，替代原修訂之後三年計畫。政府的經建計畫雖有期間長短之別，可是其內容及詳細程度都大略相同，以總體目標數字及抽象文字策略為主，供政府官員及機構參考的價值遠大於供企業機構參考的價值。

我們企業界，備有中期計畫者亦是以國營事業及少數管理現代化之民營事業為限，而其內涵亦是以專案投資計畫為主，完整性之例行營運計畫為輔。

4. 短期計畫

所謂「短期」或「短程」計畫 (Short-Range Plan, SRP)，是指機構所設定一年內細部執行計畫，用以實施中期計畫之目標及戰略，所以短期計畫亦稱為「年度營運計畫」(Annual Operations Plan)，其內容包括例常營運及專案投資計畫在該年內實施之部分。

「年度營運計畫」是較多機構所普遍採行之計畫。其所含經費預算部分，更是政府界及工商界最常用之「年度預算」之替代名詞。有許多機構只重視最後之財務預算，而不重視原始之各部門工作目標及方法，所以在機構內只存在經費「預算」，而無「計畫」，為老式經營方法之典型代表，應及早拋棄，不可再讓其繼續存在，阻礙未來導向性之工作進行。

在實務上，所謂「短期計畫」不僅指機構的年度營運計畫，亦可指行銷、生產、研究發展、人力、財務、會計、資訊各部門之半年、每季、每月、甚至每週之計畫。此等詳細計畫不只含有金額收支數字，最重要的是應含有各部門工作目標、方法、進度、負責人、及經費預算等實質內容。目前國內企業已實施「目標管理」制度者，大多備有此種短期性計畫，其他事業則尚缺乏，有待急起改進。類似潤泰集團之現代化經營的企業機構，在1998年就開始實施電腦化之「策略規劃」(五年) 與「目標管理」(一年)，實可參考。

(四) 時間幅度的向前轉進 (Rolling Forward)

所謂長期計畫與中期計畫，都是指計畫書內所含目標的達成時間幅度為十年或五年，或其他數字。可是隨著時光的流逝，長、中期計畫所指目標時間也會縮短。譬如原訂「十年」計畫，過了二年後，若不再增加新的二年目標，會變成「八年」計畫，時間過得越多年，則該計畫會變成「六年」、「四年」、「二年」、「一年」，終變成「零年」計畫。此種隨時光流逝而減短未來性之計畫，實非設定計畫書之原意，所以真正的長、中期計畫的時間幅度應隨時光之流逝，向前轉進延伸 (Rolling Forward)，補充一年，永遠保持「十年」或「五年」，如圖 13-4 所示。

長、中期計畫之時間幅度向前轉進延伸的目的，是確保機構最高主持人向前觀看之一定遠度及廣度，不致因時光的流逝，而變成「近視」、「狹視」而貽誤大事。

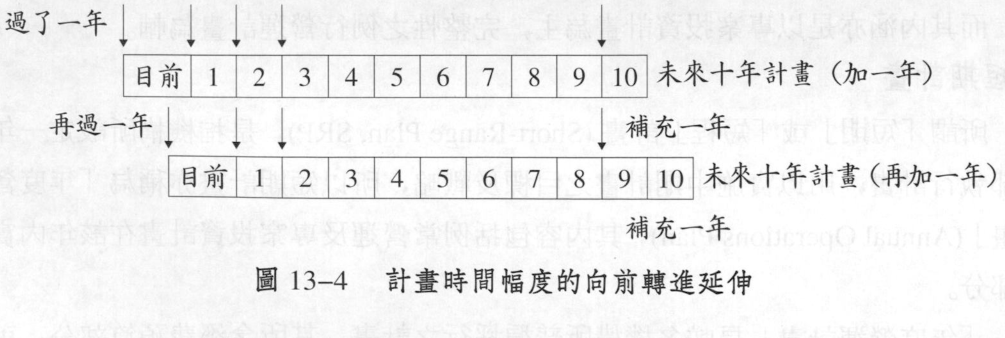

圖 13-4 計畫時間幅度的向前轉進延伸

四、企劃的要素面 (Element Dimension of Business Planning)

上面三種層面所構成之種種「計畫」書，可再依「靜態性」及「動態性」分為不同之「抽象」或「具體」要素。「靜態性計畫」(Static Plans) 指機構營運方法之「基礎」，俗稱「典章制度」(Operations Systems)，意指設定規範，指導全機構人員「例行性」之作業方法。「動態性計畫」(Dynamic Plans) 指機構用來適應變化性之特定環境，達成目標所需之「特殊性」作業方法。

(一) 靜態性計畫 (Static Plans) 文件

就靜態性（即每年不一定變動者）而言，公司應對下列廣狹不一之要素，加以計劃，成為規定，寫成書面文件 (Written Documents)，發給相關人員遵行，構成公司的「管理制度」(Management Systems)：

⑴章程 (Charter) ── 公司的「章程」等於國家的憲法，其權威性高於一切。由股東選出之董事會來設定公司章程，就是最重要的計劃過程，務必特別用心。公司的章程可長可短，但以說出重要營運架構為精神。若環境變動快，章程修正次數多時，則「章程」本身將成為動態性計畫之一。靜態性之公司章程內容，不能違背政府規定之公司法，但可以比公司法更詳盡。

⑵信條 (Creeds)、宗旨 (Basic Purposes)、使命 (Missions) 及願景 (Visions) ── 公司的「信條」以簡單文字說出公司的成功戰略要點，有如「口號」隨時提醒員工及社會大眾。信條的設定，也是屬於計劃的過程。公司的「宗旨」是創辦人籌設本公司時的人生大抱負，將之寫成文字，用以指導以後的作法。公司的「使命」是把公司設立宗旨用簡單文句，寫出對社會顧客的廣泛承諾，用來指導員工的思想方向。公司的「願景」是用具體的產品類別、市場地域等文字，寫出五年、十年內意願到達的遠景圖象 (Far Picture)，比宗旨、使命等形式之目標點更具體可見。

⑶政策 (Policies) ── 公司的「政策」是最高主管用來指導公司所有成員行動及思考之方向及界限。公司政策的設定是企業高階計劃的重要工作之一。其範圍可及於「管理功能」及「企業功能」各方面。

⑷作業程序 (Procedures) ── 公司的作業「程序」是各部門間的工作優先順序及流程路線 (Order and Flow)，也是分工合作的具體依據。設定全公司的作業程序是一個大工程，必須由行家來訂，其合理與否影響作業效率甚大，應視各公司產品、銷產技術而異，講求和諧及效率。公司作業程序的電腦化，就變成今日大家常聞之 ERP（企業資源規劃）。

⑸辦事細則 (Rules) ──公司的辦事「細則」或「規則」泛指各部門內的辦事方法，包括次級部門、組、課、股、班及個人間之分工、決策、授權、責任等例常性規定。設定公司的種種辦事細則，可依活動別及單位別而制訂，屬於非常技術性之規劃或設計，但也是影響公司總體營運效果的「螺絲」。「程序」是指部門間之規定，「細則」是指部門內之規定。

⑹操作標準 (Standards) ──公司的操作「標準」泛指各部門各員工實際作業時，各種用人、用時、用材、用經費（錢）及物理與化學性操作方法之規定。設定各種操作標準等於設定公司技術手冊 (Technical Manuals)，屬於耗用人力及時間之鉅大工程。把每一個操作員工的知識技能，用文字寫下來，並作良好的保存、傳播、使用，就是今日大家常聞的「知識管理」的主題。

以上六種層次不同之靜態性計畫文件，也被稱為「常備計畫」(Standing Plans)，意指公司設立後，就早已存在，供主管及員工隨時參考遵行，而非臨時遇事再行設法尋找或設定。一個正式上軌道經營之成功事業，必須齊備這些計畫文件，才能實施客觀之「以制度管理」(Systems Management) 之「法治」方式。否則樣樣缺乏，必須臨時再做決策，費時費神，手忙腳亂，莫此為甚，陷於「以人管理」之「人治」(People Management) 及游擊性經營之方式，成本很高。沒有「典章制度」之常備計畫性文件，公司作業就劃分不清什麼應「例內管理」（法治）及什麼應「例外管理」（人治）之界限，一方面會「累」壞高級主管人員，另一方面會「閒」壞下級部屬，為無效經營之典型。

（二）動態性計畫 (Dynamic Plans) 文件

就動態性（即每年變動不同者）而言，公司應至少每年一次設定數量目標、方法、預算、人力，以求達成機構最終目標──「生存」及「成長」，「合理利潤」及「滿意服務」。一般而言，動態性計畫書以應付環境變化、顧客需求變化及競爭者所採措施為設計前提，其內涵為下列各種型態：

⑴行業別 (Product-Lines)「目標」 ⑵產品項目別 (Product-Items)「目標」 ⑶數量別 (Sales-Production-Profitability Quantities)「目標」	⑴⑵⑶三者合稱廣義之高階「目標」(Top Objectives)

⑷（高階）「戰略」、方略、或方針 (Strategies) ──指達成高階目標之祕密性突破點，都在企業功能或管理功能上設定，也是公司重大資源之使用方向。高階目標及戰略，就等於軍團的作戰目標與戰略。

⑸「專案投資」(Project Investments) 計畫，每一專案都有可行性研究。

⑹部門及單位行動、執行、或工作「方案」計畫 (Departmental Action Programs) 書，每一行動方案都要包括 What, Why, How, Who, Where, When, How much 等 7W 內容。

⑺「預算」(Budgets) 書，從下向上累計，包括方案預算書、部門預算書、及公司預算書，皆有收入及支出之金錢數字。

動態性之各種要素計畫的日常執行規範，是建立在靜態性之各要素計畫之上。靜態性計畫有如「地基」，動態性計畫有如在地基上行走之「步伐」，兩者都必須紮實有力，相輔相成，才能真正快速走向目標。否則地基不穩（指政策、程序、細則、標準），步伐再快，也會抵消部分速度；反之，地基穩固，但步伐搖擺不定而無力，則前進速度也不會快。所以要「穩定」靠靜態性計畫（即典章制度，或管理制度），要「成長」靠動態性計畫（即目標一手段體系）。靜態計畫稱為「常備計畫」，而動態性計畫則稱為「適應計畫」(Adaptive Plans)。

經過三十多年的訓練及觀摩，在寶島臺灣大中小型企業中，訂有公司「目標」計畫者幾乎人人皆有，但訂有完善戰略計畫及投資計畫者就限於大型企業。而訂有周詳之部門行動方案及預算者，以已實行策略規劃及目標管理者最多，中小企業者居少，所以尚未能充分有效運用每月、部門化、電腦化「目標管理」及「自我控制」之現代管理技術，不足為奇。

（三）戰略計畫、戰術計畫與戰鬥計畫 (Strategic-Tactical-Combattal Plans)

從上述靜態性及動態性計劃要素中，我們又可將之與時間面相配合，構成⑴「戰略計劃」或「策略計劃」，或簡稱「策劃」(Strategic Planning)，常屬於中、長期性，為高階人員設定公司「目標」、「政策」、及「戰略」之用腦行為；⑵「戰術計劃」(Tactical Planning)，常屬於年度性，為中階人員設定部門及次級單位之執行目標、方法、及時間之用腦行為；⑶戰鬥計劃 (Combatting or Fighting Planning)，常屬於例常性及週、月、季性，為基階人員設定小組及個人之工作目標、方法、及時間之用腦行為。

「戰略計劃」為高階策劃 (Top Management Planning) 之替代名詞，「戰術計劃」為中階規劃 (Middle Management Programming) 之替代名詞，「戰鬥計劃」為基層設計 (Lower Management Designing) 之替代名詞，上級指導中級，中級指導下級；長期指導中期，中期指導短期；少數人影響多數人，誠為企業「管理」工作之精神所在。

「戰略計畫」書是公司五年或十年計畫書的主要內容，其執行檢討，靠每季或每個月之集團總裁、副總裁級人員或公司「董事會」之會議為之。「戰術計畫」書是公司年度計畫書的主要內容，是部門級的執行計畫，其執行檢討，靠每週之「公司經營檢討會」(Company Weekly Review Meeting) 為之。「戰鬥計畫」書為基礎行動計畫，在公司計畫上只見方案名稱，不列內容，但對每個人而言最重要。其執行檢討，靠每日晨昏及每週「部門檢討會」(Department Weekly Review Meeting) 為之。

五、企劃的特性面 (Characteristics Dimension of Business Planning)

從以上企劃的主題面、組織面、時間面及要素面之複雜組合，我們可以瞭解為何許多人們彼此誤解所用不同之術語，因為從不同之層面，就可以把計劃說成另一個名詞，使別人誤以為是「新」的東西，事實上都是指「用大腦思考未來目標及方法」之行為，一點都不新。

(一) 十一特點

除了瞭解上述企劃四種層面之複雜組合外，我們應還注意到企劃的一些重要特點，以免做出無效用之企劃。做計劃有好處，但也要花時間及金錢成本，若成本超過效益，則不做也罷。

第一、計劃過程 (Process) 及計畫文件 (Documents)，有「複雜性」與「簡單性」之分。複雜的計劃過程可能要花整年的時間，其定案文件也可能厚達幾百頁、幾千頁或幾十公斤重。簡單的計劃過程可能費時幾分鐘，其定案文件也可能只有一張紙，甚至不寫成文件。計劃的複雜或簡單本身並無好或壞之分，而是以能否指明合理、明確之目標及達成的方法為優劣之取決標準。

第二、計劃過程有「整體性」(Systems) 及「局部性」(Parts) 之分。當然，愈高級人員之計劃過程，應愈有整體性，愈低級人員之計劃過程，應愈有局部性。高級人員千萬不可搶低級人員之計劃工作，而放棄自己應涵蓋之廣度，致使機構遭受無可彌補之損失，因為低級人員絕不會搶高級人員之計劃工作的。

第三、計劃過程有「數量性」(Quantitative) 及「非數量性」(Qualitative) 之分。行業別「目標」，產品別「目標」，行為規範之「政策」以及重大資源使用方向之「戰略」等型態之計劃，常常沒有許多數量之出現。可是銷、產、利潤目標及部門、單位、及個人之執行方案等型態之計劃，常常有數量存在。至於章程、信條、宗旨、使命、願景、作業程序、辦事細則等也常無數量之表達，但操作標準則常有數量內涵。

第四、計劃過程有「主要性」(Major) 及「次要性」(Minor) 之分。同是高階戰略「策劃」或中階戰術「規劃」、或基層戰鬥「設計」中，都有「主要」(Major) 及「次要」(Minor) 之分。「主要者」應受主持計劃人員 (planner) 之優先重視，「次要者」則可排在時間、空間、人力資源多餘時，再加以考慮。明辨「主要性」與「次要性」，或稱「本末」、「先後」之別，是成功經理人之要件之一。曾子在《大學》一書有云：「物有本末，事有終始，知所先後，則近道矣」，說得太好了。

第五、計劃過程有「祕密性」(Confidential) 與「公開性」(Open) 之分。有的計劃必須保持高度機密性，只能由數位高級主管參與決策，並由某些少數人員暗中執行，凡是屬於「戰略」及「方案」型的計劃皆含有祕密性，因恐公開傳播，會讓競爭對手得知而採取對抗戰略，抵消本公司之戰略效果。反之，也有許多計劃必須公開進行，由較多員工參與 (Participation)，以收集思廣益之利，並廣為公布，使員工人人得知，例如「目標」、「政策」、「程序」、「細則」等型態的計劃過程及計畫書內容，則應儘可能讓所有員工知曉，作為自己思考及行為之指針。

一般而言，靜態性的常備計畫 (Standing Plans) 應較公開，而動態性的適應計畫 (Adaptive Plans) 則較祕密。但是無論如何，最高主持人都應將其計畫告訴「適當」人員，以利執行，產生預期的成果。

第六、計劃結果有「成文性」(Written) 與「非成文性」(Un-Written) 之分。計劃的思考過程及結晶（俗稱結論或決策），可以寫成文件，成為「計畫書」(Plans)，也可以不寫成文件，只留為參與人員共同之瞭解。無疑地，寫成文件之計劃較具有廣為傳播及日後存檔之作用，對大規模企業而言，是屬於「必要」(Must) 之措施。可是我們也不可誤解，以為任何思考及討論的東西，都要一點一滴寫下來，若是如此，我們將是一天到晚都在當「書記」，在紙上作戰，不切實際又浪費時間及紙張。要做成文件的計劃應是具有長久性、廣泛性及重要性之決定，而非短暫性、狹窄性及不重要性之商議。但是任何有關公司業務之決定，即使不寫成正式文件，但每一個參與人員也要將它寫在每人必備之「日記簿」上，供以後核對及回憶。

目前政府公務機關所犯毛病之一，就是記錄太多不必要的書面文件，而遺忘太多應該改進、創新之決策。所謂「公文旅行」、「手續管理」、「文學政治」、「紙上作戰」等等，都是用來諷刺太多成文性之現象。

第七、計畫過程有「正式擬定」(Formal Planning) 與「非正式擬定」(Informal Planning) 之分。所謂正式擬定，是指每年有固定時間、專門參與人員、及特定格式，供作計劃過程及結果之用。屆時，不必上級主管（如董事長、總經理）特為催促，部屬（企劃幕僚）就自動依「公司計劃作業」規定，從事計劃作業。正式擬定之作法常是管理比較上軌道企業之作法。所謂非正式擬定，是指每年設定計畫之作法，並無固定時間、人員、及格式可遵行，完全聽上級主管喜好，他催大家計劃，大家就計劃，他忘掉催大家計劃，大家也就當作遺忘一樣，不會自動計劃。許多中小企業就是走非正式擬定之路。

當然，計劃是為企業目標及手段而計劃，不可「為計劃而計劃」，寫出一大堆沒有人要執行之文件。所以「正式擬定」與「非正式擬定」之優劣點並非絕對性，而須視需要而定。

第八、計劃結果有「容易執行」(Feasible) 與「困難執行」(Infeasible) 之分。所謂「容易執行」的計畫是指其目標設定合理、確實，並有執行方法、人員、經費、時間等之設定。所謂困難執行的計畫是指其目標設定荒謬、含糊、不切實際，又無執行方法、人員、經費、時間等之設定，只是一些「幻想」或「空想」之目標而已。雖然有人稱之為「有夢最美」，但太多空幻的美夢，既會騙人，又會麻醉自己，有害無益。

第九、計劃過程有「理智化」(Rational) 與「非理智化」(Irrational or Emotional) 之分。所謂理智化之計畫是指所訂之目標及執行方法之內容，係依據充分、及時、及正確之情報做成的，而非依據某些「一廂情願」、「閉門造車」所編撰出來的。換言之，理智化計劃之前，必須有科學化之調查、分析及預測之研究 (Research) 功夫作為先導，才能確保目標及手段之選擇為最佳之搭配。反之，非理智化之計劃是指目標及方法內容的訂定，是由某些自認「官大學問大」的人，閉門造車，依偏見之主觀價值，感情衝動之意識型態憑空拼湊出來的。

很多政府及公營事業所設定之計畫，皆為非理智化之作品，包括經建計畫在內，時常充滿一廂情願之不完整思考，應加改進。

第十、計劃結果有「彈性」(Flexibility) 及「呆板」(Rigidity) 之分。計劃是設定未來工作目標及方法之用腦過程，其定案之結論（即計畫書）供作以後執行之指針，本已有限制以後行動之作用。但是真正有用之計畫不是限制應該有的靈活調整行動，而是限制不必要的茫無頭緒之更動。假使環境變動，必要更改方法，甚至目標時，計畫中應述明可以更動之條文。假使計畫中無彈性調整之條文，很容易使該計畫成為呆板作品，不僅無益於執行，並可能阻礙執行。

第十一、計劃過程有「經濟性」(Economical) 及「浪費性」(Uneconomical) 之分。計劃的目的之一是改進決策的品質 (Decision Quality)，以獲取較佳之成果，但是計劃的過程也會發生成本，假使花用一番尋找情報與設定目標及手段之功夫（即計劃）後，雖比不花用此套功夫（即不計劃），能獲得較佳之成果，可是其發生之成本遠大於此較佳成果，則此計畫過程屬於「浪費性」之計劃，因「得不償失」也。反之，經過一番計劃之後，所得較佳成果大於所發生之成本，則屬於「經濟性」之計劃。

毫無疑問地，我們若是能幹的經理人，則希望所經手的計劃都是「經濟性」的，不是「浪費性」的。不過從日常現象中，我們可以發現許多計劃過程是屬於無用的，甚至是屬於「越幫越忙」之浪費性計劃，此乃無效經營所致。

（二）應制訂「有效用」之計畫書

從以上十一特點之解說中，我們可以得到一個結論，即是我們希望所訂出之各種型態之計畫書盡量具有彈性、經濟性、數量性、理智性、成文性、容易執行性。那些無彈性、浪費性、感情用事性、不寫下來及無法執行之計畫，最好少訂，以免對事業績效產生反效果之影響。所以事業最高主持人，在下定決心建立企劃體系之後，應再小心追蹤，不要使公司之各種計劃活動陷於無效用之境界，反而害了「企劃」之英名。

第十四章　建立公司整體企劃制度
(The Establishment of Corporate Integrated Planning Systems)

因為在管理的過程中，計劃（包括各種型態之用腦思考過程）是扮演「龍首」的角色，所以在前章特別從各個層面來探討計劃的要義及作用，期使國人深切瞭解此種「事前求知」的功夫，以利「事中」執行及「事後」檢討功夫之遂行。本章的目的則在於介紹建立公司整體企業計劃制度的內容，包括總經理、部門經理及課長級主管人員應做的計劃工作。這是「計劃的計劃」(Planning of Planning) 功夫，屬於非常高層次的人類智慧之應用。有了整體計劃制度，全公司的主管人員才能有效地發揮他們的第一個管理功能（計劃），充分展現大腦的思考威力。

第一節　整體企劃普遍採行之原因 (The Causes of Having Integrated Planning)

一、早期的企劃作法甚為落後 (The Drawback of Earlier Planning Systems)

大家都會相信，從事企業活動的人們，通常都是懷有某種「計畫」(Plan，意指某種思考結晶)，不論他們所懷的計畫是屬於長期或短期的，是整體或局部的，是書面或非書面的，是理智或非理智的，是經濟或浪費的。從歷史上的演進來看，企業計劃活動雖屢有變化，但從未比 1970 年代以來在產業中所發生的為大。

（一）農業社會之帝王統治時代，只有徵稅之「歲計」

在二次世界大戰（1940 年）之後，各國企業規模與以前百多年的典型製造業或商業不可同日而語，更與千年前之農業社會與帝王政治體制之經濟活動無法比擬。千年前之社會以農業為主要生產活動，農產佔國民生產毛額 (GNP) 之絕大部分，帝王政府之所得來源為田賦，供其官吏（即「仕」）之享用，至於「工」人及「商」人的活動很微不足道，無法繳納多大的稅金，供政府使用，所以不受帝王政府重視，因此造成「士、農、工、商」之人民劃分法，把商人列為四民之末，把讀書人（士）及充任官吏之人（仕）列為四民之首，把農人列為第二位。在此種「以農立國」的社會環境裡，根本談不上企業計劃。而政府所講究的「計劃」也只是例行統治人民之「歲計」（指一年要收多少稅供官吏及軍隊使用）而已，根本沒有謀利人民之專案性、經濟建設計劃、社會建設計劃或政治建設計劃。目前我們還可以發現此種消極性農業社會帝王統治時代之政府「歲計」作風，存在於不少國家之內，其落後程度之深當然無法為人民謀取多大的福利（即無法「圖利人民」）。

（二）工業革命之前後，企業只求「適應」，不求「創新」

在一百五十年前，典型交易只包括很短的製造與銷售循環，從產品製造到顧客購買之時間間隔很短，投資於產銷的固定資本也較少，因之大部分的工商人士能隨市場變化情況，而立做必要之反應調適，而無多大困難。當發現新活動較能獲利時，不只生產過程可以迅速調整，而且所投入資源，亦能合理地改變方向，所以他們的計畫都是短期性，只求與目前市場活動緊密跟隨，很少有越前領先之作用。換言之，「適應」（所謂只求「時勢造英雄」，不求「英雄造時勢」）是最高原則。無疑地，目前我國不少工商業者之作法，乃屬此類型，其消極性甚明。

在當時，若有任何人以「先知先覺」角色從事長期計劃，亦是僅基於某種直覺的判斷，而不是基於仔細的推理及系統性分析。但是工業革命（1750 年）之後，企業規模愈來愈大，美國最大公司通用汽車公司員工人數在 1978 年為 83.6 萬人（但在 2002 年減為 40 萬人），臺灣民營企業大同公司員工在 1979 年有 2 萬多人，台塑企業也有約 3 萬人，公營企業郵政、電信、電力、鐵路等事業員工也在 2 萬人到 3 萬人左右。同時，企業的固定設備也愈來愈不可能轉換於生產不同的產品，所以許多企業在投資時，都先考慮未來很長的一段時間，已屬進步。但是一般說來，企業講求計劃的理論與實務，卻比企業規模本身的發展，落後一大段時間。甚至直到 2003 年，許多政府官員及國營企業工作者，尚以為今日企業還停留在以前小型公司，並處於自由競爭的農業化時代，在思想及行為上無法追趕工業化、商業化、知識經濟化之實際環境的變化，所以面臨甚多發展瓶頸，百思不得其解。

二、四種新發展力量在二次大戰後出現 (Four Forces Emerging After World War II)

二次世界大戰以後，各國工商企業恢復發展，尤其以美國企業最為醒目，在今日世界經濟舞臺上扮演重要角色之美國多國性企業 (Multinational Enterprises)，就是興起於這個時候，直至二十一世紀的今日，形成經濟自由化及企業全球化趨勢，臺灣及中國大陸都不能置身事外，因而企業計劃活動亦產生很大變化，可歸納為四方面之新力量：

⑴結構嚴密之「整體企劃」(Integrated Planning) 制度蓬勃發展（本章將詳述之），尤其以集團性綜合企業及集團性、多國性、綜合企業為主流。

⑵「企劃幕僚」(Planning Staff) 單位廣泛設立，以協助最高主管及一級主管進行 IPPBS 連貫性之整體計畫，內含「情報研究」、「策劃」、「規劃」、「預算」及「排程」等專業性工作。「企劃幕僚」通常以「企劃處」(Department of Planning)、「企核處」(Department of Planning and Control)、「企研處」(Department of Planning and Research)、「企財處」(Department of Planning and Finance) 等名稱出現。企劃專業幕僚單位之設立，係擴大原來主計單位 (Accounting and Finance) 之預算功能，使成為配合實際銷、產、發、人、財等功能工作情況之專家幕僚，依工作目標、方法、進度及資源需求，而設定財務計畫（即俗稱之「預算」），以利上級對下屬之授權及控制。所以比較古老的機構只有主計單位，而無企劃單位，然而較新式的機構，則設立企劃單位以替代及擴大主計單位之預算功能，以創新精神，為機構開拓新機運。

⑶許多新而有力之管理工具及方法 (Management Techniques) 紛紛出現，以改進計劃過程中之決策品質。尤其 1990 年代以後，電腦化及通訊化結合工具出現 (如 Internet, Intranet 及 Extranet)，更加強企劃與控制的作用。

⑷系統觀念 (Systems Concept) 之提倡及實踐，促使企業人士對未來看得更「廣」及更「深」(「廣」、「深」即是「整體」與「局部」之分野要件)，把企劃從一個企業本身內部，延伸到供應商管理及顧客群管理，使供－產－銷之 SCM-ERP-CRM 三者合一化。

這四種新發展力量相互交織之後，對企業經營的影響力十分巨大，而且將繼續發揮其影響力於未來的歲月。

三、六大因素促使普遍採行 (Six Factors Pushing for the Popularity of Business Planning)

在較早時期，美、歐、日企業人士與今日我國很多企業人士相同，對採行企劃制度懷有「卑視」、「多此一舉」、「不耐煩」、「成效可疑」、「難以下手」等等心理，但是事實勝於雄辯，潮流所趨莫可阻擋，愈後來愈多公司競相引進此制度，並將之融為企業生涯的一個習慣及文化，凡是談到企業經營，首先必然要提到企劃制度的建立。當然造成此種現象不是一日之功，而是有背後六大因素，突破人們心理疑慮。茲逐一說明如下。

(一) 企業不再是完全受市場宰割的無力羔羊 (Planning can create new markets)

第一個因素是第二次世界大戰前，久存於企業人士心中限制企劃工作之觀念性障礙已獲解除，因為大家已經接受了一個新觀念，認為今日的企業已不再是完全受市場宰割的無力羔羊，反之，企業若能善用成員之腦力，包括積極的冒險精神及冷靜的分析能力，不僅能夠適應或跟隨時勢(「時勢造英雄」)，尚能創造有利的時勢(「英雄造時勢」)。因之，企業應大膽地決定未來要走的方向及里程目標，並採取行動以達此目標，以此種積極想法來替代以往誤認市場複雜變化及其魔力高不可及之恐懼畏縮及束手無策之心理。此種積極想法把企業實施長期性整體計劃的大障礙（即不可控制市場之想法）解除了。老實說，目前有許多市場即是被企業計劃的功能所主宰，成為可運用的謀利對象，對個人及社會、國家都有益處。

(二) 技術革新的採用率大大提高 (Greater Success of Technological Innovation)

第二個因素是技術革新 (Technological Innovation) 在各行業採用成功的比率大大提高，所以為了競爭，不能不及早計劃未來。在以前，技術發明之後，常常要隔很久才能被商業化 (Commercialization)，同時其成功的採用率也很低，所以長期計劃等於沒有用，譬如乙醚之麻醉效果及配方被發明之後九百年，才被正式用作醫療麻醉劑。又如第一臺工作機器從概念發明到取得專利權，費時一百七十六年，再過了二十四年才被用來作為主要工具，再過十四年後才達到商業化的成功階段，再過十二年才被普遍使用。其他有發明而未達市場商業化之技術更多。

但至今日，產品快速廢舊 (Quick Obsolescence) 的現象，給企業主管帶來大為不同的心態，刺激大家務必採用企劃功夫，方能把握發明的實惠。例如美國道格拉斯飛機公司的 DC–3 型飛機曾稱霸民航界十五年，但 DC–7 及洛克希德飛機公司的 Electra 渦輪螺旋飛機只流行五年，就被新的 DC–8 及波音 (Boeing) 型噴射機所淘汰，而今 Air Bus, DC–10 及波音 747 型系列又取代了以前的舊產品。另外，大小型及個人型電子計算機（電腦）、微處理器、IC 半導體、無線電話、行動電話、液晶顯示器、超導體等等工業皆快速成熟，取代舊產業，指明企業主管在技術翻新的時代，不能不多用大腦思考未來，否則很容易被別人所淘汰。

(三) 企管工作愈來愈複雜 (Complexity of Management)

第三個因素是企業管理的工作愈來愈複雜，所以不能不多用計劃的前視功夫。企業規模的擴大，以及產品線及市場區隔的愈來愈多角化，以致管理的工作遠非以前單人作業，隨機應變即可對付得了，而需多數人團隊的計劃、執行及控制功夫，才能順利運作。在 1934 年時美國前十名企業的平均營業額大約為 33 億美元，但在 1964 年提高為 65 億美元，在 1974 年又增為 100 億美元，在 2001 年再增為 1,500 億美元（但 2003 年跌為 1,322 億美元）。在臺灣，中華徵信所歷年編列的大企業從 100 家增為 300 家，又增到 500 家，又再增為 1,000 家，而最低的取決營業額也在新臺幣 100 億元以上。各行業規模的擴大以及銷產多角化，也逐漸走上「國際企業」及「多國企業」之道，尤其企業西進中國大陸，規模比在臺灣為大，其需現代管理之處愈演愈烈。

（四）同業競爭壓力滋長不息 (Kin Competition)

第四個因素是同業競爭壓力的滋長不息，導致甚高的企業失敗率，快速的產品廢舊率，以及新產品的迅速崛起率，在在提示必須妥善計劃未來，不可以坐以待斃。

（五）企業經營的生態環境愈來愈複雜 (Changing Environments)

第五個因素是企業經營所面對的生態環境愈來愈複雜，譬如世貿組織 WTO 的進入，自由貿易區的簽訂，人口的變動，消費者偏好的迅速改變，政府法令的日趨複雜，勞工福利問題日受評議，企業社會責任日受重視，以及兩岸政治與國際關係的變動等等，都會使得企業管理工作愈變愈複雜，不得不借用企劃的功能來做必要之系統分析。

（六）決策時間幅度愈來愈長 (Longer Time-Span for Planning)

第六個因素是重大決策所須考慮的未來時間幅度愈來愈長。杜邦 (DuPont) 公司在尼龍產品賺進一毛錢之前，曾花 3,000 萬元和十二年的時間來發展此項新產品。臺灣的中國鋼鐵公司在賣掉第一塊鋼板之前，曾花了十幾年的籌劃研究及設廠時間，所以企業長期性計劃之功夫甚屬重要，即使最佳技術導向（而非市場行銷導向）的公司，也必須詳細計劃如何使其技術水準保持十至十五年的領先地位，以及如何訓練所需要的科學家及工程師。目前有不少國內工廠在技術引進時，時常忽略其未來之創新性及市場開拓能力，以致投擲大量資金之後，成為無可奈何之蝕本累贅物，即是未採用整體企劃之後果，值得警惕。

總之，上述六大因素只解釋一項簡單的事實，即在二次世界大戰以前，阻礙發展正式企劃工作的原因，乃是思想上的被動看法，認為經濟波動的不穩定性使得人們無意及無法於企劃工作。但自從二次大戰以後，上述各種因素不僅促使企劃制度的普遍採行，同時也使企劃工作成為企業經營管理的首要機能。

第二節 兩種整體企劃制度 (OST and IPPBS)

從第十三章第四節「企業計劃的五層面」內，我們已經可以大略知道所謂「整體企劃制度」所應包括的範圍，尤其「要素面」(Element Dimension) 把計劃結果文件分成「靜態性」及「動態性」兩大類，最可以代表整體的內涵。靜態的「常備」計畫書是公司營運的典章制度，是公司營運的基石。動態的「適應」計畫書是公司的作戰計畫書，包括高階的戰略性、中階的戰術性及基層的戰鬥性計畫。作戰的遂行要在基石上為之，兩者互相為用。至於如何設定這些計畫書，則須有企劃制度來指導。

OST 與 IPPBS 制度之內容

為了方便研討及記憶，有兩套整體企劃制度的英文名詞可以提出來供大家參考。第一套就是美國德州儀器公司 (Texas Instrument Corporation) 的 OST (Objectives, Strategies and Tactics)——「目標、戰略、戰術」之計劃制度。第二套就是由美國國防部首創，而我國經濟部國營事業委員會再加以修正之 IPPBS (Information, Planning, Programming, Budgeting and Scheduling)——「情報、策劃、規劃、預算、排程」之計劃制度（筆者為此制度之參與設計者之一）。OST 強調動態計劃部分，IPPBS 則兼及動態及靜態計劃部分。

美國德州儀器公司的 OST 及我國經濟部國營事業委員會的 IPPBS 都是以「未來」的目標為起始點，引導工作手段及時間與金錢預算的設定，所以都是以新零點為預算的基礎，俗稱「零基」(Zero-Base) 預算，亦稱「企劃預算」，因所有的企劃皆是以未來新環境及目標為起始點，此與傳統性作法，以「過去」(Past) 為預算基礎的懶惰行為大不相同。

OST 的企劃內涵是包括：第一、先設定 Objectives（目標）；第二、再設定達成此目標之 Strategies（戰略）突破方向；第三、再設定執行此等戰略方向的 Tactics（戰術）方案。至於戰術方案內，除方法 (How) 外，尚包括所需之人力 (Who)、資源 (Where)、時間 (When) 及金錢 (How Much) 等等預算。換言之，資金預算本身不能獨立，也不能隨意以過去數字之平均或加成為之，而應完全跟隨戰術、戰略、目標而走。只有當目標、戰略、戰術變更時，預算才能變更。此與往昔以預算來變更目標、戰略、戰術（都是屬於計劃範圍）之顛倒作法完全不同。現時立法院在審查行政院所提出之預算常常只注重金錢預算數字，不關心數字前因之目標、戰略、戰術方案。

OST 制度裡的目標 (Objectives) 及戰略 (Strategies) 的設定都是屬於高階主管人員及企劃幕僚的工作。至於戰術 (Tactics) 的設定則屬於中、基層主管人員的工作。此種高、中、下三層主管人員的參與系統性計劃過程 (Participative Planning)，也與往昔傳統預算之閉門造車作法大不相同。所以 OST 在本質上是屬於「民主參與」式 (Democratic-Participative) 之「目標管理」(Management by Objectives) 制度。

在 OST 之前端，還有 ESS 之功夫。E 是指環境分析 (Environments)，包括大環境、競爭供給環境、顧客需求環境。第一個 S 是自己的戰略分析 (Strategies)；第二個 S 是自己的組織結構分析 (Structure)。

IPPBS 制度雖比 OST 制度更為周全細緻，但它也是屬於民主參與之目標管理制度。IPPBS 制度的 I 是指企劃幕僚人員的「情報研究」(Information Research) 及「情報系統」(Information Systems) 的建立工作，提供各級主管從事 PPBS 之決策基礎。

IPPBS 制度的第一個 P (Planning) 是指高階主管團隊 (Top Management Team)，指最高主管、一級主管及企劃幕僚人員所組成之團隊，所從事之長期性及全公司性目標、政策及戰略方向之粗略性策劃工作。

IPPBS 制度的第二個 P (Programming) 是指中階及基層主管人員（有時還包括企劃幕僚人員）所從事之部門性執行方案 (Action Programs) 之詳細規劃 (Programming) 工作。規劃是指用圓規方矩來詳細計劃的活動。中、基層之規劃工作必須接受高階策劃工作的指導，方不致各行其是，分散力量。

IPPBS 制度的 B (Budgeting) 是指中、基層主管人員設定執行方案所需之資金收入支出估計，部門一級主管設定該部門所需之資金收入支出估計，以及公司企劃決策委員會設定全公司所需之資金收入支出估計之預算 (Budgeting) 工作。資金預算必須接受工作「目標一方法」計劃的指導，方不致陷入「只管錢、不管新工作目標」之無效傳統預算絕境。IPPBS 制度的資金預算工作是屬於企劃工作範圍之內，與傳統預算制度的資金預算工作歸屬於會計工作範圍不同，此種以未來性，以方案、策略、目標為依歸的預算方法，仍是整體企劃制度的最主要特色。即首重目標、策略、方案，再重預算數字。

IPPBS 制度的 S (Scheduling) 是指中、基層主管人員在規劃執行方案時，對時間進度與資源配合的詳細安排工作，俗稱排程 (Time Scheduling)。所有的目標、策略、方案，及各種資源運用等，若無明確之時程安排，等於沒有靈魂的行屍走肉，失去意義，也沒有成功的把握，所以企業經營的整體企劃制度也特別看重時間的因素。

OST 三大要素是具有前後順序的系統性企劃方法，IPPBS 的五大要素也是具有前後順序的系統性企劃方法，兩者精神相同，但是涵義上，後者比前者為詳盡明確，所以我們以後可以 IPPBS 為整體企劃制度的代表。以下所示，就是按總裁、總經理、銷產經理、幕僚經理及課長之順序，分別說明整體企劃的作法。

第三節　總裁、總經理的策略計劃工作 (Strategic Planning of Top Management)

一、最高主管所應設立目標之種類(Kinds of Objectives for Top Management)

以前數章說明企業計劃的基本理論，作為正式設立經營目標體系、指導策略、行動方案、經費預算及時間進度等等重要企劃工作的基礎。以後之重心即在於探討總裁、總經理、經理及課長級主管人員設立目標的方法。

總裁、總經理的第一個重要工作是確保公司在年度開始之前，就已設立完整的目標體系及達成這些目標的政策 (Policies) 與戰略 (Strategies) 方向，以指導各部門各級成員在未來一年內之工作方向及速度。此一完整目標體系的三類較廣泛目標因素應由總經理本人設立，並提請董事會審議通過後，作為飭令部屬設立更詳細之執行目標之根據。此三類廣泛性之目標因素為：⑴公司之基本行業別使命、願景目標 (Industry Missions-Visions or Product Lines)；⑵在該行業內之產品業務範圍或產品項目 (Product Scope or Items)；⑶各行業內各產品項目之年度別數量性之銷售量 (Sales)、利潤率 (Profit)、生產力 (Productivity) 及市場佔有率 (Market Share) 目標。茲就設定此三種目標應注意之處，說明如下：

1. 以產品機能來訂行業別使命、願景目標 (Product Functions as Basis of Industry Missions)

公司在社會經濟上所立足之行業別選擇的良否，是決定公司經營成敗的最基本因素，屬於地「命」之一（成功要訣有「一命、二運、三風水、四功德、五讀書」之說）。假使總裁、總經理不察市場變化及競爭情況，而選擇了一個正被人遺棄或日落西山的「夕陽行業」，則註定公司必敗的命運，不論全公司的成員是否努力。反之，若選中了正要興起或發展潛力尚很雄厚的行業，則公司日後的成功將甚有希望。也許有的公司總裁、總經理會說他公司目前所處的行業別是前任人員所選定，不是他的能力所能及。話雖不錯，但他卻尚有每年檢討並做長期計劃以求轉向的神聖使命，不可藉故推諉。有的公司明明處於毀滅的行業，但總裁、總經理並無所覺，每年尚做重大的擴充及修配投資，等於把股東的錢及員工的青春誤導入無底深淵，誠屬重大罪過之一。設定行業使命、願景目標是以產品行業別來表現，並且應與公司最高的經濟社會目標（即宗旨）相配合。如果公司最高的宗旨已無法實現，也要在適當時機修正之。

尋找有前途潛力的產品行業，必須從人們未來生活所需的產品「機能」或作用 (Product Functions) 著手，而不可從本公司過去產品之「型式」(Product Form) 著手，否則會患上「行銷短視病」(Marketing Myopia)，跟隨社會大眾所拋棄的後塵走，永久註定失敗。人們對產品機能的需求，如食、衣、住、行、用、育、樂等，不易變化，但對提供這些基本機能之特定產品型式，則會產生求新求異之無窮慾望，譬如人類都有穿衣蔽體及增加美觀之需求，可是不同衣料 (Materials)、顏色 (Colors) 及裁剪式樣 (Styles) 則隨時在變化，或長或短、或寬或窄、或毛或絲、或紅或白，不一而足，假使某公司以「服飾」(Clothing) 來界定其行業目標，將永有發展之前途，但若以某特定布料所裁製之固定式樣之「工人製」或「旗袍」來界定公司的行業，則甚危險，因前者範圍大，若 X 裝過時，可以換 Y 裝或 Z 裝，創新永無止境。而後者範圍小，該特定裝一過時，就告終結。關於此種例子到處可得。又如以「娛樂」(Recreation) 來界定行業目標，總比以「布袋戲」或「歌仔戲」或「平劇」來界定行業目標有利得多。用「運輸業」(Transportation) 總比用「鐵路」、「三輪車」來界定行業目標為佳，亦因前者不變，後者可變。

轉換行業是一個不容易做的重大決定，但是，總裁、總經理卻必須面對此種決定，因為除他以外，職位較低的人員通常不知道，也不敢奢想去做此種決定。

2. 產品項目目標應機動調整 (Flexibility to Adjust Product Items)

總裁、總經理必須設定或檢討的第二種目標是產品項目。無疑地，產品項目必須在所選定之行業目標內。譬如決定在家用電器品行業立足的公司，還必須選擇要銷產那些特定的電器品，是電冰箱？電扇？電燈？電唱機？電烤箱？電視？冷氣機？或上述二種以上之產品種類及規格花色。如決定以 IA (Information Appliance) 行業立足的公司，也要再選擇 IA 冰箱、IA 電視、IA 電鍋、IA 冷氣等等特定產品項目。又如決定在「裝飾品」行業立足的公司，還要選定金屬飾品、寶石品、動物角牙雕刻品、編織品、木器雕刻品、圖畫美術品，或二種以上之產品種類及項目。又如在

「娛樂」業立足的公司，尚須選定唱歌、演戲、說笑話、伴舞、陪酒、導遊、旅行交通等等種類及細節搭配。

一般而言，在同一行業內機動變化產品項目比較容易，也是避免企業被淘汰的必要措施。一個成長的公司必然是會選擇有希望行業目標及有利潤產品項目的公司。二十多年前過世的企業鉅子翁明昌先生，在生前就是一位會設定行業目標及產品項目之人士，所以他所經營的公司都相當成功。可是他的兒子們卻沒有他們父親的能幹，固守舊行業舊產品項目而被他人追趕過。有很多企業堅守「祖傳祕方」之產品項目，都是優先被淘汰的對象。

3. 數量性目標應該有預測基礎 (Forecasting as Basis of Quantitative Objectives)

總裁、總經理的第三個設定目標之工作是針對每一類產品項目設定「銷售」(Sales) 的量、值，「盈利比率」(Profit)，「淨值報酬率」(Return on Equity)，「市場佔有率」(Market Share) 以及「生產力」(Productivity)（即每員工平均之銷產值及利潤）等等數量性目標。設定這些有時間性（如一年、三年、五年）之數量目標，貴在具有合理之挑戰性及達成性。因為當總裁、總經理的人常有把目標訂得偏高之趨勢，而部屬則有訂得偏低之趨勢，若兩者走極端，則數量性目標不是太高而無達成性，就是太低而無挑戰性，皆對公司及員工福利無所助益，有時尚可能造成浪費資源（如訂得太高時）或失去機會（如訂得太低時）之危險。

所以最保險的方法是在設定數量目標之前，應由企劃部或行銷研究部做客觀而科學的市場調查分析及預測，先把顧客行為與使用量以及競爭者行為等分析清楚，並就大環境未來可能之變動程度，預測未來市場潛量 (Market Potentials) 及本公司可能佔有之比率及銷售潛量 (Market Share and Sales Potentials)。在此基礎上，再由總裁、總經理召開主管會議研商，並加上個人價值判斷，而設定數目字，作為指導部屬努力之基礎，則較具說服力及合理性。

總裁、總經理設定公司全盤性之銷售、利潤、淨值報酬率、市場佔有率及生產力之目標時，可以用列表的方式，也可以用文字說明的方式。譬如對甲行業 A 產品而言，可用列表法訂出下列數量性目標。見表 14–1。如果母公司營業範圍在甲、乙、丙三個行業，每個行業有 A、B、C、D 四種產品，則類似表 14–1 之五年目標表應有 3 × 4=12 張，最後還要有一張「彙總五年目標表」。

表 14–1　母公司甲行業 A 產品五年目標（範例）

數量性目標	第一年	第二年	第三年	第四年	第五年
1. 銷售值（百萬元）	300	350	420	480	600
2. 銷售量（單位）	60,000	70,000	80,000	92,000	110,000
3. 利潤率 (%)	12	12	13	13.5	14
4. 淨值報酬率 (%)	20	22	24	26	27
5. 市場佔有率 (%)	15	16	17	19	21
6. 員工銷售生產力（千元）	3,000	4,000	5,000	6,000	7,000
7. 員工利潤生產力（千元）	600	880	1,000	1,200	1,400

二、公司政策及戰略 (Policies and Strategies)

總裁、總經理每年在檢討及設定上述全公司之目標後，必須再設定用以達成此等目標的手段。這類高階主管的手段就稱為「策」與「略」。所謂「策」就是「政策」(Policies)，為高階主管用以指導部屬思考及行為的規範及指針，為公司營運的架構基礎 (Operation Fundation)，供廣大部屬所引用。所謂「略」就是「戰略」(Strategies)，為高階主管在競爭情況下，使用重大資源以求突破、制敵致勝的方向，供特定部屬設定各種執行方案的依據。政策是公開性、廣泛性及持久性，戰略是祕密切、狹窄性及短暫性。兩者之主要差異為對敵性。

總裁、總經理設定的公司「政策」，譬如分權集權政策、人事政策、採購政策、融資政策、信用政策、股息政策……等等最高主管認為必須設定方向及界限之處，是構成公司整套作業制度（或稱管理制度，包括作業程序、辦事細則、操作標準）的靈魂，所以總經理在設定公司「目標」之後，務必檢討、更新、或設定配合達成此等新目標之「政策」，否則老舊落伍的政策及其衍生的管理制度，會妨礙新目標的達成。

總裁、總經理設定的公司「戰略」，譬如某某新產品開發，某某新原料使用，某某新市場開拓，某某新技術引進，某某新設備購置，某某新行銷推廣方法，某某新配銷或儲運體系，某某新獎勵制度，某某新售前售後服務制度，某某新人才培植制度……等等需要使用重大資源方足以突破現狀的方向，是構成部門主管從事規劃工作，包括部門計劃、課計劃、股計劃及專案工作計劃的依據，所以總裁、總經理在設定公司的目標之後，務必與設定「政策」之同時，設定明確的「戰略」，部屬才能由之導衍出細部作業計劃。

獨佔性之公司有「目標」，沒有更新「政策」，可能形成有「利潤」但是「無效率」的機構，也可能變成無利潤亦無效率的機構。反之，競爭性之公司有「目標」，沒有更新「政策」，必然被淘汰。即使有「目標」及更新「政策」，但無有力之「戰略」，也不會有效地達成目標。所以目標、政策、及戰略三者是任何想有效經營的最高主管者所必備。只有一個公司最高主管的想法，有的成為公司目標，有的成為公司政策，有的成為公司戰略。其他人的想法，可以成為自己部門的目標、方案、手段、措施、辦法、規則等等，但不可以稱為公司政策或戰略，否則會混淆一片。

三、企劃幕僚之積極角色 (Information Research and Planning Staff)

從上面我們可以發現，一個企業的總裁、總經理並不容易擔當，假使他真要把這個事業帶到繁榮成功的境界時。無疑地，一個比較大型企業的總經理，或集團企業的總裁，常需有專業性的特別助理（職位約與副總經理或經理相近），或專設的企劃部門 (Planning Department)，來幫忙他執行這種必須用大腦來深思熟慮的工作。但一般的中小企業，常因不知或不願設立這些智囊參謀，所以在無形中就疏忽這些企劃工作，因而易將事業帶到狂風暴雨，迴旋打轉之困境，值得警惕及改進。

一般而言，一個擁有員工五十人以上的企業總裁、總經理，其日常執行性事務，常佔去他百分之七十以上時間，其社交應酬的時間又須佔去剩餘時間的一部分，所以他用來思考企業未來命運所繫之重要工作的時間已無多少，假使他再不及早醒悟，尋求企劃幕僚之幫忙，則當事業越發達時，就等於走入快要失敗的開始階段。換言之，在今日變化迅速，競爭劇烈的世界裡，最高主管以企劃幕僚來擴大本身大腦功能的作法，已成為企業經營的「生活習性」(The Way of Life)。也就是說，今後企業的最高主管已漸失去「單人式」(Individual CEO) 之作法，而替代之以「團隊式」(Team CEO) 之作法。

企劃幕僚在最高主管主動之要求下（請記住，應是最高主管要求他們，而非他們要求最高主管，否則最高主管已是「失職」之人），應從事情報搜集、調查分析、預測及計劃之智力性活動。企劃幕僚所扮演的角色是擴大最高主管的大腦功能 (Enlarge the Big Brain Function)，因最高主管綜理整個公司事務，並負經營盈虧大責，必須充任「先鋒」(Pioneer)、「指導人」(Director)、「分析家」(Analyst)、「思想家」(Thinker) 及「政治家」(Politician) 等角色，但個人時間及精力有限，不能樣樣做到及做好，所以需要企劃幕僚來代替他執行「分析家」及「思想家」之角色。為了協助最高主管設定上述「行業目標」、「產品目標」、及「數量性目標」、「政策」及「戰略」等重要決策，企劃幕僚在平時應做好「環境分析」、「顧客調查」、「競爭分析」、「投入產出分析」及「需求潛力預測」之工作（請見第十二章詳細內容）。在最高主管要設定目標之前，提出背景資料，供總經理、總裁參考，有時甚至要提出建議性目標表，供總經理、總裁採擇或修正。在前者情況，企劃幕僚只做資料情報之研究工作；在後者情況，則企劃幕僚尚從事代出主意之重要的角色，有參謀長 (Chief of Staff) 之作用。能幹而周全的企劃幕僚會替總經理、總裁辦好「完整參謀工作」(Complete Staff Work)，正如軍隊之參謀作業對主帥之幫忙一樣，有如虎添翼之作用，所以我們各企業機構應開始學習利用企劃幕僚之方法。

企劃幕僚的設置以員工百分之一人數為度。依公司員工規模大小，可設為總經理室特別助理兼辦，可設為總經理直轄之總經理室或企劃室，亦可設為總經理直轄之企劃部及行銷部門之市場研究企劃室。

第四節　銷產經理的規劃工作 (Department Managers' Action Programming)

一、行銷導向的部門計劃法 (Market-Based Departmental Planning Systems)

前文說明總裁、總經理如何在企劃幕僚的協助下，主動地設定（或修正）行業別目標，產品項目別數目，以及數量性銷售及利潤目標。本文則將說明各部門經理如何在總經理的目標指導下，設定其本身的目標，用以執行上級希望達成的境界；換言之，部門經理們的「目標」將成為總經理的「手段」，所以經理們應竭盡心力，尋找最能達成總經理目標的方法，使「目標—手段網」密切連貫。

一般規模較小，產品種類簡單，採取功能式組織 (Functional Organization) 的公司，在總經理之下設有行銷（營業或業務）部，生產（工廠）部，財務（會計）部，人事（總務）部，及研究發展部，各部主管常稱為經理或處長，比較小的公司則稱為主任或課長。各部經理在設定自己的目標時，應有先後順序，互相配合，才能有效地達成總經理的目標。若各部門自行訂定目標，互不配合，則雖有目標形式，亦無法達成上級的目標。

各部門設定目標的順序若以行銷部門為先導，則稱「行銷導向計劃法」(Market-Based Departmental Planning Systems)；若以生產部門為先導，則稱「生產導向計劃法」；若以財務部門為先導，則稱「財務導向計劃法」。在二十一世紀競爭劇烈及顧客廣大的公司，則以採取「行銷導向計劃法」為穩操勝券的選擇。若採「生產導向計劃法」，則成敗機會各居一半；生產規模夠大，享有寡佔市場地位者，有成功機會，否則無機會。若採「財務導向計劃法」，則成功機會不到十分之一，各業主管不可不小心。

所謂行銷導向的部門計劃法，是指總經理所訂之目標大多為市場銷售量值目標，而行銷部經理則負責在此全公司目標下，設法在產品項目或式樣、顧客、地區、訂單等方面分別設立季節及月份銷售配額之目標，作為本行銷部門設定配合措施及本部門設定行動方案 (Action Programs) 之根據。

一般而言，「銷售目標」設定後，生產部門即有可靠依據設立生產目標（包括成品目標、原物料採購目標、機器設備擴充目標及修理目標、人力需求目標等）及行動方案。隨之，研究部門依銷售目標及生產目標之細類及數量，即可設定應配合進行之產品改良、原料改良、製程改進、機器設備改進、品質改進，以及新產品發展之專案研究目標及方案計劃書。配合上述銷售，生產，及研究發展目標及行動方案，人事部門即可設立人力發展目標及相關的行動方案。最後財務會計部門綜合上述四部門之目標及行動方案所需之財務經費及可能收入，編成預估資產負債表、損益表、現金流量表 (Cash Flow) 及資金運用表 (Fund Flow)，並設定必要之融資及財產管理方案，以便充分支援各部門之運作，有效達成公司總經理或集團總裁目標。

二、銷售目標及配額之設定範例 (Sales Objectives and Sales Quotas)

公司總裁、總經理所設定之銷售目標大，不能直接作為行銷部經理的作業目標，因為一家公司可以供應顧客的產品項目通常不只一項，即使一個牛肉麵攤子通常也賣好幾種麵。所以行銷部經理應確確實實地把一年的總銷售目標，劃分為銷售目標矩陣表 (Sales Objective Matrix)，表明他在不同產品項目或式樣、顧客、地區、及訂單別之數量目標，如表 14–2 所示。

表 14–2 為以銷售金額為計劃單位之目標矩陣表，在實務上，行銷經理尚應以實體單位為計算單位，設定顧客別，地區別，規格或式樣別之目標矩陣表，作為各地區營銷所或分公司主任設定其作業計劃的根據，因為金額目標與單位數量目標之間有價格因素存在，公司若對售價調整有所授權，則兩者所代表之意義不同。比較積極性的公司，除了用銷售金額及單位數量設定目標配額外，尚以利潤方式設定目標矩陣，則其激勵及控制作用將更大。

表 14–2　行銷經理年度目標矩陣表——銷售金額法（範例）

（甲行業 A 產品類第一年度）　　　　單位：百萬元

顧客別及地區別	甲品牌（高級品）		乙品牌（中級品）		丙品版（低級品）		合　計	
	銷　售	利　潤	銷　售	利　潤	銷　售	利　潤	銷　售	利　潤
工業用戶								
北區	30	4.0	20	2.5	5	0.5	55	7
中區	20	2.5	20	2.5	6	1.0	46	6
南區	10	1.2	20	3.0	9	0.8	39	5
小　計	60	7.7	60	8.0	20	2.3	140	18
消費用戶								
北區	15	1.5	25	2.5	8	1.0	48	5
中區	15	3.0	35	4.5	10	1.5	60	9
南區	10	1.4	30	3.0	12	1.6	52	6
小　計	40	5.9	90	10.0	30	4.1	160	20
總　計	100	13.6	150	18.0	50	6.4	300	38
	（合 20,000 單位）—		（合 30,000 單位）—		（合 10,000 單位）—		（合 60,000 單位）—	

說明：1. 總銷售金額三億元必須與總經理之目標一致。

2. 若每單位售價固定為 5,000 元，則高級品為 20,000 單位，中級品為 30,000 單位，低級品為 10,000 單位。

三、生產目標及其衍生目標之設定範例 (Production Objectives and Their Derivatives)

生產部門在設定甲行業 A 產品類之生產目標時，必須依據行銷經理所設定之年度高級品、中級品及低級品別之實體單位別目標數字 (Sales Objectives) 以及預定之存貨水準 (Inventory Level)，因為存貨水準若與往年相同，不予調高或調低，則新年度的生產目標等於銷售目標，亦即高、中、低級品的生產目標分別為 20,000，30,000 及 10,000 單位（見表 14–2 最後一欄）。此為公司僅由一個工廠生產此類產品供應北、中、南三地區之工業及消費用戶之情況，若此公司有二個以上的工廠供應不同地區之不同用戶（即工業用戶與消費用戶亦由不同工廠供應），則生產經理所應設定之年度生產目標矩陣表將須重新編訂，以求適時適量供應各種市場所需。生產目標亦應以實體單位為標準較有意義，以免受價格波動之影響。

假使公司的存貨水準有調整的必要，則某特定產品項目、規格之生產目標必須以銷售目標加（或減）存貨變動數字，才能做成。換言之，下列公式乃是設定生產目標之方法：

生產目標（某特定產品項目、規格）＝銷售目標 ± 存貨變動水準

若去年存貨量維持在二個月市場需求水準，但今年認為不必維持那樣高，只維持一個月需求量即可，則今年之生產量將是銷售目標減去一個月的平均需求量；反之，存貨水準若有調高必要，從二個月份提高為三個月份，則今年的生產量必定是銷售目標加上一個月的平均需求量。

設定年度生產目標後，尚須將之換算為每月每週之短期目標，方能成為現場操作之指針，所以短期性之生產預測方法如指數平滑法 (Exponential Smoothing) 則甚有助益。

年度生產目標設定後，馬上影響到各種原物料採購目標及方案的設定。假設甲品牌高級品之年生產目標為 20,000 單位，每一單位高級 A 產品需要 3 單位 X 原料，4 單位 Y 原料，5 單位 Z 原料，則甲品牌高級品之年原料需求目標為 60,000 單位 X 原料，80,000 單位 Y 原料及 100,000 單位 Z 原料。這些原料需求目標又必須再經過存貨水準之調整（如成品生產目標設定之例），才能成為採購目標。此外，尚需將乙品牌中級品及丙品牌低級品之原料需求目標，存貨水準等換算所得之採購目標，與甲品牌高級品之採購目標合在一起，構成總採購目標。若再乘以每單位原料之市價，則可求得年度採購預算經費需求。表 14–3 說明生產目標轉換為採購目標及預算之過程。

表 14–3 是關於原物料採購目標及預算之設定簡化範例，通常一個大公司的產品行業多個，產品項目多個，每一產品項目所需原物料多種以上，所以此種表要很多張，以至千張。關於擴建目標及修護目標之設定，則須視每一單位生產所需使用之製造過程種類及每一個過程所需使用機器設備之時間及範圍，可用與表 14–3 相類似之方法，計算設備需求目標，經現有設備容量及修護時程之調整，則可得必須擴建之機器設備數量目標及預算。至於勞力目標及預算之設定，則與表 14–3 所示完全相同。本文不再重複舉例設定銷產目標及預算，並不就等於銷產經理之計劃工作已經完成，事實上詳細針對每一細項產品目標，規劃達成這些目標之行動方案內容，才是另一個繁重而重複性大的工作。

表 14–3　甲行業 A 產品之年度生產目標與採購目標表（範例）

生產目標	原料單位需求量（單位）	原料總需求目標（單位）	原料總採購目標（存貨不調整）（單位）	原料單價（元）	採購預算（百萬元）
甲牌高級品：20,000 單位	X⋯3 Y⋯4 Z⋯5	3×20,000=60,000 4×20,000=80,000 5×20,000=100,000			
乙牌中級品：30,000 單位	X⋯3 Y⋯3 Z⋯4	3×30,000=90,000 3×30,000=90,000 4×30,000=120,000	X=180,000 Y=200,000 Z=250,000	X=100 Y= 80 Z=120	X=18 Y=16 Z=30 64
丙牌低級品：10,000 單位	X⋯3 Y⋯3 Z⋯3	3×10,000=30,000 3×10,000=30,000 3×10,000=30,000			

在二十世紀 90 年代開始，美國高科技企業採行虛擬生產組織方式，把生產製造工作委外 (Outsourcing)，臺灣的絕大多數大型科技企業接受委託代工，所以這些代工公司本身就沒有市場調查研究，也沒有銷售預測及目標，只有等爭取訂單 (代工)，安排製造時程，緊急採購配件零件，完全用不上前述的方法。這是沒有自己終端市場之企業公司的特質，並非所有各行各業的企業皆是像高科技代工工廠，倉促張惶行事，在接訂單後三天（72 小時）或七天內交貨。

第五節　幕僚經理及課長的企劃工作 (Action Programming for Staff Managers and Section Managers)

一、由直線經理目標衍生幕僚經理目標 (From Line Manager Objectives to Staff Manager Objectives)

前文述及如何設定行銷及生產經理目標之方法，本文則將說明研發、人事、總務及財務會計經理設定目標之方法，以及課長級人員接力下去設定更下一層目標之步驟。

依照行銷導向 (Marketing Orientation) 的經營哲學，公司各部門目標的設定順序如圖 14–1 所示。

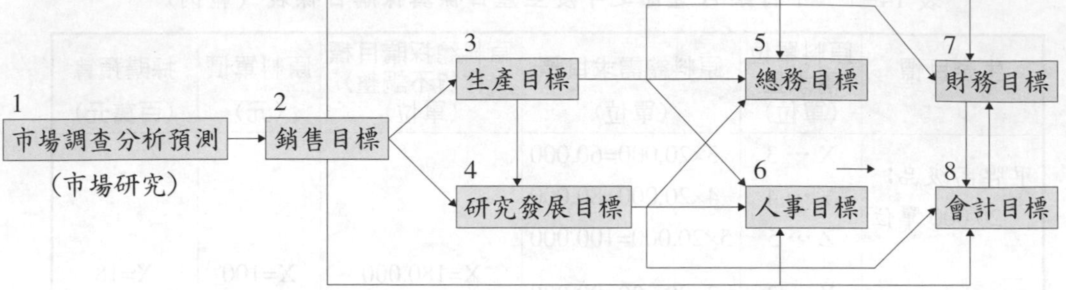

圖 14-1　幕僚計畫衍自直線計畫

所以在行銷經理及生產經理設定各自部門的工作目標後，研究發展、總務、人事、財務及會計等部門主管亦應配合，設定各自部門的工作目標，對上用以達成總經理的全公司目標，對下用以指導課長級部屬設定更具體的執行方案性工作目標。

二、研究發展目標應來自市場需求 (R&D Objectives Coming from Market Needs)

一般而言，研究發展目標之設定構想來源有三，第一自市場研究及銷售目標，第二來自生產目標，第三來自研究部門自行發掘的科學試探。自公司之整體立場而言，研究發展工作雖屬科學探討領域，但其終極目的還是必須為公司的市場顧客服務，不能獨自生存，否則將變成「為科學而科學」，不是「為應用而科學」之偏頗現象。目前有不少研究單位之貢獻不大，就是因為其工作目標的構想來源大多來自研究人員自我想像或自我興趣，而非來自市場銷售目標及生產目標，此為日後必須注意改進之要點之一。

三、總務及人事目標之設定以服務銷產、研究為導向 (Personnel and Services Departmenat's Objectives to Support Marketing, Production, and R&D)

一個現代化的公司，其總務及人事等幕僚部門亦應設立明確的目標，以支援及服務行銷、生產及研究發展等直線部門。不過比較老式經營的公司，此二部門常無明確目標及責任，每日只是以臨時應付之作法在運作，所以無法充分發揮應有潛力，陷於無所事事或忙亂無章之境地，形成公司效率之瓶頸，備受直線部門之責怪，譏為「有權無責」之特權單位，值得檢討。

「總務」(General Affairs) 一詞原指「什麼事情都管」的意思，後來生產、行銷、及研究工作已有專責人員擔當，所以其工作範圍大為縮小。在未來已形成一個趨勢，即公司內的分工愈細，則「總務」的勢力範圍愈小，變成「事務」、「庶務」、或「雜務」，以至於委外辦理完全不存在的單位。但不管如何，「總務」一詞在我國目前大多數的機構裡仍然存在，尤其行政、教育、公營事業機構更多，所以要求總務部門配合其他部門（尤其直線作業單位），設立服務支援性之目標，乃是改進經營效率的捷徑之一。

總務目標可在採購、車輛、儲運、設備管理、清潔、福利、安全衛生、文具、文書等等後方支援性工作方面，設立明確項目及數量性改進境界，直接服務其他部門，完成公司所賦予之使命。

人事部門的獨立設置也是最近三十多年來的現象，在以前皆歸總務部門管轄。在美國，人事部門在 1930 年代則擴充為「工業關係」(Industrial Relations) 部門，因為美國的廠家比較重視公司管理當局與其他相關機構的社會關係，政府關係，股東關係，所以統稱為工業（意指廠家）關係，設立專門部門負責。至於顧客關係，供應商關係及金融界關係則分別由行銷、生產及財務部門負責。

我國公司的人事部門大多以處理內部職員與工人之共同事務為主，所以又稱為「人力資源部」(Human Resources Department)，其工作範圍不如美國公司之工業關係部門。人事部門與總務部門相似，皆應以服務支援其他直線作業部門之員工所需為最終使命，而非以牽制直線作業主管之用人指揮權為目的，所以它亦應配合各部門之工作需要（即目標），在有關人力資源方面設定明確而具數量性或進度性之工作目標，指導本部門人員之努力方向及程度。

人事部門可在人力需求預測、人員設置標準、招募、薪資、人力訓練發展、晉升、獎懲、紀律、及辭退等方面設立努力目標，充分表現以服務其他部門為導向之態度。

四、財務會計目標之設定以提供財力、情報資源為中心

財務與會計在我國許多企業機構內，並無明確之劃分，而其明確目標之設定亦常欠缺，一如總務人事部門，常以「控制」（而非「協助」）銷產研究等直線部門為使命，所以也經常變成「有權無責」之特權單位，遭受議評，有害整體目標之達成，尤其在家族式老企業及華僑企業為甚。

事實上，財務部門以提供各部門工作預算上所共同需要之財力資源 (Capital) 為使命，並非用來剋扣各部門之支出，因為各部門之支出皆各有其工作目標及工作方

案（含方案預算）為控制工具，不必勞動財務人員隨時憑自己價值觀念而做可否之判斷。此外，財務部門亦需負責有效運用其他各部門執行工作時所產生之財務收入，不使之凍結於無孳息或低孳息收入之處所，浪費寶貴資源。

會計部門的任務應以精確記錄各部門執行工作目標時所產生之活動現象，以及適時提供分析性情報資料給各部門各級主管參考，以提高工作效果為主，而非呆板地看守每一部門支用財務資源之瑣碎手續為能事。會計部門若未能記載及提供管理情報，則其存在之價值減少一半以上。目前許多機構的會計部門即常犯此種毛病，每日斤斤計較費用支出的細小手續，干擾或牽制直線部門執行工作目標所亟需的機動調整行動，減低公司整體績效於無形，甚可警惕。會計是用來幫助直線作業部門，而非用來牽制它們，所以會計部門亦應配合所需，主動地設定明確的服務支援目標，不應只被動地核對手續及平衡元角分之借貸相等。尤其會計作業電腦化之後，會計人員不做成本分析、稅務會計、管理會計的話，就會馬上失業。

財務及會計部門可在成本、內部審核、預算、支用、投資方案、現金管理、金融關係、財產管理、儲蓄保險、稅捐、存貨及呆廢料處理、情報系統等等方面設定明確而具進度性或數量性目標，極力支援直線作業部門。

五、課長級人員以設定行動方案計畫為工作目標之基礎 (Section Managers to Do Action Program Planning)

在各部門經理人員設定相互協調配合性工作目標，以執行總經理之全面公司目標後，經理人員尚應要求課長級部屬設定更詳細具體之執行目標或行動方案計畫 (Action Program Plans)，方能確保屆時得到預期之成果。

課長級之工作目標為公司目標體系的基礎，用以指明各種資源的確切運用方向、數量、時間、方法及品質，建立可計算性的授權及責任中心 (Delegation and Responsibility Centers)，把各個員工的腦力及體力吸引到明確的工作中心點，為消除冗員及無效率的最有力工具。

以往我國行政及公民營企業機構之經營績效不高，其主因不在於最高主管及銷產部門沒有理想目標，而是在於幕僚部門之經理及所有課長級主管人員沒有具體工作目標，尤以課長級主管不設定行動方案計畫 (Action Program Plans) 為致命傷。在國外的機構，亦有類似的現象，所以他們的改進要點亦放在方案計畫及預算 (Program Plans and Program Budgets) 的設定上，因之有所謂「企劃預算法」(Planning, Programming and Budgeting System, PPB)，「方案預算法」(Program Budgeting)，「零基預算法」，或「效率預算法」(Efficiency Budgeting) 等等名詞之出現。事實上這些預算法皆有相互溝通的意義，也就是用來與往昔不設定課長級行動方案（或工作計畫）之「傳統預算法」(Traditional Budgeting) 相對立。

課長級人員是公司的執行幹部，其工作目標的有無，是否明確，以及有無手段性授權，往往決定能否充分應用眾多部屬的潛力，貢獻公司目標的達成。舉凡生產部門的生管、品管、物管、工業工程、設計、維護及現場操作等課，行銷部門的市場研究、產品價格企劃、廣告、經銷、門市部、直接推銷及服務等課，以及財務、會計、總務、人事、研究發展等部門的相關課或單位主管，皆應在年度開始前，要求部屬參與，設定明確的行動方案計畫書（及預算書）。

行動方案計畫書的格式並無標準性規定，但可以用科學 7W 法（七支法），What, Why, How, Where, When, Who, How Much 當基礎，說明下列各要項為宜：

⑴方案名稱 (Program Title or Program Name)。

⑵方案編號 (Program Code)。

⑶隸屬部門 (Department)。

⑷方案的具體工作目標 (Program Objectives, 即 What) 應以列項為主。

⑸設定此方案之緣起或動機 (Program Background, 即 Why)。

⑹工作方法 (Program Method, 即 How)，包括詳細步驟及順序。

⑺工作的時間進度 (Program Schedule, 即 When)，應配合工作方法步驟，訂明進度。

⑻資源需求 (Resource Requirements, 即 Where) 包括地點、機具、設備、原物料等等之需求。

⑼負責人及協助人 (Manpower and Responsible Person, 即 Who)。

⑽經費預算 (Budget, 即 How Much) 應以機會成本觀念、分項估計收入及支出。

⑾預期成果 (Expected Results)。

⑿經濟評估 (Economic Evaluation)。

各課級單位依目標分配，每年規劃好之「行動方案計畫書」（含收支預算），經總經理批准後，即可將之存入電腦，做為執行之授權根據。而日後在執行過程中，應定期輸入完成進度（如半月或一個月）及檢討，供上級主管（如經理、副總經理、總經理、總裁）隨時可經電腦中抽查追蹤各方案之完成進度及順利或障礙情況，以利隨時給予協助或糾正，這就是規模大型化公司很有力量的電腦化目標管理及成果管理制度。

第十五章　公司計畫之訂定及執行控制實務

(Practice of Company Planning and Implementation Control)

因為計劃是所有管理活動的首要，為求事半功倍，提高經營績效，所以重視計劃活動乃是現代管理的第一特色。「計劃」是思考過程，「計畫」書是思考的定案結晶，本章為提供比較具體的範例，特以一個產品多元化，市場多國化之綜合企業的管理實務為例，逐步寫出各種「計畫」書之訂定步驟及原則，供讀者參考。中小企業之計畫書訂定之步驟及原則與大企業相同，只是內容較為簡化而已。

第一節　計畫書之編訂 (Formulating Plans)

編訂計畫書必須利用大腦思考之決策過程，同時也要應用「系統分析」(Systems Analysis) 觀念及「目標管理」、「參與管理」之原則。通常一個機構所需編訂之計畫書可分為「目標」及「策略方案」二大類，所以計畫書編訂之工作亦以此二者為每年之對象。綜合性集團企業 (Conglomerate) 每年應對董事會提出五年計畫書及年度計畫書，各子公司也同樣應有五年計畫書及年度計畫書。年度計畫書的目標就是五年計畫書的第一年目標。至於執行「方案」分別在子公司年度計畫書中各功能部門 (Functional Departments) 或事業部門 (Divisions) 內出現。

一、目標之制訂原則 (Principles of Setting Corporate Objectives)

(一) 一般原則

經營目標係指在一定時間內（如一年、五年、十年），公司期望經由各種策略、方案所完成之理想境界或事務 (Ideal State or Ideal Things)，其設定為事業總體經營制度 (Integrated Management Systems) 之中心工作。

經營目標之設定，須注意含有下列作用：

⑴指導公司資源分配之方向 (Direction of Resources Allocation)。

⑵激勵公司員工應有之潛力 (Motivation of Empluyees Potential)。

⑶衡量公司追求顧客滿意及合理利潤之成效 (Performance Evaluation on Customer Satisfaction and Resonable Profit)。

⑷創造良好之聲譽及崇高之意境 (Creation of Good Reputation and Image)。

機構最高主持人（指總裁、總經理）應負起策訂事業「目標體系」之全責。「目標體系」指從總公司目標、子公司目標、事業部目標、功能部門目標、課級、組級、班級及個人目標之連貫體系。

機構最高主持人於策訂目標體系時，應通知有關直轄單位主管參與，由其提出適當層級目標之意見，並應責成總公司級、子公司級之企劃單位 (Planning Staff) 提供技術性協助及彙總性服務。

（二）整體與個別

公司之經營目標可分為「整體性」(Overall) 及「個體性」(Individual) 二類。整體性目標應具有廣泛性及啟發性內涵，其類別分為：

⑴社會經濟性目標（即宗旨），反映本公司作為社會公民一分子之使命感。

⑵產品行業使命別目標，反映行業轉型及進出新行業之願景。

個體性目標應具有具體性及精確性內涵，其類別分為：

⑴功能別 (Functions) 之目標，如行銷、生產、採購（託外）、研發、人事、財務、會計、資訊等等部門之目標。

⑵單位別 (Departments) 之目標，如總公司、子公司、產品事業部、地區事業部、幕僚功能部、課、組、班之目標。

⑶時程期間別 (Time) 之目標，如短期（一年）、中期（五年）、長期（十年）之目標。

⑷專案工作別 (Projects) 之目標，如各功能別內之工作專案。

（三）兩難平衡七原則

各經營目標內容之策訂，須注意下列七項相對平衡原則：

⑴社會需求與營利機會之平衡 (Balance between Social Needs and Profit Opportunities)。

⑵社會經濟責任與機構生存發展之平衡 (Balance between Social-Economic Responsibilities and Company Survival and Growth)。

⑶各單位部門目標之平衡 (Balance among Department Goals)。

⑷公司目標與同仁個人目標之平衡 (Balance Between Company Objectives and Personal Objectives)。

⑸長期目標與短期目標之平衡 (Balance between Long-Term Objectives and Short-term Objectives)。

⑹有形成效與無形成效之平衡 (Balance between Tangible Objectives and Intangible Objectives)。

⑺目標與潛在可運用資源之平衡 (Balance between Present Objectives and Potential Resources)。

（四）通過及發布

公司主持人應以適當書面或各種計畫書之方式提經董監事會及股東大會通過，作為研訂資源運用方針（策略）、工作方案 (Programs) 及日常經營決策 (Daily Operations Decisions) 之根據。

（五）整體性經營目標之策訂（見練習一，本章附錄）

公司社會經濟性目標為目標體系之根源，可根據下列前提策訂其內容：

⑴提高國民生活水準。

⑵促進全面經濟發展。

⑶配合政府既定之經濟建設計畫。

⑷執行股東會、董事會、創辦人之理想。

產品行業使命別目標內容之策訂，除須配合社會經濟性目標外，尚須根據下列因素為之：

⑴本地及國內外新市場之開拓。

⑵相關新產品（商品及勞務）之開發。

⑶改良品之開發。

⑷多角化業務多國化、購併或策略聯盟之創辦。

⑸無前途市場或產品之裁併或放棄。

公司最高主持人應督促企劃部門制訂書面性之公司「信條」(Creeds)、「標語」(Slogans)，載明全體員工應努力追求之方向及理想點，廣為分發周知，以利同仁自動配合努力。

公司整體性經營目標每年應至少檢討一次，必要時並應隨時檢討。若有修正時，應呈報董事會通過，並公告周知。

（六）個體性經營目標之策訂（見練習二，本章附錄）

公司個體性經營目標之策訂，以達成其整體性目標內容為前提，並參照外在環境預測情況、內部資源條件及經營方針，做理智之選擇。

公司個體性經營目標應指出概略之數值及時間。凡期間愈短者（如一年、二年）其數值應愈詳細及明確，期間較長者（如五年、十年）可較粗略。但較短期性之目標亦應與較長期性目標維持密切關聯。

公司之個體性經營目標可依長程（十年）、中程（五年）及年度（一年）之時間別，就各行業各產品項目在下列項目設定之：

⑴銷售值、量及銷售成長率 (Sales Value, Sales Quantity, Sales Growth Rates)。

⑵利潤額及利潤率 (Profit, Profit Ratio: ROE, ROA)。

⑶市場佔有率 (Market Share Ratio)。

⑷生產力及生產力成長率 (Productivity and Productivity Growth Rate)。

⑸新產品引介推出數及項目 (New Product Introductions)。

⑹產品改良數及項目 (New Product Improvements)。

⑺財務結構上之重要比例 (Financial Structure and Key Ratioes)。

⑻人力資源之發展及運用項目 (Human Resources Developments and Usages)。

⑼組織之變動項目 (Organization Changes)。

⑽應付環境變動之彈性、多角化、多國化、購併及策略聯盟 (Flexibility of Adjustments to Environment Changes and Diversifications、Multinational、Merger and Acquisition, and strategic Alliance)。

⑾研究發展項目及經費 (R&D Projects and Budgets)。

⑿工作環境之改善項目 (Improvements of Working Conditions)。

⒀社會責任之履行及公共關係之改進項目 (Social Responsibilities and Public Relations)。

（七）公司目標體系及責任中心體系之表達

公司個體性目標之表達，除應含數值 (Quantity) 及時間因素 (Time) 外，並可依產品類別、地區別、功能別或生產過程別，做簡明之表列或敘述，以構成目標體系之重要部分，其表列方式應按年期別列出努力之數值或內容。

公司最高主持人應按公司之現有組織單位，將所考慮之個體性目標予以明確之劃分及指派，以建立責任中心體系 (Responsibility-Centers Systems)。

當個體性目標或指派體系發生變化時，則責任中心體系亦應隨之修正。

公司最高主持人應鼓勵各級單位或責任中心負責人，運用「目標管理」之觀念及技巧，將所分認之目標以最適當之方式與部屬研討，並確定各分目標之最終歸屬。

各級主管及部屬於接受及研討上級指派之目標後，認為有明顯重大困難無法實現時，應即速報上級，以利上一級主管重加修訂，再行研討。

經研討後無重大實現困難之目標，即成為全公司、各責任中心及各同仁在該時間內之確定工作目標。公司最高主持人應將重要目標提報董監事會通過，報送股東會；若因環境情況變更，需更改目標內容及其分派時，亦應呈報董監事會及股東臨時會。

公司最高主持人應與整體性目標之檢討配合，每年至少一次（從每年 9 月開始）檢討、修正其長、中程計畫、年度計畫及專案計畫中之個體性經營目標，作為制訂方針及工作方案之根據。年度中若有重大之修正時，應依規定辦理之。

二、策略及方案之規劃原則 (Principles of Setting Strategies and Programs)

❖一般原則

策略之規劃係指以達成公司目標所需之突破性活動事項為單位，並詳細規劃各種課級行動方案內容為要點。公司主持人應特別指示各部門及各課級主管加強規劃能力。

公司經營策略及方案之制訂應以建立全公司「方案體系」(Program Systems) 為起點，為配合公司最高主管之經營目標，形成「目標－手段鏈」之整體結構 (End-Means Chain Systems)。

公司各課級之方案體系之內容，每年應由主持人及其企劃幕僚，定期依據既定之目標體系內容，要求及協助各部門、各課級設定之。公司若未先備有五年及一年企業目標體系，應一併於設定方案體系時策訂之。

公司策略及工作方案體系可以圖列、表列或敘述方式表示之，但以指明方案與策略、策略與目標之聯貫關係為必要條件。

公司主持人於設定目標體系後，應將其內容項目分派於適當層次之組織單位主管或責任中心負責人（如部經理、課長、專案負責人等），並指示分別規劃其職責範圍內之工作內容。其工作內容之詳細程度依完成期間之長短而異，凡期間較短者應較詳細。

各責任單位（如部經理、課長、專案負責人）於規劃其所屬行動方案內容時，應鼓勵其所屬人員共同參與意見及提供資料。若有必要時，可請求公司或集團總部企劃單位之專業人員協助之。

各責任單位於規劃行動方案內容時，應注意應用理智化之決策 (Rational Decision-Making) 過程及適用之決策工具，以提高方案規劃之品質。

各責任單位於規劃行動方案時，可依其例行 (Regular) 性質與專案 (Project or

Task) 性質，分別提出工作目標 (What)、進行步驟 (How)、負責人 (Who)、所需資源要求 (Where)、時間分配 (When)、成果預估 (Results)、經費預算 (How Much)、以及經濟效益 (Cost-Effect) 之評估等相關內容。各責任單位於緊急需要時或接受上級之緊急指示時，可提出緊急工作方案 (Emergency Program Plan)，其方案內容與例行及專案方案相同。

各責任單位（如課長）之上級（如部經理）應於同意所屬單位工作之方案後，彙編其本身工作之方案，連同所屬單位各工作之方案，提呈上級單位（如事業部、公司、集團）之同意。如此層層彙編，以至彙編成企業集團之整套經營方案為止。

核准後之工作方案應指派特定編號，作為將來編製各種計畫、預算籌編、資源需求、資源使用、工作檢討等管理活動之引據。

各責任單位對需用重大資源投入之方案，除應注意合理之決策過程外，尚應注意進行系統性之「可行性研究」(Feasibility Study)、「成本效益分析」(Cost-Benefit Analysis)、「備選方案評估」(Alternative Plans) 及「敏感性研究」(Sensitivity Study) 等工作。

凡資源投入超過某一定數額（如 100 萬元臺幣以上）之專案性方案，其所需進行之分析研究工作，可由各公司於「核決權限表」內規定之。

凡是新專案投資案超過 1,000 萬美金以上者（舉例而言），皆應進行完整之「可行性研究」。

可行性研究須包括下列項目：

⑴市場行銷可行性分析 (Marketing Feasibility Analysis)，包含五年或十年。

⑵工程技術可行性分析 (Engineering Technology Feasibility Analysis)，包含目前技術及未來技術。

⑶生產製造可行性分析 (Manufacturing Feasibility Analysis)，包含五年或十年。

⑷利潤（經濟）可行性分析 (Economic or Profitability Feasibility Analysis)，包含五年或十年。

⑸財務（融資）可行性分析 (Financial Feasibility Analysis)，包含五年或十年。

⑹風險因素之評估 (Risk Analysis)，包括現值法 (Present Value)、內部報酬率法 (Internal Return)、回收年限法 (Payback Year) 等之。模擬及常態分配分析 (Simulation and Normal Distribution Analysis) 等。

凡是資金投入在一百萬美元以上者（舉例而言），應進行成本效益分析。

成本效益分析須包括下列項目：

⑴各類有關之支出項目（包括有形及無形成本）。

⑵各類有關之收入項目（包括有形及無形利益）。

⑶預估之損益數額及損益平衡點 (Break-Even Point)。

各責任單位之工作方案規劃結果，應做成簡明之書面文件，即是「方案計畫書」(program plan)，作為審核、討論、修正、授權、協調、及控制等內部管理工作之依據。

見本章附錄：練習三「目標—策略—方案」體系圖及練習四「工作方案計畫書」格式。

第二節　公司計畫書綱要格式 (Outline of Corporate Plan)

××集團「公司計畫書」綱要（十年、五年、年度）

XYZ Group Corporate Plan (10 Year, 5 Year, Annual Year)

壹、計畫摘要 (Summary of Plan)

1–1　集團企業計畫「執行摘要」(Executive Summary) 一頁

1–2　集團企業計畫「摘要」(Sammaries)，包括各產品行業別、地區別之事業群之摘要，每一產品事業群，或地區事業群，或子公司都應有一段摘要說明。計畫「摘要」以不超過五頁為原則。

貳、過去五年或十年檢討概要 (Reviews of Past Five-Year or Ten-Year Performance)

包括銷量、銷值、利潤額、利潤率、市佔率、員工生產力；並以圖及表方式表明五年或十年趨勢

參、環境分析、競爭分析、顧客分析、自我分析結論（即 SWOT 強、弱、危、機分析摘要）

3–1　環境變化呈現之機會及危險（把與本行業本產品有關之環境變化因素摘出）

3–2　顧客行為呈現之機會及危險（列十大主要顧客資料）

3–3　競爭行為呈現之弱點及強點（若本公司為五大競爭者之一，提供五大主要競爭者資料；若為五大之外，提供十大主要競爭者資料）

3–4　自我分析呈現之強點及弱點（檢討本公司本行業本產品投入及產出之競爭優點與弱點）

肆、未來（十年、五年、一年）之公司宗旨、產品行業使命、願景

4–1　公司宗旨 (Basic Purposes)

4–2　公司使命 (Corporate Missions)

4–3　公司願景 (Corporate Visions)

伍、未來公司銷、產、利、市、力目標（用列表表示；用圖表示）

5–1　產品行業別、產品項目別之銷售量、銷售值目標（一至十年；第一年為年度目標，一至五年為中程目標；一至十年為長程目標；下同）

5–2　產品行業別、產品項目別之生產量、生產值目標

5–3　產品行業別、產品項目別之利潤額、毛利率、淨利率、資產投資報酬率、淨值投資報酬率等目標

5–4　產品行業別、產品項目別之市場佔有率目標

5–5　員工生產力目標（每人銷售值、銷售量、利潤額）

例：某大企業集團有九大事業部 (Product Divisions) 數十種產品，在十個國家地區營運：(1)農牧部（雞豬飼料；曾祖父代肉雞、肉豬，祖父代肉雞、肉豬；父母代肉雞、肉豬；商品代肉雞、肉豬）；(2)水產部（魚蝦飼料、魚蝦苗、養蝦、養魚）；(3)工業部（摩托車、空調機、土方機器）；(4)房產部（工業區、辦公大樓、住宅大樓）；(5)流通配銷部（超級市場、連鎖便利商店、連鎖大量販店）；(6)金融部（信託公司、證券公司）；(7)種子農化部（農藥、肥料、香米、菜種）；(8)電訊部（有線電話、無線手機、無線電視）；(9)醫藥部（西藥、健康食品、中藥科學化）。

陸、五年策略表（或十年策略表）

6–1　依行業別、產品別列出「五年計畫策略表」（若只做五年計畫）或「十年計畫策略表」（若做十年計畫）

6–2　「五年計畫策略表」之內容格式要點為：

6–2–1　目標編號

6–2–2　發展目標之名稱（參照第伍大項之目標內容）

6–2–3　策略之說明（簡述內容）

6–2–4　所需投入之人力、財力資源數量

6–2–5　實施年度

公司五年計畫「策略表」（大量販店範例）　編號＿＿＿＿

目標編號 Code of Objective	目標名稱 Name of Objective	策略簡略說明 Brief of Strategies Policies	所需投入之人力、財力資源 Manpower and Financial Requirement	實施年度
1	展店 30 家（現有 8 家）提升市佔率至 35%（現為 5%）	1. 快尋找地點開店 2. 對現有他店，進行合併、合作 3. 進入次要商圈（約 20～15 萬人口）擴店	1. 需要集團總部力量進行洽商 2. 增添 2 人進行開發	2002 ～ 2006
2	提升毛利至 19%（現為 15%）	1. 增加店的數量，以降低採購成本及提高折扣優待 2. 檢討商品結構、商品組合，以提升毛利率	1. 調整採購組織及人力搭配，以有效檢討商品結構 2. 加強教育訓練及電腦作業系統之人力	2002 ～ 2006
3	提升業績至 600 億 NT$（現為 150 億 NT$）	1. 提升來客數 2. 提高客買單價	1. 增加業務行銷員 5 人 2. 加強店內訓練及活動企劃能力，製造店內衝動性購買單價	2002 ～ 2006

柒、公司年度策略方案表（專指第一個年度要採取之策略及方案）——表格設計要點

7–1　第一年目標編號

7–2　第一年目標名稱

7–3　第一年策略名稱及方案概略說明

7–4　負責人

7–5　所需人力與財力資源

7–6　實施起訖日期

（第一年）公司年度（2003 年）計畫「策略方案表」（大量販店範例）　編號＿＿＿＿

目標編號	公司目標名稱	策略方案概略說明		負責人	所需人力、財力	實施起訖日期
		策略方案名稱	策略方案概略說明			
1	擴店 8 家	1–1 加強組織及培訓	8 位店總經理 GM，每店幹部 20 人，員工 300 人	張經理	每擴展 1 店需 3 億元，8 店需 24 億元	1～12 月

2	提高採購毛利2%（從15%升為17%）	2–1 調整商品結構 2–2 檢討供應商 2–3 開發新商品及新供應商	佔比 毛利 折扣 毛利合計 百貨 60% 14% 6% 20% 食品 40% 8% 5% 13% 　　100% 　　　　17%	李經理 林經理		1～6月
3	維持及提高舊店業績	3–1 鞏固主要商圈 3–2 開發新區消費者 3–3 保持比競爭者低價形象 3–4 進入第四臺及報紙廣告	‧地毯式顧客訪問 ‧第二圈、第三圈客訪發卡 ‧選擇敏感性商品低價出擊 ‧結合社區活動，在第四臺曝光 ‧聯合供應商做低價廣告	陳經理及各店總經理		1～12 月

捌、公司—部門—課級行動方案計畫表

第一年公司部門課級（2003 年）行動方案計畫表（大量販店範例）　編號＿＿＿＿

執行單位：行銷企劃部　審核者：總經理黃　製作者：經理楊					
公司目標編號	單位目標名稱	行動方案項目	負責人	績效內容及衡量	追蹤查核期間
1	開發新店 8 家	1. 宜蘭、花蓮各 1 家新店（2003 年開店 2 家） 2. 臺北市、臺北縣各 3 家店（2003 年開店 3 家，2004 年開店 3 家） 3. 20 萬人鄉鎮新店 3 家（2003 年開店 3 家）	李課長 林課長 張課長	土地簽約，建物租約，委託經營契約完成（1～12 月）	每週查核
1	完成已開發中店之法定程序	1. A 店（完成作業程序） 2. B 店（完成作業程序） 3. C 店（完成作業程序） 4. D 店（完成作業程序）	林課長	完整作業文件（1～3 月）	每週
1	招商行銷	1. 新竹地區招商及 TV 案 2. 臺南、臺東招商案	王課長 陳課長	完成招商簽約（1～2 月）（1～3 月）	每週

玖、預算（集團公司、九產品事業部、各地區營運公司）

9–1　估計損益表（一年、五年、十年）

9–2　估計資產負債表（一年、五年、十年）

9–3　估計資金需求運用表（一年、五年、十年）

9–4　估計損益表（一年）、資產負債表、資金需求運用表（2003 年）

9–5　估計各種績效表（比率）（2003 年）

第三節　方案計畫之執行

公司計畫之執行分兩大部分，第一為例常業務，如銷售、生產、採購、交貨、收帳、會計、人事、總務等等，則依公司管理作業制度進行，每日、每週、每半月、每月皆有「企劃—控制」制度在追蹤。第二為專案改善、發動、追蹤等執行策略行動的活動。此部分不能規定於例常管理作業制度內，所以要提出來討論。

一、部、課級個別工作方案 (Individual Action Program) 之執行進度

「計畫評核網狀圖」(Project Evaluation and Review Technique, PERT) 或「甘特圖表」(Gantt Chart) 是用來追蹤部、課級工作方案執行進度的最普遍方法，其中尤以前者對複雜大工程施工案件之進度控制為佳。「計畫評核網狀圖」之意義及制訂方式簡介如下。

⑴盡量詳細列出完成某一工作方案所需要之具體活動項目 (Activity Items)。此等列出之項目，應比本章附錄練習四「工作方案計畫書」中所列之「工作步驟辦法」為細（請參照練習四之表格）。假使我們能把一個大量販店開營運之方案，列出三十個工作項目或活動，則比將之列為五個項目更為考慮周到及深入。

⑵排列各項目活動之前後順序關係 (Activity Relationship)：譬如完成某方案必須有三十個活動項目，則各活動項目間，有的為平行關係，有的為前後銜接關係，有的完全無關係，但必須將之完全畫出來，以利資源之分派及時間之安排，使成網狀關係圖。

⑶估計完成每一活動項目所需之時間 (Activity Time)，可以日數為準。

⑷計算每一網狀路線中，各個活動項目之「最早」(Earliest) 及「最遲」(Latest) 開工時間 (Starting Time)，及「最遲」、「最早」完工時間 (Finished Time)。

⑸找出完成整個方案時，各網路中花用最多時日 (Longest Time) 之路線，視為「緊要控制路徑」(Critical Path)，因為此路徑所花用之時日，即是整個方案之完成時日，不可耽擱。至於其他路徑則可稍事「鬆弛」，亦不一定影響整個完工時期。

⑹檢討此種資源及時間進度之安排是否符合本身及上級要求。若不符合，應調動「緊要路徑」及「鬆弛路徑」之資源分派及成本變化，再重估完成各項活動之時間，以及計算及尋找新的「緊要路徑」（簡稱「要徑」）。

⑺在工作方案付諸實行一段時間後，應將實際記錄時間與此計畫評核網狀圖對照，查看是否如期完成進度。若否，應採取糾正及補救措施。

二、公司總工作方案之執行進度 (Total Programs)

部、課級個別方案之執行進度表，主要供方案負責人及其主管緊密瞭解各個工作方案之進行細況。但是從公司主持人而言，他還需要有一個總觀全盤業務進行之工具，供其本人及其上級主管（董事會）之瞭解，甚至亦可供各方案負責人彼此之對照比較，激勵上進努力之心。

甘特圖表 (Gantt Chart) 可以改編為總工作方案執行進度比較表，其方式為將預定要進行工作方案全部列出，或以編號代表之，請參照表 15–1「工作方案計畫書」，於表之縱座標，把每一方案預定完成之百分比及日期，用虛線畫於橫座標。等執行過一段時日之後，經計算後，將每一工作方案實際完成之比例，配合日期，用實線記於原來虛線之下。因之所有工作方案之進度超前或落後，皆可從一圖表上看出來。見表 15–1。

表 15–1　公司總工作方案執行進度比較表（範例）

（預定進度用點線，實際進度用實線表示之）

進度與時間／工作方案	1月	2月	3月	4月	5月	6月	7月	8月	9月	10月	11月	12月
NO.1001	20%		60%	90%	100%							
（名稱：　　）			70%									
NO.1002		5%	30%	35%	40%	60%	80%	100%				
（名稱：　　）			25%									
NO.1003			20%	50%	70%	90%	100%					

（名稱：　）	…………	……25%	……	……	………							
NO.1004												
（名稱：　） ⋮												

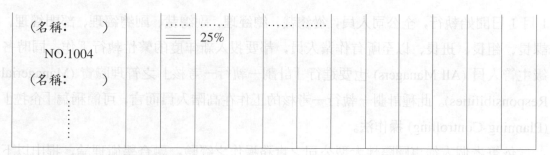

說明：每二週用實線更新進度情況

預計進度記錄人：

實際進度記錄人：

第四節　計畫執行之評估追蹤控制——「企控八步操作法」

(Plan-Do-See;8–Step Planning-Controlling Operations)

計畫執行後之追蹤「評估」(Feedback Evaluation) 亦稱「控制」(Control)，其目的在於確保原定目標如期達成。如有未能達成目標之跡象出現時，則主管人員必須及時採取糾正措施，避免一錯再錯，浪費資源，失去希望。

一、控制概念 (Concept of Control)

（一）「控制」的目的

在於確保計劃目標的執行「成功」(Ensure to be Success)。

（二）控制的程序 (Process of Control)

有三步驟 (3-Steps)：

制訂控制標準 (Setting Standards) → 測度實施績效 (Measurement of Performance) → 採取矯正措施 (Corrective Actions)

（三）控制標準的基礎——就是預先在計劃時所設定的「目標」、「標準」

所以要控制，先要有「目標管理」；沒有目標（指總裁、總經理、經理、課長、班長級）、沒有標準（指作業員），就難做有效的控制。換言之，無目標，就無控制，就無成功。

（四）「企劃—控制八步操作法」

公司全盤計畫之規劃工作在第一年 9 月至 12 月，在四個月間至少四次往返於總部與子公司間，討論修正而完成，經過總裁、總經理提請董事會通過後，在第二年

1月1日開始執行，全公司人員，從總裁、總經理、副總裁、副總經理、部門經理、課長、組長、班長、以至所有作業人員，都要投入新年度的繁忙執行工作，同時各級主管人員 (All Managers) 也要進行「計劃一執行一考核」之管理職責 (Managerial Responsibilities)。此種計劃一執行一考核的工作在高階人員而言，可簡稱為「企控」(Planning-Controlling) 操作法。

依筆者個人從事國際性大型公司之實務操作之經驗，融合學術理論，提出以下「企控八步操作法」，供各大型、中型及小型企業專業經理人員，尤其最高主管人員之參考。此「八步操作法」如同陸軍之「步兵操典」，甚具威力，不可忽視。

公司企劃一控制八步操作法：

第一步 (1st)：例常銷、產、發、人、財、會、購、訊、工程等等部門之活動，依數量化標準及制度化（指書面化、合理化、電腦化）作業程序及規則運作，並定期統計、彙計、回饋報告。此乃「例內管理」(Management by Rules) 之自動化作業部分。

第二步 (2nd)：每位員工工作日記簿 (Employee Daily Book)，記載每日向上報告、向下指示、平行協調之工作項目。每位員工每年一本（上起總裁、總經理，下到作業員），列入公司知識財產及交接要項。

第三步 (3rd)：每週「公司經營檢討會」(Company's Weekly Management Review Meeting)，由總經理主持，由各部門經理參加，由「企劃一控制」經理當執行祕書，每次會議做成記錄，由總經理簽認後，當作指示或授權根據。

第四步 (4th)：每週「部門工作檢討會」(Department's Weekly Review Meeting)，由各部門主管主持，各課長參加，由經理助理當祕書，每次會議做成記錄，呈總經理核閱，當作部門內授權根據。

第五步 (5th)：課長級以上人員「半月工作檢討表」(Section Manager and above Staff's Bi-weekly Review Sheet)。每半月寫一頁工作執行檢討表，呈經理及總經理核閱。

第六步 (6th)：每月經營績效報表及分析 (Monthly Performance Reports and Analyses)，如公司損益表、公司資產負債平衡表、部門費用預算控制分析表、部門績效比率表 (Performance Ratios) 及分析比較。

第七步 (7th)：每季公司整體經營彙匯 (Company's Seasonal Overall Management Review)，把行銷、生產、研發、人事、財務、會計、資訊、採購、

工程等活動及計劃、組織、用人、指導及控制等制度之運作，向董事長或集團總裁提出報告。

第八步 (8th)：公司「年度」及「五年」(或十年)「目標策略計畫—預算」編訂報告 (Company Annual and 5-Year Plan-Budget Reports)，從每年 9 月份開始，經集團總部、子公司總部、各部經理、各課長之來回討論目標、策略、方案、預算、排程，到 12 月中旬完成整個計畫—預算書，送董事會通過，供明年 1 月 1 日使用。

二、控制功能的人性觀點 (Human Visions Control Function)

上級主管本性上喜歡控制部下，當部下的人本性上喜歡自由自在，不受上級或別人控制。但是一個公司或一個團體，講求群力的發揮，不只是個力的提升，所以計劃、執行及控制是管理的必要步驟。雖然人人不喜歡被控制，控制依然存在於團體活動中。唯一的解決途徑，是分析人們為何不喜歡被控制及激勵部屬接受控制制度的積極態度。

1. 為什麼人們不喜歡被控制

⑴上級所訂目標未獲下級參與意見及同意。

⑵認為評核控制標準未盡合理。

⑶認為績效衡量數據有欠正確。

⑷厭棄引人不快的，不相干瑣碎之控制報告資料。

⑸來自「非正統」的干擾壓力(即「小報告」式之作風)。

⑹來自「為反對而反對」控制的社會壓力。

2. 如何激發部屬對控制制度的積極態度

⑴對控制制度在管理體系中之角色作用，應保持冷靜的中性觀點。

⑵制訂控制標準時，盡量鼓勵部屬的「參與」及提供更高明的意見。

- 績效標準的高低，應有當事人來參加制訂，不應太高或太低，但應有改進。
- 績效標準的高低，必須審慎考慮對當事人目前的能力是否公平，以及將來是否確屬可行。
- 制訂的標準項目及水平，必須確切具體，不可含糊，引起解釋上的爭議。如果有實際資料或統計數字可資引用，自應盡量引用。
- 對於幕僚性無形成果的工作，其績效標準更必須注意文字說明的明確和簡單易懂。

・遇有某一程序，無法確定係屬何人的職權及責任時，應即時請上級人員澄清。

・語意含糊的理論性課題，應盡量避免觸及。

(3)避免運用主管人員主觀的「權力控制」(Authority Control)，而多用客觀的「事實控制」(Factual Control)。

(4)控制制度應有適度的彈性，以利處理例外事件。

(5)在執行控制時，上級人員應對個人需要及社會壓力保持高度的警覺性及平衡性，以免過猶不及。

三、「公司每週經營檢討會」(Company Weekly Management Review Meeting) 之控制範例

依據筆者二十多年來的實際管理經驗，認為「八步操作法」步步有作用，但對總經理而言，以「公司每週經營檢討會」最有力量，其他各法都可用本法來加強。本法是總經理掌控全公司概況及發揮「總經理十九點職責」(見組織章程) 的最有力工具。茲以範例說明於下。

××集團「公司每週經營檢討會」規範 (Company's Weekly Review Meeting)

壹、目的 (Purposes)

1–1 提高公司各部門執行工作目標之效率，追蹤各部門之工作進度。

1–2 檢討公司各部門執行工作目標所發生之困難原因，採取必要補救措施。

1–3 集思廣益，提出改進性及開展性之工作方案。

1–4 協調各部門的工作方法、工作進度、人員及設備之調配。

1–5 分配新工作任務及權責。

1–6 增進員工團結合作，培育經理人才。

貳、開會時間 (Meeting Time)

每星期六下午或每星期一上午，每次開會時間為時 2 小時至 3 小時，若因公司臨時重要事件，無法如期開會時，則另行訂定適當時間。

參、參加人員 (Participants)

3–1　會議主持人（主席）：公司總經理，總經理若因公出差無法主持時，則由副總經理或指定公司高級幹部代行職權。

3–2　會議參加人：副總經理、特別助理、部門經理及各部門主任級以上人員。

3–3　列席人員：視事實之需要，會議主持人可以邀請董事、顧問、集團總部人員及公司其他有關人員出席經營檢討會。

3–4　會議記錄人：由總經理助理人員，或會議主持人臨時指定之公司人員（以出席者為原則）擔任記錄人。

肆、會議進行程序 (Meeting Procedure)

4–1　會議主持人首先報告一週以來，公司所發生之重大事件，包括與政府、集團總部、集團姐妹公司、供應商及客戶之往來大事。

4–2　由記錄人逐項宣讀上一次檢討會，由公司總經理（或總經理指定之會議主持人）裁定之會議記錄內容（見 5–2）。

4–3　當逐項宣讀上一次記錄內容時，會議主持人即要求該項工作負責人提出口頭說明。（說明「已經辦理完成」或「尚未辦理」或「在辦理進行中」，若「尚未辦理」或「在辦理中」，則需解釋原因。）

4–4　會議主持人在聽取前述工作進度檢討時，宜做必要之指示及新裁決，以協助各部門人員解決困難。

4–5　會議出席人員（參加人及列席人）可對前述工作檢討，尤其屬於「尚未辦理」者提供參考意見，以協助該項工作負責人及會議主持人解決困難。

4–6　當前一次會議記錄逐一宣讀及檢討完畢後，會議主持人應逐一要求各部門經理或主任，提出上一星期來該部門已經做的事務概要，以及下一星期預定要做的事務目標。各部門經理或主任應強調未來的工作目標，改進項目及預期之困難，若有需要其他部門協調合作之處，亦應一併明確提出。

4–7　會議主持人在聽完各部門經理或主任報告完畢後，對改進項目、預期困難及協調合作部分，應請各出席人員充分交換意見，集思廣益，然後針對每一項目做出裁決，並同時指定執行之負責人（此項目將列入本次會議記錄，並在下一次會議時提出追蹤檢討）。

4–8　會議主持人對比較重大及複雜之工作事項，一時無法做出明確之裁決時，可以指定一人或一人以上之出席者，在會後進行研究規劃，再向會議主持人提出建議，供其下定裁決，交付特定人員負責執行，並在下一次會議時提出報告。

4–9　會議若無法在 2～3 小時內完成上述程序時，會議主持人可以延長時間或定期再行集會檢討，務必做到每週的工作進度有所追蹤檢討及控制。

伍、會議記錄 (Meeting Record)

5–1 會議主持人應指示記錄人將重要之報告內容，各單位在上週應辦而尚未辦理項目，以及本次檢討會中各單位提出需要協助或協調合作之工作項目（包括改進項目及解決預期困難之項目），以列項方式，記下項目名稱以及會議主持人裁決之負責人（一人或一人以上，若屬一人以上時，則應指定其中一人為主要負責人）。

5–2 會議記錄應在一天內整理完畢，送交會議主持人核閱（若有記錄失實之處，核閱應自動修正），核閱後應複印分發各出席人一份，以供憑以自動執行。若無法複印分發各人一份時，則應以一份記錄傳閱各出席人，並要求已閱者簽字為據，該份記錄最後應傳回會議主持人，作為下一次檢討會之重要參考資料，在下一次開會時，會議記錄人可使用此份資料，逐一宣讀裁決辦理之項目（見4–2）。

陸、兩次會議中間 (Activities in between Two Meetings)

6–1 檢討會議開完之後，就是各單位繼續執行正常業務及會議主持人裁決指定辦理改進項目、協調合作項目、協助項目及研究規劃項目之時間，在下一次開會之前，為執行責任內之業務可自行與相關單位協調，或向主管人員商討執行方法。

6–2 檢討會議開完之後，會議主持人應以公司營運盈虧負責人之職責身分，針對急切及重要項目，撥出較多時間，協助及督導該等項目之負責單位。

6–3 對於必須另行研究規劃後，方能做裁決執行之項目，會議主持人亦須在下一次開會前，撥出時間督導及參與被指定負責研究規劃之人，以確保其思考品質。

6–4 對於在檢討會裁決事項，若有必要向總部、姐妹公司、政府單位連絡，以利進行者，會議主持人應在會後立即連絡。

柒、裁決及被裁決之責任 (Responsibilities of Decisions and being Decided)

7–1 經營檢討會是協助總經理執行任務之協調、追蹤及糾正之會議，檢討會，它並不因參加人數之增加，而減低總經理之權力及責任，經營檢討會中之裁決屬於總經理（或其指定人）之職責，其品質之優劣後果，由該會議主持人負擔，會議主持人必須對每一議題有所裁決，不得拖泥帶水，避免職責。

7–2 在會議中被會議主持人裁決去負責執行某項工作之人，對該裁決即視為做該事之授權，應努力以赴，完成目標，若有困難無法達成，應立即向主管人員反映，以期援助補救。被裁決人若有失職，應自己負擔該失職之責任。

7–3 在檢討會中，出席人可以充分表達分析優劣之意見，但以科學方法，事實數據為要。至於決策權及指定負責人之權則屬會議主持人之必要職責，不得放棄，也不得被僭越。

捌、成果 (Results)

每星期之經營檢討會之成果，將反映於公司每月之銷、產、利潤、財務地位、員工士氣、公司聲望、新產品及新市場開發業績上，亦將反映在公司組織、人才培育、管理制度及新事業創設上。

四、主管人員「半月工作計畫檢討報告表」(Bi-Weekly Plan-Review Sheet) 之控制範例

每半個月，由公司最高主管要求各部屬，課長級以上人員，自行填寫下期預定工作之項目，愈具體愈好，可參照各自之「工作方案計畫書」內容，並應填出所隸屬之方案計畫編號。在每半月計劃時，用黑字表示將要使用之時數及預期完成該工作項目之百分率。

在填寫計畫表時，應同時檢討另一張表（即上次之計畫表），用紅字表示上一期（半個月）內，真正使用時間從事該項工作之時數，以及真正之完成百分率。在部屬半月開始填寫新「計畫表」時，方案負責人應事先審閱舊表，若發現有不夠積極之處應糾正之，再行簽字，送經理、副總經理、總經理複閱、簽字，然後發回各部屬，以利下期開始時，「檢討」之用。在課長半月之後「檢討」其上期工作情況及成果時，方案負責人及上級主管人員皆應審閱、糾正、及簽字，以示負責。

此種課長級以上人員「半月工作計畫檢討表」（見附錄練習五）應由公司總經理累積起來，供年終績效考核時之參考，經理、副總經理、總經理在發覺各部屬從事工作活動中，有應加補救及糾正之處，除了在表上表達意見外，亦可用口頭或文字隨時指示，以求及時改正。

此種「半月工作計畫檢討報告表」亦可應用在集團企業，尤其大規模之集團，更可以幫助集團總裁掌控整個集團之子公司運作。茲將其使用方法（範例）說明於下（格式見本章附錄「練習五」）：

××集團主管人員「半月工作計畫檢討報告表」(Individual Bi-Weekly Plan-Review Sheet)

壹、目的 (Purposes)

1–1　為協助集團首長深入瞭解子公司總經理級以上高級主管人員之工作進度、成果及困難，以

採取必要之協助措施，必須填寫本報告表（集團使用）。

1–2 協助公司最高主管人員深入瞭解其各單位課長級以上人員之工作進度、成果及困難，以採取必要之協助措施，必須填寫本報告表（公司使用）。

1–3 協助各課長級以上主管人員本身，對工作之計劃、執行、控制，有具體確切之掌握追根究底，有效履行職責。

貳、適用對象 (Target Users)

2–1 集團總部高級人員：

2–1–1 子公司總經理填寫，正本送主管地區或產品別副總裁，副本送集團執行首長（有集團總裁辦公室收集，以下同）。

2–1–2 地區別或產品別副總裁填寫，正本送集團執行首長。

2–1–3 地區別副總裁之助理人員填寫，正本送該副總裁，副本送集團執行首長。

2–1–4 企業機能別副總裁填寫，正本送集團執行首長。

2–1–5 集團總部二級單位主管（總經理級）填寫，正本送其直接主管，副本送集團執行首長。

2–2 子公司課長級以上主管人員：

2–2–1 課長級填寫，送經理核閱，再轉送副總經理及總經理核閱。

2–2–2 經理級填寫，送副總經理及總經理核閱。

2–2–3 副總經理填寫，送總經理核閱。

參、填寫內容 (Content)

3–1 集團主管人員應填寫之內容有：

- 姓名，及包括之時間。
- 所屬功能單位別、地區別、產品別或子公司（指子公司總經理而言）名稱。
- 這半個月來已做之重要工作項目或內容摘要。
- 該工作所屬之專案或公司之編號。
- 該工作在本期（半個月來）之進度情況，具體數字成果與花用之時日。
- 該工作在本期所遇之困難情況。
- 需要採取之措施或要求何單位之何種協助。若牽涉金錢及人力之支用時，則應另以「簽呈表」提出申請，供上級主管做出授權。

3–2 公司主管人員應填寫之內容有：

- 姓名，及包括之時間。
- 所屬部門。
- 這半個月來已做之工作項目或內容。

- 該工作若屬於子公司之某一個專案工作，則填該案之編號。
- 該工作花用多少天？（上半個月之時間為 1 至 15 日，下半個月可用之時間為 16 至 31 日）請用筆（計劃者用藍或黑色筆，檢討者則再用紅色筆）在時間表上畫出線條，以表示某項工作原計劃用幾天，而實際上用幾天，計劃天數與檢討天數不一定相同。
- 說明該工作有無真正做了？若真正做了，有無完成？有無困難？有無需要上級協助？
- 經理、副總經理及總經理看完本報告表後，若有批示，也應寫出。

肆、對報告表之處理 (Uses of Plan-Review Sheet)

集團總裁在看過總部高級主管及子公司總經理之半月報告表後，若有答覆或詢問之需要者，應以電話或文件做必要之溝通處理。子公司總經理在看過課長級以上主管人員之報告後，也應做必要之溝通處理。

伍、報告表之存檔及考核用途

每份半月工作計畫檢討報告表在處理後，應就該報告人編號存檔，供年終工作考核時參考之用。

五、工作方案之季報彙總表 (Seasonal Summary of Program Plans)

部、課級之每個工作方案常須數人參與，並在相當長時間內方能完成，所以除了課長級人員「半月工作計畫檢討報告表」（練習五）之外，應由部級負責人，每三個月（季）將所屬應負責之專案工作概況，做成書面彙報，送請公司總經理、集團總裁等上級瞭解、檢討及採取糾正行動。

「方案季報彙總表」，見附錄練習六，除填明起訖時間，方案名稱，方案編號，工作期限，主持人，協助人，已完成百分比外，應扼要說明實際工作要項、步驟、執行情形、分析檢討及改進意見。

六、部門費用預算控制 (Departmental Budgetary Control)

各部門在執行日常作業及專案改善工作過程中，必會支出費用。假使收入費用之支出皆依照例常計劃標準及原訂之「工作方案計畫書」，則工作執行人、會計財務人員、以及主管皆會感到輕鬆愉快，工作順利。但是為了防止意外不按計畫而支出之行為發生，所以部門費用收支「預算控制」成為主管人員的另一個控制工具。「預算控制表」（見表 15–2）之編製可依整個機構及個別工作方案而分。其要項為依照預算科目別，列出預算之金額及實際已支出之金額，供兩相對照，查出支用超出或不及之程度，採取追催或糾正行動。

表 15–2　部門收支預算實際比較表 (Departmental Budget-Control Comparation)

×××收支預算控制表　□全公司　□部門

時間××年×月底　□個別方案（名稱:　）

（單位: NT$000）

會計科目	預　算	實　際	差　異
收　入	$420,000	$365,200	$–54,800
支　出			
薪　津	215,000	185,800	–29,200
器　材	100,000	94,500	–5,500
水　電	26,000	26,000	0
折　舊	18,400	18,400	0
差　旅	10,500	9,130	–1,370
修　理	7,200	6,000	–1,200
運　輸	4,200	3,700	–500
保　險	7,200	7,200	0
利　息	4,700	4,700	0
文具印刷	6,000	6,400	400
租　金	8,200	8,200	0
交　際	2,000	2,500	500
其　他	1,200	1,600	400
總支出	410,620	374,150	–36,470
毛　利	9,380	–8,950	–18,330
稅　捐	1,380	0	–1,380
淨　利	$8,000	$–8,950	$–16,950

七、期終個人績效考核 (Individual Performance Evaluation)

為了確保達成工作方案及公司銷售利潤等目標，辦理個人期終績效考核為另一必要之控制措施。個人工作績效考核辦法之制訂本身，為一重大之規劃工作，必須周全及深入設計，並且積極有效執行，方能收到成效。

個人績效考核之要點有四。第一為各類工作績效指標之選定及比重選定；第二為個人實際工作數量及品質之衡量與記錄；第三為同事間工作優劣程度之比較及確定；第四為獎懲點數之計算及執行。有關工作績效指標 (Performance Indicators) 有三大項：(1)目標達成，(2)管理（計、組、用、指、控）能力，(3)協調合作紀律性，可依各公司自訂細目。

對一個大型的企業集團而言，「個人績效考核表」因員工對象、職位高低及直線與幕僚之不同，可以分為⑴集團直線事業部總裁級、副總裁級（利潤中心負責人）；⑵集團幕僚副總裁級、總經理級、副總經理級（非利潤中心負責人）；⑶營運公司總經理級、直線產品事業部副總經理級（利潤中心負責人）；⑷公司幕僚副總經理級（非利潤中心負責人）；⑸行銷、生產部門（直線）經理級；⑹研發、人事、財務、會計、採購、總務、資訊部門（幕僚）經理級；⑺課長級；⑻營業、行銷、工程師課員級；⑼人事、財、會、資訊、採購、總務等課員級；⑽文書員、一般祕書、工廠廠務人員級；⑾生產線班長級；⑿生產線作業員、司機、廚房師傅、清潔工等。

不同員工對象，工作績效指標及比重應不同。越靠近產、銷直線的低級員工，其績效指標與實際產、銷業績之統計掛鉤。幕僚級員工之績效指標則以協助直線單位完成銷、產、利潤目標為準。越高級人員之績效指標則越以「全面管理」為重心，因下級直線銷、產員工之目標完成度，就是上級主管的完成度，不必重複計算銷、產數字。

一般評核員工績效的指標有三大類，⑴目標完成度，⑵企劃、組織、領導、指揮、控制等管理能力水準，⑶與平行單位之協調合作及公司紀律遵守程度。越低級員工，目標完成度比重越大（如 80 至 100%）；越高級員工，管理能力比重越大（如 70 至 50%）。協調合作及紀律性則大約比重相當（如 20%）。

個人績效考核依⑴目標達成度，⑵管理能力，⑶協調合作及紀律三大項，由員工自己及上級主管、再上級主管考評，總分在 90 分以上為「特優」等，在 80 分以上為「優」等，在 70 分以上為「良」等，在 60 分以上為「可」等，在 60 分以下為「劣」等。一般管理嚴明之公司，把特優等人數訂為全部員工人數之 10%，優等 20%，良等 30%，可等 30%，劣等 10%。特優者將被培訓為晉升人員、劣等者將被解雇。關於主管人員（尤其課長級以上）之考評，則可配合上述「半月工作計畫檢討報告表」之運作，最高主管可從每年累積 24 張之半月檢討表，看出每一位課長級以上人員之真實表現。

附錄 公司計畫之訂定範例：練習一～六

練習一 總體目標

×× 企業集團公司整體目標（範例）——金融業

本集團公司之整體目標 (Overall Objectives)

1. 為太平洋兩岸華人之經濟發展貢獻心力。
2. 成為太平洋兩岸華人金融業（銀行、證券、保險）之前三名優良公司。
3. 在十年內營業額達到 8,000 億美元。
4. 在十年內股本額達到 700 億美元。
5. 每年淨值報酬率為 20%。
6. 營業據點 2,000 個。

練習二 個體數量目標 (Individual Quantitative Objectives)

××集團公司××事業部××產品「個體目標制訂表」(範例) ——摩托車 125c.c.

種類＼數值＼時間	第一年	第二年	第三年	第四年	第五年	第六年
銷售值 ($)						
銷售量 (unit)						
利潤額 ($)						
毛利率 (%)						
淨值報酬率 (%)						
市場佔有率 (%)						
每員工利潤額 ($)						

練習三　「目標－策略－方案」體系 (Objectives-Strategies-Program Systems)

××公司目標（名稱）　　公司策略（名稱）　　部課方案（名稱）

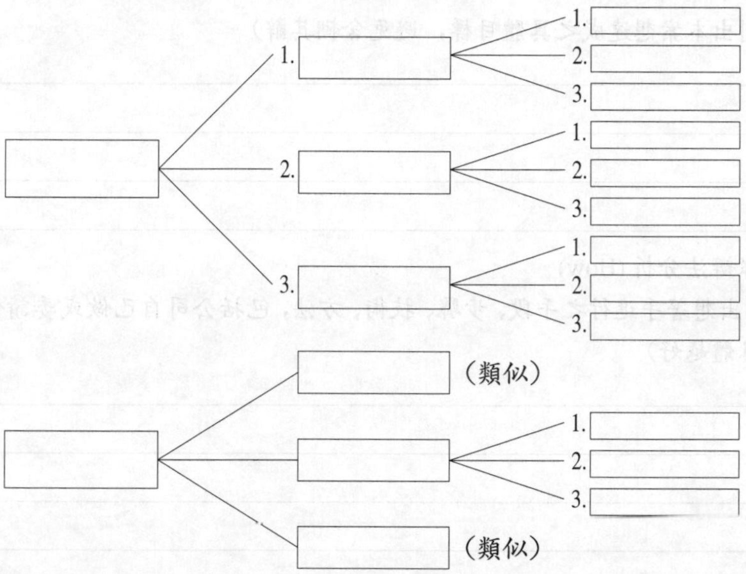

練習四　工作方案計畫書 (Action Program Plan) 格式

××公司××部××課工作方案計畫書

1. 方案編號：________　部門：________
2. 方案名稱：（中文）________________________
3. 工作期限：自________年________月至________年________月
4. 方案區分：自擬□　交辦□　合作□　委託□
5. 經費需求總額（新臺幣）：________________元
6. 主辦單位：××公司________部________課(單位) 主持人：________

參加單位	
參加人員	
專　長	
時　間	

7. 方案計畫內容 (Program Plan Content)

7–1　背景及動機 (Why, Background, Motives)

（寫出為何要設立此工作行動方案之原因，如大環境變動，競爭變動，顧客需求變動，供應變動，公司競爭目標、戰略、政策所需，配合銷、產、發、人、財、會、資、採等等部門行動所需等等可以說服上級之理由）

7–2 工作目標 (What)

（分項列出本案想達成之具體目標，避免含糊其辭）

7–3 工作步驟辦法分析 (How)

（分項列出想著手進行之手段、步驟、技術、方法，包括公司自己做或委請他人做之方法，越細越具體越好）

7–4 工作設計甘特圖 (When, Who, How Much)

（時間、進度、工作完成度、經費使用度及人力分配）

月份 工作指標 及預定進度 % 工作步驟	7	8	9	10	11	12	1	2	3	4	5	6	工作人員

預定經費分配													新臺幣千元

註：跨越年度計畫每年度填表一張。

7–5　成果預估 (Results)

（列出工作方案完成後可得到之新事物，包括有形及無形的成就）

____

____

____

____

7–6　本年度經費需求：新臺幣________元，內分材料費、設備費、業務費、用人費。

7–6–1　材料需求 (Materials)

（現存量由倉庫填報）

項　目	材料名稱	單　位	需求量	本年度需求量	現存量	經費需求總額	本年度所需經費	擬購地點
小　計								

7–6–2　設備需求 (Equipment)

項　次	名稱及規格	單　位	需求量	單　價 （新臺幣元）	總　價 （新臺幣元）	擬購 地點
小　計						

7–6–3　業務費 (Expenses)

（應列計算式或說明）

項　次	名　稱	金　額 （新臺幣元）	計算式或說明
1	材料費		
2	加工費		
3	維護費		
4	差旅費		
5	臨時雇工費		
6	雜　費		
小　計			

7–6–4　用人費 (Payroll)

項　次	名　稱	金　額 （新臺幣元）	計算式或說明
1	主辦人員 薪　津		
2	協辦及指導 費　用		
小　計			

7–7　經濟評估 (Economic Evaluation)

（指出此工作方案完成後，對社會經濟及公司本身之可能有形及無形好處，若能數據化更好。並與所花用之成本（有形、無形）比較，其「投入產出」之比率為何）

____

____

____

____

7–8　考評意見 (Comments)

（由上級評審人員在審查、核准時，針對整個行動工作方案對達成公司目標之必要性、有效性及經濟性，寫出主觀性喜惡之評語，以定本案是否成立）

____

____

____

____

練習五

主管人員「半月工作計畫檢討報告表」

(Bi-weekly Plan-Review Sheet)

（公司課長級以上人員使用）

姓名：＿＿＿＿＿＿ 計劃日期：＿＿年＿＿月＿＿日 檢討日期：＿＿年＿＿月＿＿日

（計劃時：用黑字表示時數及完成百分率；檢討時：用紅字表示實際工作小時數及完成百分率）

方案編號	日期 / 工作項目簡介	1	2	3	4	5	6	7	8	9	10	11	12	13	14	15		困難及請求協助說明，以及主管評
		16	17	18	19	20	21	22	23	24	25	26	27	28	29	30	31	

第一級主管：＿＿＿＿＿＿ 第二級主管：＿＿＿＿＿＿

練習六

××公司××部門××年××月至××月工作方案季報彙總表

一、方案名稱：（一個或數個方案）

二、方案編號：（一個或數個編號）

三、工作期限：（一個月或三個月）

四、方案主持人：（一個或數個主持人）

五、方案協助人：（一個或數個方案協助人）

六、已完成百分比：（一個或數個方案完成百分比）

七、本季工作概述（包括實際工作要項、步驟、執行情形分析檢討及改進意見）：

第十六章　企業組織之設計——結構、職責、權限及動態化

(Design of Business Organization—Structure, Responsibility, Authority and Dynamics)

管理工作是發揮群力的凝聚力活動。管理工作的第一優先對象就是「計劃」，以設定公司及企業集團未來一年、五年、十年之工作目標及工作手段（策略、方案、程序、細則、操作標準等等）。管理工作的第二優先對象，就是「組織」，以設定公司的職位結構及職責說明、核決權限、作業制度。有了組織的職位設計關係，才能因事尋人，使適才適所，使組織體生氣蓬勃，行必有果。公司的計畫內容年年變動，外人不易知，但是公司的組織結構及人事配置，卻是人人皆知，人人關心。尤其在二十一世紀，企業全球化，資訊電腦化，產品多元化、競爭劇烈化潮流下，企業組織結構也是要跟隨環境、競爭、顧客之變動而動態調整化。

第一節　企業組織發展之背景 (The Development of Business Organization)

一、企業組織與環境體系之互動 (Interactions of Business Organization and Environmental Systems)

一個健全成長的企業體在現實環境中應是一「開放體系」(Open System)，與外在的顧客市場、原料市場、金融市場、人力市場等環境時時發生動態的交流關係，如圖 16–1 所示，企業組織是整個體系的核心，透過組織將人力、物力與資金等的投入 (Inputs) 之資源做有效的運用，變換為更有價值的產出 (Outputs) 成品，而達到企業追求生存及成長所依賴的顧客滿意及合理利潤目的。

企業組織的存在可從二方面來探討。第一方面是企業所有權的外部組織型態，第二方面是企業經營管理權的內部組成型態。

自從人類從事經濟活動以來，為了聚集資金，以投資於企業銷產活動，曾有「獨資」、「合夥」、「公司」等三大類的外部組成型態。由個人單獨之力，進步到合少數人之力，更進展到今日流行之集眾多人之力的投資方式，大大提高人類從經濟活動中改善生活及享受水準的效果，誠為人類成為「萬物之靈」的最偉大指標。今日的

較大企業皆以「公司」方式出現，只有很小規模的企業才以「獨資」或「合夥」方式存在。關於「獨資」、「合夥」及「公司」之所有權組織型態，本書第五章已詳有分析，本處不再重述。

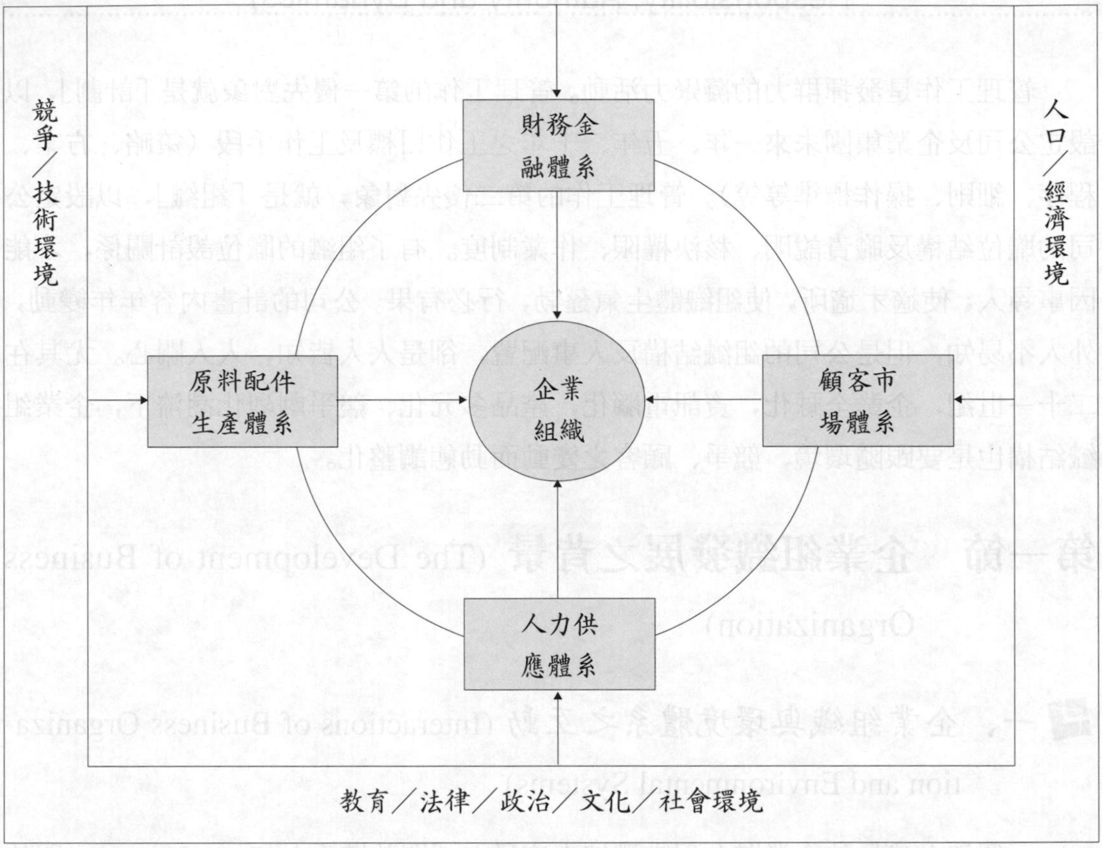

圖 16–1　企業經營體系

不管企業的所有權組成方式為何，其內部人員的垂直水平分組 (Groupings) 及職權責任 (Authority and Responsibility) 的分配，有各種不同的標準，因而形成種種組織理論。

二、組織理論發展之背景 (Background of Organization Development)

企業組織曾受下列各種事件之影響而演變成今日的理論架構：

（一）生產活動的機械化 (Mechanization of Production Activity)

十八世紀後期（1750 年）在英國發生「工業革命」(Industrial Revolution) 之後至今，各國各工廠普遍實施機械化生產，以機械力替代人力及獸力操作，造成產業結

構 (Industrial Structure) 甚大的變革，所以企業組織亦隨著發生巨大變動。生產機械化使得經營規模 (Size) 漸趨擴張；在大組織中，許多以前家族式手工操作企業所不曾遭遇的人群關係問題紛紛出現，使得人們開始重視人員組織的效率問題。

但是真正將組織理論體系化，則等到二十世紀初期才開始正式著手。美國「科學管理之父」泰勒先生與法國「現代管理之父」費堯先生 (Henri Fayol) 的理論，就是最先有系統地研究企業人員組織的論著。從此，組織問題漸漸成為企業經營管理上的重要課題之一。

（二）所有權與管理權的分離 (Separation of Ownership and Management)

為了籌措充分資金，達到規模經濟 (Scale of Economies)，以降低單位成本，並希望經由專門人才 (Specialists) 負責營運，以提高總體效用，於是聰明的企業家 (Entrepreneurs) 及學者 (Scholars) 乃有將「所有權」與「管理權」分離的主張，由出資之股東握有「政」權（或稱所有權），由專才經理握有「治」權（或稱經營管理權）。專業經理人員 (Professional Managers) 接受股東之委託授權，運用才智謀求股東之利益，正如民主國家之「政府」機構（包括立法、行政、考試、司法、監察機關）接受「人民」（股東）之委託授權，經營國家事務，為民謀利一樣地「政權」、「治權」分離。在此種效率的主張下，專精於經營企業的專業經理人員 (Professional Managers) 正式出現，成為目前社會上的精華分子。專業經理不是金主，但是有知識、有能力，及有良心的正派人士，號稱「三良」專業經理（指「良知」、「良能」、及「良心」）。

專業經理人員必須對企業經營具有相當的經驗與學問，而確能提高經營績效，才能立足，否則握有所有權的股東將會自行接管，促使所有權與管理權歸返為一。「組織理論」的使命就是分析專業經理人員的職能，建立組織原則，對專業經理人員提供必要的專門知識。相反地，也由於專業經理人員對專門知識有高度的需求，更推動了組織及管理理論的發展。

（三）人群關係論 (Human Relations Approach) 的影響

於 1940 年代，哈佛企管研究院的梅友教授 (G. E. Mayo) 與陸斯利斯博格教授 (F. J. Roethlisberger)，在西方電器公司 (Western Electric) 芝加哥市河松工廠實驗研究後，首倡「人群關係論」(Human Relations Approach)，用以提高企業的生產力，大大地影響了企業「非正式組織」(Informal Organization) 理論的發展。他們認為一個企業內組織成員的心態與行為（亦即軟體面），和機器設備及操作技術（亦即硬體面）一樣，足以影響生產成果，所以特別強調領導者與部屬間及部屬相互間之人際因素的重要性。

1950 年代的「行為科學」(Behavioral Science) 理論，更提出了組織內容許部屬「參與管理」(Management by Participation) 的民主與授權式經營觀念，使組織理論拓展至心理激勵 (Motivation) 與民主領導 (Democratic Leadership) 等新的領域。

（四）勞資關係的激盪 (Impact of Labor-Owner Relationship)

在泰勒的「科學管理」學說創立時代（1875 年），美國國內勞工爭取應有利益之運動正值蓬勃，勞工與資本家間之關係甚不融洽（在歐洲則已有馬克斯之共產主義出現）。泰勒先生有鑑於此，便在其理論中，強調勞資關係之調和互利性及必要性，喚起了資本家與經理人員的關注，將勞工利益與資本者利益同列為企業追求的目標。時至今日，勞工問題 (Labor Problem) 已是各企業經營管理人士所必須面對並妥善解決的問題，所以對於組織成員（即各級工作者）地位之安排與尊重，也成為組織理論的一大特色。

（五）企業環境的急遽變化 (Change of Environments)

二十世紀及二十一世紀企業環境之變化比之十八世紀後期之工業革命毫不遜色，例如 1950 至 1960 年代，科技的快速革新，導致生產方式與原料供應的革新，更促使新產品不斷出現，而企業「產品－市場」策略 (Product-Market Strategy) 之多角化經營也隨之產生。1990 年代網際網路之出現，使企業競爭無國界，也無時間差異。在另一方面，面對愈來愈急速變動的環境，企業高階決策的進行也愈見困難，因之企業決策理論也被引入組織理論之中。另外，世界貿易自由化，資本市場大眾化，非營利事業擴大化，以及人們對文化、道德上認知的變化，也對企業組織產生莫大的衝擊。

第二節　組織體之本質 (Nature of Organization)

一、組織體之定義 (Definition of Organization)

「組織」(Organization) 一詞有許多不同的解釋，一般而言，它泛指二人以上具有共同目的之「集合體」(Collective Body)。但就管理機能而言，「組織」是指企業可用資源分配，尤其是人力資源分配之結構 (Structure of Resource Allocation)，用以達成「計劃」過程所設定之目標與策略，所以「組織」是達成目標及策略之手段。

從組織架構 (Framework of Structure) 的設計至組織細部結構 (Detail Structure)

之完成，是一連串職位 (Position) 劃分與權力責任 (Authority and Responsibility) 分配的思考行動。其具體步驟是按⑴「工作」(Jobs) 目標區分，⑵人員垂直 (Vertical) 及水平 (Horizontal) 之「部門」組合 (Departmentation)，⑶分配決策權力，⑷設定節制及協調的管道等。所以「組織」體常常代表一個有職位層次關係的系統 (Hierarchy Order System of Positions)。

行為科學派的學者常認為「組織」只是在團體活動行為中，人與人的上、下、左、右、前、後「相互關係」(Relationship) 而已，這是最狹義的定義。另有人則以「組織」代替「企業」(Enterprise)，認為組織是為了達成某種目標的資源結合體，這是最廣義的定義。柏納德 (Chester Barnard) 認為當二人或二人以上都自願自覺的共同為「同一目標」(Common Goal) 而行動時，便成為一種組織，所以他覺得組織的要件為⑴有眾所周知的「共同目標」(Common Goal)，⑵成員們能夠交換意見 (Mutual Communication)，⑶自願採取行動 (Voluntary Actions)，⑷願共享目標成果 (Result-Sharing)。

貝克 (Wight Bakke) 認為「組織」是一項由若干獨立但互相配合的人類行動所結合而成的一種「持久性系統」(Durable System)，此一系統能運用、轉換及結合人力、物力、財力及才智等資源，使成為能夠解決問題的單元 (Problem-Solving Unit)。這種系統在其他類似系統的干擾或協助下，最能從事於滿足人類需求的工作，所以組織必須具有耐久性 (Durability)。

賽蒙 (H. Simon) 認為人類的「組織」就是各項有關聯活動的組合 (A Set of Interrelated Activities)，其參與者在意識準則上，能以高度合理性的行動 (Rational Activities) 向公認的目標前進，所以組織必須具有理智性 (Rationality)。

大多數管理程序學派的學者都認為，為達成目標、決定工作分類，並將各類工作分配於各縱橫連繫之單位，此種現象即為「組織」。所以此處將「組織」視為一種「工作」與「權責」關係的綜合體 (A Complex of Task, Authorities and Responsibilities)，代表人們在企業中工作的一種內在環境骨架 (An Internal Environment Framework)。

二、組織體的本質 (Nature of Organization)

從各種不同的定義，我們可以認為「組織」結構在本質上，是按工作目標及性質區分部門，從事「橫」(Horizontal) 的劃分，同時依權責關係設定「縱」(Vertical) 的關聯，將企業中的各種資源配合其內，使成員能為共同目標有效貢獻出最大努力的一種資源分配的架構。所以一個「組織」體應具有四項特點：

(1)共同的目標 (Common Goals)。

(2)工作的劃分與連繫 (Division of Jobs and Interrelations)。

(3)權責的劃分與連繫 (Division of Authority and Responsibility and Relationships)。

(4)滿足成員的需求及激勵成員的有效努力 (Satisfaction of Member's Needs and Motivation of Member's Efforts)。

三、從程序觀點看組織

自程序觀點而言，「組織」是經理人把混亂之人際關係變為條理之人際關係，把工作上權責糾紛不清化解為權責相稱相隨，並建立成員間協調合作氣氛的一種設計程序 (Designing Process)。此程序可依下列邏輯推斷步驟 (Logical Steps) 進行：

第一步：設定企業整體性宗旨性大目標 (Integrated and General Business Objectives)。

第二步：制訂引申性個體數量目標及政策與戰略 (Derivative Objectives, Policies and Strategies)。

第三步：決定能達成此等引申性目標、政策、戰略所需之執行性或操作性之工作 (Operational Jobs)。

第四步：將這些工作彙整及分類 (Summarization and Classification of Jobs)。

第五步：根據可獲得的人力、財力與物力等資源，將工作所需之人力職位，做水平及垂直之分組 (Grouping)，或稱部門劃分 (Departmentation)。

第六步：上級將「提、審、核」決策權分授給各部門各級主管，使其能快速有效執行業務責任 (Authorities for Responsibilities)。

第七步：運用「垂直指揮報告線」及「平行協調合作線」等方式，使各部門縱橫都有密切關聯 (Vertical Commanding-Reporting and Horizontal Coordinations-Cooperations)。

上述之組織設計程序方式，與彼得·杜魯克之意見相似，他認為企業在決定採何種組織結構時，有三種方法可用：(1)「工作分析」(Job Analysis)，(2)「決策分析」(Decision Analysis) 與(3)「關係分析」(Relationship Analysis)。「工作分析」可使經理人瞭解何項工作是必要的，何種工作應區劃在一處，以及如何在組織結構中把各項工作顯示出來。「決策分析」可幫助瞭解在何時應做何種決策，由那一階層的人員做提請、審查、及核定之決策，以及各部門各級主管決策種類及範圍之大小等等。「關係分析」可使經理人知道自己對整個企業有何種貢獻，他向何人報告（即受何人指揮督導)，以及何人向他報告（即他可以指揮督導那些人)。

由上可知，將「組織」視為一種運作「程序」乃是從「工作」目標之邏輯推斷演繹而來，它並未忽視人性的重要，因它承認工作種類及輕重應當視員工的能力而規劃，瞭解員工之長處與缺點，並設法鼓勵員工增進能力，以建立一種「工作」與「人」和諧的氣氛 (Harmony of Jobs and People)，為組織體的總目標貢獻潛力。

第三節　組織結構之部門劃分標準—橫的分工

(Departmentation Criteria of Organization Structure—the Horizontal Division of Work)

一、基本概念 (Basic Concept of Departmentation)

組織設計的目的，常要將企業內一切可用資源做最有效的分配組合 (Effective Resources Allocation)，使能共同朝向組織體的總目標努力。組織的「分工原則」(Principle of Work Division) 是在於利用「縱」與「橫」的聯繫關係，使作業者因分工專門化「熟能生巧」(Division and Specialization)，並能在同一完整目標下協調合作 (Coordination and Cooperation)，層層組合成組織體的總目標。

組織之所以需要有「縱」、「橫」劃分，主要起源於「管理幅度」(Span of Management or Span of Control) 的問題。一個人無法有效直接指揮太多部屬之「管理幅度」的現實限制，使經理人不得不把決策權下授給部屬，由部屬代其指揮督導更多的部屬，於是造成了組織體的水平與高低層面，在本節我們將討論水平層面間的單位劃分。

組織結構之形成通常有幾個步驟，起先我們是將各種中性之「活動」或「作業」(Activities or Operations) 結合成為有意義之行業技術別「工作」，其次將「工作」結合成具有更大目的之企業功能別或管理功能別之「職位」(Work Position)，最後再將「職位」依不同標準組合成為利潤中心或成本中心別之「部門」(Department)，成為水平結構之主要架構。這是由下而上，由「作業」、「活動」而「工作」而「職位」而「部門」而「公司」的五步設計法。

二、分工 (Division of Labor) 原則

「分工」(Division of Work or Labor) 是組織設計的第一步工作。我們首先考慮為

了完成組織體的總目標，需要做什麼事、工作及職位，再考慮這些「工作」應由那些「作業或活動」(Operations or Activities) 組成，然後將這些作業或活動分析歸類，而成為個別分立的「動作要素」(Moving Elements)。此為工程工業 (Industrial Engineering) 從事動作時間研究之對象，甚為重要，但不在本處詳述。

(一)「分工」的兩個好處 (Advantages of Division of Work)

第一、分工可使人在短時間內學會及熟練同一工作，故可充分利用到各種個人特有的技能，提高單位時間內之工作成果。(Learning Time and Technology)

第二、分工通常也可減低單位固定費用支出。(Fixed Costs)

(二)「分工」的兩個壞處 (Disadvantages of Division of Work)

第一、工作分量受限制。分工若太細，每個工作內容則太少，用人會增加，技術進步，但成本反高。所以分工後每個工作之內容不應太少或過多。「太少」會增加用人及協調之功夫及成本；「太多」則失去專門化，提高技術熟練度之意義。

第二、技術上受限制。有些工作雖然需要繁複的技術，可以細分由不同人做，但由於該技術之完整及連貫特性，無法再予分割而不破壞其完整性，所以若強加分工，反而破壞效率。

上述分工之好處與缺點為原則性現象，當我們面臨實況時，則必須有所取捨，而取捨的標準常依企業的主要戰略目標之達成度而變動。

三、職位 (Positions) 及分組 (Groupings) 之兩大基本型態及六項原則 (Two Basic Patterns of Groupings and Six Principles)

假使一個「工作」的負荷量夠多，則一個「工作」可由一個人去做，而佔一個「職位」；若一個工作的負荷量太多，一個人無法做完時，則「一個工作」可以有「數個職位」；若一個工作的負荷量不多，則可合併「幾個工作」而由「一個職位」的人去做。若再將各種職位歸類組合成職位群，有兩種形式。其一是將各「類似工作性質」的職位歸在一起，稱為功能性或專長性分組 (Functional or Skill Grouping)；其二是將幾種「不同工作性質」的職位併在一起，期能完成某特定任務目標 (Task)，此稱為「任務混合式分組」(Task-Compound Grouping)。如圖 16–2 及圖 16–3 所示。

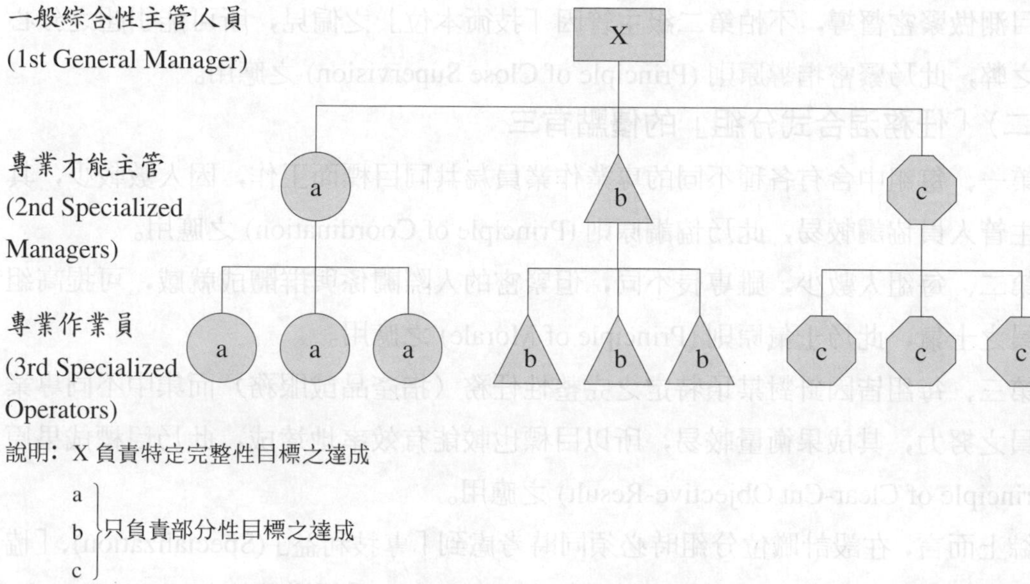

圖 16–2　功能性分組

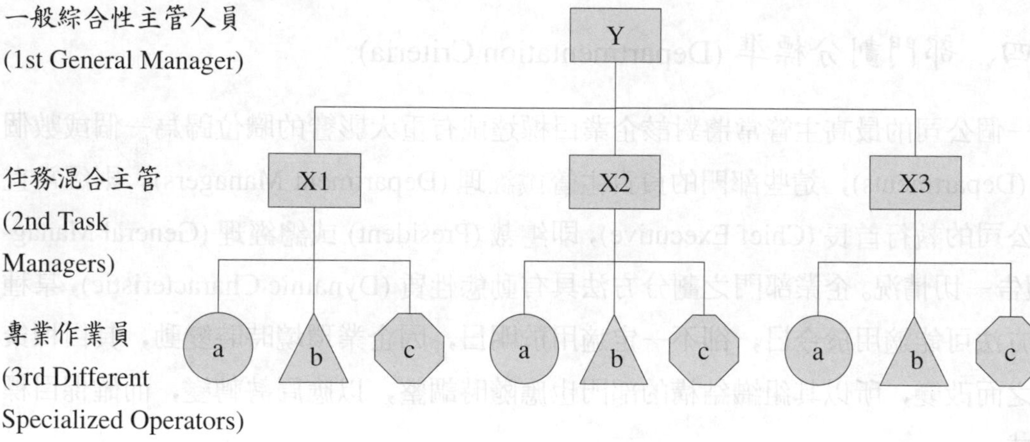

圖 16–3　任務混合式分組

(一)「功能性分組」的優點有三 (Three Advantages of Functional Groupings)

第一、每位主管所負責的只是一個大目標內的某些小目標，又屬於自己專業技術能力範圍之內，同類相聚，互切互磋，可滿足「技術本位」之慾望，此為專技原則 (Principle of Specialization) 之最高應用。

第二、功能性分組是「分工」、「專門化」原則的實施，若每人工作分量 (Loading) 夠，則可收熟能生巧，提高效率之利，此乃效率原則 (Principle of Efficiency) 之應用。

第三、小規模的廠家，如中小企業，員工五十人以下，人數有限，最上級主管可用目測做緊密督導，不怕第二級主管因「技術本位」之偏見，所可能引起之分心離散之弊，此乃緊密指導原則 (Principle of Close Supervision) 之應用。

(二)「任務混合式分組」的優點有三

第一、每組中含有各種不同的專業作業員為共同目標而工作，因人數較少，其任務主管人員協調較易，此乃協調原則 (Principle of Coordination) 之應用。

第二、每組人數少，雖專長不同，但緊密的人際關係與群體成就感，可提高組內成員之士氣，此乃士氣原則 (Principle of Morale) 之應用。

第三、每組皆因針對某項特定之完整性任務（指產品或服務）而集中不同專業作業員之努力，其成果衡量較易，所以目標也較能有效率地達成，此乃目標成果原則 (Principle of Clear-Cut Objective-Result) 之應用。

綜上而言，在設計職位分組時必須同時考慮到「專技利益」(Specialization)、「協調需要」(Coordination)、「成本效率」(Cost-Efficiency)、「督導慾望」(Close Supervision)、「員工士氣」(Morale) 及「目標達成」(Goal Achievement) 等六原則，並求得適度平衡。

四、部門劃分標準 (Departmentation Criteria)

一個公司的最高主管常將對該企業目標達成有重大影響的職位歸為一個或數個部門 (Departments)，這些部門的負責主管或經理 (Department Managers)，則經常直接向公司的執行首長 (Chief Executive)，即總裁 (President) 或總經理 (General Manager) 報告一切情況。企業部門之劃分方法具有動態性質 (Dynamic Characteristic)，某種劃分方法可能適用於今日，卻不一定適用於明日，因企業環境時時變動，其目標策略因之而改變，所以其組織結構的部門也應隨時調整，以應局勢轉變，而確保目標之達成。

部門的劃分方法有許多不同形式：(1)有純按人數，(2)有按企業專門功能，(3)有按產品，(4)有按市場地區，(5)有按顧客，(6)有按製程，(7)有按特定任務，(8)有綜合混合等等，以下將一一介紹：

(一) 按人數劃分部門

此為最古老的百分之百直線式組織 (100% Line Departmentation)。把某一定數目相同（如九人加一人當班長，共十人一班，十中取一為士），水準類似的人集合在一處，接受更高一層的另一人統率指揮，以執行工作目標（見圖 16-4）。此種劃分方法的要點不是在於工作性質的差異，或在不同地方工作，或與不同專技之人一起工作，而只是在於利用員工的個人的最基本苦力 (Labor Power) 而已。

此種方法已經過時，因為很少人應用它。第一，勞工的技能進步，逐漸脫離專賣苦力謀生之境。第二，人類的勞力漸為機械所取代。第三，不同專技人員互相配合之集體工作方式，比不互相配合之集體工作方式要經濟有效得多。第四，按人數劃分只能用於目前大型企業之最基層單位而已，不能用於最高主管與最低作業人員之間。所以當勞力以外的生產因素 (Production Factors) 之重要性增加時，按人數劃分部門的方法不會有高成效的。

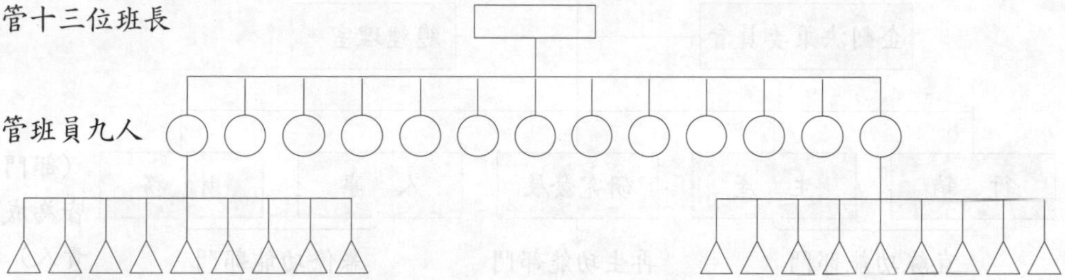

圖 16–4　依人數劃分之苦力型組織 (Labor Power Organization)

（二）按企業專長功能 (Specialized Function) 劃分部門

此為直線功能專長與幕僚功能專長的混合型態，這是第二種古老但尚常被採用的方法。即在最高主管之下，依企業專長技能分成不同部門，如行銷、生產、研發、人事、財務、會計、採購、資訊、總務等等，從事「分工」(Division) 及「合作」(Cooperation) 之活動。企業功能專長種類，照本書第一章「管理科學矩陣圖」(Management Science Matrix) 所稱「五指山」，可以大分為五種：行銷、生產、研究發展、人事及財務（含會計）。工作職位按專技功能分類時，各主要功能部門在最高主管之下都是一級單位（見圖 16–5）。這種劃分標準有優點也有缺點，分述如下：

1. **專長功能型組織之優點** (Advantages of Functional Organization)

⑴合於分工合作邏輯。(Specialization)

⑵使企業基本個別功能的權威，能為首長所注意。(Close Supervision)

⑶合於專業技術及專業授權原則，可以激勵發揮人力資源潛力。(Motivation and Goal Achievement)

2. **專長功能型組織之缺點** (Disadvantages of Functional Organization)

⑴易使各部門屬員產生「本位主義」，坐井觀天，缺乏對企業之全貌瞭解。(Sub-optimization)

⑵部門間以專技導向為最高追求界限，難於平行協調或互相讓步。(Technology-Orientation)

⑶最終盈虧責任落在首長一人身上，責任很重，其他人員皆不負利潤盈虧之經營責任，易生怠性。(Idleness)

⑷下屬人員無機會看到企業全貌，有害將來獨當一面人才之培育機會。

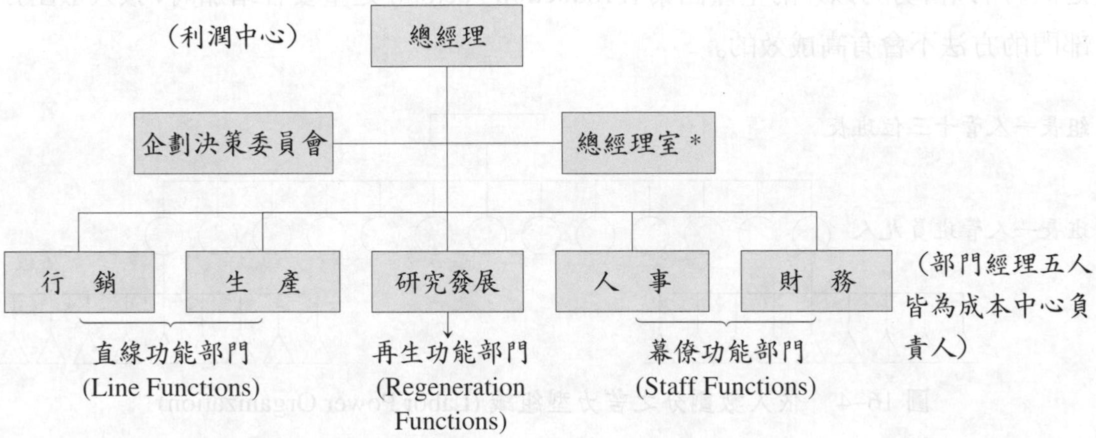

＊總經理室有：總經理一人，副總經理一人掌企控。

圖 16–5　依企業專長功能劃分之組織 (Functional Organization)

一般功能式組織中的行銷與生產部門，號稱「直線」(Line) 功能部門，與執行最高主管的目標密切相關，其成敗直接影響最高主管的成敗。人事與財務部門，號稱「幕僚」(Staff) 功能部門，為服務、支援、及建議直線功能部門之單位。研究發展部門號稱「再生」(Regeneration) 功能部門，為企業負責新產品及改良品之創新工作，以維持企業生生不息。幕僚及再生功能部門之目標達成度，不會即時影響最高主管的目標成敗，而須經過銷、產部門之成敗來影響。

當任何功能部門主管感覺其管理幅度太大時，可能會設立各別引申性次級功能單位。如表 16–1 所示，第一級直線功能內有次級直線及幕僚單位，第一級幕僚功能內也有次級直線及幕僚單位。

表 16–1　功能型組織結構可能引申之次級功能單位

主要功能單位 (Main Function Departments)	引申性次級功能單位 (Sub-Function Units)
行銷部門 （一級直線功能）——First Line Function	現場推銷——次級直線功能 (Second Line Function) 行銷研究與計劃（產品及價格設計） 廣告、促銷、報導 修理服務 經銷分公司服務站 國外業務 採購 儲運 } 次級幕僚功能 (Second Staff Functions)
生產部門 （一級直線功能）——First Line Function	現場製造（工廠）——次級直線功能 (Second Line Function) 生產計劃與控制 品質管制 物料管制 方法研究（工業工程） 設備維護 採購 儲運 } 次級幕僚功能 (Second Staff Functions)
人事及總務部門 （一級幕僚功能）——First Staff Function	招募、任用 薪資獎金 人力訓練發展 } 次級直線功能 (Second Line Function) 福利康樂 衛生安全 保險退休 補給 採購 庶務服務（總務行政） } 次級幕僚功能 (Second Staff Functions)
財務及會計部門 （一級幕僚功能）——First Staff Function	資金籌措（銀行融資）——次級直線功能 (Second Line Function) 資金運用／信用管理——次級直線功能 (Second Line Function) 資產管理／保險管理—次級幕僚功能 (Second Staff Function)

	出納——次級直線功能 (Second Line Function) 普通會計——次級直線功能 (Second Line Function) 成本會計——次級幕僚功能 (Second Staff Function) 管理會計（內部資訊系統）——次級幕僚功能 (Second Staff Function) 預算控制／內部控制——次級直線功能 (Second Line Function)
研究發展部門 （一級幕僚功能）——First Staff Function	基本研究——次級幕僚功能 (Second Staff Function) 應用研究——次級幕僚功能 (Second Staff Function) 新產品發展——次級直線功能 (Second Line Function) 工程設計——次級直線功能 (Second Line Function) 市場發展——次級直線功能 (Second Line Function)

（三）按市場地區 (Market Area) 劃分部門——是直線與幕僚混合制

市場行銷業務分散在各處的企業，常採地區劃分之組織分組方式，在原則上將所有在某一區域內的銷、產、採購業務組合在一起，成為地區事業部 (Area Division)，並指定一位主管負責該地區作業之盈餘虧損目標。總部則保留人事、財務會計、研究發展、資訊科技等幕僚性服務工作，以支援各地區之直線作業單位，如圖 16–6 所示。

這種組織方式是大規模企業或是業務必須在各地區進行的企業所較常採用的方式，屬於地方分權式組織 (Local Decentralization)。總部把產、銷、採購之權責分授給四位地區副總經理，本身掌握企劃、控制、人事、財會、資訊之權責。

地區劃分部門方式是從功能式組織因多市場 (Multiple Markets) 原因演變而來，其主要目的為提高經營績效，詳細理由如下所述：

⑴利用地區性業務的某些經濟條件，如充分利用當地人力、地方特徵、地方資源等等。

⑵減少中央總部單位因不瞭解當地情報而做出錯誤指揮命令的決定。

⑶適應地區習慣、風尚、產品愛好、語言及氣候等等的差異。

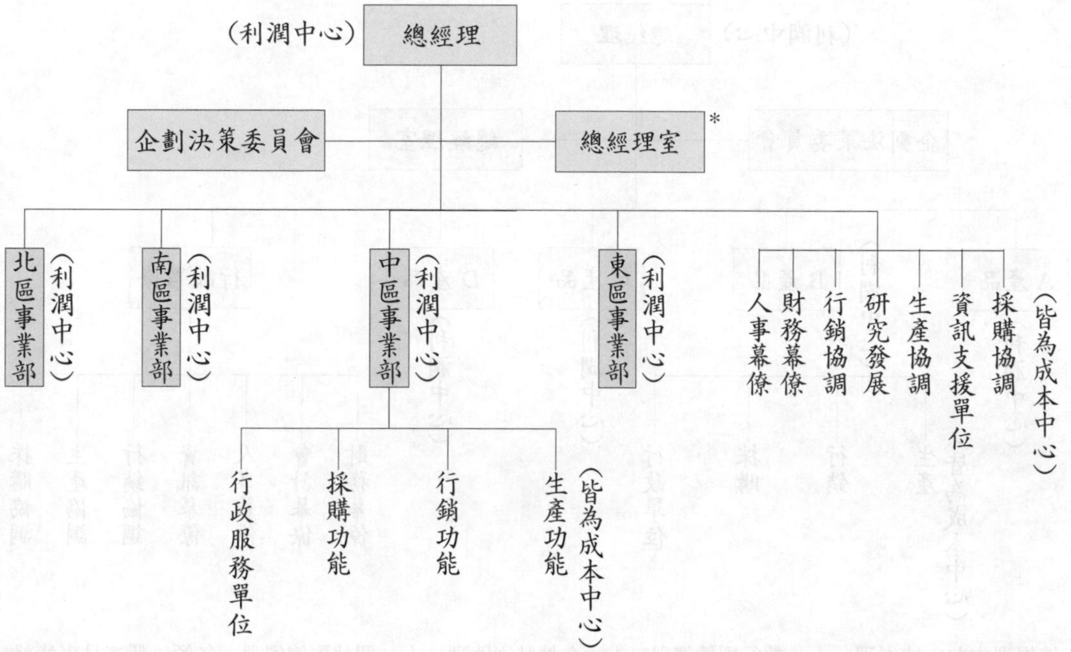

＊總經理室有：總經理一人，執行副總經理一人，企控特別助理一人，四位副總經理，各領一個地區事業部，為利潤中心負責人。

圖 16–6　市場地區部門劃分方式 (Market Area Division Organization)

⑷降低多層呈轉核准所產生之作業成本。

⑸地區事業部為訓練將來獨當一面之總經理人才的最好場所。

⑹可建立地方性的商譽，獲取地方顧客的信心。

當然，以地區為部門劃分標準也有缺點。第一，若無有力之總部企控協調力量，各區易形成各自為政之分散局面。第二，若業務員負荷量不夠多及區域特性區分不顯著，則容易造成成本增加之後果。

（四）按產品 (Product) 劃分部門——是直線幕僚混合制

大規模多產品 (Multiple Products) 之企業首長常授權給某一產品事業部門 (Product Division) 的主管，使他能全權處理某一特定產品之一切行銷、生產、採購、技術、服務等業務，並負責該產品營運之盈虧目標（見圖 16–7)。這種方式不考慮市場地區之是否一個或多個，而只考慮產品之多角化管理，屬於產品分權式組織 (Product Decentralization)，此亦從功能式組織因多產品 (Multiple Products) 原因演變而來，其主要目的也是為提高經營績效。

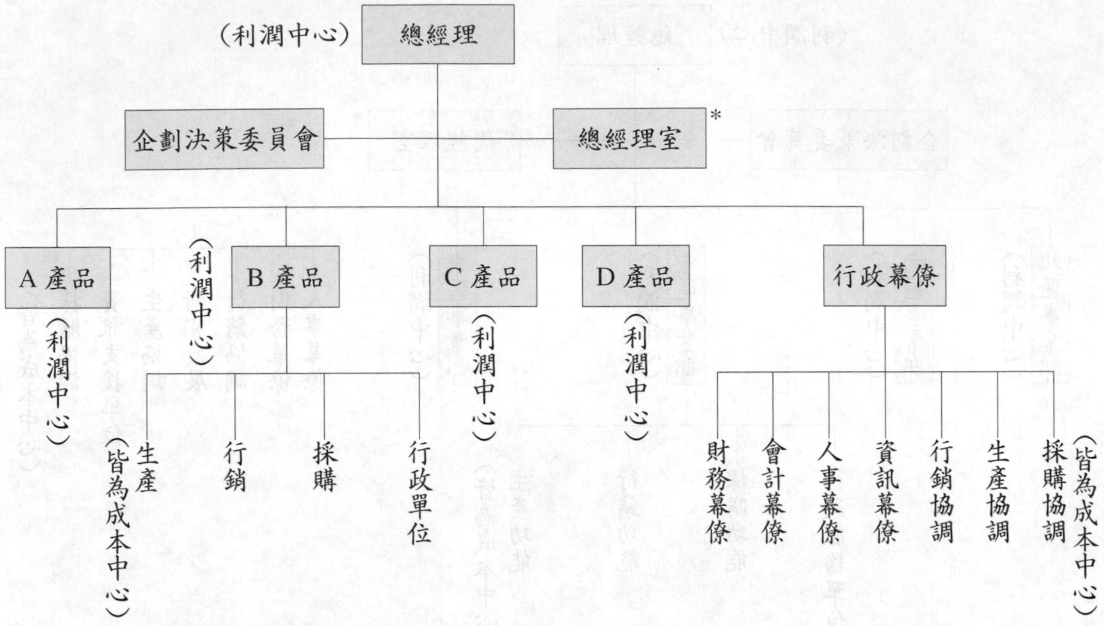

*總經理室有：總經理一人，執行副總經理一人。企控特別助理一人，四位副總經理，各領一個產品事業部，為利潤中心負責人。

圖 16–7　產品部門劃分組織 (Product Division Organization)

產品事業部分權式組織之優點如下：

(1)產品事業部門主管負有獨立計算盈虧之責任感，可促使上級做最大之授權，並培養將來獨當一面之幹才。

(2)同一產品事業部門內各機能單位的協調比較迅速、靈活、有效。

(3)各產品事業部門間可以互相競賽，各顯經營能力，帶給總公司目標最大貢獻。

(4)容易激勵士氣，建立全員創業精神。

產品事業部分權式組織亦可能有下列兩缺點：

(1)若無有力之總公司企控協調力量，則各事業部間各自分散，不成一體。

(2)若公司不夠大，無足夠之業務負荷量，則各事業部各有生產、銷售、採購、運輸等等機能單位，會增加成本。

(五) 按顧客 (Customer) 劃分部門——是直線與幕僚混合制

此種方式是將為某一類顧客服務的一切工作者，都歸屬於同一部門，成為顧客事業部 (Customer Division)，受同一經理管轄，此乃依產品 (Product) 劃分部門的一種特殊例子，因產品不同，顧客可能就跟隨著不同。按顧客劃分部門可以迎合特定顧客類之需要，為顧客提供最高度的滿意服務（見圖 16–8）。

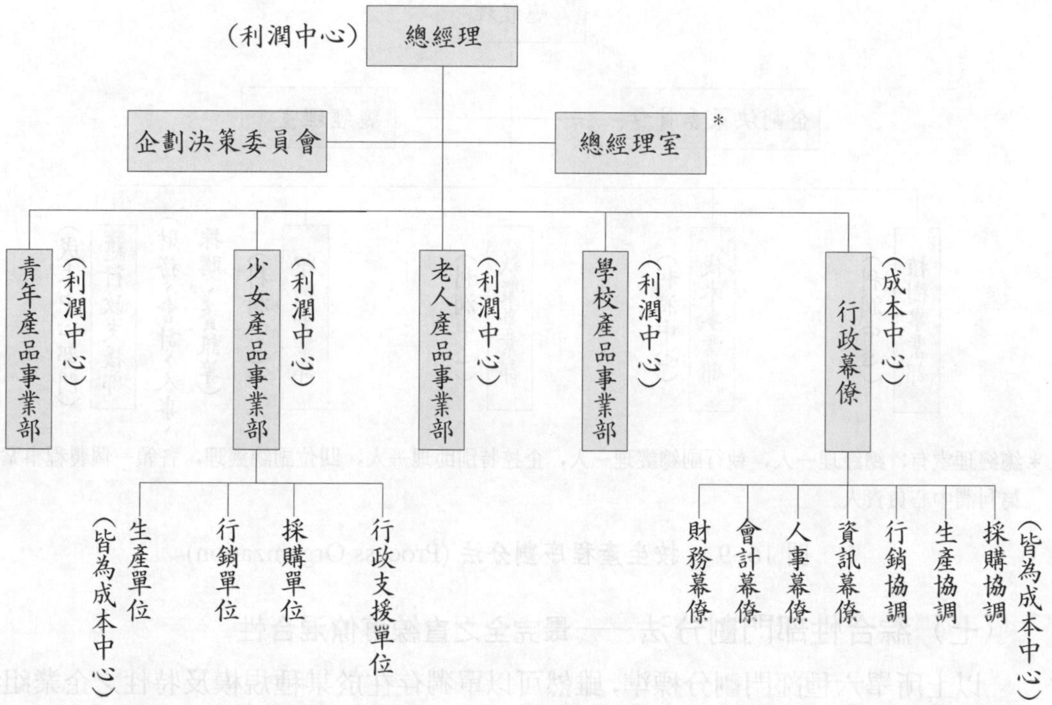

*總經理室有：總經理一人，執行副總經理一人，企控特別助理一人，四位副總經理，各領一個顧客事業部，為利潤中心負責人。

圖 16–8　顧客別部門劃分組織 (Customer Division Organization)

採這種部門劃分方法的理由有三：(1)可迎合不同顧客群需求，應付競爭者之重大壓力。(2)各部門專門化，可適應顧客們各種不同的特殊需求與服務條件。(3)考慮市場區隔現象，如顧客的年齡、性別與收入等等，對未來銷路之開發幫助很大。

但這種方式也有缺點：(1)若顧客種類多，但數量少，則主管常須為顧客需求而給特別待遇，將使得協調發生困難。(2)若業務量不大時，則浪費人力、物力的可能性大，尤其是在經濟蕭條時期，某類顧客市場可能會近於消失狀態。

（六）按生產程序 (Process) 劃分部門——是直線幕僚混合制

在製造機構中，每每以某產品之物理或化學特性上之製程 (Process) 為部門劃分標準，尤其在機構的基層單位劃分更是如此（見圖 16–9）。

這樣做的主要理由也是為了經營效率，因按步驟而分工 (Division of Work by Process)，也是屬於「專門化」之應用，若每一步驟之生產及銷售之業務量足夠多，就可實行以生產程序為獨立計算盈虧之利潤中心身分之製程事業部 (Division of Process)，若業務量不夠大，則只能以工作為「成本中心」或「任務中心」劃分之單位。

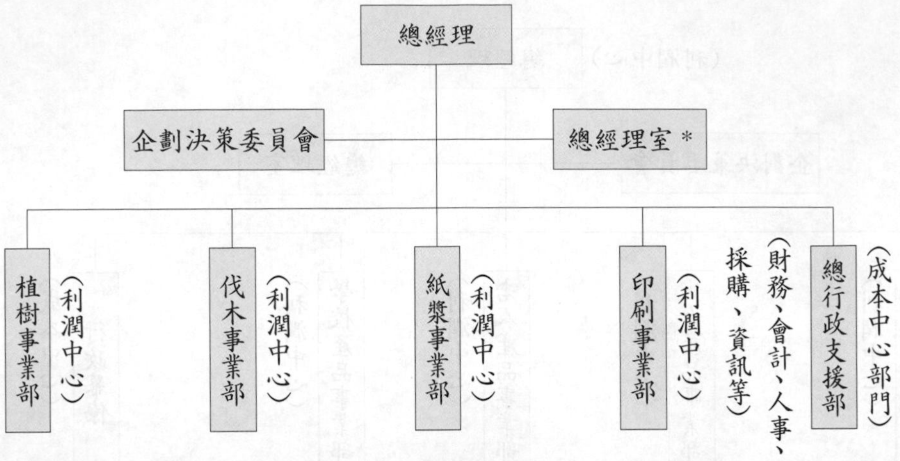

＊總經理室有：總經理一人，執行副總經理一人，企控特別助理一人，四位副總經理，各領一個製程事業部，為利潤中心負責人。

圖 16–9 按生產程序劃分法 (Process Organization)

(七) 綜合性部門劃分法——最完全之直線幕僚混合性

以上所舉六種部門劃分標準，雖然可以單獨存在於某種規模及特性之企業組織，但是在近代企業走向大型化、多角化、及多國化之潮流下，這些標準綜合應用於同一企業體之不同層次中，乃已成為常態，而以「利潤中心」(Profit Center，指可以獨立計算盈虧之分權單位）之建立為優先考慮。如圖 16–10 所示，即是大企業集團之綜合性部門劃分法。很明顯地，第一及第二層都可以成為「利潤中心」之事業部門，依「產品」(Product) 及「製程」(Process) 為部門劃分標準。但此二層亦皆有幕僚單位存在。至於第三、四、五層則依「功能」(Function)、「地區」(Area) 及「製程」而劃分，但因其獨立計算盈虧之可能性很小 (因成本劃分不清)，所以不能不成為「成本」中心 (Cost Center) 或「任務」中心 (Task Center)。至於行銷部門下之分公司，則係依地區而劃分。第一、二、三層也都有幕僚部門依功能別而立，實為直線幕僚混合制之最佳例證。

(八) 矩陣式任務編組與機能式組織 (Matrix-Task and Functional Organization)

在單一工廠多種產品的中型公司，原用行銷、生產、研發、人事、財務、會計、採購、資訊等機能為第一層分組標準，除總經理為利潤中心負責人之外，其他部門皆為成本中心。此公司若推出五類產品到市場，各類產品之銷產量還不夠大到可以各自設立一個工廠及一個行銷部來專門負責，成立利潤中心身分之產品事業部

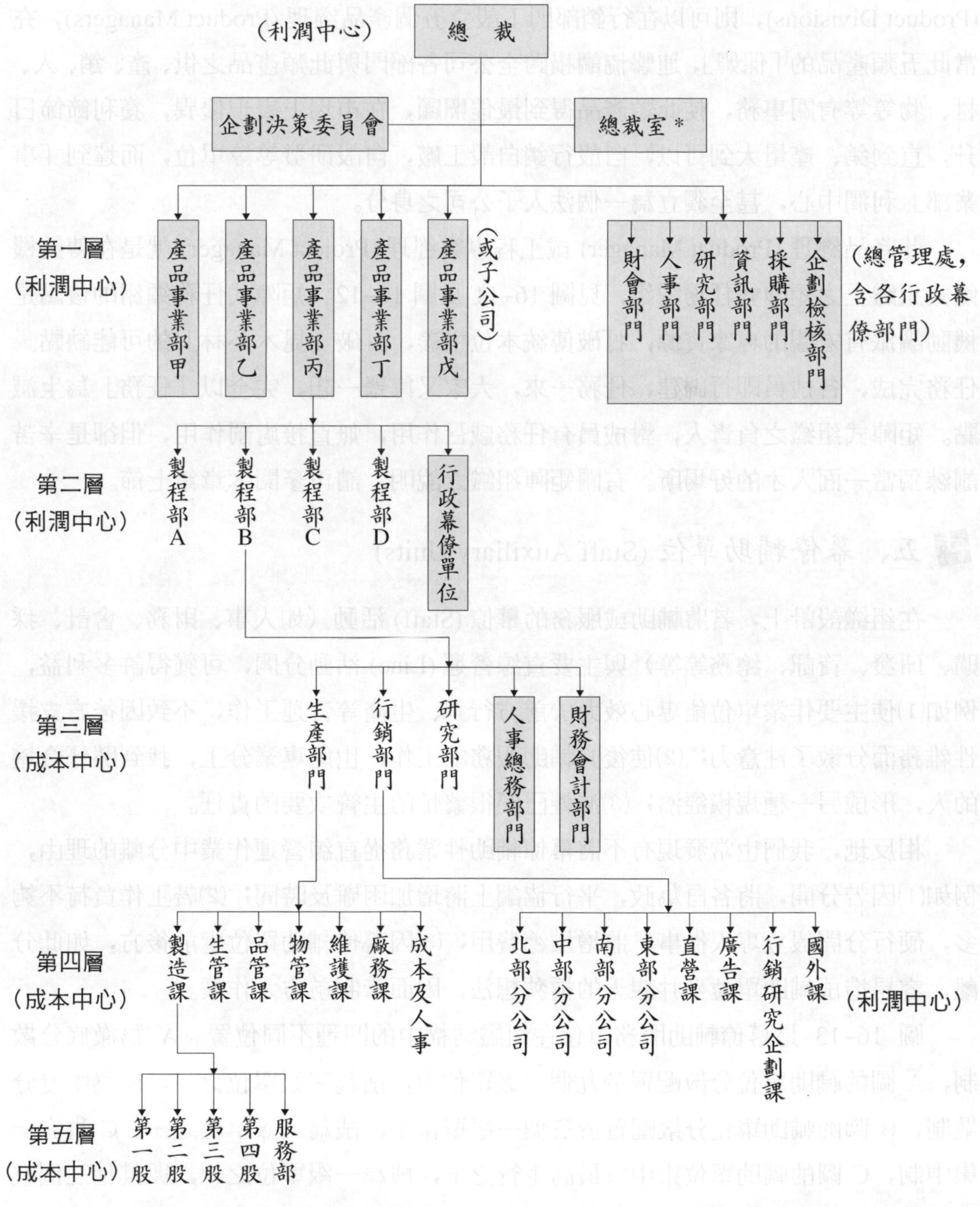

＊集團總公司總裁室有：總裁一人，執行副總裁五人，各領一個產品事業部或子公司，另有資深副總裁管人事、財會、採購、研究、資訊等成本中心，特別助理一人掌企控功能。

圖 16–10　綜合性部門劃分法——最完全之直線幕僚混合制

(Product Divisions)，則可以在行銷部門下設立五個產品經理 (Product Managers)，充當此五類產品的「保姆」，連繫協調橫跨全公司各部門與此類產品之供、產、銷、人、材、物等等有關事務，使此類產品得到最佳照顧，在市場上表現優異，獲利節節日升，直到銷、產量大到可以，自設行銷自設工廠，自設研發等等單位，而達到「事業部」利潤中心，甚至獨立為一個法人子公司之身分。

此產品經理 (Product Manager) 或工程專案經理 (Project Manager) 就是在傳統機能式組織上之矩陣式任務編組，見圖 16–11 及圖 16–12。矩陣式任務編組的優點是機動調派有宏觀的專家資源，打破傳統本位主義，打破「見木不林」的可能缺點。任務完成，各成員即行歸建，任務一來，大家又集聚一起，完全以「任務」為生滅點。矩陣式組織之負責人，對成員有任務感召作用，無直接處罰作用，但卻是辛苦訓練獨當一面人才的好場所。有關矩陣組織之說明，請再參閱本章第七節。

五、幕僚輔助單位 (Staff Auxiliary Units)

在組織設計上，若將輔助或服務的幕僚 (Staff) 活動（如人事、財務、會計、採購、研發、資訊、總務等等）與主要直線營運 (Line) 活動分開，可獲得許多利益，例如⑴使主要作業單位能專心效力於前方行銷、生產等營運工作，不致因後方支援性雜務而分散了注意力；⑵使後方輔助服務的工作，也能專業分工，找到勝任合適的人，形成另一種規模經濟；⑶減輕已經很繁忙的主管次要的責任。

相反地，我們也常發現有不將幕僚輔助性業務從直線營運作業中分離的理由，例如⑴因若分開，將各自為政，平行協調上將增加困難及時間；⑵若工作負荷不夠多，硬行分開設立專人從事，將增加總費用；⑶因幕僚輔助單位處於後方，如此分離，容易造成輔助單位坐井觀天的褊狹想法，因而牽制前方之作業。

圖 16–13 是幕僚輔助服務單位在組織結構中的四種不同位置。A 為徹底分散制，A 圖的輔助單位分散配置於九個二級單位內，成為三級單位之一。B 為中度分散制，B 圖的輔助單位分散配置於三個一級單位下，成為二級單位之一。C 為完全集中制，C 圖的輔助單位集中於最高主管之下，成為一級單位之一，與其他三個直線單位平行。D 為集中分散綜合制，D 圖的輔助單位集中於最高主管之下，成為一個一級單位之外，在三個直線一級單位中，也設立三個二級輔助單位。

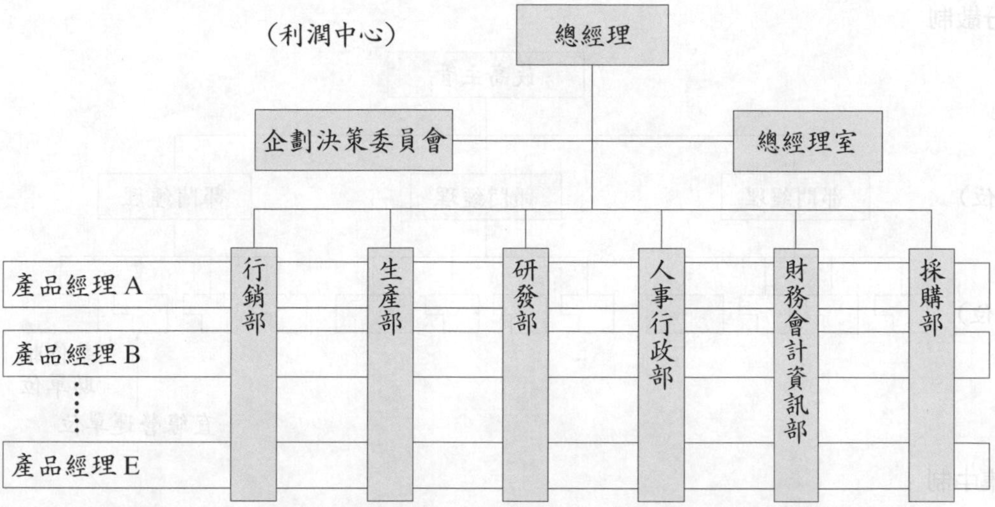

圖 16–11　產品經理矩陣組織 (Product Manager Matrix Organization)

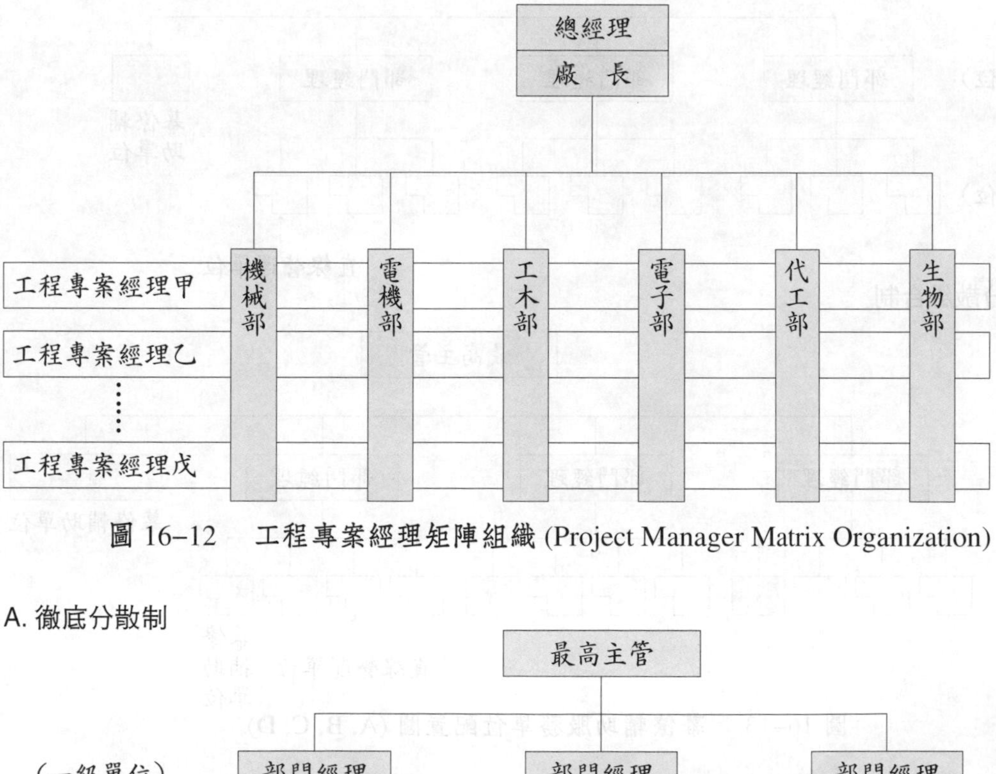

圖 16–12　工程專案經理矩陣組織 (Project Manager Matrix Organization)

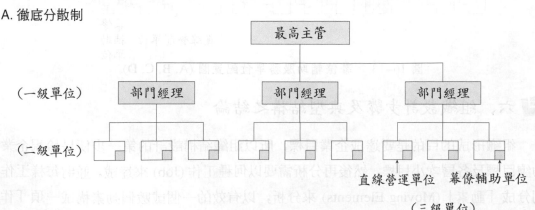

A. 徹底分散制

B. 中度分散制

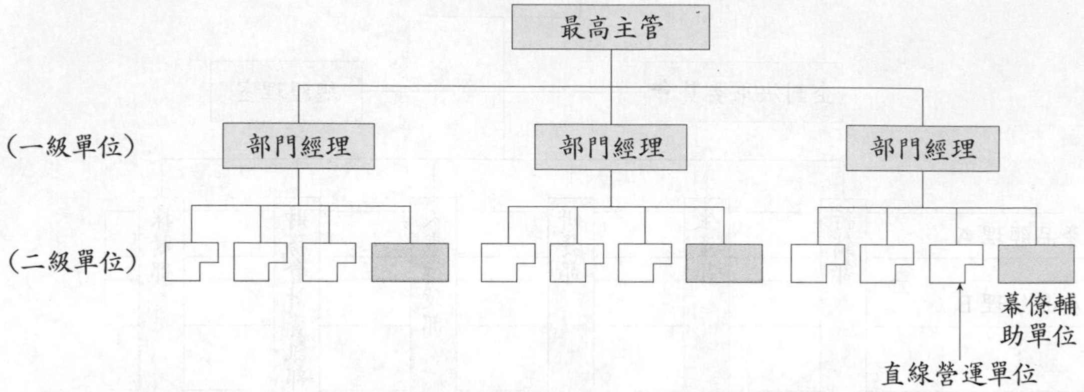

C. 完全集中制

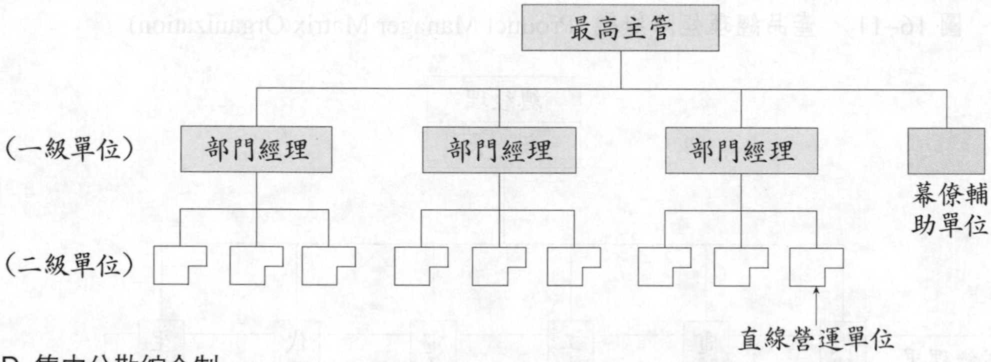

D. 集中分散綜合制

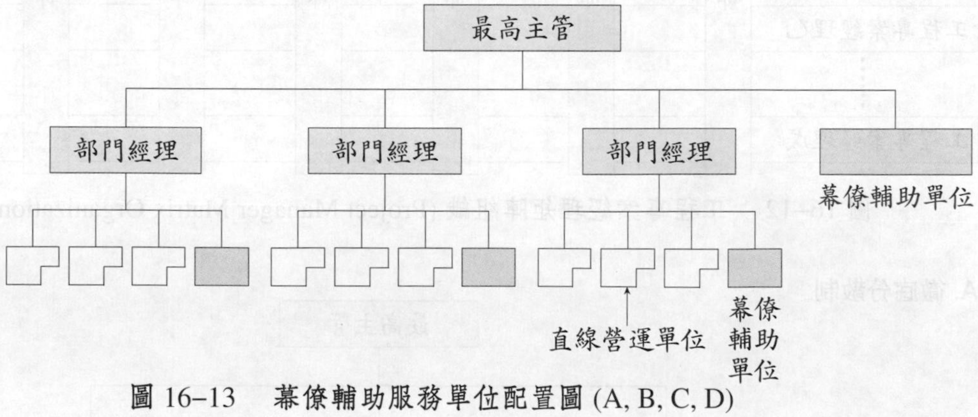

圖 16-13　幕僚輔助服務單位配置圖 (A, B, C, D)

六、組織設計步驟及典型結構之結論

組織形成的目的是要達成企業目標，所以組織結構設計的第一步便是檢視企業的總目標及各層次小目標，然後再分析需要以何種工作 (Job) 來達成，並將每樣工作劃分成「動素」(Moving Elements) 來分析，以有效的一個或數個動素構成一項「作業」(Operation)，集合一個或數個作業成為「工作」，集合一個或數個工作設立「職位」以配置人員，綜合數個職位而成「工作群」(Working Group)，最後將工作群依不同標準（如機能、產品、地區、顧客、製程、綜合、矩陣等）而形成各種「部門」。倘若有需要設立幕僚輔助之服務單位，則可加之於原設計的組織中，便成為直線幕僚混合之結構體。簡言之，組織設計的步驟可圖示如下：

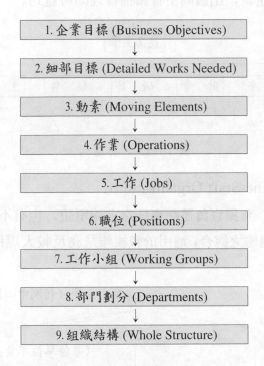

1. 企業目標 (Business Objectives)
↓
2. 細部目標 (Detailed Works Needed)
↓
3. 動素 (Moving Elements)
↓
4. 作業 (Operations)
↓
5. 工作 (Jobs)
↓
6. 職位 (Positions)
↓
7. 工作小組 (Working Groups)
↓
8. 部門劃分 (Departments)
↓
9. 組織結構 (Whole Structure)

通常組織結構設計完成後，可歸為三種型態：

1. 直線式 (Line Organization)

從最高管理階層至最低作業階層，單線作業執行人員，人人負盈虧責任，沒有幕僚輔助之平行單位，指揮線單一嚴明，如圖 16–14 所示，適用於微小規模之企業。

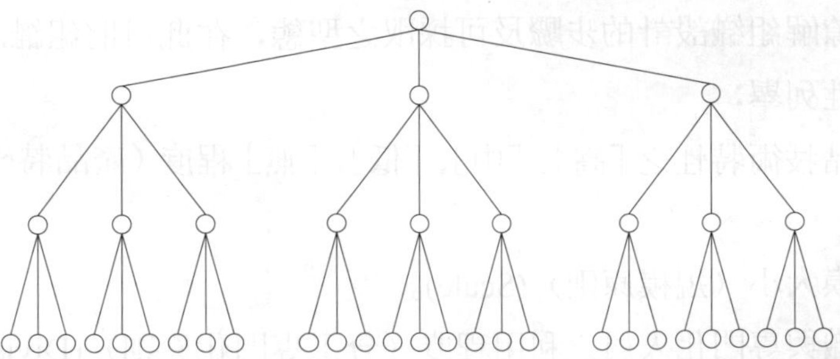

圖 16–14　直線式

2. 功能性 (Functional Organization)

在最高主管之下，依分工專門化原則、企業功能別劃分部門，生產及銷售部門從事前線執行工作，研發、人事、財務會計、採購、資訊在後方從事幕僚輔助之支援工作，沒有一個部門人員能負盈虧責任，只能由最高主管一人負責。如圖 16–15 所示，只適用於小規模企業，由最高主管集權管理即可竟功。

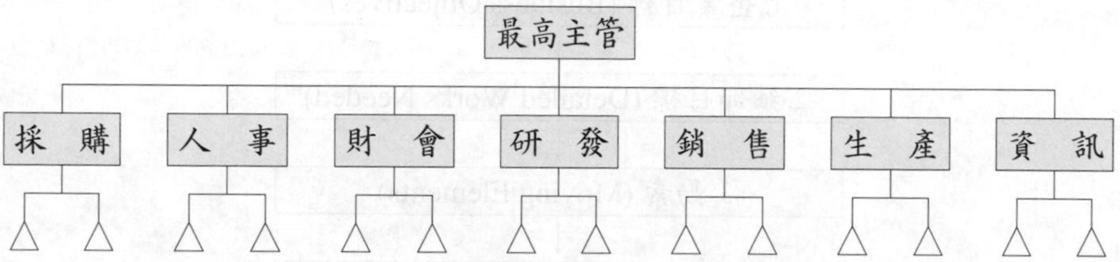

圖 16–15 功能式

3. 直線—幕僚式 (Line-Staff Organization)

在最高主管之下，有獨立負盈虧責任之直線單位，也有不負盈虧責任之幕僚輔助單位，此為前兩種型態之綜合，適用於較複雜業務及較大規模之機構。如圖 16–16 所示。

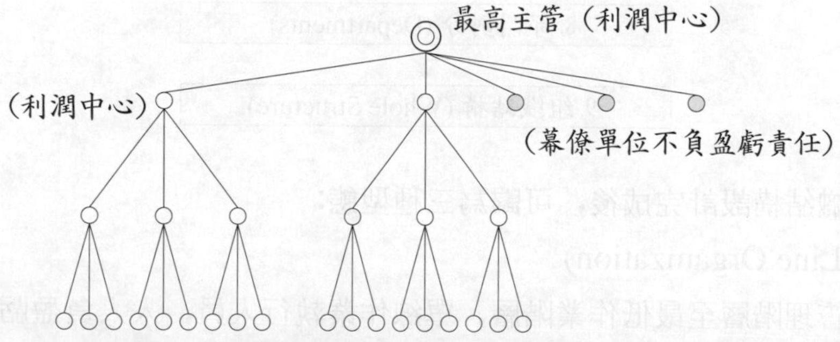

圖 16–16 直線—幕僚式

我們既已瞭解組織設計的步驟及可採取之型態，在此可將組織設計時應考慮的因素做一總結性列舉：

⑴企業產品技術特性之「高」、「中」、「低」、「無」程度（產品特性原則）(Product Characteristics)。

⑵公司規模大小（規模原則）(Scale)。

⑶專技知識與專門化人員之利用程度（分工專門化原則）(Division and Specialization)。

⑷平行單位間協調之需要程度（協調合作原則）(Coordination and Cooperation)。

⑸主管控制之難易程度（主管能力及精力原則）(Leader Capability)。

⑹應得到較充分注意之工作，則該置於較高層次（重點原則）(Focus)。

⑺費用支出之多寡（成本原則）(Cost)。

⑻人性因素（激勵原則）(Motivation)。

我們在從事組織設計時，應在上列各因素間求得最平衡有利之組合，俾能有效達成企業目標。

第四節　組織結構之權責關係——縱的連繫 (Authority and Responsibility—the Vertical Relationship)

一、管理幅度 (Span of Control)

隨著公司銷產業務的成長，經理人員本身的工作負荷會逐漸加重，所管轄的部屬人數也會增加，當到達某一程度時，他便無法及時及有效處理所有的銷、產、發、人、財、計、組、用、指、控等有關的管理工作，成為「管理幅度」不能太大的問題。由於先天上有這種管理幅度不能太大的限制，所以經理人員勢必得將一些原來由自己做的工作授權給部屬去處理，所以也就產生了主管與部屬間的「權責」(Authority and Responsibility) 保留與分授的關係。

一般而言，影響一位經理人員管理幅度廣狹（即管轄多少位部屬）的因素，包括該主管人員的⑴「時間與注意力程度」(Leader's Time)，⑵「個性與精力程度」(Leader's Energy)，⑶「知識能力程度」(Leader's Ability)，⑷「部屬自動自發的程度」(Subordinate's Self-Motivation)，⑸「工作目標的明確性」(Clarity of Objectives)，⑹「工作地點集中或分散程度」(Work Location) 等等。

當主管能力高強，精力充沛，善用時間，分配給部屬的工作目標清楚明確，部屬自動自發能力強，主管與部屬工作地點接近，則一個主管可以多管轄一些部屬，如 10 人左右；否則，就要少管一些人，如 3 ～ 5 人。當管越多人時，就要多授權。

傳統的觀念，認為理想的管理幅度是 8 至 10 人，如一個班長管十個班員。現代的觀念，認為理想的管理幅度不在於人數的多寡，而是在於信息溝通速度及單位績效的高低，採取「扁平」式及「聯網」式組織結構之管理幅度，可以大，大到管理效率開始下降之時。無疑地，上級人員之管理幅度大多小於低級人員之管理幅度，班長可以管十個班員，但總經理不可以管十個副總經理。

二、責任 (Responsibility)

因為有「組織結構」及「管理幅度」之現象，所以才有「職責」及「職權」之對應關係。當部屬在職位上從主管手中接受某項工作「目標」或「任務」後 (Objectives or Duties)，他便負擔了若不達成該目標（或不履行該任務）便須接受某種有形或無形責罰 (Penalty) 之覺悟。所以因職位而來的「責任」(Responsibility) 二字可解釋為「責」罰與「任」務 (Penalty and Duty)，隱含著某職位的人「應該採取什麼行動」(What Activities) 以「達成何種目標」(What Objectives) 的意思。

「責任」的重心是「義務感」(Obligation)，即屬員在接受上級任務（目標）指派後，等於對上級有了道義上的「承諾」(Commitment)，答應在某段時間內完成某種任務。所以這種「有義務」的感覺，常和每個人的態度 (Attitudes) 緊密關聯。若企業內成員們皆「有義務」去完成某種任務，不止不休，就是企業成功的最大無形動力。俗云:「權力可以不享受，但義務不能不盡。」有責任心的人就是有義務感的人，就是「知恥」的人（即知若不成功，就須受責罰），而「知恥近乎勇」，所以有責任心的人也就是勇敢的人，企業越成功就是靠越多的勇敢的人來達成創新性、突破性目標。在東方，責任心的最高表現就是「武士道」精神。「武士」若承諾一件任務，一定千方百計、肝腦塗地去完成，若完成不了，就以「切腹自殺」來洗刷失敗的羞辱感。

三、權力與責任 (Authority and Responsibility)

「責任」是因職位目標而來，所以稱「職責」，而「權力」是因要方便完成職位責任，而由上級授予的用人權，用錢權，做事權，協調權等等，稱為「職權」。所謂「權力」或「權威」是指能影響他人行為之「力量」(Influential Power)，其形式有多種，包括命令 (Order)、勸告 (Advice) 及資料情報 (Information) 等。一般認為，權力是建立在社會意識及社會制度之「接受」(Acceptancy) 基礎上，比如私有財產「制度」、政府「法則」、民主「憲法」，以及人們長期以來所建立的仰賴領導者的「習慣」等等，這些概念的含意要被社會團體的成員所共同接受，才有影響力，否則一方要求，另一方不接受，皆無影響力。

在一個組織中，職位權力之大小，由下而上，往往成為一個倒立金字塔形，亦即上面主管權力大，下面主管權力小。權力是因為要執行責任、任務才有的工具，所以責任是因，權力是果；沒有責任就不應該有權力，否則會造成「有權無責」之浪費現象。權力也是組織體的接合劑，靠著它，組織各層次方能順利運作，達成目標任務。

一個職位的權力影響範圍也有其限制，不是無限制擴張，譬如有⑴生理限制，⑵物理限制，⑶公司政策規定的限制，⑷社會制度的限制，⑸技術水準的限制，⑹經濟條件的限制，⑺法律的限制，⑻人們意見一致性及接受性的限制等等，所以在日常執行任務時，多用協調溝通，自動合作，盡量少用命令性之權威、權力，因為多用權力，等於多用成本，多碰到限制。

在理論上，「權力」與「責任」(Authority and Responsibility) 應當相稱。因為權力是用來達成責任的工具手段，「工欲善其事，必先利其器」，但在實務上，往往有許多「權責不相稱」的不合理現象，不是「有責無權」，就是「有權無責」，所以與其光說「權責相稱」，倒不如對上級說：「責任、權力與義務彼此緊密相依，在計劃時應周詳地把它們聯結起來，不可分離。」但對屬員，則說：「應在既定之工作條件及權力範圍內，盡最大的可能完成責任。」一個公司的成功，是靠更多人完成更多責任，而不是靠更多人爭奪動用更多的權力。權力越下授，責任就越衍生，公司就越會成功。權力越不下授，責任就衍生不出來，公司就越不會成功。請見表 16–2 權責衍生表。

表 16–2　權責衍生表——範例說明

組織層次	(1) = (3) + (4) 得權	(2) = (1) 責任	(3) 留權	(4) 授權	(5) = (2) 留責
1. 股東大會	100%	100%	5%	95%	100%
2. 董事會（董事長代表）	95%	95%	5%	90%	95%
3. 總經理	90%	90%	10%	80%	90%
4. 副總經理	80%	80%	10%	70%	80%
5. 部門經理	70%	70%	10%	60%	70%
6. 課級經理	60%	60%	10%	50%	60%
7. 股級經理	50%	50%	20%	30%	50%
8. 班長	30%	30%	20%	10%	30%
9. 作業員	10%	10%	10%	0%	10%
合　計		585%	100%	八層授權	585%

說明:

第一、此公司若實行高度八層授權，則全公司之用人權、用錢權、做事權、交涉權、協調權等等權力為 100%，但依「權責相稱」及「授權留責」原則，此公司從股東大會到作業員九級人員，可以衍生 585% 的責任，人人盡責，公司就會越成功。

第二、若此公司實行高度集權，把權力掌握在股東大會（投資者金主手中），不下授董事會等等下級，則此公司之權力為 100%，責任也為 100%，沒有衍生責任，人人等著金主老闆臨時指揮，不得命令不會自動，所以公司成功的機會很小。

第三、從股東大會到作業員九級組織層次中，越實行授權，同時授權幅度越大者，其責任衍生幅度越大，把每位員工的工作目標任務緊緊鉤緊，大家依目標任務及權力之配屬，自動自發工作，不必等上級臨時指揮命令，就已經按部就班推動工作，公司成功之機會自然很大。所以，越授權，越有責任心，越會成功。

一個主管的「權力」可以下授給部屬，也可以收回 (Delegation and Relegation)，但一個主管的責任與義務是絕對無法下授給部屬（即應「授權而不授責」，或應「授權留責」），否則人人「授權又授責」，主管把權力下授給部屬，也把責任推下去，等公司發生錯失時，將找不到真正負責的人來責罰了。

四、授權原則 (Principles of Delegation)

「授權」(Delegation) 是指上級人員將有關用人權、用錢權、做事權、交涉權及協調權等等之決策權事前配合工作目標（任務）之需要給予部屬，以節省部屬臨時請示所可能耽擱之時間，爭取效率，達成目標。主管人員授權時應當盡量避免⑴「不明確」(Unclear)，⑵「不完整」(Incomplete)，⑶「不真實」(Untrue)，⑷「不信賴」(Unreliable)，以及⑸授權程度與預期之工作負荷「不配合」(Uncompatible) 等等不良情況。

以下原則可以改正不少日常授權時所患的缺點:

⑴明確定義原則 (Principle of Clear Definition)：對一項職位或是一個單位所預期的成果界定愈明確，工作事項愈具體，以及對所授權力之範圍與其他單位聯繫關係等項，愈能詳細予以規定，則執行操作人員愈能對企業目標的達成有貢獻。

⑵層遞路線原則 (Principle of Clear Approval Procedure)：愈能把權力起授點至各單位的傳遞路線解說清楚，就愈能使抉擇容易，意見溝通流暢。

⑶權力下授原則 (Principle of Power Localization)：在任何一組織階層中，為了使公司能發揮效力，所以各層級地點都應具有某種權力，以便當時或當地做抉擇。

⑷統一指揮原則 (Principle of Unity of Command)：愈能使某一工作人員只向一位上司負責，則愈不致有矛盾的命令發生，而員工也愈能有確切的責任感。

⑸預期成果與授權一致原則 (Principle of Result and Authorization Consistence)：

授權的目的，在於促使接受權力的人能夠貢獻心力，達成公司目標責任，所以授權的範圍應儘可能與工作成果相配合。

⑹責任絕對性原則 (Principle of Absolute Responsibility)：本身因職位而獲得上級授權而告產生之責任（權責相稱），不能因自己再行將權力授予下級，而連帶地把責任也移轉給別人。換言之，上級授權時，只是指派任務要求部屬協同達成目標，而不是完全把責任也「推卸」出去。目標與「責任」一發生在某人身上，就絕對存在，不會因授權而減少。亦即「授權不授責」，「授權留責」。

⑺權責相稱原則 (Consistence of Authority and Responsibility)：權力是達成目標的手段力量，而責任是達成目標的承諾，所以兩者大小應當相稱，不只應同時存在，也應大小相等，不可「有權無責」，也不可「有責無權」。「有權無責」會造成浪費及不公平；「有責無權」則無法推動工作，浪費時機。

總之，主管之所以應擁有使用資源之權力，只是為方便他能建立一個有利的工作環境，以導引部屬達成組織目標，所以，主管運用權力是為了「開創」、「創新」，而不是為了「束縛」、「守舊」。

一個公司的組織結構上之職位都應有「職責說明書」(Responsibility Descriptions)，包括董事會、總裁（總經理）、副總經理、特別助理、部門經理、各課課長、各組組長，以至班長及作業員等等職位。同時，各職位在不同工作科目上的用人權、用錢權、做事權、交涉權、協調權、報告權等等之權限大小，以及「提議」(Propose)、「審查」(Screen) 及「核准」(Approve) 三級制之程序，都要以「核決權限表」(Authorization Chart) 方式訂明，經董事會通過，而實行「授權」之「例內管理」活動。

第五節　幕僚 (Staff)

一、幕僚的概念 (Concept of Staff)

「幕僚」的工作是指在管理工作中，不在執行的指揮線 (Chain of Command) 上的部分，例如行銷、生產、研發是直線，企劃一控制、人事、財務、會計、採購、資訊、總務等是幕僚。換言之，幕僚是指「幕後」的僚屬，用來支援「幕前」或「前線」的人員。所以幕僚的工作大多為共同服務性 (Services)，建議性 (Suggestions) 及資料回饋控制性 (Information Feedback) 之類。幕僚通常可分為「專家幕僚」(Specialized Staff) 與「普通幕僚」(General Staff)。專家幕僚提企劃一控制人員，以其專門知識從事資料的蒐集研究、計劃的擬定與建議，以及各種對策利弊的分析，提供指揮線上主管人員決策之參考。一般幕僚則幫助指揮線上主管人員處理一般有關人事、財務、資訊、會計、採購、總務等等事項。

二、幕僚與各級主管之關聯

大體言之，當幕僚的人員應具有下列特性：

(1)當主管的代表，但不僭越主管的職權。

(2)為使其意見構想能被接受，常須仰賴「說服力量」(Persuasion)，而非「命令力量」(Ordering)。

(3)常須有心理準備，隱抑自己的人格特性（特殊脾氣）和對榮譽令名的追求。

由於幕僚並不在指揮線上，往往無法直接進行自已構思，令人有「壯志難伸」之憾，為了補救此種先天上的缺點，同時在發展組織規模的成長過程中，必須有幕僚協助，方能提高組織整體效率，所以有些公司設定下列三種規定，以加強幕僚的作用：

1. 幕僚強制諮詢權 (Compulsory Staff Consultation)

即規定在採取某些特定行動之前，直線主管人員一定要諮詢同級幕僚人員的意見，方能執行，不管幕僚人員是否同意直線主管人員的意見。也可要求每一幕僚單位定期對某事件之強弱點提出意見報告，供參考之用。這些意見都要留下紀錄，供更高一級單位的查核。譬如各地天主教會的組織，以神父為主持人，以上級教會指派之長老為顧問，神父要做大決策時，必須取得各地教會長老的諮詢後，才能做大決定，否則其決策無效。

2. 幕僚同意權 (Concurring Authority)

此權比幕僚強制諮詢權為強烈，即對某項作業，主管人員必須獲得同級幕僚人員「同意」方能執行。幕僚若不同意時，則不能採取行動。例如公司總經理必須取得上級派來之財務長同意，才能調動資金。當然，此種幕僚同意權會使得直線作業費時失效，但也提高某些作業的安全度。在本質上，幕僚同意權是對直線主管執行權的牽制，所以其應用範圍不能太廣，否則前線主管作業人員將變成「有責無權」之人，最後會導致整體機構運作無效，而告滅亡。許多政府行政機構及公營事業管理患此毛病者甚為普遍，所以其效率無法充分發揮。

3. 幕僚專有權責 (Functional Authority)

此權又比幕僚同意權更為強烈，即對某些事件，幕僚單位之主管能夠直接以其名義指揮其單位內人員或下級直線單位的人員，而不必再透過對上級的建議才能遂行其意願。例如集團企業之保險、資金調度、勞工政策等，有集團一致性，子公司總經理必須尊重集團幕僚專家。通常幕僚單位主管的專有權責不能太多，否則等於變「幕僚」為「直線」，變「直線」為「幕僚」，顛倒順序，等於自找失敗之道。幕僚單位的專有權責以服務性小事件為多，大多不涉及公司重大事件。

三、使用幕僚的限制 (Limitations of Using Staff)

幕僚單位的設立原為企業成長過程中所必需者，其設立的最後目的是幫忙企業有效追求目標之達成，而不是為「幕僚」而「幕僚」之形式主義。一般而言，幕僚單位設立之後，在實際應用上，有不少限制作用：

1.容易阻礙直線單位之執行權

銷產業務執行人員對幕僚人員通常都存有懷疑，因幕僚常擴大其「同意權」及「專有權責」之解釋範圍，認為他們對前線銷產業務之執行有阻撓的權力，此為最大的誤解之一。所以為了整體效率著想，最高主管人員不應允許其主要執行主管的職權受到幕僚的侵犯，否則降低整體經營成效，等於自找麻煩，為極不智之行為。政府機構及國營事業的幕僚最容易阻礙直線單位的執行權，使國營事業變成多頭馬車，甚至「五馬分屍」的管理局面。

2.幕僚人員經常缺乏責任感

因為幕僚的本質是服務及建議，沒有具體可衡量之成果指標，沒有承受銷產執行失敗的責任，所以在日常行為上，容易培養「多出意見，以求安全」，而不太考慮直線單位受多餘意見干擾後執行後果的情況，以致失敗時，直線與幕僚推諉責任的現象很普遍。

3.憑空臆測

幕僚制度雖能激起研究與計劃者的想像力，但若不能保持與外界接觸，吸收新知識、新情報，並具有專業知識及能力，則甚易墮入憑空臆測，不切實際之陷阱，不僅無濟於效率之提高，也易招致直線人員的暗中看不起心理。

4.易致管理糾紛

因在實務上，「幕僚專有權責」常難避免發生，所以在企業組織內，要求絕對的「統一指揮」現象很難達成。

四、使幕僚發揮功效之方法 (Effective Ways of Using Staff)

從以上分析，可以發現現代企業大型化的經營，非有幕僚單位之出現不可，可是幕僚單位設立後，又有如許缺點限制，所以如何使幕僚發揮功效成為最高主管人員的一大挑戰性工作。以下五點可供參考：

1. 充分瞭解各種權責的關聯方式

幕僚服務及直線執行權責是兩種不同性質的權責關係。每一部門之每一級主管人員以及每一位員工在執行任務時，都應先瞭解他是以「幕僚」(Staff) 的身分，還是以「直線」(Line) 的身分在從事工作，能認識自己的角色，方不致侵犯他人，因而促使團隊和諧，有效達成目標。

2. 促使直線執行人員虛心聽取幕僚意見

如果企業組織結構設有幕僚單位，常表示確必有借重之處，所以直線執行人員應虛心參詢其意見，倘若不願或不能如此做，則不如取消幕僚，以節省成本。

3. 使幕僚能充分蒐集情報訊息

成為真正「專家」，方能發揮其高人一等之分析、綜合能力，協助直線作業做較佳決策。

4. 負責做到完整參謀作業 (Completed Staff Work)

真正能得到上級主管稱讚及得到同輩人員欽佩的幕僚是那些能負責做到「完整參謀作業」的人員。所謂「完整參謀作業」應當包括：對特定問題之全盤考慮分析，以及明確之對策建議；並且應把一切有關文件有順序地彙集一處，使主管人員不必再加研究，或集會商討、或其他整理工作，就能做抉擇。當建議被採取之後，完整的參謀作業尚應當有一套有效的方法使之能立即推行。雖然有很多小事件並不值得做到完整參謀作業的程度，可是這種觀念應是所有自命為傑出幕僚人員所須具備。

5. 使幕僚工作成為組織生活的一部分

幕僚工作是為直線業務而存在，雖然幕僚人員可以與直線執行人員輪調職位。只要是當幕僚人員永遠不能就自己的某項意見而居功。幕僚人員為了要使別人同意自己的意見，需要不斷地使直線主管瞭解自己的建議。幕僚人員也應先求得他同僚的信賴，才能發揮所長。幕僚人員應當與直線業務單位保持連繫，認識其主管與其幕僚，也應瞭解其困難。幕僚人員應使別人瞭解他的工作是為了直線執行人員的利益而存在，並且記住要多貶抑自己而讚譽別人。當直線執行主管人員凡事願意自行上門請教時，此幕僚人員就成功了，而企業整體經營績效也會提高。

第六節　委員會 (Committee)

一、委員會的性質 (Nature of Committee)

「委員會」(Committee) 為集體行動之組合，與個別職位 (Individual Position) 相對立。委員會有時會發揮所有管理功能（計劃、執行、控制）；有的是做計劃抉擇；有的只對某項問題做腦力激盪式之考慮，而無權力決定；有的有權做抉擇並向上級主管建議；有的只負責搜集資料，及協調意見，既不做決定，也不做建議，更不執行。委員會可以設在最高主管（總裁、總經理）之下，也可以設在事業部門（利潤中心）或一般部門（成本中心）主管之下。

委員會可以是直線執行單位，也可以是幕僚建議單位，完全依上級主管所授予之權責而定。

委員會尚有「正式」(Formal) 與「非正式」(Informal) 之分。若視之為組織結構之一部分，並授予特殊職務或權力時則為正式性；若在組織結構上並無特定的地位及權責，通常只為處理某一問題而集合若干人研討辦法，則為非正式性。此外，正式或非正式委員會都可能是長期性或臨時性，依存在時間之長短而異。

二、委員會組織的種類 (Types of Committee)

集眾人而形成之「委員會」，可依管理職能或權責種類而劃分。

㈠按所賦予的管理職能種類區分

⑴企劃決策委員會 (Planning and Decision Committee)：握有決定企業經營目標策略及具體執行計畫之職權。此常為公司的最重要的集體領導組織。

⑵協調委員會 (Coordination Committee)：以協調各部門關係為任務，並不負責計劃，亦不控制。

⑶控制委員會 (Control Committee)：以測定企業是否按照預定計畫而進行為任務，既不在事前參加計劃，也不在執行中間充任協調角色，只在事後測定完整目標之程度。

㈡按所賦予的權限關係區分

⑴企劃決策委員會 (Planning and Decision-Making Committee)：握有決定企業目標政策、方針（方略、戰略）、程序、辦事細則、工作方案等計劃性活動之權限，類

似立法院。

⑵執行委員會 (Executive Committee)：握有執行計劃或處理偶發問題的權限，類似行政院。

⑶調查委員會 (Investigational Committee)：對某專案事項進行調查、分析及提出建議供政策計劃之用，為深入研究型之委員會。

⑷諮詢委員會 (Advisory Committee)：可供上級主管人員質詢請教，提出各種意見及資料，為顧問專家型之委員會。

⑸情報委員會 (Informational Committee)：對重要政策及方針進行部門間情報交換，以謀求協調一致的意見，為資料交換型之委員會。

三、運用委員會的理由 (Reasons of Using Committee)

委員會是組織結構上的特殊單位，有別於為數眾多的「個人」職位 (Individual Positions)。使用委員會之理由有八：

⑴集思廣益 (Ideas Collection)：集會可方便彼此間之口頭交流，由之可激發與會人員的思想與觀念。

⑵預防權力集中 (Prevention of Over-Centralization)：委員會被廣泛運用的另一理由，是避免某人攬括過多權力，形成獨裁局面。

⑶代表不同權益組合 (Representation of Interest Groups)：委員會可挑選代表各利害關係一致之集團的人在一起，使各權益組合都有發表意見的機會，以求得人和之利。

⑷計劃與決策的協調 (Coordination of Planning and Decision)：委員會可使各有關部門對全盤計畫內容早點認識，並瞭解自己單位應擔當的任務，同時也使各人在最高主管下決定之前，都有表達意見以修改計畫草案的機會。

⑸有利傳達訊息 (Effective Communication)：所有單位所面臨的問題或計劃，都可以在委員會中讓其他部門知道梗概，最高主管的決策與指示也能同時公布周知，並且也能使人有質疑的機會。

⑹團結原已分散的權力 (Consolidation of Dispersed Authorities)：各層主管在實施某一項計畫時，常常都只得到所需權力的一部分，此乃通稱的「權力分割」現象。雖然良好的組織應是按各級主管的目標及責任大小授予相對稱的權力，然而在實際上，並非任何事項都能做到此種程度，而是必須運用該負責單位以外的權力來處置才能竟功。處理此類問題之一種方法就是逐級「上呈」請示，一直到達有權做決定的階層為止。層層上呈請示的作法，往往使一切事務都集中到最高主管（總裁）身

上，其勞累及無效程度可想而知，若能成立委員會，將各有權力之單位主管集合在一起，運用綜合權力快速處理那些需要上呈請示之事件，就能不必層層轉報，公文旅行到總裁桌上去了。

⑺使人參與意見而生鼓勵作用 (Encouragement of Participation)：委員會可讓不同意見的人參與，而參與意見的人自然有受重視的感覺，產生鼓勵作用，對那些本來有不同意見的人，在集體意見的壓力下也會自動讓步，忠實執行決議。

⑻避免採取某項行動 (Avoidance of Taking Actions)：委員會雖有許多優點，但其特點便是開會，很浪費時間，也很難使大家獲得一致同意，如此若不贊同某一事件，可將之提列委員會，讓大家表示紛歧意見，反可成為緩兵之計。

四、委員會的缺點 (Disadvantages of Committees)

委員會的優點已列舉於上，但它也有缺點，值得認知：

⑴浪費 (Wasting)：集很多人開會是浪費時間與財力的行為。

⑵最低品質 (Low Quality)：如果對某件事大家各有意見，經過冗長商討之後，最能為大家所共同接受的，往往只是最低的要求，而非最高品質。如果委員會只是大家聚一聚，或是只藉以傳達訊息，最後抉擇仍由主席來做，則此缺點可完全消除。

⑶不能做決斷 (No Decision)：需要快速決斷的事件，絕不能用委員會方式來做，因委員會的本質之一就是「緩慢」。

⑷自行毀滅的趨勢 (Self-Destruction)：委員會之不能做決斷，常會給予主席或是某一位強有力的委員操縱一切的機會，使委員會失去原意，走上毀滅之途。

⑸分散責任心 (Unfocus of Responsibility)：因委員會的決定是集體的決定，所以若該決定事後證明是錯誤的決定，則各委員在心理上及實際上，都有「不是我單獨可負責」之感覺，把責任心分割、分散，沒有比委員會為大者。

⑹少數人有否決權 (Minority Veto)：委員會原是企望能獲得大家一致或是近乎一致的決議，若有少數人堅持不同意之已見，則決議無法下達，則變成少數人的地位大為增強，使他們有「以寡制眾」的否決權!

⑺不易保守祕密 (Unconfidential)：委員會是最公開，最容易溝通意見的地方，所以常無法保守祕密，因之真正需要守密的事件，不宜在公開之委員會討論。

五、委員會組織的利用場合 (Applications of Committee)

管理學家鄂威克 (L. Urwick) 曾依各管理功能別，把適合於委員會組織或由委員會組織推行較易收效的工作，與由個人推行較易收效的工作，做程度上的分類，如表 16–3。

表 16–3 委員會與個人有效處理事件調查表

事件性質	1. 委員會有效，個人無效	2. 委員會有效，但個人更有效	3. 個人有效，但委員會更有效	4. 個人有效，委員會無效
細察	10 (%)	20 (%)	50 (%)	20 (%)
調查	30	20	20	30
政策決定	40	40	20	–
組織	–	20	30	50
人事任免	50	50	–	–
材料準備	20	20	20	40
執行	10	20	–	70
控制	50	30	–	20
傳達	20	10	20	50
仲裁	100	–	–	–
預測	10	10	40	40
計劃	20	30	30	20
協調	50	–	–	50
訓練	30	–	20	50
命令	40	40	–	20
檢查	20	–	20	60
監督	20	–	20	60
規律	20	30	30	20
指導	–	–	–	100

依表 16–3，仲裁、協調、人事任免與政策決定，可從委員會獲致較有效的實施成果，而組織、執行、傳達、協調、訓練、檢查、監督、指導等工作，則以個人處理較佳。

另一管理學家紐曼 (W. H. Newman) 將委員會的運用，分為有利與不利的條件如下:

㈠有利於配置委員會的條件

⑴為獲致健全結構，有必要集合各種廣泛情報時。

⑵決定極重要事項，有必要由多數有能力的管理者共同綜合判斷時。

⑶為使決定事項能有效實施，有必要讓大家將決定事項完全瞭解時。

⑷為了確保協調，必須三個或三個以上部門業務互相配合時。

㈡不利於配置委員會的條件

⑴必須力求敏捷性反應時。

⑵決定的事項並非特別重要時。

⑶有能力的委員難以求得時。

⑷問題並非屬於決策問題，而屬於執行問題時。

總而言之，有關⑴策略計劃，與⑵協調與裁決等事項是最適合委員會的工作，而需敏捷性反應的問題、非屬重要事項之決定及執行與監督等工作，則由個人執行較為適當。

第七節　矩陣式組織 (Matrix Organization)

一、矩陣式組織的意義 (Meanings of Matrix Organization)

當一個機構在功能式組織型態之下，為某特別任務，無法分派給原功能組織單位負責時，另外成立任務專案小組 (Task Force or Project Team) 負責之，二者（功能與專案）相互配合運用，在型態上有「行列」交叉之式，便成為矩陣式組織 (Matrix Organization)。當公司的競爭性越高及創新業務越多，則矩陣式組織就更需要。

專案小組是由一組人員所組成，通常這些人來自原機能組織中不同專長之部門。這些各具專長的人員在專案小組內，必須密切配合，才能完成專案的目標，而當目標完成後，也就表示該專案小組的結束，人員分別歸還原建制單位。一般而言，專案小組有一位專案經理或主持人 (Project Manager or Leader) 來負責全盤計劃、執行，及控制工作。就專案小組而言，此負責人對專案工作人員係居於上級領導的地位；對原組織的專長功能部門而言，則此專案主持人往往是屬於直線經理 (Line Manager)，而其他功能部門的經理，則成為支援他達成目標的幕僚經理 (Staff Manager)。

各專長部門提供工作人員給專案小組，並且須對專案經理負責，或對其提供幕僚作業。參與專案之人員，在橫斷面，必須在該專案存在時間內接受專案經理的命令，但在縱斷面，他又隨時須受原部門主管的管轄，因此他便有二個上司。在此種情況下，可能發生摩擦現象。但是管理學家柯力蘭 (D. I. Cleland) 卻認為此種可能發生的摩擦，反而可促使提煉較佳的決策品質。

二、矩陣式組織的基本架構與性質 (Structure and Nature of Matrix Organization)

正如上述，矩陣式組織乃兼取功能別劃分及產品別劃分，或任務導向 (Task-Oriented) 的長處，綜合而成的行列式組織型態，其基本架構可如圖 16–17 所示。

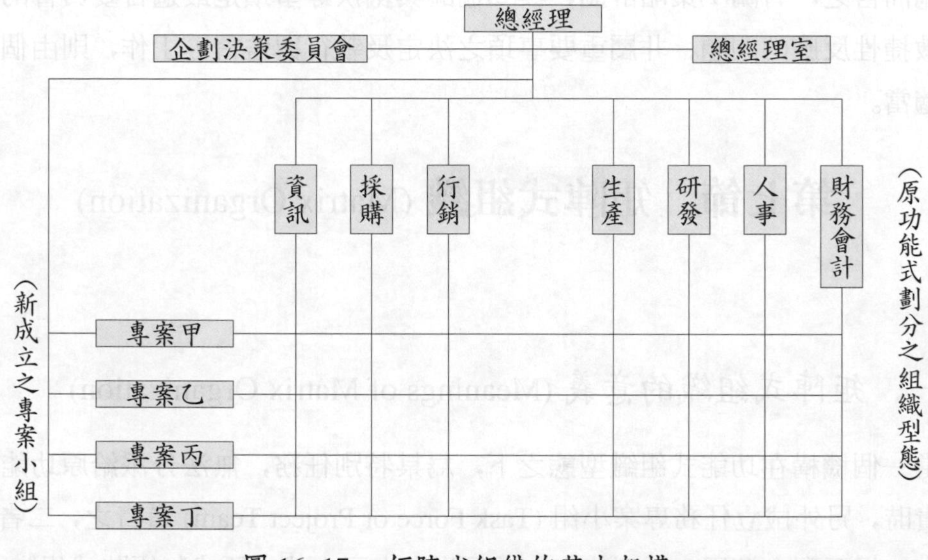

圖 16–17　矩陣式組織的基本架構

矩陣式組織又稱為多面式組織 (Multidimensional Organization)。其最大特點是能使一群經驗不一、背景不同，但有能力的人，在極短時間內發揮出綜合功效。在矩陣式組織下，各專長人員相互信賴，全心全意投入力量的行為，一反傳統的觀念認為無人可同時在兩個主管下有效工作。此作法認為只要能清楚劃分主管人員的任務界限，員工也有高度的自我規律能力，則工作執行人員在多線的領導下，將會充分發揮潛力，把工作做得更好。

三、矩陣式組織的優劣 (Advantages and Disadvantages of Matrix Organization)

㈠優點 (Advantages)

(1)專案小組強調將各機能部門之專長人員的貢獻，在小範圍內統合起來，朝向具體目標努力。

⑵因為專家本來就儲存於各機能部門中，矩陣式調派可以使整體人力的運用顯得相當有彈性。

⑶各工作人員之經驗及知識可由一個專案轉移至另一個專案，充分利用知識經驗。

⑷當專案不再需要存在時，工作人員可返回原機能部門，節省人力。

⑸對於工作要求及顧客要求的反應比較直接而快速。

⑹專案管理 (Project Management) 的目標集中特性可以保留給許多人。

⑺專案小組與機能部門間的衝突可獲上級主管的協調解決。

⑻在矩陣式組織中，原機能組織的優點仍然存在。

⑼可使整體組織體動態化營運，提高士氣及效率。

㈡缺點及補救方法 (Disadvantages and Remedies)

⑴共同上級主管必須隨時注意機能部門與專案小組間權力的平衡，以免任何一方遭到侵蝕。

⑵對於時間、成本及效率間之平衡及衝突，必須特加注意，以使各項活動皆有效率及效果。

第八節　組織動態化及扁平聯網發展 (Dynamic and Flat-Network Organizational Development)

一、企業環境瞬息萬變 (Changes of Environment)

近年來影響企業環境變化之原因很多，可以歸為下列五點：

⑴科技創新快速，產品生命週期縮短，競爭壓力的加強。

⑵各國經濟自由化（管制法規鬆綁）以及各國企業經營國際化及多國化趨勢甚烈，尤其 WTO 形成，各國保護措施開放。

⑶企業間購買與合併越演越烈。

⑷資訊技術革新加速，全球網際網路形成，各公司內部管理電訊電腦化、無紙化、自動化。

⑸垂直分工成長趨勢急速，垂直整合及多角化趨勢放緩。

在總體環境急遽變動中，企業為求生存及成長計，企業組織發展亦應動態化，不可靜態化 (Dynamic, not Static)。

二、組織動態化的要義 (Key Meanings of Dynamic Organization)

「組織動態化」之意義為在大環境、顧客市場、供應市場、競爭態勢以及科技水平等等都在因時變動中，公司目標、公司策略以及公司組織結構及管理作業制度，也都必須隨之而動態調整。組織動態化必須具有下列兩要點：

第一、在經過合理動態調整設計的組織中，應有一套職能責任分配制度以及貫徹全公司的目標管理行動方案的方法，並且在各職位上配置適才適所的人才。

第二、今日企業所面對之時間及空間環境，有瞬息萬變之勢，如果組織層次結構、部門間作業程序及部門內辦事規則等，一年半載固守老舊時，極易造成組織運作的硬化，有害目標之達成，而難以應付今日 Internet 及 Intranet 之巨變挑戰，終將被淘汰，所以為應付激變的環境，組織結構及職責分配應具有彈性與機動性，並應朝向「層級扁平化」(Flat Structure) 及「部門溝通聯網化」(Internet-Intranet Communication Network)。

換言之，當環境變化 (Environmental Changes) 時，企業經營目標及策略亦應跟隨變化 (Objective-Strategy Changes)，所以組織結構也應變化 (Structure Changes)，職責分配及意見溝通網路，亦應合理調整，此種連帶性動態變化現象，稱為 ESS (Environment → Strategies → Structures) 動態變化哲學。

三、動態化組織結構之條件 (Conditions of Dynamic Organization)

為應付環境的變化，企業組織結構應具動態化之性格。此意指當有新的內外在重大事項發生時，公司應有適當單位，⑴能迅速地掌握正確情報，⑵擬定新的對策 (Decision-Solution)，⑶進而即時執行 (Implementation)，以避免危機或抓住機會。為了達到這種快速應對之境界，動態的組織結構必須具備下列條件：

⑴企業決策點盡量放到接近可能發生事件的組織層級處所 (Decision Authority Close to Event Location)。

⑵緊急決策時，應盡量避免由上司或其他平行管理人員所帶來之遲延性干涉 (Avoidance of Delayed Intervention)。

⑶重視正確充分而迅速的情報 (Fast, Enough and Correct Information)。

⑷對於例行事務 (Routines) 之處理，應彙編成一定的標準處理程序及手冊，授權各單位自動處理。

換言之，理想的動態組織應能具備上述四條件，若以正式企業管理的術語說，

它應:

⑴實施「目標管理—責任中心」體制之分權管理，而非事事請示中央之集權管理。

⑵給予真正負責任之中下級決策者，在處理機動性及緊急性事務時所需之充分權力 (Full Authority Delegation)。

⑶力求情報傳遞路徑的縮短與客觀報告制度的建立 (Fast and Objective Information and Reports)。

⑷徹底實行所定各部門管理作業程序及辦事細則，使一般中下級成員從事百分之八十以上之例常（或例內）決策，讓高層管理者集中注意力於百分之二十以下的重大例外事項的失策 (Management by Rules and Management by Exception)。

四、新的組織型態 (New Patterns of Organization)

㈠脫離靜態機械式組織觀 (Dynamic vs. Static)

以往的人均以某一產品、技術、市場之事業單獨隔離存在的立場來考慮組織結構問題，並且假設大環境及供應、競爭、及顧客市場持久不會變化，所以此種組織理論可稱為「靜態的組織理論」(Static Organization Theory)，其公司內部各部門之組織設計也是依此為基礎而做嚴密垂直及水平分工，以及層層架疊之設計，如同大機械傳動齒輪體系一樣，此即所謂「機械式組織觀」(Mechanistic Organization Theory)。

其實企業的產品、技術、市場交叉變化，不可預測，所以企業組織結構體不可能單獨永久存在不變，因它是生存於百千萬種產品技術行業之整體相互關聯的經營體系，與廣大而變化莫測之大環境內。所以企業組織結構乃是許多不同時、地、人、事、物等因素相互交叉而成的活動領域。在設計內部組織時，應綜合考慮這些因素，這也就是近來所謂的「科際整合方法」(Interdisciplinary Approach) 的真義。

㈡朝向新的動態組織型態——知識管理與知識經濟

企業組織的種種活動，就情報資訊流程的立場觀察時，乃是「獲取」(Acquire) 情報、「傳遞」(Transfer) 情報、「應用」(Apply) 情報做決策、執行決策、產生情報等等一連串的活動，尤其自 1990 年以後情報資訊科技發達，無線網際網路暢行，電子商務、供應鏈管理、企業資源規劃、顧客關係管理等等全球應用，因此企業組織也可視為情報資訊的連鎖體系。為求企業組織能有迅速反映外界變化的能力，公司應迅速確實的推行下列情報資訊流程，如表 16–4 所示:

表 16–4 情報資訊流程與組織型態

情報流程步驟	要 件	組織的情況
情報的獲取	敏捷確實的把握環境變化動向。	反應敏感的組織（全方位吸取知識）
情報的傳遞（報告，連繫）	將情報迅速正確的傳達至有需要的上級單位。	神經優秀的組織（高度知識傳播）
情報的應用（決策）	依據情報，迅速確實的下判斷，做決定。	決斷力優秀的組織（有大腦的知識應用）
情報的傳遞（指示，連絡）	將決策迅速正確的傳至下級執行單位。	神經優秀的組織（有小腦的知識應用）
執行決策，產生新情報	依據決策，迅速確實地付諸實行，產生績效。	行動迅速的組織（知識產生經濟生產力）

所以為了適應複雜化及多樣化之環境，以往劃一性及僵固性之組織結構體已無法有效存在，並廣為應用，反之，新的動態性組織可利用「矩陣式」組織 (Matrix Organization)，「專案小組」組織 (Project Team Organization)，「任務編組」組織 (Task Force Organization)，扁平化組織 (Flat Organization) 以及聯網式組織 (Internet-Intranet Organization) 等等新的設計技巧，使其成為彈性的組織。

第九節 摘要及結論 (Summary and Conclusions)

一、使組織有效之要訣 (Keys to Effective Organizing)

「避免計劃錯誤」、「避免缺乏彈性」、「澄清爭議」、「確保瞭解」是使組織有效的四大簡捷要徑。

㈠避免計劃錯誤 (To Avoid Planning Errors)

組織結構若未經良好的設計，常是使組織成員陷於上下不合邏輯秩序、部門間行為蠻橫、資源浪費、與雖有活動但無效果的肇因之一。如同其他管理機能如計劃、控制等一樣，先訂定合宜的企業總體目標與讓員工合理參與的規劃活動，是設計良善組織結構的必備基礎。所以良好的計劃是有效組織的前提 (Good planning is the premise of good organizing)，茲略為引申如下：

第一、訂定總體目標：沒有合乎事宜的總體目標，企業便無從設計工作內容以及職位結構，所以總體目標是全盤組織的基礎。

第二、客觀引用組織設計原理，擬定組織結構，先因「事」設「位」，再就「位」尋「人」，是上上之策。

第三、在萬不得已時，才因人的因素而修正組織：如果現有人員真正無法配合新組織結構之需要時，則只有回頭修改組織以適應個人的能力了。換言之，因「人」設「位」，因「位」尋「事」乃是下下之策。

㈡避免缺乏彈性 (To Avoid Lack of Flexibility)

組織在變動的環境中，亦應具有成長變化的潛能 (Growing Potential)，所以適當的變動觀念 (Concept of Change) 不但能提高士氣與效率，亦能避免「一錯到底」慘被淘汰之危機。民主參與性之領導才能 (Democratic Leadership) 與充分的意見交流 (Full Communication)，方能使上下人員都能瞭解為何組織需要有所變動，才有發揮眾志成城，彈性效益的可能。

㈢澄清爭議 (Clarification of Argues)

當員工不瞭解自己與同僚的工作內容時，自然會有爭議發生，所以不管組織設計在紙面作業上如何完善，倘若員工在實際上不瞭解時，便不會產生效益。所以在組織設計完成後，應該引用「組織結構圖」(Organization Chart)、「職責說明書」(Responsibility Descriptions)（指主管人員）、「工作說明書」(Job Descriptions)（指所有員工）、「核決權限表」(Authorization Chart) 等工具，將各職位之本身工作內容、在組織系統中之地位、與同僚間之互相關係，以及什麼主管在用人、用錢、做事等方面有多大的提議、審查、及核決之權限做明確的說明，則可使人人各職所司，職責分明，權責相稱，避免一切不必要的紛爭，以增進組織的生命創造力。

㈣確保瞭解 (Insure Understandings)

組織設計完成後，應當使參與某一組織單位的人員都知道其中的一切來龍去脈，不僅應瞭解正式組織的關係，對非正式組織亦應有清晰的認識，所以舉辦「組織研討會」(Seminar on Organization) 是必要的措施。

二、組織設計之基本原則 (Basic Principles of Organization Design)

以下依⑴組織目的，⑵組織層次起因，⑶組織結構——職責界定，⑷組織結構——部門分劃，⑸組織程序等要素，將組織設計的重要原則彙整陳述如下：我們應先謹記，第一，組織本身無目標，只有達成企業工作目標才是組織的目標；第二，「管理幅度」(Span of Control) 是組織結構起因；第三，職責界定 (Responsibility Descriptions) 是組織結構之結合劑；第四，部門分劃是組織的骨架 (Framework)；第五，最終績效則是工作良否的衡量標準 (Performance is measurement)。

㈠確定「組織目的」的原則

⑴「一致目標」(United Objective) 原則：當組織整體與各分部單位均能使各組織成員目標一致 (Common Goal)，力量集中，對共同目標之達成有所貢獻時，方為有效 (Effective) 組織。

⑵「效率」(Efficiency) 原則：當組織結構能以最低代價 (Least Cost)，有效達成目標時，則此結構為有效率 (Efficient)。

㈡組織層次的起因

「管理幅度」原則：任何主管人員所能有效統率之屬員人數均有限度，而實際應有之屬員數目，則視各種工作性質及環境情況變數，與主管人員之能力及所用之時間而有所不同。

㈢組織結構——職責界定原則

⑴「層遞」(Hierarchical Order) 原則：自最高管理當局 (Top) 至最低附屬職位 (Bottom) 之職責連繫線愈明晰，有關決策之執行即愈有效，意見愈能暢達。

⑵「授權」(Delegation) 原則：權力為各級主管達成任務、責任、目標之工具，是以應給予完成該任務所需之一切必要權力，總之要使馬兒跑，也使馬兒吃到草。

⑶「責任」(Responsibility) 原則：屬員接受長官所授任務及權力之後，應對上級完全負責（即當任務不完成，願受責罰之謂）。同時上級人員決不會因為已授權予部屬，而去除對部屬行為萬一不當時，應負之可能責任。

⑷「權責相稱」(Equal Authority and Responsibility) 原則：依授權大小所採之行動，萬一失敗，其應負擔之責任大小，應與授權量大小相當。

⑸「統一指揮」(Unity Commanding) 原則：員工受單一上級主管人員指揮領導之程度愈深，則所獲指示之含混不清程度愈小，因而員工本身之責任感也愈強。

⑹「權力下授擔當」(Risk of Delegation) 原則：在下級主管權責範圍內應可做成之決定，上級主管人員應有冒風險之擔當勇氣，充分維持授權給下屬之風度，使下屬無需再請示上級，爭取時效。

㈣組織結構——部門分劃原則

⑴「分工」(Division of Work) 原則：某項作業 (Operation) 或工作 (Job) 系統若能劃分成數個較細步驟，並能明確顯示某特定工作之人員指派分配方式時，則愈能建立一個互相關聯之職位 (Position) 體系，愈能適應現有人員之才智 (Ability) 與興趣

(Interest)，各人愈能「專門化」及「熟能生巧」，則組織結構即愈有效率。

⑵「預期成果」(Expected Results) 原則：愈能具體說明對某一職位或某一工作單位之預期成果（即目標），應做成何事何物，所將授予之權力種類及大小，以及與其他職位間之關聯方式，則愈能使該職位之負責人員為組織貢獻其努力。

⑶「制衡」(Controlling) 原則：從事制衡控制工作之負責人員，不能派屬於受制衡控制單位之下。例如「品質控制」單位不能放在現場生產製造單位之下；又如信用控制單位不能放在推銷單位之下。

㈤組織程序之原則

⑴「平衡」(Balance) 原則：在設計組織結構時，應平衡引用一切原則或技術，不可因個人偏好而偏廢，一切考慮應以達成企業總體目標為重心。

⑵「變動」(Change) 原則：在環境變異下，保持達成企業目標之能力為經理人員之任務。所以經理人員在組織設計時，應使組織具有易於彈性轉變之特性，以利在持續變動之局勢下，也能順利達成公司目標。

三、組織設計之成果文件

依照上述原則，經過細心設計的一個完整的公司組織設計成果文件，包括下列：

1.「組織結構圖」(Organization Chart)

如果是小型公司，一張圖表已夠表達自董事長（董事會代表）、總裁、總經理、經理、課長、班長、作業員之垂直與水平關係。如果是中型公司，則須一張「總表」及各部門的「二級表」。若是大型的集團企業，則須一張「總公司—子公司」關係圖，一張總部組織圖，每一子公司組織「總表」及各部門的「二級表」。如果有複雜之生產部門（工廠）及行銷部門者，可以再有其「三級表」。

2.「人員配置表」(Manpower Allocation)

組織圖上之職位應有編號，每一編號的職位，應指明配置多少人。人員配置表人數合計即是公司人數。

3.「職責說明書」(Responsibility Descriptions) 及「工作說明書」(Job Descriptions)

前者適用於主管級人員，後者適用於公司所有大小職位人員。管理完整化及現代化的公司，應先對每一位主管人員備有一套「職責說明書」，從董事長、總經理、副總經理、特別助理、各功能部門別、或產品事業部門別、或地區（市場）事業部門別經理、各課（科）長別、各組（班）長別等，寫下最重要的工作項目十種以上，越詳細越完整（但不重複）越好，供各位主管人員參考使用，彼此瞭解各自的職責所在，容易協調溝通，消除官僚、避責、拖拉之無效習性。

附上表 16–5 為「總經理之職責說明書」(Responsibility Descriptions of General Manger)，當樣本。

除了先備有「職責說明書」（經常裝訂成冊，列入交接清單內）外，再針對公司每一大小職位（從董事長到司機、清潔工）訂有「工作說明書」。公司員工人數中，大約只有十分之一是主管級職位，所以「工作說明書」的分量是「職務說明書」的十倍，一般公司不容易做到完整之工作說明書，只有國際性、現代化的公司才能做到。

「工作說明書」的內容包括：⑴職位名稱 (Title of Position)；⑵直接上司 (Superior)；⑶直接下屬 (Subordinates)；⑷平行協調單位 (Coordination)；⑸任用條件（學歷、資歷、經驗、技能、年齡等等）；以及⑹職責內容（至少寫出十種重要工作項目，如同「職責說明書」，以及各項工作之重要性比重）。「工作說明書」整套，如公司有 1,000 個職位，就有 1,000 張工作說明書，是存放在人事部門保管，但要把每一職位的那一張發給該職位的員工（列入交接清單）當自己工作指示之參考。

「職責說明書」及「工作說明書」由員工本人、上級主管及企劃幕僚專家制訂完後，要送董事會通過，成為公司對各個職位員工在做事上的法定授權根據。若環境及公司情況變動，有修改員工工作內容之需要時，應經由課、部之每週「經營檢討會」提出，經由「課」到「部」到「公司」級，最後由總經理裁決，並送董事會通過，完成法定程序，成為新的內容規定。

4.「核決權限表」(Authorization Chart)

「組織結構圖」、「職責說明書」以及「工作說明書」都會對各職位的工作職責有所說明及界定範圍，但在實際執行工作任務時，涉及用人權，用錢權，做事權，協調權，交涉權等等的決策場合時，為了防止越權，防止濫權，防止擅權等等可能發生之弊病，最高主管應就事件的項目（科目，Account）、使用權限的大小（數量，Quantity）以及職位層級的高低，做明確的「提議」(Propose)、「審查」(Screen) 及「核決」(Approve) 等「提、審、核」三級制的規定，由內部控制 (Internal Control) 單位，如會計部，人事部來查核執行，可把公司可能發生之弊病消除掉百分之九十五以上在此制度之下。此種「核決權限表」是公司事務運作的「數量」神經系統，用來輔助組織結構圖、職責說明書、工作說明書等非數量性規定的不足。

表 16–5　公司總經理職責說明書

總經理執行董事會的各項決議，並遵照董事會確定通過的經營方針（包括計劃及預算），組織機構，職責說明，核決權限表及管理作業制度，組織及領導公司的日常經營管理工作。 總經理向董事會負責，是公司日常營運的最高主持人，其詳細職責如下： ⑴擬定並向董事會提出例行營運之五年及年度計畫（包括產品生產，市場銷售，利潤目標及策略）與收支預算，以期核准，並據以實施； ⑵擬定並向董事會提出專案投資計劃及重要改進方案，以期核准，並據以實施； ⑶擬定並向董事會提出公司經營政策及管理作業制度，以期核准，並據以實施； ⑷擬定並向董事會提出組織機構表，人力分配，職責說明以及核決權限表，以期核准，並據以實施； ⑸向董事會提請任免副總經理及部門經理級以上人員； ⑹擬定並向董事會提出職員工資，福利，績效獎金制度，以期核准，並據以實施； ⑺分派公司目標，責任及所需權力給各主要部屬，並隨時追蹤考核； ⑻日常領導，激勵及溝通公司全體員工，以遵行董事會核定的經營政策及管理作業制度，建立公司穩固的經營基礎； ⑼定期檢討各部門的工作成果，並做必要的指導，糾正及協助（例如，主持每週經營檢討會）； ⑽定期向董事會或相關單位提報公司的營運成果及其原因以及新的改進或加強措施，並遵行必要的指示（例如，每2～3個月提出公司全面性的經營彙報）； ⑾評估各主要部門幹部個人的工作表現（即個人半月工作計畫檢討表）； ⑿隨時保持與銷售市場及採購市場的密切聯繫，瞭解大環境趨勢，客戶偏好方向，供應商變化方向以及競爭者行為變化，以便隨時採取應付對策，或向董事會反映聽取指示，修正公司營運目標及策略； ⒀保持與政府有關部門，往來銀行及所在地社區的良好關係； ⒁隨時處理公司的緊急發生事件，並隨後向董事會報告； ⒂年終時向董事會提出全年營運成果報告，資金運用報告，員工獎勵及調薪報告以及利潤分配建議方案，以期通過，並據以實施； ⒃發掘及訓練重要技術及管理人才，以維持公司靈活運轉； ⒄觀察及確保各部門主管有效執行目標及領導所轄部屬； ⒅執行董事會議決的其他案件； ⒆執行董事長交辦的其他與公司業務有關的事項。

5. 管理作業制度 (Management Operation Systems)

關於公司總部及子公司之行銷作業、生產作業、研發作業、人事作業、財務作業、會計作業、採購作業、資訊作業、企劃作業、控制獎懲作業，以及其等之細部二級、三級、甚至四級作業活動的部門間、單位間的順序、流程，部門內、單位內的操作方法（細則）、標準數據、統計、會計表格及圖表等等，都要用文字寫出來，讓工作人員有所依據，簡稱之為管理作業「文字化」(Documentation)。文字化後的管理作業程序、操作細則、表圖若有修改的必要時，要經過部門每週的「經營檢討會」將之修正，此過程稱之為「合理化」(Rationalization)。經過不斷修正改善等合理化的管理作業程序、細則、表圖等，可以再用電腦輸入、儲存、檢索、運作、輸出，成為管理作業「電腦化」(Computerization)。本公司內各部門之管理作業完全電腦化後，就成為「企業資源規劃」。再經由網際網路 (Internet) 和上游衛星供應工廠之 ERP 連接，就可以做到「供應鏈電腦化管理」(Supply Chain Management, SCM)；若再經由網際網路 (Internet) 和下游顧客之 ERP 連接，也就可以做到「顧客關係電腦化管理」(Customer Relationship Management, CRM)。當公司的內部各部門管理作業程序、細則、表圖等充分電腦化後，並與上游供應商及下游顧客聯網作業時，就可以真正稱為「管理作業制度化」了。所以電腦化之 ERP 作業、SCM 作業、CRM 作業三者合一，將成為公司組織結構的靈魂系統。管理作業制度從「文字化」(Documentation)、到「合理化」(Rationalization)、到「電腦化」(Computerization)，是公司組織結構設計的無形神經系統的最高級。一般企業不容易做到此境界，只要能做到「文字化」，就算有 80 分了；若再做到「合理化」，就有 90 分了；若做到「電腦化」，才合稱「制度化」(Systemization)，才是達到 100 分。

第十七章　有效掌握部屬行為——用人、領導、指揮、激勵、溝通與協調 (Staffing, Leading, Commanding, Motivating, Communicating and Coordinating)

第一節　企業用人唯賢 (Staffing by Capability)

一、因事尋人是大道 (Search Talents for Doing Jobs)

「企業計劃」功能設定企業未來（1–5–10 年）工作目標及策略、方案、預算等手段。「組織設計」功能設定執行企業目標及手段所需之職位結構、職責說明、核決權限及作業制度。有了事務目標，有了職位結構，再來就應尋找賢良的人才來就職位，發揮才能，達成目標。因事（先有目標）、因職（先有責任規格）來尋找人才，是正確的用人大道。所以「用人」(Staffing) 是計劃、組織之後的管理第三功能。若先無目標（事）計劃，也無職位設計（職），就盲目找人來就業（因人設事），不是正確的作法，一定會造成用人不當，浪費資源，混亂組織秩序，最後導致失敗。用人的功能包括募才 (Recruitment)、選才 (Selection)、薦才 (Placement)、育才 (Development)、留才 (Retaining) 五步驟。

二、招募人才多管道 (Multiple Channels of Recruitment)

「募才」的目的是擴大招募天下英才，供我選用。基層作業人員可用報紙、雜誌、廣播、電視、學校廣告、建教合作、員工介紹等方式來招募。中級幹部人員可用大眾媒體廣告、建教合作、朋友介紹及內部晉升方式來招募。至於高級領導人才，就不適宜用大眾媒體廣告來招募，而是用內部提升及「星探」方式，暗中查訪、拜訪來招募。因社會上真正重要的好人才不會失業，不會看媒體找就業機會，所以用一般性就業廣告媒體，找不到高級好人才，反而會找來一大批不合格的人，勞而無功。高級好人才要「三顧茅廬」去找，像劉備三顧茅廬去請諸葛亮（孔明）一樣，雖然當時關雲長（羽）和張翼德（飛）都不以為然。

三、選拔人才填職位 (Selection to Fill Positions)

「選才」的目的是從招募而來的備用的眾多候選人中，挑選有貢獻力及有成長力的少數適用對象。因為先前在職位工作說明設計時，已經對每一職位人員的任用條件寫出「工作需求規格」(Job Requirement Specifications)，所以現在尋人時，要針對每特定人的「人才規格」(Manpower Specifications) 審核，挑選相當的「人才規格」來搭配「工作規格」(Manpower Specifications to Fit Job Specification)，做到「適才適所」(Right People Right Position) 程度。

四、選才標準五要點 (Five Criteria of Selection)

人才選用的標準 (Selection Criteria)，因基層作業人員、中級幹部、高級領導人才之不同需求而異其標準種類及比重成分。人才選用的第一標準是排除困難達成工作目標的「才幹」(Capability)，第二標準是忠誠、敦厚、仁慈的「品德」(Conscience)，第三標準是見多識廣，與時俱進的「學識」(Knowledge)，第四標準是堅忍不拔，愈挫愈勇的「精神」(Persistence)，第五標準是健康強壯的「體力」(Health)。

五、「才幹」是知識的硬性代表 (Capability is the Hardware-side of Knowledge)

影響「才幹」高低的原因有天生的技藝傾向（生而知之），後天學習中的知識演練（學而知之），以及工作生涯中遭遇磨練之經驗心得（困而知之）。所以，通用之「學歷」(Schooling)、「經歷」(Experience)、「資歷」(Seniority) 常是用來推測「才幹」的相關因素。當然，在可以實做測驗的場合，「模擬操作」(Simulation) 是經常用來推測「才幹」的方法。對基層作業員工可以用個案實做 (Case Workshop) 來檢定才能高低。對中級幹部人員，可以用面談、履歷背景追查及示範考驗 (Demonstration Test) 來檢定才幹高低。對高級領導人才，可以用履歷背景追查，長期社會名望評定，策略、組織、方案之理論深談，以及公開接受提問答辯 (Presentation and Defense to Questioning) 來檢定才幹的高低。

六、「品德」是知識的軟性代表 (Conscience is the Software-side of Knowledge)

影響「品德」優劣的因素，有先天家庭父母兄姐文化涵養影響，後天幼教、小學、中學、大學及研究所碩博士班，師長的德、智、體、群、美五育平衡教養的影響，以及往來親戚、朋友及踏入社會職場公司，對員工品德行為規範 (Code of Conducts) 的要求。「四維八德」，「言忠信，行篤敬」的儒家文化，「慈悲為懷，普渡眾生，神愛世人」的釋基宗教文化，以及崇尚「樸實剛毅，自然不偽」的道家思想的陶冶。「品德」的提升是「煉身煉心」。修養過程中，「煉心」的昇華部分，如果深讀中華文化中「儒、釋、道」及「諸子百家」的作品，也可以得到很大的智慧成就。

「品德」是文化知識的軟性表現，要檢定基層作業員工、中級幹部的「品德」優劣，可以從員工的師長、往來朋友、以及以前工作職場的人事部門主管及直接上級主管的追蹤訪問中得到評語，也可以從社會治安部門的紀錄，和財經企業界的風聞傳言得到參考。高級領導人才之品德優劣不難查知，因企業財經人士為數不多，某人品高、品中、或品低，在社會上早有公論，若花精神查核，甚易獲知。俗云「好事不出門，壞事傳千里」，凡能力不高，品德不良之高官、貴宦、巨賈，在「路遙知馬力，日久見人心」的鐵律下，終必一一現形，除非有政治勾結，故意裝瞎作盲。

七、文武兼備者是上選人才 (Super Candidates Equipped with Capabilities and Conscience)

一個人的「才幹」與「品德」若能兼「優」，乃最佳理想組合。但在實際情況中，兩者不易並存，有者「才優、品良」；有者「才良、品優」。一般社會上流行的說法是「用人唯才」，很少聽到「用人唯品」，似乎是把「才幹」放在「品德」之上。但是公司的實際要求是忠誠盡職的品德為每一員工的基本要求，凡是品德「不良」者（即不是「優」，也不是「良」）必定開除、解雇。對待此種才品順序似乎矛盾的說法，可用「時間」及「場所」來中和。即若是在開疆闢土，開拓新市場、開發新產品、開發新技術、開發新行業、開闢新財源等「馬上打天下」時，可以「用人唯才」，暫時不計較「品德」之高超要求，一切以「目標」掛帥。可是當天下底定，要「馬下治天下」時，就要「用人唯品」，「用人唯德」。昔時王道者以德治天下，可以「以少勝多」（比如周文王、武王）。霸道者以力治天下，必須「以多勝少」（比如項羽）。才品兩者同樣可以應用在基層作業員工、中級幹部、及高級領導人才。戰時用才幹，以力量打天下；平時，以品德、以制度治天下。打天下不易（創業維艱），治天下更難（守成不易）。元朝以驃悍的快速武力打下歐亞大片疆土，可是在中國只統治九十年就消滅，證明治理天下也很難。美國通用汽車 (GM) 創辦人杜蘭 (Durant) 是大企業戰略家，戰場馳騁，意氣風發，收購眾廠成就大公司，和福特汽車 (Ford) 對抗，但不到二十年，因管理不良，兩度被逐出董事會，也是一個證明。

八、學術知識是「才幹」、「品德」的補給品 (Learning is Supply to Capabilities and Conscience)

一個人在小、中、大學畢業後進入職場工作，要不要再繼續自我學習及被強迫學習，追求更高的專業知識 (Special Skills)，追求更高的為人處世哲學 (Human Skills)，以及追求更高超的宇宙觀、人生觀、系統觀、以及領導統御眾多部屬的決策才能 (Conceptual and Decision Skills)，完全與時代資訊傳播 (Information Transfer) 速度及產業生存競爭 (Competition) 程度相互關聯。在二十世紀中期以前，學徒三年四個月煎熬畢業後，就可以憑熟練的技藝，謀生一世。中等職校畢業者，也可以憑年資熬成中等幹部（課長、經理）職務，而至退休。大學畢業生已是社會精英分子，憑學位文憑進入高職等工作位置，在政府機關充當部長、局長、處長。在企業機構，學歷加上人情關係，就可擔任總經理、副總經理職位，而至死亡退休。可是在二十世紀中以後，世界經濟舞臺擴大，運輸及通訊科技進步，國與國之生產力競爭，廠家與廠家成本品質之競爭，產業與產業技術之競爭，個人與個人才能之競爭日趨劇烈。尤其 1990 年以後，無線通訊與電腦結合之網際網路 (Internet) 出現，資訊科技與財務工程 (Financial Engineering, FE) 之交叉應用，使以「知識員工」為基礎的「虛擬組織」(Virtual Organization, VO)，「知識財產權」(Intellectual Property, IP)，以及「永續創新」(Continuous Innovation, CI) 成為公司生產力的主要來源，所以知識教育的永續追求，也被築入公司人才管理的基石，電腦化的「知識管理」也成為公司「圖書資料管理」，「考察報告管理」，「研究成果管理」，「讀書報告管理」的系統化工作。所以「學術知識」在二十一世紀更成為選拔員工的重要標準。二十世紀中期以後開始說公司「不創新，就死亡」(Innovation or Demolishing)；也說教授「不出版就滅亡」(Publication or Perishable)；現代則要說員工「不學習，就淘汰」(Learning or Discarding)。

九、變化氣質靠讀書進修 (Improvement of Human Quality Relying on Learning and Studies)

人生從小到大、到老、到死，每天都處於學習過程之中，有用心者、有毅力者，會學到「才幹」，會學到「品德」。有「學」有「術」是一流人才；不「學」有「術」是二流人才；「有學無術」是三流人才；「不學無術」是四流人才。我們希望基層作業人員，中級幹部，以及高級領導人才都是能永續學習，並且是「有學有術」的一流人才。要變化員工氣質 (Employee Quality)，要塑造優良企業文化 (Corporate Culture)，除了靠董事長及總經理以身作則 (Leading Demonstration) 的精神領導及公司完整制度 (Complete Systems) 外，最重要的條件就是靠員工永續進修 (Continuous Learning and Studying)，追趕世界潮流的學術知識。所以高超學術知識的進修是高等「才幹」及美好「品德」的最佳補給品，是「有學有術」。

員工學識修養的高低，可以從學歷、經歷、終身學習之受訓紀錄、專業著作報告、專題研究報告、讀書心得報告中得知。一個員工若能「才、品、學」三者兼修，比只有「才、品」雙修好，更比只有「才」，沒有「品」、沒有「學」好。孔子說他的弟子中子路（仲由）是屬於最有「才幹」(「果」，果斷）的人；說子貢（端木賜）是屬於最有「品德」(「達」，曠達容人）的人；也說冉求是屬於文武全才（「藝」，六藝指禮、樂、射、御、書、數）之人。一個高級領導人才若能「才、品、學」兼優，一定比一個中級幹部及一個基層作業員工之「才、品、學」兼優為重要。

十、堅毅精神和健康體力 (Persistence and Health)

在歷史上有很多名人「壯志未酬」，像延平郡王鄭成功雖有反清復明的偉大志向，但是沒有健康的身體，在 39 歲就生病去世，使明鄭在臺灣三代而亡。像楚霸王項羽，雖有強烈逐鹿中原的志向，但是沒有不怕失敗、百折不撓的堅毅精神，在垓下被韓信十面埋伏所困，在烏江邊渡船上因「無顏見江東父老」，而致自刎而死。像臺灣早期企業名人蔡萬春、翁明昌等都是很有魄力及策略的企業英雄人物，但都在 60 歲左右就因缺乏健康體力而早逝，拋下未竟之業。

再像台塑企業王永慶、王永在兄弟，都有健康的體力和堅毅不拔、百折不撓、越挫越勇的精神，直至 2003 年，已高壽 88、83 高齡，尚能領導全集團開發新產品，開拓新市場，開發新行業，如同 30、40 歲的小夥子的勇猛氣勢，全球少有，令人讚佩。

企業有效經營，需求高級領導人才及中級幹部日夜用心用力（夙夜匪懈），每日花時 12 小時以上，若無健康體力，日日鍛煉，不酒色賭而自殘身體，豈能長期（五十年以上）維持生氣蓬勃的活力，對抗身體的加速折舊。所以企業員工的選拔標準，除了「才幹」、「品德」、「學識」三者之外，應再加上「堅毅精神」及「健康體力」。員工是否有「堅毅精神」，可從員工履歷資料及訪談中得知。員工是否有「健康體力」，可從訪談見面及身體「健康檢查」中得知。兩者都是屬於容易查核的現象。從此「才、品、學、精、力」五者成為「陳氏選才五標準」，不是「用人唯才」一者；也不是「才、品兼優」二者；也不是「才、品、學」(孔門果、達、藝) 三者。只有「才、品、學、精、力」五者兼備，則企業當真「用人唯賢」了。

「才、品、學、精、力」五標準的要求程度，也與員工職務重要性之不同而異，表 17–1 指出「高級」(如總裁、總經理、副總裁、副總經理等) 領導人才，基本五者都要求「優」等。「中級」(如經理、課長、組長、班長等) 幹部則在「才、品、力」三者要求「優」等，「學、精」二者要求「良」等即可。對「基層」作業人員而言，僅「才、力」二者要求「優」等，「品」者要求「良」等，「學、精」二者「可」等即可。

表 17–1　高、中、基層人才選拔標準之要求評等

人才選拔標準	高級領導人才要求	中級幹部人才要求	基層作業人員要求
1. 才幹	優等 (高)	優等	優等
2. 品德	優等	優等	良等
3. 學識	優等	良等 (中)	可等 (低)
4. 堅毅精神	優等	良等	可等
5. 體力	優等	優等	優等

說明：優等：高度要求 (90% 以上)
良等：中度要求 (80% 以上)
可等：低度要求 (70% 以上)
劣等：不及格 (69% 以下) 者，不予錄用

十一、薦才、育才與留才是主管人員的永續工作 (Placement-Development-Retaining)

企業因計劃目標、因組織設計之後而招募人才、選拔人才，是屬於建立企業人才團隊的初步使命，接下來的使命是各職位人才所歸屬的上級主管人員 (Manager) 要把新人員正式派遣薦放到適當位置上 (Placement)。然後定期或不定期施以「在職訓練」(On-Job Training)，「輪調」(Rotation)，「公司內訓練」(In-Plant Training)，以及「公司外訓練」(Off-Plant Training) 等等訓練發展之「育才」(Development) 工作。兵法有云：「兵不練，不可上戰場；將不練，不可帶兵」，訓練發展是永續學習的一環，不可缺乏。最後主管人員要依其領導、指揮、激勵、溝通後之員工「績效表現」(Performance)，在精神上及物質上給員工做出獎勵、晉升、調遷之「留才」(Retaining)，或懲罰、調遷、解雇之「辭才」(Lay-Off) 動作，以維持一個有戰鬥力，有向

心力，有生長力的精緻人才團隊。「保有良才，辭退庸才」是塑造「強將強兵」團隊的必要措施。在一個機構裡，最好的人才，就像石油煉化中的航空汽油，在加熱後第一個揮發而出，好人才在公司管理不良時，也是第一個脫離而去。煉油最後留下來的是柏油瀝青，如同公司的庸才，再如何加熱也不會自行離開。所以最高主管要特別注意，主動挽留、愛惜好人才，也主動設法清除不適任的員工。

十二、「強將強兵」與「用師、用友、用徒」理念

企業用人標準，不管是「用人唯才」，或是「用人唯德」，或是用人「才、品、學、精、力」五者兼具，都有營造一個「強將強兵」團隊 (Team of Strong General-Leader and Strong Soldier-Followers) 的潛意識作用。能幹的好主管用能幹的好部下，人人如此，自然可以形成一個「強將強兵」隊伍。可是有很多情況是主管人員不敢用能力比自己強的部下，恐懼有一日部下會超越自己，「篡」了位，所以雖知應該任用「強」的部下，可是實際上卻不敢用。久而久之，會變成「弱將弱兵」的結局，因為真強將不會用真弱兵，真強兵也不會生存於真弱將之下，所謂「強將手下無弱兵；弱將手下無強兵」。

關於用人強弱之哲學，曾子（曾參，孔子之七十二知名弟子之一，號稱「宗聖」）曾說過三句名言：「用師則王，用友則霸，用徒則亡。」意指主管任用比自己強的部下，並把他當老師長輩看待，百計百從，則可成就「王業」，以德服人，可以以少勝多，如文王、武王用姜子牙，這是「第一流」用人作法。其次，第二流作法，指主管任用和自己平等能力的部下或是比他能力高強的部下，但把他當朋友平輩看待，一百計只聽五十計，不聽另五十計，如此一來，最多只能成就「霸業」，以力服人，以多勝少。最差的第三流作法，是主管只敢任用比自己能力差的部下，或萬一用到比自己高強者，或同樣能力者，但都把他當作僕役奴徒看待，絕不聽從他的建議「計謀」（如項羽早期從不接受韓信之建議一樣），如此一來，只會把國家事業搞垮，以亡國亡公司為結束。又如項羽晚期中了陳平反間計，不再用范增及鍾離昧，以致敗於劉邦、韓信、張良、陳平等人之手，而自己也以自殺了結楚霸王之風光年華。

美國奇異公司 (1980～2000) 前董事長傑克魏許回答人問他何以會耀煌成就時，就曾說，上級主管人員應能「認識」(Know) 比自己能力好的人才，並應能「任用」(Use) 比自己能力好的人才，還應能「聽從」(Follow) 比自己能力好的人才之計謀，更應能「鼓勵」(Encourage) 比自己能力好的人才發揮極致，這就是「伯樂能識千里馬」的好寫照，和中國春秋時代鮑叔牙退己推薦管仲給齊桓公的故事相映輝。

第二節　企業管理者掌握被管理者 (Managers and Subordinates)

依照管理五功能體系的順序,「計劃」走第一,「組織」走第二,「用人」走第三,「指導」走第四,「控制」走第五。本章第一節講完「企業用人唯賢」,第二節到第九節則分析與「指導」有關的領導 (Leading)、指揮 (Commanding)、激勵 (Motivating)、溝通 (Communicating)、協調 (Coordinating) 與關懷 (Caring) 的理論與作法。「指導」是總裁、總經理對經理、經理對課長、課長對班長、班長對班員間,最重要的「面對面」(Face to Face),「日對日」(Day to Day) 的管理工作。總裁、總經理、經理、課長、班長都是不同層級的「主管人員」(Managers)。經理、課長、班長、及班員、作業員都是不同層級的「部屬」(Subordinates)。上級管理具有主管人員身分的部屬,叫做「將將」(Managing Managers);上級管理沒有主管人員身分的部屬,叫做「將兵」(Managing Non-Managers)。不管「將將」(約十分之一人員)或「將兵」(約十分之九人員),當上級的人 (Superiors) 都是要「將」(當動詞用)下級的人 (Subordinates),他就是部屬的領導人、領袖、上級管理者 (Leaders)。

「指導」意指指揮統御與領導統御。指揮者站在部屬後面,領導者站在部屬前面。是各級「上司」人員(通稱「管理人員」,Manager, Superior,或「人上人」)與「部屬」(通稱「被管理者」,Subordinates,或「人下人」)間日常的面對面之行為,用以執行企業組織所訂定之目標。「指導」隱含著「領導」(即「身教」)、「指揮」、「激勵」及「溝通」、「協調」、「關懷」(合稱「言教」)等等軟性面管理機能因素,和「計劃」、「控制」之硬性面有所不同。亦含有主管對屬下「授業」(Teaching)、「傳道」(Preaching)、「解惑」(Solving) 之神韻。良好之主管人員應以「君臣」(King-Minister)、「父子」(Parent-Son)、「師徒」(Teacher-Student) 及「朋友」(Friend-Friend) 之四層關係,來處理主管與部屬 (Superior-Subordinate) 之指導行為,即所謂「作之君」、「作之親」、「作之師」、「作之友」等四倫規律。這些因素均涉及在上的「管理者」(Managers) 及受其管理之「被管理者」(Subordinates) 雙方之互動行為。

無論被管理者是生產線作業員工、產研工程人員、行銷代表、辦公室人員或是較低層之管理人員,均可藉由與其上級管理者,上下兩者間之交互作用,反映出上級管理者對屬下員工人類特性 (Human Characteristics) 及人類需要 (Human Needs) 之應有認知程度。因為所謂「管理」(Management) 乃是主管人員將公司的工作「目標」(事)交由部屬(人)來做，換言之，「事」或「目標」本身不會自己做好，而是要靠「人」來做好。因此，若要達到最高管理者處心積慮所計劃之公司整體目標，則從最高主管以下，各級部屬(Subordinates，「人下人」)這個「人」的因素，是上級管理者(Superior，「人上人」)所不可忽略輕視的要素。不瞭解 (Understanding) 人性需求，不重視 (Focusing) 人性需要，不能滿足 (Satisfying) 人性需求，就是不得人心，就會失敗。俗云：「得人心者，得天下；失人心者，失天下」，帝王總統如此，總經理、經理、課長、班長也是如此。

主管人員對直屬的部屬，不僅在工作目標的指派 (Dispatching)，工作方法的教導 (Teaching)，及工作成果的驗收 (Inspection) 等公事公辦外(即「作之君」)；還應該愛護部屬，不是虐待部屬(即「作之親」)；還要傳授專業技術，傳授為人處世方法，及解決各種疑惑(即「作之師」)；還要幫助部屬解決私人困難(即「作之友」)。把部屬當作屬下，當作兒女，當作學生徒弟，當作朋友來對待，「指導」(Directing) 的工作就成功了。

在管理五大功能上，計劃、組織、用人及控制四功能所佔的時間，沒有比掌握部屬行為 (Mastering Subordinates) 進行指揮領導的「指導」功能為多，因為部屬是「人」，不是「物」，不是「事」，「人類行為」(Human Behavior) 最複雜變異，必須花用最多時間去處理，約計在主管人員的管理五功能中，「計劃」只佔 5%，「組織」只佔 2%，「用人」只佔 2%，「指導」要佔 86%，「控制」只佔 5% 的時間。這是在進入下部分研討之前，必須謹記在心的時間算盤。

一、瞭解人類行為之三個基本假設 (Three Assumptions on Human Behavior)

在開始討論各階層主管人員「領導」、「指揮」、「激勵」、「溝通」、「協調」、「關懷」眾多部屬，做出不同之工作表現前，我們首先須對「人類行為」(Human Behavior) 之假設稍做探討。

(一) 人類之天性是「理智」與「感情」並存 (Human Nature of the Coexistence of Ration and Emotion)

許多哲學家、歷史學家、經濟學家、社會學家、人類學家、心理學家均曾對人類之天性 (Human Nature) 設立不同，甚至於互相矛盾之假設性模式。有些模式以為人類是「理智的」(Rational) 的動物，有如一種不動感情的「電子計算機」(Computer)。有的以為人類是「情緒化」(Emotional)、「直覺化」(Intuitive)、甚或是本能的對

環境產生直接反應 (Instinctive Response to Environments) 之動物。但是，綜觀實際情況，完全「理智化」或完全「情緒化」地採取行動之人類仍屬少數「不正常」現象，大部分人類之正常選擇行為是基於理智與情緒之混合 (Mix of Ration and Emotion)，有時理智（理性），有時感情（感性），有時理智多感情少，有時感情多理智少。

（二）人類行為方式受「人」與「環境」之交互影響 (Interactive Influence of Man and Environments)

李文 (Kurt Lewin) 曾說「行為」(Behavior) 是「人」(Person) 與「環境」(Environment) 之「函數」(Function)。有時候一個人之「慾望」(Needs) 及「選擇」(Choice) 是其「行為」(Behavior) 之動機，完全主觀，與外在客觀環境無關；而在另一些時候，客觀環境 (Environments) 對行為又有很大之影響力，主觀意願無多大作用。但是，大多數的行為是受到主觀「慾望、選擇」及客觀「環境」二者之綜合影響。要想成功 (Success)，有時只有強烈主觀「意願」(Willingness)，但沒有「能力」(Ability) 及「環境」條件配合，也是夢想、幻想一個，徒然空想而已。有時雖然「環境」條件很好，但沒有主觀「意願」或雖有主觀意願但沒有「能力」，也不會成功一件事。

（三）人類行為常受他人之影響 (Influenced by Other People)

人類是一種社會動物 (Social Animal)，孤立性 (Isolated) 的人物究屬少數，所以管理者（主管人員）在管理部屬時，也應該瞭解我們所謂的某員工「個人」行為仍受到「其他」人員之影響，而這個「其他」人員也包括主管人員在內。

根據上述這三種理論，我們可以推知大多數的「人類行為」具有相當程度的複雜性 (Complexity)，而每個人的行為或多或少均不相同 (Differential)，因此要瞭解員工的人類行為，並不是一件簡單容易的事情。

二、瞭解個別差異之不可避免 (Un-avoidance of Individual Differences)

因為有各種因素之影響，組織中之成員必然產生「個別差異」(Individual Differences)。這些個別差異包括個性上 (Personality)，能力上 (Capability)，學習上 (Learning)，認知上 (Perception)，技能性向上 (Aptitudes)，價值看法及態度上 (Value and Attitudes) 之差異。

（一）個性上之差異 (Personality Differences)

「個性」是指一個人所擁有的特殊性質 (Traits) 以及這些特質對人、對事、對物之反應方法。在遺傳、心智成長、家庭、工作環境、文化等因素交互作用下，這些特質使每個人在追求目標達成之過程中養成「一貫性」(Persistent) 之作法，如權威個性 (Authoritarian Personality) 或馴服個性 (Machiavellian Personality)。這些特質（也就是個性因素）有⑴「內向」或「外向」；⑵「膽怯」或「冒險」；⑶「激躁」或「穩定」；⑷「低姿」或「高姿」；⑸「嚴肅」或「輕浮」；⑹「唯利」或「凝重」；⑺「僵固」或「彈性」；⑻「信任」或「懷疑」；⑼「務實」或「投機」；⑽「坦誠」或「狡猾」；⑾「自信」或「遲疑」；⑿「傳統」或「創新」；⒀「團隊互助」或「自給自足」；⒁「失去控制」或「自我控制」；⒂「輕鬆自在」或「緊張不安」；⒃「高智能」或「低智能」等等。

（二）能力及技能性向上之差異 (Differences in Abilities and Skill Aptitudes)

每個人均有不同完成工作任務之能力及技能性向，例如有些人擅長數學，有些人擅長語言，而另有些人對機械性之觀念特別瞭解，由於這些能力及技能性向之差異，乃來自先天遺傳及後天學習環境之影響，所以亦是一種不可避免之差異。一般而言，「能力」包括「智力」(Intellectual Abilities) 及「體力」(Physical Abilities) 兩大類。智力有七種，即⑴數字能力，⑵語言能力，⑶視覺能力，⑷演繹推理能力，⑸歸納說理能力，⑹空間想像能力，以及⑺記憶能力。而體力有九種，即⑴手腳擊力，⑵背腹撐力，⑶靜態頂力，⑷動態爆發力，⑸伸長彈性力，⑹速度彈性力，⑺四肢協調力，⑻身體平衡力，以及⑼耐久力。

（三）學習上之差異 (Learning Differences)

一般而言，每個人有不同之「學習能力」及不同之「學習速率」，合稱為「學習曲線」(Learning Curve)，甚至在成長之各階段亦有不同之「學習方式」。同時由於家庭、朋友、鄰居、學校及工作經驗之影響，無法人人完全相同，所以對學習而言，亦造成個別之差異。

（四）認知上之差異 (Perception Differences)

我們每天接受來自各方之資料 (Data) 及資訊情報 (Information)，因而產生心理反應 (Response) 及行為 (Behavior) 反應，而由「資訊」到「行為」之間又經過「認知」(Perception) 過程之轉譯。「認知」是主觀現象，和「實際」(Reality) 的客觀現象對立。不同的人對相同的人、事、物，有不同之「認知」，乃是受到⑴個性和需求，⑵自我期許及能力，⑶價值觀念，⑷壓力及緊張，⑸經驗教訓，⑹地位，及⑺存心用意等因素之影響。同時每個人之「認知」過程又有所不同，不僅受到「上意識」(Consciousness) 六因素（「眼」、「耳」、「鼻」、「舌」、「身」、「意」所發揮之「色」、「聲」、「香」、「味」、「觸」、「法」作用）之影響，甚至受到個別「下意識」(Sub-consciousness) 及「無意識」(Unconsciousness) 之影響而造成差異。不同個人間「認知」之差異，常造成「外象（相）萬千，本質則一」之區別現象。

（五）態度及價值上之差異 (Differences in Attitudes and Values)

態度是指對外界人、事、物所持有的正面或反面的預設立場。對於工作尊重或輕視之「態度」，常由個人之「經驗」(Experience) 及整個群體之「文化」(Culture) 而養成，例如「藍領級員工」和「白領級員工」之工作態度即有基本上之差異，一者可能視為短暫之謀生工具，另一者可能視為終身之興趣所託。這種不同之「態度」，亦會影響到個人「價值看法」之不同。

以上這些個別差異常成為根深柢固之特性，因而成為管理上之困難所在，所以各級主管人員應瞭解並承認員工們這些個別差異之存在，不論其為優點或缺點，並善加利用。

三、管理者應瞭解及承認部屬間個別差異之存在 (Recognizing the Individual Differences)

「個別差異」在組織中是一種必然存在之現象，作為一位管理者，應該承認 (Recognize)、瞭解 (Understand) 這些差異之存在意義，並加以運用 (Use)，不應漠視其存在，而致對員工向心力失去掌握，導致失敗。

1.「個性」差異與管理者 (Manager's managing method is important to the formation of subordinates' personality)

管理者首先應該瞭解「自己」個人在部屬「個性」養成過程中，佔有主要之角色，應注意自己的有效「管理方法」(Managing Methods)，發揮廣大之正面影響力。

2. 能力、才能上之差異與管理者 (Formal Training, Selection and Motivation on Subordinates' Capabilities and Skill Attitudes)

一般而言，主管人員可以「正式訓練」(Formal Training) 之方式來訓練部屬，使具有特殊工作所需之才能，但是事實上，主管人員常因缺少足夠時間或金錢，來從事這項正式訓練工作。而一般管理者都期望部屬發揮最高工作績效，所以補救之道，可以先經由適當「選拔」(Selection) 及「激勵」(Motivation) 之途徑來完成這項工作。

3. 學習上之差異與管理者 (Learning, Selection and Motivation)

管理者必須瞭解其部屬在「學習效果」(Learning Effect) 上，有個別差異存在，才能在「選派」及「晉升」(Promotion) 時，選擇適當之「適才適所」人才。另外在激勵員工時，也可採取適切之方法，對症下藥，以獲得最大之效果。

4. 知覺上之差異與管理者 (Knowing Perception of Manager and Subordinates)

主管人員對部屬之管理行為深受其「認知」(Perception) 過程之影響，所以管理人員若期望成為更佳之主管，則應深切瞭解「認知」之產生過程，以及認知差異存在於部屬及自己行為上之原因。

5. 態度及價值之差異與管理者 (Using Value Differences)

若是員工覺得可藉由「工作」來滿足慾望，則主管人員可採取「工作擴大化」(Job-Enlargement) 及「授權管理」(Delegation) 方式。但若員工覺得工作只不過是達成其他目標之手段時，則主管應加強監督及控制方式。換言之，管理者若欲採取較佳之管理型態，則應對部屬之價值看法及態度有所瞭解及分析，不可囫圇吞棗。

四、「人」是組織中之最重要資源，不容忽視 (Human Resources is the Most Important Resources)

公司可用的資源 (Resources) 很多種，如人力、資金、原料、機器設備、產銷技術方法、時間及情報資訊等七大資源，使用任一資源都是成本 (Cost) 來源，而要使這些資源成本產生有利收益 (Benefit)，產生「生產力」(Productivity)，則需要有思想作用之「人」（經理人員）介入，並扮演統合 (Integrating) 角色，所以，「人」實是公司的「雙重」（指運用者及被運用者）重要資源。

因為管理者大半時間均與「人」（指上級長官、同輩同伴及下級員工）接觸，所以有人認為管理之成敗繫乎管理者處理「人際問題之技巧」。同時，管理者自己也是「人」，亦無法完全「理智」而不涉及「情感」的處理人際問題，所以縱使我們從書本上，實證研究上，或工作經驗中獲得若干可循的原則，然而因為這些個別差異無法避免，使人性管理沒有「放諸四海皆準」的原則 (Fixed Principles)，而是應採取「諸法皆空」，因時、因地、因人、因事、因物等「五因制宜」之情境應對原則 (Situational Principles)。作為一個管理者，面對這種人性問題的挑戰，應勇敢面對，不應逃避，從多方面，儘可能地瞭解自己和共同工作的部屬之心態及行為著手。若能充分善用「人」這個資源，則「人和」無疑地將對組織的經營績效有莫大的助益。古云：「天時不如地利，地利不如人和。」在「天、地、人」三大因素中，若能三者皆得，誠乃上上之策；若只能得二，當取「地利」及「人和」；若只能得一，當取「人和」。若「人不和」，絕無成功之勝算。在一個大公司，假若董事長和總裁（或總經理）有派系對立，而致貌合神離，甚至正面衝突，這個公司絕不會長期成功。在利潤中心事業部門、在成本中心功能部門、在任務中心作業操作部門，其主管和副主管不合，和部屬不合，都註定不會有好績效成果。

第三節　管理者是領導人

在企業的經營管理中，屬於「人上人」的管理人員或經理人員，其職稱可以為董事長，可以為總裁 (President) 或總經理 (General Manager)，可以為各事業部門（利潤中心）之副總裁或副總經理 (Vice President or Deputy General Manager)，可以為各企業功能部門（成本中心）的協理 (Assistant General Manager)、經理，可以為各廠、課、分公司之廠長 (Plant Manager)、課長 (Section Manager)、分公司經理 (Branch Manager)，可以為各組班之組長 (Superintendent)、副組長、班長 (Foreman)、副班長。

董事長之管理工作稱「公司治理」(Corporate Governance)，以股東會（股東權益保本增值之保護）、董事會（審議公司目標、策略、組織、制度、人才、績效、情報資訊揭露、資本增減、股息分配、員工薪資與福利獎勵制度等等）及總裁、總經理、副總裁、副總經理之作為為對象。總裁、副總裁、總經理、副總經理之管理工作稱「企業策略經營」(Strategic Management) 或「高階管理」(Top Management)，以長期目標、產品、市場、組織、制度、人才、資金、成長、競爭、購併、聯盟等等策略之設定、執行及調配為對象。部門經理之管理工作稱「作業管理」或「控制管理」(Control Management or Management Control) 或「中階管理」(Middle Management)，以內部部門間管理作業程序暢順流通之控制為對象。課長之管理工作稱「效率管理」(Efficiency Management) 或「基層管理」(Foundation Management)，以部門內品質、時間、數量、成本、利潤、服務等目標之追求為對象。組長班長之管理工作稱「標準管理」(Standards Management) 或「操作管理」(Operating Supervision)，以修訂操作標準及遵守執行操作標準為對象。五者之管理工作合稱「企業管理」(Business Management)，皆是以「人」的團結一致，「萬眾一心」為基礎。公司最高統治階層之管理（即「公司治理」或「公司統理」）是對外的管理，對股東、對債權人（銀行、債券持有人）、對社會大眾有正派經營、資訊透明之交代。「高階管理」、「管理控制」、「效率管理」、及「標準操作管理」都是對內的管理，佔「企業管理」工作的百分之九十五以上。

各級主管的管理工作各有重心，運用不同程度之各種人力、財力、物力、機器設備、技術方法、時間、情報資訊的資源，同時亦可藉客觀組織結構及策略、制度之作用，影響下屬思想及行為，促使部屬協調合作，以達成組織單位目標。就這種作用而言，每一位管理者就是該單位的領導人物，也就是「正式領袖」(Formal Leader)，不只指公司的最高主管——董事長或總裁、總經理一人或二人而已，所以「領導能力」(Leading Ability) 就是眾多部屬之上級管理者所必備之許多人際關係技巧之一。通稱之領袖「魅力」、領袖「魄力」、領袖「膽識」、領袖「冒險精神」、領袖「遠見」、領袖「先知」、領袖「慈悲」等等特質，都是成功管理者 (Successful Managers) 在「成功」之後被人稱讚的言詞。

所謂領袖或領導者之「領導術」(Leadership)，或稱「領導作風」(Leadership Styles)，乃是指主管人員站在前頭「以身作則」(Demonstration)，感化部屬，使其心悅誠服，跟隨主管之努力方向及努力程度，以完成目標之管理方法。「領導術」、「指揮術」、「溝通術」、「激勵術」、「協調術」等，和「計劃術」、「組織術」、「用人術」及「控制術」，都是有效管理的企業「將帥術」(Effective Ways of Business Generals and Commanders)。所以有效總裁、總經理的管理術，就是「企業將帥術」❶。

一、領導能力影響組織績效 (Leading Ability Influences on Performance)

組織的整體經營績效（指「顧客滿意」和「合理利潤」，也指銷售、生產、利潤、市場地位、投資報酬、創新、實體結構、財務結構、訓練發展、社會責任）與各級主管人員的領導能力之品質 (Quality of Leadership) 息息相關。雖然足夠良好的高、中、下級領導能力並不是企業經營成功的「唯一」要件（因為還要有企劃力、組織力、用人力、控制力等等），但卻具有相當大之重要性。一個拙劣的領導人，不論其職位高低，遲早都會把該單位員工的士氣拖垮，連帶使公司的效率降低；相反而言，一個幹練的領導人可以將灰暗不振的團體，轉變為士氣高昂，積極進取的成功組織。尤其對公司最高階的董事長及總裁、總經理而言，其個人的「才、品、學、精、力」五條件都要好，其顯示出來的高瞻遠矚、冒險創新的企劃能力、組織能力、用人能力、領導能力及控制能力也要好，它們都是影響公司成敗盛衰的關鍵因素。外人看一個公司，首先看該公司的最高領導人（即董事長或總裁）。最高領導人個人之優劣形象代表公司的形象 (Leader image is company image)，所以最高主管的領導能力是公司的競爭核心能力 (Top leadership capability is the company's core competence)。

---

❶ 見筆者所寫，連載於《經濟日報》，〈EDN B-School 之「企業將帥術」〉，開始刊登於 2002 年 10 月 4 日。

二、領導型態與領導作風 (Leadership Patterns)

「領導型態」與「領導作風」(Leadership Patterns) 是指各級領導人員對決策形成作法的類型或作風 (Types)。領導型態有很多的區分方法，其中一個較常用的方法，是將重點放在主管與部屬形成決策之權力分配關係上，而將領導型態分為「獨裁式」(Autocratic)，「參與式」(Participative) 及「放任式」(Laissez-Faire) 三大類。領導作風是有效管理的「手段」，不是「目標」，因應管理者能力 (Leader Ability)、被管理者能力 (Follower Ability)、目標明確度 (Clearness of Objectives) 及情報資訊快速度 (Information Speed) 等因素之變化而變化。

「獨裁式」領導作風係指主管一人獨自裁決任何事務，包括目標、策略、方案、組織、用人、作業規則之設定，不讓部屬參與意見，所以是「集權」(Centralization) 統治法。在「獨裁式」中，又依主管人員自私心之濃淡而再分為(1)「自私獨裁式」(Totalitarian) 或稱「暴君式」(如紂王、秦始皇) 及(2)「賢明獨裁式」(Paternalists) 或稱「父慈式」(如文王、唐太宗) 等兩形式。

「參與式」領導作風係指主管允許部屬參加意見後，再裁決事務，所以是「授權」或「分權」式管理。在「參與式」中，又依聽取意見之先後及程度，再分為(1)「諮詢參與式」(Consultative Participation) 及(2)「民主參與式」(Democratic Participation) 等兩形式。

「放任式」領導作風是指主管人員採取百分之百的開放態度，任由部屬要怎麼做就怎麼做，事前既無目標、策略、組織、用人的討論核定，事後也不對績效檢討、考核。

上述三大類五形式 (Three Categories Five Patterns) 的領導型態，究竟應該採用那一型態比較有效，則應先對主觀條件及客觀環境有所思考，才做決定。

一般人們喜歡把「民主」及「獨裁」的領導作風當作政治「目標」來討論，主張「民主」是世界普遍價值。但在企業管理上，我們是把「民主」、「放任」或「獨裁」之領導作風，當作有效管理的「手段方法」來處理，不當作「目標」來看待。那一種作法在時、空、人、事、物條件下，能有「最佳績效」(Performance)，就是最好的管理手段方法。這兩種差異看法顯示，「企業管理」比「政治管理」更為理智、嚴肅、細緻。

在企業管理方面，要採取何種領導方法，不可孤立斷言，可先看下列八種情境性問題，並試作回答：

⑴是否一般部屬只喜歡接受上級指揮，自己不能或不願自我啟發，而寧願逃避責任？即使有自作主張，並有發表意見之機會，自己也不願提出負責任，具有上進企圖心的建議？(Lack of Responsibility)

⑵是否大多數的部屬都可以經由「試誤法」(Trial-and-Error) 學習過程中而學得負責一方之領導才能？(Learning by Trial and Error)

⑶上級之「獎」（包括薪資、職位提升等）及「懲」（降職、降薪等）是否對現有下級員工之工作表現沒有影響作用？(Reward-Punishment Losing Impact)

⑷在現有工作環境中，主管與部屬互動、互相影響的機會及程度是否高？(High Interactive)

⑸主管對部屬所下達之指示，是否已經是詳細而完全，而不是只一般性原則，需再任由部屬自行決定工作細節？(Complete Instructions)

⑹除了個人目標外，是否還設定比較廣大的團體目標，能再給個人一些額外的利益？(Team Objectives)

⑺是否主管只要供給部屬做工作所需的資料外，部屬不必再加思考規劃就可以完全達成目標？(Relying on Instruction and Information from Top)

⑻不同之主管人員對所有部屬之裁決權力，是否以經濟性之考慮為主？(All Economic Considerations)

管理者對上述這些問題之不同回答，可採不同型態之領導作法，如下所示：

表 17–2

問題號碼	回答「同意」時	回答「沒有意見」時	回答「不同意」時
⑴	獨裁式領導	民主式領導	放任式領導
⑵	放任式	民主式	獨裁式
⑶	放任式	民主式	獨裁式
⑷	放任式	民主式	獨裁式
⑸	獨裁式	民主式	放任式
⑹	放任式	民主式	獨裁式
⑺	獨裁式	民主式	放任式
⑻	獨裁式	民主式	放任式

三、獨裁式之領導作風分析 (Autocratic Leadership)

此種作風指「管理者」強調詳細命令下達與部屬服從之絕對重要性，從而大多數決策都由自己獨自裁定，不要求部屬參與意見，因此部屬的權限相對的縮小，此種管理者就是「獨裁者」。影響所至，獨裁者喜歡在較低層人員中製造一種對高層主管「高度依賴」及「高度畏懼恐怖」的環境氣氛。

例如美國國民收銀機 (NCR) 公司的奠基者派特森 (Petterson) 先生，就是一個獨裁式的管理者，他可以因不滿意成本會計部門之工作效率，而將所有成本會計簿付之一炬，同時在事前不曾詢問其部屬之意見，就自行決定裁撤成本會計部門。在這種領導型態下，獨裁者是整個公司權力的中心，可以滿足他的「自我肯定」、「社會尊重」及「自我實現」等高層之人類需求 (High-Level Needs)，但同時，也忽略了部屬之人性需求，放棄了部屬部分的潛在能力，久而久之，公司一定深受損失。

對於一般守成不創新的員工而言，只要做老闆要求的事就可以保住薪資和職位 (所謂「末將聽令」之心態)，不必管上級所要求的事是否真正對公司目標有所助益。同時，又因為許多工作在實際技術上及成本考慮下，並不一定令自己有信心，只要上級硬性要求，剛好順水推舟不必困擾自己，所以獨裁式之管理在此種場合也許較為有效。對一個企業機構而言，若幸運得到一個聰明能幹，並有愛心的獨裁領袖，企業可望成長成功。否則，此企業終必失敗，冒險賭博性太高了。

四、參與式之領導作風分析 (Participative Leadership)

參與式之管理者較獨裁式之管理者關切部屬的人性需求及能力，對部屬所提供之建議均給予相當之尊重及考慮，甚至會以會議或委員會之方式，請屬下共同討論，做出決策，解決問題。參與式決策時，主管人員可以聽完各方正反分析後，自己做決定，也可以視多數正反意見，而順水人情下決定。

因此，參與式之管理者會扮演激發部屬思考，集思廣益，以解決問題之積極角色 (Progressive Role)；對部屬而言，亦可藉由提供意見，獲得某種程度之尊重和參與感。此種作風，除了提升決策品質 (Decision Quality) 外，尚可提高「自尊心」(Ego)，「團結力量」(Team Effort)，也會提高成功機率。

五、放任式之領導作風分析 (Laissez-Faire Leadership)

自由放任式之領導者，則是將所有的問題自始自終，交由部屬去處理，部屬可以自行決定目標，設定執行方案。在有些情況下，如部屬能力高強，而管理問題簡單，此種百分之百放手由屬下自行解決問題的作法可能有效。但在有些情況下，如部屬不成熟，能力及見解不高，問題很複雜，卻會造成混亂。孔夫子曾對人們年齡及心智狀態之關係，說過「三十而立，四十而不惑，五十而知天命，六十而耳順，七十而從心所欲，不踰矩」。所以要讓部屬隨心所欲，又能順利達成目標，則部屬必須到 70 歲，而主管此時則已在 80 歲左右，太慢了，不可採用。

老子也曾言：「為，不為，無為而治」，但他並不是指此種百分之百之「無為」放任作法。在具有高度競爭性之企業管理裡，老子的主張似乎可行，但要充分瞭解他主張的真正內容。他的第一字「為」，是指先設定「目標管理」體系 (MBO) 及「責任中心」(Responsibility Center) 體系。他的第二、第三字「不為」，是指執行時，上級給予充分授權（權責相配），不隨意干預下級決定的作法，只做期間性追蹤監視。下級不出差錯，上級不動聲色，如同「不為」。如此運作，上級在上看方向，下級在下推動車輛，外人看來，上級似乎「無為」輕鬆，但一段時日後，目標一一達成，「而治」成就。老子第四字至第七字「無為而治」乃此之謂也。若先沒有「為」一字來設定目標責任，中間又「不為」，則一定導致最後「無為不治」。

六、雙利的領導作風（「生產力」及「人情味」極大化）

管理者之領導型態亦可就被管理的對象來區別，例如密西根大學 (University of Michigan) 之調查研究中心 (Survey Research Center) 即曾舉出以「工作為中心」(Task-Oriented) 及以「人員為中心」(People-Oriented) 之領導方式。前者指主管人員將所有的心力放在短期「工作目標」達成上，忽略工作人員精神面及社會面。而後者則指主管人員強調有效工作團隊之心理、社會發展，忽略短期工作目標。此外，尚有所謂「管理調配圖」(Managerial Grid) 之理論，見圖 17–1，對工作目標「生產力」與員工心理社會「人情味」之因素分析，據圖觀點，則管理者的努力目標是在座標上盡量往上與往右，同時追求此「生產力」及「人情味」兩個變數之極大化，即座標 9.9。圖 17–1 管理調配圖有五個座標數字。1.1 代表主管人員不關心員工，也不關心工作（雙害型）。1.9 代表主管人員只關心工作，不關心員工（一利一害型）。9.1 代表主管人員只關心員工，不關心工作（一害一利型）。5.5 代表主管人員從 1.1 位置向上改進中。9.9 代表主管人員既關心工作生產力，又關心員工人情味（雙利型），這是最理想的領導作風。

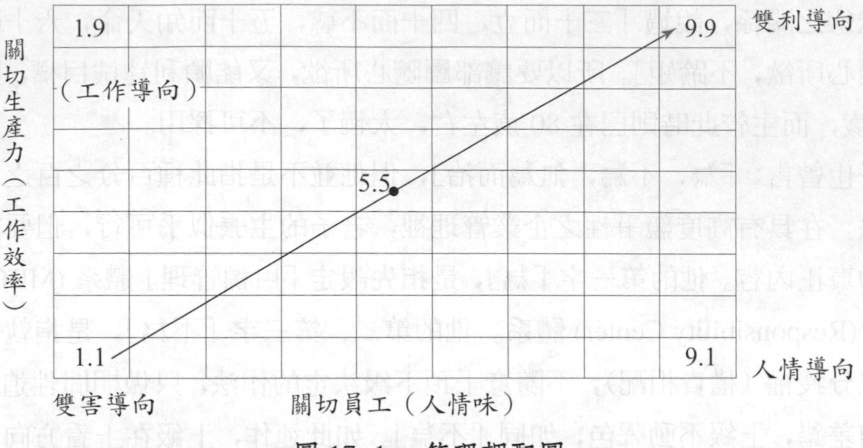

圖 17–1　管理調配圖

七、參與式管理是進步方式但並非全能 (Participative leadership is the advanced leadership)

近年來，教育普及，「員工知識化」，「知識電腦化」(Knowledge Computerized)，「部屬同伴化」(Subordinates are associates)，所以參與式之領導型態引起廣大之注意力。一般而言，參與式管理 (Management by Participation) 是促使部屬心力真正灌入企業的管理中，參與主管的決策過程。主管人員讓部屬參與決策過程，不僅顯示主管人員之寬宏大量，博採眾議，並可真正提高決策品質 (Decision Quality) 及執行效率 (Execution Efficiency)。所謂「提高決策品質」(Higher Decision Quality)，乃是指部屬可能提供「更多情報」(More Information) 及提供「更佳見解」(Better Solution)，俗云「三個臭皮匠，勝過一個諸葛亮」，即是此意。所謂「提高執行效率」(Higher Execution Efficiency) 是指讓員工在事前參與意見，就易將此案視為「自己的東西」(Our Baby)，既然是自己意見的結晶，當然「血濃於水」，在執行時，必定盡心盡力，力求成功，不失失敗，保護自尊心，所以亦可稱為「較高士氣」(Higher Morale) 之表現。在社會心理學上，「我們」(We Group) 比「你們」(You Group) 更具有切膚之痛，更有認同感，更有影響力。

實施參與式領導之作法有三種方式，並有四個前提，略述如下：

（一）參與式領導之作法 (Variety of Participative Leadership)

1. 建議制度 (Suggestion System)

某些組織利用「建議制度」(Suggestion System) 來指導部屬參與決策過程。當部屬提出可用的有效建議時，給予相當份量獎金，並公開鼓勵。當然這種參與型態必須有完善之配套作業制度作為前提，並能鼓勵多數人樂於提供改進建議。若參與者僅限於少數人時，或根本無人願意提供意見時，無疑地其效果將大打折扣。

2. 委員會及品管圈 (Committee or QCC)

有些企業的工廠利用「生產委員會」(Production Committee) 或其他決策委員會，如「品管圈」，集中員工代表與幹部代表，研究改進品質及生產效率之方法。日本工廠實施此方法，效果很好。「品管圈」QCC 方法後來演進為「全體品管」，再演進為「總體品質管理」，成為世界級公司的進階方法。

3. 協議管理 (Advisor Management)

有些事業不由主管單方面先做決策，再強硬要求部屬執行，而是允許部屬在每日管理決策過程中，隨時可以提出自己之想法與建議，所以部屬的地位成為協議者，而非僅是被動的命令接受者。

雖然領導者所採取「參與管理」之型態不一，同時部屬參與之程度亦有不同，但通常階層愈高者，參與公司決策之機會愈大，反之亦然。在實務上，總經理、事業部副總經理、功能部門經理、課長、班長等，每週要舉行各自轄區「經營（或業務）檢討會」(Weekly Review Meeting)，讓部屬參與主管決策的精神落實到底，並確實有改進管理績效的功用。

（二）部屬參與管理之前提 (Conditions of Participative Management)

1. 部屬應有能力提出有價值的建議 (Subordinates' Ability)

部屬建議改進之能力 (Ability to Suggest) 經常受其教育或工作背景之影響，故在實行參與式管理時，應先瞭解部屬是否具有能力瞭解問題，並有相當表達能力。若無，應設法加強改進之。

2. 容許各種利害關係之人同時存在 (Coexistence of Different Interests)

若是組織各階層充滿獨裁之管理者，一則參與式建議很難被接受，二則屬下會習慣被動接受上級命令，而不會主動提出改進要求，並將主管之善意詢問意見，誤解為主管能力不足並輕視之。反之，若組織中容許各種利害關係人士同時存在，大家就會主動提出意見，促進參與決策過程。

3. 工會不能介入 (No Union Entry)

若是組織龐大之工會介入經營管理活動，會將員工與主管之合作行動，視為工人對工會之「不忠誠」行為，而給予歧視或懲罰，則工人會因恐懼與管理人員接近而受損，連帶地使參與式管理的推行遭受困難。

4. 時間寬裕

在臨時或緊急情況下，許多決策為求時效，常常草草了事，則無法從容實施此種比較花費時間來討論，以求得部屬相同意見之參與式管理。

總之，參與式管理必須先考慮其前提之存在與否。假使這些先決條件尚未成熟就實施之，則實務上常有失敗的例子，例如飛機駕駛員長久以來，均習慣於接受各種因緊急狀況之上級決策，自己不加考慮，則對於小組開會決定一切之作業方式無法適應。

八、何謂「最佳」領導型態？(What is the "Best" Leadership Pattern?)

一個機構的最高領導者，通常被稱為領袖人物 (Top Leader)。領袖人物稱職與否決定該機構在競爭市場的成功或失敗。一個機構的二級、三級、四級，甚至五級領導人員，也是中級領袖或基層領袖，他們的品質的優劣，則決定該大中小單位的績效優劣，所以選擇最佳領導型態事關重大。

各級領導者有兩項重要之直接使命，一個是完成「工作」目標 (Task)，一個則是滿足部屬人性需求 (People Needs)。主管若是以「人員」(People) 為導向（即參與式），則士氣常較為旺盛，短期工作效率不一定高，但長期之下可望提高；而若以「工作」(Task) 為導向（即獨裁式），則似乎短期內會有較佳的工作績效，甚而亦會帶動士氣之提高，但長期之下，則效率及士氣會下降。在「人員導向」與「工作導向」之間，尚有多種領導型態，可借參考，見圖 17–1 所示之座標意義。

（一）獨裁式與參與式領導作風之比較 (Comparisons between Autocratic and Participative Leadership)

許多行為科學家以為「參與式」領導比「獨裁式」領導較為有效。然而在「獨裁式」領導下，在短期內也許部屬會有許多不滿，可是工作績效卻可能很快地提高，有很多新官上任之「整頓」作法就是如此，此乃因部屬在無奈之下，受逼迫而產生效率之故。在長期下，部屬則疲於受恐懼，而暗生惰性，所以工作效率又易下跌。反之，在「參與式」領導下，部屬在短期內不易很快提高工作效率，但在長期下，則因自動自發，自治自愛心理之發揮，可能提高工作績效。所以此二類領導作風，各有所長，必須因時、因地、因人、因事、因物而制宜。

（二）領導型態之制宜論 (Situational Theory of Leadership Patterns)

不同的時、空、人、事、物之組織環境，需要不同之領導型態，也就是說所謂「適當」之領導型態及「成功」之領導特性，是隨情況之不同而異，列舉三點說明於下：

第一、部屬種類不同，領導方式應異，以研究實驗室中研究人員 (Researchers) 之領導為例，這些人員通常已受有極佳之教育，具有類似大學、研究所以上的文憑，所以對其之領導方式，必須採「參與式」（或以部屬為中心），而非「獨裁式」（以老闆為中心）；相反的，就建築工人來說，因其教育及知識水準較低，所以對其之領導方式，可採取「獨裁式」，而非「參與式」。

第二、傳統不同，領導方式應異，譬如「獨裁式」之領導觀念已經獲得組織老成員之一致同意，所以不需要「參與式」。有如組織面對環境穩定或變動不同，或員工工作例行性或變異性不同等，領導者皆應在執行手段方面，有相當大之差異。

第三、領導者之能力高低不同，環境變動之不同，人際關係及員工之自我管理能力之不同，應會影響領導作風之採用。

由此可見，管理者之領導型態，應「因時」（如創業時或守成時）、「因地」（如作戰前線或後方總部）、「因人」（如高級人員或生產線人員）、「因事」（如行銷或會計）、「因物」（如整廠設備或櫃臺化妝品）而制宜，方能真正獲得最好效果。費德勒 (Fiedler) 曾據此情況提出領導型態之「制宜模式」(Contingency Model)，亦有人稱之為「權變」模式，此語來自「經權致用」，「經」指目標，不宜變化，「權」指手段，可以因情況而變化。他列出三種對領導者有利之條件：

⑴上級「領導者」(Superior) 與下級「部屬」(Subordinates) 之關係越密切，對領導者越有利。(Close Relations)

⑵工作目標訂得越明顯具體，對領導者越有利。(Clear Task)

⑶擁有較大之正式權威及獎懲之權力，對領導者越有利。(Great Power)

根據費德勒之研究，以「人員關係」（即參與式）為重之領導者，比較適合於三者之中有一利或二利之一般情況，不適合三者皆有利或三者皆不利之情況。換言之，三者皆有利或皆不利之情況比較適合於以「工作目標」（即獨裁式）為重之領導者。

「制宜理論」把絕對以「人員」或絕對以「工作」為導向（即參與式與獨裁式）之領導作風，融合於「環境」、「主管」及「部屬」之三條件中，依三條件變化程度而採取合宜之手段作風，以追求不變之目標。此種以「手段變化」來追求「不變目標」的理論，與佛學上的「諸法（指手段）皆空（指可因情況變化）」，「一切有為法皆為虛妄」之說法相同。

九、成功領袖術六要訣 (Six Conditions for a Successful Leader)

所有經理人員都是領袖人員 (Manager is leader)。但是一個成功的領袖人物必定是能影響別人（部屬、群眾），使別人心悅誠服，驅動別人朝向他所制訂之目標方向努力，以達成功境界的特殊人物。領袖人物有多重角色，他是「企劃者」，「組織者」，「用人者」，「率先者」，「指揮者」，「溝通者」，「激勵者」，「折衝者」，「調和者」，「關懷者」，「領導變化者」，以及「控制調整者」。

要成為一個大團體（部門、公司、社團、財團、政府、國家）的成功領袖者，必須有六個條件要訣，即⑴有權威，⑵有特質，⑶有願景，⑷有思考，⑸有領導風格，⑹有行為技能。第一、第二為領袖基礎條件，第三、第四、第五、第六為能力條件。

第一、有「權威」。權威有五類：⑴職位上所擁有之獎勵及懲罰之用人、用錢權力 (Position Power)；⑵專業知識性權威 (Expert Power)；⑶長老國師顧問性權威 (Referent Power)；⑷恐懼威脅力量 (Fear and Coercion Power)；以及⑸合情合理權威 (Legitimate Power)。

第二、有領袖的「六大特質」(Six Leader's Traits)，即：⑴驅動力 (Drive)；⑵意念力 (To Be a Leader)；⑶忠誠信實力 (Honesty and Integrity)；⑷自信力 (Self-Confident)；⑸察覺力 (Cognitive Abilities)；及⑹技術力 (Knowing Business)。

第三、能提供好「願景」(Providing a Vision) 吸引眾人。部屬群眾追隨領袖所提出之遠大、光明、具體、有利的目標，不僅是追隨領袖個人而已。

第四、能像一個領袖般「思考」問題 (Think like a leader)：包括三大步驟：⑴能確認問題之存在，即「洞燭機先」，「萌芽未動，已見先機」(Identifying the Problem Issue)；⑵能分析問題發生之因果關係及其後果嚴重性 (Analyzing the Cause-Effect and Consequence)；⑶能果斷拿定決策，不拖延、不猶豫不決 (Deciding on Leader's Action)。

第五、能採取正確的「領導風格」(Use the Right Leadership Style)：包括三大類風格：⑴「員工導向型」（人情味）或「工作導向型」（生產力）之平衡；⑵「獨裁型」或「參與型」之平衡（能依「問題」、「情報資訊」、「決策」三階段來分別「主管」與「部屬」參加提供意見之程度）；⑶「目標管理」及「無為而治」（放任）型之平衡。

第六、能採用合適之「組織行為技能」(Organization Behavior Skills)：包括建立組織文化，激勵，指揮，溝通，協調，團隊行為，及領先改革變化等等技能。

「沒有權威，就沒有領袖」(No Authority, No Leader)，所以權威是第一基礎。但有權威，而沒有領袖的六大氣質（特質），也不會成為一個成功的領袖。有了權威，有了特質，只是具備了當成功領袖的基礎，若沒有上述第三至第六能力條件，也不能成為成功的領袖。在條件第二的「領袖六大特質」中，第⑸小項「察覺力」(Cognitive Abilities) 也叫「情緒性智慧」(Emotional Intelligence)，係由「自知自覺」(Self-Awareness)，「自治自制」(Self-Regulation)，「堅持毅力」(Persistence)，體諒同理心 (Empathy)，及合群社交技能 (Social Skills) 等五部分組織，最為重要，特別指出。

第四節　溝通與上司及同事建立相處關係 (Relationship with Superior and Peers)

每一個管理者在人與人之關係中，均需扮演多種不同之「角色」(Roles)。在家庭生活中，他可能為人「父母」(Parents)，或為人「子女」(Sons and Daughters)，或為人「兄弟姐妹」(Brothers and Sisters)。在工作職場中，或為「主管」(Superior)，或為「部屬」(Subordinates)，或為「同僚」(Peers)。這些角色的內容常經由互相之期望 (Expectation) 而界定。而所有「工作」(Job, Task) 是由扮演各種角色的人所合作完成，所以想成功的每一位經理人員都應對人際關係 (Human Relations) 有所認識，並做出最好的溝通與協調 (Communication and Coordination) 配合。

一、如何與上司相處？(How to Deal with Superiors?)

主管人員 (Manager) 是一個部屬必須向其負責績效的「人」，俗稱「上司」(Superior)。有時候，主管很容易相處，但大多數的時刻，主管卻不易相處。由於他們掌握部屬的任免升遷、降調及獎懲，使在下者不得不注意在上者之心理狀態，以免因誤會而吃大虧。

(一) 認識與主管良好相處之重要性 (Recognition of Superior's Power)

一般而言，主管有權決定下列事項，若部屬與主管相處良好，當然對部屬的私人目標有所助益。

⑴評估部屬工作績效之優劣，影響部屬升遷降調機會。(Promotion and Demotion)

⑵在某種限度之內，決定部屬的薪資、福利及分紅認股。(Salary-Wage Benefit and Profit-Sharing, and Stock-Option)

⑶當有職位出缺時，決定部屬任用及轉換。(Employment and Relocation)

⑷決定部屬職位之裁撤及辭退。(Dismissal and Lay off)

⑸對部屬施以工作方法教導、處世哲學教導、以及個人疑惑教導，培養部屬將

來成功之機會。(Teachings and Assistance)

(6)協助部屬開發與其他人之人際關係網絡。(Human-Relation Network)

(二) 部屬影響上司之方法 (The Ways to Influence Superiors)

(1)「展示強點」：若是部屬在學識上、品德上、專長上、資訊上比主管有更佳之造詣，對工作表現上自有幫助。當部屬表現好，水漲船高，主管的業績也會好，所以讓上司欣賞自己的優越性及看得起自己，對上司就有影響力。

(2)「取得歡欣」：主管們喜歡的部屬通常對主管也具有較大之影響力，所以取得上級的歡欣，不論是順其自然的方式，或是強做歡顏的方式，是影響主管的方法之一。就一個部屬人員而言，若能與在上位者和睦相處，並發揮影響力，則可提高管理之有效性。

(3)與上司相處，雖不必卑躬屈膝，為五斗米折腰，但也不可故意對抗、羞辱其意向及喜好。「不拂逆鱗」是識時務者的基本要求。

二、如何與同儕相處？(How to Deal with Peers?)

同儕 (Peers) 是指具有幾乎相同地位或職等之平輩同事，共同為達成公司目標而合作，他們既不是比自己高階層之主管，亦不是比自己低階層之直接部屬。

(一) 同儕種類 (Kinds of Peers)

同儕包括本部門、本課、工作流程中、幕僚服務部門中、專家顧問部門中，及企劃審核部門中等等之同階人員。同儕之間的關係受工作環境之影響很大。

(二) 如何影響同儕？(The Ways to Influence Peers)

1. 就工作流程而言

每個部門都處於某種工作流程中，有上游部門、中游及下游部門。就這種相互連貫的工作流程而言，必然會產生在工作時間安排上、工作品質認定上及資訊傳遞上發生互相摩擦之事件，我們應講求使組織成為一個整體之協調互助方法、分工合作方法，有人建議採取「直接洽商」(Direct Negotiation) 方法或安排一個排難解紛「互相合作」之職位，或者建立「協調工作小組」(Coordination Team) 等方法來解決。

我們可以理解，在工作過程中所存在之不確定性越大，則在排程、品質、資訊等發生衝突糾紛之可能性越大。當發生這種情形時，管理者應當盡量運用各種技巧，單刀直入，和同輩主管商議互讓互助，將這些問題解決掉，以保持工作流程之順利進行。

2. 幕僚就服務關係而言

幕僚服務部門提供支援服務 (Supporting Services) 給許多其他直線操作部門，這些服務之所以會集中提供，多半由於經濟或成本之考慮，例如打字 (Key-in) 服務部門歸集各部門所需之打字工作，以較有效率之方式進行。作為幕僚服務部門之主管，可藉專長上及規模上之優越性，增加對其他部門之影響力。相對地，作業部門亦可運用類似之方式求得幕僚服務部門之支援合作。

三、直線與顧問、稽核、幕僚之關係 (Relations among Line, Advisors and Auditor Staff)

幕僚提供的服務，又可分為一般支援性服務 (General Supporting Services)、專業性服務 (Professional Services) 及顧問性服務 (Advisory-Expert Services)，以協助各部門主管（直線人員及其他幕僚人員）達成組織的目標。

顧問性幕僚 (Advisory Staff) 都是專家資格者 (Expert)，他們可以運用特定專長、廣博技術經驗、以及社會名望及尊敬來影響直線主管人員，而直線主管應該瞭解顧問性幕僚對本身工作客觀性、專業知識性之助益，如此二者才能合作愉快。

稽核性幕僚 (Auditing Staff) 是屬於專業性服務的提供者，他們與企業機能別作業性主管之關係。如圖 17–2 所示。

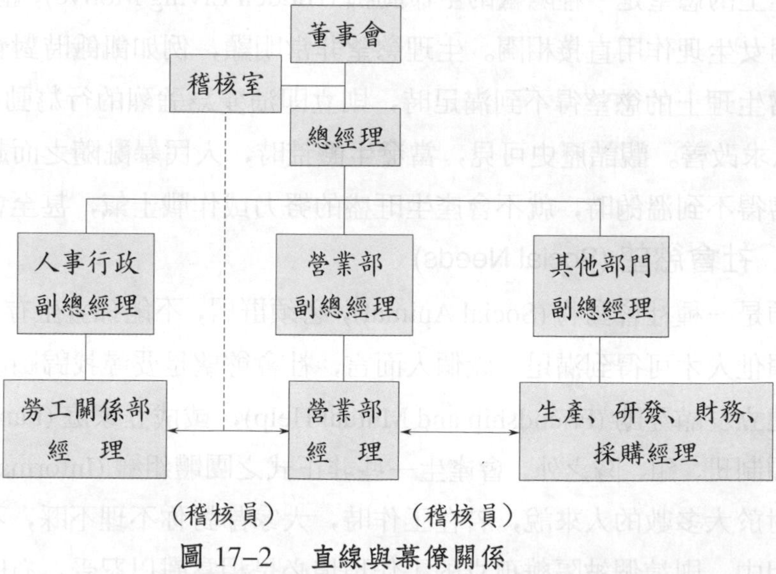

圖 17–2　直線與幕僚關係

在營業、生產、財務、會計等等經理的觀點下，具有董監事會超然地位的「稽核」(Auditors) 所可能帶來的問題，是稽核員與屬下直接建立另一種直接主管所不清楚的關係。因此有些部門經理就認為稽核員干擾作業，因而與稽核部門站在敵對的立場，不供給充分資訊，或對稽核部門之建議置之不理等。由於稽核部門本身是幕僚身分，權力有限，不能直接糾正作業部門。所以一個有效的內控稽核制度之完善建立，實在應將「稽核室」正式放到董事會下，與總經理平行，並且由總經理及各部門直線主管負起大部分的尊重與配合責任。各部門主管則可以採取友善合作之態度，滿足其社會尊嚴需要，亦可利用合乎情理法的情感及受人尊重的專長，來影響稽核幕僚或顧問幕僚。

第五節 主管應瞭解部屬的慾望 (Understanding Subordinates' Human Needs)

一、部屬慾望之多樣性 (Variety of Human Needs)

組織中各階層人員都有各種不同的慾望需要滿足。當某種初級慾望全部或部分滿足時，另一種較高級之慾望會隨之而生，個人之慾望又可利用不同方法來滿足，並無一定之規則可循。這些慾望大約可分成三類別五層次。

（一）生理慾望 (Physiological Needs)

生理上的慾望是一種隱藏的生命動機 (Hidden Living Motive)，並與身體的飲食、衣著、男女生理作用直接相關。生理慾望非常明顯，例如飢餓時對食物的追求即是一例。當生理上的慾望得不到滿足時，則立即演變為強烈的行為動機 (Action Motive)，以求改善。觀諸歷史可見，當發生饑荒時，人民暴亂隨之而起。對員工士兵而言，當得不到溫飽時，就不會產生旺盛的努力或作戰士氣，甚至會脫離他去。

（二）社會慾望 (Social Needs)

人類是一種社會動物 (Social Animal)，必須群居，不能孤立生存，因為有許多慾望要依賴他人才可得到滿足。就個人而言，社會慾望是要尋找歸屬感 (Belonging)，與他人建立友誼互助 (Friendship and Mutual Help)，或成立家庭 (Family)。在工廠中的正式編制班、組、隊之外，會產生一些非正式之團體組織 (Informal Groups)，就是常例。對於大多數的人來說，若在工作時，大家都對你不理不睬，不肯將你納入他們的小組中，則這個被隔離孤立的工作環境必是相當難以忍受，有時會使人發狂、發瘋。

（三）心理慾望 (Egoistic Needs)

心理慾望是指自己感覺自己的工作比較重要，比較有價值，乃是一種「自己尊重自己」(Respect by Oneself) 及「被他人尊重」(Respect by Others) 的慾望。就主管人員或是專業人員而言，這種心理慾望比基層操作人員強烈。這些高級人員比較會自動自發，而不願被別人頤指氣使。若是一個人整日的工作，卻不瞭解自己的成品有何用處，就是不被尊重，心理上無成就感 (Achievement) 可言，日久之後，其疲怠性自然增加，工作效率下降。

二、人類慾望之層次性 (Hierarchy of Human Needs)

有些心理學家按各種慾望重要性之優先次序，將人類慾望排定層次關係。例如馬斯洛 (A. H. Maslow) 即曾提出金字塔形的說法，將人類三大類慾望劃分為五個層次，從「生理」，到「社會」，到「心理」。按馬斯洛的說法，只有當下層（即較優先）慾望得到滿足後，人類才會追求較高層次的慾望之滿足，所以主管人員若要激勵部屬，就要先瞭解狀況，再循序而為。

馬斯洛的理論大致如圖 17–3 所示：

第五層　自我成就（成功成就、自由、被承認）—Self-Actualization

第四層　尊嚴（追求自尊及他尊、社會地位、虛榮）—Egoistic Needs

第三層　歸屬感（追求感性、社交、合群）—Social or Belonging Needs

第二層　安全感（免除危險、痛苦、憂慮、窮困）—Safety Needs

第一層　生理慾望（食、衣、住、行、男女情愛）—Physiological Needs

圖 17–3　人類慾望之層次關係

按之實際，這三類五層次慾望並非完全獨立存在，有時候各類慾望均或多或少同時存在。一般而言，愈下層的慾望較容易解決，愈上層的慾望較不容易處理。愈下層的慾望與「金錢」(Money) 的作用較密切，愈上層的慾望與「名望」(Name) 的作用較密切。追求愈下層的慾望屬於較低級的利己「自私」(Selfishness)，追求愈上層的慾望屬於較高級的「自私」，有時則稱之為「利他」的大我精神。所以高級昇華的精神性「利己」（如捐獻錢財，換取有名或無名的「名聲」）與「利他」的大我公義行為互相關聯。世人有「名利互換」及「義利互換」行為，看似相同，實際不然。以「財」換「名」是慈善行為，是好行為，但以「名」換「財」就是貪佞行為，不是好行為。以「利」換「義」是好行為，是偉大的行為，但以「義」換「利」就是不好行為，是卑鄙行為。

三、慾望與挫折感 (Needs and Frustration)

有時候，雖然盡了全力卻依然無法滿足重要的慾望時（如升等或調派新部門），員工就會產生一種情緒上的強烈反應，這就是「挫折感」(Frustration)。對於樂觀而有相當自信心 (Optimistic and Confidence) 的人來說，他會把責任怪罪到別人頭上或別的理由上，自己仍然繼續努力。但對悲觀而缺乏自信心 (Pessimistic and Lack of Confidence) 的人來說，則不免自責，使鬥志全無。當然，這些無法滿足的慾望仍可藉由其他慾望之滿足來填補或替代（如加薪、派外受訓），但若這些目標或慾望相當重要，不是可以隨意替代時，則是一件十分難以理智處理的事情。

作為一個上級領袖者，不能不注意各類慾望不能得到滿足時，對員工心理上，情緒上所產生的困擾，例如在設定獎勵目標時，若訂得太高，則無論部屬如何努力，均會失敗，而造成士氣低落，則屬不智之舉。

四、幫助員工調整情緒 (Emotional Adjustments)

在理想上，組織中的每個人員都應有均衡調適情緒的能力，這類「心理健康」(Emotional Healthy) 的人具有下列特質：

(1)他們對自己目前所得的報酬感到滿意，能接受生活上不如意事件的考驗。

(2)他們能適度的關懷他人，相信他人，並尊敬他人。

(3)他們能夠迎接各種挑戰問題，並加以解決克服。

然而，在實際上組織裡完全健康心理之人員並不多。對於不愉快的事件，大多數員工均不免焦慮不安 (Anxiety and Discomfort)。主管人員在處理這種情緒上的問題時，應該分清楚部屬是因追求成功，或是為逃避失敗而焦慮。一般來說，後者是屬於「高度焦慮」型，管理者可分攤其工作上的責任給別人，或是給予較大的支持。至於前者或「低度焦慮」型員工，則可給予較大之工作挑戰，以滿足其追求成功的慾望。

至於管理者面對個人情緒上有困擾之部屬時，應根據問題之嚴重性，而採取不同之處置方法。如果問題輕微，則主管可以同情的態度，傾聽員工之述說，也許員工自己在討論過程中，即可獲得解決的辦法。若問題比較嚴重，非主管所可解決時，即應安排一些心理上之治療方法。

由於主管人員在調整員工情緒過程中，佔有極重要的角色，員工一般也極期望主管能適時的伸出援手，所以研究幫助員工調整情緒的方法，亦是成功經理人員所不可輕視的問題。

第六節　激勵部屬的士氣 (Motivation for Morale)

如何激勵 (Motivation) 部屬的士氣鬥志，朝向組織目標努力，是成功的經理人員另一個重要的課題。好的公司目標願景 (Objectives and Visions)，好的策略制度 (Strategies and Systems)，好的組織設計 (Organization)，好的用人唯賢 (Staffing)，好的指揮統御及領導統御 (Commanding and Leading)，好的溝通與協調 (Communication and Coordination)，以及好的激勵措施，都可以提高士氣，使部屬奮力達成單位目標公司目標，及個人目標。

一、激勵系統之要素 (Elements of Motivation Systems)

「激勵」(Motivation) 是指設法激起他人的行動，以達成特定目的之過程。一般企業組織之經理人員在追求提高公司生產力及利潤率目標時，必然要有效的運用員工之腦力及體力 (Mental Power and Physical Power)，而如何有效的運用，則繫於合理的激勵措施 (Motivation Measures)。

一般而言，激勵系統包括三個要素：(1)個人，(2)工作，與(3)工作環境。

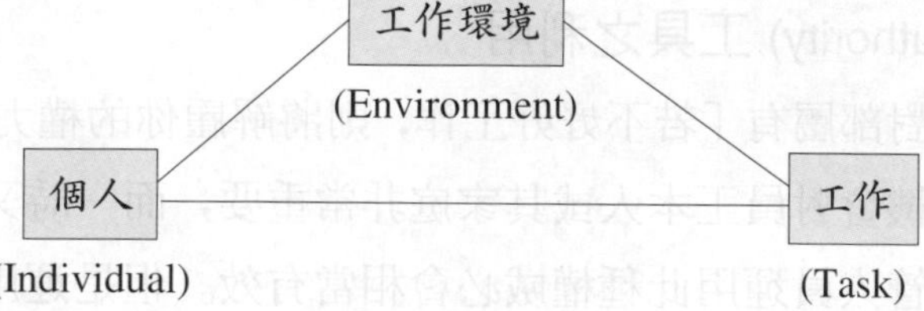

圖 17–4　激勵系統三要素

1. 個人 (Individual)

由於各個員工在知識、智慧、能力、個性、態度、慾望上均有差異存在，所以若認為每個人對某特定激勵措施，均有同樣之反應，是不合理的假設。所以在我們的激勵系統中，應特別強調個人之慾望及各個慾望層次的不同，因而有效滿足個人慾望之作法，不能一概而論，應因人而異。例如對高中畢業生、大學畢業生、及碩士博士應有不同；又如操作員工、中階主管、及高級領導人員也應有不同等等。

此外，各個人員的人生觀念及自我信仰亦有不同，例如對目標達成採取悲觀或樂觀之態度，或對主管是否確實評核生產效率，而給以獎勵之計較態度，亦會影響激勵制度之成敗。

2. 工作 (Task)

在調查研究上曾發現高度例行性 (Routine) 之工作常被視為煩悶、枯燥之差事；而具有挑戰性 (Challenge) 之工作卻被視為享受和驕傲之來源。但是此種也並不是適用於所有的人，因此在工作設計上，如何安排一些可以激勵工作士氣之措施，是成功領導者應考慮的要素之一。赫滋伯 (Herzberg) 就曾提出「兩因子理論」(Two-Factors Theory)，以提高不同人們之工作激勵性。

3. 工作環境 (Environment)

工作環境包括組織中會影響到個人之所有接觸關係，也可以說是「組織氣候」(Organizational Climate)。組織氣候對於激勵亦有很大影響。

任何激勵制度之設計必須考慮以上三種因素，並藉由三者之交互作用 (Interaction) 才能對組織成員有激勵向上之吸引力。

二、激勵員工之工具 (Motivational Tools)

一般而言，可以用來激勵人們工作士氣的工具有許多種，但以權威、金錢 (Money)、競爭壓力 (Competition Pressure)、家長溫情 (Paternalism)、工作滿足 (On-Job-Satisfaction)、私下協調 (Implicit Bargaining)、目標管理為主要工具。

（一） 權威 (Authority) 工具之利用

主管人員通常對部屬有「若不好好工作，則將解雇你的權力」。在這種威脅下，假使保住目前工作機會對員工本人或其家庭非常重要，而一時又找不到其他合適之工作機會時，則主管人員運用此種權威必會相當有效。但是運用此種權威性威脅，亦會產生其他附帶性問題，例如：

⑴在工會力量強大或工人稀少或工作機會很多時，則「權威」不足以造成威脅，則此法自然失效。

⑵運用威脅性之權威不能夠激勵員工發揮「最大」(Maximum) 的績效，經常是努力到得過且過，避免被解職之程度而已，將其他力量保留不用，形成無形浪費。

⑶過度使用權威會產生反效果。當壓力過大時，部屬會產生強烈的反應，甚至反擊回來；另外過分的壓力不免造成員工過度緊張 (Tension)，影響工作情緒及績效。

（二） 金錢 (Money) 工具之利用

金錢可以滿足生理慾望（第一層）、安全慾望（第二層）、社交合群慾望（第三層），有時也可以滿足社會地位及尊嚴慾望（第四層），但不一定滿足自由及成就感慾望（第五層）。但總而言之，「金錢雖非萬能，但無金錢則萬萬不能」。

藉提高薪資之方法可以提高員工產量或績效。例如泰勒 (Taylor) 及其他科學管理之先驅者就主張用「計件式」(Piece Rate) 之工資制度，來提高士氣及生產力。而今日也有著名之史卡洛 (Scalon) 計劃，運用集體之利潤分享制度 (Profit-Sharing) 以為激勵工具。此外，尚有通用汽車公司首先將紅利支付給領薪人員，以作為金錢上之激勵。毫無疑問的，大多數的員工可以在金錢中得到激勵。但是仍有一些例外：

⑴有些員工並不認為少量金錢是滿足重要慾望的良好工具。（藥輕不治）

⑵社會地位或自我成就之慾望無法由金錢中得到滿足（金錢不是萬能）

⑶金錢獎賞之多寡，有時反而會造成組織中成員之衝突與敵視對象。

（三）競爭壓力 (Competition Pressure) 工具之利用

促使員工競爭比賽而獲取較高職位及薪資，確能提高員工的績效，所以亦是工具之一法，但是要比較競爭者之間的績效，則必須有完善之績效評估衡量及獎懲程度，過度的競爭也會造成集團間之本位主義 (Sub-Optimization)，反而造成衝突。

（四）家長溫情 (Paternalism) 工具之利用

主管若能表現出一種家長式的寬厚仁慈作風，對員工「好」，為員工設想「周到」，可以博取員工之「忠誠」，提高生產力與熱心，例如亨利・福特 (Henry Ford) 即是利用此法的成功者。但是這種方式亦有其缺點，第一、主管人員也許不瞭解員工的真正慾望而表錯情。第二、時間拖越久，員工對激勵作用越易淡忘，所以需要使用其他的方式，比如中秋紅利也許在開始實施時確有成效，但年年老套，往後卻不見得能發揮真正作用。

（五）工作滿足 (On-Job-Satisfaction) 工具之利用

設法使部屬不認為工作是單調枯燥，而是把工作視為可以滿足各種慾望之手段，使他們認為在工作時，除有金錢報償以滿足生理及安全慾望外，並可滿足「社會」及「自尊」的慾望。例如強調工作之重要性；將工作範圍擴大 (Job-Enlargement) 以提高其吸引力；以民主方式督導部屬 (Democratic Leadership)；建立協調合作之組織氣候 (Organization Climate) 等等即可滿足不少的慾望。無疑地，若能創造工作滿足感，則領導所擔任之角色必因之更加重要。

（六）私下協調 (Implicit Bargaining) 工具之利用

在非正式關係中，主管與部屬可以建立相互諒解，主管可能需要接受一些員工之要求以提高士氣。但是這個方法應該適可而止，因為它只能收到一些最低之績效表現而已，不可能創造突破性之表現。

（七）目標管理 (Management by Objectives, MBO) 工具之利用

「目標管理」首重參與性目標體系之建立，其次注重行動方案與授權 (Action Program and Delegation) 的完備，最後以成果 (Management for Results) 為獎懲及糾正之根據，以下為建立目標體系及行動方案之程序：

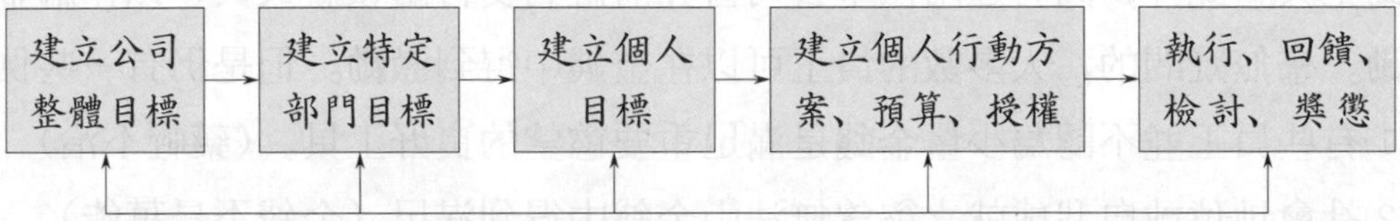

圖 17–5　目標體系及行動方案之建立程序

以這種方式來激勵管理階層人員 (Managers) 十分適合有效，因為在建立公司、部門、個人目標及行動方案時，容許部屬充分發揮腦力，參與決策過程，自然可以使工作內容豐富化並具挑戰性，滿足各種慾望，提高生產力。所以目標管理包括參與管理 (Management by Objective Participation, MBP)，授權管理 (Management by Delegation, MBD) 及成員管理 (Management for Results, MBR)。

三、提高員工士氣 (Upgrading Morale)

士氣 (Morale) 是個人或團體在工作時所表現之熱忱與毅力，這種熱忱與毅力之程度「反映」員工對工作環境及主管行為之看法。「反映」若佳，則工作績效亦佳，反之亦然。一般而言，員工士氣之高低受很多因素之影響，包括員工慾望種類及慾望的滿足程度，工作環境的優劣以及主管所採取之領導及激勵措施等。通常藉由員工士氣之高低，我們可以衡量其上級主管管理能力之高低。

（一）影響士氣之因素

員工士氣受員工慾望種類及慾望之滿足程度之影響；調查研究結果顯示以下各因素對其有重要之影響力：

(1)目前工作滿足感及以後晉升的機會 (Satisfaction and Promotion)。

(2)直線主管以尊重人性之態度來對待員工，並考慮員工工作之重要性 (Humanitarian Respect and Job Importance)。

(3)員工在表現良好之工作績效時，能得到工作之安全感 (Good Performance and Job Safety)。

⑷與其他僚屬之融洽關係及為團體所接受 (Acceptance)。

⑸同工同酬（不因性別、省籍、宗教、年齡而差別待遇）(Fair Work, Fair Pay)。

⑹公司關切員工福利 (Good Fringe Benefit)。

⑺員工對公司產品及公司地位之自傲感 (Proud of Products and Company)。

（二）改進員工士氣之激勵方法 (Ways to Improve Morale)

改進員工士氣的激勵方法很多，但必須考慮下列六個前提的實施：

⑴真正瞭解員工認為重要之慾望或希望的種類 (Understanding the Employee Import and Needs)。

⑵做一個好的聽眾，多聽部屬之傾訴 (Good Listen)。

⑶建立有效的垂直及水平的意見溝通線 (Effective Communication Channels)。

⑷建立合理之工資獎勵制度 (Fair Wage-Salary and Incentive Systems)。

⑸建立處理員工牢騷埋怨之程序 (Procedure for Complaint Handling)。

⑹提供有力之領導中心 (Strong Leadership Center)。

四、激勵是提高士氣的一種方法 (Motivation to Upgrade Morale)

「士氣」(Morale) 是一種「態度」(Attitude)，它能夠產生工作熱忱及毅力，而將努力以赴工作的動機往前推進 (Push)。管理者可以經由改善態度之個人方法，激勵員工往前努力，滿足他們的慾望。就一個良好的激勵制度而言，管理者為滿足員工根深柢固之慾望，必須先培養良好之客觀工作環境 (Objective Environments) 及主觀之工作關係 (Subjective Relationship)。而工作關係之良劣又決定於管理者本身之領導能力。所以，領導能力中之激勵只有提高士氣的一個方法而已，不是全部方法。所以若要全面提高員工士氣，則不能只注意於主管個人之激勵能力，而是要全面的改進管理環境，即是除了要認清部屬之慾望外，並要建立處理抱怨之程序 (Complaint Handling Procedure)，合理的獎工制度及福利制度 (Wage-Salary-Benefit Systems)。同時更要透過對人群關係之運用，及加強「上情下達」、「下情上達」及「平行暢通」之溝通 (Communication)。更進而有之，還要有公司長遠光明之「願景」，有力之「策略」，完整的「目標責任」中心體系，良好的「組織結構」、「核決權限」及「作業制度」，用人唯賢及賢明領導統御等等，換言之，也就是整套有效管理的方法。

第七節 各種激勵學說 (Motivation Theories) 及激勵工具 (Motivation Tools) 之應用

由於領導者對員工個人之激勵措施，對提高士氣甚為重要，因此有許多學者提出各種不同之激勵見解。作為一個領導者，固然應該發展一套最適合自己工作環境的激勵系統，但是在發展自有之激勵系統之前，則應先看看前人所言，截人之長，補己之短。本書在前面介紹各種管理學說之時，已曾就各種「人群關係」及「行為科學」之理論加以說明，本節僅專就激勵理論部分，簡略列舉各派要點，供讀者方便參考。

一、行為學派 (Behaviorism) 之說法

此派之發展以胡臥 (Clark Hull) 為主源，他們認為「行為」(Behavior) 是受多種明顯「動機」(Motives) 所驅使。但在事實上「動機」並不能完全決定「行為」，各個人行為之不同，是決定於「動機」×「獎勵」×「習慣」(Behavior × Incentive × Habit)。

行為學派之動機說法曾經過多次之測試及改變修正，但是對於激勵作用卻仍無法做完整之解釋，甚而忽略了無法意識到的動機。因此，有史勤諾 (B. F. Skinner) 提出修正，認為行為是其結果之函數（即受其本身行為的影響）。若是第一次良好行為之後緊接著有正面之獎勵效果，則好行為之次數會增多，所以若要提高員工工作績效，則應使獎勵與所期望的行為直接聯繫。依此而言，似乎只要有人操縱或改變工作環境，就可以使員工提高工作績效。此種理論的缺點是過分簡化，一則因為操縱者（主管者）可能不為部屬所信任、所接受，二則因為每個部屬的反應並不盡然相同。

二、心理分析學派 (Psychoanalytic) 之說法

也許，在各種激勵學說中，此派學說是屬於「最不理智」者。它認為一個人「行為」的最重要及最根本的動機是存在於「次意識」或潛意識 (Subconscious) 中，這種次意識是由個人之過去「經驗」(Experience) 而來，所以明顯性「意識」(Conscious) 的動機（比較理智）與之相較，就顯得相對不重要了。

但是，在實際上，一個人意識動機確會導致某些行為的產生，而管理者亦無法對每個員工使用「心理分析」的技術來探求其行為之動機，甚而更無法探求員工次意識之動機。因此，心理分析學派對員工行為之掌握並不全然有用，不過可幫助管

理者瞭解為何一些理智性制度，並不能對每個員工均收到相同效果，因行為確實受到某些非理智性（或次意識性）動機之影響。

以上所討論的正是激勵學說中兩個極端的學派，以下所將簡介的則是介於二者之間的一些說法。

三、赫滋伯 (Herzberg) 兩因子理論之說法

赫滋伯在訪問 200 個工程師及會計師之後，發展了他的兩因子理論 (Two-Factors Theory)。第一為保健（生理）因子，第二為激勵（成長）因子。

1. 保健 (Hygiene) 因子

指維持員工最低士氣水準之種種因素，包括主管人員督導之型態、人際關係、薪資水準、人事政策、實體之工作環境及工作安全等等。這些因素在實施任何激勵方法之前，都必須先加以滿足，但是提供這些因素只能保「平安」，並不能夠激勵新的額外生產力（即「添福壽」）（維持現狀）。反之，若不能夠提供這些因素，員工則會馬上產生不滿，士氣及生產力馬上下降。

2. 激勵 (Motivation) 因子

指用來特別提高士氣及生產能力之種種因素，包括工作本身之挑戰性質 (Challenges)、從事重要工作之成就感 (Achievements)、工作之責任感 (Responsibilities)、所能得到之讚譽 (Admiration)、進修與成長之機會 (Growth Opportunities) 等等。唯有具備這些因素才能激勵員工之額外之生產力，反之，若缺乏這些因素，員工不一定就降低士氣，不過一定不會產生額外之努力。

赫滋伯之理論因為非常簡要，所以具有很高之吸引力；但是亦因為如此，反對者即以為這種說法過分簡化，因為認為所有不同態度、經驗、能力及學習型態的人，都可以經由相同之激勵因子來提高生產力，則不甚切乎實際。

四、馬斯洛 (Maslow) 慾望層次理論之說法

馬斯洛的慾望層次理論，認為激勵本身就是在滿足不同層次之慾望，這派學說可能是最為人所熟知者。

我們在第五節慾望之層次性，已經說明了人類慾望之金字塔現象，亦即由下而上之慾望包括「生理慾望」、「安全慾望」、「歸屬慾望」、「尊嚴慾望」及「自我成就慾望」（由生理→社會→心理）。

但是，這派說法卻很難證實，甚而有些調查研究並不支持此派說法，亦沒有證

據可證實當下層之慾望得到滿足時，屬於其上之慾望就立刻變成最重要之激勵力量。

鄂德佛 (C. P. A. Alderfer) 曾對馬斯洛的學說加以修正，而提出 ERG 理論，認為人類慾望包括生存 (Existence)、歸屬感 (Relatedness) 及成長 (Growth)，並且這三類慾望是「同時」存在，同時有驅策力，不像馬斯洛所說的慾望層次（像金字塔），由低層往高層發生驅策力。若將這種分類與馬斯洛 (Maslow) 理論比較，則可求得以下關係：

表 17–3　馬斯洛需求理論與 ERG 理論之關係

馬斯洛 (Maslow) 分類	ERG 分類
生理慾望（物質）	生存 (Existence)
安全慾望（物質）	
安全（人際關係）	歸屬感 (Relatedness)
歸屬（人際關係）	
尊嚴（人際關係）	
尊嚴（自尊心理）	成長 (Growth)
自我成就（心理）	

諸如此類的修正，仍未得到實證之定論，所以蓋棺論定尚待更深入的研究與探討。

五、馬克力蘭 (MaClelland) 及亞金生 (Atkinson) 之成就慾望理論之說法

這派學說特別強調「成就」(Achievement) 這個慾望，其中心理論包括：

⑴大多數心理健康者有極大之潛在精力。(Health with Potential Energy)

⑵大多數心理健康者有基本之動機或慾望來引導其潛在的精力；而且這些慾望相當穩定及經由學習而來。(Motives or Needs Lead Potential Energy)

⑶工作環境中有三個重要之激勵因子：①追求成就 (Achievements)，②追求人際關係 (Relationship) 及③追求權力 (Power)。亞金生 (Atkinson) 認為這些激勵因子是

造成某種行為的一種總稱名詞而已。

⑷各人也許有相同的動機或慾望，但是其程度可能不同。(Different motives or needs)

⑸工作環境可以引發某種特殊的動機。(Environments lead motives)

⑹不同情況會產生不同的激勵因子。(Different conditions produce motivation factors)

⑺每種動機或慾望會造成不同型態之行為和不同種類之滿足；例如努力工作達成目標，就是一種成就感，因而滿足。(Motives or needs create different behavior and satisfaction)

實證研究之結果，曾支持這種論點，所以此派理論值得再深入的探討。

六、一致性理論 (Consistency Theory) 之說法

此派學說的主要人物是柯門 (Abrabam Korman)，他認為一致性理論可以綜括以上各種學派之說法（包括行為學派 Maslow, McClelland 及 Atkinson)，柯門認為：

⑴激勵過程與對個人、對他人、對世界「信仰」體系 (Belief System) 相一致。

⑵在相同之環境下，不同之信仰體系會帶來不同之成就感 (Achievements)，創造力 (Creativity)，及積極進取心 (Aggressiveness)。

⑶改變環境則會使成就感、創造力及積極進取心改變。

柯門將激勵表示如下之關係：

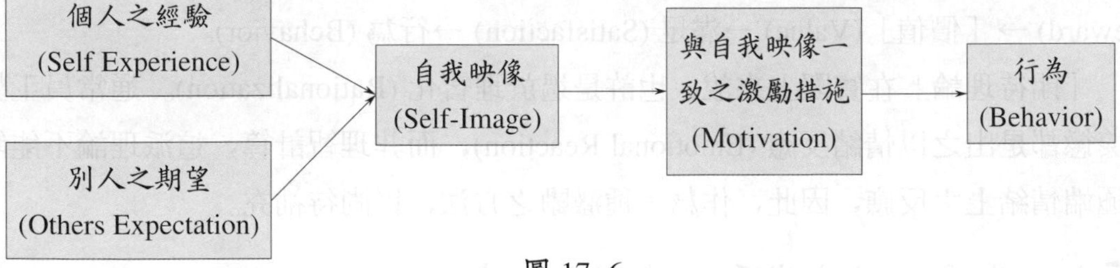

圖 17–6

因此，「自我映像」(Self-Image) 在激勵過程中佔有極重要之地位；但是此派理論尚屬籠統未清，尚待修正補充。

七、亞當斯平衡理論 (Adams Equity Theory) 之說法

亞當斯 (J. S. Adams) 認為員工在工作時所感到之平衡 (Equity) 或「公平」程度，

會影響工作績效 (Performance) 及滿足 (Satisfaction)。當不平衡的感覺發生時會造成壓力 (Pressure)，促使去除這些不平衡。當不平衡程度越大，欲除去的動機 (Motivation) 越大。通常所見之例甚多，例如當員工所受的獎懲不公平時，會造成壓力；當一個員工所接受的報酬高於其實質工作，也會產生壓力，因而會努力生產出比較多之產品以為補償。反之，若報酬低於實際工作努力時，則工作品質自然會降低，以與其相平衡。因此，平衡理論注重薪酬及獎懲制度 (Payment and Reward-Penalty Systems)，試圖配合員工之工作績效，建立一種報酬與努力程度平衡之制度。

八、威隆期待理論 (Vroom Expectancy Theory) 之說法

此派理論的重心是一種「享樂主義」(Enjoymentism)，即增加享受，減少痛苦。它認為人類相當理智，能夠事先「期待」在「努力」(Efforts) 從事某種行為後，所產生之「績效」(Performance) 與所可能得到的「獎勵」(Reward) 有關係，而所得之「獎勵」又確實有「價值」(Value)，才會決定是否要真正努力去達成該目標。所以，這種理論認為激勵的力量乃是「期待值」(Expected Value) 之函數。而「期待」是從過去經驗、他人之觀感、自尊水準以及成果之吸引力等而來。此期望理論認為：

⑴人們比較「偏好」(Preference) 可由「行為」(Behavior) 而得之獎懲。

⑵人們「期待」經由努力 (Efforts) 能夠達到某種「績效」水準。

⑶人們期待「獎勵」會跟隨他們的努力績效而來。

⑷個人之「偏好」及「期待」(Expectance) 是激勵的有效方法。

期待理論之衍化過程為：「努力」(Efforts) →「績效」(Performance) →「獎勵」(Reward) →「價值」(Value) →滿足 (Satisfaction) →行為 (Behavior)。

「期待理論」在實際上來說，也許是過於理智化 (Rationalization)。通常員工對於獎懲都是出之以情緒反應 (Emotional Reaction)，而非理智計算，這派理論不能解釋極端情緒上之反應，因此，作為一種激勵之方法，仍尚待補充。

九、激勵理論與激勵工具之配合應用 (Application of Motivation Tools to Motivation Theories)

以上各種激勵理論都是用來說明人類行為「努力」或「不努力」的背後原因，各有道理。主管人員用來激勵（驅策）部屬的工具有很多，但大體分為「物質面」(Material Side) 及「精神面」(Mental Side) 共十二種：⑴績效薪酬 (Performance Compensation)、⑵期末加薪 (Merit Increase)、⑶臨時獎金 (Spot Rewards)、⑷技術津貼

(Skill Allowance)、(5)年終分紅 (Year-end Bonus)、(6)員工認股 (Stock Option)，都是屬於「物質面」；(7)公開表揚（Open Encouragement，如獎狀、獎牌紀錄）、(8)工作新設計（Work Redesign，指工作豐富化、工作擴大化）、(9)員工授權（Employee Empowerment，使有成就、自由感）、(10)強化獎勵 (Reinforcement)、(11)社會地位 (Social Status)、(12)永續進修 (Lifelong Learning) 等，都是屬於「精神面」。金錢多少，雖可以代表物質購買力的獎勵程度，但也可代表精神面的社會成就地位的高低，其奧妙無窮。俗云：「金錢雖非萬能（只指物質面作用），但無錢則萬萬不能（指精神面作用）」，確是一句名言，值得高級主管人員玩味。下表為激勵理論與激勵工具之配合應用，供參考使用。

表 17-4　九種激勵理論與十二種激勵工具的關係

九種激勵理論：	十二種激勵工具											
	(1) 績效薪酬	(2) 期末加薪	(3) 臨時獎金	(4) 技術津貼	(5) 年終分紅	(6) 員工認股	(7) 公開表揚	(8) 工作新設計	(9) 員工授權	(10) 強化獎勵	(11) 社會地位	(12) 永續進修
(1) Maslow 慾望層次說		✓	✓			✓	✓	✓	✓			✓
(2) Alderfer 慾望同時說		✓	✓			✓			✓			✓
(3) Herzberg 兩因素說						✓		✓	✓		✓	✓
(4) Maclelland 成就—權力關係說				✓		✓	✓	✓	✓		✓	✓
(5) Kornam 一致說						✓	✓	✓	✓			✓
(6) Adams 平衡說		✓	✓			✓	✓					✓
(7) Vroom 期望說	✓	✓	✓		✓	✓	✓					✓
(8) Self-concept 自我看法說				✓		✓	✓	✓	✓		✓	✓
(10) Self-Efficacy 自我期許說				✓	✓	✓	✓	✓	✓		✓	✓

第八節　建立有效的溝通體系 (Effective Communication Systems)

管理者的世界是一個充滿說話的世界，甚至大部分的時間都是花在與別人的語言溝通上。根據閔茲柏 (Henry Mintzberg) 之研究顯示一般管理者之時間安排為：

59% 用於排定之會議 (Scheduled Meetings)；22% 用於批示公文 (Documents)；10% 用於未排定之會議，即臨時會議 (Unscheduled Meetings)；6% 用於打電話 (Telephone)；3% 用於出公差 (Travellings)。

可見主管人員大部分的時間都要和組織中的其他人員接觸，因此如何做好「上下垂直」及「左右平行」的溝通，是一位成功的領導者所應加強的技能。

當做計劃時，要思考，也要語言、文字溝通；在做組織設計時，要思考，也要語言、文字溝通；在用人時，要思考，也要語言、文字溝通；在領導時，在指揮時，在激勵時，都要語言、文字溝通；甚至在檢討控制獎懲時，也要思考，語言、文字溝通。所以溝通簡直與管理活動形影相隨。溝通能力包括會讀，會聽，會寫，會說四大類，都是從小到大到老要學習的技能。

一、溝通意見之模式 (Model of Communication)

所謂意見溝通 (Communication) 是指「發送者」(Sender) 把訊息 (Message)，經由「媒體」(Media)，傳達給接受者 (Receiver)。傳達的方法很多，但都可歸類為「語言」及「文字」(Language and Words)，可示如圖 17–7。

圖 17–7　意見溝通過程

(1)「寫」出來或「說」出來的文字或語言——指書面及口頭上的表達。

(2)「做」出來的「行為」符號——這是一種無聲的語言，藉由行為之表現亦可表達所要傳遞之訊息 (Messages)。一句俗語說「行動比言語更有力量」，員工常會觀察主管之行為，猜測主管之意圖，然後決定訊息發出的內容。

要選擇適當之傳達方法，應考慮溝通的目標。如溝通的目標是要達成一致之協議，則不但要正式的溝通技術，同時更要運用「非正式」之溝通技術。若是涉及重大影響力之決策時，最好事前有一些「寫」下來的文件，亦即正式之溝通管道，然後再用語言來補給加強。

二、溝通意見的雙方責任 (Responsibilities of Sender and Receiver)

意見溝通的成敗不是「發」送者 (Sender) 一方可以全然控制，而是「發」「受」者 (Sender-Receiver) 雙方對成敗均有影響作用。大多數的實證研究，都是偏向認為發出訊息之一方應負責任，而忽視收受訊息者之責任。實際上，若收受訊息者在接受訊息時漫不經心，聽而不聞，則無論傳遞訊息者是如何小心及完整，這個溝通也算是失敗的。甚而有些人不注意聽講，是因為自我主觀的意見太強（即剛愎自用），根本不願接受他人之觀點，注定溝通必然失敗。

意見溝通效果不佳，雖然聽講的人必須負責任，而傳遞訊息者亦有責任。若是傳遞過程中意思漏失太多，常因傳遞者未能選用合適之方法（媒體）。所以在溝通之同時，傳遞者應從聽講者處得到一些回饋 (Feedback) 反應。例如口頭詢問以求複述，確定所欲傳遞之訊息是否有漏失。

三、溝通與組織角色之配合 (Communication and Organizational Roles)

因為組織中之人員常站在自己的立場來解釋所收到的訊息，因此在傳遞訊息時，則不得不考慮雙方在組織中之角色。就組織中機能性部門而言，因為常以本部門之利害為優先考慮點（即本位主義，而非整體主義），常造成雙方溝通困難之現象。此時，其共同之領導者則應以協調之方式，使雙方均能將上級組織之利害擺在首位，而非各自為政。

就主管與部屬之溝通而言，因為員工之未來前途大多掌握在主管之手中，所以二者間之溝通不免受到影響。屬下在向上行傳遞訊息時，一方面是在傳遞訊息本身的事實，另一方面也為了影響主管之判斷，不免將事實加以「渲染」，如此層層修正，致使最後傳遞到最高主管之訊息，顯現一片美好之遠景而與事實全然不符。無疑地，此種不良之「向上意見溝通」(Upward Communication)，會帶來主管錯誤之決策，有害整體利益。相對的，就「下行之溝通」(Downward Communication) 而言，亦因部屬處於弱者之心理，使主管所欲傳遞之訊息添加更多權威命令 (Order) 之外觀。此外繁忙之主管常下達緊急之訊息 (Emergency Messages)，造成溝通不暢，部屬表達能力之不足，主管只愛說不愛聽等困難現象，皆無益於雙方之決策。

要克服這種因組織中上司與下屬角色所造成之溝通困難，主管應建立一種容忍之氣氛，在上者應該瞭解部屬存有某些限制，容忍並鼓勵部屬發表意見或宣洩不滿之情緒，並詢問部屬之意見，以促使組織內各階層暢通意見之交流。

第九節　協調：容納衝突因素 (Coordination: Accommodation of Conflicts)

由於員工個別之間存有差異乃勢所難免，所以領導者常發現自己處在部屬互相對立的兩個集團之中。處此情況，領導者一方面可能想利用這種衝突，營造比賽氣氛，來激發部屬，發揮完全之工作潛力 (Work Potential)，或發掘創新之方法 (Innovation)；但在另一方面，他又可能想建立一個和諧、緩和的工作小組 (Peaceful Group)，以平順達成組織的目標。當部屬個別之差異越來越大時，組織中常充滿強烈的情緒，易將組織公目標棄之一旁，任由本位主義 (Sub-Optimization) 私目標作祟，人際關係惡化，使組織處於難以控制之危險情況。此時，領導者不可再存僥倖心理，想用「分而治之」來刺激下屬，在矛盾中求自利。他必須出面協調解決之。

一、衝突不一定有害 (Conflicts may not be harmful)

作為一個有效的管理者，在處理組織衝突或歧異這類問題時，首先應注意下列二點：

第一：個別間之差異並沒有絕對的「好」或「壞」。有時歧異的產生，對改善組織效果有利，有時候則會同時減低個人與組織之工作績效。

第二：沒有處理差異之絕對正確方法。對於某些有利的差異，領導者可以直接利用之，使問題之解決更恰當。但對於另一些差異應如何處理，實無簡答，唯有靠領導者在面對差異時，做些比較系統性及客觀性之診斷，瞭解造成差異之真正原因，方採取各種有利於目標之可行對策（請參見本書第十章及第十一章有關理智決策七步驟功夫）。

二、診斷差異之成因 (Diagnosis of Differentials)

當部屬之間意見有所不合時，他們多半不會自動的把事情之因果關係弄清楚，而是任差異繼續存在，使得爭論越來越不清楚。領導者面對這種情況，應該從事診斷分析 (Diagnostic Analysis) 工作，把事情弄清楚。

（一）意見差異的性質為何 (What)?

差異的性質常決定於這些部屬所爭論的相關問題，包括事實、目標、方法、價值等等。

⑴事實 (Facts) 之不同：例如對於問題定義 (Definition) 的不同或所得資訊的不同，或是將不同基礎之資料當成事實，或是對個別之權責看法不同，均會產生歧異。

⑵目標 (Goals) 之不同：例如對組織中部門或是特定職位之工作目標看法不同，亦會產生爭論。

⑶方法 (Methods) 之不同：有時對於如何達成目標之程序、戰略，或方案有不同的意見。

⑷價值 (Values) 之不同：例如權力之執行方法（多用或少用權力），何謂「道德」(Ethics)、何謂「公正」(Justice)、何謂「公平」(Fairness) 等，每個人的主觀看法常有不同。

當領導者認清部屬間差異發生的原因後，對於應如何處理或加以利用，將有莫大之助益。

（二）產生差異的原因為何 (Why)？

造成上述差異之原因，可能來自下列原因：

⑴訊息 (Information) 的不同：例如瞎子摸象，由於所得到之消息不同，因而影響個別之判斷。在組織中也是一樣，若對於一個複雜的問題，每個人所得到的均是有限的不同訊息，自然會對問題的解決有不同之看法。

⑵認知 (Perception) 的不同：即使面對相同的訊息，每個人的反應也會有所不同。各個人按自己的感覺來解釋訊息，甚而受自己過去經驗、環境的影響，而做不同的認定。

⑶角色 (Role) 因素：當爭論涉及到個人在組織中的角色時，如積極的行銷，或保守的財會。則這種角色將造成他在爭論時之限制。

就差異的性質及原因，我們可以下例說明：

〔**主題**〕：對於是否將公司（中小企業）現行之「人工會計紀錄」以「自動化會計紀錄」代之，即是引入電腦化之管理情報系統 (Computerized Management Information Systems)，或是電腦化之「企業資源規劃」，主管當局與會計經理意見不合，前者贊同；後者反對。

表 17–5　差異的性質 (What)

	主管當局	會計經理
⑴事實 (Facts)	⑴自動化長期下可以省錢	自動化之設置與操作很費錢
⑵方法 (Methods)	⑵立刻全盤改為電腦自動化	慢慢來電腦化
⑶目標 (Goals)	⑶快速提供正確會計決策資訊	會計紀錄之提供應帶有時間彈性

(4)價值 (Values)	(4)著重公司現代化及效率	公司應考慮會計員工之就業利益

表 17–6 差異的原因 (Why)

	主管當局	會計經理
(1)情報訊息 (Information)	(1)類似公司之自動化已成功	自動化有隱藏之成本
(2)認知 (Perception)	(2)認為推銷自動機器的人員可資信賴	認為銷售人員為推銷機器不擇手段
(3)角色 (Role)	(3)相信可因制度跟上潮流和效率化而提高自己的市場地位	認為自己對會計部門的屬下士氣與工作必須負責

(三) 差異發展之階段 (Evolution)

部屬間重大的衝突常是日漸形成而非一蹴而成，所以領導者應在那一個階段介入，對處理之結果有很大影響。一般而言，差異發展之階段有五：

(1)「預期」差異可能產生：當公司走上自動化 ERP 時，即可預期某個部門之員工將被裁減或者職位將有調動，對於這種變動將產生不同之意見。

(2)「私下討論」：對於引進新機器及新軟體制度時，開始有竊竊的私語，此時尚未有完整的訊息，因此意見仍不敢公然表示。但組織中已感受壓力之存在。

(3)「公開討論」：已確定引進新設備及新軟體之消息不假，則開始公開的討論，不同意見的雙方亦開始逐漸形成。

(4)「公開爭論」：贊成與反對設立新機器及新軟體的雙方公然的爭辯。

(5)「開始衝突」：對於各自的意見開始防衛辯解，並對對方之意見加以反駁，其結果乃在求己方之勝利。

就這五個階段而言，領導者在第一個階段就介入，做必要之協調裁決，最具影響力；若在第五個階段才介入，則其影響力最小；因此，要使衝突納入管理，必須對衝突之發展階段加以評量，並及早介入。

三、有效處理衝突之方法 (Effective Ways Handling Conflicts)

當領導者對部屬間之衝突做全面瞭解後，則應設法及早協調、裁決、說服處理之。若是有充分的時間做更周詳之計劃，則可以採取以下四個方式，使組織得到最大的利益。

（一）事前避免衝突之產生 (Avoidance)

可以在選用及提升僚屬時，就選擇一些所受教育訓練、工作環境、成長背景相似的人，則這些人的想法必然較為類似，或則主管可以在事後控制部屬間之人際接觸程度，使衝突無機會發生。

這個方法對於必須有同樣協議及看法之團體，例如政治團體，較為適合；但其缺點是將減少個人之創新刺激。

（二）說服壓制 (Persuasion and Repression) 衝突

若領導者不願組織中存有衝突，則他可以經常的在精神教育中，強調忠誠、合作、團隊精神，造成一種團結的組織氣候；或是運用獎懲制度，獎勵部屬合作及協調。

當部屬間之衝突對組織的工作效率並無傷害，或是主管沒有時間來詳細處理差異時，或是爭論點是長期的問題，而領導者欲達成短期之目標時，可以採取這個方法。但是，用這個說服壓制方法只是治標不治本，會使爭論轉入地下，長期之下乃會造成更大之阻礙及敵意。

（三）削尖 (Sharpen) 衝突

此法乃是「不打不相識」的應用，讓爭議者兩方把問題談得更深入，更清楚。在運用此法之前，領導者必須確定涉及者瞭解所爭論之處及在爭論時能認清自己之角色及權責，並且能互相尊重。若是運用成功，則雙方的瞭解會更深一層，此後，不會再有類似的爭論發生。但是此法在爭論中，雙方所使用之言語及態度可能造成很大之傷害，令人無法忘懷，並打擊士氣，所以此法的「成本」相當大。

（四）化解衝突為合作 (Solution)

俗云：「三個臭皮匠，勝過一個諸葛亮」，由於能集思廣益，其成果常比一個人所做的決策好。例如瞎子摸象，如果能把大家的意見集合起來，而不要紛爭不休，就不會鬧大笑話。但是用這個方法十分費時，有時一個人來做決定，要比此法容易得多。同時，此法若運用不當，仍會造成無法協調之意見衝突。

四、把衝突導入正途

當部屬已陷身在衝突的漩渦中時，領導者應有辦法對付這種情況。

第一：領導者可以明確表示歡迎部屬提出各種意見的誠摯態度，使雙方均認為自己的建議對問題的解決有所幫助，省除孰勝孰敗之患得患失心理。

第二：領導者可以傾聽雙方論點，而不要遽下評估孰是孰非。有時爭論愈來愈兇，是為使對方聽到自己在說什麼，所以此時領導者就應運用開放的溝通技術，異中求同，使意見融合。

第三：領導者可以使爭論的性質明確，使雙方所爭論之點相同，不要使一方「說山」，另一方「說水」，沒有焦點，如此爭論方有建設性意義。

第四：領導者可以瞭解並接受雙方之特定感覺，諸如害怕、嫉妒、生氣或疑慮而給予同情，不要批評。

第五：領導者可以指定一方在最後居有決定權，做成結論。

第六：領導者可以事前建議解決差異的程序及途徑，供雙方遵行。

第七：領導者可以小心維持爭論雙方的友情、同事關係。

諸如此類的作法，均有助於領導者解決部屬正在水深火熱中之爭論。每一個主管人員至多直接管轄 10 至 15 人，至少 3 ～ 5 人，所以協調部屬之衝突，提高合作精神及力量，是管理工作的一大部分。但是由於領導者本身也是人，也會和同輩發生差異性衝突，亦無法完全置身事外，保持最客觀的態度。所以每一階層每一部門之領導者都應認清這樣事實，隨時警惕自己，敦品勵學，以求提升指揮、領導、激勵、溝通及協調合作能力。

第十八章　確保計劃預算成功之控制功能 (Controlling to Ensure the Success of Planning and Budgeting)

管理的實務派人士融合「科學管理」派、「人群關係」派、「行為科學」派、「正式組織」派，而創立「管理五功能」及「企業五功能」交叉綜合之「管理科學矩陣」(Management Science Matrix) 理論架構，成為今日普遍被採用之「企業管理」有效之道，企業將帥之術。所謂管理功能乃指「計劃」、「組織」、「用人」、「導向」、「控制」。所謂企業功能是指「行銷」、「生產」、「研究發展」、「人事」、及「財會」。因此最現代化的管理思想是包含與管理有關的有系統與有組織的學識，無論數量性、非數量性的，均是各級主管研習對象。本節主要探討的是第五個管理功能「控制」(Controlling) 以及其基本意義所在。談管理的第五功能「控制」必須連帶談管理的第一功能「計劃預算」，來互相對應。「計劃」（包括策劃、規劃、預算、排程）是設定目標及手段，「控制」則是確保目標達成的功夫。

一般說來，控制的型態有三種：

⑴事前追蹤方向盤式控制 (Steering-Controls)：即前一步結果已事先預測，並於前步運作完成前，為下一步運作做各種必要的更改行動。例如太空船的飛行控制即是，例如開汽車時操縱方向盤之小調整即是，例如總經理、部門經理每星期之經營檢討會即是。

⑵逐步停開式控制 (Yes-No Controls)：指走一步，暫停一下，看一看，再走一步，例如品質控制、飛機試飛等，必須前一步驟完成後，視其理想與否，才能決定是否進行下一步驟的運行。

⑶事後批發式控制 (Postaction Controls)：指在一大段時間整個工作完成後，才取回情報，將結果和原目標、標準比較，好壞已定，再做新糾正措施。這就是傳統式財務預算控制，及銷產發績效報告控制所具有的特點。

「控制」在管理上的思想比「計劃」的思想發展得更早，它是早期「科學管理」時代，產量和品質控制的重心，也是共產社會主義經濟制度的核心——中央控制、事後控制、批發式控制。不過由於未來性、創新性計劃思想的快速發展及扮演重要地位，使得「控制」離不開「計劃」，因為欲知某種行為是否「離譜」，總必須先有「譜」（即計劃或目標）之存在，才能知其是否「離」。為此，新的「控制」思想認為要控制，必須先有計劃。若事先沒有計劃就不可能控制，正如沒有「立法院」(計劃）的目標、策略、方案、預算、制度、法規的設定，就沒有「監察院」及「司法院」的控制工作了。於是「計劃」與「控制」變成一體的兩面。

第一節　控制的原理 (Principles of Controlling)

一、控制是確保成功的機能 (Controlling to Ensure Success)

控制是「確保達成計劃目標」的管理機能。企業經營活動中，有計劃目標，有組織結構，有人員執行，但若無控制，則原定目標不一定會達成。根據事實經驗，若無控制機能之回饋、追蹤、比較、分析、糾正、獎懲，則大部分的理想目標，會成為「虎頭蛇尾」、「不了了之」之失敗紀錄。所以講求有效「管理」時，必須以「控制」來作為壓陣大將。有云：「事在人為，功在追蹤」，充分總結「控制」之核心作用。

一個管理控制系統 (Control Systems) 是由「組織結構」和「控制程序」(Control Process) 所構成。所謂組織結構是指「工作中心」(Task Center)、「成本中心」(Cost Center)、「利潤中心」(Profit Center) 以及「投資中心」(Investment Center) 等管理目標之落實點，這些已在前面專論「計劃」與「組織」的章節中提及。本文探究的重心則是管理「控制」中的程序和步驟。

「控制」的基本原理是「實際情報」之回送，稱「回饋」(Information Feedback)，及「糾正行動」(Corrective Actions) 之採取，以確保「執行」能完成「目標」。有如空調機溫度控制器或蒸汽機調速器之作業原理一般，當溫度太高或速率太大、或太低、太小時，此等儀器經由情報回送的作用，來自動矯正機器行動，使之溫度或速率恢復到正常目標情況。雖然企業管理的循環週期 (Management Cycle) 較為複雜且時間較長，但控制原理卻是一樣。不過，由於實際管理系統中，常有時效延遲 (Time Lag) 作用，及經常缺乏適用的情報回送系統，所以，本文特別強調「預期控制」(Steering-Control or Expected Control) 的重要性。一個良好的控制制度，必須包括⑴控制系統的良好設計 (Systems Design)，⑵適用的情報資料 (Information Feedback)，⑶健全之組織結構 (Organization Structure) 及⑷符合企業的特殊需要與管理者的個人需求 (Company Requirement and Management Requirement)。

二、全盤控制之對象應為人員工作品質 (Total Control on Management Quality)

我們目前所看到的大部分控制，是屬於片面或局部的控制 (Partial Control)，並且往往集中於作業性工作 (Operations) 的某一面，例如產品的品質、現金的周轉、生產成本或一些更狹窄的範圍。

在許多企業中，最常遇到的困難問題，是如何發展全盤性的控制制度 (Overall or Total Control Systems)，以協助最高管理人員很快地檢核整個企業 (Company) 或某一產品事業部 (Product Division)、或某一地區分支機構 (Area Brands) 的進展情形。這類全盤性控制的方法，則易偏重於財務方面 (Financial Control)，因以「金錢」為共同單位來衡量各種活動，是控制的自然基礎，其背後原因為一個企業的「投入」(Inputs) 與「產出」(Outputs) 最容易以金額表示。

雖然傳統的管理理論很強調財務的控制 (Financial Control)，但是企業經營中最直接有效的控制方式為確保經理人員的高級素質 (Control of High Management Quality)。因為企業如果能夠好好管理的話，許多成果與計劃間的偏差都將不會發生，包括財務性及非財務性在內。所有傳統的控制工具都是間接的 (Indirect)，它們是基於人類都會犯錯的假設。至於，經由維持管理人員素質水準來控制經營績效，是屬於直接的工具 (Direct)，其立論的基礎在於深信合格的經理人員，可能做到使錯誤減至最少之地步的假設 (Qualified managers will minimize mistakes and errors)。因此，並不太需要間接的財務控制工具。

三、事後糾正與預期防止同樣重要 (After-Fact Corrections and Before-Fact Prevention)

管理活動中的「控制」(Management Control) 功能，係指上級主管對下屬人員的工作成果予以衡量及糾正，使原訂企業目標與為完成該目標所訂的工作方案能夠如期達成。所以「控制」本身就應包含工作目標與工作方案 (Objectives and Programs)。有了它們，管理者才能衡量屬員的工作「成果」是否符合「預期」的要求 (Realities vs. Expectation)。

管理者在執行控制功能時，可以在「事後」(After-Fact) 研究分析以往的方案 (即「事後諸葛亮」)，找出是否有問題存在，探尋其原因，並採取對策以糾正該問題。不過，最好的控制活動，還是「事前」(Before-Fact) 能預測未來執行後所可能發生的偏差,而於現在先採取防止行動。這就是所謂「預期控制」(Forward-Looking Control)。也就是通常說的「危機管理」(Emergency Control),指已有對策對付大偏差事件。

預期或事後之控制通常是先須確定企業組織之結構與其工作目標及方案,是否清晰 (Clear)、完整 (Complete)、與內容一貫 (Consistence)。並且各階層管理人員對工作方針 (Direction)、權責 (Responsibility and Authority) 及彼此間之關係 (Relationship) 亦應劃分清楚。

四、控制程序有四步驟 (4-Step Control Process)

基本控制程序,不論用於任何方面,都包括四個步驟:⑴設定目標、指標、標準 (Standards),⑵收集情報或情報回送 (Information Feedback),⑶比較分析工作績效,是否達成目標及其原因為何 (Comparison and Analysis),⑷糾正不符標準的偏差 (Corrective Actions),以促使符合原定目標。

(一) 設定控制標準 (Setting Standards)

「標準」是指比較詳細的工作目標,可以用來衡量實際成果。所有的工作標準都須反映企業或某部門的原訂計畫目標。設定工作目標實際上是屬於管理第一功能「策劃規劃」(Planning-Programming) 的活動,但因其與管理第五功能控制糾正密切相關,所以將之作為控制的第一步驟。

假使沒有「標準」,就等於沒有「鵠的」(Target),以後的控制活動,就等於「無的放矢」,浪費資源。

「工作標準」可以用實體單位 (Physical Unit) 表示,如產品銷產數量、品質單位、工作速度、壞品或退貨數量等表示;也可以用金額 (Money Amount) 表示,如成本支出,收益或投資金額等。無論是屬於金錢或非金錢單位,都可成為可信賴及有效的控制標準。此乃通常所稱銷售控制 (Sales Control),生產控制 (Production Control),品質控制 (Quality Control),進度控制 (Progress Control or Time Control),成本或預算控制 (Cost or Budget Control),利潤控制 (Profit Control) 等等之來源。

(二) 情報回送 (Information Feedback)

執行工作目標者,在正式工作之後,應將實際工作結果,以快速 (Fast)、準確 (Accurate) 的方式,回送給負責人員及其上級主管人員。無疑的,「情報回送」是供給追蹤糾正 (Follow-up Control) 的最佳動力來源,所以前面提過「事在人為,功在追蹤」,情報回送就是追蹤的具體行為。若沒有情報回送,等於拋石池中,毫無反應,不知石子跑到何處去。

情報回送可隨時或定期用「口頭」報告、「書面」報告，及「現場電子資料處理」來輸進。回送之情報應為「數量性」(Quantitative) 及「比較性」(Comparative)，方能做比較、分析，以追查成功或失敗之根源及改進之構想。在此步驟中，管理情報系統 (Management Information System) 之建立，成為很重要及很花費成本的工作。在 2002 年世界最大公司已是威名 (Wal-Mart) 量販店。威名為了要追蹤 4,000 家超級中心的每日銷售活動，比美國國防部還早建立人造衛星體系，來傳送各地各店的管理情報到總部，以供每日採購、銷售決策，就是一大佳例。

（三）比較差異及分析原因 (Comparison and Analysis)

控制的第三步驟是將實際工作後，所回送之成果實情（俗稱「績效」，Performance）與原定標準比較，偵測是否有差異 (Gap)，若發現實際成果超過原定目標，則屬良好的表現 (Good Performance)。若實際成果低於原定目標，則屬不良好的表現 (Bad Performance)。

若實際成果與原定目標相等，則屬成功的表現 (Successful Performance)。對於超過或低於目標的情況，主管人員應進行分析的活動，以確實把握其成因，到底是因為「人」(People) 的特別努力或不努力所造成，或是因為「事」（環境，Environments）特別好或不好所造成。若為「人」所造成，則為「可控制」(Controllable) 因素，應對人施以獎勵 (Reward) 或懲罰 (Penalty)。若為「事」所造成，則為「不可控制」(Uncontrollable) 因素，不應對人施以獎勵或懲罰，而應調整管理作法，以配合環境，如修正目標及戰略、或調整組織結構（此即 E → S → S 模式）。

（四）採取糾正措施 (Corrective Actions)

控制的第四步驟是採取正面或反面的糾正措施，以協助「執行」活動朝向目標前進。因為「控制」的最終目的是確保原定計劃目的的達成，而不是隨意牽制他人或懲罰他人為樂，所以任何糾正措施都應「心存好意」(Good Intension)，以目標為導向。假使糾正的措施無助於目標的達成，而只是借機來「整肅」某些不受自己歡迎的人，則屬於破壞性的控制，不應採取。

在分析原因之後，若發現實際成果超過目標，又是由於工作人員的努力所致，則應給予物質或精神的獎勵；反之，若實際成果低於目標，又是由於工作人員的不努力，則應給予物質或精神懲罰。所謂「獎勵」是指「增加」任何可以滿足員工慾望之措施；所謂「懲罰」是指「減少」任何可以滿足員工慾望之措施。因為員工真正追求的是滿足各層次慾望（包括生理、安全感、歸屬感、尊嚴、自我發揮等慾望），所以要確保本層次目標之達成及追求下層次更高目標的達成，對有正負差異成果的員工，而須給予適當而夠分量的獎懲措施，以直接觸及員工的心理深度，方能激起他們積極工作的潛力。

對於「人」的正面糾正措施，包括個別口頭嘉獎、大眾面前口頭嘉獎、正式文件嘉獎、記功、獎狀及紀念品贈予，以及金錢的贈送與職位的晉升。對於「人」的反面糾正措施，包括個別口頭訓誡、大眾面前口頭責備、正式文件申誡、記過、調職、降職、減薪、以及辭退。對於因工作能力不足，但工作精神尚佳之情況，糾正的措施包括「重新再做」、「訓練」以及「調整工作」。此乃正式懲罰之補救措施。

一般而言，對於「人」的糾正措施，屬於通稱「考核」範圍。考核的目的在於鼓勵善者更善，也鼓勵不善者向善，所以適當而適量獎懲措施是「目標管理」的最重要關卡。反之，若好人應獎而不獎，等於獎勵壞人；若壞人應懲而不懲，等於懲罰好人。久而久之，所有員工將變成壞人，則此機構必然失敗而被淘汰。

假使在分析原因之後，發現實際成果超過或低於目標之造因，不是「人」，而是「事」（環境），則不可對人直接給予獎懲，否則將挫喪士氣或鼓勵虛假，製造錯誤帳目，提供錯誤情報。對於受環境之助，而超過目標之情況的糾正措施，是適度給予部屬獎勵但應向上修正目標。反之，對於受環境之限制，而低於目標之情況的糾正措施，不能懲罰部屬，但應向下修正目標，使目標具有可達成性及尚具有挑戰性，避免以高不可達之目標，造成毫無意義之制衡而浪費資源，以及避免部屬因一而再，再而三，都無法達成目標，形成失望、絕望之心理。

通常而言，任何具有正常「計劃、執行及考核」的機構，都是屬於自動控制 (Self-Control)，追求成功的系統，「計劃」是設定目標，「執行」是以行動來達成目標，「考核」（亦即「控制」）是修正執行方向及速度，確保行動能達成目標。所以企業管理體系可視為一個自動調整控制系統 (Cybernetic System)：

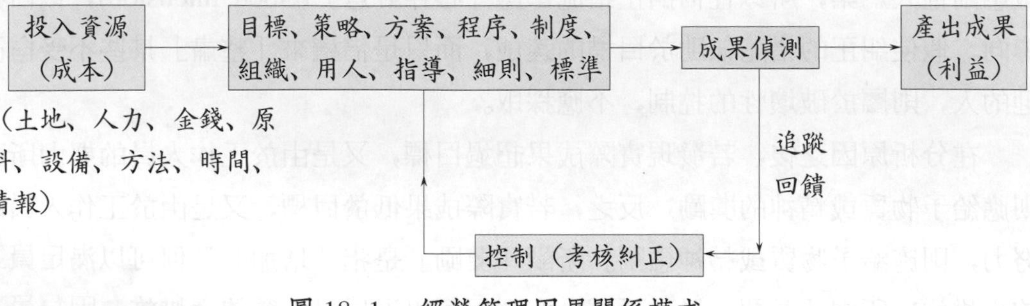

圖 18–1　經營管理因果關係模式

五、設計控制系統的條件

每一位管理者都需要一個適當而有效率的管理控制系統 (Effective Management Control Systems)，古代的帝王需要，現代的國家總統也需要，一個全球化或地方化經營的總經理更需要，以幫助他檢驗一切事務的發展與原定計畫是否相符合，所以他所需要的控制系統，必須依照他所要執行的目標任務來設計。控制的一般原理 (General Principle) 可通用於各種情況，但實際應用上的控制系統之內容則需要配合特定之人、時、地、事、物而特別設計。在設計的過程中，管理者需要注意下列條件：

⑴必須能反映出工作的本質與目標 (Nature and Objectives)，不能為控制手續而控制。

⑵應該能反映組織的動態型態 (Dynamic Organization)，不能將應屬於競爭性事業機構當作獨佔性衙門機構看待。

⑶應該能迅速反應 (Speedy Reflections) 差異，不能因層層手續而致牛步化，貽誤軍機。

⑷應該能預測未來 (Predicting Future)，不能只顧「考古」細節，不為「未來」大事。

⑸對重要事項，控制應能指出例外之處 (Abnormal and Exception)，不能食古不化，輕重不分，依樣畫葫蘆。

⑹應該要客觀 (Objectivity)，不能以個人偏見而為害大眾。

⑺應該要有彈性 (Flexibility) 調整功能，不應僵固而致不能修正已過時之規定。

⑻應該要合乎經濟效率 (Economic and Efficiency)，不能越控制成本越高，士氣越低，總成果越差。

⑼應該能為絕對多數人所瞭解 (Understandable)，不能故作神祕，製造複雜而無生產力之牽制手續。

⑽應該能引導出糾正措施 (Corrective Solutions)，不能只找毛病，而無解決問題之真辦法。

第二節　控制的衡量標準及技術 (Measurement Standards and Techniques of Controlling)

一、各種衡量標準 (Measurement Standards)

每一項廣泛計畫的基本目標 (Basic Objectives)、願景 (Mission-Visions)、政策 (Policies)、戰略 (Strategies)、方案 (Action Programs) 及每一個程序 (Procedures) 與作業標準 (Operation Standards) 都可變成控制的衡量標準，以衡量實際成果 (Realities) 與預期目標 (Expectations) 間之差距。在實際作業上，標準可區分為下列各型態：

1. 實體或物理標準 (Physical Standards)

此乃屬於非金錢的衡量單位 (Non-monetary Measurement Units)，在基礎作業階層中，一般都需要這種標準，因在這些單位必須使用原材料、零配件、機器、設備、動力、水、電、雇用人員、提供勞務及生產與銷售產品。實體單位可以反映出工作的實際數量績效，例如每單位產出（如汽車、摩托車、飛機、人造衛星）所用的人時、機器時；生產每一馬力所需的燃料磅數；一個月運輸貨物的延噸、哩數；每機械小時的生產數目（如晶圓片、手機、終端機）；或每噸銅生產多少的銅線、每一公斤飼料換取的雞肉重量等等。實體標準也能夠反映出工作的品質，例如軸承的硬度，偏差的程度，飛機上升的速度等等。

2. 成本標準 (Cost Standards)

這是屬於金錢方面的衡量標準 (Monetary Measurement Units)，同樣適用於基礎作業階層中，它們涉及作業成本的金錢價值。最被廣泛應用之成本標準有每單位產出的直接成本或間接成本，每單位或每小時的人工成本，每單位的材料成本，每機器小時之成本等等。

3. 資金標準 (Capital Standards)

日常我們可發現，以金錢來衡量物質的情況，除作業性成本外，尚有許多是屬於投資性的資金方面，因而與「資產負債表」(Balance Sheet) 之關係較大，而與「損益表」(Income Statement) 之關係較小。對於新投資最常用的標準，是資產及淨值投資報酬率 (Rate of Return on Assets and on Equity, ROA and ROE) 及投資回收期 (Pay-Back Year)。在典型的資產負債表中，亦可以顯示出其他資金標準，如流動比率 (Current Ratio)、負債與淨值之比 (Debt-Equity Ratio)，及存貨的數量及其周轉率 (Inventory Level and Inventory Turn-over Rate) 等等。

4. **收益標準 (Revenue Standards)**

此項標準繫於銷售所得之金錢價值上，如銷售利潤率 (Sales Profitability)，如每一顧客的平均購買金額，每一賣場平方米之銷售值，每一銷售員每月銷售值，及在某一市場中每一人平均銷售量等等。

5. **工作方案標準 (Program Standards)**

一個管理者或許會奉命擬定一項變動預算制度，一項正式考核新產品發展的方案，或一項改進銷售人員素質的方案。當在評估這些方案績效時，有時只能用主觀的判斷，但亦可用執行的時間進度 (Time Progress) 及其他的因素，如新顧客反應、受訓人員反應等等作為客觀判斷的基準。

6. **無形滿意認定標準 (Intangible Standards)**

企業部門中有許多不能以物質或金錢作為衡量單位的活動，因而必須以無形標準為衡量標準。例如在分支機構，人事單位，會計部門或公共關係等幕僚支援單位之工作，因尚未發展出滿意的績效評斷標準，所以更須使用到被服務者「滿意與否」(Customer Satisfaction) 之無形認定標準來衡量績效。由心理學家與社會學家所發展出之試驗、調查與抽樣技巧，雖已有可能探討人類行為的態度與衝勁，但許多人際關係的控制，尚須不斷的依賴無形標準，使用「判斷法」(Judgement)、「試誤法」(Trial and Error)，甚至偶爾需憑「預猜法」(Prediction)。

7. **參與式目標管理下之功夫標準 (Management by Objectives, MBO)**

在現代管理較進步的企業中，已在內部各管理階層，建立起整體而明確化的「質」或「量」目標體系 (Objective Systems)，致使上述無形標準的應用雖然尚居重要，但已逐漸減少其程序。對於複雜方案的作業或管理人員本身績效的衡量控制，近代管理者已發現可經由上、下級人員間參與式 (Management by Participation) 研究與思考，確立可供衡量特定工作績效的標準，包括上述各種「數量」目標，「質量」目標，及無形的「滿意認定」目標。

換言之，一個公司若能真正實施參與式之「目標管理」及「成果管理」(Management by Result, MBR) 制度，則沒有任何活動不可能設定客觀之衡量標準。反之，若有許多活動不能訂出合理的衡量標準，則暗示該企業的目標管理尚未徹底實施。

二、各種控制技術 (Controlling Techniques)

控制的功能是確保「成功」(使成果符合目標)，但是要發揮控制功能卻有多種技術可用，經理人員可視情況、時間、緊急程度、重要程度、人員素質而採取不同的運用方法。

我們可以將控制技術劃分為「傳統的技術」(Traditional Techniques) 與「新興的技術」(Newer Techniques)。傳統法又可區分為「預算式」與「非預算式」。新興的方法包括計劃評核術、要徑法、甘特圖 (Gantt Chart)、策劃規劃預算制度 (PPBS)、訂貨時間表 (Ordering Schedule)、人機圖 (Man-Machine Chart)、目標管理 (MBO) 等等。另外統計學與作業研究所提供之平衡點法 (Break-Even Method)、線性規劃 (Linear Programming)、經濟採購量、少量多樣「彈性製造系統」(Flexible Manufacturing System, FMS)、「網上接單、網上訂料、彈性製造、快遞交貨系統」(Internet Order-Receiving, Material-Supplying, FMS, and DHL Delivering System)，也是屬於計畫與控制的技術範圍，茲繪如下圖：

控制技術一覽表
- 傳統控制術
  - 1. 預算控制 (Budgetary Control)
  - 2. 非預算控制
    - 甲、各種例行統計資料性報表 (Statistical Reports)
    - 乙、兩平點 (Break-Even Point)
    - 丙、特殊的報告 (Special Reports)
    - 丁、內部檢核控制 (Internal Auditing)
    - 戊、個人觀察法 (Personal Observation)
- 新興控制術
  - 1. 計劃評核術或要徑法 (PERT or CPM)
  - 2. 策劃規劃預算制度 (Planning, Programming and Budgeting System)
  - 3. 目標管理 (Management by Objectives)
  - 4. 線型規劃 (Linear Programming)
  - 5. 經濟採購量 (EOQ)、經濟生產量 (EPQ)
  - 6. 彈性製造術 (FMS)、自動倉儲 (Automatic Warehousing)、網上「訂、供、製、送」系統 (Internet Ordering-Supplying-Manufacturing-Delivering)

圖 18–2

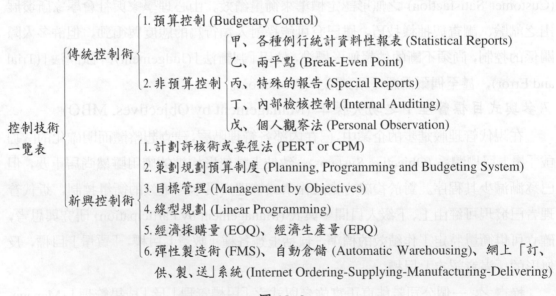

由於管理經濟學及管理會計的興起，提供管理的各項技術，如投資預算的收回期限法、平均報酬率法 (Rate of Return)、現值法 (Present Value)、內部報酬率法 (Internal Return)、模擬法 (Simulation)、比率分析 (Ratio Analyses)、現金流程分析 (Cash-Flow Analyseis)、彈性預算 (Flexible Budgeting) 等等，皆是促使管理者做合理的決策，

施行有效控制的方式。

「控制」的管理機能既對「事」，也對「人」，其所用的技巧多為數量方面的知識，不若「組織」、「用人」、「指導」等功能所應用的技巧大都屬於非數量方面之知識。因而控制與計劃所用數量性技巧的成分較大，本文特對大機構、大企業及中型企業最常用之預算控制略做介紹，以供讀者瞭解傳統控制工具之概況。

第三節　傳統控制工具——年度預算（利潤計劃）

[Traditional Controlling Tool-Annual Budgeting (Profit Planning)]

一、預算的角色及作用 (Role and Function of Budgeting)

「年度預算」(每年預先計算) 是公司廣義計劃的一種型態，指在一定經營條件下，以貨幣數量的方式，表達一企業機構在特定時間內（通常一年），經由行銷、生產、研究發展、人力資源、財務及會計等管理活動後，所可能達成之利潤結果及其來龍去脈之估計。中國有一句成語「未雨綢繆」。從消極方面言，此句話是指「防患於未然」，對將來的問題，事先想出，並籌劃解決問題的方法。從積極的方面來看，乃是妥善規劃未來，把握有利的機會 (Niche)，創造更美好的局面。編製預算 (Budgeting) 在管理機能裡，即扮演著企劃、溝通、激勵、協調及控制等角色。任何一個公司在此劇烈競爭的環境中，想求生存、求發展，必須增加競爭潛力，這些都須以利潤規劃 (Profit Planning)，即預算，作為起始之手段，因為「預算」(Budgeting) 通常指年度內之金錢收入支出利潤規劃，所以常以「財務計畫」(Financial Plan) 之型態出現。而財務計劃 (Financial Planning) 本為行銷計劃、生產計劃、研究發展計劃及人力計劃之總歸結，因之以財務預算 (Budget or Financial Plan) 為公司年度計劃 (Company Annual Planning) 之總摘要 (Summary) 乃是企業經營之常規。

財務預算（財務計劃）之設定有三大步驟，分述如下：

⑴將預期時間內的經營「結果」(Results)，以貨幣單位來表達。此乃代表把現在的各種活動計劃均付諸實施，將出現之成果。

⑵總結 (Summary) 各項估計（如銷售預算、生產預算、研發預算、人力預算、費用預算、資金預算等）構成平衡程式，以求得利潤數字。

⑶比較 (Comparison) 真正施行的結果與原期望目標，分析原因，以採取改正的

措施。所以預算數字亦為評估 (Evaluation) 經營績效 (Performance) 的標準。

編訂預算的作用可分為下列幾項：

1. 強迫各管理階層預算規劃 (Planning)

良好的預算編訂制度 (Budgeting Systems)，可協助最高管理當局對公司本身的目標及策略、各部門目標以及達成目標的各種手段方案預為籌劃，以因應迅速變化的企業環境，並把握有利的投資機會。在謀求改進公司利潤過程中，亦可對公司現有組織結構的缺點（如單位重疊、職責含糊不清、功能缺口等等）謀求突破改善。

2. 作為績效評估及控制的基礎 (Controlling)

為使公司目標及員工目標一致，必須使員工充分瞭解公司對他們預期的目標是什麼？以及公司將來要用什麼方法考核他們及獎懲他們？編訂預算的過程可確立公司目標點及策略方向，使員工有明確遵循的方向，並可作為將來客觀衡量績效的依據。

3. 有助溝通及協調 (Communicating and Coordinating)

編訂預算的內容很廣，但總歸要以公司整體的績效（利潤）為依歸，而不以個別單位本位主義的績效來評量。如果分支機構所做「無效性決策」(Dyfunctional Decisions)，與公司整體績效發生衝突，則必須取消或協調之，使各部門摒除本位主義及小格局門戶之見，共同為達成整體績效而努力。

4. 發揮激勵的作用 (Motivating)

編訂預算可使每部門各負責人員參與決策 (Participation in Decision-Making)，各項標準亦是在各員工參與之下所設定，較為合理並可達成，故能充分發揮人性激勵的效果。

二、有效預算的要件 (Elements of Effective Budgeting)

編訂預算是一項總體性的行動規劃活動，必須有下列幾項客觀的條件，方能充分發揮其效用：

1. 最高主管之全力支持 (Top Management Support)

設定公司五年計劃及年度計劃（包括年度財務預算）是公司最高主管的第一職責，不能躲開，所以最高主管必須充分瞭解預算的功能與特質，對總體規劃的每一部分全心全力主導及支持，並對下屬隨時激勵與指導，將年度預算視為履行其下一年度總經理、總裁職責的第一件大工作。

2. 須有健全的組織 (Sound Organization Structure)

預算編製及績效的報告與考核，是以「人」為主體，所以公司的組織結構及職掌劃分必須清楚合理，並使權責相稱，方能建立「責任中心」及「授權體系」(Responsibility Centers and Delegation Systems)。

3. 有妥當的管理會計制度 (Management Accounting Systems)

健全的預算制度，必須建立在健全的責任（管理）會計制度上。預算最重要的目的是計劃及控制各單位的業務目標及成果，使其朝向公司總體目標努力。而控制各業務（收益及成本）最好的地點是發生收益或成本的部門，亦即「利潤中心」，「收益中心」及「成本中心」。

4. 重視目標管理 (MBO-Oriented)

「目標管理」的精神乃在於日常決策之前，先確定真正追求的「目標」，作為決策的根據。執行之後，亦以「目標」作為績效比較的基礎及考核獎懲的依據，而非以手段或手續為比較依據。公司從總經理開始，到作業員，人人都要有目標，預算制度的施行同樣是依此種模式，所以公司若強調目標管理導向，則預算制度將受益無窮。

5. 良好的情報資訊系統 (Good Information Systems)

公司預算制度是整體性的，但其作業卻是分工的，在此情況下，每一部門間意見的快速溝通及信息的傳遞極為重要。如果各部門意見不能溝通，可能導致無效性決策的產生，變成追求手續（苦勞），而非追求目標（功勞）之機器。為此，中小企業也應儘早實施網際網路之電腦化管理情報系統。

6. 選定的目標及標準必須是合理並可達成 (Reasonable Objectives and Standards)

公司訂立目標及標準不能太高或太低。太高無法達到，會挫折員工的意願；太低的目標，員工不須努力即可達到，並可領取獎金，對於員工沒有激勵的誘因，對公司則發生虧損。在設定獎懲預算時，就應考慮及此，把各單位之目標定義及數量、時間標準重新評定。

7. 確實地做事後追蹤與考核 (Real Follow-up and Appraisal)

追蹤與考核可以瞭解過去的規劃是否發生錯誤。如一個利潤極大的決策模式：

$$f = a + b_1x_1 + b_2x_2 + b_3x_3...$$

其中，$x_1, x_2...$ 代表達成目標的各種因素；a, b_1, b_2, b_3 為係數，從過去資料求得。

若當初根據此模式，實際執行後獲得較差結果 (f_1)，就必須尋找原因。其原因可能是⑴「模式」本身錯誤；或⑵可能尚有某些重要因素未考慮到；或⑶「模式」正確，重要因素均已考慮到，惟「情況」發生變化。若以上三原因發生，則不應對執行人員課以責任；但若為員工本身效率低落，執行不力，則應歸屬責任，予以懲罰糾正。

三、編訂預算的步驟 (Budgeting Steps)

1. 強弱危機評估及預測 (SWOT Factor Evaluations and Forecastings)

評估所有影響目標達成的有關變數及預測其未來可能變動趨勢。

⑴本身經營條件：通常指企業內部行銷、生產、研發、人事、財會、資訊、採購等活動情況，為管理當局可以控制的因素 (Controllable Factors)。

⑵環境因素：指不可控制的因素 (Uncontrollable Factors)，如戰爭、政治、人口增減趨勢、文化、社會、消費傾向、經濟景氣變動、競爭情況等。

⑶競爭者、供應者、顧客等三端五力因素分析：提供知彼知己情報，評估強點、弱點、危險及機會利基點。

編訂預算就是設定財務計畫，無論經營條件或企業環境都應慎重評估並加預測，以求配合有利時機，並減少不利的阻力。此外，在第一步情報分析預測時，公司除考慮有形及短期因素外，對無形及長期因素亦應特別注意，才不會漏掉先機。

2. 確定基本的目標 (Basic Objectives)

即對公司存在目的或未來發展方向，包括產業轉型、國際化、產品種類（即產品線）改變、市場開拓、策略聯盟、合併等等，設定一個明確理想境界，以指導全公司各部門員工之努力方向。

3. 建立特定的目標 (Specific Objectives)

即將上述長期基本性方向目標予以具體化、數量化及時間化。如對每一產品線每一產品項目設定銷售額、投資報酬率、利潤率、市場佔有率、生產力等特定目標。

4. 擬定評估成效 (Performance Appraisal) 的方案

即設定將來預算與實際比較之差距，以及可以容忍及不可以容忍的範圍，一一以具體標準表示之。

5. 各部門將預測的結果數量化 (Departmental Quantification)

各部門根據上述步驟，訂出工作目標後，尚應將達成目標所須之手段方案設定好，並將經費預算以數量的方式表達，即稱為某某部門預算，供指導、協調、控制之用。所以「預算」(Budgeting) 的前身乃是「策劃」、「規劃」(Planning and Programming)，此乃 PPBS(Planning, Programming and Budgeting System) 之來源。

6. 將各部門預算彙成公司的總預算 (Summarized Company Budget)

預算的編製不只是高層主管的任務（指在健全的組織型態裡），每部門每位成員都應參與。所以先由各部門編訂部門預算後，再彙編融合成公司總預算。在彙總的時候，協調、溝通是最重要的活動，務期各單位目標一致，預算統合。

四、預算的優劣點 (Advantages and Disadvantages of Budgeting)

「預算」(Budget) 並非萬靈丹，我們必須深入瞭解其優劣點後，方能應用在公司的控制系統之中。

（一）預算的優點 (Advantages of Budgeting)

第一、預算形式的計劃以單一的貨幣單位表示，將不同部門及行動方案的收支，以相同的貨幣單位表達出來，便於彙總和比較。

第二、預算的編訂充分利用公司現有的紀錄和制度，不需另設一套新的紀錄。過去的財務資料、報稅資料、銷產資料及人力資料都可提供編製預算的參酌。或許在編訂預算時，有些新的帳戶（科目）或報告需要添增，但是公司原有資訊系統卻是最方便的工具。

第三、預算的編訂直接接觸到公司所追求的中心目標，即創造「顧客滿意」和「合理利潤」。換言之，預算上所顯示的都是影響到公司最終損益的攸關因素，因此有助於主管當局的注意、追蹤及控制。

第四、由於施行預算制度，必須有相當的配合條件 (Supporting Conditions)，才能發生良好的成效，因此實施正式預算制度，將有助於公司創造良好的「管理才能」(Good Management Talent) 及健全的「管理作業制度」(Sound Management Operations Systems)。

（二）預算（利潤計劃）的缺點 (Disadvantages of Budgeting)

第一、容易流於形式，而未與實際配合。

當總裁、總經理的企劃幕僚編列預算時，（注意：臺灣很多公司的預算尚由財務部門編列，而非由企劃部門編），常常僅表面上預測未來很短期間內損益科目或資產負債表科目將會如何變化的結果，而未經最高主管當局深思熟慮，仔細策劃，並要求各部門、各課級主管認真參加研商目標、方案內容。此種每年例行性、機械化、表面化的預算編訂方法，只會增加紙上作業及一些繁雜的瑣事，只見成本增加不見利益增加。所以唯有最高主管人員真正能順應動態環境變化的趨勢，做有效的、目標性的計劃、預算、控制，方能排除沒有成效而徒增麻煩的老舊預算作法。很多政府機關、國營事業、軍事機關、公私立大學、公私立醫院等等，目前都患有此種毛病。

第二、預算有時會導致獨裁命令式的行動。

一份簡明、客觀的預算數字，沒有詳細因果來源說明，容易造成主管人員對下屬獨裁式的命令，例如主管命令屬下費用支出要減少多少百分比，若他沒有考慮其他因素，只一味地信任數字，將導致太主觀的成見，執行之後，後果不見好，反見壞。

第三、可能造成內部的衝突和壓力。

例如銷售部門希望接獲更多訂單，生產部門希望降低成本，這些部門主管在編訂預算時，都希望從其他活動或服務部門獲取更多的協助，如銷售部門要求研發部門推出新產品，要求製造部門提高及穩定品質水平，要求財務部門放寬信用控制條件等等；又如生產部門要求採購部門買到品質高、價格便宜、交運快的原、物料及零配件，要求人力部門找到品質好，價格便宜的工人等等，這一來各部門就易發生衝突了。

第四、無形因素常被忽略掉：如上所述，預算是以貨幣單位來表示的利潤計畫，一些無法數量化的因素（如能力、道德）就可能被犧牲掉了。

第五、以年度預算目標代表企業目標，可能太過於重視短期利潤目標，而忽略了公司其他更重要的長期目標。

第六、太過強調容易觀察到的因素：例如費用支出的預算就是一例。在某一情況下服務部門的費用支出可能維持在良好的低水準，乍看之下，以為服務部門很有成效，不花用成本。事實上，表現不良的服務部門雖不發生重大成本，但對其他部門的支援服務未盡心意，致使整個公司利潤遭受無形損害的程度，遠大於該部門直接成本的節省。像突破性、策略性行銷成本的節省，初看似是很好，但細思之下，才知那是阻塞公司開拓新市場、新客源的致命傷。一般瑣碎性費用可以省，但策略性行銷費用不能省。

五、預算並不等於預測 (Budgeting is not equal to forecasting)

從基本觀點來看，「預算」(Budget) 不同於「預測」(Forecast)。「預算」是「計劃」的一種形式，表示「主觀」(Subjective Value) 理想的執行結果；但是「預測」僅僅是「客觀」(Objective Guess) 猜測未來將發生什麼事，而不主觀的預期這項猜測

一定要實現。詳言之,「預測」和「預算」有下列幾項差異之處，分述如下:

⑴預測可以用也可以不用貨幣單位來表達。不像預算皆以統一的貨幣單位彙總。

⑵預測的期間幅度長短不定，可長達十年、二十年……，不若預算有特定的期間，如短期的年度預算（一年）或中長期預算（五年)。公司通常可做五年計劃，但常只做一年預算。

⑶預測者（專業企劃幕僚）對所預測的事項並不負實現的責任，而預算的參與編列者（主管人員)，則應對預算的實現成果負責。即須比較實際績效及預算標準，做差異分析、責任歸屬及糾正獎懲。

⑷預測經常不需要高級主管的授權即可進行，屬於「調查研究」(Survey Research)活動。而做預算時，通常是由上級設定目標，或經由上級主管授權之下，自訂目標而進行。

⑸預測數字經常更新，當新的資料顯示內外情況有所改變時，以前所做的預測即應隨之重新評估，貝氏統計 (Baysian Statistics) 就是以新情報來改善決策的理論。但預算於年度開始時設定，為下一期的各項經營活動先賦予應有的數值，通常並不隨情況的變化而立即重新設定。

⑹「預測」與實際所產生的差異，並不定期或正式的加以分析，若有所分析，其分析目的通常僅在於增進預測能力而已。但預算則非如此，務必拿來與實際比較，仔細分析差異原因，歸屬責任，謀求經營績效的改進。預測是學術性看法，而預算則是管理決策，一客一主。

舉例來說，公司的出納對未來一年內的現金計劃乃藉對銷貨、費用、資本支出的財務性預測來完成。其對各項預測並不需經老闆一一同意，他可以隨時改變各項預測供自己參考，不需負任何預測責任，也不必分析真實和預測數字間的差異等等。

從管理的觀點來看，財務「預測」純粹是計劃的先行工具；然而預算卻含括了計劃和控制功能。事實上，常言之許多「預算」僅僅是財務預測而已。例如，若有一預算人員，隨時變更其預算，而且未經其主管正式同意，則該「預算」只能說是財務「預測」，僅供自己參考，不能用來作為評估或控制的工具，因為隨時變動預算（目標)，到期末真實結果勢必會等於重估的預算（目標)，所以評估和控制就沒什麼標準和意義可言了。

假若將「預測」和「純預算」制度當作兩極端來看，則控制性的預算應介於其中，如果編出來的預算偏向預測那端，這並不一定表示不好，只要使用時認清它是（預測）只是一項企劃工具，而非控制工具即可。

六、預算的多種型態 (Types of Budgeting)

預算可以依不同的方式劃分為不同的種類。本篇強調控制的重要性，故本節的分類依照責任會計來說明。

（一）成本預算 (Expense or Cost Budgets)

成本預算可細分為兩型態：一為標準性成本預算 (Standard or Engineered Cost Budgets)，另一為選擇性成本預算 (Discretionary Cost Budgets)。分述如下：

Standard or Engineered Cost Budgets 乃依一個製造單位「應」（在理論上）發生多少成本做成「預算」，可以說是一項理論「標準」成本系統。譬如我們說製造一個 IA 冰箱（智慧冰箱）在理論上應該花費的原材料、零組件、人工、製造費用各為多少，則在績效報告時，評估的準則是：花的成本愈少愈佳。此種預算是用來衡量主管績效的，不利的差異代表實際生產成本超過應有之生產成本。再而，大部分的成本費用績效都是屬於可控制因素，因此主管人員應對預算目標負完全的責任。

至於 Discretionary Cost Budgets 則指的是依經理人員不同的責任所將發生的不同成本做成「預算」。換言之，在已有的經驗中，沒有一種較科學的方法可以決定「應」（在理論上）有的成本是多少，只能屆時依個案審愼決定，例如維持費、促銷費、交際費、研究發展費等。這些費用支出若減少時，並不一定馬上顯示出經理人員的績效良好與否，也並不一定表示對公司利益有所貢獻與否。換言之，這種預算並不是用來衡量短期工作有效率或無效率，它的發生具有相當高的選擇性或差別機遇性。

（二）收益預算 (Revenue Budgets)

收益預算指的是銷售收入的預算，亦即預計的各項產品銷售量乘以預期的各項產品銷售價格之總和（以銷售預測 Sales Forecasting 為參考基礎）。銷貨預算可以說是利潤預算的核心，一切的預算均由銷貨預算開始。必先有「銷貨預算」(Sales Budget)，方能預估生產量；當「生產預算」(Production Budget) 設定後，方能決定「費用預算」(Expense Budget)、「現金預算」(Cash Budget)、「資本預算」(Capital Budget) 等。所以收益預算可以說是所有預算之起始點。

編訂「收益預算」包含經理人員的可控制因素和不可控制因素。如訂單的多寡屬於可控制因素；而顧客市場的價格、競爭者的行為、經濟景氣的變動則為不可控制因素。評估銷售經理的績效時，應針對有效的促銷活動、良好的服務態度、訓練良好的推銷員等有形因素評量。

收益預算有下列兩特徵：

⑴此預算是用來衡量行銷的有效性的 (Effectiveness of Marketing)。期終若有不利的差異發生時，表示高級主管所期望的目標沒有達成，譬如銷量不夠或價格偏低。

⑵由於顧客市場為不可控制因素，因此銷售經理所應負之責任不若負責成本預算之生產經理那麼多。由於有此項限制因素的存在，使得「收益預算」在經理人的績效評核上，並不如「成本預算」那麼具有實用性。

(三) 利潤預算 (Profit Budget)

若將收益預算和成本費用預算合併則可得利潤預算 (Profit Budget)，如果專以一年的財務計畫而言，則「利潤預算」就可以說是「利潤計畫」(Profit Plan)。通常我們也稱「利潤預算」為「主預算」(Master Budget)，是股東及最高主管第一關心者。

利潤預算有下列兩特性：

第一、應用「利潤預算」來衡量經理績效的程度，隨公司的特性而異。有些公司可能由一個「預算委員會」(Budget Committee) 負責各產品部門利潤預算的編訂，若如此，則個別經理人所承擔的責任就小一些；反之，則大些。

第二、每一經理人員對完成利潤目標所負的責任程度，也隨公司的授權程度而不相同。若在「利潤中心」(Profit Center) 的責任制度下，經理人員的責任就大些；反之，則小些。

公司若實施分權，成立「利潤中心」時，則高級主管運用「事業部門利潤預算」(Division Profit Budget) 可以得到下列好處：

⑴從各個產品事業部之利潤預算，可檢視下一年度公司期望的總預算，並核驗該預期的績效是否令人滿意。

⑵事業部利潤預算可作為企劃及協調全公司活動的工具。

⑶事業部利潤預算是公司總部參與部門企劃活動的橋樑。

⑷公司總部可借事業部利潤預算，實施部分的控制，不必做完全集權控制。

(四) 其他預算 (Other Budgets)

各公司組織不同，性質不同，大小差異，均可導致各公司預算不盡相同。除了上述成本、收益、利潤預算外，尚可編列附件式之現金預算 (Cash Budget)、生產預算 (Production Budget)、採購預算 (Purchase Budget)、資金預算 (Fund Budget)、各項成本費用之詳細預算等等作為補充，完全視需要而定。

七、編訂預算之組織及修正 (Budgeting Organization)

編製預算的單位依公司組織大小、複雜程度、公司成員素質而異，一般而言，可分為下列幾種方式。

（一）成立企劃預算部門 (Plan-Budget Department)

在公司總裁或總經理之下正式成立「企劃預算部」(Planning-Budgeting Department)，並由此部門全權負責公司預算控制系統的資訊流程。通常企劃預算部門主管向為公司第二號人物，由執行副總裁、執行副總經理 (Executive Vice President or Executive Deputy General Manager) 或檢核長 (Controller) 負責。企劃預算部門執行下列的任務：

⑴建立公司計畫及預算編製的程序和表格形式之規定，以總裁或總經理名義發布周知。

⑵協調意見及設立整體環境變化之基本假設，因假設是所有計畫預算編製的基礎。

⑶確保情報信息 (Information Flow) 適切地在各相關部門暢通。例如採購部門、生產部門和銷售部門間資訊的密切溝通。

⑷技術性輔助各事業部及功能部人員編訂各自之計畫及預算。

⑸彙總、調整及擬妥完整之全公司計畫預算案向上級（即最高主管）報告。

⑹收集各部門之執行情報，分析績效報告，解釋差異原因，並彙總向最高主管提出及提供糾正方法。

⑺因應環境變化，改變和調整執行年度中之有關預算及計畫。

⑻協調及糾正較低階層部門的計劃預算工作。

（二）成立企劃預算委員會 (Plan-Budget Committee)

在總裁、總經理之下成立「企劃預算委員會」(Planning-Budgeting Committee)，由各主要部門的首長充任委員，總裁、總經理或執行副總裁或執行副總經理為主席，並由企劃部經理當委員兼執行祕書。不管成員為何，有多少人，委員會本身對於公司計劃預算的同意與否扮演相當重要的角色。委員會每個月至少聚會一次，以批准或調整或檢討有關計劃與預算。在一個龐大複雜的企業集團裡頭，集團企劃預算委員會可能僅僅和事業部高級營運人員交換意見，以檢討各部門的計畫與預算是否妥當，不做正式定期性報告。可是，在實施分權式「利潤中心」之公司或集團企業，各利潤中心的事業部經理，必須先自行擬妥計畫與預算，然後向委員會報告及討論，交換意見，並獲支持。當然委員會必須負起批准、改變和調整計畫與預算的任務。

計畫與預算編製完成後，尚需進行修正 (Adjustment) 工作。通常有兩種修正的方法，一為例行或系統性（例如季節性）地更新預算；另一為特殊情況下的修正。

第一種型態的修正並不適合事後控制和績效評估,而僅是事前計劃的一種工具。因為假若修正後的預算是用來評估績效和控制糾正之用，則其更改的程序必須如原始設計時那麼詳盡。在事實上，此乃不可能的行為。而如果公司的預算更正係採第一類型，則該預算只能說是「預測」系統而非「控制」系統。

第二種型態的修正，一般說來並不容易取得上級的允准，所以我們必須限制在某些特定情況方能做此修正。也就是當情況變動很大，我們確知已核准的預算已不切實際，不能再提供有效的控制工具時，方可進行修正。

八、編訂預算的人性行為面 (Human Side of Budgeting)

管理控制系統的目的在於建立有效的激勵作用，促使各級經理人員努力邁向目標。由前面數量目標的分析，我們已可瞭解到計畫及預算的設定可收激勵員工努力的效果。本小節主要討論非數量的人的因素對預算的影響。

1. 預算標準應高低合宜 (Fair Standards)

預算最理想的情況是完全能達成的，但是要達成預算並非如反掌之易那麼簡單就可實現。如果預算中各項標準訂得太高，可能會折喪經理人員的銳氣；反之預算標準也不能太寬鬆，否則它將沒有激勵潛力的作用。一個太容易達成的預算，很可能是反功能性的，對企業整體無益。因經理人可能深怕期末績效評估時產生有利的差異，其上級主管會提高他們在下一年度預算的標準，因此在本期編製預算時，常會故意減低其真實可行的能耐，以期在執行時不必努力，即可輕鬆的達到目標，也不必煩惱以後日益嚴謹的標準。這是編製預算時，最令人感到困惑的問題之一，因此計劃預算委員會的重要任務之一,乃在於維持高低適宜的標準,既不可太過嚴苛,也不可太過鬆弛，兩者皆不利於企業整體目標的達成。

2. 編訂預算應多讓部屬參與 (More Participations)

部屬參與預算編製的程度亦是影響成效的重要因素。為獲取激勵的效果，讓各階層主管有參與擬定預算的機會是絕對必要的措施。若各級主管不能親自參與預算編訂之決策過程，將在執行時，造成一種不良的反應，譬如經理人員工作不積極、士氣低落、沒有被重視，自以為公司預算沒有照顧到他部門的利益。沒有被部屬參與的「預算」，常被視為不公平及不可靠，故而影響到其執行績效的好壞。

欲求預算真正發揮實施的功效，高級主管在彙總下屬細編的預算時，必須聽取他們的意見，尤其當主管意見有異，或客觀情況的改變，必須修正預算時，都需以「公正」、「合理」的態度，和下屬商討，並讓他們瞭解更改的理由，及修正的內容是「合理」及「可達成的」。

3. **企劃預算幕僚應是客觀性的智囊專家 (Objective Specialists)**

假使公司裡有計劃預算部門時，則計劃預算部門的成員必須考慮公司整體的內外情況來做預算，而不是只根據個人喜怒哀樂或與某部門經理的親密或怨恨關係而做出差別性或不合情理的預算。為了避免來自直線部門的壓力和恐嚇，計劃預算之幕僚人員本身必須具備豐富的專業知識及熟練的企劃技巧，才能編出大家信服的預算，有助公司目標達成。

4. **設定目標應「由上而下」，設定方案及經費應是「由下而上」(Top-Down and Bottom-Up)**

傳統預算的編製並不考慮未來的目標，所以採「由上而下」的預算分配方式，也就是由高級主管負責設定營運預算，將預算分配提供給各部門經理作為未來績效衡量之標準，而各部門經理也無異議接受。後來經過多位學者如亞吉斯、貝克、格林及威列斯 (Argyis, Becke, Green, Wallace) 等的呼籲倡導，才逐漸採用目標「由上而下」(Objective Network Top-Down)，方案預算「由下而上」(Action Programs Bottom-Up) 的編擬制度，使各階層主管人員都有參與設定計畫及預算之機會，並增進他們的挑戰意識及責任意識，讓他們自己接受公司的目標為個人目標的源泉，實證研究也顯示，大多數參與性之計畫預算編訂制度，會增加有利於公司的效果。但在某些情況下，此參與制度反而對公司利益有害，其原因係各層經理人只顧及狹小的本位範圍，未能通盤考慮，所以有時故意編列比較鬆弛的預算，阻撓公司目標的達成。

因為一個公司的部門經理活動，經常和其他部門有關，所以從預算的觀點而言，一個經理在編製預算時，不只要考慮本部門活動的影響，還要顧及其他部門的交互行為，亦即不能忽略其他經理的行為因素，包括上級主管及下屬成員的各項反映。普通的作法是，部門主管在設定計畫及預算時，必須參酌各方意見，先取得各方協調及認可，在施行時，方不致有很大的壓力及阻撓存在。所以良好的計劃預算制度，乃是參與性「目標管理」制度 (Participative Management by Objectives Systems)。

第四節 目標導向的企劃預算制度 (Objective-Oriented Planning-Budgeting Systems)

一個事業經營是否企業化或有效化，與所有權 (Ownership) 的「公」有或「私」有無絕對關係；亦與規模 (Size) 之大小及所有權是否集中 (Concentration) 於政府或家族手裡，無絕對關係。而是與能否運用整體經營管理 (Systems Management) 之觀念、原則、技術以及能否有效追求合理目標有密切關係。經營成效是依賴有效之管理制度 (Management Systems) 及經理人才 (Management Talent) 所創，沒有充足的、有組織、有效率的主管人員及具有激勵作用之合理制度，則再巨大的私營事業，亦可能在競爭之變動環境中消失；反之，若有合理的管理制度及積極的經理人才，則公有事業亦可能欣欣向榮，以事業養事業，以事業發展事業，並貢獻國庫，減少為人詬病之稅徵手續，造福人群。本節對整體化及目標導向的企劃預算制度將做比較深入的探討。

一、強調總體經營 (Focus on Systems and Integrated Management)

在一個龐大的機構組織內，各部門及各層主管眾多，工作事項複雜，即使每位主管都具現代化的管理知識和才能，也不能確保各「單位」的目標與「組織」的目標一致，更無法確保各單位的「行動」真正符合自己的「目標」及組織的「目標」，因而比較可行的方法乃建立一套「目標體系」(Network of Objectives)，將組織的基本使命目標 (Basic Missionsary Purposes) 轉換成長期願景目標 (Long-Term Visionary Objectives)，再配合資源運用的「方針戰略」(Strategies) 及處理例行事務的「政策」(Policies) 及程序 (Procedures)，組織各產品或地區事業部門及功能部門的強點與各級人員的腦力，訂出不同時間長度及責任中心之工作方案 (Programs) 及金錢「預算」(Budgets)，供各級單位人員執行時之授權 (Delegation) 根據與以後衡量工作成效 (Performance Appraisal) 的標準。

所謂「企劃預算」（意指金錢「預算」根據工作目標方案「計劃」而來）過程，乃指整個企業的腦神經系統必須考慮到廣大、深入、長遠之一般性的層面（指策劃，General Planning)，也必須考慮到比較細節而具體的層面（指規劃，Action Programming)；更必須把考慮到的事件之投入資源與產出效益，予以金錢數量化（指預算，Monetary Budgeting)。由下而上的順序言，財務的數字標準（指預算 Budgeting）必根據工作方法的細部計劃（指規劃 Programming）而來，而工作方案的細部計劃也要配合組織的大目標而定（指策劃 Planning)；這亦即「預算」來自「規劃」，「規劃」來自「目標」及「政策方略」的「策劃」活動的關係。故前美國防部倡導的「策劃規劃預算制度」(Planning, Programming and Budgeting Systems, PPBS)，實際上是整體管理系統中「目標管理」哲學及「目標管理」技術的應用，意指做任何事物，都應以目標為指導中心。

寶島臺灣經濟部在對所屬國營事業在推動民營化以前，曾為加強整體管理系統之現代化，特仿美國 PPBS 制，於 1978 年設立「總體經營制度」。內容包括目標、政策、方略之「策劃」(Planning)，工作方案之「規劃」(Programming)，資源投入之「預算」(Budgeting)，資源使用「中」及使用「後」之「會計」(Accounting)、「統計」(Statistics)、「診斷」(Diagnosis)、「檢核」(Auditing) 及「管理情報系統」。相當於把現代化的管理學術變成具體可行的規則，如能徹底實行，成效一定相當可觀。可惜因中央政治結構之阻礙，「萬年國會」（指久不改選之立法院、監察院）之既得利益作祟，以及行政院支持不力，所以此「良方」被冷凍未用至今。此總體經營制度 (Integrated Management System) 等於是 Planning-Programming-Budgeting-Accounting-Statistics System)。為了簡稱將之縮為 IMBASS，它是源自總體企劃預算 (PPBS) 構思的完整管理制度，包括事前的計劃，事中的執行，及事後的考核，完全符合「行政三聯制」之精神。

二、企劃預算與傳統預算的比較 (Comparison of PPBS and Traditional Budgeting)

總體經營制度中的企劃預算制度乃運用「系統方法」(Systems Approach) 所創出的新管理制度之首要部分，其與傳統式 (Traditional Approach) 的預算制度有許多明顯的不同點。茲略舉如下：

1. 預算的主要對象不同 (Different Targets)

傳統式的預算以「公司」或「事業」機構 (Company) 為主要規劃對象；企劃預算制則重視各個具體行動「方案」(Program) 的規劃工作，是以行動方案計畫 (Action Program Plan) 之工作目標內容、工作方法、施行步驟、所需人力（及負責人）、所需物力（及地點）、所需時間進度及經費收支為主要對象，是屬於細部的規劃。在擬定方案預算時，則重視由下而上，由「個別」方案之企劃預算→「組方案」之企劃預算→「群方案」之企劃預算，完全依照公司已制訂妥當的「目標體系」（已先由上而下設定）而設立。總之，傳統預算過分重視最終「表面」，而忽略真實的「內容」過程。

2. 是否重視工作成果的不同 (Results-Oriented or Passage-Oriented)

在企劃預算制度下，某工作方案要使用多少資源 (Inputs)，完全依其能產生多少效果 (Outputs) 為取決標準，低產能的工作方案自無法與高產能的方案相競爭。此種重視「成果導向」(Result-Oriented) 的精神，將使未來的評估績效客觀化。反之，傳統式之預算制度，因以全公司預算之編擬為任務，故常全心專注於取得董事會的批准（或立法院批准行政院預算數字）。真正為預算而忙碌的人員並非各作業部門的直線人員，而是會計幕僚部門，因而此預算制度重視的並非各部門的產出效果，而是預算數量之大小及會計科目之區分，最好能騙得過董事會成員或立法院立法委員就好，不在乎是否能提供將來工作表現評估的準則。

3. 時間幅度不同 (Time Span Differential)

企劃預算制以「目標體系」為規劃、預算之依據，若目標是長期性的，則其方案預算亦將為長期性，此種時間幅度的拉長與傳統式「年度」預算，甚為不同。預算時間幅度的拉長可以幫助主管人員及其所屬幹部放大眼光，擴大胸襟，及考慮較多交替方法。

4. 交替方案的重視程度不同 (Alternative Actions)

企劃預算制度以方案「規劃」(Programming) 為組成因素，每一規劃為達成一個目標之具體手段，因而在尋找達成此「目的」的「手段」過程中，可以應用科學決策分析法。找出儘可能的交替方案，做周全深入之優劣評估比較，以選擇最佳之一案作為執行的根據，亦即最終定案的「計畫」(Plan)，依此方式層層彙編而成的「公司預算」，其理智化的程度遠比只重數字，不重具體行動之傳統式預算為高。

再者，因組織內必須有方案「規劃」及「預算」作為未來行動的根據，每位高級主管在擬定行動方案時，若能充分發揮想像力、分析力及判斷力，在眾多可行方案中，選取最佳者，則整個公司之決策品質 (Quality of Decisions) 可望無形中提高，如此自然優於僅由少數會計幕僚湊合預算數字之方式為佳。此提高決策品質的精神，對長期性及投資重大的方案特有作用，遠非傳統式預算可比。

5. 系統分析之重視程度不同 (Systems Approach)

企劃預算制度較傳統式的預算制度重視「系統分析」(Systems Analysis) 的觀念及技巧之運用。因每項預算數字皆有其具體的工作使命或目的，在此具體的工作範圍內，策劃人員容易確定其相關的「部分」(Parts) 及各部分之間的「關係」(Relations)，形成特定的「系統」(System) 範圍，以利其思考交替方案 (Alternatives) 及限制因素 (Constraints) 時，從廣處著眼，做全盤性分析 (Systems Analysis)，而非局部性或本位性之狹窄分析 (Partial Analysis)。傳統式預算制度因較不重視「方案」式計劃及預算，所以編擬人員在含糊籠統的總體數字下，無法進行個別性工作方案之周詳分析。系統分析會以「目標」(Ends) 之達成為導向，而局部分析易以「手段」(Means) 之方便為導向，二者之哲學思想差別甚大。

6. 成本效益分析的應用 (Cost-Benefit Analysis)

企劃預算制度之每一「規劃」的擬定，比較具體，同時其時間幅度也可能比較長，所以在比較交替方案及進行可行性研究 (Feasibility Study) 時，可比較其投入之成本及產出的效益 (Cost-Benefit Analysis)，以檢定此方案在經濟上是否可行及合算。企劃預算制度若能對每一方案進行「成本一效益」分析，則整個公司的預算品質必能提高；反之在傳統預算中，因缺乏方案群 (Program Groups)，執行單位之工作範圍不確定，因而欲以整個公司之預算數字進行成本效益分析甚為困難。

7. 管理情報系統之應用與否 (Usage of MIS)

傳統預算不重視管理情報系統 (MIS)，但企劃預算制度則強調管理制度的「血液系統」——MIS，因其在制訂各方案之規劃時，需要各種情報以供決策的基礎。傳統預算常由少數會計幕僚編擬，既然忽略規劃及交替方案之詳細內容，只重視數字之大小，則應用管理情報系統的機會就少。MIS 在網際網路 (Internet) 時代，向多工廠多市場之大集團各部門延伸，成為 ERP (Enterprise Resources Planning)，對企劃預算制度更有助益。

總之，總體經營制度的企劃預算制度代表現代化管理觀念及技術之融會貫通，而傳統預算只是總體制浮出海面的冰山 (Iceberg of Ice Mountain)，不足代表全部的精神。

三、企劃預算之本質與內涵 (Nature and Contents of Planning-Budgeting System)

(一) 整體性動態性及目標導向性的本質 (Dynamic and Objective Orientation)

企劃預算制度要求經理人員把期望在將來發生的事項實現於目前，所以離不開評估未來及為未來準備的工作，其工作重心是比較分析自己和競爭者之強點 (Strength) 及弱點 (Weakness) 以及發掘未來的機會 (Opportunities) 及危機 (Threats)（亦即 SWOT 分析），並加以利用及克服。

由於企業環境常繼續不斷地在變化中，而企劃預算必須於環境之內做成，所以計劃活動也就成為繼續不斷的程序 (Continuous Process)，而非只做一次即可停止。在此「繼續不斷的程序」只是說計劃的過程（指用腦思考活動）必須繼續不斷地進行，並有適當的行動來支持它。如一個公司的收入因過去投資方案之順利執行而不斷流入，所以我們也應繼續思考如何運用這些收入，才能不使它們呆置，而能繼續在「計劃」→「組織」→「用人」→「指導」→「控制」→「再計劃」方面再循環，而永遠「生生不息」，生存下去。

整體性、目標性導向的預算制度之結果，反映於「多種計畫」(Multiple Plans) 的結構系統上。亦即⑴包含一組很完備的企業計畫體系，這些計畫是為公司的未來而設定；⑵它是一個完整的架構 (Framework)，在此架構中每一功能性的計畫 (Functional Plan) 都是互相關聯並緊接在一起，成為全公司的「計畫書」(Company-Wide Plan) 的一部分；⑶由企業集團、子公司、產品事業部之行銷、生產、研究發展、人事、財務及其他企業功能的短期與長期計畫相互關係所構成的一個層次網 (Hierarchical Plan-Network)。

（二）企劃預算體系的重要內涵 (Key Contents of Planning-Budgeting Systems)

第一、經營目標的策訂（高階戰略策劃之一）

由最高主管負責設定公司整體性及長期性之目標（包括基本使命目標、長期願景目標、產品種類目標等等），亦應由各有關單位主管參與，提出各對應層次之目標，並責成企劃幕僚單位提供技術性協助及彙總性服務，發揮團隊精神，構成公司目標網 (Objective Network)。

最高主管及其幕僚在擬定公司整體性目標時，應符合下列幾種相對平衡原則：

⑴社會需求與營利機會平衡 (Balance between Social-Needs and Profit-Seeking)。

⑵社會經濟整體責任與事業個別生存發展平衡 (Balance between Social Responsibility and Individual Survival-Growth)。

⑶各單位部門目標之平衡 (Balance between Departmental Needs)。

⑷公司目標與個人目標之平衡 (Balance between Company Objectives and Employee's Goals)。

⑸長短期目標之平衡 (Balance between Long-Term and Short-Term Objectives)。

⑹有形成效與無形成效之平衡 (Balance between Tangible and Intangible Effectiveness)。

⑺目標與潛在可用資源之平衡 (Balance of Objectives and Potential Resources)。

這七大平衡原則都是很不容易的思考考驗，深深檢定各企業最高主持人的智慧成就水平。

為貫徹目標體系的達成，企業主持人應建立「責任中心體系」(即詳細之層次性目標體系)，指派特定目標 (Tasks) 給各中心負責人，由各責任中心負責人與其部屬商討目標達成的可能方法 (Actions)，並做修正措施，以充分運用「目標管理」及「責任中心體系」之精神。各責任中心負責人所接受的任務目標，即為編訂其工作方案預算 (Programming and Budgeting) 的根據，亦為將來執行工作之最佳授權工具。

第二、設定資源的使用政策及方略（高階戰略策劃之二）

資源運用策略為在競爭環境下，達成事業經營目標之必要性突破手段，並為各種行動方案規劃之根據。此部分之計劃重心乃指制訂指導公司全體成員思考路線及行為方式之「政策」(Policies) 及重大資源使用方向之「方針戰略」(Strategies)。

在選擇事業之政策及方針戰略時，必須基於外在「環境系統分析」(Environment Analysis)，市場「供需分析」(Supply-Demand Analysis) 與內部「投入產出分析」(Input-Output Analysis) 及預測條件，不可盲目為之，以免窒礙難行。

外在經營環境分析包括：

(1)國內外競爭品及代替品之技術發展水準及趨勢。

(2)國內外本行業及相關行業競爭者之一般投資趨勢。

(3)顧客採購及使用行為。

(4)經濟發展水準及趨勢預測。

(5)國際貿易及國際收支地位之水準及趨勢。

(6)有關政治、法律、軍事、人口、社會、文化、習慣、教育及宗教之概況。

(7)主要競爭者主持人（最高主管）之能力及管理制度。

分析環境之外，尚需研究市場供需，做市場潛力預測。供需研究後，可依各產品市場穩定性及複雜性、生產日程之長短、最終顧客之買賣關係、資料之充裕性、以及成本因素做各種預測 (Forecastings)。

知道外在的限制因素（指環境及供需）後，尚須於事業內做「投入產出」分析，檢討自己公司的設計能力、生產技術、生產設備、技術人才、管理人才、財務能力、產品規格種類、品質水準、生產數量、產品成本與價格、交貨時間及推銷能力等等。

公司的經營策略（政策與方略）制訂後，必須提經企劃預算委員會審核及企業最高主持人認可，方可報請董事會通過，作為各部門規劃經營方案及預算編製的根據。

第三、方案規劃（中基層細部計劃）——Middle-Lower Management Action-Programming。

「規劃」(Programming) 乃屬細部計劃，因「規」是指圓規，用圓規來劃東西，一定是很詳細之計劃。規劃體系反映全公司未來將進行的專案項目 (Projects) 及方法，最高主管可用表列或敘述方式表示之，並將項目分派給適當層次的單位主管（或責任中心負負責人），責成規劃詳細工作內容。

經由上述目標的訂定，政策及方略的設定，以至細部方案規劃，都是為方案預算 (Program Budgeting) 及公司預算 (Company Budgeting) 鋪路，亦唯有經過這些階段，所做的預算才是最有基礎及最完備的。

第五節　動態決策之預算制度——零基預算 (Zero-Base Budgeting is the Dynamic Decision-Making for Budgeting)

二十一世紀經濟自由化，企業全球化，網際網路化，及加入 WTO 後，社會環境變動不已，買賣交易量與速度之變化較以往複雜；新科技知識加速成長，產品生命短縮化；自動化、機械化紛紛替代人工；政治及政權因素變化莫測等等，使經費收支預算的編審工作日趨複雜，傳統的簡單預算編審方法，已無法適應動態環境的變化，因而在美國德州儀器公司 (Texas Instruments) 於 1970 年時，就有了「零基預算」(Zero-Base Budgeting) 的構想（意指每年的預算都從零開始，有新工作計劃才有經費收支預算，否則就無，完全與過去經費無關），並於 1971 年開始施行，卸任美國總統卡特於喬治亞州州長任內亦曾大力推展，並獲得顯著的成效。從此零基預算逐漸為公司及政府採行了。事實上「零基預算」就是「企劃預算」的延伸，皆以「未來目標」之有效達成為使命，與傳統式預算以「過去手續」為導向不同。零基預算對政府官僚機關是一大致命打擊，人人喜愛傳統預算，人人懼怕零基預算。但是企業界有效經營的人員，人人喜歡零基預算，討厭好壞不分之傳統預算。

一、動態決策預算的優點 (Advantages of Dynamic Decision-Making Budgeting)

依環境之動態性，而另行決定公司目標、政策、方略及方案內容及經費預算之制度（即零基預算制度）有下列幾項優點：

⑴可促使每一位主管節省開支，使新的支出水準低於現行水準。(Cost-Reduction)

⑵可作為管理階層除去無效業務的參考依據。(Inefficiency-Elimination)

⑶可供主管選擇較佳表現業務的參考依據。(Excellence-Selection)

⑷可確定各部門業務的輕重緩急順序，以供執行時發生例外重大事件的處理依據。(Emergency-Alternative)

⑸可有效支援因市場需求改變，所產生支出水準的變化。

⑹促使主管及員工對所提出之預算負責。

⑺可刪除無用而重複的計畫，並將該資源移用於新計畫，以增加企業的整體利益。

二、編零基預算的兩個基本步驟 (2-Step of Zero-Base Budgeting)

第一、詳細編訂完整「目標—手段決策體系表」(End-Means Decision Systems)，其目的在於分析、評估每一可行業務，並做比較。

第二、順序排列「決策體系表」(Decision Systems)，即按重要性並透過成本效益分析（或其他客觀）的評價方式，將各「目標—手段」方案予以排列 (Ranking)。

當上述工作完成後，高階層主管人員再根據各業務（方案）的重要性分配經費資源。最後再根據決策體系表及所核准方案的資金預算 (Project Budgets) 依單位排列，累計而完成「單位預算」(Organizational Unit Budgets)。最後再累積成「公司預算」(Company Budget)。

決策體系表 (Decision Systems) 的編製，通常須由各責任中心或預算單位的主管人員，確認其工作目標及手段的交替方案 (Alternatives)。所以決策體系表編製前，每位主管必須先⑴確認預算年度的作業內容 (Contents)，⑵預測預算年度的總支出水準 (Total Expenditures)，⑶估計每一業務所能收入之金錢及所將耗用之成本 (Revenues and Costs)，及⑷探討來年的需求 (Future Needs) 情況，才能著手編決策表。

當決策體系表 (Decision Systems) 編妥後，即進入排列順序 (Ranking) 的步驟。決策體系表排列順序的方法可依下列兩原則去做：

⑴按重要性及收益大小，依遞減方式排列。

⑵由基層開始，往上依次累積。

決策體系表的項目若太多時，高層管理者由於精力、時間的限制及對基層業務的不熟悉，因而常採取「重要」與「不重要」之刪除方式，他只需注意各單位主管送來的例外錯誤部分，審核是否有忽略重要性的業務，讓高級主管集中注意力於戰略重要之處，而讓各低層管理者做詳細評核及排列工作。

三、適應動態環境的零基預算法 (Adaptation to Dynamic Environments)

第一、假設因外在環境變動而須修正決策體系表之內容及順序時，可做下列之修正:

⑴將原有的假設與所修改的部分互相比較。

⑵修正受影響後的決策體系表。

⑶發展新的決策體系表，提供新的服務，刪除失效的表。

⑷原排列順序有修正必要時，則加以修正。

在做這些修正時，不必將整個預算拋棄，重新做一次。

第二、若環境變化很大，並需要改變組織結構 (Organization Structure) 以期改善業務並解決特殊作業或人力之問題時，則需重新編預算，下列各點可供參考:

⑴檢討業務是否有重複或遺漏之情況?

⑵檢討新組織結構的成本、效益與舊組織相比，是否真的節省而且更適用?

⑶檢討重組所發生的成本是否置於預算中?

在重新編排決策體系表的優先順序時，必須注意以下四步驟，方能反映組織的改變:

⑴確認那些決策項目受到重組的影響?

⑵確定原有組織的最後預算還餘有多少?

⑶發展新組織的預算。

⑷確定重組能節省成本，否則無重組必要。

第三、若預算在執行中發生變化時，則應採取下列處理方法:

⑴如果真實需求和設定決策表時的假設顯著不同，則應修正決策表。

⑵配合業務優先性的變化，應修正排列順序。

⑶當經費水準增加時，可選原被刪除中優先性最高的決策表或發展新的決策表。當經費水準減少時，則去掉被允准的決策中最不重要，優先性最低的。

四、長期預算與彈性預算 (Long-Term Budgeting)

時代進入二十一世紀之後，科技進步甚為迅速，如波音 747 大型噴射客機剛開航不久就一再修正，推出 747-SP。歐洲航空界也重推協和 (Concord) 機及空中巴士 (Airbus)；他如桌上電腦、筆記型電腦更是在加速創新中；企業組織規模擴大化及高度複雜化，從單一公司及國內市場，走向垂直整合集團性企業及多國性企業，又走回垂直分工縮小化及專業核心化。企業決策所須考慮的時間幅度拉長，如通用汽車及福特公司，早在十多年前已著手研究西元 2000 年後的交通狀況，以為規劃未來交通工具之依據；以及社會對企業界的要求，如環境污染和消費者利益問題等等，迫使各公司的計劃及預算不得不反映時代的需求，採取長期計劃及長期預算方式，以便及早發現有利的投資機會和避免不利威脅的來臨。自 1995 年開始，歐、美、日、韓、臺、港等大企業，紛紛向中國大陸做大型投資。因為中國大陸自 1978 年改革開放，歡迎外資到中國投資經營，但政、經、法、技、人、文、社、教等大環境未建設完備如同歐、美、日水平，所以這些大投資決策，都要做長期計劃及預算，不可倉促成軍，以免陷入困境。

五、長期預算的必要性 (The Need for Long-Term Budgeting)

多年以來，工商界和政府機構都已從事有關本身財務收支的長期預測工作，並利用預測結果，作為決定產品計劃、銷售計劃、增建新廠、舉債等政策的基礎。譬如一新產品問世，自完成實驗，以迄銷供百萬家庭，期間可能長達十年之久。在如此漫長的一段時間內，經理人員應如何就時間、費用及其他資源方面，做最妥善的調配，亟需有一詳細的計劃，事先審慎考慮，然後據以做成各種決定。有時尚須假設幾種不同的情況做成幾套計劃，俾適應有關時間、價格、成本、市場及資金方面的變動。

同理，公用事業的興建修築，也需要考慮經濟、社會等有關環境因素的可能變動條件，從事各種財務收支之長期預測。總之，一個具體計畫的設計，資金的籌措及執行之方式，均需根據此種長期預測，以為決策之基石。

長期財務預算需要根據長期計劃而來，長期計劃 (Long-Range Planning) 代表一有系統、有步驟之設定目標及手段之用腦程序。此一程序受目標指導，為避免目標落於空泛或抽象，致使整套計劃和預算無法有一個明確的指標，所以我們應力求目標「具體化」及「數量化」(Crystalized and Quantified)，以免誤入歧途。例如公司訂下一個堂皇的目標:「保證股東獲得適當的股息，員工獲得優厚的薪資及合適之工作條件」，顯然不及「保證股東獲得 10% 的股利，員工每年提高薪資 10%，並加入團體保險」之具體目標來得好。

長期計劃擬妥後（有目標及手段），即應配以長期預算（金錢來源及去路），方能有效的運用人力及物力資源，把握最佳的機會，以預防可能的風險和一些變動的因素。由美國前國防部長麥克馬拉設計出來的「策劃規劃預算制度」(Planning, Programming and Budgeting System) 正足以說明此種計畫控制之作法。此制度透過情報系統的收集訊息，設定公司的目標、政策、方略，然後做成粗略的計畫書，確定未來努力的方向，繼而就每一要達成目標的手段規劃其細部執行的方法；再做有效分配人力及物力資源之預算，並作為將來績效評估的標準；最後安排工作進度時程，有效控制計畫的施行及促成目標的達成。這一套既是計劃、又是預算、又是控制的系統，是當前各組織相當有效的工具。

編製長期預算和短期預算最大的不同是：長期預算之管理人員每做一決定，皆需考慮它對當年、次年或整個長期計劃期間，該組織單位財務收支的影響，而不僅侷限下一年度各種因素的可能變化情況而已（此指年度預算）；再者，一個單獨的決策，常導致一連串其他決策，如有關新產品的發展，連帶影響到有關原料、市場、生產人員、銷售人員等的預計。也就是說長期預算考慮的因素較廣而且彼此相關性很高。故編製長期預算的主管人員是公司的「軍師」，必須有相當審慎的思慮、有相當的經驗及訓練，最重要的是要瞭解公司的背景，並能放眼前瞻，鑑往知來。

六、績效考核的客觀標準——彈性預算 (Flexible Budgeting: the Objective Criterion of Performance Appraisal)

一般而言，計畫擬妥，預算設定，工作依進度表開始執行，於每月、每季、每半年、每年終，最高主管為考核屬下各部門主管的績效，必須以績效報告 (Performance Report) 的方式，將預算目標和實際成果加以比較，提供部門主管參考。為使績效報告確實顯現負責人工作努力的成果，我們不能拿單一固定數字之預算來和實績比較，必須要編列「彈性預算」，方能公平考核其績效。也就是說在各種不同的業務數量水準下 (Various Sales Level)，如三百萬噸、四百萬噸、五百萬噸、六百萬噸，設定個別的收支預算，在評核績效時，是拿實際業務量（如五百萬噸銷售量）和該業務量下原先所編製的預算標準來比較。也就是說，我們只強調各責任中心部門的可控制因素，只比較變動成本 (Variable Costs) 的績效，亦唯有如此，方能公平而客觀地運用預算，達成控制的目的。

總括本篇所述，我們可以瞭解到「預算」在工商業繁榮及複雜的組織內扮演著計劃和控制的功能。在非營利 (Non-profit Organizations) 的組織裡，如中央、省（市）、縣政府及所轄機關、公私立大學、公私立大型醫院、教會、廟寺、基金會等，同樣需要預算來做資源的合理規劃和分配，並且作為期末考核績效的標準。

由於科技的突飛猛進，環境的瞬息萬變，公司經營權和所有權的分離哲學日益盛行，組織規模的日益龐大，一個單一公司或一個大型集團企業，已不容單靠大股東老闆一人的「真知灼見」去打天下，而必須靠全部管理團隊成員心悅誠服的分工及合作，來達成參與情況下設定的合理目標。我們所追求的目標是共同有利的理想方向及理想點，而達成此理想卻得從事「計劃」、「組織」、「用人」、「指導」和「控制」等系列性及系統性的管理活動。預算的功能乃在將各種預計目標與手段變數及限制因素予以金額化，提供各級主管設定確實的、具體的努力方針、戰略、方案和標準。當然伴隨預算的是一連串目標體系的建立，可行方案的找尋及評估，和各種細部規劃的確立，幾乎所有的預測技巧、所有的策劃及規劃、用腦活動，都是為編出最後的預算而做的事前準備工作。

只有「預測」(Forecasting)，沒有「預算」(Budgeting) 則不能達到控制的目的。只有「目標計劃」而不將其數量化，並且斟酌現有資源做合理分配，則目標也是徒託空言，沒有一個執行的根據。只有各部門之細部規劃 (Programming) 而沒有編成預算，可能導致資金短缺，未能把握有利的投資機會，更可能造成資源無謂的浪費。更深一層說，只有短期預算仍不足以達到控制功效，尚需輔以長期預算，考慮更多的因素，做更長遠，更廣泛地預測，以適切的把握時機，適時的逃避風險。

另外為應付動態的環境變化，可以採用「零基預算」(Zero-Base Budgeting)，適時的刪除較差、不切時宜的預算，永久選擇最優最切宜的預算。最後欲求客觀的評估績效，最好採「彈性預算」(Flexible Budgeting) ——依各生產或營業數量水準，各編預算，而避免以固定預算（單一標準）來評核不同生產量或業務量下之利潤表現。畢竟我們不能將不可控制的因素加諸於各責任中心主管上。我們僅能在可控制的範圍內，分析差異，歸屬責任。

參考書目

英文部分

1. Abernathy, Frederick Ho, "Control Your Inventory in a world of Lean Retailing", *Harvard Business Review*, November-December 2000, p.169.
2. Almquist and Wyner, "Boost Your Marketing ROI with Experimental Design", *Harvard Business Review*, October 2001, p.135.
3. Anderson and Vincze, *Strategic Marketing Management*, Boston: Houghton Mifflin Company, 2000.
4. Andrews, Kennth, *The concept of Corporate Strategy*, N.J.: Prentice-Hall, 1965.
5. Argyris, Chris, "Good Communction That Blocks Learning", *Harvard Business Review*, July-August, 1994.
6. Ashkenas, DeMonaco and Francis, "Making the Deal Real: How GE Capital Integrates Acquisitions", *Harvard Business Review*, January-February 1998, p.165.
7. Ashton, Cook and Schmitz, "Uncovering Hidden Value in a Midgize Manufacturing Company", *Harvard Business Review*, June 2003, p.111.
8. Balie, Kaplan and Merton, "For the Last Time" Stak Options are an Expense", *Harvard Business Review*, March 2003, p.62.
9. Barnard, Chester, *The Functions of the Executive*, Boston: Harvard University Press, 1935.
10. Berle and Means, *The Modern Corporation and Private Property*, N.Y.: McGraw-Hill, 1933.
11. Bonabeau and Meyer, "Swarm Intelligence: a Whole New Way to Think About Business", *Harvard Business Review*, May 2001, p.106.
12. Bourgeois, Duhaime and Stimpert, *Strategic Management: A Managerial Perspective*, 2nd. ed., N.Y.: The Dryden Press, 1999.
13. Bower and Christensen, "Disruptive Technologies: Catching the Wave", January-February, 1995.
14. Brooking, Annie, *Corporate Memory: Strategies for Knowledge Management*, London: International Thomson Business Press, 1999.
15. Brown, John Seely, "Research That Reinvents the Corporation", *Harvard Business Review*, January-February, 1991.
16. Carr, Nicholas G., "IT Doesn't Matter", *Harvard Business Review*, May 2003, p.41.
17. Chandler, Alfred, *Strategy and Structure*, N.Y.: McGrow-Hill, 1962.
18. Chare and Dasu, "Want to Perfect Your Company Service? Use Behavional Science", *Harvard Business Review*, June 2001, p.78.
19. Chen, Ting-ko, *Management Transfer, Management Practice, and Management Performance: An Empirical Quantitative Study in Taiwan*, a Ph.D. Dissertation, University of Michigan, 1973.
20. Cohen and Prusak, *In Goal Company: How Social Capital Makes Organizations Work*, Boston: Harvard Business School Press, 2001.
21. Collins and Porras, *Built to Last*, N. J.: Prentio-Hall, 1994.
22. Collins, Jim, *Goal to Great: Why Some Companies Make the Leap, and Ottocs Don't*, N. Y.: Harper Business, 2001.

23. Collins, Jim, "Level 5 Leadership: The Triumph of Humility and Fierce Resolve", *Harvard Business Review*, January 2001, p.66.

24. Covey, Stephon R., *The 7 Habits of Hishly Effective People: Restoring the Character Ethic*, N. Y.: Simon & Schuster, 1989.

25. Cyert and March, *A Behavioral Theory of the Firm*, N.Y.: McGraw-Hill, 1963.

26. Dessler and Gary, "Foundations of Modern Management", *Management*, 2nd ed., N.J.: Prentice Hall, 2001, pp. 29–40.

27. Dickson, Peter R., *Marketing Management*, 2nd ed., N. Y.: The Dryden Press, 1997.

28. Dranikoff, koller and Schneider, "Divestiture: Strategy's Missing Link", *Harvard Business Review*, May 2002, p.74.

29. Drunker, Peter F., "The Discipline of Innovation", *Harvard Business Review*, August 2002, p.95.

30. Drunker, Peter, *Management Challenges for the 21st century*, N.Y.: Harper Collins publisher, 1999.

31. Drunker, Peter, *Management in Turbulent Times*, N.Y.: Harper & Row, publisher, 1980.

32. Drunker, Peter, *Managing for the Future*, N.Y.: Penguin Books USA. 1992.

33. Drunker, Peter, *Practice of Management*, N.Y.: Harper and Brother, 1954.

34. Drunker, Peter, *The Frontiers of Management*, N.Y.: Penguin Books USA. 1992.

35. Drunker, Peter, "The Theory of the Business", *Harvard Business Review*, September-October, 1994.

36. Drunker, Peter, *Management: Tasks, Responsibilities, and Practice*, N.Y.: Harper and Brother, 1976.

37. Drunker, Peters, "New Management Paradigns", *Forbes*, October 5, 1998.

38. Enriqnz and Goldberg, "Transforming Life, Transforming Business: The Life-Science Revolution", *Harvard Business Review*, March-April 2000, p.94.

39. Farmer and Richman, "A Model for Research in Comparative Management", *Calofornia Management Review*, Winter, 1964, pp. 55–68.

40. Ferguson, charles H., "Computers and the Coming of the U.S. Keiretsu", *Harvard Business Review*, July-August, 1990.

41. *Fortune*, "2002 Global 500" (The world's Largert Corporations), August 19. 2002.

42. *Fortune*, "2003 500" (America's Largest Corporations), April 21, 2003.

43. *Fortune*, July 23, 2001, p. Fel; pp. F–13 ~ F–14.

44. Foster and Sarah Kaplan, *Creative Destruction: Why Companies Thartare Built to Last Undaryer form the Market-and How to successfully Transform Them*, N. Y.: Doubleday Currency, 2001.

45. Garvin, David A., "Building a Learning Organization", *Harvard Business Review*, July-August, 1993.

46. Garvinand Roberto, "What You Don't Know About Making Decisions", *Harvard Business Review*, September 2001, p.108.

47. Gates, Bill, *Business @ the Specd of Thought: Using Difital Nervous System*, N. Y.: Time Warner, 1999.

48. Gilbert and Bower, "Disruptive Change: When Trying Harder is Part of the Problem", *Harvard Business Review*, May 2002, p.94.

49. Gourville and Soman, "Pricing and the Psychology of Consumption", *Harvard Business Review*, September 2002, p.90.

50. Hagel, John III, "Leveraged Growth: Expanding Sales with out Scrificing Profits", *Harvard Business Review*, October 2002, p.68.

51. Hair, Bush and Ortinau, *Marketing Researd: A Practical Approace for the New Millennium*, N. Y.: McGraw-Hill, 2000.

52. Hamel and Prahaled, "Stratgic Intent", *Harvard Business Review*, May–Jane, 1989.

53. Hamel, Gary, "Strategy as Revolution", *Harvard Business Review*, July-August, 1996.

54. Hamel, Gary, "Waking Up IBM: How a Gang of unlikely Rebels Transformed Big Blue", *Harvard Business Review*, July-August 2000, p.137.

55. Handy, Charles, "Trust and the Virtual Organization", *Harvard Business Review*, May-Jane, 1995.

56. Hansen and Oetinger, "Introducing T–Shaped Managers: Knowledge Management's Next Generation", *Harvard Business Review*, March 2001, p.106.

57. Harbison and Myers, *Management in the Industrial World*, N. Y.: McGraw Hill, 1959.

58. Hardy, Charles, "Balancing Corporate Power: A New Federalist Paper", *Harvard Business Review*, November-December, 1992.

59. Heiferz and Linsky, "A Survival Guide for Leaders", *Harvard Business Review*, June 2002, p.65.

60. Hellriegel, Jackson and Solcum, *Management*, 8th ed., Cincinnati: South-Western College Publishing, 1999.

61. Herbold, Robert J., "Jnside Microsoft: Balancing Creativity and Discipline", *Harvard Business Review*, January 2002, p.72.

62. Heury Mintz berg, "Double-Loop Learning in Organization", *Harvard Business Review*, September – October, 1977.

63. Hevry Mintz berg, "The Manager's Job", *Harvard Business Review*, July–August, 1975.

64. Hill and Jones, *Strategic Management Theory: An Integrated Approach*, 5th. ed., Boston: Houghton Mifflin Company, 2001.

65. Hodgetts and Luthan, "Global Compettiveness", *International Management*, 3rd ed., pp. 67–86.

66. Hodgetts and Luthan, "World wide Development", *International Management*, 3rd ed. Singapore: McGraw Hill, 1997, p.5.

67. Hodgetts and Kuratko, *Effective Small Business Management*, 6th. ed., N.Y.: The Drden Press, 1998.

68. Hudson, Katherine M., "Transforming a Conservative Company – One Laugh at a time", *Harvard Business Review*, July-August 2001, p.45.

69. Jeusen, Michaelc., "Eclipse of the public Corporation", *Harvard Business Review*, September–October, 1989.

70. Kanter Rosabeth Moss, "Leaelership and the Psychology, of Turnarounds", *Harvard Business Review*, June 2003, p. 58.

71. Kanter, Resabeth Moss, *Men and Women of the corporation*, N. J. : Prentice-Hall, 1977.

72. Kaplan and Norton, "Having Trouble with your strategy? Then Map it", *Harvard Business Review*, September-October 2000, p.167.

73. Kaplan and Norton, "The Balanced Scorecard", *Harvard Business Review*, January–February, 1992.

74. Kenny and Marshall, "Contextud Marketing: The Real Business of the Internet", *Harvard Business Review*, November-December 2000, p.119.

75. Kim and Mauborgne, "Charting Your Company's Future", *Harvard Business Review*, June 2002, p.76.

76. Kimand Mauborgne, "Charting Your Company's Future", *Harvard Business Review*, June 2002, p.76.

77. Knight, Charles F., "Emerson Electric: Consistent Profits, Consistently", *Harvard Business Review*, January-February, 1992.
78. Koonze and O'Donnell, *Principles of Management*, 4th ed., N.Y.: McGraw – Hill, 1968.
79. Kotler, Swee, Siewand chin, *Markating Management: An Asian Perspective*, 2nd. ed., Singapore: Prentice Hall, 1999.
80. Kotter, John P. "What Leader Really Do", *Harvard Business Review (Special Issue)*, December 2001, p.85.
81. Kotter, John P., *Leading Change*, Boston: Harvard Business School Press, 1996.
82. Ktter, John P. "What Leader Reelly Do", *Harvard Business Review*, (special Issue), December 2001, p.85.
83. Kuemmerle Water, "Go Global-or No?", *Harvard Business Review*, June, 2001. p.37.
84. Lawrence and Lorsch, *The Organization and the Environment*, N. J.: Prentice-Hall, 1969.
85. Leavitt, Harold J., "Why Hierarchies Thrive", *Harvard Business Review*, March 2003, p.96.
86. Levitt, Theodore, "Creativity is Not Enough", *Harvard Business Review*, August 2002, p.137.
87. Machillan, Putten, and McGrath, "Global Gamemanship", *Harvard Business Review*, May 2003, p.62.
88. Mauruca, Regina Fazio, "Retailing: Confronting the Challenges that Face Bricks-and-Mortar Stores", *Harvard Business Review*, July-August 1999, p.159.
89. Mitroffand Alpaslan, "Preparing for Evil", *Harvard Business Review*, April 2003, p.109.
90. Moore, James F., "Predators and Prey: A New Ecology of Competition", *Harvard Business Review*, May-June, 1993.
91. Munck, Bill, "Changing a Culture of Face Time", *Harvard Business Review*, November 2001, p.125.
92. Negandhi and Estafen, "A Research Model to Determine the Applicability of American Management Know how in Differing Cultures and 10r Environments", *Academy of Management Journal*, December, 1965, pp. 309–318.
93. Newman and warren, *The Process of Management; concepts, Behavior, and practice*, 4th ed., N.Y.: Mc-Graw – Hill, 1977.
94. Parkinson, c. Northeast, *Parkinson's Law*, London: Hocyhton Mifflin company, 1957.
95. Peters and Waterman, *In Search of Excellence*, N.Y.: McGraw-Hill, 1982.
96. Porter, Michael , "What is Strategn?", *Harvard Business Review*, November-December, 1996.
97. Porter, Michael E., *Competitive Advantage: Creating and Sustaining Superior Performance*, N. Y.: The Free Press, 1985.
98. Porter, Michael E., *Competitive Strategy: Techniques for Analyzing Industrics and Competitors*, N. Y.: The Free Press, 1980.
99. Porter, Michael E., *The Competitive Advantge of Nations*, N. Y.: The Free Press, 1990.
100. Poters, Michael, *Competctive Advantage*, N.Y.: McGraw-Hill, 1982.
101. Prahalad and Hamel, "The core Competence of the Corporation", *Harvard Business Review*, May-June, 1990.
102. Rappaport and Halevi, "The computerless Computer Company", *Harvard Business Review*, July-August, 1991.
103. Reeder, Brierty and Reeder, *Industrial Marketing: Analysis, Planning and Control*, 2nd ed., N. J.: Prentice Hall, 1991.
104. Reinartz and Kumar, "The Mismanagement of Customer Loyatly", *Harvard Business Review*, July 2002,

p.86.

105. Rivette and Kline, "Discovering New Value in Intellectual Property", *Harvard Business Review*, January-February 2000, p. 54.

106. Sahlman, Willam A., "The New Economy is Stronger than You Think", *Harvard Business Review*, November-December 1999, p.99.

107. Schwartz, Felice N., "Management Women and the New Facts of Life", *Harvard Business Review*, January-February, 1989.

108. Sealey, Peter, "How E-Comnerce Will Trump Brand Management", *Harvard Business Review*, Jaly-August 1999, p.171.

109. Senge Peter, *The Fifth Discipline*, N.Y.: McGraw Hill, 1990.

110. Shaw, Brown and Bromiley, "Strategic Stories: How 3M is Riwriting Business Planning", *Harvard Business Review*, May-June 1995, p.41.

111. Sibbet, David, *75 years of Management Ideas and practice (1922–1997), a Supplement to the Harvard Business Review*, September–October, 1997.

112. Simon and March, *Organization*, N.Y.: John Willey and Son, 1958.

113. Simon, Herbert, *Adurinistrative Behavior*, N.Y.: John Wiley and Son, 1947.

114. Slycootzky and Wise, "The Growth Crisis and How to Escape it", *Harvard Business Review*, July 2002, p.72.

115. Spear and Bowen, "Decoding the DNA of the Toyota Production System", *Harvard Business Review*, September-October 1999, p.96.

116. Steiner, George A, *Comporehonsive Managerial planning*, N. Y.: Prentice-Hall, 1974.

117. Steiner, George A., *Top Management planning*, N.J. : Prentice – Hall, 1969.

118. Stewart, Thomas A., (editor) "The 2003 HBR List: Break throng Ideas for Tomorrow's Business Agenda", *Harvard Business Review*, April, 2003, p.92.

119. Taylor, Frederic, *Scientific Management,* Washington: Us congress, ..., 1912.

120. Tellis and Bolder, *Will and Vision: How Latecomers Grow to Dominate Markets*, N. Y.: McGraw-Hill, 2001.

121. Thomke and Hippel, "Customers as Innovators: A New Way to Create Value", *Harvard Business Review*, April 2002, p.74.

122. Thomke, Stefan, "Enlightened Experimentation: The New Imperative for Innovation", *Harvard Business Review*, February 2001, p.66.

123. Thompson and Strictland, *Strategic Management: concepts and cost*, 12th. ed., N. Y.: McGraw-Hill, 1998.

124. Werbach, Kevin, "Syndication: The Emerging Model for Business in the Internet Era", *Harvard Business Review*, May-June 2000, p.84.

125. Wiggenborn, william, "Motorola U: When Training Becomes an Education", *Harvard Business Review*, July-August, 1990.

126. Wolpert, John D., "Breaking Out of the Innovation Box", *Harvard Business Review*, August 2002, p.76.

127. Yoffic and Cusumano, "Jndo strategy: The Compeative Dynamics of Internet Time", *Harvard Business Review*, January-February 199. p.70.

128. Sibbet, Davie, *75 years of Management Ideas and practice (1922–1997)*, a supplement to the *Harvard*

Business Review, September–October, 1997.

中文部分

1.《天下雜誌》，2002.1.1, p.180。
2.王永慶，《讀經營管理》（上下），臺北：臺灣塑膠公司，1990。
3.伊藤肇著，周君銓譯，《聖賢經營理念》，臺北：大世紀出版公司，1981。
4.吳兢（唐），《貞觀政要》，臺北：宏業書局，1990。
5.吳琮諮與謝清佳，《資訊管理：理論與實務》，第四版，臺北：智勝文化事業公司，2000。
6.周君銓，《活學與經營》，臺北：金閣企業公司，2000。
7.松下幸之助，〈經營之神〉，《100 Talents in 20th century》，廣州：廣東經濟出版社，pp. 72–80。
8.南懷瑾，《大學微言》，4th ed. 臺北：老古文化事業公司，2002。
9.南懷瑾，《老子他說》，16th ed. 臺北：老古文化事業公司，1998。
10.南懷瑾，《孟子旁近》，16th ed. 臺北：老古文化事業公司，2002。
11.南懷瑾，《論語副裁》，30th ed. 臺北：老古文化事業公司，2002。
12.南懷瑾，《歷史上的智謀》，上海：復旦大學出版社，1990。
13.南懷瑾，〈神謀鬼謀論君道、臣道、及師道〉，《歷史的經驗（一）》，臺北：老古文化事業公司，1987，pp. 4–5。
14.南懷瑾，〈論臣行（長短經）〉，《歷史的經驗（一）》，臺北：老古文化事業公司，1987，pp. 166–188。
15.南懷瑾及尹衍樑，《光華教育基金會 2002 年年報》，臺北：光華教育基金，2003，pp.1–6。
16.孫子，（王建東編譯），《孫子兵法》，臺北：智揚出版社，1981。
17.張大可（政治），藍永蔚（軍事），吳慧（經濟），王渝生（科技），劉志琴及唐宇元（文化）等主編，《影響中國歷史進程的人物》（上、下冊），海南：海南出版社，1996。
18.張秀楓（主編），《中國謀略家全書》，北京：國際文化出版公司，1991。
19.張岱年（主編），《中華的智慧》，上海：上海人民出版社，1986。
20.陳定國，《臺灣區（中美日）巨型企業經營管理之比較研究》，臺北：中華民國企業經理協會及金屬工業研究所，1971。
21.陳定國，《公營事業企業化結果之研究》，臺北：國立臺灣大學育學研究所，1982。
22.陳定國，《高階管理：企劃與決策（修訂三版）》，臺北：華泰書局，1983。
23.陳定國，《現代行銷學》（上下冊），3rd ed. 臺北：華泰文化事業公司，1994。
24.陳定國，〈二十一世紀變無窮，優勝劣敗看創新〉，《東方企業家》，遠見（上海），2002。
25.陳嘉庚，〈橡膠大王〉，《100 Talents in 20th century》，廣州：廣東經濟出版社，pp. 371–376。
26.陳定國，《有效經營（天下叢書 5）》，臺北：經濟與生活出版事業公司，1983。
27.楊必立，陳定國，黃俊英，劉水深及何雍慶，《行銷學》，臺北：華泰文化事業公司，1999。
28.盧業苗，〈王永慶塑膠大王〉，《100 Talents in 20th century》，廣州：廣東經濟出版社，pp. 566–570。
29.盧業苗，〈卡內基鋼鐵大王〉，《100 Talents in 20th century》，廣州：廣東經濟出版社，pp. 122–129。
30.盧業苗，〈司馬遷貨殖列傳〉，《史記》，鄭州：中州古籍出版社，1994。
31.盧業苗，〈史隆超級企業天才〉，《100 Talents in 20th century》，盧業苗，廣州：廣東經濟出版社，2000，pp. 97–104。
32.盧業苗，〈李嘉誠財界猛龍〉，《100 Talents in 20th century》，廣州：廣東經濟出版社，pp. 490–494。
33.盧業苗（主編），〈Ford Motor〉，《百年市場一百雄》，廣州：廣東經濟出版社，2000，pp. 3–9。
34.盧業苗（主編），〈Benz–Daimler〉，《百年市場一百雄》，廣州：廣東經濟出版社，pp. 81–88。
35.盧業苗（主編），〈General Motors〉，《百年市場一百雄》，廣州：廣東經濟出版社，pp. 97–104。
36.盧業苗（主編），〈IBM, Blue Giant〉，《百年市場一百雄》，廣州：廣東經濟出版社，pp. 16–23。
37.盧業苗（主編），〈Microsoft〉，《百年市場一百雄》，廣州：廣東經濟出版社，pp. 39–46。
38.盧業苗（主編），〈Toyota Motor〉，《百年市場一百雄》，廣州：廣東經濟出版社，pp. 47–55。

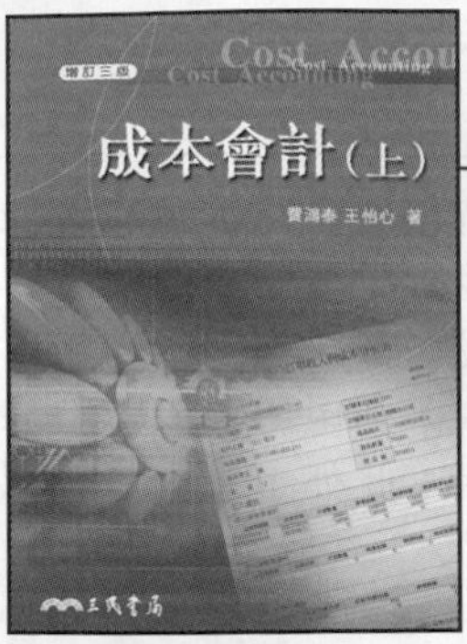

◎ 成本會計（上）（下）（增訂三版） 費鴻泰、王怡心／著

本書依序介紹各種成本會計的相關知識，並以實務焦點的方式，將各企業成本實務運用的情況，安排於適當的章節之中，朝向會計、資訊、管理三方面整合型應用。不僅可適用於一般大專院校相關課程使用，亦可作為企業界財務主管及會計人員在職訓練之教材，可說是國內成本會計教科書的創舉。

◎ 成本會計習題與解答（上）（下）（增訂三版） 費鴻泰、王怡心／著

本書分為作業解答與挑戰題。前者依選擇、問答、練習、進階的形式，讓讀者循序漸進，將所學知識應用於實際狀況；後者為作者針對各章主題，另行編寫較為深入的綜合題目，期望讀者能活用所學。不論為了升學、考試或自修，相信都能從本書獲得足夠的相關知識與技能。

◎ 財務報表分析（增訂四版） 洪國賜、盧聯生／著

財務報表是企業體用以研判未來營運方針，投資者評估投資標的之重要資訊。為奠定財務報表分析的基礎，本書首先闡述財務報表的特性、結構、編製目標及方法，並分析組成財務報表的各要素，引證最新會計理論與觀念；最後輔以全球二十多家知名公司的最新財務資訊，深入分析、評估與解釋，兼具理論與實務。另為提高讀者應考能力，進一步採擷歷年美國與國內高考會計師試題，備供參考。

◎ 財務報表分析題解（增訂四版） 洪國賜／編著

本書為《財務報表分析》的習題解答，透過試題演練，使讀者將財務報表分析技術實際應用於各種財務狀況，並學習如何以最正確的資訊作出最適當的決策。對於準備考試者，更是不得不備的參考書。

◎ 公司鑑價 伍忠賢／著

本書揭露公司鑑價的專業本質，洞見財務管理的學術內涵，以生活事務來比喻專業事業；清楚的圖表、報導式的文筆、口語化的內容，易記易解，並收錄多項著名個案。引用美國著名財務、會計、併購期刊十七種、臺灣著名刊物五種，以及博碩士論文、參考文獻三百五十篇，並自創「實用資金成本估算法」、「實用盈餘估算法」，讓你體會「簡單有效」的獨門工夫。

◎ 策略管理 伍忠賢／著

本書作者曾擔任上市公司董事長特助，以及大型食品公司總經理、財務經理，累積數十年經驗，使本書內容跟實務之間零距離。全書內容及所附案例分析，對於準備研究所和EMBA入學考試，均能遊刃有餘。以標準化圖表來提綱挈領，採用雜誌行文方式寫作，易讀易記，使你閱讀輕鬆，愛不釋手。並引用多本著名管理期刊約四百篇之相關文獻，讓你可以深入相關主題，完整吸收。

◎ 策略管理全球企業案例分析 伍忠賢／著

一服見效的管理大補帖，讓你快速吸收惠普、嬌生、西門子、UPS、三星、臺塑、統一、國巨、台積電、聯電……等二十多家海內外知名企業的成功經驗！本書讓你在看故事的樂趣中，盡得管理精髓。精選最新、最具代表性的個案，精闢的分析，教你如何應用所學，尋出自己企業活路！

◎ 國際貿易實務詳論（修訂九版） 張錦源／著

買賣的原理、原則為貿易實務的重心，貿易條件的解釋、交易條件的內涵、契約成立的過程、契約條款的訂定要領等，均為學習貿易實務者所不可或缺的知識。本書按交易過程先後作有條理的說明，期使讀者對全部交易過程能獲得一完整的概念。除進出口貿易外，對於託收、三角貿易……等特殊貿易，本書亦有深入淺出的介紹，彌補坊間同類書籍之不足。